Stefan Georges

Das zweite Falkenbuch Kaiser Friedrichs II.

Quellen, Entstehung, Überlieferung und Rezeption des *Moamin*

WISSENSKULTUR UND GESELLSCHAFTLICHER WANDEL

Herausgegeben vom Forschungskolleg 435
der Deutschen Forschungsgemeinschaft
»Wissenskultur und gesellschaftlicher Wandel«

Band 27

Stefan Georges

Das zweite Falkenbuch Kaiser Friedrichs II.

Quellen, Entstehung, Überlieferung und Rezeption des *Moamin*

Mit einer Edition der lateinischen Überlieferung

Akademie Verlag

Gedruckt mit Unterstützung der Deutschen Forschungsgemeinschaft.

Einbandgestaltung unter Verwendung der Seite 12v der *Moamin*-Handschrift Wien, Kunsthistorisches Museum, P 4984, © Kunsthistorisches Museum Wien.

Bibliografische Information der Deutschen Nationalbibliothek
Die Deutsche Nationalbibliothek verzeichnet diese Publikation in der Deutschen Nationalbibliografie; detaillierte bibliografische Daten sind im Internet über http://dnb.d-nb.de abrufbar.

ISBN 978-3-05-004483-5

Das eingesetzte Papier ist alterungsbeständig nach DIN/ISO 9706.

Satz: Stefan Georges, Würzburg
Druck und Bindung: Druckhaus »Thomas Müntzer«, Bad Langensalza
Einbandgestaltung: Dorén + Köster, Berlin

Printed in the Federal Republic of Germany

Inhaltsverzeichnis

Vorwort

Die vorliegende Arbeit entstand zwischen Sommer 1999 und Herbst 2004 im Rahmen meiner Tätigkeit an dem von der Deutschen Forschungsgemeinschaft an der Johann Wolfgang Goethe-Universität Frankfurt am Main eingerichteten Forschungskolleg „Wissenskultur und gesellschaftlicher Wandel“. Im Wintersemester 2004/2005 wurde sie vom Fachbereich Philosophie und Geschichtswissenschaften der Johann Wolfgang Goethe-Universität als Dissertation angenommen. Für den Druck habe ich sie nochmals in Teilen überarbeitet.

Mein herzlicher Dank gilt allen, die mir bei der Forschung und beim Verfassen der Arbeit hilfreich zur Seite standen, insbesondere aber den beiden Gutachtern, Prof. Dr. Johannes Fried und Prof. Dr. Heribert Müller, für Ihre wertvollen Verbesserungsvorschläge, dem Deutschen Studienzentrum in Venedig für die Gewährung eines Stipendiums, das einen viermonatigen Forschungsaufenthalt in Venedig im Jahr 2000 ermöglichte, dem Forschungskolleg für die Aufnahme des Bandes in seine Schriftenreihe und die Gewährung eines großzügigen Druckkostenzuschusses, Dr. Anna Akasoy, Prof. Dr. Rafael Arnold und Prof. Dr. Dag Nikolaus Hasse für ihren kundigen Rat zu orientalistischen, romanistischen und philosophischen Fragen, Dr. Martina Giese und Prof. Dr. Baudouin van den Abeele für ihre Unterstützung bei der Beschaffung von Quellen und Literatur und Klaus Poßberg für sein unermüdliches und umsichtiges Lektorat.

Einleitung

Der im Auftrag Kaiser Friedrichs II. aus dem Arabischen ins Lateinische übersetzte falken- und hundeheilkundliche Traktat des *Moamin* gehört zu den wenigen mittelalterlichen Fachtexten, die bereits lange und intensiv erforscht worden sind. Als Begründer dieser Tradition darf wohl Hermann Werth gelten. In seiner für die Erforschung der gesamten Falknereiliteratur grundlegenden Arbeit aus den Jahren 1888 und 1889 zu den altfranzösischen Jagdlehrbüchern trug er auch Angaben zu 11 lateinischen (A, B, C, E, I, P, Q, R, S, T, Z)[1], zwei italienischen (b, c), zwei französischen (m, n) und einem franko-italienischen (a) Textzeugen des *Moamin* zusammen und handelte kurz über die Entstehungsumstände der lateinischen Übersetzung, insbesondere über die Person des Übersetzers Theodor von Antiochien und die Bedeutung des Namens *Moamin*.[2] 1908 lieferte Carlo Frati eine detaillierte Beschreibung der franko-italienischen Handschrift, veröffentlichte Teile daraus und zeigte einen weiteren lateinischen Textzeugen (O) an.[3] 1921 widmete sich Charles Homer Haskins im Rahmen einer Studie zu Kaiser Friedrichs II. Falkenbuch *De arte venandi cum avibus* auch dem *Moamin* und machte acht weitere lateinische Textzeugen (F, G, H, J, K, L, M, N) bekannt.[4] 1932 unterzog Gunnar Tilander den franko-italienischen *Moamin* einer lexikologischen Auswertung.[5]

Tilanders Schüler Håkan Tjerneld machte 1945 in seiner Dissertation mit einer Edition des franko-italienischen Textes erstmals eine Gesamtfassung des *Moamin* zugänglich. Zugleich warf er den Blick auf die übrige Tradition, zeigte vier weitere lateinische (D, U, V, W) und einen weiteren italienischen Textzeugen (d) an, untersuchte 12 der lateinischen und drei der italienischen Texte und unterschied dabei eine Langfassung und eine Kurzfassung sowie weitere Untergruppen, stellte erste Bezüge zu den orientalischen Vorlagen her und sammelte und erweiterte in einem umfangreichen Glossar die Kenntnisse zum Fachwortschatz des *Moamin*.[6]

In seiner grundlegenden Dissertation zur mittelalterlichen arabischen Falknereiliteratur konnte Detlef Möller 1965 erstmals die arabische Herkunft des *Moamin* näher bestimmen. Er erkannte in dem Traktat eine Kompilation aus zwei arabischen Quellen – dem Werk des al-Ġiṭrīf und dem *Kitāb al-Mutawakkilī*. Beide Quellen wurden von ihm zugleich erstmals

---

1 Zur Auflösung dieser und der folgenden Siglen s. Kapitel 4.

2 Hermann WERTH, Altfranzösische Jagdlehrbücher nebst Handschriftenbibliographie der abendländischen Jagdlitteratur überhaupt, in: Zeitschrift für romanische Philologie 12 (1888), 146-191 und 13 (1889), 1-34. Zum *Moamin* s. 174-178 und passim.

3 Carlo FRATI, Re Enzo e un'antica versione francese di due trattati di falconeria, in: Miscellanea Tassoniana di studi storici e letterari pubblicata nella festa della Fossalta XXVIII giugno MDCCCVIII. A cura di Tommaso CASINI e di Venceslao SANTI con pref. di Giovanni PASCOLI, Bologna / Modena 1908, 61-81.

4 Charles Homer HASKINS, The De arte venandi cum avibus of Frederick II, in: English Historical Review 36 (1921), 334-355. Dieselbe Studie erschien wenig später noch einmal in überarbeiteter Form (Charles Homer HASKINS, Studies in the History of Mediaeval Science, Cambridge [Massachusetts] ^{2}1927, 299-326).

5 Gunnar TILANDER, Glanures lexicographiques (Skrifter utgivna av kungl. humanistiska vetenskaps-samfundet i Lund 16), Lund 1932.

6 Håkon TJERNELD (Hg.), Moamin et Ghatrif. Traités de fauconnerie et des chiens de chasse. Édition princeps de la version franco-italienne (Studia Romanica Holmiensia 1), Stockholm / Paris 1945.

ausführlich beschrieben.[7] Einen unbewußten Beitrag lieferte ein Jahr darauf Gisbert Sponer, indem er in seiner veterinärmedizinischen Dissertation zu der Hippiatrik des *Ipocras indicus* die gesamte Handschrift D' transkribierte und übersetzte und damit nicht allein den hippiatrischen Text zugänglich machte, sondern auch denjenigen einer Fassung des fünften Buchs des *Moamin*, die dort inseriert ist.[8] 1967 spürte der Orientalist François Viré dem Verfasser des Traktats nach.[9] Im gleichen Jahr wurde der Hundeteil des *Moamin* von Hermann Mattheis auf seinen veterinärmedizinischen Gehalt untersucht.[10] Mattheis transkribierte die Hundekapitel der beiden Handschriften F und J, übersetzte F und die von Tjerneld herausgegebene franko-italienische Fassung a ins Deutsche, erstellte Konkordanzen zwischen F und a sowie zwischen F/J/a und dem mit dem *Moamin* verwandten *Kynosophion* des Demetrios Pepagomenos und lieferte Erläuterungen zu in den Kapiteln enthaltenen Fachbegriffen.

1968 machte wiederum Gunnar Tilander die italienischen Textzeugen g und h bekannt[11] und trug Gustav Ineichen einige weitere linguistische Beobachtungen zum franko-italienischen Text bei.[12] 1970 verglich Johannes Zahlten den *Moamin* mit dem *De arte venandi cum avibus* und machte auf mehrere Überschneidungen beider Texte aufmerksam.[13] 1975 und 1977 behandelte Antonio Lupis den *Moamin* in zwei Studien zur Falknereiliteratur am aragonesischen Königshof von Neapel und zum Falkentraktat des Petrus de l'Astore und stellte je einen weiteren lateinischen (A') und italienischen Text (l) vor.[14]

1987 machten José Manuel Fradejas Rueda und Anthony J. Cardenas das *Kitāb al-Mutawakkilī* zugänglich, indem sie dessen kastilische Übersetzung edierten und kommentierten.[15] Ein Jahr darauf wurde auch das Werk des al-Ġiṭrīf erschlossen – Möller und Viré übersetzten und kommentierten in einer Gemeinschaftsarbeit dessen Abschrift Istanbul, Topkapi Saray, Ahmet III 2099/3 und verzeichneten darin nicht nur alternative Lesarten

7 Detlef MÖLLER, Studien zur mittelalterlichen arabischen Falknereiliteratur (Quellen und Studien zur Geschichte der Jagd 10), Berlin 1965, 118-120 und passim.

8 Gisbert SPONER, Die Pferdeheilkunde des Ipocras indicus, Dissertation, Tierärztliche Hochschule Hannover, 1966, 28-30 und 79-82.

9 François VIRÉ, Sur l'identité de Moamyn le fauconnier, in: Académie des Inscriptions & Belles-Lettres. Comptes rendus, 1967, 172-176.

10 Hermann MATTHEIS, Die Hundeheilkunde des Moamin, Dissertation, Tierärztliche Hochschule Hannover 1967.

11 Gunnar TILANDER, Littré et Remigereau comme lexicographes et Miscellanea cynegetica (Cynegetica 17), Karlshamn 1968, 188.

12 Gustav INEICHEN, L'autorité de <Moamin>, in: Festschrift Walther von Wartburg zum 80. Geburtstag, 18. Mai 1968, hg. von Kurt BALDINGER, 2. Bde., Tübingen 1968, I, 421-430.

13 Johannes ZAHLTEN, Medizinische Vorstellungen im Falkenbuch Kaiser Friedrichs II., in: Sudhoffs Archiv 54 (1970), 49-103, 53f.

14 Antonio LUPIS, La sezione venatoria della biblioteca aragonese di Napoli e due sconosciuti trattati di Ynnico d'Avalos, Conte Camerlengo, in: Annali della facoltà di lingue e letterature straniere 6 (1975), 225-313 und Petrus de l'Astore, Moamyn, Ghatriph: Sulla tradizione dei trattati di falconeria d'epoca federiciana, in: Codices manuscripti 3 (1977), 13-17.

15 José Manuel FRADEJAS RUEDA (Hg.), Muhammad Ibn ʿAbd Allāh Ibn ʿUmar al-Bayzār (Moamin). Libro de los animales que cazan (Kitāb al-Yawāriḥ). Edición, estudio, notas y vocabulario de José Manuel FRADEJAS RUEDA. Prologo de Manuel ALVAR, Madrid 1987; Anthony J. CÁRDENAS (Hg.), The Text and Concordance of Biblioteca Nacional Manuscript RES. 270-217. Libro que es fecho de las animalias que caçan. The Book of Moamin, Madison 1987 und Anthony J. CÁRDENAS, A Medieval Spanish Version of the Book of Moamin: Observations on Date and Sponsorship, in: Manuscripta 31 (1987), 166-180.

anderer al-Ġiṭrīf-Handschriften, sondern ebenfalls, soweit vorhanden, inhaltliche Übereinstimmungen mit dem *Moamin* nach der von Tjerneld edierten Fassung.[16]

Zusammengefaßt und beträchtlich erweitert wurde das Wissen über den *Moamin* 1991 von Baudouin van den Abeele im Rahmen seiner Dissertation über die mittelalterlichen lateinischen Falknereitraktate.[17] Van den Abeele präsentierte weitere 5 lateinische (Y, B', D', E' (1), G') und einen weiteren franko-italienischen (k) Textzeugen,[18] lieferte für viele der *Moamin*-Handschriften erstmals eine gründliche Beschreibung, erstellte aufgrund äußerer Merkmale und einer Teilkollation ein erstes detailliertes Stemma der lateinischen Tradition, untersuchte den Text des *Moamin* auf seinen ornithologischen, jagdkundlichen und therapeutischen Inhalt und transkribierte die in den Handschriften O und Z enthaltenen Fassungen. Leider ist bislang nur ein Teil dieser Arbeit veröffentlicht.[19]

1995 untersuchte Charles Burnett im Rahmen eines Aufsatzes über Theodor von Antiochien die beiden Prologe des *Moamin*. Beide wurden von ihm ediert und ins Englische übersetzt – ersterer auf der Grundlage aller drei erhaltenen (J, Z, A'), letzterer anhand zweier (A, O) von 12 erhaltenen Textzeugen.[20]

In seiner im Jahr 1996 im Druck erschienenen Habilitationsschrift widmete sich der Romanist Martin-Dietrich Gleßgen zweien der drei italienischen Übersetzungen des *Moamin*.[21] Er diskutierte darin deren Entstehung, brachte Editionen aller vier Textzeugen (b, c,

---

16 Detlef MÖLLER und François VIRÉ (Hgg.), Al Ġiṭrīf ibn Qudāma al-Ġassānī. Die Beizvögel (Kitāb ḍawārī aṭ-ṭayr). Ein arabisches Falknereibuch des 8. Jahrhunderts. Deutsche Übersetzung von Detlef MÖLLER und François VIRÉ, Hildesheim / Zürich / New York 1988. Dieselbe Gemeinschaftsarbeit erschien schließlich 2002 auch auf Französisch, mit einem von Baudouin van Den Abeele aktualisierten Anmerkungsapparat sowie einer neuen Bebilderung (François VIRÉ und Detlef MÖLLER (Hgg.), Al Ġiṭrīf ibn Qudāma al-Ġassānī (VIIIe siècle). Traité des oiseaux de vol (Kitāb Ḍawārī aṭ-ṭayr). Le plus ancien traité de fauconnerie arabe. Traduit, introduit et annoté par François VIRÉ et Detlef MÖLLER. Ouvrage préparé pour l'édition par Baudouin VAN DEN ABEELE (Biblioteca cynegetica 3), Nogent-Le-Roi 2002). Bereits 1986 hatte Detlef MÖLLER einen Faksimile-Druck der Istanbuler Handschrift herausgegeben (The Book on Birds of Prey, Kitāb Ḍawārī al-ṭayr, by Al Ġhiṭrīf ibn Qudāma al-Ghassānī (Eighth century A. D.) (Publications of the Institute for the History of Arabic-Islamic Science, Series C: Facsimile Editions 25), Frankfurt am Main 1986).

17 Baudouin VAN DEN ABEELE, Les traités de fauconnerie latins du Moyen Age, 3 Bde. + 1 Supplementband, Dissertation, Université catholique de Louvain, 1991 [unveröffentlicht]. Für die Überlassung einer Kopie dieser Arbeit danke ich dem Autor herzlich.

18 Einen weiteren lateinischen Text (F') konnte er in der Zwischenzeit hinzufügen, s. An SMETS, La traduction en moyen français des traités cynegétiques latins: Le cas du *De falconibus* d'Albert le Grand, in: La Chasse au Moyen Age. Société, traités, symboles. Textes réunis par Agostino PARAVICINI BAGLIANI et Baudouin VAN DEN ABEELE, Firenze 2000, 71-85, 71f.

19 Eine überarbeitete und ergänzte Fassung des dritten Bandes erschien 1994 in Paris unter dem Titel La fauconnerie au Moyen Age. Connaissance, affaitage et médecine des oiseaux de chasse d'après les traités latins; Auszüge aus den übrigen Bänden flossen in zwei Aufsätze ein (Inspirations orientales et destinées occidentales du *De arte venandi cum avibus* de Frédéric II., in: Federico II e le nuove culture. Atti del XXXI convegno storico internazionale, Todi, 9-12 ott. 1994, Spoleto 1995, 363-391, 370-377 und passim sowie Illustrer une thérapeutique des oiseaux de chasse: Les manuscrits enluminés du *Moamin* latin, in: Comprendre et maîtriser la nature au Moyen Age. Mélanges d'histoire des sciences offerts à Guy Beaujouan, Genève / Paris 1994, 557-577).

20 Charles BURNETT, Master Theodore, Frederick II's Philosopher, in: Federico II e le nuove culture. Atti del XXXI convegno storico internazionale, Todi, 9-12 ott. 1994, Spoleto 1995, 225-285, 238-247 und 274-284.

21 Martin-Dietrich GLESSGEN, Die Falkenheilkunde des <Moamin> im Spiegel ihrer volgarizzamenti. Studien zur Romania Arabica (Beihefte zur Zeitschrift für romanische Philologie 269/270), 2 Bde.,

h, i – letzterer war von ihm erstmals als solcher identifiziert worden) – sowie von vier lateinischen Textzeugen, die den Entstehungsprozeß von b beleuchten (B/T und A/I), legte eine detaillierte lexikologische Untersuchung des Fachwortschatzes vor und schloß Überlegungen zu Aussagekraft und Wirkung des *Moamin* an.

Daß der Traktat damit freilich noch längst keine *terra cognita* war und weiterhin große Überraschungen bereithielt, zeigten zwei Aufsätze Johannes Frieds desselben Jahres, in denen er Friedrich II. einen weitaus größeren Anteil an der *Moamin*-Tradition zuwies als bis dahin für möglich gehalten.[22] Ausgangspunkt seiner Thesen war ein Brief, den der Mailänder Guilielmus Bottatius 1264 oder 1265 an Karl von Anjou gesandt hatte und in dem er dem künftigen Herrn von Sizilien einen in seinem Besitz befindlichen gold- und silbergeschmückten und reich bebilderten *Liber de avibus et canibus* anbot, der Friedrich II. bei dessen Niederlage vor Parma (1248) entwendet worden sei. In Abkehr von einer seit Haskins bestehenden Tradition bezog Fried die von Bottatius gegebene Beschreibung nicht auf das vom Kaiser selbst verfaßte Falkenbuch *De arte venandi cum avibus*, sondern auf eine in seinem Besitz befindliche, mit den thematisch verwandten Texten *Dancus rex*, *Guillelmus falconarius* und *Guicennas* vergemeinschaftete Fassung des *Moamin*. Bei Stichproben in der noch weitgehend unaufgearbeiteten lateinischen *Moamin*-Tradition stieß er zudem auf Anzeichen, die diesen *Liber de avibus et canibus* als nur eine von mindestens sieben Fassungen des *Moamin* erscheinen ließen, die alle bis 1248 am Kaiserhof unter maßgeblicher Beteiligung Friedrichs entstanden sein mußten – mindestens fünf verschiedene Fassungen vor dem *Liber de avibus et canibus* und mindestens eine weitere danach.[23] Dabei schien die Überarbeitung des Stoffes so weitreichend, daß von einer „faktischen Mitautorenschaft“[24], ja von einem gänzlich neuen Buch, einem „zweiten Falkenbuch“ des Kaisers, gesprochen werden konnte. Es schien, als sollte man dem Kaiser geradezu nachträglich bei dem weitreichenden Prozeß der Aneignung und Umarbeitung des Stoffes „über die Schulter“ sehen können.[25]

Tübingen 1996. Bereits zuvor von demselben Autor zu dieser Thematik erschienen, aber in allen den *Moamin* betreffenden Inhalten von der Habilitationsschrift über- oder wiederholt, sind die Aufsätze Traduction et collation de textes scientifiques: l'exemple de Iammarco Cinico, in: Actas do XIX congreso internacional de lingüística e filoloxía románicas. Universidade de Santiago de Compostela 1989. Publicadas por Ramón Lorenzo. VII. Seccíon IX. Filoloxía medieval e renacentista. A. Crítica textual e edición de textos. B. Historia e critica literarias, A Coruña 1994, 161-167 und Tra latino, toscano e napoletano: Stratigrafia lessicale nel <<Libro de Moamyn falconario>>, in: Lingue e culture dell'Italia meridionale (1200-1600). A cura di Paolo TROVATO. Con una bibliografia delle edizioni di testi meridionali (1860-1914) a cura di Lida M. GONELLI, Roma 1993, 191-201. Ein 1998 von Massimo ARCANGELI veröffentlichter Aufsatz über die neapolitanische Handschrift b (Sulla versione napoletana quattrocentesca di un manuale di falconeria recentemente pubblicata. Anatomia e autopsia di una *scripta*, in: Contributi di filologia dell'Italia mediana 12 (1998), 237-275) ist rein linguistischer Natur und für das hier verfolgte Ziel ohne Erkenntniswert.

22 Johannes FRIED, ... *correptus est per ipsum imperatorem*. Das zweite Falkenbuch Friedrichs II., in: Mittelalterliche Texte. Überlieferung – Befunde – Deutungen. Kolloquium der Zentraldirektion der Monumenta Germaniae Historica am 28./29. Juni 1996. Hg. von Rudolf SCHIEFFER, (Schriften der Monumenta Germaniae Historica 42), Hannover 1996, 93-124 und Kaiser Friedrich II. als Jäger oder Ein zweites Falkenbuch Kaiser Friedrichs II.?, in: Nachrichten der Akademie der Wissenschaften in Göttingen. I.: Philologisch-Historische Klasse 4 (1996), 115-156.

23 FRIED, ... *correptus est*, 119.

24 FRIED, ... *correptus est*, 110.

25 FRIED, ... *correptus est*, 107.

Auf Frieds Anregung habe ich 1999 die Fortführung des Themas übernommen. Geplant war zunächst eine Rekonstruktion des *Liber de avibus et canibus* aus den sieben in seiner Tradition stehenden Handschriften B, D, F, H, K, T und V sowie, hiervon ausgehend, eine Analyse des kaiserlichen Umarbeitungsprozesses. Schon bald stellte sich freilich heraus, daß der begrenzte Umfang der vorgesehenen Edition für die Analyse des Umarbeitungsprozesses von Nachteil war. Nur die siebte und letzte Bearbeitung wäre auf dies Weise handlich, im Apparat der Edition, zu erfassen gewesen. Alle anderen hätten durch ein umständliches Verweissystem dargestellt werden müssen. Es erschien daher geeigneter, nicht den *Liber de avibus et canibus*, sondern die älteste Fassung des *Moamin* zu rekonstruieren und die Veränderungen des Kaisers sämtlich im Apparat darzustellen. Wie viele Handschriften freilich hierzu genau heranzuziehen waren, war ungewiß, denn größere Teile der Tradition waren diesbezüglich noch nicht untersucht. Erst eine detaillierte Durchsicht der gesamten lateinischen Tradition konnte Klarheit schaffen.

Hieraus erwuchs der Gedanke, den Umfang der Arbeit grundsätzlich auszuweiten. Mußte bereits die ganze lateinische Tradition in Augenschein genommen werden, so konnte diese auch gleich geschlossen in die Edition miteinbezogen, konnten auch jene Eingriffe und Veränderungen dokumentiert und ausgewertet werden, die erst im Anschluß an diejenigen des Kaisers erfolgten. Unter Einbeziehung der bereits gut erschlossenen volkssprachlichen Textzeugen eröffnete sich so die Möglichkeit, eine umfassende Darstellung der Geschichte dieses Textes, von seinem Eintritt in die abendländische Kultur bis hin zu seinen Ausläufern im 16. Jahrhundert, zu schreiben. Damit konnte einmal exemplarisch ein orientalisch-okzidentalischer Wissenstransfer von derart großem Niederschlag in seiner Gesamtheit aufgearbeitet und konnten detaillierte Erkenntnisse darüber gewonnen werden, in welchen zeitlichen, räumlichen und sozialen Dimensionen sich ein solcher Text verbreitet und wie er sich dabei verändert.

Großen Gewinn erfuhr die Arbeit durch ihre Einbindung in das Teilprojekt B2 des Forschungskollegs „Wissenskultur und gesellschaftlicher Wandel" an der Johann Wolfgang Goethe-Universität, das der Erforschung der Wissenskultur an mittelalterlichen Königshöfen und besonders der Wissenskultur am Hof Friedrichs II. gewidmet war. Hier wurde nicht nur eine intensive Zusammenarbeit mit der Orientalistin Anna Ayşe Akasoy möglich, ohne die ein genaues Verständnis des *Kitāb al-Mutawakkilī* und damit der Frühgeschichte des *Moamin* nicht denkbar gewesen wäre.[26] Hier entstanden auch zwei aufschlußreiche einschlägige Examensarbeiten – die eine von Barbara Krause zu den beiden franko-italienischen Textzeugen des *Moamin*[27], die andere von Barbara Schlieben zu der kastilischen Übersetzung des *Kitāb al-Mutawakkilī*[28]. Hier bot sich ferner ein willkommenes Forum für

26 Ein aus dieser Zusammenarbeit hervorgegangener Band über das *Kitāb al-Mutawakkilī* ist jüngst erschienen: Anna AKASOY und Stefan GEORGES (Hgg.), Muḥammad ibn ʿAbdallāh al-Bāzyār. Das Falken- und Hundebuch des Kalifen al-Mutawakkil. Ein arabischer Traktat aus dem 9. Jahrhundert. Herausgegeben, übersetzt und eingeleitet von Anna AKASOY und Stefan GEORGES (Wissenskultur und gesellschaftlicher Wandel 11), Berlin 2005. Bereits zuvor erschienen ist: Anna Ayşe AKASOY, Arabische Vorlagen der lateinischen Falknereiliteratur. Wissenskonzepte im Spiegel der Übersetzungen, in: Beiruter Blätter 8-9 (2000/2001), 93-98.

27 Barbara KRAUSE, Der altfranzösische Moamin. Transkription und textgeschichtliche Einordnung der neu gefundenen Brüsseler Handschrift, Staatsexamensarbeit, Universität Frankfurt am Main 2001 [unveröffentlicht].

28 Barbara SCHLIEBEN, Der kastilische Moamin, Staatsexamensarbeit, Universität Frankfurt am Main 2001 [unveröffentlicht].

den Austausch, nicht zuletzt mit van den Abeele und Gleßgen, auf deren entschiedenen Widerspruch die Thesen Frieds gestoßen waren.[29] Zwei Frankfurter Treffen mit den beiden Forschern – das eine in Form eines informellen Kolloquiums am 15. und 16. Dezember 1999, das andere im Rahmen einer am 5. und 6. Oktober 2001 vom Teilprojekt ausgerichteten Tagung – führten zu ausgiebigen, ebenso kontroversen wie fruchtbaren Diskussionen.[30]

Auch drei weitere Forschungsergebnisse der jüngsten Zeit, von denen diese Arbeit besonders profitierte, seien an dieser Stelle noch genannt: 2001 legten Terence Clark und Muawiya Derhalli eine englische Übersetzung der Hundekapitel des *Kitāb al-Mutawakkilī* vor.[31] 2002 folgte von Baudouin van den Abeele und Jérémy Loncke ein erster Überblick über die hundekundliche Literatur des Mittelalters, in dem auch die Hundebücher des *Moamin* behandelt werden und ein weiterer lateinischer Textzeuge (E' (2)) vorgestellt wird.[32] Und im Januar 2008 konnte Martina Giese der Liste der lateinischen Textzeugen noch die Handschrift H' hinzufügen.[33]

Die Arbeit gliedert sich in sieben Teile. Der erste Teil soll den Rahmen beleuchten, in dem sich die Tradition des *Moamin* entfaltet hat. Er skizziert die Geschichte der Beizjagd und ihrer Literatur in Orient und Okzident von den Anfängen bis ins 16. Jahrhundert. Der zweite Teil stellt die beiden arabischen Quellen des *Moamin* vor. Die Teile 3 bis 5 bringen ausführliche Beschreibungen und eine ausführliche stemmatische Einordnung sämtlicher vor dem Ende des 16. Jahrhunderts entstandener und erhalten gebliebener Textzeugen sowie die Edition der lateinischen Überlieferung. Der sechste Teil wertet diese aus und zeichnet auf ihrer Grundlage detailliert die Geschichte des Textes nach. Der siebte Teil schließlich faßt die wichtigsten Ergebnisse zusammen.

---

29 Vgl. Anne PAULUS und Baudouin VAN DEN ABEELE (Hgg.), Frédéric II de Hohenstaufen. <<L'art de chasser avec les oiseaux>>. Le traité de fauconnerie *De arte venandi cum avibus*. Traduit, introduit et annoté par Anne PAULUS et Baudouin VAN DEN ABEELE (Biblioteca cynegetica 1), Nogent-Le-Roi 2000, 44-51 und Martin-Dietrich GLESSGEN, La traduzione arabo-latina del *Moamin* eseguita per Federico II: Tra filologia testuale e storia, in: Medioevo Romanzo 25 (2001), 63-81.

30 Der aus der Tagung hervorgegangene Band (Gundula GREBNER und Johannes FRIED (Hgg.), Kulturtransfer und Hofgesellschaft im Mittelalter. Wissenskultur am sizilianischen und kastilischen Hof im 13. Jahrhundert (Wissenskultur und gesellschaftlicher Wandel 15), Berlin 2008 [im Druck]) versammelt gleich sechs einschlägige Aufsätze: Anna Ayşe AKASOY, Zu den arabischen Vorlagen des Moamin; Johannes FRIED, Die Handschrift des Guilielmus Bottatius aus Mailand; Stefan GEORGES, Der staufische Anteil an der *Moamin*-Tradition; Martin-Dietrich GLESSGEN und Baudouin VAN DEN ABEELE, Die Frage des <<Zweiten Falkenbuchs>> Friedrichs II. und die lateinische Tradition des *Moamin*; Barbara KRAUSE, Der altfranzösische *Moamin*. Überlegungen zum Verhältnis des Brüsseler und des Venezianer Manuskriptes; Barbara SCHLIEBEN, Wissen am alfonsinischen Hof – Der kastilische Moamin als Beispiel für höfisches Wissen.

31 Terence CLARK und Muawiya DERHALLI (Hgg.), Al-Mansur's book on hunting. An Introduction, Translation and Notes by Terence CLARK and Muawiya DERHALLI, Warminster 2001.

32 Baudouin VAN DEN ABEELE und Jérémy LONCKE, Les traités médiévaux sur le soin des chiens: une littérature technique méconnue, in: Inquirens subtilia diversa. Dietrich Lohrmann zum 65. Geburtstag. Hg. von Horst KRANZ und Ludwig FALKENSTEIN, Aachen 2002, 281-296, 291-293 und passim.

33 Das falkenkundliche Material in dieser Handschrift wurde bereits 1998 von Baudouin van den Abeele entdeckt (s. SMETS, La traduction, 72). Die Identifizierung der Einträge auf 46r als *Moamin*-Exzerpte gelang indes erst Martina Giese. Ihr danke ich herzlich dafür, daß sie mich umgehend davon in Kenntnis setzte und mir Kopien der Seite 46r und der ungedruckten Handschriftenbeschreibung Heribert Hummels übersandte, die eine Einarbeitung des Fundes noch vor Abschluß des Manuskriptes ermöglichten.

1. Die Falknerei und ihre Literatur in Orient und Okzident von den Anfängen bis ins 16. Jahrhundert

Über die Anfänge der Falknerei ist seit dem 19. Jahrhundert eine umfangreiche Literatur entstanden. Lange freilich wurden die Quellen darin zu unkritisch interpretiert und vorschnell als Belege für Falknerei bzw. Beizjagd reklamiert. Erst in jüngerer Zeit wurden strengere Maßstäbe angelegt und der Wildwuchs an vermeintlichen frühen und frühesten Belegen gelichtet.[1] Dabei zeigte sich, daß sich die Ausübung der Beizjagd bei keiner der vorchristlichen Kulturen – bei Ägyptern, Babyloniern, Assyrern, Persern, Griechen, frühen Römern etc. – nachweisen läßt. Kein Text beschreibt sie, kein Bild zeigt sie, obgleich es an anderen Jagdbelegen nicht mangelt. Und es mag wohl sein, daß der religiöse Charakter, den die Greifvögel in diesen Kulturen besaßen – der Kult des Falkengottes Horus in Ägypten und die Auspizien-Tradition in einigen der anderen – einer Abrichtung dieser Tiere von Grund auf entgegenstand.[2]

Die ersten Gebiete, für die konkrete und sichere Belege für die Beizjagd vorliegen, sind das China der Han-Dynastie (206 v. - 220 n. Chr.)[3] sowie der Vordere Orient und das Europa des zweiten, dritten nachchristlichen Jahrhunderts. Diese Verteilung läßt eine Monogenese der Beizjagd in den weiten Steppen Zentralasiens und eine anschließende Ausbreitung nach Osten wie Westen vermuten. Hierfür sprechen auch die natürlichen Gegebenheiten: Die Jäger der Steppe waren gegenüber anderen benachteiligt, da ihnen die nötige Deckung fehlte, um dem Wild aufzulauern. Sie hatten somit ein größeres Bedürfnis, mögliche Hilfsmittel zu erproben. Zudem ist die Steppe bei weitem am besten für die Beizjagd geeignet, da die Raubvögel hier nicht wie in wald- und wasserreichem Gelände leicht verlorengehen und den Jägern ein rasches Nachstellen leicht gemacht wird. Die Aussichten, mit Vögeln erfolgreich zu jagen, waren hier also besonders hoch.

---

1 S. Kurt LINDNER, Beiträge zu Vogelfang und Falknerei im Altertum (Quellen und Studien zur Geschichte der Jagd 12), Berlin / New York 1973; Kurt LINDNER, Ost-westliche Beziehungen in der Geschichte der Falknerei, in: Deutscher Falkenorden. Jahrbuch für Falknerei, Greifvogelkunde und Greifvogelschutz 1979, 79-82; MÖLLER / VIRÉ, 45-47; Karin REITER, Falknerei im Alten Orient? Ein Beitrag zur Geschichte der Falknerei, in: Mitteilungen der deutschen Orient-Gesellschaft zu Berlin 120 (1988), 189-206; Karin REITER Falknerei im Alten Orient? II. Die Quellen, in: Mitteilungen der deutschen Orient-Gesellschaft zu Berlin 121 (1989), 169-196; Claus DOBIAT, Zur Herkunft der Falknerei, in: Alma mater philippina. Marburger Universitätsbund e. V. Wintersemester 1995/96, 10-14.

2 Zwei jüngst erschienene Aufsätze plädieren zwar erneut für die Existenz der Falknerei bei den Hethitern (Michel MAZOYER, Le dieu de la chasse à l'époque des comptoirs assyriens en Anatolie et le dieu de la campagne à l'époque hittite, in: Bec et ongles. Bulletin des amis de l'équipage Jean de Beaune 1999, 9-17 und – weitaus gründlicher und umfangreicher – Jeanny VORYS CANBY, Falconry (Hawking) in Hittite Lands, in: Journal of Near Eastern Studies 61 (2002), 161-201), doch vermögen sie nicht zu überzeugen. Im Gegenteil, die Vielzahl der dort vorgebrachten vermeintlichen indirekten Belege und die daraus abgeleitete weite Verbreitung der Beizjagd bei den Hethitern läßt es um so unverständlicher erscheinen, daß nicht ein einziger wirklich eindeutiger Beleg überliefert sein sollte – nicht ein einziges sprachliches Zeugnis, das die Beizjagd erwähnte, nicht ein einziges Abbild einer Beizjagdszene oder doch zumindest einer Person, die den Falken auf einem Handschuh trüge, wie es die scharfen Krallen der Beizvögel unbedingt erfordern.

3 S. Hans J. EPSTEIN, The Origin and Earliest History of Falconry, in: Isis 34 (1942/1943), 497-509, 499f.

Die Entwicklung in Europa

Hasen und Füchse jagen die Inder auf folgende Weise: Hunde benötigen sie zur Jagd nicht. Statt dessen fangen sie die Jungvögel der Adler, Raben und Gabelweihen, ziehen sie groß und lehren sie wie folgt zu jagen: sie binden einem zahmen Hasen und einem zahmen Fuchs ein Fleischstück an den Leib und lassen sie laufen. Gleich darauf schicken sie ihnen die Vögel hinterher und lassen sie die Fleischstücke wegreißen. Und die Vögel jagen hinterher und fangen den Hasen oder den Fuchs und behalten dafür als Belohnung das Fleischstück. Und dies ist für sie ein Köder und eine große Verlockung. Wenn die Vögel dann zu jagen gelernt haben, lassen die Inder sie auf Berghasen und wilde Füchse los. Und wenn einer davon erscheint, verfolgen die Vögel ihn, das gewohnte Futter vor Augen, und ergreifen ihn sogleich und tragen ihn zu ihren Herren, wie Ktesias berichtet. Und von ihm wissen wir auch, daß sie anstelle des sonst angebundenen Fleischstücks die Eingeweide der Beute als Futter erhalten.[4]

Mit diesen Worten zitiert der Römer Claudius Aelianus (175-235 n. Chr.) eine Passage aus den verlorengegangenen *Indica* des Ktesias (um 400 v. Chr.). Er ist damit zugleich der erste Mensch im Abendland, der nachweislich Kenntnis von der Beizjagd gehabt hat.[5] Die Tatsache freilich, daß Aelian diese Jagdart für bemerkenswert hält, und die Art, wie er sie beschreibt, offenbaren zugleich seine fehlende persönliche Erfahrung mit ihr. Sie hätte es wohl kaum verdient, als Besonderheit hervorgehoben zu werden, wenn es in seinem Umfeld ein alltägliches Geschäft gewesen wäre, Greifvögel für die Beize abzurichten. Und sicher hätte Aelian dann auch gewußt, daß Vögel ihre Beute nicht wie Hunde zu ihrem Herrn tragen. Greifvögel scheinen zu seiner Zeit noch nicht in das römische Leben Einzug ge-

4 Τοὺς λαγὼς καὶ τὰς ἀλώπεκας θηρῶσιν οἱ ᾿Ινδοὶ τὸν τρὸπον τοῦτον. κυνῶν ἐς τὴν ἄγραν οὐ δέονται, ἀλλὰ νεοττοὺς συλλαβόντες ἀετῶν καὶ κοράκων καὶ ἰκτίνων προσέτι τρέφουσι καὶ ἐκπαιδεύουσι τὴν θήραν. καὶ ἔστι τὸ μάθημα, πράῳ λαγῷ καὶ ἀλώπεκι τιθασῷ κρέας προσαρτῶσι, καὶ μεθιᾶσι θεῖν, καὶ τοὺς ὄρνιθας αὐτοῖς κατὰ πόδας ἐπιπέμψαντες τὸ κρέας ἀφελέσθαι συγχωροῦσιν. οἳ δὲ ἀνὰ κράτος διώκουσι, καὶ ἑλόντες ἢ τὸν ἢ τὴν ἔχουσιν ὑπὲρ τοῦ καταλαβεῖν ἆθλον τὸ κρέας. καὶ τοῦτο μὲν αὐτοῖς δέλεάρ ἐστι καὶ μάλα ἐφολκόν. οὐκοῦν ὅταν ἀκριβώσωσι τὴν σοφίαν τὴν θηρατικήν, ἐπὶ τοὺς ὀρείους λαγὼς μεθιᾶσιν αὐτοὺς καὶ ἐπὶ τὰς ἀλώπεκας τὰς ἀγρίας. οἳ δὲ ἐλπίδι τοῦ δείπνου τοῦ συνήθους, ὅταν τι τούτων φανῇ, μεταθέουσι, καὶ αἱροῦσιν ὤκιστα, καὶ τοῖς δεσπόταις ἀποφέρουσιν, ὡς λέγει Κτησίας. καὶ ὅτι ὑπὲρ τοῦ τέως προσηρτημένου κρέως αὐτοῖς τὰ σπλάγχνα τῶν ᾑρημένων δεῖπνόν ἐστιν, ἐκεῖθεν καὶ τοῦτο ἴσμεν (Rudolph HERCHER (Hg.), Claudii Aeliani De natura animalium libri XVII, Lipsiae 1864, 90).

5 Daß die Passage in dieser Form bereits bei Ktesias stand, ist unwahrscheinlich, denn bei dem Byzantiner Photios (9. Jhd.), der sie ebenfalls überliefert, bezieht sie sich nicht auf die Inder, sondern auf ein von diesen beherrschtes sagenhaftes Volk von Pygmäen, von denen es heißt, sie seien nur ein bis zwei Ellen groß und ähnelten Affen und besäßen Schafe, die so klein seien wie Lämmer, und Esel und Rinder, so klein wie Widder, und nicht viel größere Pferde, Maultiere etc. und sie jagten Hasen und Füchse nicht mit Hunden, sondern mit Raben, Weihen, Krähen und Adlern. Die Art der Jagd und die vorausgehende Abrichtung sind hier nicht beschrieben. Photios, dem die Beizjagd wohlvertraut war, hätte die Passage sicher nicht derart verfremdet, wenn er sie bereits wie bei Aelian beschrieben vorgefunden hätte. Möglich ist freilich, daß die beizjagdkundige Beschreibung nicht erst von Aelian stammt, denn Aelian pflegte die antiken Autoren nicht direkt auszuschreiben, sondern bediente sich gern bereits vorhandener Zitatsammlungen. Vgl. hierzu LINDNER, Beiträge, 117f. und MÖLLER / VIRÉ, 45-47.

halten zu haben, und wenn, dann nur bei Vögelfängern, die sie mitnahmen, um ihre Beute in Furchtstarre zu versetzen und ihrer so leichter habhaft zu werden.[6]

Einen engeren Bezug der Römer zu Greifvögeln möchte man zwei Jahrhunderte später erkennen: Augustinus (354-430) nennt da in Nordafrika in einer Predigt den Besitz von Pferden, die Aufzucht von Jagdhunden und das Hüten von Greifvögeln als Beispiele für eine verfehlte Lebensweise.[7] Paulinus von Pella erinnert sich in Gallien um das Jahr 459, achtzigjährig, an seine Jugend und seinen damaligen Wunsch, ein prächtiges Roß, einen großgewachsenen Reitknecht, einen flinken Hund und einen edlen Greif zu besitzen.[8] Und um das Jahr 472 schreibt Bischof Sidonius Apollinaris über den Senator Vectius, es gebe niemanden, der wie er Pferde dressiere, Hunde begutachte und Greifvögel trage, und bittet zwei Jahre später seinen Schwager Ecdicius, den Sohn Kaiser Avitus', er möge nach Clermont zurückkehren, wo er zuerst mit Ball, Würfel, Greif, Hund, Pferd und Bogen gespielt habe.[9] Indes, auch diese Zeugnisse müssen noch nicht zwingend als Beizjagdbelege gedeutet werden. Denkbar wäre ebenso, wie Daniela Boccassini jüngst plausibel machen konnte, eine Verwendung der Greifvögel als reine Statussymbole nach persischem, möglicherweise auch byzantinischem Vorbild.[10]

---

6 Zu dieser Art des Vogelfangs, die u. a. die berühmten Mosaiken von Piazza Armerina auf Sizilien bezeugen, vgl. LINDNER, Beiträge, 25-35, 44-54 und passim, zu einer verwandten thrakischen Art, von der zuerst Aristoteles und in seiner Tradition viele andere berichten, daselbst, 111-116.

7 *Quid toto affectu concupivit? Uxorem vel concubinam caute tenere, equos velut miles in stabulo possidere, canes pro venatione nutrire, accipitres custodire* (Sancti Aurelii Augustini hipponensis episcopi opera omnia post lovaniensium theologorum recensionem, stigata denuo ad manuscriptos codices gallicos, vaticanos, belgicos, etc., necnon ad editiones antiquiores et castigatiores, opera et studio monachorum ordinis sancti benedicti e congregatione S. Mauri. Editio novissima, emendata et auctior, accurante M**** [sic!], cursuum completorum editore, Bd. VI (Patrologia Latina 40), Parisiis 1841, 1235-1358 (= Sermones ad fratres in eremo commorantes), 1306). Ein zweiter, auf die Beizjagd bezogener Ausspruch des Augustinus, den LINDNER, Beiträge, 154f. erwähnt – ... *hinc dolet avibus canibusque proiectum suum parvulum* ... (German MORIN (Hg.), Sancti Avreli Avgvstini tractatvs sive sermones inediti ex codice Gvelferbytano 4096 detexit adiectisqve commentariis criticis primvs edidit Germanvs Morin O.S.B. Accedvnt SS. Optati Milevitani Qvodvvltdei Carthaginiensis episcoporvm aliorvmque ex Avgvstini schola tractatvs novem, Campodvni et Monaci 1917, 204) – muß hingegen ausgeschieden werden; er gehört zu einer Stelle, an welcher die Greueltaten der einfallenden Vandalen geschildert werden – *avibus canibusque proiectum* kann hier aber kaum anders verstanden werden, denn als „den Geiern und den Wölfen zum Fraß hingeworfen"; eine metonymische Verwendung zur Bezeichnung der beizjagdversessenen Vandalen, wie von Lindner vorgeschlagen, ist abwegig.

8 ... *ut mihi pulcher equus falerisque ornatior esset, strator procerus, velox canis et speciosus accipiter* ... (Claude MOUSSY (Hg.), Paulin de Pella, Poème d'action de grâces et prière. Introduction, texte critique, traduction, notes et index par Claude MOUSSY (Sources chrétiennes 209), Paris 1974, 68).

9 ... *ipse, quem loquimur, in equis canibus accipitribus instituendis spectandis circumferendis nulli secundus* und *omitto quod hic primum tibi pila, pyrgus, accipiter, canis, equus, arcus ludo fuere* (Christian LÜTJOHANN (Hg.), Gai Sollii Apollinaris Sidonii epistvlae et carmina. Recensvit et emendavit Christianvs LVETJOHANN (Monumenta Germaniae Historica, Auctores antiquissimi 8), Berolini 1887, 41 und 61).

10 Daniela BOCCASSINI, Il volo della mente. Falconeria e Sofia nel mondo mediterraneo: Islam, Federico II, Dante, Ravenna 2003, 37-55. Vgl. auch die Aussage im ältesten arabischen Falkentraktat, der zufolge ein byzantinischer König als erster die Beizjagd erfunden haben soll, nachdem er sich eine Anzahl Habichte als herrschaftliche Zierde an seinen Hof hatte bringen lassen (MÖLLER / VIRÉ, 67). Sicher ist jedenfalls, daß zumindest die Aussagen von Augustinus und Paulinus nicht, wie bislang angenommen, in Zusammenhang mit dem Vordringen der Germanen gebracht werden können. Denn als die ersten Germanen Gallien betraten (406/407), war Paulinus kein Jugendlicher mehr, und Augustinus starb, als sie soeben nach Afrika übergesetzt hatten (429) und während sie noch Hippo belagerten. Das Augustinus-Zitat muß im übrigen als

Erst zwei in die zweite Hälfte des 5. Jahrhunderts datierende Mosaiken aus Korinth und ein um 500 entstandener Mosaikzyklus aus Argos, im Nordosten der Peloponnes, zeugen unzweifelhaft von der Ankunft der Beizjagd im Westen. Erstere zeigen einen Reiter mit einem Greifvogel auf der Faust sowie einen Reiter, vor dem ein Greif in Begleitung von Hunden einen Hasen schlägt.[11] Letzterer bietet in einer Abfolge aus sieben Einzelbildern verschiedene Momente einer Beizjagd, von der Vorbereitung und dem Aufbruch über das Schlagen von Enten und Hasen bis zur Heimkehr mit der Beute.[12] Möglicherweise gehen diese Zeugnisse auf die nun in Europa und Nordafrika angekommenen Germanen zurück und waren die Germanen auch diejenigen, welche die Beizjagd im Abendland eingeführt haben. Möglicherweise stellen sie aber auch eine von den Germanen noch unberührte Tradition der griechisch-römischen Latifundien dar.[13] Sicher ist jedenfalls, daß die Beizjagd in dem in der Folge germanisch geprägten Abendland einen steilen Aufschwung erlebte: Eins ums andere der germanischen Stammesrechte stellt die Tötung, den Diebstahl oder das unerlaubte Aushorsten von Greifvögeln unter Strafe.[14] Eins ums andere der zeitgleichen Kirchenkonzile verhängt Strafen über Geistliche, die im Besitz von Beizvögeln sind.[15] Und immer wieder treten auch Könige und Kaiser als Falkner hervor: Um 745/746 schickt Bonifatius König Ethelbald von Mercien einen Habicht und zwei Falken. Wenig später (ca. 748-755) wird er von König Ethelbert von Kent gebeten, ihm zwei Falken zu schicken, die Kraniche schlagen.[16] Im *Capitulare de villis* (812?) wird von den kaiserlichen Verwaltern auch die Pflege der Greifvögel ihres Herrn gefordert.[17] Über Kaiser Ludwig den Frommen (reg. 814-840) heißt es, er soll im Winter bei Aachen auf Beizjagd gegangen sein.[18] Hinkmar von Reims zählt 882 zum Personal des karolingischen Hofes neben vier *venatores* auch einen *falconarius*.[19] König Alfred der Große von Wessex (reg. 871-899) soll gar seine

---

unsicher gelten. Denn die *Sermones ad fratres in eremo commorantes*, zu denen es gehört, sind die Schöpfung eines Pseudo-Augustinus des 12. Jahrhunderts. Dieser verwendete darin zwar neben eigenen Texten auch ältere, vielleicht auch originale Überlieferungen. Daß jedoch gerade eine Predigt mit einem Falknereibezug eine originale Überlieferung darstellen sollte, mutet eher unwahrscheinlich an.

11 Vgl. LINDNER, Beiträge, 121-133 und BOCCASSINI, 48.

12 Vgl. LINDNER, Beiträge, 136-156 und BOCCASSINI, 48f.

13 Erstere Ansicht bei LINDNER, 133 und 156, und dezidierter bei Kurt LINDNER und Helmut BIRKHAN, Beizjagd, in: Reallexikon der germanischen Altertumskunde. Zweite, völlig neu bearbeitete und stark erweiterte Auflage, Bd. 2, Berlin / New York 1976, 163-173, 167. Letztere bei BOCCASSINI, 49f.

14 Eine Zusammenstellung der Belege findet sich bei Robin S. OGGINS, The Kings and their Hawks. Falconry in Medieval England, New Haven / London 2004, 37, eine ausführlichere Darstellung (ohne Belegstellen) bei LINDNER / BIRKHAN, 165-167.

15 S. Hubert LUTTERBACH, Die für Kleriker bestimmten Verbote des Waffentragens, des Jagens sowie der Vogel- und Hundehaltung (a. 500-900), in: Zeitschrift für Kirchengeschichte 109 (1998), 149-166.

16 S. OGGINS, 38.

17 ... *similiter acceptores et spervarios ad nostrum profectum praevideant* ... (Alfred BORETIUS und Victor KRAUSE (Hgg.), Capitularia regum Francorum (Monumenta Germaniae Historica, Leges 3), Bd. I, Hannover 1883, Nachdruck Hannover 1960.

18 Edmond FARAL (Hg.), Ermold Le Noir. Poème sur Louis le Pieux et Epître au roi Pépin (Classiques de l'histoire de France au Moyen Âge), Paris 1932, 140f.

19 Thomas GROSS und Rudolf SCHIEFFER (Hgg. und Überss.), Hinkmar von Reims, De ordine palatii (Monumenta Germaniae Historica – Fontes iuris germanici antiqui in usum scolarum separatim editi 3), Hannover 1980, 64f. und 76f.

falconarios et accipitrarios selbst unterrichtet haben.[20] Weitere Beispiele könnten angefügt werden.

Im 10. Jahrhundert scheint sich das Bild gewandelt zu haben. Während die Angelsachsen und zumal deren Könige die Tradition mit unverminderter Leidenschaft fortsetzen,[21] hat sie auf dem Kontinent offenbar für zwei Jahrhunderte an Bedeutung verloren. Zwar finden sich auch hier weiterhin Falknereibelege: Odo von Cluny (879-942) etwa erzählt, wie geschickt der jugendliche Gerald von Aurillac (855-909) den Habicht von der Hand zu werfen wußte.[22] Ekkehard IV. von St. Gallen (gest. um 1060) weiß zu berichten, Abt Notker II. (amt. 971-975) habe den ihm anvertrauten Söhnen vermögender Herren auch im Umgang mit Beizvögeln eine strenge Erziehung angedeihen lassen.[23] Bei Thietmar von Merseburg (975-1018/1019) und dem Anonymus Haserensis (um 1080) liest man von den verärgerten Reaktionen der Bischöfe Arnulf von Halberstadt (amt. 996-1023) und Megingaud von Eichstätt (amt. 991-1015) auf den Anblick von Klerikern mit Beizvögeln.[24] Und wenn Andreas von Strumi in seiner 1075 verfaßten Leidensgeschichte des Mailänder Heiligen Arialdus (gest. 1066) an das Lotterleben vieler Mönche denkt, kommt ihm als erstes das Bild vom ausschweifenden Jäger mit Hund und Habicht in den Sinn.[25] Die Zahl der Belege ist jedoch geringer, als man erwarten könnte, und sie stehen neben Aussagen, die einen Unterschied zwischen Engländern und Kontinentaleuropäern explizit ansprechen: So legt Adelard von Bath (ca. 1080 - ca. 1152) seinem Neffen die Worte in den Mund, sein Onkel

---

20 *Interea tamen rex ... et omnem venandi artem agere, aurifices et artifices suos omnes et falconarios et accipitrarios canicularios quoque docere ... non desinebat* (William Henry STEVENSON (Hg.), Asser's Life of King Alfred together with the Annals of Saint Neots Erroneously Ascribed to Asser Edited with Introduction and Commentary by William Henry STEVENSON. New Impression with Article on Recent Work on Asser's Life of Alfred by Dorothy WHITELOCK, Oxford 1959, 59).

21 Vgl. OGGINS, 40-52.

22 *... Scilicet ut molossos ageret, arcista fieret, cappos et accipitres jactu emittere consuesceret ...* (Sancti Odonis Abbatis Cluniacensis II, De vita sancti Geraldi Auriliacensis comitis libri quatuor, nachgedruckt in: Sancti Odonis abbatis Cluniacensis secundi opera omnia (Patrologia latina 133), Petit-Montrouge, 1853, 639-710, 645).

23 *Filios autem aliquorum, qui patrum beneficia habituri erant, ad se sumptos severe educaverat. Qui coram eo interdum nudi tabulis luserant. Sed et pro avibus captoriis et ceteris, quibus libertatis indoles exerceri decet, si deliquissent, a magistris exacti vapulabant* (Hans F. HAEFELE (Hg. und Übers.), Ekkehardi IV Casus Sancti Galli / Ekkehard IV., St. Galler Klostergeschichten (Ausgewählte Quellen zur deutschen Geschichte des Mittelalters – Freiherr vom Stein-Gedächtnisausgabe 10), Darmstadt 1980, 262).

24 *Arnulfus antistes ... in die sancto, cum post missam de ecclesia ambularet, vidit clericum quendam accipitrem in manu tendentem; et zelo commotus eum per brachium apprehendit et secum duxit, non ut puniretur, sed sic verbis mansuetis corriperetur* (Robert HOLTZMANN (Hg.), Die Chronik des Bischofs Thietmar von Merseburg und ihre Korveier Überarbeitung (Monumenta Germaniae Historica, Scriptores rerum germanicarum, NS 9), Berlin ^{2}1955, 389f. (= Lib. VI, 96-98)); *... cum iunior quidam clericus legatione Macelini Wirzeburgensis episcopi functus ad eum* [sc. Megingaudus] *veniret, videns eum a longe accipitrem in manu ferentem uocat unum ex camerariis suis et ait, sic et sic facito cum adueniente clerico. At ille uenienti occurrens et descendentis equum devote suscipiens addidit: »Date michi ad seruandum et accipitrem, donec vestram peragitis legationem.« Clericus vero nichil mali suspicatus statim tradidit alitem. At ille apprehensum per liguras accipitrem ter et quater in faciem clerici percussit, »Furcifer«, inquiens, »quomodo ausus es ad episcopum uenire huiusmodi alitem ferens?«* (Stefan WEINFURTER (Hg.), Die Geschichte der Eichstätter Bischöfe des Anonymus Haserensis. Edition, Übersetzung, Kommentar (Eichstätter Studien, NF 24), Regensburg 1987, 52).

25 *Nam alii cum canibus et accipitribus huc illucque pervagantes, suum venationi lubricae famulatum tradebant, alii vero tabernarii et nequam villici, alii impii usurarii existebant* (Marco NAVONI (Hg.), Andrea da Strumi, Passione del santo martire milanese Arialdo, Milano 1994, 58).

solle ihm etwas über Habichte beibringen, da sie doch Engländer seien und diese darin unter allen Völkern besonders bewandert seien.[26] Und Guibert von Nogent (1053 - ca. 1124) kritisiert Bischof Gaudri von Laon (gest. 1112), weil dieser so gerne über Hunde und Habichte geredet habe, und macht dafür den schädlichen Einfluß der Engländer verantwortlich.[27] Auch ist auffällig, daß in keinem der kontinentalen Belege dieser Zeit mehr ein weltlicher Herrscher erscheint. Kein Kaiser, König oder Fürst wird hier mehr mit Falken in Verbindung gebracht. Ja, selbst dort, wo man dies unbedingt erwartet, bleibt es aus. So beschreibt der Dichter des *Ruodlieb* (letztes Drittel des 11. Jahrhunderts), wie Könige Tiergeschenke austauschen, und nennt Pferde, Löwen, Affen, Bären, selbst sprechende Vögel (Papagei, Rabe, Dohle, Elster und Star), jedoch keinen einzigen Beizvogel.[28]

Einen erneuten Umschwung bringt das 12. Jahrhundert. Hier vervielfacht sich die Zahl der Belege, und es ist nun gerade der Adel, der in ihnen hervortritt. Dieser Umschwung scheint in engem Zusammenhang zu stehen mit dem tiefgreifenden Wandel, dem die europäische Gesellschaft jener Zeit unterworfen ist.[29] Jene Gesellschaft, die Rittertum und Ritterlichkeit erschuf, fand in den Falken offenbar ein ideales Ausdrucksmittel ihrer selbst. Der edle Charakter der Tiere und ihr eleganter Flug, die Sorgfalt und Mühe, die der Umgang mit ihnen erfordert, ihre Stärke im Kampf und ihre Sanftheit in der Hand ihres Herrn – all dies erschien wie ein Sinnbild adelig-höfischen Lebens.[30]

Unter denen, welche die Falken am stärksten in ihren Bann zogen, war Kaiser Friedrich II. Er aber ging noch einen Schritt weiter. Für ihn war die Beize nicht nur ein edler und anmutiger Zeitvertreib, sondern ein Gegenstand, den er intellektuell zu bewältigen und zu durchdringen suchte, eine Wissenschaft. Unermüdlich und mit scharfem Verstand beobachtete er die Vögel, unternahm mit ihnen kontrollierte Experimente, unterzog sie wohl auch Sektionen. Die Ergebnisse notierte er akribisch. Die Erkenntnis der Natur wiederum war ihm zugleich Mittel, sie zu beherrschen. Mit seinem Wissen um das natürliche Verhalten der Vögel vermochte er, wie kein anderer zuvor im Abendland, dasselbe zu überlisten und die Tiere dazu zu bringen, größere Beute als gewöhnlich auf vielfältigere und neuartige Weise zu fangen. In seinen Händen wurde die Beize zu einer Kunst. An diejenigen, welche diese Kunst beherrschen wollten, stellte er höchste physische und moralische Anforderungen. Scharfsinn und Gedächtnis sollten ihnen ebenso zueigen sein wie Mut und

---

26 *Id autem recte fieri puto si de accipitrum natura et usu quicquam elegantius sentis aperias, precipue cum nos Angli simus genere et eorum sententia pre ceteris gentibus sit probata* (Charles BURNETT (Hg.), Adelard of Bath, Conversations with his Nephew. *On the Same and the Different, Questions on Natural Science*, and *On Birds*. Edited and Translated by Charles Burnett, with the Collaboration of Italo RONCA, Pedro MANTAS ESPAÑA and Baudouin VAN DEN ABEELE (Cambridge Medieval Classics 9), Cambridge 1998, 238).

27 *De rebus nempe militaribus, canibus et accipitribus loqui gratum habuerat, quod apud Anglos didicerat* (Edmond-René LABANDE (Hg.), Guibert de Nogent, Autobiographie. Introduction, édition et traduction par Edmond-René Labande (Les Classiques de l'Histoire de France au Moyen Age 34), Paris, 1981, 295).

28 Dennis M. KRATZ (Hg. u. Übers.), Waltharius and Ruodlieb, New York / London 1984, 108ff.; Benedikt Konrad VOLLMANN (Hg.), Ruodlieb. Faksimile-Ausgabe des Codex Latinus Monacensis 19486 der Bayerischen Staatsbibliothek München und der Fragmente von St. Florian, Bd. I.1: Kritischer Text, Wiesbaden 1985, 93.

29 Vgl. FRIED, Kaiser Friedrich II., 118-120.

30 Vgl. u. a. Baudouin VAN DEN ABEELE, La fauconnerie dans les lettres françaises du XIIe au XIVe siècle (Mediaevalia Lovaniensia Series I / Studia 18), Leuven 1990 und Baudouin VAN DEN ABEELE, Le faucon sur la main. Un parcours iconographique médiéval, in: La chasse au Moyen Age. Société, traités, symboles. Textes réunis par Agostino PARAVICINI BAGLIANI et Baudouin VAN DEN ABEELE, o. O. 2000, 87-109.

Beharrlichkeit, Ausgeglichenheit und Umsicht, Zucht und Maß. Wer diese Eigenschaften bewiesen hatte, schien ihm auch für anderes geeignet. Nicht wenige derer, die nachmals höchste Staatsämter bekleideten, waren in ihrer Jugend unter den Augen des Kaisers durch die strenge Schule seines Falknerdienstes gegangen.[31]

Auf diesem Weg freilich blieb der Staufer allein. Den übrigen Fürsten Europas stand nicht der Sinn danach, die Falken als Mittel der Erkenntnis zu nutzen. Ihnen reichte der Glanz, der von den Tieren ausging, und dieser konnte nicht groß genug sein. Deutlicher denn je dient der Besitz der Vögel in den folgenden Jahrhunderten der Prachtentfaltung, wird die Beizjagd zu einer Bühne der Selbstdarstellung und des friedlichen Kräftemessens, ganz so wie das Zusammentragen großer Bibliotheken, die Anlage prächtiger Paläste, die Förderung von Kunst und Musik. Die Summen, die Fürsten für ihre Falken ausgaben, erreichten nie zuvor gekannte Höhen: 15 Falkenmeister und mehr als 60 Falkenknechte beschäftigte Kaiser Maximilian I. (reg. 1493-1519).[32] 300 Beizvögel unter der Obhut von 50 edlen und ebenso vielen gemeinen Falknern soll die Falknerei des französischen Königs Franz' I. (reg. 1515-1547) umfaßt haben.[33] Gut 300 Falken wurden allein 1446 aus Katalonien nach Neapel an den Hof Alfons' I. (reg. 1416-1458) gebracht.[34] Und auch die Beizjagd veränderte ihr Bild. Friedrich II. hätte sich wohl im Grabe umgedreht, hätte er gesehen, welche Formen sie in seinem Herrschaftsbereich zweihundert Jahre später annehmen konnte. Dieselben Wiesen, die der Staufer noch still und konzentriert in Begleitung weniger kundiger Gehilfen durchstreifte, wurden nun von armeegroßen aragonesischen Jagdgesellschaften in tagelangen Festlichkeiten niedergetrampelt. Donna Eleonora und Donna Beatrice führten hier ihre minzblüten- und goldfarbenen Kleider aus, die sie sich eigens zu dem Anlaß hatten anfertigen lassen. Diener reichten *pasta reale*, kandierte Fenchelsamen und anderes Naschwerk. Sänger gaben Madrigale, der Dichter Sannazaro Schwänke zum Besten.[35] Weiter noch trieb es Papst Leo X. (amt. 1513-1521), dessen Jagden wie ein Schauspiel auf der Bühne dargeboten wurden – in einem begrenzten Rund, das der fettleibig-phlegmatische und fehlsichtige Papst in einer Loge sitzend mit seinem Okular gut überschauen konnte, mit eigens vorbereiteten und im rechten Moment

---

31 Vgl. Ernst H. KANTOROWICZ, Kaiser Friedrich der Zweite. Ergänzungsband, Stuttgart ^{4}1994, 276-287.

32 Werner RÖSENER, Adel und Jagd. Die Bedeutung der Jagd im Kontext der adeligen Mentalität, in: La chasse au Moyen Age. Société, traités, symboles. Textes réunis par Agostino PARAVICINI BAGLIANI et Baudouin VAN DEN ABEELE, o. O. 2000, 129-150, 148.

33 DE CHAMERLAT, Christian Antoine, La fauconnerie et l'art, Courbevoie 1986, 114.

34 Antonio LUPIS und Saverio PANUNZIO, Caccia e pratica veterinaria a Napoli e nelle corti italiane del Quattrocento, o. O. 1992, 84. Vgl. auch Francesco MALAGUZZI VALERI, La corte di Lodovico il Moro, 4 Bde., Milano 1913-1923, I: La vita privata e l'arte a Milano nella seconda metà del Quattrocento, Milano 1913, 709-749; Giancarlo MALACARNE, Le cacce del principe. L'ars venandi nella terra dei Gonzaga (Il giardino delle Esperidi 8), Modena 1998; Corinne BECK, Chasses et équipages de chasse en Bourgogne ducale (vers 1360-1420), in: La chasse au Moyen Age. Société, traités, symboles. Textes réunis par Agostino PARAVICINI BAGLIANI et Baudouin VAN DEN ABEELE, o. O. 2000, 151-174; Christoph NIEDERMANN, <<Je ne fois que chassier>>. La chasse à la cour de Philippe le Bon, duc de Bourgogne, in: La chasse au Moyen Age. Société, traités, symboles. Textes réunis par Agostino PARAVICINI BAGLIANI et Baudouin VAN DEN ABEELE, o. O. 2000, 175-185; Giancarlo MALACARNE, I signori del cielo. La falconeria a Mantova al tempo dei Gonzaga, Mantova 2003.

35 Antonio LUPIS, Per una storia della caccia aragonese, in: Quaderni medievali 11 (1981), 86-101, 95-97.

freigelassenen Beutetieren, von Zeit zu Zeit unterbrochen von Musik und Tanz, Possen und Gedichten, Speis und Trank.[36]

In dieser Zeit des 15. und 16. Jahrhunderts erreichte die Beliebtheit der Falknerei ihren Höhepunkt. Im Laufe des 17. und 18. Jahrhunderts nahm sie wieder ab und wurde die Beizjagd zur Sportart einer kleinen Minderheit, als die sie noch heute betrieben wird. Entscheidenden Anteil an dieser Entwicklung dürfte die zunehmenden Verbreitung von Handfeuerwaffen gehabt haben.[37]

Im Laufe der Jahrhunderte hat sich eine breite Tradition an falknereispezifischer Literatur herausgebildet.[38] Bis in das 12. Jahrhundert bietet diese ein einheitliches Bild. Soweit sich Aussagen treffen lassen, sind alle bis dahin entstandenen Texte auf Latein verfaßt, relativ kurz und so gut wie ausschließlich auf die Aneinanderreihung von Rezepten zur Heilung der in Gefangenschaft äußerst krankheitsanfälligen Tiere beschränkt. Auch stammen sie allein aus Italien und England.

In Italien könnten noch im 6. Jahrhundert das Werk eines *Grimaldus baiuli et comitis sacri palatii ad Karulum regem* und eine heute akephale Sammlung von 33 kurzen Rezepten entstanden sein, die in jeweils einer einzigen Handschrift des 11. bzw. 10. Jahrhunderts auf uns gekommen sind. Beide weisen Italianismen auf, erstere zeigt zudem Einfluß spätantiker ravennatischer Medizin.[39] Dem normannischen Sizilien des 12. Jahrhunderts entsprangen weitere vier Rezeptsammlungen: eine, die ein Athanasius, Sohn eines Königs Galatian, vom Hofe eines Königs Dancus mitgebracht haben soll (*Dancus rex*),[40] eine, die ein Falkner namens Guillelmus verfaßt haben soll – über ihn heißt es, er sei am Hof König Rogers II. (reg. 1130-1154) aufgewachsen und später eng mit dessen Sohn, König Wilhelm I. (reg. 1154-1166) befreundet gewesen (*Guillelmus falconarius*) –,[41] sowie je eine einem Falkner Gerardus und einem griechischen Arzt Alexander zugeschriebene (*Gerardus falconarius*[42] bzw. *Alexander medicus*[43]).

---

36 Domenico GNOLI, La Roma di Leon X. Quadri e studi originali annotati e publicati a cura di Aldo GNOLI, Milano 1938, 217-265 (= Le caccie di Leon X).

37 Vgl. LINDNER, Ost-westliche Beziehungen, 82 und Richard GRASSBY, The Decline of Falconry in Early Modern England, in: Past and Present 157 (1997), 37-62.

38 Vgl. zu den im folgenden genannten Werken, soweit nicht näher bezeichnet, Baudouin VAN DEN ABEELE, La littérature cynégétique (Typologie des sources du Moyen Âge occidental 75), Turnhout, 1996.

39 Vgl. An SMETS (Hg.), Le <<Liber accipitrum>> de Grimaldus: Un traité d'autourserie du haut Moyen Âge. Texte édité, traduit et annoté par An SMETS (Biblioteca cynegetica 2), Nogent-le-Roi 1999 und Bernhard BISCHOFF (Hg.), Die älteste europäische Falkenmedizin (Mitte des 10. Jahrhunderts), in: Anecdota novissima. Texte des vierten bis sechzehnten Jahrhunderts, hg. von Bernhard BISCHOFF (Quellen und Untersuchungen zur lateinischen Philologie des Mittelalters 7), Stuttgart 1984, 171-182 sowie die weiterführende Rezension zu Smets Werk von Klaus-Dietrich FISCHER in: Mittellateinisches Jahrbuch 39 (2004), 118-121.

40 Gunnar TILANDER (Hg.), Dancus Rex, Guillelmus falconarius, Gerardus falconarius. Les plus anciens traités de fauconnerie de l'occident publiés d'après tous les manuscrits connus (Cynegetica 9), Lund 1963, 5-117; VAN DEN ABEELE, Les traités, II, 190-204.

41 TILANDER, Dancus rex, 118-175; VAN DEN ABEELE, Les traités, II, 205-210.

42 TILANDER, Dancus rex, 176-229; VAN DEN ABEELE, Le traités, II, 211-220.

43 Gunnar TILANDER (Hg.), Sources inédites des Auzels Cassadors de Daude de Pradas. Grisofus medicus, Alexander Medicus. Deux traités latins de fauconnerie du XIIe s. (Cynegetica 10), Lund 1964, 33-48; VAN DEN ABEELE, Les traités, II, 221-234.

An englischen Werken ist zwar nur der *Tractatus de avibus* des Philosophen, Astronomen und Arabisch-Übersetzers Adelard von Bath (ca. 1080 - ca. 1152) erhalten,[44] doch dürfte er nur den Überrest einer früher deutlich größeren Literatur darstellen. Adelard selbst berichtet, er habe einen Teil seiner Rezepte *in Haroldi regis libris* gefunden, mithin wohl in Werken, die der letzte angelsächsische König Harold II. (reg. 1066) verfaßt oder besessen hat.[45] Der Eintrag *Liber Alvredi Regis <de> custodiensis accipitribus* in dem zwischen 1284 und 1331 aufgestellten Bücherverzeichnis der Bibliothek des Christ Church College in Cambridge deutet auf ein Falkenbuch hin, das König Alfred der Große von Wessex (reg. 871-899) besessen oder verfaßt hat.[46] Und mit dem *libre del rei Enric d'Anclaterra*, den der provenzalische Dichter Daude de Pradas (tätig um die Mitte des 13. Jahrhunderts) als eine der Quellen seines beizjagdkundlichen Werkes *Dels auzels cassadors* erwähnt, könnte ein weiteres verschollenes Werk aus dem Besitz oder der Feder Heinrichs I. (reg. 1100-1135), Heinrichs II. (reg. 1154-1189) oder Heinrichs III. (reg. 1216-1272) bezeichnet sein.[47]

Unklarer Herkunft sind eine Rezeptsammlung in der Form eines Briefes, den die Septuagintaübersetzer Aquilus, Symachus und Theodotion an einen König Ptolomäus gerichtet haben sollen (*Epistola ad Ptolomeum*), ein ebensolcher Brief eines Arztes namens Grisofus an einen Kaiser Theodosius (*Grisofus medicus*) sowie eine pseudo-hippokratische *Practica avium*.[48]

Vom 13. Jahrhundert an diversifiziert sich die Literatur. Neben Italien und England bringen nun auch andere Länder Texte hervor. Diese werden nun auch in den Volkssprachen verfaßt. Zugleich wird aus dem Arabischen ins Lateinische und aus dem Lateinischen in die Volkssprachen übersetzt, und die Inhalte gehen nun auch deutlich über Rezepte hinaus, bringen Klassifikationen und Beschreibungen der Vögel, behandeln ihre Abrichtung und die Jagd mit ihnen.

Neben dem *Moamin* wird auch der kürzere *Ghatrif* aus dem Arabischen ins Lateinische übersetzt. Um die Mitte des 13. Jahrhunderts verfaßt Albertus Magnus sein großes zoologisches Werk *De animalibus*, darunter auch den Teil *De falconibus*. Um dieselbe Zeit verbindet der bereits genannte Daude de Pradas in der Provence einen Großteil der älteren lateinischen Texte mit neuem Material zu einem 3792 Verse zählenden Traktat in Gedichtform. In Spanien entsteht die Literatur von Anfang an in der Volkssprache. Sie beginnt mit der kastilischen Übersetzung des *Kitāb al-Mutawakkilī*, setzt sich gegen 1325 mit dem

---

44 BURNETT, Adelard of Bath.

45 Charles Homer HASKINS, King Harold's Books, in: English Historical Review 37 (1922), 398-400. Die in der Handschrift London, British Library, Harley 978 enthaltene versifizierte anglo-normannische Übersetzung von Adelards Falkentraktat gibt statt dessen König Edward als Quelle an, doch ist hier zu vermuten, daß der Name schlicht um des besseren Reimes willen ausgetauscht wurde: *Si cum jo lis e jo l'esgard, / El livere al bon rei Edward* (Gunnar TILANDER (Hg.), Fragment d'un traité de fauconnerie anglo-normand en vers, in: Studier i modern språkvetenskap 15 (1943), 26-44, 33).

46 Montague Rhodes JAMES (Hg.), The Ancient Libraries of Canterbury and Dover: The Catalogues of the Libraries of Christ Church Priory and St. Augustine's Abbey at Canterbury and of St. Martin's Priory at Dover. Now First Collected and Published with an Introduction and Identifications of the Extant Remains, Cambridge 1903, 60.

47 Alexander Herman SCHUTZ (Hg.), The Romance of Daude de Pradas Called Dels Auzels Cassadors. Edited with Introduction, Summary, Notes, and Glossary by Alexander Herman SCHUTZ, Columbus 1945, Zeile 1930.

48 Vgl. VAN DEN ABEELE, Les traités, II, 154-189, 227-234 und 235-242. Eine kritische Edition des Briefes an Ptolomäus wird von van den Abeele vorbereitet.

Tratado de cetreria und dem *Libro de la caza de las aves* des Juan Manuel fort und gipfelt 1386 in dem bekanntesten Werk, dem *Libro de la caza de las aves* des Pero Lopez de Ayala. Literarische Qualität entfaltet das Genre im Frankreich des 14. Jahrhunderts. Zwischen 1354 und 1376 verfaßt Henri de Ferrières hier einen langen didaktischen Dialog zwischen dem König Modus und der Königin Ratio, der praktische Unterweisung mit erbauender Allegorie vereint – während König Modus seine Schüler die Kunst der Jagd in all ihren Ausprägungen lehrt, bietet Königin Ratio moralisierende Visionen dar. Wenig später schuf Gace de la Buigne mit dem *Roman des deduis* ein Kunstwerk in 12210 Versen, dessen Hauptteil ein mit zahlreichen Anekdoten ausgeschmücktes Streitgespräch zwischen der „Liebe zu Hunden" und der „Liebe zu Vögeln" bildet.

Über allem aber thront das *De arte venandi cum avibus* Friedrichs II., in dem der Kaiser in monumentaler Breite und scholastischer Strenge die Erträge seiner jahrzehntelangen Beschäftigung mit dem Gegenstand einfährt, von Beschreibungen der verschiedensten Vogelarten über die Themen Nahrung und Nahrungssuche, jährlicher Vogelzug, Fortpflanzung und Nestbau, das Ausbrüten und die Aufzucht der Jungvögel, Beschreibungen der Glieder und inneren Organe der Vögel, ihres Baus und ihrer Funktion bis hin zum Abrichten der Vögel und schließlich der Beschreibung einzelner Jagdarten, derjenigen mit Gerfalken auf Kraniche, mit Sakerfalken auf Reiher und mit Wanderfalken auf Wildenten.

Die Entwicklung im arabischen Raum[49]

Auch in den arabischen Gebieten setzen die Belege für den Gebrauch der Beizjagd in den ersten Jahrhunderten nach Christus ein: Im babylonischen Talmud wird in Sabbat 94a, einer Rabbi Johanan (gest. 279) zugeschriebenen Tradition, bei der Diskussion einer Reinheitsfrage das „Pferd der Falkner" genannt und heißt es in Sanhedrin 95a, einem Ausspruch von Rabbi Jehuda (gest. 299), König David sei einst ausgezogen, um mit Falken zu jagen.[50] In einem Vers des Dichters Abū Du'ād al-Iyādī (ca. 480-550) liest man über einen Jagdhelfer, er bewege sich so flink, wie ein von Jägern ausgehungerter Falke auf einen Buchfink herabstürzt.[51] Und auch das Werk des Königs und Poeten Imru' al-Ḳays (gest. um 550) soll Beschreibungen der Beizjagd enthalten.[52] Vermittler dürften hier zuvorderst die Perser gewesen sein, denn ein Großteil des falknereispezifischen arabischen Wortschatzes stammt aus dem Persischen, so auch die in den zuvor genannten Quellen für „Falke" bzw. „Falkner" verwendeten Begriffe *bāzī* bzw. *bāzyārān*. Daneben mag auch eine bereits in Byzanz existierende Tradition der Beizjagd auf die Araber ausgestrahlt haben. So heißt es im

49 Vgl. MÖLLER, Studien; Detlef MÖLLER, Beizjagd im Mondschein. Aus Geschichte und Literatur der arabischen Falknerei, in: Deutscher Falkenorden 1976/1977, 71-75; François VIRÉ, La fauconnerie dans l'Islam médiéval, in: La chasse au Moyen Âge. Actes du Colloque de Nice (22-24 juin 1979). Ouvrage publié avec le concours du Comité Doyen-Jean-Lepine de la Ville de Nice (Publications de la Faculté des Lettres et des Sciences Humaines de Nice 20), Paris 1980, 189-197; MÖLLER / VIRÉ; François VIRÉ, Bayzara, in: The Encyclopaedia of Islam. New Edition, 11 Bde., Leiden 1986-2002, I, 1152-1155; BOCCASSINI, 225-245; keine in diesem Rahmen relevanten Informationen bieten Louis MERCIER, La chasse et les sports chez les Arabes, Paris 1927 und Zaky M. HASSAN, Hunting as Practised in Arab Countries of the Middle Ages, Cairo 1937.

50 Vgl. EPSTEIN, 501 und MÖLLER, Studien, 103f.

51 EPSTEIN, 500.

52 So VIRÉ, Bayzara, 1152, mit (bislang nicht aufzulösendem) Verweis auf die *ayyam al-ṣayd* dieses Autors.

ältesten erhaltenen arabischen Falkentraktat (8. Jahrhundert), in Byzanz sei als erste Form der Beizjagd überhaupt die Jagd mit Habichten und anschließend auch die Jagd mit Wanderfalken und Adlern erfunden worden.[53]

Bis in die frühe islamische Zeit dürfte die Bedeutung der Beizjagd bei den Arabern noch gering gewesen sein. So überliefert die an Tierbezügen nicht arme Dichtung jener Zeit nur wenige Zeilen, aus denen auf entsprechende Betätigung geschlossen werden kann. Und auch die Ḥadīṯ-Literatur, die Mitteilungen über Taten und Aussprüche des Propheten zur Unterweisung der Gläubigen versammelt, schweigt sich aus: Gefragt nach Fleisch von Tieren, die nicht auf die vorgeschriebene Weise getötet worden sind, führt der Prophet nur solche Beispiele an, bei denen Jagdbeute von Hunden erlegt wird, jedoch keine, bei denen Raubvögel beteiligt sind.[54]

Dies änderte sich indessen, nachdem die Araber im Zuge der islamischen Eroberungen zu einer Großmacht aufgestiegen waren und die Kalifen begonnen hatten, sich am Lebensstil der byzantinischen und persischen Herrscher zu orientieren. Noch im 7. Jahrhundert entdeckten die Umajaden die Beizjagd für sich. Von nun an sind die Falken aus der arabischen Kultur nicht mehr wegzudenken. Zahlreich sind die Anekdoten, die berichten, wie sich einzelne Herrscher auf diesem Gebiet betätigt haben, zahlreich auch die poetischen Beschreibungen, die sich den verschiedenen Arten von Beizvögeln und der Jagd mit ihnen widmen.[55]

Spätestens zur Zeit Hārūn ar-Rašīds (reg. 786-809) war die Beizjagd dann auch zu einer Freizeitbeschäftigung der Mittelklasse geworden. Zugleich war der waidmännische Anteil an der Jagd bereits deutlich gegenüber dem sportlichen zurückgegangen. Ziel war es nun vor allem, die Raubvögel so abzurichten, daß sie Tiere schlugen, die sie von Natur aus aufgrund ihrer Größe nicht schlagen würden. Wie Kaiser Friedrich im 13. Jahrhundert bemühte man sich, die Grenzen der Natur zu überschreiten, und fand ein Vergnügen daran, immer neue und verbesserte Techniken der Beizjagd zu erfinden. Den Höhepunkt bildete wohl die Jagd auf Strauße mit einer gemischten Gruppe von fünf Saker- und Wanderfalken, bei der jeder Falke für den Angriff auf einen bestimmten Punkt am Körper der Strauße abgerichtet wurde.[56] Anders als in der europäischen hat die Beizjagd in der arabischen Kultur nie an Bedeutung verloren und erfreut sich bis heute großer Beliebtheit.

Die Anfänge der arabischen Falknereiliteratur fallen mit dem Aufschwung der Falknerei im späteren 7. Jahrhundert zusammen.[57] Dabei setzen die Werke gleich in großer Fülle und auf hohem Niveau ein, denn es wurde offenbar systematisch zusammengetragen und übersetzt, was bereits bei den Nachbarvölkern verfaßt worden war. Großen Anteil an diesen Sammlungs- und Übersetzungsaktivitäten scheint der Emir Adham ibn Muḥriz al-Bāhilī (635/637-

---

53 Vgl. MÖLLER / VIRÉ, 67-71.

54 G. Rex SMITH, A New Translation of Certain Passages of the Hunting Section of Usāma ibn Munqidh's I'Tibār, in: Journal of Semitic Studies 26 (1981), 235-255, 238f.

55 Vgl. Maria Jesus RUBIERA MATA, La poesia cinegética árabe, in: Orientalia Hispanica sive studia F. M. Pareja octogenario dicata edenda curavit J. M. BARRAL, Bd. I, 1: Arabica-Islamica, Lugduni Batavorum 1974, 566-573.

56 MÖLLER, Beizjagd, 74f.

57 Vgl. im folgenden MÖLLER, Studien; Manfred ULLMANN, Die Natur- und Geheimwissenschaften im Islam (Handbuch der Orientalistik, Erste Abteilung: Der nahe und mittlere Osten, Ergänzungsband 6,2), Leiden 1972, 43-50; Herbert EISENSTEIN, Einführung in die arabische Zoographie. Das tierkundliche Wissen in der arabisch-islamischen Literatur, Berlin 1990, 169-182.

708/718?) gehabt zu haben. Noch im 8. Jahrhundert wurden die Übersetzungen – bekannt sind ein *Kitāb at-Turk* (Buch der Türken), *Kitāb al-Hind* (Buch der Inder), *Kitāb al-Furs* (Buch der Perser) und *Kitāb ar-Rūm* (Buch der Byzantiner) – von den arabischen Falknern exzerpiert und mit eigenem Wissen zu neuen Werken verbunden.

Fast alle dieser neuen Traktate sind Herrschern gewidmet oder gar von diesen verfaßt, dürften sich aber, ihrem Inhalt nach zu schließen, zugleich an die große Zahl der Falknereiliebhaber im Volk gewandt haben. Das älteste erhaltene arabische Werk verfaßte al-Ġiṭrīf ibn Qudāma al-Ġassānī für den Kalifen al-Mahdī (reg. 775-785). Für Hārūn ar-Rašīd (reg. 786-809) schrieb dessen Falkner Ibrāhīm al-baṣrī ein nicht erhaltenes *Kitāb al-baizara*. Für al-Watiq-billāh (reg. 842-847) ein unbekannter Autor das *Kitāb al-Wāṯiqī*; für al-Mutawakkil (reg. 847-861) dessen Falkner Muḥammad ibn ʿAbdallāh ibn ʿUmar al-Bāyzār das *Kitāb al-Mutawakkilī* und dessen Sekretär al-Fatḥ ibn Ḫāqān das *Kitāb aṣ-ṣaid wa-l-ǧawāriḥ* (Buch der Jagd und der Raubtiere). Ibn al-Muʿtazz (gest. 908), der selbst einen Tag das Kalifat innehatte, schrieb ein *Kitāb al-ǧawāriḥ wa-ṣ-ṣaid* (Buch der Raubtiere und der Jagd). Auch zwei ägyptische Herrscher haben Falkentraktate verfaßt: der Tulunide Abū l-Ǧayš Ḫumarāwaih ibn Aḥmad (reg. 883-896) und der Ihsidide Abū l-Qāsim (Unūǧūr) ibn Muḥammad ibn Ṭuǧǧ (reg. 946-961). Gleich zwei Werke – das *Kitāb an-Nuzah* (Die Jagdausflüge) und das *Kitāb al-maṣāyid wal-maṭārid* (Buch der Fallen und Spieße) – stammen aus der Feder des berühmten Dichters Abū l-Fatḥ Maḥmūd ibn al-Ḥusain as-Sindī, genannt Kušāǧim (gest. 961 oder 971). Sie erlangten mit ihrer ebenso freien wie anmutigen Behandlung des Themas zugleich literarische Berühmtheit.

Auf die frühe Blüte folgten zwei Jahrhunderte der Stagnation. Aus der Zeit von der Mitte des 10. bis zur Mitte des 12. Jahrhunderts sind mit Ausnahme eines unselbständigen Werkes bislang keine Falknereitraktate bekannt, ein Bild, das sich in den allgemeinen Stillstand und Niedergang der arabischen Wissenschaften in dieser Zeit fügt.

Eine zweite Blütezeit erlebte die arabische Falknereiliteratur im 13. Jahrhundert. Sie ist gekennzeichnet durch die Anlage großer Summen, in denen das noch erreichbare Wissen der ersten Periode enzyklopädisch zusammengefaßt wurde. Einer dieser Enzyklopädisten, al-Asadī, reiste gar 23 Jahre lang umher, um alles erreichbare Material zu sammeln. Diese zweite Welle bildet zugleich den Abschluß der arabischen Falknereiliteratur. Aus der Zeit nach dem 13. Jahrhundert ist kein arabisches Werk über die Falknerei bekannt, das auch nur einigermaßen selbständig verfaßt worden wäre. Bis weit in die Neuzeit ist keine neue Schrift von irgendwelcher Bedeutung mehr hinzugekommen.

Verbindungslinien

Kontakte wirtschaftlicher und politischer Art zwischen Orient und Okzident gab es bereits in frühen Zeiten.[58] Es ist anzunehmen, daß auf diesem Wege auch der ein oder andere Beizvogel verschenkt wurde, wenngleich die Quellen nur einen einzigen solchen Fall bezeugen – im Jahr 906 gab Berta, die Tochter König Lothars II. von Lothringen und Mutter König Hugos von Italien, einer Gesandtschaft an den Abbasidenkalifen al-Muktafī sieben

58 Vgl. etwa Michael BORGOLTE, Der Gesandtenaustausch der Karolinger mit den Abbasiden und mit den Patriarchen von Jerusalem (Münchener Beiträge zur Mediävistik und Renaissance-Forschung 25), München 1976.

Falken und sieben Sperber als Geschenke mit auf den Weg.[59] Ein intensiverer Austausch dürfte sich erst dort eingestellt haben, wo sich beide Kulturen dauerhaft begegnen und es zu intensiven persönlichen Kontakten kommen konnte.

Zwei der frühesten Belege führen in das normannische Sizilien des 12. Jahrhunderts, das noch deutlich von der vorausgehenden zweieinhalb Jahrhunderte währenden arabischen Herrschaft geprägt war, und in dem sich ein großer sarazenischer Bevölkerungsanteil erhalten hatte. Es handelt sich um die beiden Traktate *Dancus Rex* und *Guillelmus falconarius*. Beide dürften in enger Beziehung zu König Roger II. (1095-1154) stehen. Über Guillelmus heißt es, er sei an dessen Hofe aufgewachsen. Sein Traktat aber ist offenkundig als Ergänzung zum *Dancus rex* verfaßt worden, an den er lückenlos anschließt, auf den er sich bezieht, dessen Aufbau er übernimmt und dessen Inhalt er erweitert und korrigiert.[60] Bereits im *Dancus rex* ist orientalischer Einfluß spürbar. Denn seine Rezepte unterscheiden sich von denen anderer Traktate durch eine Vielzahl exotischer Zutaten. Ein Rezept gegen geschwollene Kehlen etwa verlangt nach Pfauenblut, Moschus, Behennüssen, Nelken, Zimt und Ingwer.[61] Ein sicheres Anzeichen für eine orientalische Herkunft ist dies freilich noch nicht. Hierin mag sich auch schlicht die Nähe Siziliens zum orientalischen Kultur- und Wirtschaftsraum widerspiegeln.[62] Kaum Zweifel über einen konkreten Transfer von Gedankengut bestehen indessen beim *Guillelmus falconarius*. Denn neben exotischen Zutaten findet sich hier auch die auffällige Aussage, weiße und rote Falken stammten von den schwarzen Falken ab, eine Legende, die bereits bei al-Ġiṭrīf erscheint.[63]

Um die gleiche Zeit hatten die Kreuzzüge zu ersten Kontakten zwischen europäischen und arabischen Falknern geführt. Eine erste solche Begebenheit beschreibt Usāma ibn Munqidh (1095-1188), ein gebürtiger Syrer von edler Herkunft, der in Syrien, Ägypten und im Irak hohe politische Ämter bekleidete und viel mit den Kreuzfahrern in Berührung kam. In seinem autobiographischen Werk *Iʿtibār* (Lernen durch Exempel), das er am Ende seines langen Lebens im Alter von ca. 90 Jahren schrieb, berichtet er, wie er zur Zeit König Fulcos von Jerusalem (reg. 1131-1143) in Akkon einen Genuesen sah, der gerade aus Europa angekommen mit einem großen Habicht und einer Hündin Jagd auf Kraniche machte.[64]

---

59 S. Maria Giovanna STASOLLA (Hg.), Italia euro-mediterranea nel Medioevo. Testimonianze di scrittori arabi. Antologia di saggi, Bologna 1983, 271-274.

60 Vgl. TILANDER, Dancus Rex, 6f.

61 S. Kapitel 5 der Edition in TILANDER, Dancus Rex.

62 Vgl. VAN DEN ABEELE, La fauconnerie, 224-227.

63 *Falchones nigri prius apparuerunt. Venerunt a Babilonia in montem Gabuel, et deinde venerunt in Sclavaniam, et deinde venerunt ad Polunudum, quod est in pertinentiis Policastri. Falcones de Palunudo et speriverii de Bruca et astures de Sclavania, omnes isti sunt meliores qui sunt in mundo. Falchones albi et rubei exierunt ex nigris falchonibus. Masculus de nigris mortuus fuit et femina remansit, et ista morabatur tristis. Et quando erat in amore, apparuit ei avis que vocabatur birçulus. Egit secum in aere, et de illa exierunt isti falchones qui habent pennas albas et [sunt] quasi adulteri, et ita sunt sic ardito. Et isti falchones sunt boni, nisi ex culpa contingat. Alii qui sunt rubei similiter processerunt ex primis nigris ita quia nigra perdidit tu[r]zolum suum, et associavit se albarello, habuit secum aerem, et nati sunt rubei* (TILANDER, Dancus rex, Kapitel 31-33) / *Die Alexandriner sagen, daß gerade die schwarzen Wanderfalken deren Urform darstellten. Über die vielfältigen Abwandlungen wundern sie sich nicht, sondern ihre Philosophen behaupten, daß die rostroten und hellgrauen von den schwarzen abstammten, indem sie sich in der Farbe geändert hätten entsprechend der Landschaft, zu der sie hinwechselten* (*al-Ġiṭrīf* 24, 3). Auf diesen Zusammenhang machte bereits VAN DEN ABEELE, La fauconnerie, 52 aufmerksam.

64 *I had gone with Amīr Muʿīn al Dīn – may God have mercy upon him! – to Acre to the King of the Franks, Fulk, the son of Fulk. We saw a man from Genoa who had just arrived from Europe and who had a large*

Dieser Anblick muß Usāma gleich zweifach beeindruckt haben. Zum einen muß ihn der Anteil der Hündin an der Jagd erstaunt haben, denn er beschreibt diesen mit einer ansonsten nicht erklärbaren Aufmerksamkeit, wenn auch nicht klar erkennbar ist, woran dies liegt. Zum anderen muß ihn der Jagdvogel erstaunt haben, und dies ist erklärlich, denn die niedrig fliegenden Habichte eignen sich wahrlich nicht für die Jagd auf die hoch aufsteigenden Kraniche. Von Usāma hierauf angesprochen, erklärte der Genuese, der Habicht habe dreizehn Schwanzfedern, und solche Habichte seien in der Lage, Kraniche zu jagen.

Bei anderer Gelegenheit berichtet Usāma, wie ein Bauer seinem Vater einen Habicht von der Größe eines Adlers brachte, der sich in seiner Taubenfalle verfangen hatte und dessen Flügel- und Schwanzfedern dabei gebrochen waren. Es stellte sich heraus, daß der Vogel bereits von den Franken abgerichtet und ihnen entflohen war. Als seine Verletzungen verheilt waren, stellte er alle anderen Beizvögel von ibn Munqidhs Vater an Eifer und Geschick in den Schatten.[65]

Solcher Begegnungen wird es sicher noch andere gegeben haben, denn beizende Europäer scheinen im Heiligen Land keine Seltenheit gewesen zu sein, wie einige Anekdoten vom dritten Kreuzzug (1189-1192) belegen: König Philipp August von Frankreich etwa soll, als er von Saladin in Akkon belagert wurde, ein Gerfalke entflogen und in die Hände der Belagerer gelangt sein. Auch gegen 1000 Goldtaler soll Saladin den unbekannten Vogel nicht hergegeben haben.[66] Und über Richard Löwenherz heißt es, er habe Saladin um Hühner für seine Habichte und Falken gebeten, die auf der Reise gelitten hätten,[67] und als er bei Jaffa auf Beize war, sei er von Sarazenen überrascht worden und wäre beinahe in Gefangenschaft geraten, wenn sich nicht einer seiner Begleiter für ihn ausgegeben hätte und sich selbst hätte gefangennehmen lassen.[68]

Für den Falkner Friedrich II. scheint der Kreuzzug ins Heilige Land (1228) ein Initialerlebnis gewesen zu sein. Es hat den Anschein, als habe erst der Kreuzzug ihn auf den Reichtum der orientalischen Falknereitradition aufmerksam gemacht und ihn vieles übernehmen lassen – eines davon die Haube, welche den Falken die Sicht und damit die Furcht vor dem Menschen nimmt und die in mancherlei Hinsicht geeigneter ist als das im Westen zuvor allein gebräuchliche Zunähen der Augen mit Nadel und Faden. So berichtet er:

---

intermewed goshawk which hunted cranes. He also had a young bitch. When he slipped the gos at cranes, the bitch ran below. When the hawk made her kill and come down to earth, the bitch took the crane in her mouth and it could not then escape. This Genoese said to us, „In our country, if the goshawk has thirteen feathers in her tail, she can hunt cranes!“ We counted the tail feathers of this one and there were this many (SMITH, 244f.).

65 *One day we were with my father – may God have mercy upon him! – and a peasant of Maʿarrat al Nuʿmān, with an intermewed goshawk, the size of a large eagle, whose wing and tail feathers were broken. I had never seen such a goshawk. The peasant said, „Sire, I was setting up a snare for wood pigeons (dalam/columba palumbus) when this goshawk struck at a pigeon in the snare. I caught it and have brought it to you.“ My father took it and gave generously to him who presented it. The austringer imped its feathers, carried it and tried to train it. But the hawk was already an accustomed hunter which had moulted in the mews and had escaped from the Franks. She moulted again on Mount al-Maʿarrah. She proved to be the most sharp-set (afsah) and cleverest of my father's hawks* (SMITH, 248f.).

66 DE CHAMERLAT, 91.

67 Joseph Toussaint REINAUD, Extraits des Historiens arabes relatifs aux guerres des croisades, ouvrage formant, d'après les écrivains musilmans, un récit suivi des guerres saintes, Paris ^{2}1829, 312.

68 William STUBBS (Hg.), Chronicles and Memorials of the Reign of Richard I, 2 Bde., London 1864f., I, 286f.

> *Die Haube stammt aus dem Orient. Es sind die Araber gewesen, die sich früher als alle anderen Völker des Ostens, von denen wir etwas wissen, ihrer zum Locke-Machen der Falken und anderer Raubvögel bedient haben. Als wir über das Meer ins Morgenland kamen, haben wir selbst gesehen, wie sie die Haube bei der Beize benutzen. Ihre Könige sandten zu uns in dieser Kunst erfahrene Falkner mit vielen Arten von Falken. Auch wir versäumten nicht, nachdem wir beschlossen hatten, über die Kunst der Beize zu schreiben, sowohl aus Arabien als auch von sonst überallher, Fachleute zu uns kommen zu lassen, um uns, wie wir am Anfang dieses Werkes schon bemerkten, anzueignen, was sie besser wußten als wir.*[69]

Gerne wüßte man Genaueres über den angesprochenen Austausch mit östlichen Falknern und darüber, welche Teile von Friedrichs Werk auf einem solchen Wissenstransfer beruhen. Aus dem Werk selbst erfährt man freilich nur von zwei derartigen, zudem die Falknerei nur am Rande tangierenden Kontakten: Einmal berichtet Friedrich von Fachleuten, die er aus Ägypten habe kommen lassen und die ihm in Apulien demonstriert hätten, daß Straußeneier von der Sonne allein ausgebrütet werden können.[70] Ein andermal erwähnt er, der Sultan von Babylon habe ihm einen Papageien geschickt, der aus Indien stamme und wie der Wiedehopf und die Haubenlerche einen Federbusch auf dem Kopf trage.[71]

Immerhin zwei orientalische Anleihen Friedrichs im Bereich der Falknerei lassen sich annehmen. Die eine könnte der sogenannte Block gewesen sein, eine Sitzgelegenheit mit breiter Oberfläche, die sich nach unten pyramidal verjüngt und derart inmitten eines Rings in den Boden eingerammt wird, daß der Ring um das untere Ende des Blocks frei beweglich bleibt und die an ihm befestigte Fessel des Vogels sich nirgends verhaken kann. Er ist im Mittelalter allein bei Friedrich bezeugt. Die für ihn gebräuchliche Bezeichnung „arabischer Block" und sein noch heute in den arabischen Ländern zu beobachtender Gebrauch machen eine Übernahme wahrscheinlich.[72] Die andere Anleihe mag in der vom Kaiser im *De arte* vorgenommenen Farbdifferenzierung der Flaumfedern der Wanderfalken bestehen. Sie hat auffällige Ähnlichkeit mit derjenigen, die der arabische Falkner al-Timimi vornahm.[73]

Einmal scheint Friedrich auch eine orientalische Praxis abgelehnt zu haben. Der von ihm als *modus ..., quem faciunt quidam* bezeichnete und wegen der Gefahr der Schiefstellung des Schwanzes und der Beschädigung der Schwanzfedern entschieden verworfene Brauch, die an den Beinen der Vögel angebrachten Glocken mittels eines Fadens mit ein oder zwei Schwanzfedern zu verbinden, ist im Westen sonst nicht bezeugt, war zu mittelalterlicher Zeit im Orient hingegen verbreitete Praxis.[74]

Daß der Staufer des weiteren womöglich seine Jagdleoparden von Sarazenen aufziehen und abrichten ließ, läßt sich aus dem für den Zeitraum vom 3. Oktober 1239 bis 6. Mai 1240

---

69 Anna Laura TROMBETTI BUDRIESI (Hg.), Federico II di Svevia. De arte venandi cum avibus / L'arte di cacciare con gli uccelli. Edizione e traduzione italiana del ms. lat. 717 della Biblioteca Universitaria di Bologna collazionato con il ms. Pal. lat. 1071 della Biblioteca Apostolica Vaticana, Roma / Bari 2000, 522. Übersetzung nach Carl Arnold WILLEMSEN, Kaiser Friedrich der Zweite. Über die Kunst mit Vögeln zu jagen, 2 Bde., Frankfurt am Main / Leipzig 1942, Nachdruck Darmstadt 2001, I, 232.

70 TROMBETTI BUDRIESI, 126.

71 TROMBETTI BUDRIESI, 146.

72 VAN DEN ABEELE, La fauconnerie, 103f.

73 VAN DEN ABEELE, Inspirations, 381.

74 VAN DEN ABEELE, La fauconnerie, 110-112.

erhaltenen Register der staufischen Kanzlei[75] erschließen. Das Register enthält vier Einträge, die sich auf die Leoparden beziehen.[76] Sofern dazu ein Ort angegeben wird, ist dies stets Lucera. In und um Lucera aber, in direkter Nachbarschaft zur Hauptresidenz Friedrichs in Foggia, waren seit 1223/1224 Tausende von Sarazenen angesiedelt worden, von denen viele nachweislich auch im Auftrag des Hofes als Kunsthandwerker tätig waren.[77] Es liegt nahe, anzunehmen, daß Friedrich ihre Fertigkeiten auch bei der Abrichtung und Pflege seiner Leoparden in Anspruch nahm. Denn die Jagd mit Leoparden war eine orientalische Spezialität und zu seiner Zeit im Abendland noch kaum verbreitet.

Weitere orientalische Anleihen könnten unabhängig von Friedrich nach Europa gelangt sein. Das schon angesprochene Zunähen der Augen ist im Orient bereits für das achte Jahrhundert bezeugt,[78] während es im Okzident erstmals bei Friedrich, wenngleich als bereits bestehende Praxis, erwähnt wird.[79] Belege für den Gebrauch von Schlagzeug zum Aufscheuchen der Beute setzen erst mit der Zeit der Kreuzzüge ein, und die altfranzösische Bezeichnung hierfür, *nacaire*, läßt einen Zusammenhang mit dem arabischen Instrument namens *naqqara* annehmen, zumal Bilder und Beschreibungen ein Instrument darstellen, das wie das arabische aussieht: eine kleine Trommel mit konischem Resonanzraum, deren Fell mit netzartig über Kreuz gespannten Kordeln befestigt ist und die mit Schlagstöcken bespielt wird.[80] Ludwig IX. von Frankreich brachte 1252 auf seiner Rückreise aus dem Heiligen Land persische Saluki-Hunde mit, welche in seiner Heimat schnell als die „grauen Hunde des Königs“ bekannt wurden und aus deren Kreuzung mit Bracken die französischen Spaniels hervorgingen.[81] Auch der Gepard soll von zurückgekehrten Kreuzrittern als Jagdtier an den europäischen Höfen eingeführt worden sein.[82] Und bei den im Arabischen seit dem 12. Jahrhundert unter der Bezeichnung *zaġarī* belegten und ob ihres vortrefflichen Geruchssinns hochgeschätzten Spürhunden dürfte es sich um Nachfahren jener Hunde handeln, die auf Althochdeutsch *zeiger* hießen und von den Kreuzfahrern in das Heilige Land mitgebracht wurden.[83]

Daß hingegen, wie es bisweilen in der Literatur zu lesen ist, auch das Luder aus dem Orient übernommen wurde – jenes in der Regel aus mehreren Flügeln oder Flügelteilen von Beutevögeln hergestellte Bündel, das vom Falkner an einer Schnur über dem Kopf geschwungen wird und dem Anlocken des Beizvogels dient – ist eher unwahrscheinlich. Es ist zwar in Europa erst spät belegt (1204 in einem französischen Roman), während es im Orient bereits für das achte Jahrhundert bezeugt ist,[84] die Bezeichnungen *leurre* u. ä. im

---

75 Vgl. hierzu Wolfgang STÜRNER, Friedrich II., 2 Bde. Darmstadt 1992 und 2000, II, 245.

76 J.-L.-A. HUILLARD-BRÉHOLLES, Historia diplomatica Friderici Secundi sive Constitutiones, privilegia, mandata, instrumenta quae supersunt istius imperatoris et filiorum ejus. Accedunt epistolae paparum et documenta varia, 7 Bde., Paris 1852-1861, V, 524f., 629, 764, 817f.

77 Vgl. STÜRNER, II, 72f.

78 Vgl. *al-Ġiṭrīf* I, 33, 2.

79 Vgl. VAN DEN ABEELE, La fauconnerie, 127.

80 Vgl. VAN DEN ABEELE, La fauconnerie, 120f.

81 François VIRÉ, À propos des chiens de chasse *salūqī* et *zaġarī*, in: Revue des Études islamiques 41 (1973), 231-240, 234.

82 So, leider ohne nähere Angaben, VIRÉ, À propos, 236.

83 S. François VIRÉ, À propos, 239f.

84 S. *al-Ġiṭrīf* 42, 1 und 3.

Französischen, *loyrum* u. ä. im Mittellateinischen, *luoder* u. ä. im Mittelhochdeutschen etc. weisen jedoch auf eine weit zurückreichende germanische Tradition.[85]

Einen weiteren Transfer vom Westen in den Osten bezeugt ʿAbd ar-Raḥmān ibn Muḥammad al-Baladī, dessen *Kitāb al-kāfī fī 'l-baizara* (das vollständige Buch über die Falknerei) vor einiger Zeit nach dem Codex unicus 14290 der al-Aḥmadīya-Bibliothek in Tunis herausgegeben wurde.[86] Al-Baladī läßt sich weder einem Land noch einem Herrscher zuordnen, doch hat er wohl für einige Zeit in Bagdad und in Ägypten gelebt. Sein Werk verfaßte er wohl um oder bald nach 1200. Dabei schöpfte er sowohl aus seiner eigenen großen Erfahrung als Falkner wie aus mündlichen und schriftlichen Aussagen anderer – darunter auch ein Franke. Von diesem zitiert al-Baladī an acht Stellen seines Werkes Rezepte. Während al-Baladī das abendländische Wissen offenbar schätzt, war einer seiner orientalischen Leser, az-Zain, der Emir von Šikār, nicht davon angetan. Er notierte zu einem jener Rezepte, das die Gabe von Fischen und dem Fleisch einer großen Schlange empfiehlt, am Rande:

> *Dies ist das Geringste, was von den Speisen ist, und das Schlechteste von ihnen, und jeder Beizvogel, der dies frißt, gedeiht nicht, und ich sah einen Franken, der dies bei dem Fürsten Šihāb-ad-Dīn, dem Herren von Schirāz, durchführte, und er tötete ihm eine Vielzahl von Vögeln.*[87]

Wenn wenig später mit dem *Moamin* offenbar zum erstenmal ein vollständiger Traktat übersetzt wurde, war dies also nicht der Anfang des Austauschs zwischen beiden Kulturen auf dem Gebiet der Falknerei. Gleichwohl bedeutet es eine neue Qualität. Denn das Wissen war hier erstmals in großer Fülle versammelt und bereits systematisch geordnet.

---

85 VAN DEN ABEELE, La fauconnerie, 116-119; LINDNER / BIRKHAN, 172.

86 Iḥsān ʿABBAS und ʿAbd al-Ḥafiẓ MANSUR (Hgg.), Kitāb al-kāfī fī 'l-baizara. Ta'līf ʿAbdar-Raḥmān b. Muḥammad al-Baladī. Ḥaqqaqahū wa-qaddana lahū wa- ʿalaqa ʿalaihi Iḥsān ʿABBAS wa- ʿAbd al-Ḥafiẓ MANSUR, Beirut 1983.

87 ʿABBAS / MANSUR, 27. Die Übersetzung verdanke ich Anna Akasoy.

2. Die Quellen

Der *Moamin* ist eine Kompilation aus zwei arabischen Falknereitraktaten der frühen Abbasidenzeit. Sein erstes Buch ist dem ersten Teil des Werks des al-Ġiṭrīf entnommen, die Bücher II-V den entsprechenden Büchern des *Kitāb al-Mutawakkilī* (Buch für al-Mutawakkil) des Muḥammad ibn ʿAbdallāh ibn ʿUmar al-Bāzyār. In dieser Form ist er nur im Abendland nachweisbar.

Das Werk des al-Ġiṭrīf[1]

Das Falkenbuch des al-Ġiṭrīf – es trägt keinen Titel – ist das älteste erhaltene arabische Werk seiner Art und wurde von al-Ġiṭrīf ibn Qudāma al-Ġassānī, dem Jagdmeister der Kalifen Hišām ibn ʿAbd al-Malik (reg. 724-743) und al-Walīd II. (reg. 743-744), offenbar in fortgeschrittenem Alter im Auftrag des Kalifen al-Mahdī (reg. 775-785) verfaßt. Es stellt eine Zusammenführung aller damals am Kalifenhof befindlichen Falknereischriften dar:
1. eines Buches, das al-Ġiṭrīf selbst bereits zuvor aus einer Textsammlung zusammengestellt hatte, die der Emir Adham ibn Muḥriz al-Bāhilī (635/637-708/718?) zusammengetragen hatte und die neben originär arabischen auch ins Arabische übersetzte byzantinische, persische und indische Quellen beinhaltete,
2. einer byzantinischen Schrift mit wohl überwiegend falkenmedizinischem Inhalt, die dem Kalifen al-Mahdī als Geschenk aus Byzanz übersandt worden war,
3. eines Beizbuchs eines türkischen Herrschers (Buch des Chakan)
sowie möglicherweise
4. eines griechischen Traktats alexandrinischer Herkunft.

Sein Inhalt gliedert sich in zwei Teile. Der erste Teil versammelt Nachrichten über die ersten Menschen, welche die Beizjagd ausgeübt haben, stellt verschiedene Beizvogelarten und ihre Unterarten vor und gibt Auskunft über ihre spezifischen Qualitäten, erklärt, wie man gute von schlechten Tieren unterscheidet, bietet Anleitungen zur richtigen Haltung und Abrichtung der Vögel und dazu, wie man nach verlorengegangenen Habichten Ausschau hält und gegen wilde Adler vorgeht, welche die Habichte töten, und nennt allgemeine Merkmale von Gesundheit und Krankheit sowie schließlich eine lange Liste von Symptomen für spezifische Krankheiten. Der zweite Teil orientiert sich an der vorausgehenden Symptomliste und führt die zugehörigen Behandlungen auf. Während der erste Teil über eine

---

1 Eine erste Untersuchung dieses Werkes lieferte MÖLLER, Studien, 26-43 und passim auf der Grundlage von 17 Handschriften. Mittlerweile sind drei weitere Handschriften bekannt (s. AKASOY, Zu den arabischen Vorlagen). 1986 erschien von Möller ein Faksimiledruck der Handschrift Istanbul, Saray, 2099 (MÖLLER, The Book). Dieselbe Handschrift übersetzte er zwei Jahre später in Zusammenarbeit mit François Viré und ergänzte sie um bedeutsame Varianten weiterer acht Textzeugen, einen ausführlichen Sachkommentar und Verweise auf inhaltliche (nicht unbedingt wörtliche!) Übereinstimmungen mit anderen Werken, namentlich *Moamin* und *Ghatrif* in ihrer franko-italienischen Version (MÖLLER / VIRÉ; VIRÉ / MÖLLER). Das Werk des al-Ġiṭrīf ist im folgenden zitiert unter der Bezeichnung „*al-Ġiṭrīf*" und der Angabe von Kapitel und Kapitelabschnitt nach MÖLLER / VIRÉ.

schlüssige Gliederung verfügt, herrscht im zweiten Teil weitgehende Unordnung. Offenbar vermochte al-Ġiṭrīf diesen nicht mehr abschließend zu bearbeiten.

Das Werk ist nicht mehr in seiner Originalform, sondern nur noch in zwei Überarbeitungen überliefert. Die eine, in acht Abschriften erhalten, wurde ungefähr im zweiten Viertel des 9. Jahrhunderts von al-Ḥaǧǧāǧ ibn Ḫayṯama erstellt, die andere, in 12 Abschriften erhalten, 961/970[2] oder früher, nach Ausweis eines ihrer Textzeugen von dem Philosophen Abū Bakr ibn Yūsuf al-Aš'arī. Die al-Ḥaǧǧāǧ-Version steht dem ursprünglichen Text näher. Sie ist nur in einigen kürzeren Passagen des ersten Teils verändert. Die zweite Version hingegen ist um einen längeren Prolog ergänzt, in dem ein Lehrgespräch zwischen „König Alexander" und seinen Ärzten über Beizvogelkrankheiten wiedergegeben ist (entsprechend wird sie auch als Iskandar-Version bezeichnet – nach der arabischen Form des Namens Alexander), und weist im medizinischen Teil starke Kürzungen auf (63 statt 101 Kapitel bei al-Ḥaǧǧāǧ) bei gelegentlich auch ausführlicherem Text.

Mit 20 erhaltenen Abschriften und einer reichen Exzerpttradition dürfte das Werk des al-Ġiṭrīf nicht nur das am besten überlieferte, sondern auch das wirkungsmächtigste unter allen mittelalterlichen arabischen Falknereitraktaten sein.

Dem *Moamin* liegt eine Abschrift der al-Ḥaǧǧāǧ-Version zugrunde. Von allen erhaltenen Textzeugen dieser Version kommt ihr die Handschrift Istanbul, Saray, 2016 (aus dem Jahre 1476) am nächsten.[3]

Das *Kitāb al-Mutawakkilī*[4]

Das *Kitāb al-Mutawakkilī* wurde von Muḥammad ibn 'Abdallāh ibn 'Umar al-Bāzyār (gest. 859/860) für den abbasidischen Kalifen al-Mutawakkil (reg. 847-861) verfaßt. Muḥammad war ein führender Astronom und Astrologe, der eine Reihe einschlägiger Traktate verfaßt hat. Sein Beiname *al-Bāzyār* (der Falkner) dürfte allerdings besagen, daß die Falknerei sein ursprünglicheres Metier war. Wahrscheinlich entstammte er sogar einer Falknerfamilie, denn auch sein Vater trug denselben Beinamen. Beide scheinen in hohem Maße die Gunst und das Vertrauen al-Mutawakkils genossen zu haben.

Auch in das *Kitāb al-Mutawakkilī* sind ältere schriftliche Quellen eingeflossen. Der Autor berichtet, Kenntnis von griechischen, türkischen, persischen, indischen und chinesischen Schriften gehabt zu haben. Mit Sicherheit benutzt hat er griechisches Material, auch wenn über Titel und Autor(en) nichts Näheres bekannt ist. Gekannt und wohl auch verwendet hat Muḥammad das „Buch des Chakan", dasselbe Buch, das auch bereits von al-Ġiṭrīf exzerpiert wurde, sowie möglicherweise auch die in arabischer Sprache erhaltenen Werke „Buch der Perser"[5] und „Buch des Inders"[6].

---

2 Zeitraum, in den das Todesjahr des Dichters Kušāǧim fällt, der sie zitiert (s. MÖLLER, Studien, 61); bei MÖLLER, Studien, 43 findet sich hingegen für die Entstehungszeit die nicht nachvollziehbare Angabe „spätestens zu Beginn des 4./10. Jahrhunderts".

3 Vgl. u. a. *al-Ġiṭrīf* 8, 1 / *Moamin* I, 1, 43; *al-Ġiṭrīf* 44, 15 / *Moamin* I, 9, 21; *al-Ġiṭrīf* 50, 15f. / *Moamin* I, 12, 11f.; *al-Ġiṭrīf* 50, 17 / *Moamin* I, 12, 15.

4 S. hierzu ausführlich AKASOY / GEORGES.

5 MÖLLER, Studien, 50f. und passim.

6 MÖLLER, Studien, 51 und passim.

Das *Kitāb al-Mutawakkilī* ist in fünf Teile gegliedert. Der erste stellt verschiedene Arten von Raubvögeln vor, nennt (vornehmlich astrologisch bestimmte) Zeitpunkte, an denen die Vögel sich paaren, ausgehorstet werden sollen und sich mausern und an denen man Vögel und Hunde kaufen, abrichten und zur Jagd schicken soll. Ferner rät er, wie man erkennt, ob Vögel gut oder schlecht und ob sie gesund sind, welches und wieviel Futter man ihnen geben und wie man mit ihnen jagen und sie zur Zeit der Mauser behandeln soll. Wie der erste Teil des al-Ġiṭrīf-Werkes schließt auch er mit einer Liste von Symptomen von verschiedene Krankheiten. Die Teile 2 und 3 bieten zu den genannten Krankheiten diverse medizinische Rezepte. Die Teile 4 und 5 gelten Raubtieren mit Zähnen, die gemeinsam mit Raubvögeln bei der Jagd eingesetzt werden können, beschränken sich allerdings nahezu ausschließlich auf Aussagen zu Hunden, die als verallgemeinerbar betrachtet werden. Sie behandeln Paarung und Fortpflanzung, nennen gute und schlechte Merkmale, raten, wie man sie füttert und mästet, auf die Jagd vorbereitet und mit ihnen jagt, ihr Fell färbt, ihren Körper verlängert, sie am Streunen hindert und sie tötet und bieten Rezepte gegen diverse Krankheiten.

Dem *Kitāb al-Mutawakkilī* ist, seiner Überlieferung nach zu urteilen, ein deutlich geringerer Erfolg beschieden gewesen als dem Werk des al-Ġiṭrīf. Eine arabische Reinüberlieferung ist nicht erhalten. Originalsprachliche Spuren finden sich heute lediglich in Form von Exzerpten in einer in drei Abschriften überlieferten jagdkundlichen Kompilation, die 1247/1248 für Abū ʿAbdallah, den späteren zweiten Herrscher der von Tunis aus regierenden Hafsidendynastie (reg. 1249-1277), verfaßt und nach dessen Beinamen *al-Manṣūr* (der Siegreiche) *Kitāb al-Manṣūrī* genannt wurde.[7] Daß wir uns dennoch ein zuverlässiges Bild machen können, verdanken wir einer allem Anschein nach nahezu vollständigen und getreuen kastilischen Übersetzung, die am 9. April 1250 fertiggestellt und vermutlich vom späteren König Alfons X. dem Weisen (reg. 1252-1284) in Auftrag gegeben wurde. Ihr Original ist nicht mehr erhalten. Stattdessen liegen vier voneinander unabhängige Traditionen vor.[8]

Der Vergleich der arabischen, kastilischen und lateinischen Überlieferung des *Kitāb al-Mutawakkilī*[9] zeigt, daß die kastilische Tradition dem ursprünglichen Traktat am nächsten kommt. Neben einem vom Übersetzer unübersetzt gelassenen Kapitel scheinen ihn allenfalls drei durch Augensprünge ausgefallene Passagen vom ursprünglichen Text zu unterscheiden. Der arabische und der lateinische Text hingegen stehen in der Tradition einer gemeinsamen Vorlage, der nicht nur das gesamte erste Buch, sondern auch weitere 79 Passagen fehlen und in der wohl auch ein Kapitel ausgetauscht und zwei Rezepte hinzugefügt worden sind. Von der gemeinsamen Vorlage mit dem arabischen Text wiederum unterscheidet der *Moamin* sich durch 24 Passagen, die aus dem Werk des al-Ġiṭrīf in ihn eingeflossen sind, sowie durch 172 gekürzte Passagen und eine aufgrund eines Augensprungs ausgefallene Passage.

---

7 Die arabische Überlieferung des *Kitāb al-Mutawakkilī* ist im folgenden zitiert unter der Bezeichnung „*Kitāb al-Manṣūrī*" – die Bücher I-III unter Angabe von Kapitel und Kapitelabschnitt in der Edition bei AKASOY/GEORGES, die Bücher IV und V unter Angabe von Kapitel und, in Klammern, Seiten- und Zeilenzahl (die großgedruckten Kapitelzählungen sind nicht in die Zeilenzählung eingegangen) nach der Edition bei CLERK/DERHALLI.

8 Die kastilische Übersetzung des *Kitāb al-Mutawakkilī* ist im folgenden zitiert unter der Bezeichnung „*Libro de los animales que cazan*" und der Angabe von Buch und Kapitel sowie, in Klammern, Seiten- und Zeilenzahl nach der Edition bei FRADEJAS RUEDA.

9 S. AKASOY / GEORGES, 16-32.

3. Die erhaltenen Textzeugen

Im folgenden sind alle bis zum Ende des 16. Jahrhunderts entstandenen und erhaltenen Textzeugen des *Moamin* beschrieben – lateinische wie volkssprachliche, Abschriften wie Bearbeitungen.[1] Die hierbei verwendeten Siglen entsprechen den bereits von Tjerneld und van den Abeele eingeführten bzw. sind in analoger Weise weitergeführt.

Alle (bis auf drei) Beschreibungen sind auf der Basis von Reproduktionen von Grund auf neu erarbeitet. Angaben aus der Literatur sind nur dort ungeprüft übernommen, wo die Reproduktionen keine Aussagen zuließen. Offensichtliche Fehler der Literatur sind stillschweigend korrigiert, anderslautende Einschätzungen, insbesondere bei Datierungen, hingegen stets vermerkt.

Die Gestaltung der Beschreibungen entspricht der in dieser Arbeit verfolgten Fragestellung nach den zeitlichen, räumlichen und sozialen Dimensionen der Überlieferung. Sie sollen neben Grunddaten vor allem detaillierten Aufschluß über Entstehung und Besitz der Textzeugen und über Art und Intensität ihrer Benutzung geben. Informationen, die hierüber keine oder nur geringe Aufschlüsse liefern, sind weggelassen oder auf das Wesentliche begrenzt. So wurde etwa der Buchschmuck nur so summarisch behandelt, daß er die Frage nach Wertigkeit und Entstehungszusammenhängen beantwortet, und ist die Mitüberlieferung nur insoweit beschrieben, daß sie eine erste Einordnung der jeweiligen Materie und den problemlosen Zugriff auf weitere Informationen ermöglicht. Besonderer Stellenwert hingegen ist den Schreiber- und Benutzerhänden eingeräumt. Sie sind, soweit möglich, einzeln unterschieden und charakterisiert.

Die Beschreibungen gliedern sich in sechs Abschnitte:
1. Basisinformationen (Beschreibstoff, Blattzahl und Zählung, Maße sowie Einband)
2. Inhalt
3. Hände
4. Dekor
5. Entstehungs- und Besitzgeschichte

und

6. Literatur (nur solche Titel, die neue Erkenntnisse bringen, nicht hingegen solche, die allein einen älteren Stand wiederholen).

Geschweifte Klammern kennzeichnen unsichere Lesungen.

---

1 Ausnahmen bilden die von Arthelouche de Alagona, Guillaume Tardif und Domenico Boccamazza verfaßten *Moamin*-Bearbeitungen. Sie sind aufgrund des Umfangs ihrer Überlieferung nur summarisch behandelt.

A

Paris, Bibliothèque Nationale, lat. 7019

Papier[2]; [2] + 28 + [5] Bll.; 29,5 x 22 cm; Einband aus rotem Saffian mit königlich-französischem Wappen, auf dem Rücken der Vermerk MOAM / DE / MORB / AVIU

1r-27v:	*Moamin* I-II, IV-V
Hand 1:	späteres 14. / früheres 15. Jahrhundert[3], Textualis, schreibt von 1r bis 27v, läßt dabei anstelle von Incipits, Explicits und Überschriften Lücken
Hand 2:	späteres 14. / früheres 15. Jahrhundert, ergänzt durchgängig Incipits, Explicits und Überschriften (wohl aus derselben Vorlage, der auch Hand 1 ihren Text entnommen hat), ergänzt die Capitulationes der Bücher II, IV und V um eine Zählung, trägt am Rand von 7r und 11v zwei Textstellen nach, die Hand 1 offenbar versehentlich ausgelassen hat (die dritte Überschrift der Capitulatio zu Buch II und das Kapitel II, 15); von derselben Hand stammen wohl auch auf die Textstellen I, 6, 24 (3v), II, 13, 7 (11v), IV, 3, 11 (23v) und IV, 5, 30 (25r) verweisende Zeigehände
Hand 3:	15. Jahrhundert, verändert zweimal auf 1r (Capitulatio zu Buch I, Überschriften 7 und 11f.) und einmal auf 7r (Capitulatio zu Buch II, Überschriften 7f.) den Wortlaut des Textes nach demjenigen der Handschrift B oder T
Hand 4:	15. Jahrhundert, *Cxiii &* (27r) (Signatur der königlich-aragonesischen Bibliothek zu Neapel)[4]
Hand 5:	barock, Schreiber der Bibliothèque Nationale, unterstreicht auf 1r die Autoren-/Übersetzer-Notiz und schreibt *Moamius* an den Rand sowie *Moamius Arabs* und *n{eu}f c{en}ts dix sept* über den Anfang des Textes – letzteres die Nummer, unter der die Handschrift in Nicolas Rigaults zweitem Inventar von 1622 verzeichnet ist[5]
Hand 6-8:	barock, Schreiber der Bibliothèque Nationale, notieren auf 1r die alten Signaturen *183* und *5860* und die aktuelle Signatur *7019*; erstere entsprechen den Nummern, unter denen die Handschrift in den Inventaren der Jahre 1645 und 1682 verzeichnet ist[6]

Eine fünfzeilige Fleuronné-Initiale mit Aussparungen (1r), diverse ein- bis zweizeilige Initialmajuskeln.

---

2 Mit Wasserzeichen, über das jedoch nichts weiteres bekannt ist. Mehrere Anfragen an die Bibliothèque Nationale erbrachten leider keine näheren Erkenntnisse.

3 Van den Abeele: 14. Jahrhundert; Tjerneld: zweite Hälfte 14. Jahrhundert; de Marinis, Werth und Catalogus: 15. Jahrhundert.

4 S. de Marinis.

5 Vgl. Michael N. SALDA, Organizing the Bibliothèque Nationale. The first time, c. 1530, in: Essays in Medieval Studies 8 (1991), 25-42, Endnote 14.

6 Vgl. SALDA, a. a. O.

Angefertigt im späteren 14. oder früheren 15. Jahrhundert von einer mitteleuropäischen (französischen?) Hand – die Abhängigkeitsverhältnisse legen nahe: am angiovinischen Königshof zu Neapel oder in dessen Umfeld.[7] In der zweiten Hälfte des 15. Jahrhunderts ist die Handschrift im Besitz der aragonesischen Könige von Neapel. Spätestens seit 1518 gehört sie zur Bibliothek der französischen Könige, der späteren Bibliothèque Nationale[8] – wahrscheinlich befand sie sich unter den zahlreichen Handschriften, die Karl VIII. 1495 als Beute von seinem Kriegszug nach Neapel mitbrachte.

Catalogus codicum manuscriptorum Bibliothecae Regiae. Pars tertia, Bd. IV, Paris 1744, 304; WERTH, 174; TJERNELD, 1; Tammaro DE MARINIS, La biblioteca napoletana dei re d'Aragona, 4 Bde. + 2 Supplementbände, Milano / Verona 1947-1969, Supplementband I, 70; VAN DEN ABEELE, Les traités, I, 50f.

B

Paris, Bibliothèque Nationale, lat. 7020

Pergament; [4] + 50 + [2] Bll.; 26,9 x 16,5 cm; moderner Einband aus grünem Papier auf Karton unter Verwendung des alten Buchrückens, darauf der Eintrag *Moamin falconarius*

1r-39v:	*Moamin* I-III
39v-45v:	*Dancus rex*
45v-48v:	*Guillelmus falconarius*
48v-49r:	Egidius de Aquino, *Liber avium vivencium de rapina*, Paraphrase des Beginns[9]

Hand 1:	Mitte 15. Jahrhundert, humanistische Minuskel, schreibt von 1r bis 49r
Hand 2:	zweite Hälfte 15. Jahrhundert, Bibliothekar der königlich aragonesischen Bibliothek[10], *a li philosophi e logica* (50r)
Hand 3:	zweite Hälfte 15. Jahrhundert, foliiert die Handschrift, ergänzt die Capitulationes um Folioangaben, fügt den *Moamin*-Kapiteln am Rand eine Numerierung an, nimmt auf 16r/v (Capitulatio zu Buch II, Zählung sowie Überschriften 13, 42 und 59), 18r (II, 3, 14 und II, 3, 16) und 18v (II, 3, 25) Korrekturen am Text vor
Hand 4:	16. Jahrhundert, *L{uic}*[11] *de faulco(n)erie* ([4]r)
Hand 5:	16. Jahrhundert, *Riberac*[12] ([4]r)
Hand 6:	16. Jahrhundert, *à l'endroit ou est le {fi}chet il est question / de {R}oger roi de*

7 Vgl. Seite 344f.

8 S. Henri Auguste OMONT, Anciens inventaires et catalogues de la Bibliothèque Nationale, 4 Bde., Paris 1908-1913, I, Nr. 1206.

9 S. GLESSGEN / VAN DEN ABEELE.

10 Zu deren Ordnungssystem vgl. DE MARINIS, I, 175-180.

11 Gemeint – allerdings nicht zu lesen – ist wohl *Livre*.

12 Gemeint ist wohl der gleichnamige Ort im Périgord, ca. 25 km westlich von Perigeux. Eine nach ihm benannte Familie ließ sich nicht nachweisen.

Sicile ([4]v)

Hand 7: barock, ausradiertes *Charles d'Iree*[13] ([4]r)

Hand 8: barock, wohl von derselben Hand wie der vom Exlibris verdeckte Eintrag (s. u.) und damit von Jean Bigot bzw. dessen Umfeld, *Vix erit e multis que neget Una tibi* (Ovid, *Ars amatoria*, Buch 1) und *Durum patientia frango* ([4]r)

Hand 9: 18. Jahrhundert, Bibliothekar des französischen Königs, notiert am Rand von 1v als Extrakt aus dem Text den Autorennamen *Moamim*, ergänzt auf 1r zu Beginn des Textes *Moamim falconarius Composuit / hunc librum in Arabico de Venatione / avium Rapatium / Theodorus mandato Caesaris transtulit / in Latinum vide paginam subsequentem* und vermerkt auf [4]r die neue und alte Signatur: *7020* und *Codex Bigotianus, 149 / R 5406 / {2}*

Hand 10: 30. 4. 1897, vermerkt auf dem ersten ungezählten Blatt als Gesamtzahl 50 Blätter ([3]r)

Exlibris des Jean Bigot auf [3]v (über einen mehrzeiligen handschriftlichen Eintrag geklebt, der sich offenbar ebenfalls auf ihn bezog – zu erkennen sind nur noch über dem Exlibris *M 28* und darunter *Bigot*)

Florealer Bordürenrahmen (1r), in dessen Oberseite drei Embleme (ein geöffnetes Buch, ein brennender Stuhl und eine Hirsegarbe) und in dessen Unterseite drei Wappen eingebettet sind;[14] eine sechszeilige (1r) sowie diverse zwei- bis fünfzeilige Feldinitialen.

Angefertigt um die Mitte des 15. Jahrhunderts, wohl für König Alfons' I. von Neapel (reg. 1442-1458).[15] In der ersten Hälfte des 17. Jahrhunderts im Besitz des in Rouen ansässigen Jean Bigot, der sie seinem Sohn Emeric (1626-1689) vermachte. Als dessen Bibliothek im Jahre 1706 aufgelöst wurde, erwarb sie der Abt von Louvois nebst mehr als 450 weiteren Handschriften für die Bibliothek des französischen Königs, die spätere Bibliothèque Nationale.[16] Welchen Weg die Handschrift dazwischen genommen hat, ist nicht klar. Sicher ist jedenfalls, daß sie sich nicht, wie von van den Abeele angenommen, unter denjenigen Handschriften befand, die der Kardinal von Amboise von dem im Jahre 1501 gestürzten und ins französische Exil gegangenen König Friedrich I. von Neapel (gest. 1504) erworben hat, und so hätte in den Besitz Jean Bigots gelangen können, als dieser in der ersten Hälfte des 17. Jahrhunderts einige der Handschriften des Kardinals aufkaufte. Denn die vom Kardinal gekauften Werke sind uns bekannt,[17] und die vorliegende Handschrift war nicht darunter. Möglicherweise war die Handschrift hingegen unter denen, welche Friedrichs Gattin Isabella nach dessen Tod in Frankreich verkauft hat.[18] Jedenfalls scheint sie in Frankreich noch mehrmals den Besitzer gewechselt zu haben, bevor sie an Bigot kam.

---

13 So van den Abeele unter Zuhilfenahme einer Quarzlampe.

14 Nach De Marinis, I, 129-132, weisen alle drei Embleme und zwei der Wappen auf König Alfons' I. von Neapel, das dritte Wappen hingegen auf dessen Sohn Ferdinand I.

15 Mazzatinti freilich hält den Bordürenrahmen für eine spätere Hinzufügung.

16 Derjenige Teil des Verkaufskatalogs, der die Handschriften enthielt, ist abgedruckt bei L. Delisle, Bibliotheca Bigotiana Manuscripta, Rouen 1877 – die Handschrift B ist auf Seite 149 erwähnt.

17 S. Inventario C bei De Marinis, II, 201-204.

18 S. Paolo Cherchi und Teresa De Robertis, Un inventario della biblioteca aragonese, in: Italia medioevale e umanistica 33 (1990), 109-346, 109.

Catalogus, 304; WERTH, 174; Giuseppe MAZZATINTI, La biblioteca dei re d'Aragona in Napoli, Rocca S. Cassiano 1897, Nr. 96; DE MARINIS, II, 111; TJERNELD, 1; LUPIS, La sezione, 256f.; VAN DEN ABEELE, Les traités, I, 51f.

C

Paris, Bibliothèque Nationale, lat. 11208

Papier[19]; [2] + 72 + [2] Bll.[20]; 21,9 x 14,5 cm; Karton-Einband des 19. Jahrhunderts, auf dem Rücken der Namenszug von König Louis-Philippe (1830-1848)

2r-71v:	*Moamin* I-V

Hand 1:	15. Jahrhundert, Buchkursive, schreibt von 2r bis 71v
Hand 2:	15. Jahrhundert, in Duktus und Federbreite ähnlich Hand 1 (Tjerneld: = Hand 1), *Illustrissi(m)o principi et excellen(tissi)mo d(omi)no / d(omi)no duci Cliven-(si) (et cetera) d(omi)no meo graciosissi(m)o* (1r)
Hand 3:	*Iohannes Stenchen meus est dominus / anno 1550* (1r)
Hand 4:	16. Jahrhundert (?), zeichnet auf 1r eine Bande mit der Devise (?) *TELLE N{A} NULL*[21]
Hand 5:	16./17. Jahrhundert, notiert am Rand von 16r/v (zu I, 13, 5), 18r-19r (zu II, 1, 4; II, 1, 10; II, 1, 18), 21r (zu II, 4, 9), 24v (zu II, 8, 4), 26v (zu II, 13, 1), 30v (zu II, 23, 14), 32v (zu II, 24, 25) und 38r (zu II, 30, 7) *Nota-* und *Nota-bene-*Vermerke; wiederholt am Rand von 41v zwei Begriffe aus dem Text: *Bochot* (= *bocho{c/t}* im Text, *bothor* in der Edition) (II, 35, 10) und *oihet* (= *o(mn)i(a) hec* in Text und Edition) (II, 35, 11)
Hand 6:	barock[22], Foliierung
Hand 7:	barock, *Suppet. l. 616* (2r)

Diverse Initialmajuskeln, darunter eine vierzeilige mit Aussparungen (53v), zwei dreizeilige mit Aussparungen (18r, 68v), eine dreizeilige (60v), der Rest zweizeilig.

---

19 Mit dem Wasserzeichen „Y mit aufgesetztem Kreuz"; Ein genaue Bestimmung kann auch hier mangels Reproduktion nicht erfolgen. Doch ist eine Herkunft aus dem Nordosten Frankreichs sehr wahrscheinlich. Alle bei Charles Moïse BRIQUET, Les filigranes. Dictionnaire historique des marques du papier dès leur apparition vers 1282 jusqu'en 1600. A Facsimile of the 1907 Edition with Supplementary Material Contributed by a Number of Scholars. Edited by Allan STEVENSON, 4 Bde., Amsterdam 1968 aufgeführten Wasserzeichen dieses Typs stammen daher (s. II, 486).

20 Am Anfang des Codex ist – bereits bevor er von Hand 6 foliiert wurde – Blattverlust eingetreten. Der *Moamin* setzt ein mit Überschrift 5 der Capitulatio zu Buch I.

21 Nicht verzeichnet bei Alphonse Antoine Louis CHASSANT und Henri TAUSIN, Dictionaire des devises historiques et héraldiques, 1 Bd. + 1 Supplementband, Paris 1878 und 1895, Nachdruck Hildesheim / New York 1982.

22 Van den Abeele: 16. Jahrhundert (?).

Entstanden im 15 Jahrhundert. Zugleich oder wenig später einem Herzog von Kleve dediziert, d. h. entweder Adolf II. (1417 zum Herzog erhoben, reg. bis 1448), Johann I. (reg. 1448-81) oder Johann II. (reg. 1481-1521). 1550 im Besitz eines nicht näher bekannten Johannes Stenchen. 1848 von der Bibliothèque Nationale bei der Buchhandlung Lefebvre erworben.

Leopold DELISLE, Inventaire des manuscrits latins conservés à la Bibliothèque Nationale sous les numéros 8823-18613, Paris 1863-1871, Nachdruck Hildesheim / New York 1974, 114; WERTH, 174; TJERNELD, 1; VAN DEN ABEELE, Les traités, I, 53f.

D

Chantilly, Musée Condé, 368

Pergament; [110] Bll.; 21,5 x 15 cm; originaler Einband aus silbernem Brokat auf Holz mit Emblem (Pellegrin: Hügel mit drei Pinienzapfen / van den Abeele: Hügel mit vier Sträuchern) und Devise (*MIT ZEIT*) des Hauses Sforza in einem Etui aus olivfarbenem Saffian

[3]r-[64]r:	*Moamin* I-III
[64]r-[74]r:	*Dancus rex*
[74]r-[82]r:	*Guillelmus falconarius*
[87]r-[100]v:	*Moamin* IV-V
[100]v-[106]r:	*Guicennas*
[106]r-[107]r:	pharmazeutisches Glossar unter dem Titel *Expositio certarum vocabulorum*, Incipit: *Amila i(d est) alba pasta*
[107]r/v:	Rezept gegen Hunderäude (*De scabie* (*et*) *stiza*), Incipit: *Fiat hoc unguentum*

Hand 1:	1459, Antonius de Lampugnano (*Antonius de Lampugnano cognatus et discipulus magistri Jacobi de Caponago Mediolanensis scripsit hoc opus anno Domini M°CCCC°LVIIII°* ([110]v)), schreibt (Rotunda) von [3]r bis [107]v
Hand 2:	16. Jahrhundert, *Guy Chapelet marcht. de Laval* (vorderer Spiegel)

Zwei ganzseitige Miniaturen ([1]v, [85]r), erstere die Darstellung einer Beizjagd auf Wasservögel, letztere die Darstellung einer Drückjagd auf ein Wildschwein; Bordürenrahmen aus Blumen und Raubvögeln ([3]r), darin eingebettet in der Mitte jeder Seite je ein Emblem (von oben an im Uhrzeigersinn: eine Krone mit zwei Zweigen, eine weiße Taube mit der Devise *A BON DROIT*, ein Hügel mit drei Pinienzapfen, der Devise *MIT ZAIT* und den gekrönten Initialen *E. M.* sowie ein zu einem Knoten geschlungenes Tuch) – sämtlich Embleme des Hauses Sforza; die Initialen sind, so Pellegrin, erkennbar anstelle der ausradierten Initialen Herzog Francescos (1450-1466) eingetragen; eine achtzeilige ([3]r), eine siebenzeilige ([87]r), sechs sechszeilige ([23]r, [55]r, [66]r, [75]r, [96]r, [101]r) und diverse drei- bis vierzeilige Feldinitialen, mit Ausnahme der ersten stets in Zusammenhang mit Randleistenbordüren, die (je nach Textbezug) oft durch Abbildungen von Raubvögeln, Hunden und Leoparden erweitert sind.

Geschrieben im Jahr 1459 von dem Mailänder Antonius de Lampugnano, wohl für Herzog Francesco Sforza (reg. 1450-1466). Schon bald darauf dürfte die Handschrift an den französischen Königshof gelangt sein, denn sie erscheint in keinem der erhaltenen Inventare der Sforza-Bibliothek,[23] und spätestens 1492 entsteht für König Karl VIII. (wohl direkt)[24] auf ihrer Grundlage die Falkenkunde des Guillaume Tardif (n). Im 16. Jahrhundert befand sie sich im Besitz eines nicht näher zu identifizierenden Guy Chapelet aus dem Haus Laval.[25] Ca. 1843 erwarb sie W. J. Broderip aus dem Besitz von W. Valentine. Aus dessen Besitz wiederum erwarb sie 1859 Henri d'Orléans, der Herzog von Aumale, der sie 1889 an das von ihm neu gegründete Musée Condé übergab.

Christoph BIEDERMANN, Ergänzungen zu Werth's „Altfranzös. Jagdlehrbüchern, etc.“, in: Zeitschrift für Romanische Philologie 21 (1897), 529-540, 530; Chantilly. Le cabinet des livres. Manuscrits, 3 Bde., Paris 1900-1911, I, 301-303; MALAGUZZI VALERI, 714-716; Jacques MEURGEY, Les principaux manuscrits à peintures du Musée Condé à Chantilly (Publications de la Société Française de Reproduction de Manuscrits à Peintures 14), Paris 1930, 92-94; Elisabeth PELLEGRIN, La bibliothèque des Visconti et des Sforza, ducs de Milan, au XVe siècle (Publications de l'Institut de Recherche et d'Histoire des Textes V), 2 Bde., Paris 1955 und Florenz 1969 [= Supplementband, hg. von Tammaro DE MARINIS], I, 358 und Supplementband, 40 und Tafel 123; VAN DEN ABEELE, Les traités, I, 45-47; VAN DEN ABEELE, Illustrer, 566-568, 576f.; Baudouin VAN DEN ABEELE, Falken auf Goldgrund, Illuminierte Handschriften lateinischer Jagdtraktate des Mittelalters, in: Librarium 47 (2004), 2-19, 4-6 und Abbildungen 5-7.

E

Privatsammlung

Pergament; 54 Bll.; 21,2 x 16,4 cm[26]; Einband des 18. Jahrhunderts aus grünem Velin, auf dem Rücken der Vermerk *Doct. aviv.*[27]

---

23 Weder in denen der Jahre 1459 und 1469 (vgl. PELLEGRIN, 290-352) noch in denen der Jahre 1488 und 1490 (vgl. Maria Grazia ALBERTINI OTTOLENGHI, La biblioteca dei Visconti e degli Sforza: Gli inventari del 1488 e del 1490. Estratto da Studi Petrarcheschi VIIII (1991), Padova 1991).

24 So VAN DEN ABEELE, Falken, 5f., unter Hinweis auf die große Ähnlichkeit ihrer Miniaturen mit denen der Handschrift Glasgow, University Library, Hunter 269 (U.5.9), dem vermutlichen Original des Werkes Tardifs.

25 Der Name Guy ist stark verbreitet unter den zahlreichen Linien des Hauses Laval (s. Europäische Stammtafeln. Stammtafeln zur Geschichte der europäischen Staaten. N. F., Hg. v. Detlev SCHWENNICKE, Bd. XIV: Les familles féodales de France II, Marburg 1991, Tafeln 137-145); ein Guy Chapelet findet sich freilich nicht darunter.

26 Nachträglich beschnitten.

27 So van den Abeele. Gemäß Jullien: *de Doctrina avium.*

2r-20v: *Ghatrif*
21v-53r: *Moamin* I-III

Hand 1: späteres 15. / früheres 16. Jahrhundert, humanistische Kursive, schreibt von 2r bis 53r
Hand 2: modern, zweifach ausgeführte Foliierung
Wappen-Stempel mit der Umschrift *Comes Donatus Silva* (1v)

Diverse zwei- bis achtzeilige Initialen vorgesehen, aber nicht ausgeführt.

Entstanden im späteren 15. / früheren 16. Jahrhundert[28] – die Abhängigkeit von Handschrift W und die spätere Besitzgeschichte lassen vermuten in oder um Mailand. Später im Besitz des in Cinisello Balsamo (wenige Kilometer nördlich von Mailand) ansässigen Grafen Donato II. Silva (1690-1779), des Begründers einer reichen und enzyklopädischen Bibliothek. Nach dessen Tod mitsamt der Bibliothek in den Besitz seines Neffen Ercole Silva (1756-1840) übergegangen und wohl bis zu dessen Tod dort geblieben.[29] 1870 in Paris aus dem Besitz von L. Potier versteigert. Später im Besitz des Barons Jérôme Pichon. Von diesem Henri Gallice zediert. Später im Besitz von Marcel Jeanson. Aus dessen Nachlaß schließlich 1987 bei Sotheby's, Monaco an einen unbekannten Privatmann versteigert.[30]

Catalogue des livres rares et imprimés faisant partie de la librairie de L. Potier, libraire de la Bibliothèque Imperiale, Paris 1870, 120; Nota delle edizioni del XV secolo, o moderni inediti della Biblioteca Silva in Cinisello, Monza 1810 (nachgedruckt in: CASSANELLI / GUERCI / NENCI, [327]-[401]), 11 (= Nr. 55); Ernest JULLIEN (Hg.), Le livre de l'art de faulconnerie et des chiens de chasse par Guillaume Tardif. Réimprimé sur l'edition de 1792 avec une notice et des notes par Ernest JULLIEN, 2 Bde., Paris 1882, Unveränderter Neudruck, Genève 1980, XVIIIf.; WERTH, 172 und 175; TJERNELD, 2; Bibliothèque Marcel Jeanson. Première partie: Chasse ... Sotheby`s Monaco S. A., Monaco 1987, 489; VAN DEN ABEELE, Les traités, I, 92.

28 Die bisherigen Datierungen lauteten entweder 15. (Auktionskatalog Potier, Tjerneld) oder 16. Jahrhundert (Auktionskatalog Jeanson, van den Abeele), doch weist die Schrift als das klarste Merkmal vielmehr auf die Zeit um 1500, aufgrund der Verwendung von Pergament als Beschreibstoff vielleicht eher früher als später.
29 S. Roberto CASSANELLI, Gabriella GUERCI und Chiara NENCI (Hgg.), Ercole Silva, Catalogo de'libri della biblioteca Silva in Cinisello. Descrizione della Villa Silva in Cinisello, 1811, Cinisello Balsamo 1996, 9-19.
30 Letzterer ist van den Abeele bekannt und hat ihm eine Reproduktion der Handschrift zur Verfügung gestellt, die auch von mir freundlicherweise benutzt werden durfte.

F

Vatikan, Biblioteca Apostolica Vaticana, Vat. lat. 5366

Pergament; [2] + 84 + [2] Bll.; 18,7 x 12 cm[31]; Einband aus rotbraunem Leder auf Karton mit den Wappen von Papst Pius VI. (amt. 1775-1799) und Kardinal Francesco Saverio de Zelada (amt. 1773-1801)

1r-33v:	*Moamin* I-III
34r-40v:	*Dancus rex*
41r-44v:	*Guillelmus falconarius*
45r-67v:	Epitome der griechischen Hippiatrika
67-68r:	Pharmazeutisches Glossar, Incipit: *Amilla id est alba pasta*
68v-75v:	*Moamin* IV-V
75v-78v:	*Guicennas*
78v-80v:	Lombardische Passion (ediert bei Corti)
81r-83r:	Pferderezepte, Incipit: *Item ad quemlibet pedem disolutum*
83r:	Hunderezept, Incipit: *Hec est medicina de stiza*

Hand 1:	späteres 13. / früheres 14. Jahrhundert[32], Rotunda, schreibt von 1r bis 83r, läßt dabei diejenige Lage aus, auf der sich die Capitulatio und die zwei ersten Kapitel des *Dancus rex* sowie die Capitulatio des *Guillelmus falconarius* befinden[33]
Hand 2:	14. Jahrhundert[34], notiert die fehlenden Abschnitte auf einer eigenen Lage und fügt diese nachträglich in den bereits mit einer durchgängigen Lagenzählung versehenen Codex ein (Folia 34 und 41), ergänzt in *Dancus rex* und *Guillelmus falconarius* Überschriften und Kapitelzahlen (die Ausführung der Initialen erfolgt erst im Anschluß an diese Nachträge)
Hand 3:	16./17. Jahrhundert (?), zeichnet am Rand von 35r und 44r zwei Personendarstellungen
Hand 4:	Aldus Manutius der Jüngere (1547-1597), Foliierung
Hand 5:	setzt diverse Kreuze neben Kapitel des Pferdetraktates

Diverse ein- bis dreizeilige Initialmajuskeln.

Entstanden im späteren 13. oder früheren 14. Jahrhundert, wohl in der Lombardei (s. Inhalt auf 78v-80v). Später im Besitz von Aldus Manutius dem Jüngeren (1547-1597), dem letzten Sproß der Venezianer Buchdruckerfamilie Manutius. Aus dessen Bibliothek unter Papst Clemens VIII. (amt. 1592-1605) in die Vatikanische Bibliothek übergegangen.

---

31 Corti: 19,8 x 13 cm.

32 Haskins, Tilander und Corti: 13. Jahrhundert; Tjerneld: um 1300; van den Abeele: 14. Jahrhundert.

33 Corti unterscheidet zwei Hände: eine, die von 1r bis 50v, und eine, die von 51r-83r schreibt.

34 Corti: 15. Jahrhundert.

Haskins, Studies, 318 und 349; Tjerneld, 2; Tilander, Dancus rex, 5; Maria Corti, Una *Passione* lombarda inedita del secolo XIII, in: Rivista di cultura classica e medioevale 7 (1965), 347-363; Van Den Abeele, Les traités, I, 88f.

G

Vatikan, Biblioteca Apostolica Vaticana, Reg. lat. 1111

Pergament; [2] + 134 Bll.; 23 x 16 cm; Einband aus rotbraunem Leder auf Karton

1r-88v: Laurenzius Rusius, *Liber marescalcie*
88v-89r: 2 Pferderezepte (*Ad curandum un(um) equum de sup(er)ossis* und *Quando humores descendunt in tibiis equorum*), Incipits: *Primo accipe unu(m) cepe* und *Recipe ii unc(ias) de verderame*
89r-134v: *Moamin* I-IV

Hand 1: 14. Jahrhundert, Rotunda, schreibt von 1r bis 134v
Hand 2: 15. Jahrhundert, *pedica entranis* ([1]r)
Hand 3: 15. Jahrhundert, *De mulomedicina sive veterinaria / aucupio et venatione libellus / trifari{a}m divisus / In prima parte agitur de equis / in altera de avibus / in tercicia* (sic!) *de canibus / Alphonso Cęcilię regi dicatus* ([2]r)
Hand 4: 15. Jahrhundert, fügt am Rand von 13v und 14r spanische Notizen an und zeichnet einen Pferdekopf
Hand 5: 15. Jahrhundert, notiert lateinische Randbemerkungen (u. a. *Nota*-Vermerke), zum Teil mit dazugehöriger textverweisender Klammer auf 21v, 22r, 24r, 28v, 32r, 34r-35r, 36r, 37r, 38r, 39r, 40r, 41r, 44r, 45r, 46v, 47r, 48v, 49v, 52r, 54v, 55v, 56r, 59v-60v, 61v, 62v-63v, 64v, 65r, 66v, 68r-69r, 73r, 77r, 77v, 78v, 81r, 83v, 84r, 86r, 91v (Inhaltsvermerk zu I, 1, 43), 92v (Inhaltsvermerke zu I, 2, 10 und I, 2, 15-18), 95r (Inhaltsvermerk zu I, 6, 40f. und textverweisende Klammern zu I, 6, 42-45), 95v (*Nota*-Vermerk mit textverweisender Klammer zu I, 7, 8-14), 97r (*Nota*-Vermerke + Inhaltsvermerk zu I, 9, 10-12 und 19) und 129r (Inhaltsvermerk zu III, 12, 17)[35]
Hand 6: 16. Jahrhundert, *Hippiatria De natura / aequorum & illorum cum / aegrotant medicina / De {...} morbis accipitrum / & canum* (1r)
Hand 7: barock, Foliierung (wohl dieselbe Hand, die auch H und I foliiert hat)
Hand 8: barock, *1111* und *1111 Reg.* ([1]r)
Stempel der Vatikanischen Bibliothek (134v)

Eine vierzeilige (89r), zwei dreizeilige (1r, 4r) sowie diverse ein- bis zweizeilige Fleuronné-Initialen.

---

35 Möglicherweise enthält der Codex noch weitere derartige Vermerke, doch lassen sich diese anhand der Mikrofilm-Reproduktion nur erahnen.

Entstanden im 14. Jahrhundert wohl in Italien (Schrift). Später König Alfons V. von Sizilien (reg. 1416-1458) dediziert. Wie die Handschrift von dort in den Bestand der *Codices reginenses latini* der Vatikanischen Bibliothek gelangte, ist nicht sicher. Die große Ähnlichkeit von Hand 7 mit Hand 2 bei H und Hand 4 bei I und die nur auf G zu beziehende Notiz von Hand 2 bei H lassen allerdings annehmen, daß sie ebenfalls (was nicht für alle *Codices reginenses* gilt)[36] zur Bibliothek Königin Christines von Schweden (reg. 1644-1654, gest. 1689) gehörte und denselben Weg ging wie H und I (s. dort).

TJERNELD, 3; VAN DEN ABEELE, Les traités, I, 81.

H

Vatikan, Biblioteca Apostolica Vaticana, Reg. lat. 1227

Papier[37]; 74 Bll.; 20,8 x 14,3 cm; Einband aus rotem Leder auf Karton, auf dem Rücken das Emblem der BAV

1r-42v:	*Moamin* I-III
43r-51r:	*Dancus rex*
51r-56v:	*Guillelmus falconarius*
56v-66v:	*Moamin* IV-V
66v-70r:	*Guicennas*
70r-71r:	Pharmazeutisches Glossar unter dem Titel *Exposicio certarum vocabulum* (sic!), Incipit: *Amila i(d est) alba pasta*
71r:	Hunderezept *De scabie et stiza*, Incipit: *Fiat hoc unguentum*

Hand 1:	späteres 15. / früheres 16. Jahrhundert, Lettre bâtarde, schreibt von 1r bis 71r
Hand 2:	1654/1655, Bibliothekar Königin Christines von Schweden, foliiert den Codex (die gleiche Hand, die auch I foliiert hat) und notiert zu Beginn des *Moamin* auf 1r: *Auctor totius / operis est Moam*{} (Rest abgeschnitten) / *vide codicem / alium* {*iii*}, zu Beginn des Hundeteils (57r): *Hic est liber quartus Moamyn in alio codice* und zu Ende des vierten Buches (62v): *Hic desinit Moamyn in alio codice* (die einzige erhaltene Handschrift, auf die dies zutrifft, ist G)

36 Vgl. Christian CALLMER, Königin Christina, ihre Bibliothekare und ihre Handschriften. Beiträge zur europäischen Bibliotheksgeschichte, Stockholm 1977, 220-222.

37 Mit dem Wasserzeichen „Lilie im Wappenschild mit aufgesetztem Kreuz“ (so van den Abeele). Die mir von der BAV freundlicherweise zur Verfügung gestellte Betagraphie gibt leider nur die untere Hälfte des Wasserzeichens wieder, weshalb nur eine ungefähre Einordnung möglich ist: BRIQUET, III führt drei verwandte Wasserzeichen: Nr. 7216, 7219 und 7220 – 1467, 1475 und 1476 jeweils in Frankreich verwendet; Gerhard PICCARD, Die Wasserzeichenkartei Piccard im Hauptstaatsarchiv, Stuttgart 1961- [bisher 31 Bde.], XIII, derer vier: Nr. 1124-1126 und 1130 – 1476/1477 und (1485) jeweils in Deutschland verwendet.

Zwei dreizeilige Fleuronné-Initialen mit Ausläufern (1r und 14v); diverse dreizeilige (am unteren Rand auch bisweilen ein- oder zweizeilige) Initialmajuskeln, jeweils gefolgt von einer besonders groß geschriebenen Zeile.

Entstanden im späteren 15. oder früheren 16. Jahrhundert, nach Schrift, Wasserzeichen und Position im Stemma zu urteilen wohl in Frankreich. Später Teil der Bibliothek Königin Christines von Schweden (reg. 1644-1654, gest. 1689). Nach Christines Tod gingen ihre Handschriften als Vermächtnis an den Kardinal Decio Azzolino. Als jener zwei Monate später ebenfalls starb, erbte sie sein Neffe Marquis Pompeo Azzolino. Dieser wiederum verkaufte sie umgehend an Kardinal Pietro Ottoboni, der kurz darauf als Alexander VIII. den päpstlichen Thron bestieg und den Hauptteil der Handschriften, darunter auch H, in die Vatikanische Bibliothek überführte.[38]

TJERNELD, 3; VAN DEN ABEELE, Les traités, I, 81f.

I

Vatikan, Biblioteca Apostolica Vaticana, Reg. lat. 1617

Papier[39]; [2] + 78 + [2] Bll.; 22 x 14,2 cm; Einband aus hellem Pergament auf Karton mit Emblemen der BAV auf den Buchdeckeln

1r-78v:	*Moamin* I-III

Hand 1:	zweite Hälfte 15. Jahrhundert, humanistische Minuskel, schreibt von 1r bis 78v
Hand 2:	zweite Hälfte 15. Jahrhundert, *23 m &* (78v) (Signatur der königlich-aragonesischen Bibliothek zu Neapel)[40]
Hand 3:	15./16. Jahrhundert, schreibt an den Rand von 23r zu Beginn des zweiten Buches: *2. tractat{us}*
Hand 4:	1654/1655, Bibliothekar Königin Christines von Schweden, foliiert den Codex (die gleiche Hand, die auch H foliiert hat) und trägt auf 1r die Vermerke *Numero 149 N. Peta. 1656* und *Volumen CXLIX non Petavianum* ein
Hand 6:	1751 oder früher,[41] päpstlicher Bibliothekar, *1617* (1r)

Eine sechszeilige Flechtbandinitiale mit weit ausgreifenden Ausläufern (1r); diverse ein- bis vierzeilige Initialen vorgesehen, aber nicht zur Ausführung gelangt; Text von Hand 1 in den Überschriften als Auszeichnungsschrift größer geschrieben, bisweilen auch Majuskeln als Auszeichnungsschrift verwendet.

38 Vgl. CALLMER, 217-219.
39 Mit Wasserzeichen, das jedoch auf der mir von der BAV zur Verfügung gestellten Reproduktion kaum zu erkennen ist.
40 Der Eintrag entspricht nach Ort, Inhalt und Schrift dem von Hand 4 in Handschrift A.
41 Vgl. CALLMER, 221.

Entstanden im 15. Jahrhundert, wohl am königlich-aragonesischen Hof zu Neapel, zu dessen Bibliothek sie gehörte.[42] Spätestens 1655 befand sich die Handschrift im Besitz Königin Christines von Schweden (reg. 1644-1654, gest. 1689) und wurde in den sog. „Antwerpener Katalog" aufgenommen, ein Verzeichnis derjenigen Handschriften und Drucke, die Christine 1654/1655 in Antwerpen hatte versammeln lassen, nachdem sie im Juni 1654 ihre Krone niedergelegt und Schweden verlassen hatte (Hand 4 vermerkt, unter welcher Bezeichnung sie im Antwerpener Katalog geführt wird – sie gehört zu den *non petaviani*, d. h. den Handschriften, die Christine nicht 1650 von Alexandre Petau erworben hatte). Wie H gelangte auch I nach Christines Tod über Decio und Pompeo Azzolino und Pietro Ottoboni in die Vatikanische Bibliothek.

TJERNELD, 3; VAN DEN ABEELE, Les traités, I, 84f.

J

Vatikan, Biblioteca Apostolica Vaticana, Reg. lat. 1446

Pergament; [5] + 77 + [1] Bll.; 26 x 16 cm[43]; Einband aus rotbraunem Kalbsleder auf Karton

1r-3v:	Solinus, *De mirabilibus Rome*
3v-31r:	Jordanus Ruffus, *Medicina equorum*
31r-70r:	*Moamin* I-V
70r:	*Practica canum*
71r-74r:	*Dancus rex*
74r-76r:	*Guillelmus falconarius*
76r-77v:	*Gerardus falconarius*

Hand 1:	14. Jahrhundert[44], Buchkursive, Lohnschreiber (Kolophon auf 70r: *ffinis adest op(er)is mercedem posco laboris*), schreibt von 1r bis 70r
Hand 2:	14. Jahrhundert (noch bevor die Initialen eingefügt werden), schreibt von 71r bis 77v
Hand 3:	14. Jahrhundert, nimmt auf 1r, 2r, 9r, 10v, 11r, 12r-23r, 24r, 25v, 26r, 27v-28v, 29v, 31r, 32r-33r, 57r, 64v, 65r, 66r, 71r-73v und 74v-77r teils auf deutsch, teils auf lateinisch, teils am Rand, teils zwischen den Zeilen, diverse Einträge vor, darunter im *Moamin* acht Inhaltsvermerke (auf 31r (zu Beginn des Prologs), 32r (zu I, 1, 4 und I, 1 10), 32v (zu I, 1, 15 und I, 1, 22), 33r (zu I, 1, 37 und I, 1, 43), und 65r (zu IV, 2)), acht Textveränderungen (auf 32r/v (zu I, 1, 11-19)) und sieben Ergänzungen (auf 32r (unterhalb von I, 1ff.) *i(n) biblia aves q(ue) no(n) debe(n)t (co)medi / s(un)t aq(ui)la gryfo alictus mil{w}(us) / voltur iuxta ge-*

42 Möglicherweise von demselben Schreiber, der auch die bei DE MARINIS, I, Tafel 5b und Supplementband II, Tafel 22 abgebildeten Codices angefertigt hat.
43 Nachträglich beschnitten.
44 Haskins, 318 und Tjerneld: um 1300; Haskins, 349 und Tilander: 14. Jahrhundert.

n(us) suu(m) (et) accipt(er) / iuxta gen(us) suu(m) herodes, auf 57r (zu II, 50, 5f.) *{c}um decoctione {ma}nte sarracenic{a}, que dicitur merge{...}, laventur plume*, auf 64r (oberhalb von IV, 1) *plangiticus vorluf / precax bracke / d{u}culus leithunt / repertrio he{ss}hun{t}*, auf 65r (zu IV, 3, 3) *catuli q(ui) novissime i(n)cipiu(n)t vide(re) s(un)t melio(r)es* und auf 64v (zu IV, 2), 66r (zu IV, 4) und 70r (im Anschluß an den Traktat und unter Streichung des Explicits) je einzelne Passagen der Langfassung der *Practica canum*)

Hand 4: 15./16. Jahrhundert, notiert zu Anfang der Handschrift: *De aegritudinibus equoru(m) et earu(n)de(m) curatio(n)e(m) liber / De avibus 31 De aegritudinibus avium fol(io) 40 / De libro falconarii (con)tinens cap(itula) 72 fo(lio) 40 / De remedio aegritudinu(m) avium rapinae continens c(apitula) 15 / folio 60 / De numeratione rapidoru(m) quadrupedum (et) (pro)prie/tatibus canum fol(io) 64b / De avibus rapacibus fol(io) 71 / Omnia illa autore Jordano Rufo de calabria militis / in Marestalla quo(n)dam Imp(er)atoris Friderici Secundi / q(ui) imperavit a(nn)o a chr(ist)o nato 1213 Neapolitanae / Siciliae Rex (et) Sueviae Dux Barbarossae filius fuit / 410*, setzt an den Rand von 4r neben den im Text genannten Namen des Jordanus Ruffus eine (ähnlich wie bei G (Hand 5) gestaltete) textverweisende Klammer und schreibt dazu: *autor libri*, foliiert die Handschrift

Hand 5: Bibliothekar Königin Christines von Schweden, *numero 295. N. P* {} und *Volumen CCXCV non Petavianum* (1r)

Hand 6: barock, {...} *N. 31* (1r)

Hand 7/8: barock, päpstliche Bibliothekare, *1446* und *1446 Reg* (1r)

Sieben vier- bzw. fünfzeilige Initialmajuskeln, davon fünf mit Aussparungen (1r, 3v, 31r, 40r, 60r, 64v, 68r), zahlreiche ein- bis dreizeilige Initialmajuskeln; zwischen 32r und 39r sind die Initialen nicht zur Ausführung gelangt.

Angefertigt im 14. Jahrhundert, die Schrift von Hand 1 und die zeitgleichen deutschsprachigen Einträge von Hand 3 lassen vermuten von einem Deutschen. Möglicherweise im 16. Jahrhundert in einer größeren Bibliothek (falls der Eintrag *410* von Hand 4 eine fortlaufende Signatur ist). Wie Handschrift I war auch J als „Antwerpener Stück" (s. Hand 5) spätestens 1654/1655 Teil der Bibliothek Königin Christines von Schweden (reg. 1644-1654, gest. 1689), und auf dem gleichen Weg wie I (s. dort) wird auch sie in die Vatikanische Bibliothek gelangt sein.

HASKINS, Studies, 318 und 349; TJERNELD, 3; TILANDER, Dancus Rex, 5; VAN DEN ABEELE, Les traités, I, 82-84.

K

Vatikan, Biblioteca Apostolica Vaticana, Ott. lat. 1811

Pergament; [2] + 48 + [2] Bll.; 19,4 x 13,4 cm[45]; Einband aus rotem Saffian auf Karton mit Emblemen der BAV

1r-31v:	*Moamin* I-III
32r-37r:	*Dancus rex*
37r-40r:	*Guillelmus falconarius*
40r-44r:	*Tractatus de sperveriis*

Hand 1: 14. Jahrhundert, Rotunda, schreibt von 1r bis 44r, notiert an den Rändern von 31r, 33v, 35r, 36v, 38r/v, 40r/v und 42r diverse Einträge (zumeist, soweit aufgrund der Beschneidung noch lesbar, Inhaltsvermerke), darunter zwei im *Moamin*-Teil: einen Inhaltsvermerk zu III, 13, 3 (31r) sowie am unteren Rand derselben Seite die Ergänzung *idem Set ut clavi nu(m)q(uam) ve(n)ia(n)t tene semp(er) ave(m) t(em)p(o)r(e) hiemali i(n) p(er)ticha i(n)voluta* ... (Rest abgeschnitten)

Hand 2: 15. Jahrhundert, notiert an den Rändern von 2v (zu I, 1, 49; I, 1, 50; I, 1, 52), 3r (zu I, 2, 6; I, 2, 7; I, 2, 9; I, 2, 12), 3v (zu I, 3, 4; I, 3, 5f.), 4r (zu I, 3, 8-10), 5v (zu I, 6, 40), 8v (zu I, 11, 12), 9r (zu I, 12, 19) und 10r (zu I, 12, 54; I, 12, 56; I, 12, 57; I, 12, 58) Inhaltsvermerke (teilweise eingeleitet durch *nota*) sowie auf 8r: ... (Anfang abgeschnitten) *(et) {tu}ng{...} ip(s)i su(n)t valde grossi (et) h(ab)ent capud valde grossu(m) (et) tondu(m) (et) / vocant(ur) {...} (et) de eis fac pulverem (et) da avi sup(er) pastu(m) {...} sing(u)lis vicib(us) (et) {...}*; von derselben Hand wohl auch mehrere Zeigehände auf 1v (zu I, 1, 26; I, 1, 33; I, 1, 35), 2r (zu I, 1, 43), 3v (zu I, 3, 6) und 8v (zu I, 11, 6)

Hand 3: 16./17. Jahrhundert, notiert auf 1r die Zahlen *86*, *1811*, *{2}9* und *18*, foliiert die Handschrift am oberen rechten Rand (nur teilweise ausgeführt bzw. zu erkennen) (mehrere Hände?)

gestempelte Foliierung am unteren rechten Rand

Vegetabiles Bordürenrahmenfragment in der linken oberen Ecke von 1r, vier vierzeilige (1r, 11v, 26v, 32r) und zwei dreizeilige (3r, 40r) Feldinitialen, diverse ein- bis dreizeilige Initialmajuskeln.

Entstanden im 14. Jahrhundert wohl in Italien (Schrift, zahlreiche Italianismen im *Tractatus de sperveriis*[46]). 1748/1749 von der Familie Ottoboni an die vatikanische Bibliothek verkauft.

HASKINS, Studies, 349; VAN DEN ABEELE, Les traités, I, 75f.

---

45 Nachträglich beschnitten.
46 S. VAN DEN ABEELE, Les traités, II, 374.

L

Vatikan, Biblioteca Apostolica Vaticana, Urb. lat. 1014

Papier[47]; 168 Bll.; 26,8 x 20,7 cm[48]; Einband des 17. Jahrhundert aus hellem Pergament

1r-53v:	*Moamin* I-III
53v-56r:	Petrus de l'Astore, Falkentraktat
56r-64v:	*Moamin* IV-V
66r-168v:	Laurenzius Rusius, *Liber marescalcie*

Hand 1: späteres 15. / früheres 16. Jahrhundert[49], Buchkursive, schreibt von 1r bis 168v, fügt der Handschrift am oberen Rand zwei Foliierungen an, eine für den Falken- und eine für den Pferdeteil

Hand 2: 16. Jahrhundert, schreibt kopfüber auf den unteren und seitlichen Rand von 1r: *{...} / cinque porci p{...} il fabro / {Si}mone tre porci grandi il fabro {mi} resta dieci gro{ssi} {...} / {R} conto d{e} porci / {di} / al{t}o*

Hand 3: 16. Jahrhundert, notiert auf 76v eine Zeigehand mit textverweisender Klammer und auf 147r eine textverweisende Klammer mit *Nota*-Vermerk und lateinischem Inhaltsvermerk

Hand 4: 16. Jahrhundert, Randbemerkung auf 86v (= Hand 2?)

gestempelte Foliierung am rechten unteren Rand

Diverse zwei- bis vierzeilige Initialen vorgesehen, aber nicht ausgeführt.

Entstanden im späteren 15. oder früheren 16. Jahrhundert wohl in Italien (s. Text auf 53v-56r). Im 16. Jahrhundert im Besitz eines Italieners. Die Zugehörigkeit zu den *Codices urbinates* der Vatikanischen Bibliothek liefert keine weiteren Informationen, denn diese bestehen nicht allein aus den 1657 aufgekauften Handschriften der herzoglichen Bibliothek von Urbino, sondern umfassen auch viele andere in der Folgezeit hinzugefügte. Der Beschreibung des *Codices urbinates* bei Stornajolo ist nicht zu entnehmen, wann (bzw. ob) sie (je) geschlossen wurden.

Cosimo STORNAJOLO, Codices urbinates latini, 3 Bde., Romae 1902-1921, III, 7f.; VAN DEN ABEELE, Les traités, I, 86f.

47 Mit Wasserzeichen, das jedoch auf der mir von der BAV zur Verfügung gestellten Reproduktion nicht zu erkennen ist.
48 Nachträglich beschnitten.
49 Stornajolo und Van den Abeele: 15. Jahrhundert.

M

Rom, Biblioteca Angelica, 1461

Pergament (4-113) und Papier (1-3 und 114-151); 151 Bll.; 23 x 16,4 cm; Einband aus braunem Leder aus dem Jahr 1973

4r-5v:	Prosper von Aquitanien, Epigramme
6r-33r:	Claudius Claudianus, *De raptu Proserpinae*
37r-46v:	Adam de Montaldo, *Liber de nobilitate Innocentii pontifici*
47r/v:	Adam de Montaldo, *Carmina iucunditatis et lętitie*
50r-73r:	*Ghatrif*
73r-113v:	*Moamin* I-III
114r-146v:	Desiderio Spreti, *De amplitudine, de vastatione et de instauratione urbis Ravenne*

Dieser Codex ist aus fünf ursprünglich getrennten Teilen zusammengebunden. Im folgenden ist nur der vierte, den *Moamin* beinhaltende Teil (50-113) beschrieben.

Hand 1:	zwischen 1465 und 1488 (s. Besitzgeschichte), Rotunda, schreibt von 50r bis 113v
Hand 2:	16./17. Jahrhundert, Foliierung am oberen rechten Rand (1-64)
Hand 3:	modern, Foliierung am unteren rechten Rand (49-112)
Hand 4:	modern (1893 oder früher – wird von Narducci benutzt), Foliierung am oberen rechten Rand (50-113)

Farbig abgesetzter Rahmen (50r), ausgefüllt mit dem Wappen der Sforza (flankiert von den Kürzeln *HIP* und *MA*) (Unterseite) sowie verschiedenen Emblemen und Devisen: (von rechts oben an im Uhrzeigersinn) eine weiße Taube mit der Devise: *ABNDROIT* (= a bon droit), zwei ineinander verschlungene Rosenstöcke, eine schwarze Pferde-Kandare mit der Devise *HIC VERGHES NIT* (= ich vergeß nicht), ein Hügel mit drei Bäumen auf einem silbernen Sockel mit der Devise *NIT SAIT* (= mit Zeit), eine goldene Krone flankiert von einem Lorbeer- und einem Palmenzweig, eine Bande, sparrenförmig abwechselnd mit den aragonesischen Farben Gold und Rot gefüllt, ein Zweig mit einer Quitte, eine goldene Bürste mit der Devise *MERITO ET TEMPORE*, ein zu einem Knoten geschlungenes weißes Tuch (in den oberen Ecken einiger der genannten Embleme finden sich zusätzlich drei ineinander verschlungene goldene Ringe)[50]; vier Emblem-Initialen: schwimmende und fliegende Enten, die von einem Raubvogel bedroht werden (50r), eine weiße Taube (73r), drei ineinander verschlungene goldene Ringe (86r), ein bewaldeter Hügel (106v); diverse zweizeilige Initialmajuskeln, abwechselnd in Blau und Gold; Rubriken.

Angefertigt wohl in Mailand (s. Stemma) für Hippolyta Maria (1446-1488), die Tochter des Mailänder Herzogs Francesco Sforza, offenbar erst nach ihrer Heirat mit Alfons, dem Sohn

50 Bis auf die Rosenstöcke und die Bande mit den aragonesischen Farben handelt es sich bei allen Inhalten um auch anderweitig belegte Embleme und Devisen der Sforza, s. PELLEGRIN, 490-492.

des aragonesischen Königs Ferdinand I., im Jahr 1465 (s. Buchschmuck). Laut Narducci später im Besitz eines Giovanni da Siena[51] – worauf diese Angabe gründet, erfährt man freilich weder von Narducci noch aus dem Codex. Noch später gehörte die Handschrift dem Kardinal Domenico Passionei (1682-1761, amt. 1738-1761), aus dessen Nachlaß sie von der Biblioteca Angelica erworben wurde.

Enrico NARDUCCI, Catalogus codicum manuscriptorum praeter graecos et orientales in Biblioteca Angelica olim Coenobii Sancti Augustini De Urbe, Bd. I [mehr nicht erschienen], Rom 1893, 627f.; VAN DEN ABEELE, Les traités, I, 71f.; Simonetta CERRINI, Libri dei Visconti-Sforza. Schede per una nuova edizione degli inventari, in: Studi petrarcheschi n. s. 8 (1991), 239-281, 270-272; VAN DEN ABEELE, Falken, 6 und Abbildung 11.

N

Neapel, Biblioteca Nazionale, Lat. XIV. D. 31

Papier[52], [3] + 70 + [3] Bll.; 26 x 20,5 cm; Einband aus Pergament

1r-56v:	*Moamin* I-III
56v-59v:	Petrus de l'Astore, Falkentraktat
59v-69r:	*Moamin* IV-V

Hand 1:	späteres 15. oder früheres 16. Jahrhundert[53], humanistische Kursive, schreibt von 1r bis 69r
Hand 2:	16. Jahrhundert, *Madalo sca {9} ca{...}* ([1]r)
Hand 3:	barock, streicht den Eintrag von Hand 2 durch und schreibt *Madalo{s}. XI. S.C.* darunter
Hand 4:	modern, Foliierung

Diverse ein- bis dreizeilige Initialmajuskeln.

Entstanden im späteren 15. oder früheren 16. Jahrhundert wohl in Italien. Der weitere Weg der Handschrift und der Zeitpunkt ihres Eingangs in die Biblioteca Nazionale sind unbekannt.

LUPIS, Petrus de l'Astore, 14; VAN DEN ABEELE, Les traités, I, 70.

---

51 Narducci: „Olim di Giovanni da Siena (P)".
52 Ob sich darauf Wasserzeichen befinden, ist unbekannt. Zwei diesbezügliche postalische Anfragen blieben unbeantwortet.
53 Lupis, Van den Abeele: 16. Jahrhundert.

O

Bologna, Biblioteca Universitaria, 153

Pergament (teilweise Palimpsest); 161 Bll.; 26 x 18,1 cm[54]; moderner Einband (S. Maria del Monte, Cesena)

1r-32v:	Laurenzius Rusius, *Liber marescalcie*
33r-49v:	*Moamin* I-V
50v:	Rezept *Ad dissolvendum duritiem iuncturarum*, Incipit: *R(ecipe) radicis altee*
51r-52v:	Petrus de l'Astore, Falkentraktat
52v:	Pferderezept (*Ad faciendum bonam ungulam*), Incipit: *Recipe cera vergene oncia una*
53r-56r:	Johannes de Sacrobosco, *Algorismus* (Lynn THORNDIKE und Pearl KIBRE, A Catalogue of Incipits of Medieval Scientific Writings in Latin, London ²1963, 991)
56v-58r:	*Cautele algorismi* (THORNDIKE / KIBRE, 1590)
59r-67r:	*Speculum maius alchymiae* (THORNDIKE / KIBRE, 523)
67v-70v:	Simon de Colonia, *Speculum alchimiae* (THORNDIKE / KIBRE, 888)
71r-74r:	Arnoldus de Villanova, *Perfectum magisterium* (THORNDIKE / KIBRE, 1385)
74v-75r:	*Opus Leonis*, Incipit: *In magna quantitate*
75v-76r:	Arnoldus de Villanova, *Opus solis* (THORNDIKE / KIBRE, 21)
76v-78r:	*Opus maius quod edidit Alfonsus de Innia*, Incipit: *Ob amorem vestri domine*
78v:	*Maius opus,* Incipit: *Qui habet aures audiendi audiat*
79r/v:	Arnoldus de Villanova, *De secretis naturae* (THORNDIKE / KIBRE, 1407)
80r-82v:	*Opus peregrini*, Incipit: *Qui creavit omnia*
83r-90r:	*Inspiratio divinitatis* (THORNDIKE / KIBRE, 43)
90v-99v:	Raymundus Lullus, *Anima artis* (THORNDIKE / KIBRE, 650)
100r-118r:	Geber, *Liber claritatis* (THORNDIKE / KIBRE, 731)
118v-120v:	Raymundus Lullus, *Epistola accurtationis* (THORNDIKE / KIBRE, 296)
121r-124r:	*Disputatio Scoti super arte alkimie* (THORNDIKE / KIBRE, 1632)
124v-125v:	*Liber angelicus relevatus per angelum* (THORNDIKE / KIBRE, 24)
126r-127r:	Arnoldus de Villanova, *Rosa novella* (THORNDIKE / KIBRE, 442)
127v-128r:	Arnoldus de Villanova, *Secretum* (THORNDIKE / KIBRE, 19)
128v-135r:	Raymundus de Terminis, *Epistola prima* (THORNDIKE / KIBRE, 1603)
135v-143v:	Nicolaus de Comitibus, *Speculum alchemiae* (THORNDIKE / KIBRE, 1612)
144r-147r:	*Lumen luminum*, übersetzt von Michael Scotus (THORNDIKE / KIBRE, 336)
147v-159r:	Rasis, *Liber secretorum* (THORNDIKE / KIBRE, 820)

Hand 1: 14. Jahrhundert, Rotunda, schreibt von 1r bis 159r[55] und nimmt eine erste Foliierung vor (äußerste rechte obere Ecke), trägt zwischen 9r und 31r an den

54 Nachträglich beschnitten.
55 Van Den Abeele sieht zwei Hände am Werk (1-58 und 59-161), doch ist er hierbei von dem abrupten Wechsel in Größe und Weite der Schrift nach dem Lagenwechsel von 58/59 getäuscht. Am Duktus und den einzelnen Buchstabenformen, an der Art die Reklamanten zu setzen, Nachträge in den Text einzufügen etc. ändert sich nichts.

Seitenrändern diverse *Nota*-Vermerke, auf 24r am unteren Rand ein italienisches Rezept und auf 32v am unteren Rand eine lateinische textverweisende Bemerkung ein, notiert – jeweils auf der freien unteren Hälfte – nachträglich[56] auf 78v einige Zeilen *ex libro Aris{le}i Greci*, Incipit: *Mercurius Solem foleatom destruit omnem*, und auf 99v Auflösungen zu den als alchimistische Symbole verwendeten Buchstaben A bis R, trägt auf 59r-60r, 61r-63v, 65r-66v, 67v, 68r, 71r, 74v-77r, 79r, 80v, 81r, 84r-88v, 89v, 99v, 101v, 106r/v, 114r-115r, 116v-117v, 126r, 128v, 129r, 130v, 131v-133r, 136r-138v, 139v, 142r, 143v, 144v-150r, 153r, 153v, 154v, 156r, 157r in kursiverer Schrift diverse Randvermerke und Zeigehände ein

Hand 2: erste Hälfte 17. Jahrhundert, versieht die einzelnen Bestandteile des Codex mit einer laufenden Numerierung, legt auf 1v ein Inhaltsverzeichnis unter Benutzung derselben (teilweise fehlerhaften – 67v: Simon de Colonia ausgelassen) Numerierung an, trägt auf 67v, 69r, 70r-71r, 72r-73r, 79r/v, 83r, 90v, 91v-95v, 97v, 118v, 119r, 120v-122v, 124r, 135v-137v, 139r/v und 140v-142v französische und lateinische Randvermerke ein sowie wohl auf 161v einen kaum mehr lesbaren Eintrag

Hand 3: 18. Jahrhundert, Montefani Caprara (s. u.), *Cod num° 183 / Aula II A / Sec. XV / Cod. Mss. Saec. XV / Ex Bibliotheca Comitum Caprara* (2r)

Hand 4: modern, wiederholt die Foliierung dort, wo Hand 1 antiquierte Ziffern verwendet hat

Hand 5: 25. Oktober 1919, datierte Inventarisierungsvermerke der Biblioteca Universitaria (hinterer Spiegel)

21 sechs- bis zehnzeilige Deckfarbeninitialen (59r, 67v, 71r, 74v, 75v, 76v, 78v, 79r, 80r, 83r, 90v, 101r, 118v, 121r, 124v, 126r, 127v, 128v, 135v, 144r, 147v); 11 drei- bis achtzeilige Fleuronné-Initialen (3r, 4r, 33r, 51r, 53r, 93r, 109v, 130v, 132r, 149v, 149v), davon 10 mit Aussparungen, von diesen wiederum 7 mit Randausläufern, von diesen wiederum zwei mit solchen, die einen ganz oder fast ganz geschlossenen Textrahmen bilden (4r und 33r); diverse ein- bis dreizeilige Initialmajuskeln, dieselben vergrößert und mit Aussparungen auf 37r, 45v, 47r, 49r, 153v.

Angefertigt im 14. Jahrhundert von einem Italiener, offenbar für den eigenen Gebrauch. Vermutlich schon bald darauf verließ die Handschrift Italien in Richtung Frankreich, denn im 15. Jahrhundert entstand in ihrer Tradition auf französischem Papier die Handschrift C und in der ersten Hälfte des 17. Jahrhunderts findet sie sich nebst zahlreichen anderen alchimistischen Codices im Besitz eines bislang nicht identifizierten gelehrten Alchimisten in oder im Umkreis von Paris, möglicherweise ein „Mr Coberge, docteur de Sorbonne et tres scavant en chymie“ oder Jean-Baptiste de La Noue[57]. Kaum gefunden verliert sich auch die Spur dieser Gelehrtenbibliothek, bis sie 1672 als Erbe des verstorbenen Bologneser Grafen Carlo Sforza Attendoli Manzoli in den Besitz des Grafen Carlo Francesco Caprara übergeht.

---

56 Wiederum optisch auf den ersten Blick recht anders – doch vgl. 108r, wo die Schrift ebenfalls stark in diese Richtung tendiert.

57 S. hierzu und zum folgenden Didier KAHN, Le fonds Caprara de manuscrits alchimiques de la Bibliothèque Universitaire de Bologne, in: Scriptorium 48 (1994), 62-110.

In dessen Familie bleibt sie, bis ein Großteil davon zu einem nicht näher bekannten Zeitpunkt zwischen 1724 und 1745 von Gräfin Vittoria Caprara der Universität Bologna geschenkt wird, in deren Bibliothek er sich seitdem befindet. Ein kleinerer Teil, zu dem Codex 153 gehört, kann dieser Schenkung bislang nicht zugeordnet werden, doch ist auch er um dieselbe Zeit an die Universitätsbibliothek gekommen – er trägt denselben von der Hand Montefani Capraras stammenden Herkunftsvermerk wie die zu der Schenkung gehörigen Codices (s. Hand 3).[58]

A. RESTORI, Recettes de fauconnerie, in: Revue des langues romanes 39 (1896), 289-301 und 45 (1902), 337-347, 293f.; Lodovico FRATI, Indice dei codici latini conservati nella R. Biblioteca Universitaria di Bologna, in: Studi italiani di filologia classica 16 (1908), 103-432 und 17 (1909), 1-171, 16 (1908), 169f. (= Nr. 164); VAN DEN ABEELE, Les traités, I, 57f.

P

Mailand, Biblioteca Ambrosiana, D 11 inf.

Pergament; I + 33 Bll.; 27,3 x 19,3 cm[59]; Halbeinband aus rosafarbenem Leder auf Holz, einst von einer Schließe zusammengehalten, aus dem 15. (?) Jahrhundert, darauf in spätgotischer Schrift die Inhaltsvermerke *De avibus rapacibus / De canibus quibus utimur / Tragedia Albertini Muxati*

1r-23r:	*Moamin* I-V
24r-33r:	Albertino Mussato, *Ecerinide*

Hand 1:	14. Jahrhundert[60], Rotunda, schreibt von 1r bis 23r und läßt dabei anstelle von Incipits, Explicits und Überschriften Lücken, vermerkt die im Text ausgesparten Teile an den Rändern, wo sie durch spätere Beschneidung nur noch zum Teil erhalten sind
Hand 2:	1375, Francesco da Lancenigo (*Francisci vendramini de Lanzanico de Teruisio; 1375 k(a)l(endas) Januari* (33r)), schreibt von 24r bis 33r
Hand 3:	zweite Hälfte 14. / erste Hälfte 15. Jahrhundert, notiert auf 23v ein Rezept für einen *pulvis optimus ad {a}doru(m)*
Hand 4:	15. Jahrhundert (?), *N 210* (23v)
Hand 5:	Gian Vincenzo Pinelli (1535-1601), trägt die von Hand 1 ausgelassenen Incipits, Explicits und Überschriften nach, allerdings nach der in x37 überlieferten Kurzversion des *Moamin* mit ihrem veränderten Überschriftenbestand, so daß er bisweilen Lücken leer lassen muß, da keine Überschriften mehr verfügbar sind, bisweilen im Text keine Lücken findet und die Überschriften an den Rand

58 Vgl. KAHN, 80.
59 Nachträglich beschnitten.
60 Tjerneld: erste Hälfte 14. Jahrhundert.

schreiben muß; auch foliiert er den Codex und vermerkt auf dem vorderen Spiegel: *Jo(anni) Vincentii Pinelli / Moamini Arabis / Tractatus de avibus rapacibus / Ex Arabica lingua (ut puto) / in latinam versus / Albertini Muxati tragedia / Ecerini de Romano scripta / anno 1325 vel potius 1375* und *Nota come li titoli aggiunti a questo libro sono stati cavati da un exem-/plare in 8° del Il(lust)re P. B. dove nella fine et altrove si vede l'autore / di q(uesto) libro chiamato falconario quale e diviso in tre trattati esser / stato un maestro Moamino Arabico / Notisi di piu come nel* sud(et)to *lib(ro) d(e)l Il(lust)re B. dopoi del falconario sono / compilate altre ricette per conto d'uccelli rapaci per dieci carte / in circa / Dopoi della q(u)ale apendice e un trattato de equis etc / et dopo tal trattato de equis sequita il trattato de cani che è an(cora) / qui in fine se bene alquanto diffetoso d'alcuni capitoli*

Hand 6: barock, *D 11 P(ar)te Inf(eriore)* (vorderer Spiegel) (Signatur der Biblioteca Ambrosiana)

Eine dreizeilige Initialmajuskel mit ornamental verziertem Binnenfeld (24r). Weitere Initialen waren in beiden Texten des Codex vorgesehen, sind jedoch nicht zur Ausführung gelangt. Auf dem hinteren inneren Spiegel ist über einen Großteil der Fläche mit Tinte ein unvollständiges Wappen gezeichnet (vier leere Viertel, in deren Mitte ein Medaillon mit einer Burg und einem darüber thronenden Adler).

In Handschrift P sind zwei ursprünglich getrennte Teile (1-23 und 24-33) zusammengebunden – die Teile bestehen aus unterschiedlichem Pergament, und 23v trägt Abnutzungsspuren, die es als ursprüngliches Außenblatt kennzeichnen. Der hier allein relevante erste Teil ist im 14. Jahrhundert wohl in Italien entstanden (Schrift) und im 15. Jahrhundert (?) wohl bereits Bestandteil einer größeren Bibliothek gewesen (wenn man den Eintrag von Hand 4 als laufende Signatur liest). Mit Teil 2 vereint gehört er später zu der reichen Bibliothek des seit 1558 in Padua ansässigen Universalgelehrten und Humanisten Gian Vincenzo Pinelli (1535-1601). Nach dessen Tod wurde er unversehrt zu Schiff zu den Erben nach Neapel transportiert (viele andere Handschriften gerieten in die Hände von Piraten und wurden von diesen aus Wut über die enttäuschende Beute ins Meer geworfen), in Neapel mitsamt dem übriggebliebenen Teil von Pinellis Bibliothek von dessen Freund, dem Kardinal und Mailänder Erzbischof Federico Borromeo, aufgekauft und von diesem 1609 in den Grundstock der neugegründeten Biblioteca Ambrosiana eingebracht.[61]

Antonio CERUTI, Trattato di falconeria. Testo di lingua inedito del secolo XIV tratto da un manoscritto della Biblioteca Ambrosiana, in: Il propugnatore 2-2 (1869), 221-273, 227; RESTORI, 293f.; Adolfo RIVOLTA, Catalogo di codici pinelliani dell'Ambrosiana, Milano 1933, 215; TJERNELD, 3; Inventario Ceruti dei manoscritti della Biblioteca Ambrosiana, 5 Bde., Trezzano s/N. 1973-1979, I, 383; VAN DEN ABEELE, Les traités, I, 63f.

61 Vgl. Adolfo RIVOLTA, Contributo a uno studio sulla biblioteca di Gian Vincenzo Pinelli, Monza 1914, 33-38.

Q

Mailand, Biblioteca Ambrosiana, Z 175 sup.

Papier[62]; 132 + IV Bll.; 23,9 x 17,2 cm; Einband des 18. Jahrhunderts aus hellem Pergament auf Karton, in den Ecken der Buchdeckel gestempelte Blumenvasen, auf dem Unterschnitt der Inhaltsvermerk *Libro de medicar falchoni*

4r-74v:	*Moamin* I-V
74v-88v:	*Doctrina nutritionis accipitrum et rapacium avium*; Incipit: *In accipitris educandis primo considerare oportet*
89r-132v:	Jordanus Ruffus, *De medicina equorum*, therapeutischer Teil

Hand 1:	16. Jahrhundert[63], humanistische Kursive, schreibt von 4r bis 132v
Hand 2:	barock, *Desunt nonnulla Capitula* (23v) (= Hinweis auf den Ausfall des Abschnitts II, 11, 2 (*amittet*) - II, 15, 1)
Hand 3:	barock, *Codex Mss. chartaceus / in 4.º, in quo / Liber Maomon falconarii / translatus de arabico in / latinum per Magistrum / Theodorum Phisicum apud / Fancunam* (auf einem auf 1r geklebten Zettel)
Hand 4:	barock, ergänzt zu dem Eintrag von Hand 3: *alie adsunt etiam Remedia pro infirmitatibus equorum* (1r)
Hand 5:	barock, *Non corrisponde {l}a versione a quella del codice / &.121. Credesi un trattato di un altro Autore Arabo / Geray Bib{liotecario} Vienna / Z.175.p.sup.ʳ* (vorderer Spiegel)
Hand 6:	modern, listet fünf Falknerei-Handschriften der Ambrosiana auf, darunter auch Q (auf einem auf 2r geklebten Schreibblockblatt)
Hand 7:	modern, Foliierung

Rubrizierung; zwei- bis vierzeilige Initialen vorgesehen, aber nicht ausgeführt.

Entstanden im 16. Jahrhundert wohl in Italien (Schrift). Spätestens seit dem 18. Jahrhundert in der Biblioteca Ambrosiana (Hand 5).

CERUTI, 227; RESTORI, 293f.; Astrik L. GABRIEL, A Summary Catalogue of Microfilms of One Thousand Scientific Manuscripts in the Ambrosiana Library, Milan, Notre Dame 1968, 388; VAN DEN ABEELE, Les traités, I, 66f.

62 Ohne Wasserzeichen.
63 Restori: 17. Jahrhundert.

R

Oxford, Bodleian Library, Digby 152

Pergament; [2] + 54 + [2] Bll.; 24,5 x 17 cm[64]; brauner Einband mit Schließen und goldenem Wappen Kenelm Digbys

1r-42r:	*Moamin* I-V
42r-54v:	Kaiser Friedrich II., *De arte venandi*, Extrakt aus Buch III

Hand 1:	14. Jahrhundert, Textualis, schreibt von 1r bis 38v ohne Überschriften, Incipits und Explicits, notiert die ausgelassenen Teile am Rand, trägt die eigenen und die von Hand 2 am Rand notierten Teile in den Text ein
Hand 2:	14 Jahrhundert, Textualis, schreibt von 39r bis 54v ohne Überschriften, Incipits und Explicits, notiert die ausgelassenen Teile am Rand, vermerkt auf 5r (zu I, 6, 18) und 5v (zu I, 6, 42) je eine Glosse
Hand 3:	14./15. Jahrhundert, versieht die Ränder mit diversen insgesamt nur sehr schwach ausgeprägten Einträgen in Schrift und Bild (soweit erkennbar auf 6r, 12r-16r, 17r, 18v, 19r, 20v-24r, 25r-26v, 28r/v, 30v, 31r, 32v-34r, 35r, 37r, 48v), darunter mindestens 24 Inhaltsvermerke, zumeist Wiederholungen einzelner im Text genannter Drogen (6r, 12r-13r, 15r, 17r, 18v, 19r, 20v, 22v, 25r-26v, 28v, 30v, 31r, 33v, 35r), mindestens fünf Zeigehände (12r, 14r, 19r, 22v, 23r) und mindestens 19 skurrile Fratzen und Leiber von Menschen und Tieren (12r/v, 15r/v, 18v, 19r, 20v-21v, 24r, 25r, 26v, 27r, 30v, 32v, 34r, 35r, 37r)
Hand 4:	1632 oder früher, *51*(1r) (Signatur der Bibliothek Thomas Allens)[65]
Hand 5/6:	1632-1634, *A 116* und *Vindica te tibi Kenelme Digby* (1r) (Signatur der Bibliothek und Motto von Kenelm Digby)[66]
Hand 7:	barock, *K. D. / 152* (vorderer Spiegel), *M(agiste)r Theodorus* ([2]r) (Einträge eines Bibliothekars der Bodleian Library), Foliierung

Diverse Fleuronné-Initialen (davon eine neunzeilig und mit Aussparungen (1r), der Rest voll und ein- bis fünfzeilig); einzeilige Initialmajuskeln in den Capitulationes.

Entstanden im 14. Jahrhundert wohl als Auftragsarbeit (Aufgabenteilung bei Hand 1 und 2) laut Macray von französischen Händen. Spätestens 1622 im Besitz des in Oxford lehrenden Mathematikers und Astrologen Thomas Allen (1540/1542-1632). Nach Allens Tod kam der Codex samt seiner übrigen Bibliothek als Vermächtnis an seinen Schüler Kenelm Digby (1603-1665), der ihn wiederum samt seiner übrigen Bibliothek im Jahr 1634 der Bodleian Library schenkte.

---

64 Nachträglich beschnitten.
65 Vgl. Andrew G. WATSON, Thomas Allen of Oxford and his Manuscripts, in: Medieval Scribes, Manuscripts & Libraries. *Essays Presented to* N. R. Ker. Ed. by M. B. PARKES and Andrew G. WATSON, London 1978, 279-314, 311.
66 Vgl. WATSON, 303f.

William D. MACRAY, Catalogi codicum manuscriptorum bibliothecae bodleianae pars nona, codices a viro clarissimo Kenelm Digby, eq. aur., anno 1634 donatos, complectens, Oxonii 1883, 152; WERTH, 175; HASKINS, Studies, 302; Carl Arnold WILLEMSEN, Kaiser Friedrich der Zweite. Über die Kunst mit Vögeln zu jagen. Kommentar zur lateinischen und deutschen Ausgabe, Frankfurt am Main 1970, 76f.; VAN DEN ABEELE, Les traités, I, 17f.; Richard William HUNT und Andrew G. WATSON (Hgg.), Digby Manuscripts. 1: A Reproduction of the 1883 Catalogue by W. D. Macray. 2: Notes on Macray's Descriptions of the Manuscripts by R. W. HUNT & A. G. WATSON. Appendix: An edition of Thomas Allen's Catalogue of his Manuscripts by A. G. WATSON, Oxford 1999, 152 + separate Anmerkungen.

S

Oxford, Corpus Christi College, 287

Papier[67]; [1] + 86 + [1] Bll.; 28,5 x 21,2 cm[68]; Einband aus braunem Kalbsleder auf Karton, auf dem Einbandrücken die Aufschrift *Regimen equorum. Liber mss.*

1r-44v:	Laurenzius Rusius, *Liber marescalcie*
45r-72v:	*Moamin* I-V
72v-73v:	Sammlung magischer Praktiken gegen Pferde- und Hundekrankheiten, Incipit: *Quando percipis equum asmam habere*
74r:	18 Zeichnungen von Kandaren mit Erläuterungen
74v-78v:	Egidius de Aquino, *Liber avium vivencium de rapina*
78v-80v:	*Liber de ancipitribus et falconibus et curis eorum*
80v:	*Practica canum*, Fragment
81r-82v:	*Dancus rex*, Fragment
82v-84r:	*Guillelmus falconarius*

Hand 1:	1448, Johannes Derastroff aus der Diözese Würzburg, schreibt (Rotunda) von 1r bis 44v (*Explicit lib(er) marescalcie {Iza}ptum*[69] *p(er) me Ioh(ann)em derastroff Erpi/polen(sis) dioc(esis) In arc({is}) maior(is) terre givaldi an(n)o d(o)m(ini)* 1448 (44v)), foliiert die Blätter 3-44 mit den Zahlen 1-42 (Foliierung teilweise beschnitten), versieht einen Teil der Überschriften in der Capitulatio auf 1r-2v mit Blattangaben nach derselben Foliierung
Hand 2:	15. Jahrhundert, Buchkursive, schreibt von 45r bis 65v
Hand 3:	15. Jahrhundert, Buchkursive, schreibt von 65v bis 72v
Hand 4:	15. Jahrhundert, Rotunda, schreibt von 72v bis 73v
Hand 5:	15. Jahrhundert, Buchkursive, schreibt von 74v bis 84r
Hand 6:	15. Jahrhundert, notiert am Rand von 39v, 40r und 43v weitere Rezepte, ergänzt

67 Mit dem Wasserzeichen „Schere", das nach BRIQUET, II, 30f., exklusiv in Italien verwendet wurde; die ähnlichsten Belege (BRIQUET, III, Nr. 3763 und PICCARD, IX-1, Nr. 699-702 und 707-710) datieren zwischen 1453 und 1471.
68 Nachträglich beschnitten.
69 Gemeint, aber nicht zu lesen, ist wohl *scriptum*.

	auf 54r und 55r die Überschriften zu II, 9 und II, 16, notiert auf 59v zu Überschrift II, 33: *deficiebat i(n) exepla/ium* {*culu(m)*} (= Erklärung, warum kein Text folgt), ergänzt den Text von Hand 4 auf 72v und 73v und denjenigen von Hand 5 auf 74v, erläutert die Zeichnungen auf 74r
Hand 7:	16. Jahrhundert, bringt an den Rändern von 6v, 8r, 9r, 11r, 15r, 18r, 26r, 39r, 43v und 44r/v (und vermutlich noch weiteren Seiten – dies aber anhand der Mikrofilm-Reproduktion nicht klar zu erkennen) Klammern, *Nota*-Vermerke, Zeigehände und Inhaltsvermerke an
Hand 8:	modern, foliiert den gesamten Codex
Hand 9:	modern, {*Di v. 6*} / *Liber C. C. C. Oxon.* (vorderer Spiegel)

Zwei- bis dreizeilige Initialmajuskeln in dem von Hand 1 geschriebenen Text (1r-44r); im Text von Hand 2 (45r-65v) waren zwei- bis dreizeilige Initialen vorgesehen, allerdings sind sie mit Ausnahme einer Ersatzlösung (45r) nicht zur Ausführung gelangt; im Text von Hand 5 (74v-84r) ist eine vorgesehene dreizeilige Initiale nicht ausgeführt worden.

Entstanden ab 1448 in Torremaggiore (*maioris terre*)[70], ca. 30 km nordwestlich von Foggia. Spätestens 1852 in der Bibliothek des Corpus Christi College (Erscheinungsjahr von Coxes Beschreibung).

Henry O. Coxe, Catalogus codicum mss. qui in collegiis aulisque oxoniensibus hodie adservantur, 2 Bde., Oxonii 1852., II, 125f.; Haskins, Studies, 353f.; Van Den Abeele, Les traités, I, 21f.

T

New Haven, Beinecke Library, 446

Pergament; [1] (Papier) + [1] + 66 + [1] (Papier) Bll.; 26,2 x 17,5 cm; Einband des 19. Jahrhunderts aus rotem Saffian mit Golddruck, auf dem Buchrücken die Aufschrift *Cetreria* und ein runder Aufkleber mit der Nummer *238*, vergoldete Ecken mit unleserlicher Beschriftung

1r-50v:	*Moamin* I-III
50v-58r:	*Dancus rex*
58r-61v:	*Guillelmus falconarius*
61v-62r:	Egidius de Aquino, *Liber avium vivencium de rapina*, Paraphrase des Beginns[71]

Hand 1: 1442-1458 (s. u.), humanistische Minuskel, schreibt von 1r bis 62r

---

70 Vgl. Jean Louis Alphonse Huillard-Bréholles, Historia diplomatica Friderici Secundi sive Constitutiones, privilegia, mandata, instrumenta quae supersunt istius imperatoris et filiorum ejus. Accedunt epistolae paparum et documenta varia, 7 Bde., Paris 1852-1861, V, 250.
71 S. Glessgen / Van den Abeele.

Hand 2: 15. Jahrhundert, nimmt auf 1r (kurzer Prolog, 3), 4r (I, 1, 40), 30v (II, 24, 69), 31r (II, 24, 87) (kaum erkennbar), 35r (II, 37, 2), 49r (III, 12, 14), 53r, 53v und 54v Verbesserungen am Text vor, notiert dort, wo im *Moamin* die Überschriften fehlen, klein am Rand die Kapitelzahlen
Hand 3: barock (?), Foliierung
Hand 4: modern, *Longman / Evans 4 July 1826 / 238 / vide* {*alis Cochaena*} *1826 / 208 /* {*wiach*} (vorderer Spiegel)
Hand 5: modern, {...} {*of*} / *Ferdinand of Aragon* (vorderer Spiegel)
unleserlicher Stempel auf dem vorderen Papierblatt

Eine Miniatur (1r): ein Verschlag mit einer Sitzstange, auf der fünf aufgehaubte Raubvögel angebunden sind; Bordürenrahmen aus Blumen, Vögeln, Putten und dem Wappen König Alfons I. von Neapel[72]; eine sechszeilige Feldinitiale (1r); fünf vier- bis fünfzeilige Initialen mit vegetabilen Ausläufern (20r, 43v, 50v, 58r und 61v); diverse zwei- bis dreizeilige Feldinitialen; Rubriken (an mehreren Stellen des Codex wurde die Ausführung des Dekors vergessen (4r, 18r, 19v, 20r, 21r, 27v)).

Angefertigt für König Alfons I. von Neapel (reg. 1442-1458). Möglicherweise ebenfalls wie Handschrift A' über Kronprinz Ferdinand 1527 nach Spanien und nach dessen Tod an das Kloster San Miguel de los Reyes in Valencia gelangt.[73] Dort hätte der Codex dann wohl im 19. Jahrhundert seinen heutigen Einband erhalten und sich unter den vielen Codices befunden, deren Spur sich 1825, nach der Säkularisation des Klosters verlor.[74] 1826 bei Evans, London verkauft. Zu unbekannter Zeit danach von Thomas Phillipps bei Longman und 1946 von C. A. Stonehill bei Sotheby's, London erworben und sogleich weiterverkauft an W. Robertson Coe, der den Codex noch im selben Jahr der Universität Yale schenkte.

WERTH, 175; DE MARINIS, II, 324 und Tafel 13A; LUPIS, Petrus de l'Astore, 16; Barbara A. SHAILOR, Catalogue of Medieval and Renaissance Manuscripts in the Beinecke Rare Book and Manuscript Library Yale University, 3 Bde. (Medieval & Renaissance texts & studies 34, 48 und 100), Binghampton 1984-1992, II, 396-398; VAN DEN ABEELE, Les traités, I, 42f.; VAN DEN ABEELE, Falken, 6f. und Abbildung 12.

72 Vgl. DE MARINIS, II, 324 und I, 129. Die, soweit ich sehe, erstmals bei LUPIS, Petrus de l'Astore, 16 anzutreffende und fortan bis heute ungeprüft übernommene Zuschreibung des Wappens an Alfons' Sohn König Ferdinand II. erfolgte ohne Begründung und beruht wohl auf einer Verwechslung.

73 Vgl. die Beschreibung von Handschrift A'; der Codex könnte sich im Inventar von 1546 unter der Nummer 592 verbergen (*Un libro de natura avium ó cetreria, de pergamino, cubierto de cuero leonado, en 4°*), vielleicht auch unter den Nummern 607 (*Un libro de caça, de mano, en pergamino cubierto de brocado sobre seda verde*) oder 608 (*Un libro de caça, de mano, en pergamino cubierto de cuero leonardo*) (Abdruck des Inventars bei DE MARINIS, II, 207-224).

74 Vgl. CHERCHI / DE ROBERTIS, 110.

U

New Haven, Beinecke Library, 103

Papier[75]; [6] + 71 + [3]; 27,7 x 20,6 cm; Halbpergamentband mit Golddruck aus dem 19. Jahrhundert von Domenico Conti-Borbone, Mailand (s. vorderer Spiegel)

1r-23v: *Ghatrif*
24r-66v: *Moamin* I-III

Hand 1: späteres 15. oder früheres 16. Jahrhundert, humanistische Kursive, schreibt und foliiert die Blätter 1 bis 66
Hand 2: modern, foliiert die Blätter 67 bis 71
Exlibris von Hermann Suchier, David Wagstaff (jeweils vorderer Spiegel) und C. F. G. R. Schwerdt ([1]r)

Ohne Dekor.

Entstanden im späteren 15. oder früheren 16. Jahrhundert in Italien, wahrscheinlich (wie Handschrift M) in Mailand. Wohl bis ins 19. Jahrhundert in Mailand geblieben (Einband). Später im Besitz von Professor Hermann Suchier (1848-1914) und C. F. G. R. Schwerdt. Am 13. 3. 1946 bei Sotheby's von Unbekannt ersteigert. Noch im selben Jahr von David Wagstaff bei E. P. Goldschmidt erworben und von ihm und seiner Gattin der Universität Yale geschenkt.

C. F. G. R. SCHWERDT, Hunting, Hawking, Shooting. Illustrated in a Catalogue of Books, Manuscripts, Prints and Drawings, 4 Bde., London 1928-1937, Nachdruck Storrs-Mansfield [ca. 1980], II, 330; C. U. FAYE und W. H. BOND, Supplement to the Census of Medieval and Renaissance Manuscripts in the United States and Canada, New York 1962, 30; LUPIS, Petrus de l'Astore, 16; SHAILOR, I, 144f.; VAN DEN ABEELE, Les traités, I, 39f.

V

New Haven, Beinecke Library, 127

Pergament[76]; [1] + [1] (Papier) + 76 Bll.; 19,5 x 12,8 cm[77]; Einband des 16. Jahrhunderts aus dunkelrotem blindbedruckten Saffian auf Holz, vier Messingbuckel auf dem vorderen Buchdeckel

---

75 Mit dem Wasserzeichen „Meerjungfrau". Eine Bitte um Reproduktion wurde von der Beinecke Library leider aus konservatorischen Gründen abgelehnt. Nach Shailor ist das Wasserzeichen ähnlich dem bei BRIQUET, III unter Nr. 13880 aufgeführten. Dieses wurde 1480-1497 in Neapel beschrieben. Doch dürfte es auch andernorts in Italien Verbreitung gefunden haben (vgl. BRIQUET, II, 683).

76 Von minderer Qualität – die ersten vier Lagen tragen viele genähte Risse, auf 14v ist um einen solchen Riß herum geschrieben worden.

1r-30r: *Moamin* I-III
30r-35r: *Dancus rex*
35r-37v: *Guillelmus falconarius*
39r-46v: Pferdeheilkundlicher Traktat, Incipit: *Ad dolorem pedum equorum*
47r-67r: Epitome der griechischen Hippiatrika
67v-73r: *Moamin* IV-V
73r-75v: *Guicennas*

Hand 1: 14. Jahrhundert, Rotunda, schreibt von 1r bis 37v und von 67v bis 75v
Hand 2: 14. Jahrhundert, Rotunda, schreibt von 39r bis 67r
Hand 3: 14. Jahrhundert, *habet cartas 75* (76v)
Hand 4: 16. Jahrhundert, unterstreicht auf 68v im Text *sintomata* und schreibt *signa* an den Rand
Hand 5: 16. Jahrhundert, *T / 175* ([1]r), *La virginella e simele alla rosa che in belle ciardino la sua* (76r)
Hand 6: modern (?), {*B*} *1316* (hinter Spiegel), von derselben Hand stammt wohl auch der Vermerk *5/./* auf dem hinteren Spiegel
Hand 7: modern, *Oxaminus* ([1]r), von derselben Hand stammen möglicherweise auch die Einträge {...} / *7* / *75 Bl.* / *NF* (vorderer Spiegel) und *150* und *vivo* (jeweils hinterer Spiegel)
Exlibris von David Wagstaff und C. F. G. R. Schwerdt (jeweils vorderer Spiegel)
gedruckter Geschenkvermerk der Wagstaffs an die Bibliothek der Universität Yale (hinterer Spiegel)

Wappen des Herzogtums Österreich auf 1r (nach Shailor wohl eine spätere Hinzufügung); eine siebenzeilige (47r), eine vierzeilige (1r) und eine dreizeilige (73r) Initialmajuskel mit Aussparungen, diverse ein- bis zweizeilige Initialmajuskeln, zum Teil versehen mit weit ausladenden Federzeichnungen; Rubriken.

Entstanden im 14. Jahrhundert wohl in Italien (Schrift) und dort wohl auch noch bis zum 16 Jahrhundert geblieben (Hand 5). Spätestens 1928 im Besitz von C. F. G. R. Schwerdt. 1946 bei Sotheby's wohl von David Wagstaff erworben. Noch im selben Jahr von ihm und seiner Gattin der Universität Yale geschenkt.

SCHWERDT, I, 349f.; FAYE / BOND, 32; SHAILOR, 174-176; VAN DEN ABEELE, Les traités, I, 40f.

77 Nachträglich beschnitten.

W

Mailand, Biblioteca Trivulziana, 695

Pergament; [3] + 50 + [2] Bll.; 24,2 x 17,4 cm; moderner Einband aus braunem Leder auf Karton

2r-19v: *Ghatrif*
19v-49v: *Moamin* I-III

Hand 1: 15. Jahrhundert, humanistische Minuskel, schreibt von 2r bis 48v
Hand 2: 16. Jahrhundert, schreibt in *Moamin* II bisweilen neben die römischen Zahlen der Kapitelüberschriften deren arabische Entsprechungen

Eine achtzeilige (4r), zwei siebenzeilige (30r, 44v) und eine sechszeilige (20r) Feldinitiale(n) mit vegetabilen Ausläufern und Emblemen der Mailänder Familie Borromeo als Binnenmotiven: einem silbernen hockenden Dromedar mit einer goldenen Krone auf dem Höcker (4r), einer silbernen Kandare auf rotem Grund (30r, 44v) und dem Wort *humilitas* in goldenen Lettern und mit einer goldenen Krone versehen auf blauem Grund (20r); eine dreizeilige sowie diverse zweizeilige Feld-Initiale(n) mit ornamentalen Ausläufern; Rubriken; der Dekor wird von Santoro der Werkstatt des Giovanni di Vaprio (tätig um die Mitte des 15. Jahrhunderts) zugeschrieben.

Angefertigt um die Mitte des 15. Jahrhunderts für ein Mitglied der Mailänder Familie Borromeo. Spätestens 1884 (Beschreibung Porros) Teil der Bibliothek des Mailänder Adelsgeschlechts Trivulzio, die 1935 in den Besitz der Stadt Mailand überging.

VAN DEN ABEELE, Les traités, I, 67f.; Caterina SANTORO, I codici medioevali della Biblioteca Trivulziana, Milano 1965, 159; Caterina SANTORO, I codici miniati della Biblioteca Trivulziana. Introd. di Mario SALMI, Milano 1958, 24f.; Giulio PORRO, Catalogo dei codici manoscritti della Trivulziana, Torino 1884, 442.

Y

Wien, Kunsthistorisches Museum, P 4984

Pergament; I + 51 Bll.; 21,8 x 15,3 cm[78]; Einband aus grünem gemustertem Samt auf Holz aus der Zeit zwischen 1453 und 1458[79]

---

78 Nachträglich beschnitten.
79 Hierauf verweisen die bisweilen „verschluckten" Einträge von Hand 4 und das von Hand 5 notierte Datum.

1r-49r:	*Moamin* I-V
Hand 1:	späteres 13. / früheres 14. Jahrhundert, Rotunda, schreibt von 1r bis 49r
Hand 2:	späteres 13. / früheres 14. Jahrhundert, notiert am Rand italienische Anweisungen für das vom Illuminator auszuführende Bildprogramm
Hand 3:	14./15. Jahrhundert, *Nunc et semp(er) me* (vorderer Spiegel)
Hand 4:	15. Jahrhundert, wohl János Rozgonyi (s. u.), notiert an den Rändern zahlreiche Inhalts- (9r-10r (zu I, 12); 28r (zu II, 35, 8)), *Nota*- (13r-15r (zu II, 3, 9; II, 3, 13; II, 3, 18; II, 4, 9f.; II, 6, 6; II, 6, 9; II, 6, 13; II, 6, 16; II, 6, 26); 16r-17r (zu II, 8, 5; II, 8, 11; II, 10, 4); 19v (zu II, 21, 8); 21v (zu II, 24, 18); 24r/v (zu II, 24, 87; II, 25, 9; II, 26, 5); 26r (zu II, 31, 6); 27r/v (zu II, 33/34, 2; II, 33/34, 12); 30r-31r (zu II, 42, 11; II, 44, 2-5); 32r (zu II, 48, 5)) und *P*-Vermerke (= *Probatum*?) (15r (zu II, 6, 23; II, 6, 26); 16v (zu II, 8, 13); 17r (zu II, 10, 12)) sowie je einmal eine Zeigehand (9v (zu I, 12, 26)), eine Glosse (11r (zu II, Capitulatio, Überschrift 33)) ein *utilis* (29v (zu II, 41, 2)) und ein *necessarius* (31v (zu II, 48, 2)), füllt die freien Seiten 49v-51v mit diversen Notizen: Eintragungen *d(omi)n(u)s Johannes de Rozgon waivoda transs(ylvanus)* betreffend, in der dritten Person geschrieben (Heirat (1450) und Geburt dreier Kinder (1451-1453)) (49v), einer Beschreibung der heilenden Wirkungen des *balsamus* (49v), einem Rezept zur Herstellung von *aqua balsami* samt Erörterung desselben (50r), fünf Einträgen König Sigismund von Ungarn betreffend (Geburt, Königskrönung, Niederlage, Gefangenschaft, Tod), dem Todesdatum König Ludwigs von Ungarn (50v), diversen Rezepte zur Herstellung besonders harter Eisenwaffen sowie einem Rezept gegen Rostbildung an denselben (51r-51v)
Hand 5:	15. Jahrhundert, *in capitulo valentin(us) {h}a(n)t(us) de nony / in (con)ventu Mathias c(ru)cifix* (vorderer Spiegel), *Anno d(o)m(ini) 1458 in festo s(an)cti {theodori} / in Castro Nanderalba Interfect(us) est / Illustris p(ri)nceps et Strennus miles d(o)m(inus) / Comes ulricus Cilie cui(us) a(n)i(m)a r(e)quiescat / in sempit(er)na pace Amen* (hinterer Spiegel) (gemeint ist Ulrich von Cilli, ein Gefolgsmann König Sigismunds von Ungarn)
Hand 6:	15. Jahrhundert, *{O} Rex gl(ori)e veni cum pace ch(ristu)s nazarenus rex iudeorum* (Iv)
Hand 7:	1489 oder später[80], Johannes Fuchsmagen (s. u.), *doctor fuxmagen* (Iv)
Hand 8:	15./16. Jahrhundert, {...} *Johanni* (kopfüber auf dem vorderen Spiegel)
Hand 9:	späteres 15./16. Jahrhundert, *{d}uribus* (Ir)
Hand 10:	modern, foliiert die Handschrift und vermerkt die Blattzahl auf dem hinteren Spiegel

Bordürenrahmen aus abstraktem Rankenwerk mit eingepaßtem, leider nicht mehr deutlich zu erkennendem Wappen am unteren Rand (1r); 101 Deckfarben-Initialen, davon eine 15zeilig (1r), der Rest vier- bis zehnzeilig, aus denen fast durchgängig weit ausladendes stilisiert-vegetabiles Rankenwerk hervorgeht, welches auch dreimal in Menschenköpfe (29r,

80 Fuchsmagen wurde der Doktortitel 1489 von Papst Innozenz VIII. verliehen (s. Hans ANKWICZ VON KLEEHOVEN, Fuchsmagen (Fuxmagen), Johannes, in: Neue deutsche Biographie, Bd. 6, Berlin 1961, 684).

36v, 47r) und einmal in den Kopf eines Hundes oder Wolfes (40r) ausläuft; weitere einzeilige Initialen waren (jeweils in den Capitulationes) vorgesehen, sind jedoch nicht zur Ausführung gelangt.

Entstanden im späteren 13. oder früheren 14. Jahrhundert[81] in Italien. Im 15. Jahrhundert wohl im Besitz des János Rozgonyi (erstmals belegt 1449, gest. 1471), der als Wojewode Siebenbürgens, Schatzmeister und Landesrichter König Matthias' von Ungarn belegt ist.[82] Später im Besitz des Juristen und Humanisten Johannes Fuchsmagen (um 1450-1510). Fuchsmagen war Rat am Hofe mehrerer Habsburger. Möglicherweise erwarb er den Codex, als er König Maximilian I. 1490 auf seinem Kriegszug nach Ungarn begleitete oder als er ein Jahr darauf den Friedensschluß mit dem ungarischen König Wladislaw II. aushandelte.[83] Von ihm wanderte der Codex entweder noch zu seinen Lebzeiten an Erzherzog Sigismund von Tirol (1427-1496), oder aber er wurde von Maximilian I. aus Fuchsmagens Nachlaß erworben.[84] 1536 erscheint er jedenfalls im Inventar der Bibliothek von Schloß Ambras bei Innsbruck, wo die Handschriften Sigismunds und Maximilians zusammengekommen waren.[85] Auf Ambras blieb der Codex bis 1806, als er zur Sicherung vor den Franzosen nach Wien verbracht und den dortigen kaiserlichen Kunstsammlungen einverleibt wurde, deren Nachfolger das heutige Kunsthistorische Museum ist.[86]

Alois PRIMISSER, Die kaiserlich-königliche Ambraser-Sammlung, Wien 1819, 297; Eduard VON SACKEN, Die K.-K. Ambraser Sammlung, 2 Bde., Wien 1855, II, 253 (= Nr. 79); Ambraser Kunst- und Wunderkammer. Die Bibliothek. Katalog der Ausstellung im Prunksaal 28. Mai bis 30. September 1965. Österreichische Nationalbibliothek, Wien 1965, 34; Bruno THOMAS und Ortwin GAMBER, Kunsthistorisches Museum, Wien. Waffensammlung. Katalog der Leibrüstkammer. I. Teil: Der Zeitraum von 500-1530 (Führer durch das Kunsthistorische Museum 13), Wien 1976, 196; VAN DEN ABEELE, Les traités, I, 25-27; VAN DEN ABEELE, Illustrer, 559-566, 569-575; VAN DEN ABEELE, Falken, 3f. und Abbildungen 2-4.

81 Von Sacken: 14. Jahrhundert.

82 S. András KUBINYI, Matthias Corvinus. Die Regierung eines Königreichs in Ostmitteleuropa 1458-1490 (Studien zur Geschichte Ungarns 2), Herne 1999 und Jörg K. HOENSCH, Matthias Corvinus. Diplomat, Feldherr und Mäzen, Graz 1998.

83 ANKWICZ VON KLEEHOVEN, 684.

84 Vgl. Theodor GOTTLIEB, Die Ambraser Handschriften. Beitrag zur Geschichte der Wiener Hofbibliothek, Band 1 [mehr nicht erschienen]: Büchersammlung Kaiser Maximilians I. Mit einer Einleitung über älteren Bücherbesitz im Hause Habsburg, Leipzig 1900, 47 und 78.

85 S. GOTTLIEB, 100.

86 Vgl. Ambraser Kunst- und Wunderkammer, 9-12.

Z

Nantes, Musée départmental Dobrée, 19

Papier[87]; [1] + 275 Bll.; 28 x 19,5 cm[88]; Einband aus grünem Saffian der Werkstatt Duru aus dem Jahr 1844 (Vermerk auf dem Vorsatzblatt)

1r-220v:	Kaiser Friedrich II., *De arte venandi cum avibus*, 6-Bücher-Fassung
220v-223r:	Pferderezepte, Incipit: *Ad rappas equorum. R(ecipe) sulfuris*
223v-260v:	*Moamin* I-V
261r-272v:	*Ghatrif*
272v-274r:	*Gerardus falconarius*
274r/v:	*Grisofus medicus*

Hand 1: 15. Jahrhundert (vor Hand 2), Buchkursive, Auftragsschreiber (Kolophon: *EXPLICIT HIC LIBER SCRIPTOR SIT CRIMINE LIBER*), schreibt von 14r bis 274v

Hand 2: zwischen 1431 und 1468, d. h. innerhalb der Regierungszeit Astorres II. Manfredi, des Herrn von Faenza (setzt auf 14r vor den Beginn des von Hand 1 geschriebenen Textes die Widmung *Ad divum Astorem Manfredum Secundum Faventie Dominum*), fügt dem von Hand 1 geschriebenen Text am Rand eine fortlaufende Kapitelzählung bei, foliiert ihn (durch die spätere Beschneidung ist diese alte Foliierung, die 13 Zähler hinter der neueren zurückliegt, nur noch in Teilen erhalten, z. B. auf den Blättern 226-229) und stellt ihm eine General-Capitulatio mit Folioangaben an den Anfang (1r-9v)[89], trägt auf jeder Recto-Seite des Codex oben die Zahl des laufenden Buches nach der General-Capitulatio ein und vermerkt diese Zählung auch mehrmals (*Moamin* III, Explicit; *Moamin* IV, Incipit) entlang des Textes, numeriert die Capitulationes des *Moamin*, bringt an fünf Stellen der Handschrift Klammern am Rand an (14r, 14v, 81r (+ *Nota*-Vermerk), 242v (+ *Nota*-Vermerk) (zu II, 29, 3f.) und 247v (+ Randbemerkung: *exp(er)tu(m)*. {*y*[a]}. *D. mg*) (zu II, 46, 5f.)

---

87 Mit mehreren Wasserzeichen. Meine diesbezügliche Anfrage an das Musée Dobrée stieß auf große Hilfsbereitschaft. Frau de Lalande, die Konservatorin, und Frau Le Jeune, die Bibliothekarin des Museums, führten eine detaillierte Untersuchung der im *Moamin*-Teil verwendeten Wasserzeichen durch, fanden zwei verschiedene Ochsenköpfe, eine Blume sowie zwei nicht zu identifizierende (verunglückte?) Wasserzeichen und übermittelten mir diese teils als Scan teils als Handzeichnung. Leider waren die Ochsenköpfe nicht so gut zu erkennen, daß unter den zahllosen Belegen dieses Wasserzeichens eine hinreichende Eingrenzung hätte vorgenommen werden können, so daß allein die Blume ausgewertet werden konnte: eine exakte Entsprechung ließ sich in der Literatur nicht finden; doch führt PICCARD, XII zehn andere Wasserzeichen des gleichen Typs (Nr. 1090-1100) auf, alle (mit einer Ausnahme: 1566) zwischen 1392 und 1428 beschrieben, sowie BRIQUET, III vier (Nr. 6381 und 6539-6541), alle zwischen 1373/1390 und 1425 beschrieben.

88 Nachträglich beschnitten.

89 Daß der Schreiber wohl eigenständig handelt und zudem in einem näheren persönlichen Verhältnis zu Astorre II. steht, legen seine die Capitulatio einleitenden Worte nahe: *Cum preambulum ad omnia scibilia summe necessarium sit animosissime Hestor et mi princeps tuis virtutibus merito deificande hac enim ratione moveor presentem hanc tabulam huic tuo operi summopere delectabili inscribere ut per ipsam valeas omnia in ipso contenta brevibus horis contemplari et reperire* (1r).

Hand 3: 15. / früheres 16. Jahrhundert, ergänzt am Rand von 122r eine eigene Empfehlung; von derselben Hand stammt wohl auch eine Zeigehand auf 79v

Hand 4: 1844 oder früher, Baron Pichon (s. u.)[90], vermerkt auf [1]r neben einer Inhaltsangabe und weiteren Anmerkungen, daß er den Codex 1837 aus Italien habe kommen lassen, fügt dem *De arte* zwischen 60r und 116v zahlreiche Randbemerkungen an, in denen der Text mit demjenigen der Edition von 1596 und/oder demjenigen der Handschrift Paris, Bibliothèque Mazarine, 3716, verglichen wird

Hand 5: modern, Foliierung

Eine Bildinitiale mit stilisiert-vegetabilen Ausläufern, die das Brustbild eines jungen Mannes (Astorre II.?) zeigt (1r); am unteren Rand von 1r ein Medaillon mit dem Brustbild eines Mannes in mittlerem Alter, der ein Buch in den Händen hält (der Verfasser des Inhaltsverzeichnisses?); zu beiden Seiten des Medaillons je dieselbe Darstellung eines – wohl als Emblem verwendeten – Bunds von fünf unterschiedlichen Werkzeugen (Schlüsseln?); eine Deckfarben-Initiale mit stilisiert-vegetabilem Binnenmotiv (14r); sechs fünf- bis siebenzeilige (27v, 168v, 192v, 223v, 224v, 261r) und acht zwei- bis dreizeilige Fleuronné-Initialen (2v, 4r/v, 5r/v, 6v, 8r); zahlreiche zwei- bis sechszeilige, bisweilen mit Aussparungen versehene Initialmajuskeln (zwischen 96r und 147v vorgesehen, aber nicht ausgeführt).

Angefertigt wohl als Geschenk für Astorre II. Manfredi, den Herrn von Faenza (reg. 1431-1468), von einer ihm nahestehenden, nicht näher bekannten Person, eher früher als später (Wasserzeichen und Bildnisse).[91] Sollte die Handschrift von Astorre II. auf dessen Nachfolger Carlo (reg. 1468-1477) und Galeotto (reg. 1477-1488) übergegangen sein, dürfte sie nach Galeottos Tod mit dessen übriger Bibliothek an den ungarischen König Matthias Corvinus verkauft worden sein[92] und hätte damit zu den vielen Handschriften gehört, die nach der Einnahme Ungarns durch die Türken verstreut wurden. Daß sie indes 1837 nur unweit von Faenza im Antiquariat Molini zu Florenz wieder zu Tage trat, läßt eher auf einen Verbleib in der Region schließen. In Florenz wurde sie von Baron Jérome Pichon (auch Besitzer von E) erworben, der sich eingehend mit der Handschrift beschäftigte und seine Ergebnisse 1863 im Bulletin du Bibliophile veröffentlichte. Bei der Versteigerung seines Nachlasses 1869 wurde die Handschrift von Giraud de Savine für Thomas Dobrée erworben und ging 1894 nach dessen Tod in dem nach ihm benannten Museum auf.

Jérôme PICHON, Du traité de fauconnerie composé par l'empereur Frédéric II. De ses manuscrits, de ses éditions et traductions, in: Bulletin du bibliophile et du bibliothécaire 16 (1864), 885-900, 891-893; L. DE LISLE DU DRENOIC (Hg.), Catalogue de la bibliothèque du Musée Thomas Dobrée, 2 Bde. Nantes 1903f., Bd. 1: Manuscrits. Par G. DURVILLE, Nantes

90 Bei der Beschneidung 1844 verstümmelt (z. B. 98v).

91 Die erstmals von Pichon geäußerte und später stets widerspruchslos übernommene Annahme, der Haupttext sei für Astorre II., das Inhaltsverzeichnis hingegen für Astorre III. (Herr von Faenza 1488-1501) geschrieben, beruht auf der falschen Zuweisung der Widmung an Hand 1.

92 Vgl. Anna Rosa GENTILINI, La biblioteca dei Manfredi signori di Faenza, in: Faenza nell'età dei Manfredi, Faenza 1990, 123-147.

1904, 585-589; HASKINS, Studies, 303; WILLEMSEN, 1970, 70-72; VAN DEN ABEELE, Les traités, I, 47-49.

A'

Valencia, Biblioteca Universitaria, 601

Pergament; 304 Bll.; 32,9 x 21,1 cm, Kalbsledereinband

3r-238r:	Kaiser Friedrich II., *De arte venandi cum avibus*, Sechs-Bücher-Fassung
239r-285v:	*Moamin* I-V
286v-300r:	*Ghatrif*
300r-302r:	*Gerardus falconarius*
302r-302v:	*Grisofus medicus*

Hand 1:	15. Jahrhundert, humanistische Minuskel, schreibt von 3r bis 302v
Hand 2:	15. Jahrhundert, korrigiert den Text von Hand 1, verwendet dabei anscheinend dieselbe Vorlage wie Hand 1
Hand 3:	15. Jahrhundert, *a li philosophi e legeta n^o xvii* (304r) (Signatur der königlich-aragonesischen Bibliothek zu Neapel)[93]
Hand 4:	18. Jahrhundert (?), *Liber de arte Venandi / {set B Piu} s n 10* (2v)
Hand 5:	1825 (s. u.), *Thomas de Capua li{b}er / de Avibus / et de arte aucupandi / {atave} etiam de Theoria / huius artis* (2v), *Es dela libreria de S. Miguel delos Reyes* (3r)
Hand 6:	modern, *M / 611* und *G C / 412* (2r)
Hand 7:	modern, Foliierung

In der Handschrift sind nachträglich Radierungen vorgenommen worden. So ist z. B. auf 5r in der Autorennennung des *De arte* der Name Friedrichs II. und sind auf mehreren Seiten (z. B. 5r, 5v und 15r) Randeinträge gelöscht.

74 vier- bis vierzehnzeilige Feldinitialen im Flechtbandstil; zahlreiche ein- bis dreizeilige Initialmajuskeln; am unteren Rand von 1r ein im gleichen Flechtbandstil wie die Initialen gehaltener Wappenschild der aragonesischen Könige von Neapel.[94]

Angefertigt im 15. Jahrhundert, wohl für den aragonesischen Königshof von Neapel. In Neapel ist die Handschrift wohl auch noch nach dem Sturz der aragonesischen Dynastie 1503 geblieben, denn sie befand sich unter denjenigen Handschriften, die sich der einstige Kronprinz Ferdinand 1527 in sein spanisches Exil nachschicken ließ.[95] Mit dem Tode Ferdinands 1550 gelangte sie nebst der übrigen Bibliothek und anderen Sammlungen als

---

93 Vgl. DE MARINIS, I, 175-180.
94 So die Angabe der bisherigen Literatur. Eine Überprüfung bzw. nähere Bestimmung des Wappens ist hier nicht möglich, da die Mikrofilm-Reproduktion keine Details erkennen läßt.
95 S. CHERCHI / DE ROBERTIS, 239.

Vermächtnis an das von ihm gegründete Kloster San Miguel de los Reyes in Valencia und 1825, nach der Säkularisation des Klosters, in die dortige Universitätsbibliothek (s. den zweiten Eintrag von Hand 4, den alle 233 Handschriften erhielten, die in die Universitätsbibliothek übergingen), wo sie bis heute aufbewahrt wird.

Marcelino GUTIÉRREZ DEL CAÑO, Catálogo de los manuscritos existentes en la Biblioteca Universitaria de Valencia, 3 Bde., Valencia 1913, I, 154f. (Nr. 402) und II, 280 (Nr. 1496); WILLEMSEN, 1970, 73-75; VAN DEN ABEELE, Les traités, I, 35f.

B'

Vatikan, Biblioteca Apostolica Vaticana, Vat. lat. 4475

Papier[96]; 137 Bll.; 29,5 x 21,9 cm[97]; Einband aus hellem Pergament auf Karton mit Emblem der BAV

1r-66v: Laurentius Rusius, *Liber marescalcie*
66v-99r: *Moamin* I-III
99r-100v: Petrus de l'Astore, Falkentraktat
101r-106v: *Moamin* IV-V
107v-113v: Capitulatio zu einer bunten Sammlung von Texten, darunter zumeist humanmedizinische Rezepte (z. B. *Pilule Regis Rugerii Que visum clarificant Auditum / roborant Spiritus reparant Sanitatem (con)s(er)vant* (111v) und *Pilule probate et optime Cardinalis albi quas ip(s)e vcabat* (sic!) / *iuta mea ...* (113v)), aber auch Rezepte wie *Ad muscas fugandas* (109r), *Contra scabiem canis* (109v), *Contra canes vel lupos venientes vel latrante (con)tra te* (108r) oder *Ad extrahendum oleum de pan(n)o* (111r), eine Vielzahl von Texten über die *virtutibus* von Tieren, z. B. *De virtutib(us) que sunt in Austure*, *De virtutib(us) que sunt in falcone lanerio*, *De virtutib(us) que sunt in falcone gentili* und *De virtutib(us) que sunt in Girfalco* (113r) und Kryptisches wie *Quomodo fiat oleum tbrtbrk* oder *Oleum ex xktrkplp rpmbnp* (108v); alle Einträge der Capitulatio sind um Folioangaben ergänzt, die jedoch nicht zu der Ausführung der Texte im vorliegenden Codex passen (auch nicht bei Annahme einer nicht mehr vorhandenen Foliierung – Texten, die auf demselben Blatt stehen, sind unterschiedliche Folioangaben beigegeben)
113v-137r: Ausführung der in der Capitulatio angekündigten Texte, die jedoch, nachdem etwa ein Fünftel der angekündigten Texte ausgeführt ist, abbricht (inmitten des Rezepts *Oleum ex xktrkpkp rpmbnp* (127v)); statt dessen folgen erst eine *medicina contra pestem et glandule* (128r) und dann diverse andere Einträge/

---

96 Mit dem Wasserzeichen „Dreiberg". Die mir von der BAV zur Verfügung gestellte Reproduktion gibt die Konturen des Dreibergs leider nicht so deutlich wieder, daß auch nur eine nähere Bestimmung unter den zahlreichen Formen dieses Wasserzeichens möglich wäre.

97 Nachträglich beschnitten (s. z. B. beschnittene Randbemerkungen von Hand 2 auf 74r).

Rezepte in einem veritablen Kauderwelsch aus Latein und Italienisch, auf 119r und 120r zudem am Rand religiöse Formeln

Hand 1:	15. Jahrhundert, Rotunda, schreibt von 1r bis 137r
Hand 2:	15. Jahrhundert, notiert am Rand von *Moamin* I, 12 (74r-75r) und II, 3 (77v) Inhaltsvermerke und ergänzt am Rand von V, 4f. (106r) zwei Kurzrezepte: *vulneribus sal piper oleum rosaceum vinum corium combust{um} / vermibus mel squilleticum cum farina ordei {b}*
Hand 3:	15./16. Jahrhundert, foliiert die Blätter, auf denen sich der *Moamin* befindet, numeriert die Capitulatio zu *Moamin* III (95r)
Hand 4:	16. Jahrhundert, *Hic liber usq(ue) ad paginam clxxvii* (sic!) *est impressus Lutetiae Anno MDxxxii hoc titulo / Hippiatria sive Marescalia Laurentii Rusii {re}* (vorderer Spiegel)
Hand 5:	16./17. Jahrhundert, *4475* (1r), foliiert die gesamte Handschrift, streicht die alte Teilfoliierung von Hand 3 aus

Eine fünfzeilige Initialmajuskel mit Aussparungen (1r), mehrere zwei- bis dreizeilige Initialmajuskeln (1r, 11r, 23v, 24r, 31r, 41v, 51r, 71v, 72r, 85v, 86r, 92v, 93r, 101r, 114r, 121r); diverse weitere zwei- bis dreizeilige sowie eine fünfzeilige (3v) Initiale(n) waren vorgesehen, sind jedoch nicht zur Ausführung gelangt.

Entstanden im 15. Jahrhundert in Italien (Schrift, Texte auf 99r-100v und 113v-137r). Bereits im 16. oder 17. Jahrhundert Teil der Vatikanischen Bibliothek geworden (Hand 5).

VAN DEN ABEELE, Les traités, I, 87f.

D'

London, British Library, Add. 27626

Pergament; [1] + 42 Bll.; ca. 14,0 x 10 cm; British-Museum-Einband aus rotem Leder des 19. Jahrhunderts[98]

1r-9v:	pferdeheilkundlicher Traktat
9v-17v:	Pseudo-Hippokrates, Pferdeheilkunde
17v-19r:	diverse Rezepte gegen Pferdekrankheiten (Anfang nicht explizit auf Pferde bezogen, aber wohl anzunehmen)
18v-19r:	Rezept zur Herstellung von Butter, Incipit: *Quando volue(r)is face(re) butiru(m)*
19r-21r:	*Moamin* V
21r-24r:	diverse Rezepte gegen Pferdekrankheiten
24r-40v:	Epitome der griechischen Hippiatrika

98 Die Angaben zum Einband verdanke ich der freundlichen Auskunft von Herrn Julian Harrison von der British Library.

40v-41r: pharmazeutisches Glossar, Incipit: *Amila i(d est) alba pasta*

Hand 1: 14. Jahrhundert[99], Rotunda, schreibt von 1r bis 41r
Hand 2: 14. Jahrhundert, notiert auf 42v einige kaum lesbare, teils lateinische teils französische (?) Zeilen
Hand 3: 14./15. Jahrhundert, vermerkt am Rand von 29r und 33r Inhaltsvermerke, desgleichen wohl auch auf 37r (dieser Eintrag ist jedoch auf dem Mikrofilm kaum lesbar)
Hand 4: 14./15. Jahrhundert, notiert auf 38v einen kaum lesbaren Randvermerk
Hand 5: 15. Jahrhundert, notiert auf 41v ein italienisches Rezept gegen eine Pferdekrankheit (Überschrift unleserlich)
Hand 6: 1865, *Purchased of S. Schönblum / 25 May 1865* ([1]r)
Hand 7: 1867, foliiert die Handschrift und vermerkt die Blattzahl mit Datierung (hinterer Spiegel)

Diverse Initialmajuskeln, darunter eine achtzeilige (1r), eine fünfzeilige (9r) und zwei vierzeilige (5r, 20v) – alle jeweils mit Aussparungen –, der Rest ein- bis dreizeilig, darunter nur zwei mit Aussparungen (21v).

Entstanden im 14. Jahrhundert wohl in Italien (Schrift) und dort wohl auch zunächst verblieben (Hand 6). 1865 von dem führenden österreichischen Buchverkäufer und Antiquar Samuel Schönblum[100] verkauft, wohl direkt an das British Museum, dessen Bibliothek 1973 in der British Library aufging.

Catalogue of Additions to the Manuscripts in the British Museum in the Years MDCCCLIV-MDCCCLXXV, Bd. 2, London 1877, 341; Gundula GREBNER, Zum Zusammenhang von Sozialformation und Wissensform. Naturwissen am staufischen Hof in Süditalien, in: Erziehung und Bildung bei Hofe. 7. Symposium der Residenzen-Kommission der Akademie der Wissenschaften zu Göttingen, Celle, 23. - 26. September 2000, hg. von Werner PARAVICINI und Jörg WETTLAUFER (Residenzenforschung 13), Stuttgart 2002, 193-213, 198-202 und 207-213; VAN DEN ABEELE / LONCKE, 284.

E'

Wien, Österreichische Nationalbibliothek, 2414

Pergament; 49 Bll.; 25,2 x 19,5 cm[101]; Einband aus rosafarbigem Papier auf Holz, Spuren von fünf Buckeln und zwei Schließen an den Buchdeckeln

---

99 Catalogue of Additions und van Den Abeele / Loncke: 15. Jahrhundert.
100 S. Gerold NECKER, Das Buch des Lebens. Edition, Übersetzung und Studien (Texts and Studies in Medieval and Early Modern Judaism 16), Tübingen 2001, 40.
101 Nachträglich beschnitten.

1ra-32vb: Teodorico Borgognoni, *Mulomedicina*
33ra-44ra: Simon Herbrant, *Practica avium* [exzerpiert *Moamin* I]
44rb-45rb: *Practica canum*
45rb-49rb: *Moamin* IV, V

Hand 1: 14. Jahrhundert, Rotunda, schreibt von 1ra bis 49rb
Hand 2: 15. Jahrhundert, nimmt auf 9r-10r mehrere Verbesserungen am Text vor, trägt auf 7r eine Zeigehand und auf 11v einen *Expertum*-Vermerk ein
Hand 3: barock, Foliierung
Hand 4: modern, Signatur der ÖNB (1r)

Drei vierzeilige (11v, 25v, 44r) sowie diverse zwei- bis dreizeilige Initialmajuskeln.

Entstanden im 14. Jahrhundert wohl in Italien (Schrift). Spätestens 1868 in der kaiserlichen Bibliothek in Wien, der heutigen Österreichischen Nationalbibliothek.

Tabvlae codicvm manv scriptorvm praeter graccos et orientales in Bibliotheca Palatina Vindobonensi asservatorvm. Edidit Academia Caesarea Vindobonensis, Bd. II (Cod. 2001-3500), Vindobonae, 1868, 69; VAN DEN ABEELE, Les traités, I, 27f.; Martina GIESE, "*Ut canes pulcherrimos habeas ...*". Die kynologische Hauptvorlage von Albertus Magnus *De animalibus*, in: GREBNER / FRIED [vorveröffentlicht auf: www.geschichte.uni-muenchen.de/ma/downloads/Canes.pdf], 10f. [in der vorveröffentlichten Fassung].

F'

Toulouse, Bibliothèque Municipale, 2844

Pergament, [48] Bll.; 29,5 x 21,5 cm[102]; ohne Einband

[1]ra-[35]va: Teodorico Borgognoni, *Mulomedicina*
[35]va-[44]va: Simon Herbrant, *Practica avium* [exzerpiert *Moamin* I]
[44]va-[45]va: *Practica canum*
[46]ra-[48]rb: Burgundius von Pisa, *Liber de vindemiis*

Hand 1: erstes Viertel 14. Jahrhundert[103], Textualis, schreibt von [1]ra bis [45]va
Hand 2: erstes Viertel 14. Jahrhundert, notiert am äußersten Rand den Text der Überschriften (oft beschnitten)
Hand 3: späteres 14. / früheres 15. Jahrhundert[104], schreibt von [46]ra bis [48]rb, notiert zwischen [1]r und [37]v auf fast jeder Seite Inhaltsvermerke, Glossen oder Ergänzungen, darunter auch auf 35v Abbildungen von Kandaren samt okzitani-

102 Nachträglich beschnitten.
103 So Beaux livres anciens aufgrund des Dekors.
104 Beaux livres anciens und Deschaux: 15. Jahrhundert.

scher Beschriftung; alle den *Moamin* betreffenden Notizen ([35]va-[37]v) sind Inhaltsvermerke

Hand 4: 15. Jahrhundert, *die ultima febr{ar}ii a{...}tuarii sup(er) isto libro ego g{...} {...} / {...} deodato {...} / {...}* ([48]v)

Hand 5: barock (?), *N 791* ([1]r) (laut Beaux livres anciens: Signatur des Château de Merville)

diverse Zeigehände und Gesichter

Eine vierzehnzeilige Initiale mit Zeigefigur ([35]v), vier fünfzeilige ([1]r, [12]v, [13]r, [44]v) und eine vierzeilige ([29]r) Feldinitiale(n); diverse zweizeilige Fleuronné-Initialen; Rubriken.

Angefertigt im ersten Viertel des 14. Jahrhunderts, nicht von italienischer Hand, aber mit bolognesischem Dekor[105]. Wohl bald darauf nach Südfrankreich gelangt (Hand 3). Aus Privatbesitz (Château de Merville, Haute Garonne, bei Toulouse) 1994 von der Bibliothèque Municipale erworben.

Beaux livres anciens. Manuscrits, incunables, livres illustrés du XVIII siècle ... Vente, Paris, Hôtel Drouot, salle 15, 16 décembre 1994, Nr. 2; Jocelyn DESCHAUX (Hg.), 1990-2000. Dix ans d'acquisitions du Fonds Patrimonial à la Bibliothèque de Toulouse, Toulouse 2000, 23-28; GIESE, "*Ut canes pulcherrimos habeas* ...", 8f. [in der vorveröffentlichten Fassung].

G'

New Haven, Beinecke Library, 232

Pergament, IV + 60 Bll.; 30,2 x 20,2 cm; Einband des 16. oder 17. Jahrhunderts aus ursprünglich schwarzem, nunmehr braunem Saffian mit Blinddruck

Ir-58va: Andrea Bragadino, *Magister aucupatoris* [exzerpiert *Moamin* I-V]

Hand 1: wohl 1370 und Andrea Bragadino selbst,[106] schreibt (Rotunda) von Ir bis 58v, vermerkt, nunmehr in Notizschrift,[107] auf 58v: *so(no) charte scrite 58 sença lla tolla che so(no) carte 3* sowie auf 60r einen griechischen Text (ein Gebet?) in

---

105 So Beaux livres anciens und DESCHAUX.

106 *Explicit liber quarto et / ultimo scripto et conpi/lato p(er) me Andreas bra/gadino Nobilis venecia/rum Civii Curendo an/ni domini Nostri hiessu / (christ)i Millesimo trece(n)/tessimo septuagessimo / die ultimo menssis Ju/nii I(n) veneciis In con/trata s(an)c(t)i geminiani / in domo patris meis / q(ui) hodie vivit Et vo/catur domin(us) Jacobo / bragadino Nobilis ve/neciarum Civii Et est / valde sapiens homo* (58v). Daß es sich tatsächlich um den Autor selbst gehandelt haben dürfte, zeigt die auf 1r enthaltene Vorstellung des Inhalts: dort, wo sie vermutlich ursprünglich ein fünftes Buch vermerkt hat, notiert dieselbe Hand auf Rasur: *Ego aut(em) / abebam intencione(m) facere alium quintum librum di/cere in eo conpendiosse de / tota materia huius libri / Alia negocia inpedivit me* (so bereits VAN DEN ABEELE, Les traités, II, 386).

107 Nicht, wie von Shailor angenommen, von einem späteren Besitzer (s. die identische Schreibweise der Ziffern und die jeweils vorgenommene Einfügung von Kreuzen in den Text).

	lateinischer Schrift; von derselben Hand stammen wohl auch mehrere Zeigehände, die auf Incipits und Explicits hinweisen
Hand 2:	späteres 14. / früheres 15. Jahrhundert, notiert auf 60r ein italienisches Rezept gegen *stizza di cani*, Incipit: *uno bichiero de olio di mangiare*
Hand 3:	15. Jahrhundert, notiert auf 60r, kaum lesbar, laut Shailor: *Ego Johannes ...*
Hand 4:	16. Jahrhundert, ergänzt auf 1r den Namen des Autors in einer dafür vorgesehenen, aber nicht ausgefüllten Lücke im Text und vermerkt auf 59r aus dem Text gezogene Angaben zu Autor und Werk
Hand 5:	16. Jahrhundert, notiert auf dem vorderen Spiegel die von Hand 4 auf 59r zusammengetragenen Informationen und besorgt wohl auch die Foliierung

Eine siebenzeilige (1r), eine fünfzeilige (50v) sowie diverse zwei- bis vierzeilige blaue Initialmajuskeln mit roten Federzeichnungen; Rubriken.

Wohl vom Autor selbst im Jahr 1370 geschrieben. Im späteren 14. / früheren 15. Jahrhundert noch im Besitz eines Italieners. Danach verliert sich die Spur der Handschrift, bis sie 1933 bei der Versteigerung der Bibliothek des Fürsten Alexander Dietrichstein auf Schloß Nikolsburg in Mähren wieder auftaucht. Möglicherweise führte ihr Weg über den Nürnberger Mediziner Hieronymus Holzschuher (1469-1529), der in Padua studierte und dort nachweislich einige Handschriften erwarb und der auch die Handschriften seines Patenonkels, des Humanisten und Mediziners Hieronymus Münzer, aufkaufte, der ebenfalls in Padua studiert hatte – seine Bibliothek wurde von dem Steirer Ferdinand Hoffmann, Freiherr auf Grünpühel und Strechau (1540-1607) erworben, dessen Bibliothek wiederum 1669 den Grundstock der Dietrichsteinischen Bibliothek bildete.[108] 1946 wurde die Handschrift aus dem Besitz C. F. G. R. Schwerdts versteigert, später von David Wagstaff bei Goldschmidt's erworben und von dessen Gattin 1952 der Universität Yale geschenkt.

SCHWERDT, I, 115; FAYE / BOND, 44; SHAILOR, I, 336f.; VAN DEN ABEELE, Les traités, I, 41f.

H'

Rottenburg, Diözesanbibliothek, 38[109]

Papier[110]; 140 Bll.; 21,7 x 15,5 cm; Ledereinband mit Blindstempelung auf Holzdeckeln wohl aus dem 16. Jahrhundert

---

108 Vgl. zu dieser bereits bei van den Abeele geäußerten Vermutung die Angaben im Auktionskatalog (Bibliothek Alexander Fürst Dietrichstein, Schloß Nikolsburg, C. S. R., bestehend aus den Sammlungen des Nürnberger Humanisten und Stadtarztes Hieronymus Münzer (Monetarius), 1440-1508, dessen Schwiegersohn und Erbe Hieronymus Holzschuher, Freund Albrecht Dürer's (1469-1529) und des Ferdinand Hoffman, Freiherr auf Grünpühel und Strechau (1540-1607) ..., Luzern 1933).

109 Von dieser Handschrift lag mir nur eine Kopie der Seite 46r vor.

110 Mit den Wasserzeichen „Ochsenkopf mit Krone und Blume“, Italien; „Dreiberg mit zweikonturiger Stange und Kreuz“, Piemont; „Ochsenkopf mit blättriger Blume auf konturiertem Stil“, Italien.

1r:	Inhaltsverzeichnis
8r-19v:	*Sermones quadragesimales*
20r-32r:	*Super psalmum miserere*
32v-33v:	*Nota de perseverantia*
34r-45v:	*Collecta de sanctis*
46r:	Exzerpte aus *Moamin* I, 1, 3, 6 und 7
46v:	Exzerpte aus dem Falkentraktat Adelards von Bath
47r-48r:	*Epistola ad Ptolomeum* mit Einsprengseln aus *Gerardus falconarius*
48v-49r:	Fragment der *Practica equorum*
49v-55r:	Gottfried von Franken, Pelzbuch
55v-76r:	weitere naturkundliche Texte
76v-83r:	*Tractatus de Lollhardis, Beginis, Beghardis et Begutis*
83v-85v:	*Von den rotwälschen Betriegern der Welt* (lateinisch)
86r-88v:	*Sermo in dedicatione templi*
89r-137r:	Exzerpte und Anmerkungen

Hand 1:	späteres 15. Jahrhundert (explizite Datierungen: 1471 und 1483), Hainrich Benz aus Stockach (87r: *in Eingen*), schreibt (Kursive) von 8r bis 137r
Hand 2:	später als Hand 1, Datierung unbekannt, schreibt 1r

Angefertigt im späteren 15. Jahrhundert von Hainrich Benz aus Stockach, offenbar einem Angehörigen des Chorherrenstiftes St. Moriz zu Ehingen (Rottenburg). Wohl aus seinem Besitz in denjenigen des Stiftes und nach dessen Auflösung 1806 erst an die Bibliothek des Priesterseminars und 1963 oder später an die Diözesanbibliothek der Stadt Rottenburg übergegangen.

Heribert HUMMEL, Die Handschriften der Stiftsbibliothek St. Moriz zu Ehingen in der Seminarbibliothek Rottenburg, Rottenburg/N 1963 [ungedruckt], 62-64; Martina GIESE, Das 'Pelzbuch' Gottfrieds von Franken, in: Zeitschrift für deutsches Altertum und deutsche Literatur 134 (2005), 294-335, 334f.; Martina GIESE, Die originär deutschsprachigen Werke der mittelalterlichen Falknereiliteratur und ihre wissenschaftliche Erforschung, in: Würzburger medizinhistorische Mitteilungen 26 (2007), 262-296, 274f.

a

Venedig, Biblioteca Marciana, Marc. Gall. App. 14, Coll. 279

Pergament[111]; [2] + 108[112] Bll.; 22,3 x 16,7 cm[113]; originaler Einband aus dunklem Leder auf Holz mit Resten von Beschlägen und Schließen

---

111 Zum Teil Palimpsest. Diverse Blätter bereits vor der Beschreibung geflickt.
112 Bl. 90 übersprungen.
113 Nachträglich beschnitten.

1r-85r:	*Moamin* I-V, ins Franko-Italienische übersetzt von Daniel von Cremona
85r-108v:	*Ghatrif*, ins Franko-Italienische übersetzt von Daniel von Cremona

Hand 1:	14. Jahrhundert[114], Angelus de Franconia (*Qui me scribebat Angelus de franch{o}nia nomen h(ab)ebat* (108v)), schreibt (Rotunda) von 1r bis 108v
Hand 2:	14. / früheres 15. Jahrhundert, notiert auf [2]r zwei italienische – laut Tjerneld im Veroneser Dialekt verfaßte – Anweisungen zur Behandlung von Falkenkrankheiten[115]
Hand 3:	16. Jahrhundert, *Del Governo de Falconi ed altri ucelli* ([2]v), von derselben Hand stammt möglicherweise auch die Foliierung
Hand 4:	barock, schreibt zu Beginn der Hundekapitel des *Moamin* (70v) *Pro Canibus* und *De Canibus* an den Rand
Hand 5:	auf der Reproduktion kaum zu erkennen, notiert laut Frati auf [1]r später gelöschtes *LXV . 4 . 3*, vermutlich die Signatur des Archigymnasiums in Padua (s. u.)
Hand 6:	18./19. Jahrhundert, *CIV .7* ([1]r) (laut Frati der alte Standort in der Biblioteca Marciana)
Hand 7:	18./19. Jahrhundert, Jacopo Morelli (laut Frati), *Appendix Ms. / Cod. XIV* ([1]r)

Exlibris der Biblioteca Marciana auf dem vorderen Spiegel, daneben ein Aufkleber mit der Signatur der Biblioteca Marciana und dem Vermerk *Provenienza: Biblioteca / di Padova*

Eine sechszeilige Initialmajuskel mit Aussparungen, zwei zweizeilige und 11 einzeilige Initialmajuskeln auf 1r, zahlreiche weitere fünf- bis sieben- sowie ein- bis zweizeilige Initialen waren vorgesehen, sind jedoch nicht zur Ausführung gelangt.

Angefertigt im 14. Jahrhundert von einem aus Franken stammenden Schreiber. Daß dieser freilich wohl in Italien lebte und tätig war, läßt die Schrift ebenso vermuten wie die noch im 14. / früheren 15. Jahrhundert erfolgten italienischen Ergänzungen. Danach verläuft sich die Spur des Codex. Doch wird er wohl (Nord-)Italien nicht verlassen haben, denn 1791 erwarb ihn Francesco Pesaro aus dem Archigymnasium in Padua für die unter seiner Leitung stehende Biblioteca Marciana.[116]

WERTH, 172 und 176; Domenico CIAMPOLI, I codici francesi della R. Biblioteca Nazionale di S. Marco in Venezia, Venezia 1897, 112-114; Carlo FRATI, 74-81 und passim; TJERNELD, 7-10.

114 Frati: zweite Hälfte 14. Jahrhundert.

115 Die zweite Anweisung, wenngleich wohl von derselben Hand, in modernerem Duktus; Frati und Tjerneld sehen zwei unterschiedliche Hände am Werk, eine aus dem 14. und eine aus dem 15. Jahrhundert.

116 S. Joseph VALENTINELLI, Bibliotheca manuscripta ad S. Marci Venetiarum. Digessit et commentarium addidit Joseph VALENTINELLI praefectus. Codices mss. latini. 6 Bde, 1868-1873, I, 100f.

b

Florenz, Biblioteca Medicea Laurenziana, ital. Ashb. 1249

Pergament, [1] + 7 + LXXXVIII Bll.; 27,7 x 19,5 cm; Einband des 18. Jahrhunderts aus rotem Saffian

Iv-LXXIIIr:	*Moamin* I-III	ins Neapolitanische übersetzt von Giovan Marco Cinico
LXXIIIr-LXXXIIv:	*Dancus rex*	
LXXXIIv-LXXXVIIIr:	*Guillelmus falconarius*	

Hand 1: zwischen 1482 und 1489[117], Giovan Marco Cinico, schreibt (humanistische Kursive) von Iv bis LXXXVIIIr, foliiert die Blätter I-LXXXVIII
Hand 2: 19. Jahrhundert, notiert auf einem der Vorsatzblätter einen italienischen und französischen Inhaltsvermerk sowie möglicherweise auch die über dem Vermerk stehende Signatur *C. L. {S} XV*
Hand 3: 19. Jahrhundert, notiert auf einem der Vorsatzblätter einen englischen Vermerk, der den Codex als Bestandteil der Sammlung Libri sowie der 1706 in einer Pariser Auktion verkauften Bibliotheca Bigotiana bezeichnet
Hand 4: 19. Jahrhundert, notiert auf einem der Vorsatzblätter die Signatur *Ashburnh. 1249*
Exlibris des Grafen Alexis de Golowkin auf dem vorderen Spiegel
Stempel der Biblioteca Medicea Laurenziana auf einem der Vorsatzblätter

Eine sechszeilige Feldinitiale auf und umgeben von vegetabiler Flechtbandornamentik und erweitert durch eine Randleistenbordüre aus derselben Ornamentik mit Vögeln und dem Wappen König Ferdinands I. von Neapel; eine sechszeilige (IIIr), eine fünfzeilige (LXXIIIIr), zwei vierzeilige (XXIIIIr und LXXXIIIr) und eine dreizeilige (LXVr) Feldinitiale auf und umgeben von Flechtbandornamentik mit Ausläufern; diverse ein- bis zweizeilige Feldinitialen.

Angefertigt von Giovan Marco Cinico zwischen 1482 und 1489 im Auftrag König Ferdinands I. von Neapel. Wie Handschrift B Bestandteil der 1706 versteigerten Bibliothek Emeric Bigots. Später im Besitz des Grafen Alexis Golowkin. 1829 in London aus dem Besitz Cochram, und am 19. 6. 1833 in London beim Auktionshaus Evans aus dem Besitz von John Broadley verkauft. 1841 von Guillaume Libri (1803-1869) in Brüssel erstanden. Von diesem über die Buchhändler Payne und Fosse an Bertram, den vierten Earl von Ashburnham (1797-1878) verkauft. Aus dessen Nachlaß 1884 von der italienischen Regierung erworben und der Biblioteca Medicea Laurenziana übergeben.

---

117 In diese Zeitspanne fällt die Fertigstellung des von Cinico zusammengestellten *Elenco historico* (s. M. DE NICHILO, Cinico, Giovan Marco, in: Dizionario biografico degli Italiani, Bd. XXV, Rom 1981, 634-636, 636). Da Cinico im Prolog der vorliegenden Übersetzung schreibt, er habe den *Elenco historico* König Ferdinand I. *in li giorni elapsi* überreicht, kann die Fertigstellung der Übersetzung, wie bereits bei GLESSGEN, Die Falkenheilkunde, I, 49, in dieselbe Zeitspanne datiert werden.

Catalogue of Manuscripts at Ashburnham Place. Part the first: Comprising a collection formed by Professor Libri, London 1853, Nr. 1249; WERTH, 176; MAZZATINTI, Nr. 589; DE MARINIS, II, 111f.; CHERCHI / ROBERTIS, 253; GLESSGEN, Die Falkenheilkunde, I, 39 und 49f.

c

Venedig, Biblioteca Marciana, ital. Cl. 3, N° 22, Coll. 5049

Papier; [5] + 86 + [9] Bll.; 21,5 x 19 cm; barocker Ledereinband mit der wohl gleichzeitigen Signatur 147 auf dem vorderen Buchdeckel

1r-81r: *Moamin* I-V, ins Toskanische übersetzt von Maestro Moroello
81r-85r: *Ghatrif*, 1 - 3, 38[118], ins Italienische übersetzt

Hand 1: 1472, Ritter Lamberto, im Auftrag seines Herrn, Antonio di Lionardo de Nobili, des Podestà von Montepulciano (s. Hand 2), schreibt (humanistische Kursive) von 1r bis 85v

Hand 2: 1472, Antonio di Lionardo de Nobili, Podestà von Montepulciano, notiert im Anschluß an den Text von Hand 1: *Questo librecto ... e di Me Antonio diliona(r)/do denobili ilquale feci scrivere amon/te pulciano essendo podesta nel M / cccc^{o} Lxxii a S(er) Lamberto mio K(avaliere)* (85r), zeichnet vielleicht auch eine Zeigehand auf 12r (zu I, 9, 10)

Hand 3: späteres 15. / früheres 16. Jahrhundert, notiert diverse italienische Inhaltsvermerke an den Rand der Kapitel IV, 1-5 und V, 1 des *Moamin* (68r-71v, 72v-73r, 77v) sowie wohl auch eine auf IV, 1, 5 verweisende Klammer (68r), eine auf IV, 1, 6 zeigende Hand (68v) und einen *Nota*-Vermerk zu IV, 6, 3 (76r), setzt auf 85r wohl zu einem, freilich unvollständig gebliebenen Besitzvermerk an (*Questo libro*)

Hand 4: späteres 15. / früheres 16. Jahrhundert, notiert auf 85v zwei Rezepte, wie man Wasser aus den Ohren entfernt

Hand 5: 1797 oder wenig später (s. Besitzgeschichte), Signatur der Biblioteca Marciana ([1]r)

Zwei zweizeilige Initialmajuskeln auf 1r, davon eine mit Aussparungen. Weitere ein- bis dreizeilige Initialen waren vorgesehen, sind jedoch nicht zur Ausführung gelangt.

1472 für Antonio di Lionardo de Nobili, den Podestà von Montepulciano, angefertigt. Später im Besitz des venezianischen Admirals Jacopo Nani (1725-1797). Nach seinem Tod als Vermächtnis an die Biblioteca Marciana gekommen.

---

118 Nach der bei Gleßgen verwendeten Zählung.

Jacopo MORELLI, I codici manoscritti volgari della Libreria Naniana, Venezia 1776, 65-67 (Nr. 64); WERTH, 176; Carlo FRATI, 67f.; Carlo FRATI und Arnaldo SEGARIZZI, Catalogo dei codici marciani italiani, 2. Bde., Modena 1909 und 1911, I, 324f.; TJERNELD, 6; VAN DEN ABEELE, Les traités, II, 301; GLESSGEN, Die Falkenheilkunde, I, 39 und 42-48.

d

Turin, Archivio di Stato, Ja.VII.10

Papier; 41 Bll.; 21,7 x 14,1 cm; originaler Einband aus braunem Leder[119] mit Blinddruck und Spuren grüner Stoffbänder[120]

1r-41v: *Moamin* I-III, ins Italienische übersetzt von Sebastiano de Martinis

Hand 1[121]: 1517, Sebastiano de Martinis (*Finisse el libro ... traducto i(n) questo vulgare / per Sebastiano de martinis de milex(im)o / cl(er)ico alben(sis) dioc(esis) nel anno 1517 del / mese di decembr(e) Sedente leone* x^{mo} */ pont. max. anno {ed} quinto* (41v)), schreibt (humanistische Kursive) von 1r bis 41v, trägt am Rand von 15r (zu Kapitel 12 / *Moamin* I, 8, 10-12) eine Zeigehand ein (an derselben Stelle, an der auch bei g eine Zeigehand steht)

Hand 2: modern, foliiert die Handschrift, notiert auf 1r die aktuelle Signatur

Diverse ein- bis dreizeilige mit der Schreibfeder ausgeführte Initialmajuskeln, bisweilen mit dünnen Federstrichzeichnungen verziert.

1517 von Sebastiano de Martinis geschrieben. Spätestens seit 1842 (Beschreibung Cibrarios) im Turiner Archiv.

Luigi CIBRARIO, Della economia politica del medioevo, 2 Bde., Torino ^{2}1841f., II, 225; TJERNELD, 6; VAN DEN ABEELE, Les traités, II, 303f.

g

Stockholm, Kungl. Biblioteket, It. 3

Papier; 47 Bll.; 20,5 x 13,7 cm; originaler Einband aus Kalbsleder mit Blinddruck und Spuren grüner Seidenbänder

---

119 Wohl Kalbsleder, vgl. Handschrift g.

120 Wohl Seidenbänder, vgl. Handschrift g. Für die Übermittlung der Maße und die Beschreibung des Einbands danke ich herzlich Frau Chiara Cusanno vom Staatsarchiv in Turin.

121 Identisch mit Hand 1 bei Handschrift g.

2r-42v: *Moamin* I-III, ins Italienische übersetzt von Sebastiano de Martinis

Hand 1: 1517, Sebastiano de Martinis (*Finisse il libro ... Anno domini mileximo quingentessi(m)o / septimo decimo Indic(tion)e quinta de / mense decembr{io} Anno quinto Leonis / x^{IIII} p(a)p(e) Sebastianus Antonii de mar/tinis de mileximo cle(ri)cus alben(sis) dioc(esis) / faciebat et scribebat Rome* (42v)), schreibt (humanistische Kursive) von 2r bis 42v, trägt am Rand von 16v (zu Kapitel 12 / *Moamin* I, 8, 10-12) eine Zeigehand ein (an derselben Stelle, an der auch in d eine Zeigehand steht)
Hand 2: nach 1928[122], Foliierung

Diverse ein- bis dreizeilige mit der Schreibfeder ausgeführte Initialmajuskeln, bisweilen mit dünnen Federstrichzeichnungen verziert.

1517 in Rom von Sebastiano de Martinis geschrieben und Kardinal Marco Cornaro gewidmet[123]. 1929 von Ulrico Hoepli (1847-1935) an C. F. G. R. Schwerdt (1862-1939) verkauft. 1946 in den Besitz Gunnar Tilanders übergegangen. Nach dessen Tod 1973 als Vermächtnis an die Königliche Bibliothek zu Stockholm gekommen.

SCHWERDT, I, 118; VAN DEN ABEELE, Les traités, II, 303f.

h

Parma, Biblioteca Palatina, Parm. 54[124]

Papier; II + 150 + 16 Ss.; 20,2 x 13,9 cm; Einband des späteren 18. Jahrhunderts

1-142: *Moamin* I-V
143-150: *Ghatrif*, 1 - 3, 38[125]

Hand 1: 2. Viertel / Mitte 16. Jahrhundert

TILANDER, Littré et Remigereau, 188; LUPIS, Petrus de l'Astore, 15; VAN DEN ABEELE, Les traités, II, 301; GLESSGEN, Die Falkenheilkunde, I, 39 und 42-48.

---

122 Zur Zeit von Schwerdts Beschreibung noch nicht vorhanden.
123 Die Widmung ist auf Seite 356 wiedergegeben.
124 Von dieser Handschrift konnte ich keine Reproduktion einsehen. Daher sind hier nur die wenigen in der bisherigen Literatur versammelten Informationen wiedergegeben.
125 Nach der bei Gleßgen verwendeten Zählung.

i

Die *Otto libri ... de varii et diverse cose apertinenti alli cacciatori*[126] des Domenico Boccamazza

Dieses den *Moamin* ausschreibende Werk existiert in einem Druck (Rom: M. Gyronima de Cartolari Perosina 1548)[127] und zwei zu diesem etwa zeitgleichen Handschriften (Turin, Archivio di Stato, Ja.VII.9 und Vatikan, Biblioteca Apostolica Vaticana, Chigi F.V.111). Letztere trägt den Titel *Il cacciator signorile – di Domenico Boccamazzo – riordinato e di molte cose aggiunto – da – ...*, basiert auf dem Druck, fügt ihm einige Zusätze und Korrekturen an und stellt vielleicht die Vorlage zu einer geplanten Neuedition dar.[128]

k

Brüssel, Bibliothèque Royale, IV 1208

Pergament; 50 Bll.[129]; 21 x 15,2 cm; Einband aus rotem Leder auf Holz mit Schließe aus den 70er Jahren des zwanzigsten Jahrhunderts von der Firma Marchoul in Brüssel[130]

1r-50v:	*Moamin* I - IV, 3, 22, ins Franko-Italienische übersetzt von Daniel von Cremona

Hand 1:	14. Jahrhundert, Rotunda, schreibt von 1r bis 50v
Hand 2:	14. Jahrhundert[131], notiert auf 4r, zu Beginn des Kapitels I, 2, einen kaum lesbaren Inhaltsvermerk (?), auf 5r, zu Beginn des Falkenkapitels I, 3, den Inhaltsvermerk *falcun*{*i*}, auf 7v (zu I, 6, 33) den Inhaltsvermerk {...} *reclamari* sowie auf 41v (zu *peolz* in II, 60, 2) die Glosse *zo esti pedochi*
Hand 3:	modern, Foliierung

Eine Federzeichnung am unteren Rand von 11r (Brustbild eines bärtigen alten Mannes, der mit einer Hand auf eine Textstelle verweist); diverse Initialmajuskeln: eine siebenzeilige mit Aussparungen und Fleuronné (1r), eine fünfzeilige mit Aussparungen und Fleuronné (48v), der Rest ein- bis zweizeilig, teilweise mit Fleuronné, einmal auch mit Aussparungen (15r).

126 So die Bezeichnung am Schluß des Druckes. Allen bekannten Exemplaren des Druckes fehlt ein Titelblatt.

127 Mit moderner Zeichensetzung und von Druckfehlern bereinigt neuabgedruckt und mit Anmerkungen und einer Einleitung versehen bei Giuliano INNAMORATI (Hg.), Arte della caccia. Testi di falconeria, uccellagione e altre cacce, Bd. I: Dal secolo XIII agli inizi del seicento, 2 Teilbde., Milano 1965, 287-512.

128 So GNOLI, 221.

129 Blattverlust unbekannten Ausmaßes am Schluß – der Text endet auf 50v mitten im Satz, der auf das nächste Blatt verweisende Reklamant bleibt ohne Entsprechung.

130 Die Angaben zum Einband verdanke ich der freundlichen Auskunft von Herrn Dr. Michiel Verweij von der Bibliothèque Royale.

131 Van den Abeele: 15. Jahrhundert.

Entstanden im 14. Jahrhundert wohl in Italien. Der weitere Weg der Handschrift liegt im Dunkeln und tritt erst wieder ans Licht, als die Handschrift 1970 von der Bibliothèque Royale bei einem Brüsseler Antiquar erworben wird.

VAN DEN ABEELE, Les traités, II, 305; KRAUSE, 2001, 13-16.

l

Neapel, Biblioteca Nazionale, XII F 51[132]

Papier; keine Informationen über Blattzahl und Maße; Ledereinband mit der Aufschrift *Andreas Carduc...*, einem gedruckten polnischen Wappen samt der Jahreszahl 1518 sowie Portraits von König Sigismund von Polen, seiner Gattin Bona Sforza und ihrer Kinder

Dieser heterogen zusammengesetzte Codex enthält, eingerahmt von einigen handschriftlichen Rezepten, zuerst eine der Königin Bona von einem Signor Alfonso gewidmete Abschrift eines Pferdetraktates des Sigismondo Trotti, sodann den Druck *Frenorum nova et varia exempla*, Frankfurt, 1538 (auf dessen Frontispiz: das Wappen des neapolitanischen Kapuzinerkonventes *della concezione*) und schließlich, auf 317r-332v, ein aus dem frühen 16. Jahrhunderts stammendes handschriftliches neapolitanisches Buch über Habichte eines unbekannten Autors, der seinen Text an einen nicht genannten Herrscher (*V. M.ta*) adressiert und dabei erkennen läßt, daß er demselben bereits ein Werk über Falken zugeeignet hat. Die ersten drei Kapitel des Habichtbuches geben Auszüge aus *Moamin* I, 2 wieder.

Keine Informationen zu Dekor und Überlieferungsgeschichte.

LUPIS, La sezione, 259-265.

m

Die Falkenkunde des Arthelouche de Alagona

Von diesem Werk der Mitte des 15. Jahrhunderts, das in geringem Maße auch den *Moamin* exzerpiert, sind zehn Handschriften (Arles, Bibliothèque Municipale, 133 (1521); Le Mans, Bibliothèque Municipale, 79 (15. Jahrhundert); Marseille, Bibliothèque Municipale, 1009 (15. Jahrhundert); Marseille, Sammlung Clapier (1512) (?); Montpellier, Bibliothèque Universitaire de Médecine, 459 (16. Jahrhundert); New Haven, Yale University, Beinecke Library, 162 (1502); New Haven, Yale University, Beinecke Library, 667 (1504); Paris, Bibliothèque Nationale, fr. 2005 (1509); Paris, Bibliothèque Nationale, fr. 25342 (15.

---

132 Von diesem Codex stand mir keine Reproduktion zur Verfügung. Die Angaben stützen sich allein auf den angegebenen Literaturtitel.

Jahrhundert); Turin, Archivio di Stato, J.a.IX.4 (1542)) und neun Drucke bekannt, davon sieben zusammen mit der *Fauconnerie* des Jean de Francières, dem *Livre de l'art de faulconnerie et des chiens de chasse* des Guillaume Tardif und dem *Recueil de tous les oyseaux de proye servans à la fauconnerie* des Guillaume Bouchet (Paris: Pierre Sergent, 1531)[133]; Poitiers: E. de Marnef et les Bouchetz frères, 1567; Paris: L'Angelier, 1602; Paris: A. L'Angelier, 1607; Paris: Vve A. L'Angelier, 1618; Paris: C. Cramoisy, 1621; Paris, ohne Angabe von Druckort und Drucker, 1628) sowie zwei, die zusätzlich zu jenen drei Werken auch noch die *Vénerie* des Jacques du Fouilloux enthalten (Paris: F. le Mangnier 1585; Paris: Cramoisy 1628).[134]

n

Guillaume Tardif, *Livre de l'art de faulconnerie et des chiens de chasse*

Die Überlieferung dieses für den französischen König Karl VIII. (reg. 1483-1498) angefertigten, weite Teile des *Moamin* exzerpierenden Werkes umfaßt zwei Handschriften (Glasgow, University Library, Hunter 269 (U.5.9) (vermutlich das Original)[135] und Marseille, Bibliothèque Municipale, 1009 (16. Jahrhundert)) sowie 19 Drucke, davon acht Einzelausgaben (Paris: Anthoine Vérard, Januar 1492; Paris: Anthoine Vérard 1506; Paris: Jehan Trepperel 1506; Paris: Jehan Trepperel, 1509, Lyon: Pierre de Sainte-Lucie o. J.; Paris: o. D. [Pierre Le Caron ?] o. J.; Paris: Jehan de Trepperel o. J. und Paris: Philippe Le Noir, o. J.), zwei zusammen mit dem *Livre de chasse* des Gaston Phoebus (Paris: LeNoir 1515 und Paris: o. D. o. J.) sowie jene bereits unter der Sigle m genannten neun Auflagen zusammen mit den Werken von Arthelouche d'Alagona, Jean de Francières und Guillaume Bouchet.[136]

133 Zweifel an diesem Erscheinungsjahr bei WISTEDT, 3.

134 JULLIEN, Le livre, XXV führt noch einen dritten Druck dieser um die *Vénerie* des Jacques du Fouilloux ergänzten Sammlung auf (Paris: Enguilbert de Marnef et les frères Bouchet 1567). Diese Angabe dürfte allerdings auf einem Irrtum beruhen und tatsächlich die oben genannte Ausgabe ohne du Fouilloux bezeichnen.

135 Der kostbar mit Blumenmotiven, Vögeln und Hunden illuminierte Pergamentcodex des späteren 15. Jahrhunderts trägt am unteren Rand der ersten Seite das königlich französische Wappen. Vgl. Nigel THORP, The Glory of the Page: Medieval & Renaissance Illuminated Manuscripts from Glasgow University Library. Introduction and Catalogue by Nigel THORP, London 1987.

136 JULLIEN, Le livre, XXVI kennt noch drei Auflagen zusammen mit Friedrichs II. *De arte venandi cum avibus* – (Genf 1560; Venedig 1560, Basel 1578), und Hellmut CZAPALLA, Die Falkenheilkunde des kurfürstlichen Amtmannes Johann Wolff aus Mündelsheim (1584), Dissertation, Tierärztliche Hochschule Berlin 1936, 8 kennt noch zwei 1578 in Genf und Basel gedruckte lateinische Ausgaben – doch ließen sich diese nirgends belegen.

Verlorene Handschriften

Nach einer auf das Jahr 1888 zurückgehenden bibliographischen Notiz[137] soll die Nationalbibliothek von Madrid zu der Zeit unter der Signatur *L. 141* einen lateinischen *Moamin* besessen haben. Die als *Tratado de cetrería trasladado del árabe al latín por N. Theodoro* bezeichnete Handschrift muß jedoch bald darauf abhanden gekommen sein, denn auf eine Anfrage Tjernelds antwortete die Nationalbibliothek, die Handschrift sei seit langem verschollen.[138] Wie mir auf eine erneute Anfrage mitgeteilt wurde, ist über ihren Verbleib bis heute nichts Weiteres bekannt.

Das Ausleihregister der frühen Vatikanischen Bibliothek verzeichnet für das Jahr 1475 einen Eintrag, demzufolge der kuriale Datar einen *librum de animalibus traductum a domino Theodoro* ausgeliehen habe.[139] Unter den heute in der Vatikanischen Bibliothek verwahrten *Moamin*-Handschriften kommt hierfür einzig B' in Frage. G, H, I, J, K und L sind erst später dorthin gelangt, und F enthält keinen Hinweis auf Theodor. Ob aber B' tatsächlich die ausgeliehene Handschrift war, ist unsicher. Denn der *Moamin* erscheint in dieser Sammelhandschrift erst hinter dem, auch noch deutlich längeren Pferdetraktat des Rusius. Man hätte ihn wohl kaum zur Kennzeichnung der gesamten ausgeliehenen Handschrift verwendet. Eher dürfte es sich bei der Leihgabe um eine Handschrift gehandelt haben, die den *Moamin* einzeln oder in prominenter Position überlieferte. Möglicherweise ist diese mit dem *Moamin*-Teil der noch ungebundenen Handschrift B' identisch, denn dieser trägt eine eigene Foliierung von einer Hand des 15. oder 16. Jahrhunderts. Möglicherweise war es aber auch eine andere Handschrift, über die heute nichts mehr bekannt ist.

Über die im zweiten Weltkrieg verschollene Handschrift 97 des Halberstädter Domgymnasiums war bislang stets zu Unrecht zu lesen, sie enthalte eine Abschrift der den *Moamin* exzerpierenden *Practica avium* des Simon Herbrant. Sie enthielt vielmehr die weiter verbreitete und mit dem Werk des Simon in keinem Zusammenhang stehende *Practica avium* eines unbekannten Autors.[140]

---

137 Francisco DE UHAGÓN und Enrique DE LEGUINA, La caza. Datos reunidos, Madrid 1888, 53.
138 TJERNELD, 5.
139 Eugène MÜNTZ und Paul FABRE, La bibliothèque du Vatican au XVe siècle d'après des documents inédits. Contributions pour servir a l'histoire de l'humanisme, Paris 1887, 271.
140 S. Martina GIESE, "*Ut canes pulcherrimos habeas ...*", 11f. [in der vorveröffentlichten Fassung].

4. Stemma

Das Stemma (s. beiliegende Karte) soll ein möglichst genaues Bild der Entfaltung der *Moamin*-Tradition zeichnen. Zu diesem Zweck wertet es alle verfügbaren Informationen aus.

Verlorengegangene, aber erschließbare Textzeugen sind mit „x“ und einer laufenden Zählung versehen.

Verzichtet wurde auf die immer noch gebräuchliche Aufspaltung der Tradition in ein α- und ein β-Stemma (vor und nach x23). Sie wurde einst von Tjerneld eingeführt, aufgrund des von ihm nicht klar einzuordnenden, ab x23 stark gekürzten Textes. Spätestens seit den Arbeiten van den Abeeles ist jedoch bekannt, daß die Kurzfassung aus der Langfassung hervorgegangen ist. Beide in getrennten Stemmata darzustellen, ist daher nicht mehr sinnvoll und suggeriert nur eine Verschiedenheit, die nicht existiert.

Alle dargestellten Abhängigkeiten sind, sofern sie sich nicht bereits zwingend aus Datierung oder Form der Textzeugen (Übersetzung, Kompilation, Teilüberlieferung) ergeben, im folgenden belegt.

x2

Der Archetyp des *Moamin* enthält bereits zahlreiche Korruptelen. Art und Anzahl dieser Korruptelen lassen ausschließen, daß er mit dem Autograph Theodors identisch ist. Siehe hierzu ausführlich Kapitel 6.1.

x3

- I, 2, 15: *digiti et coxe curti et subtiles* tritt an die Stelle von *digiti curti et coxe curte et subtiles*[1]
- I, 6, 33: *revocare volueris avem* tritt an die Stelle von *assuefacere vis ipsam avem rapidam ad revocationem*[2]
- II, 5, 2: *durum nec molle* tritt an die Stelle von *spisse nec clare*[3]
- II, 24, 61: *satientur* tritt an die Stelle von *volitent nec flagellent se cum alis*[4]
- II, 31, 13: *et arsenico* fällt weg[5]

1 *Al-Ġiṭrīf* 19, 1.
2 *Al-Ġiṭrīf* 34, 3.
3 *Libro de los animales que cazan* II, 5 (118, 10f.) / *Kitāb al-Manṣūrī* 9, 2.
4 *Libro de los animales que cazan* II, 24 (142, 30) / *Kitāb al-Manṣūrī* 61, 46.
5 *Libro de los animales que cazan* II, 31 (152, 24) / *Kitāb al-Manṣūrī* 55, 16.

x4

Hier können nur die Hundebücher ausgewertet werden, da die Vogelbücher von x4 in A und D' nicht überliefert sind. Dennoch finden sich zwei aussagekräftige Varianten:
- IV, 2, 10: *xl* tritt an die Stelle von *lx*[6]
- IV, 3, 18: *rotundus* fällt weg[7].

x5

- II, 1, 15: *et sic essent causa* fällt weg
- II, 6, 12: *de aliquibus unguentis calidis. Vel accipe de costo dulci et sadeget* fällt weg
- II, 33/34, 10: *Si non sanetur, pone in ore suo de aloe hepatico* fällt weg
- II, 60, 7: *argiros, id est* fällt weg
- IV, 5, 56: *Vel accipe lanam - in loco vulneris* (13 Wörter) fällt weg

x6

- I, 12, 8: *os vel* fällt weg
- II, 23, 13: *agrestis* fällt weg
- II, 24, 63: *misce cum oleo sesamino et* fällt weg
- II, 39, 2: *et aperiet* fällt weg
- V, 5, 9: *id est opopanaci* fällt weg

x7

Hier können nur die Hundebücher ausgewertet werden, da die Vogelbücher von x4 in A und D' nicht überliefert sind. Dennoch finden sich drei aussagekräftige Varianten:
- IV, 4, 4: *pistatum* tritt an die Stelle von *tritum*
- IV, 4, 11: *quia* fällt weg
- IV, 5, 54: *liquida* fällt weg.

x8

- II, 3, 2: *ii, emblicorum drachmas - muscate ana drachmas* (15 Wörter) fällt weg
- II, 7, 10: *palatum suum ut - pulverentur et linias* (24 Wörter) fällt weg
- II, 12, 3: *Vel accipe de - in naribus suis* (20 Wörter) fällt weg
- II, 17, 12: *In crastino erit - triduum, et sanabitur* (15 Wörter) fällt weg
- III, 2, 3: *in loco incisionis - albedinem oculorum, instilla* (11 Wörter) fällt weg

---

6 *Libro de los animales que cazan* IV, 2 (219, 11) / *Kitāb al-Manṣūrī* 2 (22, 3).
7 *Libro de los animales que cazan* IV, 3 (221, 11) / *Kitāb al-Manṣūrī* 3 (25, 9).

x9

- I, 2, 8: *humiliores* tritt an die Stelle von *habiliores*
- II, 1, 5: *sunt fortia* fällt weg (nicht in der Edition verzeichnet)
- II, 3, 13: *coquantur* tritt an die Stelle von *terantur*
- II, 17, 7: *vel cum sale* fällt weg
- II, 21, 6: *vi* tritt an die Stelle von *vii*

x10

- I, 6, 30: *ne declinet in aliquam partem porte* fällt weg
- II, 1, 2: *de hoc, quod* fällt weg
- II, 20, 3: *multum* fällt weg
- II, 27, 2: *pinguem* fällt weg
- II, 53, 6: *in manu* fällt weg

x11

→ G'

x12

- I, 1, 38: *virides* tritt an die Stelle von *luridos*
- I, 1, 40: *habebit oculos rotundos - et est annuus* (zehn Wörter) fällt weg
- I, 12, 22: *sive hiat* tritt hinzu
- II, 43, 3: *lacte pecorino, in sequenti die de carne infusa in* fällt weg
- IV, 5, 31: *modum* tritt an die Stelle von *motum*

x13

Alle Varianten, die x13 von x8 trennen, sind Korruptelen, die auch bereits bei x8 aufgetreten und von x14 wieder emendiert worden sein könnten:
- II, 33/34, 3: *furorum* tritt an die Stelle von *fumorum*
- III, 15, 5: *et liga super cribrum* fällt weg
- IV, 2, 15: *poni* tritt an die Stelle von *panem* (nicht in der Edition verzeichnet)
- IV, 3, 11: *natura* tritt an die Stelle von *vera* (nicht in der Edition verzeichnet)
- IV, 3, 16: *usque* tritt an die Stelle von *visus* (nicht in der Edition verzeichnet).

Die Häufigkeit der Fälle freilich sowie die Tatsache, daß sich x14 ansonsten trotz reichlicher Möglichkeiten durch keinerlei Emendationen hervorgetan hat, lassen kaum Zweifel an der Existenz von x13 aufkommen.

x14

Die stark gekürzte Übersetzung de Martinis' (d) läßt nur zwei – freilich aussagekräftige – Varianten von x14 erkennen:
- II, 3, 17: *accipe ex his sextam drachme et* fällt weg[8]
- II, 26, 1: *sicce* tritt an die Stelle von *umide.*[9]

x15

- I, 9, 15: *et inveniuntur* fällt weg
- II, 7, 6: *aceto* tritt an die Stelle von *croco*
- II, 11, 1: *Capitulum 11 De medicamine sudhaam* fällt weg, die folgende Kapitelzählung fällt um eins zurück
- II, 11, 3: *grana* tritt an die Stelle von *folia*
- II, 24, 47: *quia si nimium des eis comedere, erit occasio indigestionis* fällt weg

x16

Z und A' überliefern jeweils in gleicher Reihenfolge die Sechs-Bücher-Fassung des *De arte venandi cum avibus*, *Moamin* I-V, *Ghatrif*, *Gerardus falconarius* und *Grisofus medicus*. Geht man davon aus, daß diese Zusammenstellung jeweils auf x10 zurückgeht, so lassen sich für das *Moamin*-Stemma auch Informationen heranziehen, die sich aus den Stemmata der anderen vier Texte ergeben; eine solche Information liefert Carl Arnold Willemsen, indem er feststellt, daß Z und A' in bezug auf den Text des *De arte* nicht direkt von derselben Handschrift abhängen, vielmehr A' von der gemeinsamen Vorlage durch eine weitere Handschrift getrennt ist. Beleg hierfür ist die Handschrift Paris, Bibliothèque Mazarine, 3716, die mit A' gegen Z eine Reihe von Wortauslassungen teilt, ohne daß die eine von der anderen Handschrift abhängig wäre.[10]

x18

- II, 23, 10: *oleo* tritt an die Stelle von *eo*
- III, 8, 2: *in pennis suis quasi corrosio* fällt weg
- IV, 3, 30: *prioribus, sunt in - priora sunt altiora* (18 Wörter) fällt weg
- IV, 5, 17: *In autumno autem et principio hiemis acute sentiunt* fällt weg

---

8 S. d, Kapitel 22.
9 S. d, Kapitel 41.
10 WILLEMSEN, 1970, 93.

x19

- I, 6, 5: *post per aliud triduum, et* fällt weg
- I, 6, 18: *vaccine. Cum autem - da comedere carnes* (11 Wörter) fällt weg
- II, 52, 3: *in more* tritt an die Stelle von *minor*
- III, 15, 4: *in aqua et - pilos depilent, decoque* (15 Wörter) fällt weg
- IV, 3, 20: *et velocitatem* fällt weg

x20

Handschrift A beginnt den Traktat mit den Worten *Incipit liber Moamyn de curis egritudinum avium rapidarum* und ersetzt mit diesen die seit x5 gebräuchliche Überschrift *Liber Moamyn falconarii de scientia venandi per aves et quadrupedes, ut solacium habeatur.* Eine schlüssige Erklärung hierfür bietet nur die Annahme der Existenz von Handschrift x20: Ihr Schreiber oder einer ihrer Benutzer muß bemerkt haben, daß die alte, von Vögeln und Vierfüßern sprechende Überschrift nicht mehr zutraf, nachdem das Werk seit x15 keine Hundebücher mehr enthielt. Er muß den Verweis auf die Vierfüßer gestrichen haben. Nachdem dies geschehen ist, müssen dem Text die Hundebücher von x4 hinzugefügt worden sein, ohne daß die nunmehr aufs neue obsolet gewordene Überschrift wiederum verändert worden wäre. Der Schreiber von A kopiert x20, ohne dies zu bemerken oder selbständig eingreifen zu wollen.

Die von A und D' überlieferte Fassung des Buches V weist drei Varianten auf, die sie von der gesamten übrigen Tradition unterscheiden:
- V, Capitulatio: die Überschriften 3 und 4 (*De medicamine gule / De medicamine viscerum*) haben unsinnigerweise den Platz getauscht
- V, 4, 20: *medicamine egritudinum* fehlt
- V, 5, 7: *vermium et si non cognoscas locum* fehlt.

Da keine der beiden Handschriften in der Tradition der anderen steht, müssen diese Varianten auf eine gemeinsame Vorlage zurückgehen. Diese Vorlage kann x20 sein. Sie könnte aber ebensogut eine zwischen x4 und x20 liegende Handschrift sein. Im Stemma ist die erste Möglichkeit gewählt, da sie mit weniger Voraussetzungen auskommt.

x21

S. GLESSGEN, Die Falkenheilkunde, I, 42-47.

x22

- II, 2, 2: *ana drachme iii, zuccari albi et* fällt weg[11]
- II, 24, 19: *obscuris et cibentur de carnibus* fällt weg[12]

---

11 k, 15v / TJERNELD II, 2, 3.

- II, 24, 81: *de pinguedine renum* fällt weg[13]
- II, 45, 8: *ciba eos de - convalent per hoc* (13 Wörter) fällt weg[14]
- II, 49, 6: *et iuvabit* fällt weg[15]

x23

- II, 6, 23: *grana macropiperis v - non convalescant, accipe* fällt weg (zehn Zeilen)
- II, 8, 13: *Alia medicina iuvativa - valde iuvativum est* (27 Wörter) fällt weg
- II, 10, 8: *Et si per - suis cum penna* (48 Wörter) fällt weg
- II, 10, 11: *Si autem per - gluttiant, et sanantur* (21 Wörter) fällt weg
- II, 11, 11: *Capitulum 11 De - fumus ad eum* (ein Kapitel) fällt weg

x24

- II, 9, 4: *de medicina ista et postea frica* fällt weg
- IV, 5, 46: *Quando autem calefient - ad cibum solitum* (zehn Zeilen) fällt weg
- IV, 5, 54: *Cum vero graviter - nam est iuvativum* (fünf Zeilen) fällt weg
- IV, 5, 64: *Si propter hoc - cum aqua calida* (vier Zeilen) fällt weg
- V, 4, 21: *Et si non - cum felle tauri* (neun Zeilen) fällt weg

x26

- I, 3, 5: *Peior* tritt an die Stelle von *Potior*[16]
- I, 8, 7: *vel carnem. Dehinc dimitte aquilam* fällt weg[17]
- II, 6, 13: *puro tam de hoc quam de illo* fällt weg[18]
- II, 24, 72: *ana drachmam i* fällt weg[19]
- V, 4, 4: *canabis* tritt an die Stelle von *cambil*[20]

x27

- I, 7, 12: *Ascende super aliquem - Aliud ingenium est* (24 Wörter) fällt weg
- I, 12, 32: *Si brancet carnes - coxa habet ventositatem* (20 Wörter) fällt weg
- II, 44, 3: *i tegulam et - sunt in nido* (neun Kapitel) fällt weg

---

12 k, 26r / TJERNELD II, 47, 19.
13 k, 28v / TJERNELD II, 48, 19.
14 k, 37v /TJERNELD II, 77, 6.
15 k, 38v / TJERNELD II, 82, 7.
16 k, 5r / TJERNELD I, 19, 6.
17 k, 9r / TJERNELD I, 44, 4.
18 k, 18vf. / TJERNELD II, 10, 4.
19 k, 28r / TJERNELD II, 48, 10.
20 TJERNELD IV, 30, 4.

- II, 60, 15: *per hoc non - sanabitur. Et si* (sieben Zeilen) fällt weg
- II, Explicit: *omnium suarum pennarum - de libro falconarii* (zwei Kapitel) fällt weg

x28

- I, 1, 49: *et accipiet magnas - non erit audax* (12 Wörter) fällt weg
- I, 9, 15: *volvunt se et fiunt rotundi et inveniuntur* fällt weg
- I, 12, 44: *Scito autem, quod - egestio sive stercus* (25 Wörter) fällt weg
- II, 33/34, 8: *infusam in oleo - ei bibere mummiam* (23 Wörter) fällt weg
- III, 9, 4: *ii capitum et triangulorum et pennam similem rupte et taliter eam* fällt weg

x29

S. Seite 386-393.

x30

- I, 1, 48: *curtam* tritt an die Stelle von *curtos digitos*[21]
- I, 1, 51: *multe* fällt weg[22]
- I, 6, 17: *fortitudinem* tritt an die Stelle von *frigiditatem*[23]
- I, 7, 14: *Et si cum - retro vel dextrorsum* (24 Wörter) fällt weg[24]

x31

→ m

x32

→ M

x33

- I, 1, 2: *utimur* tritt an die Stelle von *utitur gens*
- I, 1, 8: *rapit accipiter* fällt weg
- I, 1, 14: *valde* tritt an die Stelle von *animo*

---

21 *Practica avium*, Kapitel, 7.
22 *Practica avium*, Kapitel, 10.
23 *Practica avium*, Kapitel, 25.
24 *Practica avium*, Kapitel, 36.

- I, 1, 19: *pennas acutissimas* tritt an die Stelle von *parvus, acutissimus*
- I, 1, 21: *vulpem* fällt weg

x34

- II, 48, 5: *emendetur egestio sua et transibit fetor et letetur et* fällt weg
- II, 56, 3: *quendam fascem feni et liga super* fällt weg
- III, 8, 13: *dulcium adustorum ana drachmam i, arsenici drachmas ii, pulvera* fällt weg
- IV, 3, 3: *de herbis siccis. Et pone parvulos catulos intra illum circulum* fällt weg
- IV, 5, 32: *Quam quando capient - confortativum ad venandum* (12 Wörter) fällt weg

x36

- IV, 2, 16: *Ut cito concipiant* tritt an die Stelle von *Medicina canum ad cito concipiendum*
- IV, 5, 14: *De odoratu* tritt hinzu
- IV, 5, 26: *Quod canes exire non debent ad venandum post vomitum* (V) / *Quod post vomitum non ducantur venatum* (E') tritt hinzu
- V, 5, 8: *De vulnere ventris* (V) / *Capitulum 24* (E') tritt hinzu
- V, 6, 5: *De medicamine bothor, que vocatur clavi* (V) / *Capitulum 26* (E') tritt hinzu

x37

Incipits, Explicits und Überschriften im Text (im Gegensatz zu den Überschriften in den Capitulationes) sind bei P nachträglich aus einer zweiten Vorlage abgeschrieben (vgl. die Beschreibung der Handschrift). Da diese Nachträge teils mit D gegen x36 und die frühere Tradition, teils mit x36 und der früheren Tradition gegen D lesen, muß als Vorlage eine zwischen x34 und D liegende Handschrift x37 angenommen werden.

Übereinstimmungen mit D gegen x36 und die frühere Tradition:
- II, Incipit: *l* steht anstelle von *lx*
- II, 27: Kapitelzählung fehlt
- III, 3, 1: *aqua que descendit* steht anstelle von *medicamine aque descendentis* (nicht in der Edition verzeichnet)
- IV, Explicit: fehlt
- V, Incipit: *Incipiunt quedam medicamina convenientia certis infirmitatibus caninis* steht anstelle von *Incipit quintus de medicamine egritudinum canum. Et sunt capitula x.*

Übereinstimmungen mit x36 und der früheren Tradition gegen D:
- I, 13, 1: die Überschrift und der erste Satz haben noch nicht den Platz getauscht
- II, 6, 13: *reversationem* ist noch nicht an die Stelle von *rumphationem* getreten (nicht in der Edition verzeichnet).

Zu den Nachträgen in P findet sich zudem die Anmerkung, sie seien aus einer Handschrift genommen, die zwischen *Moamin* I-III und IV-V neben anderen Falkenrezepten auch einen Pferdetraktat enthalte (s. Beschreibung). Dies ist bei D nicht mehr der Fall, wohl aber noch bei x34 (s. Beschreibungen von F und V).

A

- I, 6, 7: *digerere et* fällt weg
- I, 6, 41: *ad modum ciceris - erit falconario tam* (13 Wörter) fällt weg
- I, 7, 2: *eum iacies, debet esse aut perdix aut franquillinus, deinde* fällt weg
- I, 11, 10: *erit signum infirmitatis. Et si pulsent* fällt weg
- I, 12, 56: *caude et potatio* fällt weg

B

- I, 1, 21: *est aquila simpliciter. Hec* fällt weg
- I, 1, 36: *quasi comam* fällt weg
- I, 1, 38: *et rotundos* fällt weg
- I, 2, 2: *velut rostrum saccarum* fällt weg
- I, 2, 11: *Hoc autem raro* fällt weg

Daß B neben x33 auch noch die Handschrift A als Vorlage verwendet hat, belegen der in B enthaltene kurze Prolog und die anschließende Capitulatio zum ersten Buch. Beide sind ansonsten nur bei x5ff. überliefert und werden von B mit den folgenden, allein bei A zu beobachtenden Varianten übernommen:
- Kurzer Prolog, 3: *his* fehlt (nicht in der Edition verzeichnet)
- Kurzer Prolog, 6: *acquirunt* fehlt (nicht in der Edition verzeichnet)
- Kurzer Prolog, 6: *pisces* ist zu *ad pudes* (*putes* B) korrumpiert (nicht in der Edition verzeichnet).
- Capitulatio I, Überschrift 7: *et modo doctrinandi avem de rapina, ut volet* tritt an die Stelle von *doctrinandi aves, ut sint studiosi ad rapiendum*
- Capitulatio I, Überschrift 9: *mutis* tritt an die Stelle von *mutatione*

C

- I, 12, 60: *infirmitatem. Sanguis vel citrinitas in egestione avis significat* fällt weg
- II, 24, 26: *et aliquantulum de - in felle arietis* (zehn Wörter) fällt weg
- II, 28, 3: *et pone in - in oleo iasimino* (21 Wörter) fällt weg
- II, 35, 13: *et de rosa - medicina siliquas ii* (25 Wörter) fällt weg
- II, 45, 5: *de abrotano drachmas - non convalent, accipe* (40 Wörter) fällt weg

Es lassen sich keinerlei Varianten finden, die C und die übrige Tradition gegen O verbinden.

D

- I, 9, 14: *raro tamen* fällt weg
- I, 12, 37: *aqua et* fällt weg
- II, 1, 20: *medicina, non posset* fällt weg
- II, 10, 14: *clamoris frequentia transibit. Si autem non digeretur* fällt weg
- II, 16, 4: *modico* fällt weg

E

E und W sind nahezu identisch. Lediglich vier minimale Unterschiede lassen sich ausmachen. Diese deuten freilich klar darauf hin, daß E von W abhängig ist: In Kapitel I, 3, 8 hat der Schreiber von W statt *nobiles et* zuerst *nobiliores* geschrieben und den Irrtum anschließend berichtigt; die Berichtigung ist jedoch derart geschehen, daß nicht klar hervorgeht, welcher Wortlaut letztlich gemeint ist; E hat *nobiliores*. In Kapitel II, 1, 9 hat der Schreiber von W vermutlich statt *antiquorum*, dem Wortlaut der übrigen Tradition, zuerst *aliquorum* geschrieben und dies anschließend, wiederum unklar, berichtigt; E hat *aliquorum*. In Kapitel II, 12, 5 hat der Schreiber von W zuerst, wie die übrige Tradition, *nares* geschrieben, dies jedoch dann zu *aures* verbessert; E hat *aures*. In Kapitel III, 10, 1 schließlich fällt in W *disiuncture* aus (nicht in der Edition verzeichnet), wodurch das folgende *et* seines Sinns beraubt wird; in E fehlen beide Wörter.

Es lassen sich keinerlei Varianten finden, die E und die übrige Tradition gegen W verbinden.

F

- I, 2, 16: *et sicce* fällt weg
- I, 7, 12: *ingenium est hoc - erit avis. Aliud* (25 Wörter) fällt weg
- I, 11, 6: *infirmitas est in - parte, scias, quod* (15 Wörter) fällt weg
- II, 3, 17: *et fructus tamarisci - his sextam drachme* (15 Wörter) fällt weg
- II, 4, 11: *donec sentiatur sapor - et de butyro* (12 Wörter) fällt weg

G

- I, 2, 14: *perversi moris. Si - et sit bone* (11 Wörter) fällt weg
- I, 8, 6: *Deinde sue illud et liga ibi alam volucris alicuius vel* fällt weg
- I, 9, 21: *cura eum cum - hirundine et cum* (13 Wörter) fällt weg
- II, 6, 24: *intus medicinam et - nares et pone* (36 Wörter) fällt weg
- II, 24, 13: *donec ibi in aqua assumatur sapor. Deinde in aqua* fällt weg

H

- I, 1, 38: *-tur ei de columbis incipientibus volare. Sig-* fällt weg
- I, 6, 6: *Et cum digesserit et egesserit, depone eum* fällt weg
- I, 6, 37: *falconarius in bursa, id est carneria sua* fällt weg
- I, 12, 31: *facit, maxime quando egerit, signum est ventositatis* fällt weg
- I, 12, 61: *hemorrhoidas. Sanies in egestione significat* fällt weg

Es lassen sich keinerlei Varianten finden, die H und die übrige Tradition gegen D verbinden.

I

- I, 1, 35: *grossiores et* fällt weg
- I, 1, 42: *priores, iv superiores et iv defensiores et iv* fällt weg
- I, 3, 3: *multam* fällt weg
- I, 6, 21: *dilatat sibi botellum sive intestinum et desiccat humiditatem* fällt weg
- I, 6, 28: *porta et a* fällt weg

J

- II, 4, 13: *sanguine et de* fällt weg
- II, 33/34, 10: *ore suo de - mixto cum oleo* (13 Wörter) fällt weg
- II, 35, 9: *de bolo armenico - ana drachmam i* (15 Wörter) fällt weg
- II, 58, 10: *hircino* fällt weg
- III, 4, 7: *Tertia causa est ex multitudine humiditatis* fällt weg

K

- I, 1, 14: *colore et* fällt weg
- I, 1, 36: *superfluam pennam in medio* fällt weg
- I, 6, 18: *vaccine. Cum autem - da comedere carnes* (11 Wörter) fällt weg
- II, 28, 8: *Si autem ex - carnibus et da* (16 Wörter) fällt weg
- III, 15, 2: *cola et* fällt weg

L

- I, 1, 4: *Accipitrum v sunt species, et unus est melior reliquo, unius tamen* fällt weg
- I, 2, 2: *gutta nigra, late nares et aures, perfectum collum, rufus totus et* fällt weg
- I, 6, 24: *Interest autem regum - nisi falconariis talibus* (11 Wörter) fällt weg
- I, 9, 4: *et in tempore mutationis dimiserunt accipitres in illis nemoribus* fällt weg
- II, 1, 3: *et aeris et - et fortitudinem complexionis* (19 Wörter) fällt weg

M

- I, 6, 37: *-tora eorum involuta - vel alam a-* (vier Kapitel) fällt weg
- I, 12, 23: *ibi* fällt weg
- II, 28, 3: *sive sanbacino et - in oleo iasimino* (23 Wörter) fällt weg
- II, 48, 3: *mordet* tritt an die Stelle von *comedet*
- III, 12, 3: *palmas* fällt weg

Der Textausfall in I, 6, 37 wird vom Schreiber selbst mit dem Kommentar versehen: *Hic deficit i folium*. Die Vorlage von M kann daher nicht dieselbe Handschrift x27 sein, von der W abhängig ist, denn der Textausfall tritt dort nicht auf. Ob es sich freilich um eine eigenständige, zwischen x27 und M stehende Handschrift x32 handelt oder aber um x27, nachdem dort ein Blatt ausgefallen ist, muß offenbleiben.

N

- I, 6, 44: *per i noctem et in mane cola aquam* fällt weg
- II, 1, 7: *cito* tritt an die Stelle von *ideo*
- II, 7, 9: *vi* tritt an die Stelle von *v*
- II, 10, 9: *carne* tritt an die Stelle von *cauda*
- V, Capitulatio: *7 Capitulum De - de dispositione venationum* (24 Wörter) fällt weg

Es lassen sich keinerlei Varianten finden, die N und die übrige Tradition gegen B' verbinden.

O

Es läßt sich nur eine – allerdings aussagekräftige – Variante finden, die O gegen d und die übrige Tradition abgrenzt:
- III, 9, 6: *vel in aceto* fehlt[25].

P

- I, 1, 51: *virides* fällt weg[26]
- I, 2, 8: *habiliores* tritt an die Stelle von *celeriores*[27]
- I, 4, 2: *ad labores et meliores sunt* fällt weg[28]
- I, 9, 9: *de carne* fällt weg[29]
- I, 11, 10: *et velociter* fällt weg[30]

25 S. d, Kapitel 68.
26 *Practica avium*, Kapitel 10.
27 *Practica avium*, Kapitel 12.
28 *Practica avium*, Kapitel 17.
29 *Practica avium*, Kapitel 32.

R

- I, 7, 17: *est, ut dimittatur - sedeat super arbores* (21 Wörter) fällt weg
- I, 12, 24 : *ferit unam partem - et arsuram habet* (zehn Wörter) fällt weg
- II, 23, 31: *et croci et - mulieris et zuccaro* (20 Wörter) fällt weg
- II, 39, 5: *donec vapor aque - non comburat avem* (12 Wörter) fällt weg
- II, 47, 6: *zingiber vel origanum - si decoctum est* (17 Wörter) fällt weg

S

- I, 2, 7: *Et si velis, ut volent in altum, similiter accipe albos* fällt weg
- I, 13, 5: *super ultimum arcum selle et levare manum* fällt weg
- II, 4, 6: *ii et cinnamomi - anisi ana drachmas* (13 Wörter) fällt weg
- II, 22, 8: *et cubebe, id - formentur ad modum* (34 Wörter) fällt weg
- II, 24, 71: *et linias iterum - viscera. Deinde trahe* (22 Wörter) fällt weg

T

- I, 2, 18: *fiat, non sustinet, si pinguefiat, fugit, vita eum* fällt weg
- I, 12, 19: *sunt super collum, et laxatio extremitatum pennarum, que* fällt weg
- II, 23, 7: *adustio in palato, deinde corrosio. Quando autem accidet* fällt weg
- II, 23, 15: *drachmas ii, de fuligine furni siliquam i, de borac armenica* fällt weg
- III, 13, 9: *cum ferro, nam si tangantur* fällt weg

Es lassen sich keinerlei Varianten finden, die T und die übrige Tradition gegen B verbinden.

U

- I, 12, 27: *non* fällt weg
- II, 4, 3: *volvere collum neque poterit* fällt weg
- II, 6, 6: *ana ii siliquas drachme et de pipere* fällt weg
- II, 6, 10: *et dentur* fällt weg
- II, 24, 57: *clarum nec nimis* fällt weg

Es lassen sich keinerlei Varianten finden, die U und die übrige Tradition gegen M verbinden.

V

- IV, 3, 7: *catulos* tritt an die Stelle von *super dorsum catulorum*

---

30 *Practica avium*, Kapitel 33.

- IV, 6, 15: *Si vis, ut non currant, lini ascellas suas* fällt weg
- V, 3, 4: *ceram* tritt an die Stelle von *chartam*
- V, 3, 6: *in ore, nam remolliet ossa, et exibunt suaviter* fällt weg
- V, 4, 6: *Capitulum 4 De - cum butyro vaccino* (sieben Zeilen) fällt weg

W

- I, 3, 6: *pennas exiguas* tritt an die Stelle von *grossus circulus, pauce penne et*
- I, 9, 9: *cum lacte* fällt weg
- I, 12, 49: *Quando vomet carnem et non remanebit in gutture* fällt weg
- II, 23, 9: *cum suco raphani - accipe de semine* (12 Wörter) fällt weg
- II, 51, 4: *des comedere carnes - ore suo. Deinde* (32 Wörter) fällt weg

Y

- I, 1, 21: *Cuius sunt ii species: Prima est nobilior, et est aquila* fällt weg
- I, 8, 16: *nam per hoc ascendere non poterit in altum* fällt weg
- II, 20, 3: *postea de carnibus* fällt weg
- II, 23, 16: *Postea lava* fällt weg
- II, 26, 2: *de zuccaro drachme* fällt weg

Z

- II, 3, 2: *myrobalanorum kebulorum et - ana drachmas iv* (12 Wörter) fällt weg
- II, 24, 27: *trahe chordam, ut fel in gutture* fällt weg
- II, 28, 3: *et sinapis* fällt weg
- II, 53, 16: *et aspergas frequenter - nam est iuvativum* (11 Wörter) fällt weg
- III, 1, 12: *Si autem careant - et est iuvativum* (32 Wörter) fällt weg

A'

- I, 1, 13: *aynoki* fällt weg
- I, 1, 18: *xemy* fällt weg
- I, 6, 41: *Contra inobedientiam* tritt hinzu
- II, 2, 2: *drachma i* fällt weg
- II, 3, 7: *De asthma* tritt hinzu

B'

- I, 11, 11: *Et si pulsent - enim venarum significans* (15 Wörter) fällt weg
- I, 12, 50: *vomet carnem et - habet. Quando depilat* (11 Wörter) fällt weg

- II, 61, 2: *Aliquando lini carnes - aquam cum melle* (11 Wörter) fällt weg
- III, 8, 23: *phlebotoma venam, que - parte dextra. Deinde* (13 Wörter) fällt weg
- IV, 2, 14: *accipe de elleboro - nam sic liberabuntur* (16 Wörter) fällt weg

D'

Daß D' nicht von A abhängig sein kann, belegen u a. folgende Varianten, die A von D' und der übrigen Tradition trennen:
- V, 4, 4: *decoque caput pecoris cum pilis suis, donec disiungantur* fällt weg
- V, 4, 6: *aliquantulo* fällt weg
- V, 4, 7: *doloris* fällt weg
- V, 4, 15: *scabiei* tritt an die Stelle von *melancholice infirmitatis, que rabies vocatur*
- V, 5, 7: *tepida* tritt an die Stelle von *calida.*

E' (1)

- I, 1, 9: *et Egyptii istum vocant baydac* fällt weg[31]
- I, 4, 4: *Proprietas eorum est volare super aquaticas* fällt weg[32]
- I, 6, 6: *Et cum digesserit et egesserit, depone eum* fällt weg[33]
- I, 6, 40: *in nocte* fällt weg[34]
- I, 6, 42: *et accaron sive acorus similiter* fällt weg[35]

E' (2)

→ V

F'

- I, 1, 38: auf *ovi* folgt *prout supra*[36]
- I, 1, 38: auf *hepate columbino* folgt *et gallinarum*[37]
- I, 1, 41: auf *scintillantes* folgt *nisus autem - eos habere permitte* (fünf Zeilen)[38]
- I, 1, 43: auf *colli* folgt *et eiusque longitudo*[39]
- I, 2, 8: *Debiles tamen sunt* fällt weg[40]

---

31 *Practica avium*, Kapitel 1.
32 *Practica avium*, Kapitel 17.
33 *Practica avium*, Kapitel 20.
34 *Practica avium*, Kapitel 29.
35 *Practica avium*, Kapitel 29.
36 *Practica avium*, Kapitel 6.
37 *Practica avium*, Kapitel 6.
38 *Practica avium*, Kapitel 6.
39 *Practica avium*, Kapitel 7.

G’

G’ hat mindestens zwei Vorlagen.

Die eine Vorlage dürfte x11 sein, denn G’ führt sowohl Varianten, die es mit J gegen den Rest der Tradition verbinden:
- II, 6, 14: *sive carminentur* steht unsinnigerweise zwei Wörter zu früh
- II, 9, 5: *postea frica cum melle. Et* fehlt
- II, 24, 48: *nova penna* steht anstelle von *novo panno*
- III, 9, 2 bzw. 3: *talis penna debet - quando mortue sunt* (21 bzw. 20 Wörter) ist hinzugetreten

als auch Varianten, die es mit x10 bzw. x3 gegen J verbinden:
- II, 17, 1: *suringa est durities quasi cicatrix obdurans ora fistule* (nur bei ZA’ zu finden)
- II, 29, 2: *apud quosdam dicitur herba blanca* (nur bei ACGILNORSZA’B’ zu finden).

Die andere Vorlage (sofern man nur eine weitere Vorlage annimmt) dürfte im Bereich von x12ff. oberhalb von x23 und x26 liegen. Hierfür sprechen vier Varianten, die G’ mit x4ff. gegen x3ff. verbinden und aus Passagen stammen, die bei x23 ausgefallen sind:
- II, 7, 7: *cum rostro* ist vorhanden, während es bei x3ff. fehlt
- II, 24, 25: *laminam* (x4ff.) steht anstelle von *frustum* (x3ff.)
- II, 24, 53: *qualibet lamina* (x4ff.) steht anstelle von *quolibet frusto* (x3ff.)
- II, 24, 61: *volitent nec flagellent se cum alis* (x4ff.) steht anstelle von *satientur* (x3ff.),

drei Varianten, die bei x3ff. und x26ff. fehlen, bei G’ und der übrigen Tradition hingegen vorhanden sind:
- II, 6, 13: *id est auripigmento*[41]
- II, 10, 4: *et est alium agreste*[42]
- II, 27, 3: *cum rostro*[43]

sowie das Fehlen der Überschrift von II, 8, eine Variante, die erst ab x12 erscheint.

Vielleicht wurden aber auch zwei weitere Vorlagen benutzt – eine aus dem Bereich x23ff. und eine aus dem Bereich von Q, denn G’ weist auch zwei Varianten auf, die es mit Q gegen die gesamte übrige Tradition verbinden:
- II, 31, 8: *perfecte* tritt hinzu
- II, 35, 3: *viscosis* steht anstelle von *mucosis*.

sowie zwei Varianten, die es mit x23ff. gegen die gesamte übrige Tradition verbinden:
- II, 23, 8: *olei et granorum persicorum* steht anstelle von *olei granorum persicorum*
- II, 54, 2: *multis diebus* fehlt.

---

40 *Practica avium*, Kapitel 12.
41 TJERNELD, II, 10, 4.
42 TJERNELD, II, 21, 9.
43 TJERNELD, II, 51, 3.

H'

Daß H' eine Vorlage aus dem Bereich x3ff. benutzte, zeigen u. a. die folgenden Varianten:
- I, 1, 50: *fimus suus* steht anstelle von *egestio sua*
- I, 7, 6: *cum accipitre, da - dubitabit invadere aliquam* (37 Wörter) steht anstelle von *accipe iii morsus - infuse in vino* (63 Wörter)
- I, 7, 7: *amittitur avis rapiens, ut* steht anstelle von *avis fir erratica - De quibus causis* (12 Wörter)
- I, 7, 9: *corvorum et* fehlt
- I, 7, 11: *sive ripam* fehlt.

Daß diese Vorlage aus dem Bereich von x6ff. stammt, legen zwei weitere Varianten nahe:
- I, 1, 50: *ubi* steht anstelle von *quo*
- I, 1, 50: auf *egerit* folgt *fortior et.*

Daß letztere Variante in dieser Stellung nur bei H' und J überliefert ist und J zudem die einzige deutsche Handschrift in diesem Bereich des Stemmas ist, lassen annehmen, daß H' dieser Handschrift am nächsten steht.

Möglicherweise liegt dem Text von H' jedoch auch noch eine zweite Handschrift aus dem Bereich BT zugrunde. Denn mit diesen beiden Handschriften und gegen die übrige Tradition verbinden H' die folgenden zwei Varianten:
- I, 1, 50: *melior* steht anstelle von *velocior*
- I, 1, 51: *signum bonum* steht anstelle von *optimum.*

b

Die Übersetzung Cinicos wurde bereits von Gleßgen einer detaillierten Analyse unterzogen.[44] Zu Recht stellte er dabei fest, daß ihr Text eine Kompilation mehrerer am aragonesischen Hof versammelter Vorlagen bietet. Die von ihm vorgenommene Bestimmung dieser Vorlagen freilich – einer zwischen x15 und I gelegenen Handschrift einerseits sowie B und T andererseits – bedarf einiger Korrekturen und Ergänzungen.

Sicher als Vorlage angenommen werden darf die Handschrift I. Denn mit ihr und gegen die gesamte übrige Tradition verbindet b eine ganze Reihe von Varianten, darunter:
- I, 2, 2: *valde / assai* steht anstelle von *velut*
- II, 2, 7: *xix* steht anstelle von *xviii*
- II, 6, 25: *triduo / tre giorni* steht anstelle von *cottidie*
- II, 24, 35: *fumo* steht anstelle von *furno*
- II, 33/34, 3: *anhelitus / anhelito* steht anstelle von *humiditas.*

I, wie es Gleßgen tat, als Vorlage auszuschließen, ist verfehlt. Die hierfür gelieferte Begründung, I sei eine Handschrift des 16. Jahrhunderts und „wenigstens ein halbes Jahrhundert"

---

44 GLESSGEN, Die Falkenheilkunde, I, 52-75.

älter als b, geht vermutlich auf einen Druckfehler bei van den Abeele zurück.[45] Die breite humanistische Minuskel kann keinen Zweifel aufkommen lassen, daß es sich um eine Handschrift des 15. Jahrhunderts handelt.

Ebenso sicher wie I darf auch T als Vorlage gelten. Mit ihr und gegen den Rest der Tradition verbinden b folgende vier Varianten:
- I, 1, 24 bzw. 23: *rapiet gazellos et lepores / piglia gaçelli et lepori* ist hinzugetreten
- I, 1, 38: *parve* fehlt
- I, 2, 18: *fiat, non sustinet, si pinguefiat, fugit, vita eum* fehlt
- II, 23, 7: *adustio in palato, deinde corrosio. Quando autem accidet* fehlt.

Daß darüber hinaus noch mindestens eine weitere Vorlage benutzt wurde, zeigt die Existenz zweier *Moamin*-Passagen in b, die sowohl bei I als auch bei T fehlen:
- II, 23, 12: *Vel accipe piperis - palatum cum penna* (23 Wörter)
- II, 45, 4: *Et post biduum utaris medicamine isto.*

Diese dritte Vorlage auszumachen, ist schwierig, denn sie scheint außer an den beiden genannten Stellen kaum benutzt worden zu sein, und der Wortlaut jener beiden Stellen erlaubt keine weiteren Aufschlüsse. Zieht man die übrigen in der aragonesischen Bibliothek versammelten Handschriften A, B, G und A' zu einem Vergleich heran, kommt am ehesten A in Frage. Mit dieser Handschrift und gegen die übrige Tradition verbinden b immerhin die zwei folgenden, wenn auch nicht sehr aussagekräftigen Varianten:
- I, 6, 7: *digerere et* fehlt
- II, 11, 5: *unciam / onça* steht anstelle von *drachmam.*

Weniger wahrscheinlich, jedoch auch nicht auszuschließen ist es, daß A' als Vorlage gedient hat. Mit dieser Handschrift und gegen die übrige Tradition verbinden b ebenfalls zwei Varianten: In I, 1, 50 heißt es, jene Vögel, die ihren Kot höher auswürfen als andere, seien stärker und besser (*più forte et megliore*). Hier lautet die ursprüngliche, und auch von I gebrachte Lesart, jene Vögel seien „schneller", T hat statt dessen „besser", JZA' haben „stärker und schneller", so daß eine Kompilation aus A' und T möglich erscheint. Und in II, 3, 4 schreiben allein b und JZA'G' von Fleisch, das von Sehnen und Adern gereinigt sein soll – alle anderen Vorlagen erwähnen nur die Reinigung von Adern. Doch ist in beiden Fällen auch vorstellbar, daß Cinico selbständig ergänzt hat. Erstere Variante legt der Text des *Moamin* nahe, der den Kotauswurf als ein Kriterium zur Beurteilung der Stärke des Vogels ankündigt, anschließend jedoch von Stärke nicht mehr spricht. Letztere Variante legt der Gegenstand nahe: wenn Adern im Fleisch stören, muß dies auch für Sehnen gelten. Zudem entspricht sie der im *Moamin* ansonsten üblichen Formulierung. Diverse Male heißt es dort, man solle Fleisch „von Adern und Sehnen" befreien.
Für die Benutzung von G spricht nicht eine einzige aussagekräftige Variante. Gleiches gilt, entgegen den Angaben Gleßgens, für B.

---

45 VAN DEN ABEELE, Les traités, I, 84: dort ist die Handschrift in der Überschrift fälschlich mit „XVIe s.", im Text korrekt mit „XVe s." datiert.

c

S. GLESSGEN, Die Falkenheilkunde, I, 42-47.

d

Daß g von d abhängt, ist eine Vermutung, die allein auf der in g enthaltenen Widmung basiert. Der durch sie zur Weggabe bestimmte Codex dürfte wohl eher de Martinis' Zweitexemplar gewesen sein denn sein Erstexemplar. Sicher ist dies jedoch nicht.

g

→ d

h

S. GLESSGEN, Die Falkenheilkunde, I, 42-47.

i

S. GLESSGEN, Die Falkenheilkunde, I, 42-47.

k

S. Seiten 386-393.

l

Die wenigen in l enthaltenen, zudem stark komprimierten und korrumpierten *Moamin*-Passagen liefern nicht genügend Merkmale, um eine präzise Einordnung in das Stemma zu ermöglichen. Immerhin zeigen die folgenden Varianten, daß die Vorlage (sofern nur eine Vorlage benutzt wurde) nicht x4 (x7), G, S, L, B', d und b oder eine in deren Tradition stehende Handschrift gewesen sein kann:
- I, 2, 3: die Passage *rotundo como uno pumo incominzando da li fianchy* steht der Lesart von x3 (*rotundus sicut pyramus incipiens ab almis*) eindeutig näher als der von x4 (x7) (*ab almis ad pectus ut figura pyramidis, rotundus*)
- I, 2, 14: *perversi moris. Si autem invenitur avis talis dispositionis et sit bone* ist noch nicht, wie bei G, ausgefallen
- I, 2, 13: *ad* steht noch nicht, wie bei S, anstelle von *super*

- I, 2, 2: *gutta nigra, late nares et aures, perfectum collum, rufus totus et* ist noch nicht, wie bei L, ausgefallen
- I, 2, 2: *collum* steht noch nicht, wie bei B', anstelle von *oculum*
- I, 2, 2: *ut faciem vulturis* ist noch nicht, wie bei d (Kapitel 5), ausgefallen
und
- I, 2, 2: *compiuto* steht noch nicht, wie bei b, anstelle von *perfectum*.

Innerhalb der übrigen Tradition dürfte die Vorlage aber am ehesten in dem mit x9 beginnenden Zweig zu suchen sein, denn mit den Handschriften dieses Zweiges teilt l die Lesart *humiliores* / *humile* anstelle von *habiliores* in I, 2, 8. Da l in den Kontext des aragonesisch-neapolitanischen Hofes zu stellen ist, kommen hier besonders die Handschriften A und I in Frage. Daß dieselbe Passage I, 2, 8 jedoch noch ein zweites Mal – hier mit dem ursprünglichen Wortlaut – erscheint, deutet darauf hin, daß mehrere *Moamin*-Texte als Vorlage gedient haben könnten.

m

Die wenigen in der Falkenkunde des Arthelouche d'Alagona (m) versammelten *Moamin*-Exzerpte bieten für eine Einordnung in das Stemma nur eine geringe Vergleichsgrundlage (Arthelouche exzerpiert kaum mehr als die Kapitel I, 11 und I, 12). Dennoch finden sich drei signifikante Varianten, welche m allein mit der Handschrift Q verbinden. Da Q später entstanden ist als m, lassen sich diese nur unter Annahme einer gemeinsamen Vorlage x31 erklären:
- I, 11, 11: *et velocitatem et tarditatem* fehlt einzig bei Q und m[46]
- I, 12, 22: als Verben führt m *siffle ou crie*, Q *sive licet* (abgekürzt als l_3) *hiat sive clamat*; alle anderen Handschriften führen *clamat* oder *hiat sive clamat* oder *sive hiat clamat*[47]
- I, 12, 44: einzig Q und m führen fünf statt sechs Arten von Körperausscheidungen (die anschließende Explizierung ist jedoch unterschiedlich: während Q Federn und Exkremente als eine Art zusammenfaßt, vereinigt m Tränen und Nasenschleim).[48]

Diese Einordnung ist umso sicherer, als die folgenden Varianten zeigen, daß m nicht unterhalb von x3, x25, x27, x28, x35 oder P liegt:
- I, 11, 3: Arthelouche übersetzt *ventilet*, nicht *egerit cum ventositate* (x3)[49]
- I, 12, 7: Arthelouche übersetzt *arsuram*, nicht *pruritum* (x3)[50]
- I, 12, 35: *Tardatio egerendi plumatam suam notat indigestionem* ist nicht, wie bei x25, weggefallen[51]

---

46 Vgl. den Text Arthelouches in der Ausgabe von 1567 (La Fauconnerie de F. Ian des Franchieres, Grand Prievr d'Aquvitaine: recveuillie des liures de M. Martino, Malopin, Michelin, & Amé Cassian. Avec vne autre fauconnerie de Guillaume Tardif, du Puy en Vellay. Plus, La vollerie de messire Arthelouche D'Alagona, seigneur de Maraueques. D'avantage, vn receuil de tous les oiseaux de proye, servans à la fauconnerie & vollerie, Poitiers: Enguibert de Marnef, et les Bouchetz, freres 1567, Faksimile Rom 1983 – im folgenden: Arthelouche), 14.
47 Arthelouche, 16.
48 Arthelouche, 17.
49 Arthelouche, 14.
50 Arthelouche, 15.
51 TJERNELD I, 85, 2; Arthelouche, 16.

- I, 12, 32: *Si brancet carnes - coxa habet ventositatem* (20 Wörter) ist nicht, wie bei x27, weggefallen[52]
- I, 12, 44: *Scito autem, quod - egestio sive stercus* (26 Wörter) ist nicht, wie bei x28, weggefallen[53]
- I, 12, 6: *inter oculos* ist nicht, wie bei x35, weggefallen[54]
- I, 4, 2: *ad labores et meliores sunt* ist nicht wie bei P, weggefallen[55].

Auch eine Abhängigkeit von x17 kann wohl ausgeschlossen werden. Zwar läßt sich hierfür kein sicherer Beleg anführen, doch keine der dort erscheinenden Ergänzungen, u. a.:
- I, 12, 7: *sança alcuna negreça*
- I, 12, 9: *si muta*
- I, 12, 17: *roder con esso la perticha, e*

findet sich bei Arthelouche.

n

Daß Guillaume Tardif bei der Erstellung seines *Livre de l'art de faulconnerie et des chiens de chasse* eine *Moamin*-Handschrift aus dem Bereich unterhalb von x37 benutzt hat, belegen die folgenden drei Varianten, die diesen mit D und H gegen den Rest der Tradition verbinden:
- II, 12, 6: *iv* steht anstelle von *iii*[56]
- IV, 5, 3: *panibus* steht anstelle von *pannis*[57]
- IV, 5, 9: *corrosione* steht anstelle von *torsione*[58] (auch bei PQ).

Daß das Werk wiederum nicht von H abhängig sein kann, belegt die folgende Variante, die es mit D und der übrigen Tradition gegen H verbindet:
- I, 6, 37: *falconarius in bursa, id est carneria sua* ist vorhanden[59].

Unter den übrigbleibenden Handschriften x37 und D schließlich wird es wohl unterhalb von D anzusiedeln sein, denn D ist nachweislich bald nach seiner Entstehung in Italien nach Frankreich gewandert. Daß D wohl sogar die direkte Vorlage war, lassen die hier enthaltenen Miniaturen vermuten, die große Ähnlichkeit haben mit denen der Handschrift Glasgow, University Library, Hunter 269 (U.5.9), dem vermutlichen Original des Werkes Tardifs.[60]

---

52 Arthelouche, 16.
53 Arthelouche, 17.
54 Arthelouche, 15.
55 Arthelouche, 3.
56 JULLIEN, Le livre, I, 122.
57 JULLIEN, Le livre, II, 13.
58 JULLIEN, Le livre, II, 14.
59 JULLIEN, Le livre, I, 65.
60 Vgl. VAN DEN ABEELE, Falken, 5f.

Weitere mögliche oder unklare Abhängigkeiten

Zwischen einzelnen Handschriften des Zweiges x9ff. und solchen des Zweiges x6ff. bestehen verschiedene Gemeinsamkeiten:
I, 1, 17: auf *carvan* folgt bei AI *navis* (*aut* I) *que dicitur luitū* (*baricim* I), bei ZA' steht zwei Wörter zuvor ähnliches *l{ui}ercinur* (*A'*) bzw *livercinur* (*Z*)
I, 6, 18: auf *cupatarum* folgt *id est alaudarum, que habent cristas super caput et in Apulia vocantur cozardi* (nur bei IRZA' – bei I leicht entstellt und vor *cupatarum* gesetzt)
I, 12, 5: *calor extraneus* ist mit *ephemera* erläutert (nur bei AIJZA')
II, 24, 16: *catranum* ist mit *pix mollis* (*liquida* R) erläutert (nur bei JRZA'G')
II, 24, 41: auf *cupata* folgt *Latini vocant eam cuzardo* (nur bei RZA'G', jeweils in abgewandelter Form)
II, 29, 2: anstelle von *que est genus absinthii, quod dicitur absinthium marinum sive santonicum* haben CGILNORSB' *que est quoddam genus absinthii et apud quosdam dicitur herba blanca*, bei AJ fehlt diese Passage, bei ZA' folgt sie zwei Wörter später
II, 29, 2: auf *et accipe* folgt *ad* (nur bei CGILNORSB'G' nicht aber bei AJZA')
II, 35, 7: *satientur* steht anstelle von *sanentur* (nur bei RZA', G' hat *saturentur et sanentur*)
II, 43, 1: auf *ventris* folgt *id est gurgulationis* (nur bei AJRZA'G')
IV, 6, 1: auf *probatarum* folgt *per proprietatem* (nur bei RZA').
Die Gemeinsamkeiten lassen annehmen, daß es mehrere Verbindungslinien zwischen beiden Zweigen gibt, wenn auch im einzelnen nicht recht klar ist, welche und wie viele. Am ehesten läßt sich noch eine Verbindungslinie zwischen R und x10ff. erkennen. In erweiterter Form begegnet diese Verbindungslinie auch in einer Glosse, welche die arabische Bezeichnung für den Habichtsadler um ihre griechische, lateinische und syrische Entsprechung ergänzt. Sie erscheint bei R, x10ff. und x7ff., allerdings bei x10ff. in I, 1, 22 und bei R und x7ff. in I, 5, 4.

B und I unterscheiden sich an fünf Stellen auf dieselbe Weise von der übrigen Tradition:
- I, 1, 51: *potentior* steht anstelle von *potior*
- I, 12, 52: *corruptionem* steht anstelle von *corrosionem*
- I, Explicit: fehlt
- II, 24, 6: *semper* fehlt
- II, Explicit und III, Capitulatio: fehlen

Diese Gemeinsamkeiten sind nicht so auffällig, daß sie nicht auch zufällig entstanden sein könnten. Da B und I jedoch aragonesische Handschriften sind, liegt es nahe, eine Verbindung zwischen beiden anzunehmen.

Die bei T von Hand 2 vorgenommenen Verbesserungen erfolgten unter Benutzung einer anderen Vorlage als der von Hand 1 ausgeschriebenen. Dies zeigen die der Tradition oberhalb von x23 entnommenen Einträge *habebit oculos rotundos, citrinos. Tertius vocatur pretiosus et est annuus* in I, 1, 40 und *aliter furfuris* in II, 37, 2. Nimmt man an, daß der Nachtrag am aragonesischen Hof vorgenommen wurde, so kann weder A noch G als Vorlage gedient haben – in ersterer Handschrift steht in I, 1, 40 *avis* statt *annuus*, in letzterer fehlt die Stelle. Ob hingegen I oder A' oder eine andere nicht mehr nachweisbare Handschrift herangezogen wurde, bleibt unklar.

Der Text von A ist zweimal von späterer Hand (Hand 3) nach einer Handschrift aus der Gruppe x23ff. verändert worden:
- I, Capitulatio, Überschrift 7: *doctrinandi avem de rapina, ut volet* tritt an die Stelle von *capiendi*
- II, Capitulatio, Überschrift 8: *Capitulum 7 Medicamen - expellendum infirmitatem capitis* (37 Wörter) tritt an die Stelle von *Capitulum 7 De - medicamine catarrhi humidi* (15 Wörter).

Vermutlich erfolgte diese Verbesserung am aragonesischen Hof und wurde hierzu die später dort abgeschriebene Handschrift x33 herangezogen.

Die toskanische Übersetzung (x17) und die franko-italienische Übersetzung (x25) haben eine auffällige Gemeinsamkeit. Beide, und nur sie, wiederholen in Kapitel II, 7 einen Teil aus Kapitel II, 6. Bei x25 ist der Teil II, 6, 15 (*misce*) bis II, 6, 17 (*nares*) an die Stelle von II, 7, 6 (*lini*) - II, 7, 7 (*convalescant*) getreten (k, 19v / TJERNELD II, 13, 11 - II, 14, 2). Bei x17 folgen anstelle von II, 7, 5 (*alterato vitrino*) der Teil II, 6, 14 (*et his*) - II, 6, 17 (*inflantur*), ein Verweis auf II, 6, 17 und die an II, 6, 25 erinnernde Aufforderung, das Fleisch eines einjährigen Hammels oder eines Huhns zu füttern. Dies legt nahe, daß zwischen beiden eine Querverbindung besteht, wenn auch außer dieser nur eine weitere Gemeinsamkeit vorzuliegen scheint: der Ausfall von *nam est iuvativum* in II, 61, 3 (k, 42v / TJERNELD II, 94, 3).

5. Edition der lateinischen Tradition

Die Edition soll die inhaltliche Entwicklung des Moamin *im Laufe seiner lateinischen Tradition erschließen. Zu diesem Zweck bietet sie im Obertext eine weitestmögliche Rekonstruktion seiner Ausgangsfassung, im Apparat die Varianten aller 29 bekannten Reinabschriften (A, B, C, D, E, F, G, H, I, J, K, L, M, N, O, P, Q, R, S, T, U, V, W, Y, Z, A', B', D', E' (2)) sowie der Bücher II-IV der Kompilation des Andrea Bragadino (G')* [1]*, welche die Bücher II-V des* Moamin *praktisch unkompiliert überliefern. Die Auswertung einer solchen Vielzahl von Handschriften gebietet eine konsequente Beschränkung bei der Verzeichnung von Varianten, soll der Apparat nicht ins Uferlose ausgeweitet und der Blick auf das Wesentliche verstellt werden. Aus diesem Grund ist sämtlicher aufgenommener Text bereits bei der Kollation wie folgt normiert worden:*

Abkürzungen sind aufgelöst. In den Fällen, in denen mehrere Auflösungsmöglichkeiten bestanden, ist stets dieselbe gewählt: Es heißt durchgängig hoc, *wo auch zu* hec, *und* medicamen, *wo auch zu* medicina *hätte aufgelöst werden können. Gewichtseinheiten erscheinen im Genitiv, wo sie auch als Nominativ, Akkusativ oder Ablativ hätten aufgelöst werden können (*tertiam drachme *etc.).*

Die Schreibung ist vereinheitlicht. Als Maßstab dient Georges' lateinisch-deutsches Handwörterbuch[2]*, wo dieses keine Auskunft gibt, eines der unten genannten mittellateinischen Wörterbücher*[3]*. Allein Wörter, die auch hier nicht nachgewiesen sind, erscheinen mit all ihren Varianten. Sofern ihre Bedeutungen nicht klar aus dem Zusammenhang hervorgehen, sind sie zudem in einem der Edition angehängten Glossar erläutert. Ebenfalls im Glossar erläutert sind jene Wörter, die in den genannten Wörterbüchern zwar vorhanden, jedoch nicht mit den hier verwendeten Bedeutungen belegt sind und deren Bedeutungen nicht klar aus dem Zusammenhang hervorgehen. Alle normierten Wörter schreiben* e *anstelle der Diphthonge* ae *und* oe.

Ausgefallene, verdrehte oder unleserliche Buchstaben und Silben sind nicht verzeichnet, sofern kein Zweifel besteht, um welches Wort es sich handelt.

---

*1 In G' sind mehrere Passagen zweifach überliefert: II, 6, 16 folgt noch einmal im Anschluß an II, 7, 7; II, 6, 17 - 25 (*gallinarum*) und II, 7, 6-11 folgen in dieser Reihenfolge noch einmal im Anschluß an II, 7, 11; II, 8, 1-13 folgt noch einmal im Anschluß an II, 8, 13. Da hier jeweils zwei verschiedene Vorlagen ausgeschrieben wurden (vgl. Seite 104), sind beide Überlieferungen aufgenommen. Die Varianten der ersten Überlieferung sind mit G'1, diejenigen der zweiten Überlieferung mit G'2 bezeichnet.*

2 Heinrich und Karl Ernst GEORGES, Ausführliches lateinisch-deutsches Handwörterbuch, 2 Bde., Hannover / Leipzig [8]*1913.*

3 Dictionary of Medieval Latin from British Sources, Oxford 1997- [bisher A - Pos]; Lexicon latinitatis nederlandicae medii aevi, Leiden 1977-2005; Mittellateinisches Wörterbuch bis zum ausgehenden 13. Jahrhundert, München 1959- [bisher A - E]; Jan Frederik NIERMEYER und C. VAN DE KIEFT, Mediae latinitatis lexicon minus. Édition remaniée par J. W. J. BURGERS, 2 Bde., Leiden / Boston 2002; Novum glossarium mediae latinitatis, Hafniae 1957- [bisher L - Pazzu, Pea - Pezzola, Phacoides - Pingo].

Wörter, die bei gleichbleibender Bedeutung mit verschiedenen Stämmen vorkommen, sind durchweg auf eine Form reduziert. So heißt es etwa durchgängig cuminum, *ungeachtet der gleichfalls vorkommenden Form* ciminum, frustum, *ungeachtet der gleichfalls vorkommenden Form* frustrum, *und* emplastrare, *ungeachtet der gleichfalls vorkommenden Form* emplastrizare.

Mengenangaben sind stets in römischen, die Kapitelzählung ist immer in arabischen Ziffern wiedergegeben. Letztere steht zudem immer vor der zugehörigen Überschrift und trägt immer den Zusatz Capitulum.

Die Interpunktion richtet sich nach dem Gebrauch im Deutschen. Geschweifte Klammern kennzeichnen Text, der nicht eindeutig lesbar ist.

Der Obertext

Die Rekonstruktion der Ausgangsfassung anhand der erhaltenen Handschriften findet ihre natürliche Grenze bei x2. Diese Grenze ist nur sehr zurückhaltend durch Konjekturen überschritten. Denn der vom Syrer Theodor geschaffene Text hatte offenbar deutliche sprachliche Defizite.[4] *Emendationen erfolgen nur dort, wo der Text von x2 mit großer Sicherheit korrupt und der ursprüngliche Wortlaut eindeutig zu rekonstruieren ist.*[5]

Die Rekonstruktion von x2 ist über weite Strecken ohne Schwierigkeit möglich, da die am nächsten gelegenen Handschriften einen einheitlichen Text bieten. An einer Reihe von Stellen hingegen ist die Variantenlage dieser Kernhandschriften uneinheitlich. Fast immer stehen sich dabei zwei Varianten gegenüber – diejenige von x3 und diejenige von x4 (bzw. x7 für die Bücher I-III). In einigen dieser Fälle ermöglicht der Vergleich mit den arabischen Vorlagen sichere Entscheidungen, überall dort nämlich, wo eine der Varianten einen geringeren oder anderslautenden Inhalt bietet und die andere dem arabischen Ausgangstext entspricht und nicht ohne Kenntnis des ursprünglichen Textes (z. B. durch Emendation einer augenfälligen Korruptele oder durch Rückgriff auf andere Passagen des Traktats) entstanden sein kann. Insgesamt 33 Mal kann so der Wortlaut von x4 (x7) als der ursprüngliche Text ermittelt werden,[6] *25 Mal derjenige von x3.*[7] *In der größeren Anzahl der Fälle ist dies hingegen nicht möglich. Hier ist wie folgt vorgegangen: Dort, wo eine von beiden Varianten mit deutlich größerer Wahrscheinlichkeit als die ursprünglichere in Frage kommt, ist diese übernommen. Es handelt sich jeweils um Fälle, in denen eine der beiden Varianten sprach-*

---

4 Vgl. insbesondere den offenbar weniger als die anderen Teile des Textes von späteren Bearbeitern verbesserten Prolog sowie die Ausführungen hierzu bei BURNETT, *Master Theodore, 281.*

5 So kann z. B. unter Vergleichung der arabischen Vorlagen in I, 4, 6 levis *sicher zu* lenis, *in I, 11, 8* venter *sicher zu* intra *und in I, 12, 6* tenendo *sicher zu* terendo *emendiert werden.*

6 I, 1, 34; I, 1, 51; I, 2, 3; I, 2, 15; I, 6, 33; I, 7, 4; I, 7, 6; I, 7, 8; I, 8, 12; I, 11, 3; I, 12, 7; I, 12, 23; I, 12, 24; II, 4, 3; II, 5, 2 (2x); II, 7, 7; II, 23, 24; II, 24, 51; II, 24, 57; II, 24, 61; II, 27, 2; II, 31, 2; II, 31, 10 (2x); II, 31, 13; II, 41, 1; II, 52, 7; III, 3, 4; IV, 6, 4; IV, 6, 9; IV, 6, 10; V, 1, 3.

7 I, 1, 43; I, 6, 3; I, 7, 7; I, 8, 20; I, 12, 52; II, 6, 6; II, 6, 12; II, 6, 29; II, 11, 10; II, 13, 6; II, 23, 14; II, 24, 81; II, 28, 5; II, 35, 3; II, 35, 7; II, 43, 2; III, 1, 7; III, 2, 4 (2x); III, 4, 4; III, 8, 15; III, 8, 23; III, 8, 25; IV, 2, 10; IV, 3, 18.

lich deutlich schwächer ist und nur als ursprünglicher Text interpretiert werden kann, der in der anderen Variante seine sprachliche Verbesserung erfahren hat.[8] *18 Mal ist so die Variante von x4 (x7) und acht Mal die Variante von x3 in den Obertext genommen. Dort, wo keiner von beiden Varianten eine solch deutlich größere Wahrscheinlichkeit zukommt, sind stets die Varianten von x4 (x7) in den Obertext übernommen. Maßgeblich hierfür ist nicht nur das Zahlenverhältnis von 51 zu 33 bei den betrachteten Fällen, sondern auch die Qualität der Fälle, welche bei x3 eine deutlich größere Umformungsaktivität erkennen läßt. So finden sich unter den 51 Varianten von x3, die mit Sicherheit oder deutlich größerer Wahrscheinlichkeit spätere Veränderungen darstellen, 38 aktive Umformulierungen, 13 sind Abschreibefehler oder lassen sich nicht eindeutig zuordnen. Von den 33 späteren Veränderungen der rechten Seite hingegen sind nur 11 aktive Umformulierungen, dagegen 22 Abschreibe- oder unbestimmbare Fehler. Da es sich bei den zu entscheidenden Fällen fast ausschließlich um den Austausch einzelner Wörter oder Phrasen durch gleichbedeutende andere, mithin um einen aktiven Prozeß, handelt, darf angenommen werden, daß die konservativere Handschrift x4 (x7) auch in der größeren Anzahl dieser Fälle den ursprünglichen Wortlaut bewahrt hat. An einigen Stellen schließlich ist bereits der Wortlaut von x4 (x7) und/oder x3 unsicher. In diesen, in unterschiedlichster Variantenlage auftretenden Fällen ist pragmatisch nach Maßgabe des Einzelfalls entschieden.*

Um den Zugriff auf den Text zu erleichtern, sind die einzelnen Kapitel in numerierte Unterabschnitte gegliedert. Hierbei ist dieselbe Gliederung verwendet, die bereits Gleßgen bei der Edition der Handschriften c/h/i, b, B/T und A/I vorgenommen hat. Daß die bei den jüngeren Fassungen eingeführten Zäsuren im vorliegenden ältesten Text nicht immer am Ende eines Sinnabschnitts liegen und bisweilen einzelne Abschnitte mit einer Doppelzählung versehen werden müssen, scheint akzeptabel, in Anbetracht der Tatsache, daß so ein leichter Vergleich mit den Editionen Gleßgens, insbesondere derjenigen der Handschriften c/h/i und b, gewährleistet ist. Lediglich in den Abschnitten II, 34, 15-19 und V, 4, 15 - 6, 12 weicht die Gliederung von derjenigen Gleßgens ab, da jener eine andere Kapiteleinteilung zugrundeliegt. Hier sind zwar die Zäsuren übernommen, es ist jedoch eine eigene Zählung eingeführt. Für den langen Prolog ist die von Burnett eingeführte Zählung übernommen.

Die Apparate

Der Variantenapparat verzeichnet die vom Obertext abweichenden Lesarten aller genannten 30 Textzeugen. Da ihre Zahl auch nach konsequenter Normierung in die Abertausende ging, war es nötig, eine Auswahl vorzunehmen. Vollständig verzeichnet sind nur diejenigen Varianten, die für die Rekonstruktion des Obertextes erheblich sind. Unter den übrigen sind all diejenigen ausgesondert, die

*1. keine oder nur unbedeutende Veränderungen des Inhalts bewirken (*si *statt* quando*;* misce in simul *statt* misce*;* ex naribus *statt* ex naribus suis*;* caveas masculos de venatione usque ad xxx dies *statt* masculos de venatione usque ad xxx dies caveas *etc.)*

oder

***8** S. z. B. I, 3, 2:* fugibiles / fugitivi*; I, 6, 22:* avis ... sanus ... eum / avis ... sana ... eam*; IV, 5, 30:* astutie / astutionis.

*2. den Inhalt nur auf unsinnige Weise verändern (*cum pones tuas prope rostrum suum *statt* cum pones nares tuas prope rostrum suum; os capitis et asinini *statt* os capitis asinini; invidia *statt* in India *etc.).*
Unsinnige Veränderungen sind allerdings verzeichnet, wenn mehr als ein bedeutungstragendes Wort ausgefallen ist oder wenn sie eine in der späteren Tradition erfolgte Verbesserung als solche kenntlich machen und vor falschen Schlüssen hinsichtlich der Abhängigkeitsverhältnisse schützen.[9]

Dieselben Auswahlkriterien gelten auch für die Verzeichnung von Varianten innerhalb von Varianten. Die Siglen ACGIJLNORSZA'B' etwa zeigen an, daß die zugehörige Variante in der angegebenen Form bei x3 erscheint. Daraus folgt jedoch nicht zwingend, daß bei allen angegeben Textzeugen die Variante in derselben Form erscheint. So könnte sie etwa bei J auf unbedeutende und bei NB' auf unsinnige Weise verändert sein, ohne daß dies gekennzeichnet wäre. Wären die Varianten bei J und NB' hingegen sinnvoll und bedeutend, wären sie verzeichnet.

Korrekturen, die von den Schreiberhänden an ihrem eigenen Text vorgenommen wurden oder die als solche gelten können, sind nur verzeichnet, sofern sie relevant für die Erstellung des Obertextes oder des Stemmas sind. In allen anderen Fällen ist allein der korrigierte Text aufgenommen.

Eintragungen späterer Hände sind nur verzeichnet, sofern sie signifikante inhaltliche Veränderungen bewirken und konkreten Textstellen zuzuordnen sind. Bei A sind sämtliche Überschriften, Incipits, Explicits und die Zählung der Capitulationes der Bücher II, IV und V von Hand 2 ergänzt (wohl aus derselben Vorlage, der auch Hand 1 ihren Text entnommen hat). Dies ist im Text nicht eigens vermerkt. Dasselbe gilt für die Nachträge von Hand 2 bei A', die offenbar derselben Vorlage entnommen sind wie der Text von Hand 1. Bei Z ist die Zählung aller Capitulationes, bei B' die Zählung der Überschriften 3-15 der Capitulatio zu Buch III und bei P sind sämtliche Überschriften, Incipits und Explicits später hinzugefügt – auch dies ist jeweils nicht eigens vermerkt.

Eine Besonderheit gilt für Handschrift Z. In ihr sind die Abkürzungszeichen für die Gewichtseinheiten drachma *und* uncia *nicht klar differenziert. Zumeist erscheinen Mischformen, die in keine Richtung eindeutig interpretiert werden können. Dort, wo sich klare Eckformen abzeichnen, stehen diese nicht selten im Gegensatz zur gesamten anderen Tradition. Da es sich um ein Phänomen handelt, das eine große Zahl von Anmerkungen nach sich zöge, ist auf seine Verzeichnung verzichtet. Varianten sind nur dann angegeben, wenn die Gewichtseinheiten ausgeschrieben sind.*

Bei G' ist im Schlußteil des zweiten Buches die Reihenfolge der Kapitel verändert: II, 50, 54, 55 und 56 stehen in dieser Reihenfolge nach II, 59. Bei Q haben die Blätter 19 und 20 (II, 3, 11 - II, 6, 5) mit den Blättern 21 und 22 (II, 6, 5 - II, 7, 10) den Platz getauscht. Beides ist im Text nicht eigens vermerkt.

---

9 *So etwa der Wechsel von* sanam *zu* suam *in I, 8, 5.*

Im Sachapparat (Seite 286-288) sind all jene Textstellen kommentiert, die grundlegende Verständnisschwierigkeiten bereiten.

Prologus[1]

[1] Sollicitudo nature gubernans omnia, que intus[2] spheram lune contenta sunt, qua[3] didicerunt sapientes sapientie regulas et suas provecti ornaverunt operationes, dare intendens omnibus entibus naturalibus finem sue perfectionis breviori et rectiori via – [2] et[4] fuerunt perfectiones diverse secundum diversitatem specierum, nam unicuique entium propria inest perfectio secundum id, quod preparationes suas dedit eis recipere de virtute fluente ex intellectu agente, et impossibile est devenire ad perfectionem propriam sine diversa operatione prodeunte ex virtutibus inventis in proprio instrumento sui, ut videtur in membris animalium et plantarum, [3] et fuit iteratio operationis debilitans instrumenta, ex quorum debilitate debilitas sequitur virtutum et negligentia non complendi[5] operationem vel operationes producentes ad finem et perfectionem propriam – [4] adiunxit unicuique operationum corporalium delectationem propriam ante et post operationem illam, ut allevietur virtutibus labor operandi per studium delectationis[6], quemadmodum sapiens rex, qui dat militibus divitias et honores et concedit eis uti delectatione, [5] ut non tantummodo propter hoc eis fiat laboris oblivio, sed etiam mortis, que, licet sit finis universalis nature, tamen contrarius[7] est nature particulari. [6] Et delectatio hec[8] manifesta est in operatione animalis, sed manifestissima est in corpore humano[9] et specie sua, nam homo est speculatio entium et ideo vocatur minor mundus. [7] Verbi gratia:[10] Comestio, potatio, auditio, visio et unaqueque operationis humane delectationi[11] inest,[i] et ablata delectatione intermittitur[12] operatio, licet noverit dimittens, quod in dimissione operis illius fiat ultima corruptio, ut videtur in eo, qui[13] amissa delectatione comedendi amittit comestionem et amissa delectatione potandi amittit et potationem et sic de ceteris operationibus. [8] Et humana operatio bipartita est,

---

[1] Incipit prologus. *J*
[2] que intus] *fehlt Z*
[3] quia *J* quam *A'*
[4] que *J*
[5] comprehendi *Z*
[6] operationis *J*
[7] contraria *J*
[8] hic *J*
[9] suo *J*
[10] Verbi gratia] *durchgestrichen J*
[11] delectationem *J*
[12] interimitur *J*
[13] quia *J*

etenim quedam communis omni speciei, alia propria. [9] Communis est ut comestio, potatio, coitus, superfluitates expellere et sentire per decem sensus et comprehendere per intellectum et superbia et[14] victoria, invidia[15], avaritia et operationes, quarum principium est per naturam et perfectio per voluntatem, et ille, qua perfectio est et principium per naturam per voluntatem,[ii] et[16] cetere operationes, [10] et unaqueque istarum coniungitur delectationi et tendit ad finem proprium, ut in libro De Anima et Nicomachia et in[17] Rethorica declaratum est. [11] Proprie quidem operationes sunt ut philosophare, regnare, sacerdotizare[18], militare, iudicare[19] et huiusmodi operationum propriarum que inveniuntur[20] aliquo individuorum[21] humane speciei. [12] Et quilibet operans huiusmodi operatione habet ii delectationes: unam pertinentem ad artem, aliam ad artificem, per quam compatietur laborem venientem ex operatione. [13] Definitio autem delectationis est comprehensio perfectionis convenientis virtuti comprehendenti[22][iii]. [14] Verbi gratia: delectatio philosophi pertinens proprie arti sue est comprehendere, quod a[23] intellectu suo non evadat, quicquid[24] potest humana natura comprehendere per nobilius argumentum et definitionem, que vocatur demonstratio, et quando loquetur, veritatem dicet et mentientem sciat[25] arguere. [15] Reliqua autem delectatio, que appropriatur ei, est imaginare, quod est in motu suo et in quiete et in dispositione, [16] consequitur id, quod rapuerat virtus rationalis, maxime in regimine dominationis[26] et in inventione civilium legum, cuius perfectio indiget auxilio dominii[27]. Nam philosophia indiget dominio[28], cui indecet[29] virtuositatem suam[iv]. [17] Delectatio autem pertinens arti sacerdotis satis nota est. [18] Delectatio vero militis pertinens arti[30] sue imaginare[31] inimicos

---

[14] *fehlt J*
[15] *fehlt J*
[16] ille (Prolog, 9) - et] *fehlt J*
[17] *fehlt J*
[18] sac'dotisare *J* sacerdotiçare *A'*
[19] m{d}icare *J*
[20] *folgt* in *J*
[21] *folgt* ut *J*
[22] *folgt* virtuti *J*
[23] ab *ZA'*
[24] quid{quid} *J*
[25] sciet *J*
[26] donationis *J*
[27] domini *ZA'*
[28] domino *A'*
[29] indecent (*verbessert aus* indocent) *A'*
[30] sacerdotis (Prolog, 17) - arti] *fehlt J*
[31] imaginari *J*

vincere, quod consequitur populi defensio et non tolerantia iniurie. [19] Reliqua delectatio ad ipsum pertinens est imaginare victoriam in ludo instrumentorum belli et in armis. [20] Et universaliter omnis artifex has ii habet delectationes usque ad textores, et absurdum quidem esset, si ars[32] regalis, cum sit nobilior aliis generibus[33], privetur illa re, que in omnibus artibus ex necessitate invenitur. [21] Hoc etenim esset contra naturam et contradicens ei, quod testificatur ens. Proprietates[34] vero non transmutantur. [22] Delectatio autem regis pertinens regno suo est imaginare, quod preceptum suum sit transitivum in ovile suum secundum intentionem suam et[35] quod diligatur et quod[36] timeatur a suis hominibus et a convicinis suis, prout potest. [23] Reliqua delectatio ei pertinens est species venationis secundum suam diversitatem, cuius nobilior pars est avitare aves. [24] Avitare enim est exercitium conveniens non solummodo omnibus membris, sed etiam omnibus sensibus, manifestis et absconsis. [25] Quod convenit omnibus membris, manifestum est, quia indiget equitatione suavi, forti et mediocri, et unaqueque earum non multum fiat et leviter tolerandum. Exercitium autem huiusmodi carminat[37] calorem naturalem et expellit superfluitatem et preparat membra ad acceptionem cibi. [26] Et nisi esset verborum prolixitas, monstraremus, quomodo delectatur singulus sensuum[38] in ipsa arte. [27] Huic etiam[39] coniungitur delectatio, victoria, utilitas. [28] Hec siquidem docebit equitare et bene pati esse super equum et morigerabit et dilatabit spem et dabit appetitum victorie et dabit sollertiam intellectui et universaliter pulchrius solatium est et nobilior[40] ludus, quod possit habere natura humana[41], et mirabilius est. [29] Reges autem si habeant delectationes alias ut comestiones, potationes, coitus et cetera, hoc non habent in quantum reges, sed in quantum homines. In quantum enim sunt reges, non habent propriam delectationem nisi venatione[42]. [30] Considerans autem dominus noster, serenissimus imperator FR[43] secundus, semper augus-

[32] has *ZA'*
[33] gentibus *JZA'*
[34] Proprietas *J*
[35] que *J*
[36] *fehlt J*
[37] c^{2}a{min}at *J*
[38] sensum *J*
[39] autem delectationi *J*
[40] *folgt* est *J*
[41] natura humana] humana natura *J*
[42] venationem *J* venationes *Z*
[43] FR^9 *J fehlt Z*

tus, Ierusalem et Sicilie rex, istius delectationis nobilitatem imperatoribus et regibus appropriandam dumtaxat et videns antecessores suos et contemporaneos reges in delectatione a naturali veritate appropriata sibi et exhibita non sollicitos esse, sed potius somnolentes, [31] servorum sui limitis minimo imperavit presentem librum falconarii transferre de arabico in latinum, ut eorum sit recordatio, que sapientum sollertia adinvenit per experimentum, et principium inveniendorum in posterum. [32] Ego igitur cum obedientia et devotione debita domini mei dignum preoccupavi preceptum prensens opus tractatu quaternario dividendo, [33] primo in theoricam huius artis, secundo in medicinas occultarum infirmitatum, tertio in curis manifestarum infirmitatum, quarto in medicamen rapinorum quadrupedum.

Explicit prologus.[44] Incipit[45] tractatus primus de theorica huius artis[46] continens capitula xiii[47].

Capitulum 1

[1] De genere[48] volucrum[49] et moribus[50] et electione[51] eorum[52]

[2] Genera volatilium viventium de rapina[53], quibus[54] utitur gens[55] aucupando, sunt iv, et xiv[56] species. [3] Genera autem sunt hec[57]: accipitres, falcones, saccares[58] et aquile. [4]

---

[44] *folgt* Liber de rapacibus avibus ac canibus *P folgt* Liber primus Liber Moamon falconarii translatus de arabico in latinum per magistrum Theodorum physicum apud Fancunam *Q;* Explicit prologus] *fehlt J;* Prologus - Explicit prologus] *fehlt DFHKMPQUVY Anhang 1 ABGILNORSTB' Anhang 3 EW*
[45] *folgt* liber magistri Moamini (M{edia}mini *U*) falconarii translatus de arabico in latinum per magistrum Theodorum (Teodorum *W*), physicum domini Federici (Fedrici *W*), Romanorum imperatoris. Et correptus (correctus *U*) est per ipsum imperatorem tempore obsidionis Faventie (Fa{v}e{n}cie *U* Faentie *EW*). De quo libro sunt iii tractatus. Et hic incipit *EMUW*
[46] de theorica huius artis] *fehlt EMUW*
[47] *folgt Anhang 2 GILNORSB'* viii *P;* Incipit tractatus primus - xiii] *Anhang 2 ABCT*
[48] generibus *ACGILNORSB'*
[49] avium rapine *CGILNOSZA'B'* volatilium *DFHPV* omnium volatilium viventium de rapina *EMUW*
[50] nominibus *I*
[51] actione *Q;* et electione] *fehlt V*
[52] *folgt* Capitulum 1 De generibus avium *I;* volucrum et moribus et electione eorum] *unleserlich R;* genere (I, 1, 1) - eorum] signis egritudinum avium earundem *A;* Capitulum 1 - eorum] *fehlt BT;* Incipit tractatus primus - eorum] *fehlt JK* Incipit tractatus genera volatilium viventium de rapina, quibus utitur gens aucupando, sunt iv et xiv species. Genera autem sunt hec: accipitres, falcones, saccares et aquile viventium de rapina. *Y*
[53] volatilium viventium de rapina] volucrum rapidarum *ACGIJLNORSZA'B'*
[54] *folgt* sepius *ACGILNORSB'*
[55] utitur gens] utimur *BKT*

Accipitrum v sunt species, et unus est melior reliquo[59], unius tamen[60] moralitatis et unius nature. [5] Primus quidem, nobilior[61], est accipiter simpliciter[62]. [6] Secundus in lingua Persarum nymin[63], scilicet dimidius accipiter, et est accipiter macer, parum rapiens. [7] Tertius est turciolus[64], et hic habet moralitatem accipitris et rapiet perdices et non poterit rapere grues. [8] Quartus est[65] sparverius[66] rapiens volatile, quodcumque rapit accipiter[67], exceptis magnis avibus. [9] Quintus dicitur sabech[68], et Egyptii istum vocant[69] baydac[70], et est minor[71] sparverio[72] et illi similis, habens tamen celestes oculos. [10] Secundum autem genus[v] [11] nobilius aliis speciebus[73] est girfalco[74], et est mirabilis in opere suo et potentior[75] omnibus generibus avium[76] viventium de rapina et nascitur in[77] partibus frigidis, ut in Dacia[78] et Noru[e]gia[79]. [12] Secunda autem species est falco. [13] Tertius dicitur aynoki[80]

---

56 xviii *Q;* sunt iv, et xiv] iv sunt *DH* xiv sunt *FKV*

57 *fehlt ACGIJLNORSZA'B'*

58 zaccari *A* saccare[S] *B* saccar[9] *C* saccār̄ *GO* çacearum *I* zaccares *J* seccār̄ *LB'* seccare *N* saccores *P* sattares *QV* cattarū *R* seccar' *S* zachares *ZA'*

59 alio *BDEFHKMPQTUVWY*

60 Accipitrum (I, 1, 4) - tamen] *fehlt L*

61 mirabilior *CGLNOSB'*

62 Primus (I, 1, 5) - simpliciter] *fehlt Q*

63 nyimin *AGO* niimyn *BT Lücke von ca. 10 (6 D 8 H) Buchstaben DHA'* {nimi} *E* nimin *F* roymin *I* ny{mmi} *J* nimium *KQ* {m}ymiu *L* nimini *M* niymin *NB'* nymun *P* my{m}um *R* ny{mini} *S* minini *U* nimyn *V* nimi *W* nynnin *Z*

64 torciolus *A* turtiolus *BEGNORTWZA'B'* curtiol9 *C* tertiolus *D* terciolus *HI* turcyolus *J* tũciolus *K* tursiolus *L* turti{n}olus *P* dertiolus aliter cuntiolus *Q* turciol9 *U*

65 *folgt* nisus seu *ACGILNORSB'*

66 *folgt* seu nisus *ZA'*

67 rapit accipiter] *fehlt BKT*

68 sabeth *ABCGINOQSTUZA'B'* sabec *F* sabede *K* sab̄th *L* sabeht *R* sabet *V* sabechc *Y*

69 istum vocant] vocant istum *ACGIJLNORSZA'B'*

70 baylach *BT* hardat *C* baydach *DEHUWA'* baidac *GO* bayndac *I* hic dux *K* baidach *LZB'* bardach *N* luidat *Q* baidat *S*

71 *folgt* niso seu *ACGILNORSB'*

72 *folgt* seu niso *ZA'*

73 *fehlt K*

74 girfalcus *ACGIJLNORSZA'B'*

75 nobilior *BT*

76 volucrum *ACGIJLNORSZA'B'*

77 *folgt* omnibus *BT*

78 *folgt* Syria *BT;* in Dacia] India *K*

79 Notoecya *A* Novergia *BKT* Noroecia *C* Nov'gia *DFH* Moruegia *EMUW* Noroecya *GO* Nocretia *I* Narecya *J* Norweya *darübergeschrieben J (Hand 2)* Noroctya *L* Nocetya *NB'* Norgneya *P* Norgueia *Q* Moroequa *R* Noroctia *S* Nov'{e}gia *V* {Ni}aretia *Z* Naretia *A'*

80 aynol'ey *A* smeriolus *BT* aynoky *CGNOSB'* aynoli *DH* anyo{k}i *F* nobilli[s] *K* ayno{k}i *LRZ* aynol'i *V Lücke von ca. 6 Buchstaben A'*

et est macer, et[81] utuntur hoc Greci et Syri[82], et[83] rapit minores aves. [14] Quartus vocatur cotam[84] et est similis falconi in dispositione sua et colore et[85] est velox volatu, acutus animo[86]. [15] Tertium[87] genus est.[vi] [16] In quo nobilior[88] est[89] saccarum[90]. [17] Secunda species est cohec[91], Babylonii autem et Syri vocant eum seph[92], et invenitur in Egypto et in parte occidentali et in Babylonia et rapiet parvas aves et ex aquaticis avibus paucas rapiet, tamen rapiet lepores[93] et carvan[94]. [18] Et ex ista specie invenitur quedam, que dicitur xemy[95], qui[96] rapiet parvas gazellas[97]. [19] Tertius[98] dicitur yuair[99], Egyptii autem et[100] Syri vocant ipsum yalem[101], et est velocissimus et parvus, acutissimus[102] et rapiet milvos et alias aves de desertis et perdices et frinquillinos[103], tamen laborat deferendo propter transmutationem[vii]. [20] Quartum genus est aquila. Cuius sunt ii species: [21] Prima est nobilior, et est

---

[81] est macer, et] maxime *Y*
[82] Greci et Syri] *Lücke von ca. 4 Buchstaben K*
[83] Greci et Syri et] cete *BT*
[84] tocā *A* coltaym *B* cotar *C* chotayn *DH* cotaym *EMUW* cotayn *FV* cōtª *G* cāta *I* caiam *J darübergeschrieben* blo vuß falken tertzel dicitur almanice *J* (*Hand 3*) coltayn *K* contra *L* contera *NB'* cotā *O* cotaim *PQ* c̄otā *S* coltay; *T* cotain *Y* cota{m} *ZA'*
[85] colore et] *fehlt K*
[86] valde *BKT*
[87] quintum *BT*
[88] nobilis *L*
[89] In quo nobilior est] valde nobilior (nobilius *BT*) et est (dicitur *BT*) *BKT*
[90] zaccarꝰ *A* saccarus *BETW* zacatꝰ *C* sactarum *D* çacacus *G* sactarū *H* çaccharus *I* zaccarus *JZ* sac{c}arum *K* zacatu{r/s} *L* sactarus *M* çacatus *NOB'* saccarium *Q* çaccarꝰ *R* zacatus *S* sacrus *U* sattarum *V* zacharus *A'*
[91] thoeclabisotu *BT* coher *CGO* eothee *I* t{o}hetela bisotu *K* colser *L* colxer *NSB'* cohet *QR* cuhec *U* choec *Y*; est cohec] eo hec *DH*
[92] secha *BT* {s}eph *F* siph *I* rasoph *K*
[93] *folgt* livercinur [?] *Z folgt* l{ui}ercinur [?] *A'*
[94] cͬana navis que dicitur luitū *A* corvum *BT* tarnan *C* carnam *DLU* carnā *E* carvā *FPRV* ca'van *G* carnem *H folgt* aut que dicitur baricim *I* c̄c̄volum *K* carvam *MY folgt* vel gruam (gruā *P*) *PQ* taviam *Q* carnan *S* carvā *W* carban *ZA'*
[95] yemy *AJ* strahi *BT* xemi *CNB'* semȳ *D* exemi *EU* semy *FHV* yem *I darübergeschrieben* schasse *J* (*Hand 3*) s{y}ray *K* zemi *L* exe{mi} *M* xeym *Q* semi *R* yeny *S* exemy *W* yemy *Z Lücke von ca. 5 Buchstaben A'*
[96] que *BDEFHKMPQTUVWY*
[97] *darübergeschrieben* capreolos *J* (*Hand 3*)
[98] *darübergeschrieben* Tertia species *J* (*Hand 3*)
[99] yuaye *ABKT* ynair *CEHUW* yuayr *F* yuari *I* yuare *J* iuair *LZ* yuaire *N* yuait *P* yuaux *Q* ynan *S*
[100] autem et] aut *J*
[101] paleyu *D* palem *EMPQUWY* paleyn *FHV* palcrin *K*
[102] parvus, acutissimus] pennas (*folgt* habet *BT*) acutissimas *BKT*
[103] frīguillos *AR* franquilinos *BT* fringuillinos *CDGHLB'* frinquilinos *EMUW* stringuillinos *F* fringillos *I darübergeschrieben* id est phasianos *J* (*Hand 3*) stringuiliones *K* fringiullinos *N* frīguillino's *O* frīguilinos *PV* facti gallimos *Q* fringuillīos *S* frenquillinos *Y* friuquilīos *Z* frinquil{in}os *A'*

aquila[104] simpliciter. Hec[105] rapiet gazellam, vulpem[106] et leporem[107]. [22] Secunda species est[108] çumeg[109] et rapiet gruem et inferiores gruibus[110]. [23] Volucrum autem alii sunt raptores, alii non. Raptorum femina maior masculo et fortior et[111] nobilior et astutior. [24] Non raptorum[112] autem masculi sunt maiores et pulchriores. [25] Sapientes autem dixerunt, quod in tempore coitus cum accipitribus veniunt[113] omnia genera avium viventium de rapina[114], scilicet turcioli[115], falcones, saccares[116] et alie rapacium avium[117]. [26] Et ovatizant accipitres de omni ave coeunte secum. Quare mores eorum diversificantur in bonitate, audacia, fortitudine secundum diversum modum volucrum secum concumbentium. [27] Illi autem, qui sunt generati ex accipitre et turciolo[118], facile doctrinantur. [28] Signum autem huiusmodi est, quod[119] accipiter accipit omnes volucres a passere usque ad gruem. [29] Meliora autem genera accipitrum sunt armenici, persici[120], deinde greci et postremo africi. [30] Armenici autem habent oculos virides. Si autem inveniantur aliqui habentes oculos nigros et dorsum nigrum, optimi erunt. [31] Persici autem grossi sunt, et penne multe eis, oculi concavi, supercilia sua foras pendent, celestes oculos habent, nares largas[121], palmas albas[122]. [32] Greci autem habent magna capita et colla grossa et multas pennas et citrinos pedes. [33] Africani autem oculos et dorsum habent nigros, dum sunt iuvenes. Quando au-

---

[104] Cuius (I, 1, 20) - aquila] *fehlt Y*
[105] est aquila simpliciter. Hec] *fehlt BT*
[106] *fehlt BKT*
[107] Hec (I, 1, 21) - leporem] *fehlt J*
[108] Secunda species est] *fehlt C*
[109] zum{c}ec *A* zimech *BT* z{umm}eg *C* çūmech *DN* zumeg *EMUW* zūmet *F* çummeg *GO* c'umech *H* quecumque *I* zuneg *J* çūmet *K* zumech *L* çummech *N* çūmeg *P* tummeg *Q* çumeḡ *R* zummeg *S* zumet *V* zūmeg – zūmeg arabicum est, grece dicitur filadelfum, latine milio, syria lingua meapam (meapā *A'*) *ZA'* çum mech *B'*
[110] *folgt* De magnis avibus *ZA'*; gruem et inferiores gruibus] omnem generationem *K*
[111] fortior et] *fehlt Q*
[112] astutior. Non raptorum] rapiet gazellos et lepores *T*
[113] coeunt *Q*
[114] avium viventium de rapina] raptorum *ACGIJLNORSZA'B'*
[115] t̄cioli *A* tertioli *BQRT* turtioli *CFGLNZA'B'* tercioli *DHI* turcyoli *J* tũtioli *O* t'tioli *P*
[116] zaccares *AJZA'* zaccārs *CL* çaccārs *G* çaccarus *I* çacārs *NB'* çaccārs *O* çaccar *R* zaccārs *S* sattares *V*
[117] alie rapacium avium] alii raptores *ACGIJLNORSZA'B'*
[118] t̄ciolo *A* turtiolo *BCGLNTZA'B'* t'tiolo *D* turtiol' *F* terciolo *HI* turtyollo *J* turciol' *K* tũtiolo *O* tertiolo *PQ* t{e}rtiolo *R* truciol{e} *V*
[119] quare *ACDEFGHIKLMNOPQRSUVWYB'*
[120] armenici, persici] persici, armenici *BT*
[121] longas *C*
[122] latas *BT*

tem mutant, deveniunt[123] oculi eorum rubei. [34] Et meliores omnium sunt greci, deinde armenici. Indici autem et synaci[124] sunt deteriores omnibus.[viii] [35] Accipitres autem albi et varii sunt velociores et grossiores[125] et[126] pulchriores et facile doctrinantur. Tamen sunt debiliores aliis, subtiles[127] et[128] non possunt capere grues[129], sed parvas aves. [36] Sunt etiam quidam accipitres pulchri ad nigritudinem[130] tendentes et habent superfluam pennam in medio[131] capitis descendentem ad frontem quasi comam[132], sed valitudinem non habent[133]. [37] De alimento autem rapacium[134] avium dicimus, quod est quadruplex: [38] Primum et melius[135] est, quando parve[136] penne exire incipiunt accipitri[137], et nutrietur in medio bombycis cibatus cum vitello[138] ovi et[139] carnibus vespertilionis et hirundinis et hepate columbino. Cum vero incipit facere virgas et rotunde fient[140] penne capitis sui[141], cibabitur carnibus turturis et pectore columbino. Et cum pennis induetur et mundabitur primis pennis sic, ut remaneat adhuc penna super costas, dabitur ei de columbis incipientibus volare. Signum[142] eius est, quod habet oculos luridos[143] et[144] citrinos vel croceos et rotundos[145]. [39] Secundum vero alimentum est de ave, qui[146] dicitur paganus. Et est hoc, quod avis capietur a nido nutriente eum adhuc matre et penna sibi erit completa et incipiet iam volare nec[147]

---

[123] sunt *R*
[124] syriaci *ACGJOSZA'* sirici *BT* cynaci *H* seriaci *I* sinaci *K* siriaci *LNRB'* si{ri}ci *P* syri *Q* synati *V*
[125] pinguiores *JZA'*
[126] grossiores et] *fehlt I*
[127] subtiliores *V*
[128] subtiles et] eo quia *K*
[129] graves *NB'*
[130] magnitudinem *J*
[131] superfluam pennam in medio] *Lücke von ca. 10 Buchstaben K*
[132] quasi comam] *fehlt BT*
[133] *folgt* De alimentis *V;* non habent] *fehlt ZA'*
[134] rapidarum *ACGIJLNORSZA'B'*
[135] enim *V*
[136] *fehlt T*
[137] parve penne exire incipiunt accipitri] accipitri incipiunt parve penne exire *ACGIJLNORSZA'B'*
[138] *folgt* seu rufo (niso *L* nifo *NB'* ruffo *S*) *ACGILNORSB'* rupho *J* rufo *Z* ruffo *A'*
[139] seu *NB'*
[140] fiant *ABIRT* fiunt *CGOPQZA'* sicut *DFHKV* sunt *LNSB'*
[141] capitis sui] *fehlt J*
[142] -tur ei de columbis incipientibus volare. Sig-] *fehlt H*
[143] virides *ABDEFHKMPQTUVW* lucidos *R*
[144] *folgt* rotundos luridum et rotundos et citrinum lucens et fitisis [?] et *I*
[145] et rotundos] *fehlt BT;* citrinos vel croceos et rotundos] rotundos citrinos *ACGIJLNORSZA'B'*
[146] que *ACGIJLNORSZA'B'*
[147] *folgt* dicitur *P*

adhuc[148] erit annuus, habebit oculos rotundos, citrinos. [40] Tertius vocatur pretiosus et est annuus[149] rubeos[150] habens oculos sicuti carbo[151]. [41] Quartus dicitur ventus et est biennio mutatus habens oculos rubeos et non scintillantes.[ix] [42] Preterea in alis[152] accipitris[153] sunt xx penne: iv priores, iv superiores et iv defensiores[154x] et iv[155] occulte et iv manifeste. In cauda equidem sunt xii penne, preter alias nobiles, que habent xiii[156]. [43] Cognitio laudabilis in accipitre: scilicet parvitas capitis, rostri magnitudo, grossities colli, latitudo oculorum et aurium et oris, longitudo pedum, brevitas caude et pennarum, que occulte dicuntur, durities carnis, latitudo, que est inter duas alas et super caudam, amplitudo gutturis et loci, per quem transit pastus, duritia et densitas coxarum et latitudo inter eas, brevitas crurium, spatiositas[157] et lenitas[158] palmarum, nigredo rostri et ponderositas corporis, grossities linearum pectoris, sollertia mentis, aviditas et abundantia comedendi et frequentatio mordicandi[159], fortitudo digerendi[160] et excutiendi[161], latitudo crupe, grossities unguium, iactus[162] longus egestionis, et videtur arripere sive brancare[163] manum portantis, cum accipitur[164], sicut[165] çaccares[166xi], [44] pictura penne, que est circa anum, assimulatur picture pennarum, que sunt in pectore, et super quamlibet pennam nigrarum linearum, que sunt super caudam[167], est censura[168] quasi in pede gazelli, [45] et extremitas illarum ii pennarum, que sunt in cauda, unius a dextra, alterius a sinistra, tota erit nigra, et erit nigredo ex parte

---

[148] matre (I, 1, 39) - adhuc] *fehlt Q*
[149] avis *AS;* habebit (I, 1, 39) - annuus] *fehlt BDEFGHKMPQTUVW*
[150] rubeus *JA' fehlt NB'*
[151] *hierzu am Rand mit Einfügungszeichen nachgetragen* tertius vocatur pretiosus et est annus rubeos habens oculos sicuti carbo *T* (*Hand 2*) *folgt* accensus *Y;* sicuti carbo] *fehlt J*
[152] aliis *BCGHJKLOQSUV* alii *NB';* in alis] mali *I* mạlis *T*
[153] accipitribus *BTV* accipitrum *Q*
[154] defendentes *ABCGIJLNORSTZA'B'* defensores *DFHKMUVY* defensories *P*
[155] priores (I, 1, 42) - iv] *fehlt I*
[156] xii. De cognitione bonitatis *V*
[157] speciositas *Q*
[158] levitas *ABCDGHJLMNOPQRSTZA'B'* le{n/v}itas *EU*
[159] mordendi *ACGIJLNORSZA'B'*
[160] diligendi *G*
[161] succutiendi *ACGIJLNORSZA'B'*
[162] tractus *BDEFHKMPQTUVWY*
[163] sive brancare] *fehlt ACGIJLNORSZA'B'*
[164] *folgt* in manu *JZA'*
[165] *folgt* sunt *ACGIJLNORSZA'B'*
[166] zaccari *ALSZ* sagare *BT* zactari *C* iactares *DH* saccares *EMQUW* zaccares *F* çaccaĩ *G* çaccarini *I* saccari *J* çateaẽs *K* çaccari *NOA'B'* çacares *P* caccarĩ *R* zactaret *V*
[167] super caudam] sub cauda *BT*
[168] tensura *A* cesura *BEFJMPQTUWZA'* cesum *CGOS* cessura *I* cessum *LNB'*

linearum. [46] Et potior omni colore est rubeus protendens[169] ad nigredinem[170] et ad celestitatem et color griseus assimulans albedini[171]. [47] Diligentur accipitres, si sint genua grossa et acuta et[172] iunctura digitorum similiter et penna, que est super[173] genu[174] versus[175] caudam, erit longa. [48] Indecens[176] est, si habeat curtos digitos[177] et parvam palmam[178]. [49] Signum audacie in accipitre est hoc: Ligetur in domo clara. Deinde obscuretur[179] claritas. Et dum obscura fuerit domus, tange accipitrem subito. Si autem super manum saltet et brancet eam[180], tunc audax erit et accipiet magnas aves. Si autem coartetur et taceat, non erit audax[181]. [50] Signum fortitudinis est, quod ligetur in angulo domus. Vide, quo[182] vadat egestio sua[183] in pariete. Is enim, qui altius egerit[184], velocior[185] est. [51] Signum autem turcioli[186] est hoc: Potior[187] enim erit, qui habet latos oculos, circulus aurium[xii] magnus erit et os similiter, caput parvum, oculi clari[188], collum longum et digiti longi[189] et[190] occulte penne[191] curte, caro dura, pedes virides[192], ungues lati et spoliati carne, multe[193] et avide comestionis, velocis digestionis, orificium ani[194] est[195] largum[196], longe egerit. Si autem in

---

[169] pretendens *ABDFHJKNOQTV* procedens *RSZA'*
[170] ad nigredinem] *fehlt R*
[171] albedinem *ACGIJLNORSZA'B'*
[172] acuta et] *fehlt C*
[173] versus *BT*
[174] super genu] *fehlt Q*
[175] supra *BT*
[176] decens *L*
[177] curtos digitos] curtam *P*
[178] pennam *ALNB'*
[179] obtrahetur *A* obturetur *CEFGIKLMORSUWZA'* octuretur *NTB'* obcuretur *P* o{t}turetur *B* obtu{r}eretur *Y*
[180] *fehlt ACGIJLNORSZA'B'*
[181] et accipiet (I, 1, 49) - audax] *fehlt BDFHKTV*
[182] quod *ACILNORYB'* ubi *JZA'*
[183] egestio sua] fimus suus (sursum *I*) *ACGIJLNORSZA'B'*
[184] *folgt* fortior et *J*
[185] melior *BT folgt* et fortior *ZA'*
[186] t̄cioli *A* turtioli *BCFLNPTZA'B'* tu'tioli *G* tercioli *IQR* tũtioli *O* torcioli *U* tu'cioli *V*
[187] Potentior *BIT*
[188] parvi *FQ*
[189] *fehlt ACGIJLORSZA'*
[190] digiti longi et] *fehlt NB'*
[191] *fehlt ACGIJLNORSZA'B'*
[192] *fehlt P*
[193] *fehlt P*
[194] orificium ani] anus *ACGILNORSB'*
[195] orificium ani est] anum habet *BT*
[196] largus *ACGILNORSB'* longum *Q*

acumine sui rostri inveniatur nigredo, optimum est[197]. [52] Signum autem universale[198] cuiuslibet avis rapacis[199] est habere[200] proportionalitatem membrorum.[201] [53] Differentia est inter masculum accipitrem et feminam, nam femine sunt audaciores et simpliciter vocantur accipitres, masculus vero dicitur turciolus[202]. [54] Signa etiam laudabilia, que sunt in accipitre, diversa sunt[203] a signis laudabilibus, que sunt in turciolo[204].

Capitulum 2

[1] De electione accipitrum – qui et ad quod volatile rapiendum sint[205] utiles[206]

[2] Cum accipere volueris magnas aves cum accipitre, elige illum[207], qui habet oblongam faciem ut faciem vulturis, et erit aquilus[208] et duri nasi, supercilia alta, oculi concavi, in oculis erit quedam gutta nigra, late nares et aures, perfectum collum[209], rufus totus et[210] mollium pennarum et paucarum, latum sibi pectus, ancha magna[211], longi pedes, grossa[212] crupa, longa et grossa crura, latitudo inter ea erit, ossa tibiarum curta et alba[213xiii], palme molles et albe, genua acuta, extremum rostri est nigerrimum et firmum velut[214] rostrum saccarum[215], [3] ab almis[216] ad pectus ut figura pyramidis, rotundus[217] et ponderosus[218xiv], [4]

---

197 *folgt* signum *BT*
198 utile *Q*
199 viventis de rapina *ACGIJLNORSZA'B'*
200 est habere] habentis *ACGIJLNORSZA'B'*
201 *folgt* est hoc *ACGILNORSB' folgt* hoc est *JZA'*
202 tciolus *A* turtiolus *BEFGLNTWZA'B'* turtiol9 *C* terciolus *IQ* tũtiolus *O* tertiolus *PR* curciolus *S* turciol9 *U* truciolus *V;* dicitur turciolus] tyturnolus *J*
203 *fehlt CGIJLNORSZA'B'*
204 torciolo *A* turtiolo *CELNORTWZA'B'* tu'tiolo *F* tu'ciolo *G* terciolo *IQ* t'tiolo *P* truciolo *V*
205 sit *AZA'* sunt *CEMNPQUWB' unleserlich R*
206 sint utiles] sit utilis *Y;* Capitulum 2 - utiles] *fehlt BJ*
207 hunc *ACGIJLNORSZA'B'*
208 aquile *AL* aquilinus *BT* aquilini *CNOB'* aquilliis *DH* aquili is *EW* aquiliis *FG* aquileis *K* aquilis *MSU* aquilii *P* aquilius *Q* aquil' *R*
209 oculum *NB'*
210 gutta (I, 2, 2) - et] *fehlt L*
211 lata *BT*
212 grossi *I*
213 ampla *BT*
214 valde *I*
215 zaccari *ACJA'* saccarũ *DH* saccaris *EMUW* çaccar̄ *GNO* piccarum *I* zaccare *L* çaccar̄ī *R* zaccar̄ *S* sattarũ *V* zachari *Z* çaccare *B';* velut rostrum saccarum] *fehlt BT*
216 al{mi}s *D* alvo *EMUW* alnus *Q;* ab almis] albanus *K* a palmis *V*

et est de accipitribus Iurgionie[219] et Armenie magne. [5] Avis autem talis figure rapiet magnas aves. [6] Si autem accipere volueris parvas aves, accipe accipitres albos. [7] Et si velis, ut volent in altum, similiter accipe albos[220], nam propter hoc, quod sunt nati in locis frigidis[221], tolerare possunt frigiditatem aeris in alto. [8] Similiter sunt habiliores[222] ad doctrinam quam alii accipitres. Debiles tamen sunt. [9] Accipiter timorosus aut infirmus non est habilis ad doctrinam. [10] Dixerunt quidam[223], quod in provincia Syni[224] emunt aves rapidas[225] ad pondus et ponderosior plus valet. De colore autem vel de moralitate non curant. [11] Quandoque quidem invenitur accipiter male moralitatis et multarum pennarum, longe caude, et signum suum contrarium est signo boni accipitris, et accipiet magnas aves et numquam fessus erit et erit velox. Hoc autem raro[226]. [12] Accipiter erit difficile doctrinabilis propter timorositatem, quia timorositas[227] facit eum non sustineri super manum nec ad vocationem venire. Simile facit infirmitas. [13] Accipiter[228] autem, cuius[229] ale tendunt super[230] oculos[xv] et albumen oculorum albissimum erit, color rubeus vel subniger tendens ad rubedinem, est[231] difficilis ad revocationem[232] et[233] signum[234] perversi moris. [14] Si autem invenitur avis talis dispositionis et sit bone[235] moralitatis, non fugiens, facilis revocationis,

---

[217] rotunda *BT* rotunde *DFKHV*

[218] ab (I, 2, 3) - ponderosus] et accipiter (accipitri *JZA'*) est deorsum rotundus sicut pyramus incipiens ab almis (alcius *I* al{mi}s *J*) grossus (*fehlt CLNSB' Lücke von ca. 4 Buchstaben GO*) et descendens infra in conum *ACGIJLNORSZA'B'*

[219] Virgione *A* Virgiona *B* {Vi}rgionie *C* {Iu}'gioē *F* Virgionie *GIR* {Iu}rgione *DEHS* Lurgio{ni}e *J* Virgidia *K* Iurgione *LMQU* {Iu}r̄gione *N* Iũgionie *O* Iurgōē *P* {Vi}rgiona *T* {Vi}rgiōē *V* {Vi}rgione *WB'* {Vi}rgronite *Z* {Iu}rgionie *A'*

[220] Et (I, 2, 7) - albos] *fehlt SV*

[221] *folgt* melius *BT*

[222] humiliores *AIR* celeriores *P*

[223] autem sapientes *K*

[224] Sini *A* Syrie *BDHTA'* Syri *EUWB'* Syrii *FKPRV* situ *I* Syrri *M* Sirii *N* Syrie Syri *Z*

[225] que rapiunt *ACGIJLNORSZA'B'*

[226] Hoc autem raro] *fehlt BT*

[227] quia timorositas] *fehlt I*

[228] accipitres *BDFHKTV* accipitri *EMUW* accipitris *Y*

[229] quorum *BKT*

[230] ad *S*

[231] et *BT*

[232] ad revocationem] in revocationis (in revocationis] irrevocationis *R*) vocationem (vocatione *CGNOSB'*) *ACGINORSB'* preva'cationis *J* in re revacationis vocationum *L* invocationis *ZA'*

[233] est *BPT*

[234] *fehlt EW*

[235] perversi (I, 2, 13) - bone] *fehlt G*

optimus erit[236]. [15] Signa autem pravi accipitris sunt[237], quod erit caput magnum et penna colli erit involuta et erit multarum pennarum, caro eius mollis, digiti curti[238] et coxe curte[239] et subtiles, tibie longe, citrina palma et aspera, color tendens ad nigredinem. Cave de tali[240], quia pessimus est. [16] Si enim invenitur accipiter grossus et multe penne et sicce[241], collum curtum, asperi pedes, crus leve, longe tibie et subtiles, palma disgregata, lurida vel[242] citrina[243] et multe carnis et penna lineata, vita eum[244], nichil valet. [17] Si autem inveniatur accipiter, cum exit de domo, videtur, quod exeat de muta,[xvi] grosse penne, oculi rubei quasi sanguis, multum inquietus, et dum stat in pertica, saliet in[245] faciem hominis quasi rapturus eam[246], [18] si macer fiat, non sustinet, si pinguefiat[247], fugit, vita eum[248], nichil[249] valet.

Capitulum 3

[1] De narratione falconum[250]

[2] Dixerunt sapientes, quod falcones velociores, leviores[251], audaciores sunt ceteris avibus viventibus de rapina[252] in volatu suo eundo et redeundo. Tamen fugibiles[253] sunt. [3] Aliquando etiam propter suam avaritiam[254] multam[255] feriunt se ad terram et moriuntur. [4] Item dixerunt, quod pectora eorum involuta sunt nervis et carne, ossa eorum dura, nervi

---

236 facilis revocationis, optimus erit] signum erit bonum *BT*
237 *fehlt ACGIJLNORSZA'B'*
238 *fehlt ACGIJLNORSZA'B'*
239 curti *ACGIJLNORSZA'B'*
240 eo *ACGIJLNORSZA'B'*
241 et sicce] *fehlt F*
242 id est *ACGIJLNORZA'B'* et *BST*
243 *folgt* vel (et *J*) crocea *ACGIJLNORSZA'B'*
244 eius *BT*
245 ante *I*
246 dum (I, 2, 17) - eam] *fehlt V*
247 non sustinet si pinguefiat] *fehlt Q*
248 eius *NB';* fiat (I, 2, 18) - eum] *fehlt T*
249 *folgt* enim *ACGIJLNORSZA'B'*
250 Capitulum 3 - falconum] *fehlt BJ*
251 leniores *CHO*
252 viventibus de rapina] rapientibus *ACGIJLNORSZA'B'*
253 fugitivi *BDEFHKMPQTUVWY*
254 audaciam *Q*
255 multum *BEQT* multoties *CO fehlt I*

duri, coxe eorum etiam sunt[256] subtiles. Ideo feriunt cum pectore[257], postea brancant[258] cum unguibus. [5] Potior[259] omnibus est ille[260], qui parvus, scilicet ante mutationem[261], accipitur. [6] Nobilior[262] autem his[xvii] est rubeus habens magnum caput, latos oculos, rostrum perfectum, collum longum, pectus spatiosum, sunt ei anche plene, crura grossa, curte tibie, longe[263] ale, cauda curta, palma viridis et mollis, grossus circulus[264][xviii], pauce penne et[265] lenes[266], occulte[267] perfecte, cauda subtilis, cito volubilis, et cum crucem faciet super caudam cum alis, non erit cauda superflua. [7] Falco siquidem talis grues capiet, et non evadent magne aves a suis unguibus. [8] Alexandrini[268] autem dicunt, quod falcones nigri sunt nobiles[269]. Et[270] nigredo est primus color eorum, in deserto tamen alterati sunt. [9] Rubei autem[271] multi[272] inveniuntur in locis planis et in paludibus, [10] varii sive grisei autem[273] in montanis. Nigri vero in insulis maris nascuntur.

---

[256] eorum etiam sunt] *fehlt ACGIJLNORSZA'B'*
[257] Ideo feriunt cum pectore] *Lücke von ca. 15 (12 W) Buchstaben EW*
[258] carpunt *EW*
[259] Peior *PQ* Potentior *R*
[260] hic *ACGIJLNORSZA'B'*
[261] mutam *EW*
[262] notabilior *BT*
[263] curte *Y*
[264] oculus *CGLNOSB'*
[265] grossus circulus, pauce penne et] pennas exiguas *EW*
[266] leves *ABCDEFHIJKLNQRSTWZA'B'* le{n}es *G*
[267] *fehlt PQ*
[268] Alexandrine *Y*
[269] nobiliores *BDFHKTVY*
[270] nobiles et] nobiles et (nobiles et] *verbessert aus* nobiliores *W* nobiliores *E*) quod *EW*
[271] *folgt* sunt *BT*
[272] *folgt* et *BT*
[273] sive grisei autem] autem sive grisei *ACGIJLNORSZA'B'*

Capitulum 4[274]

[1] De narratione saccarum[275]

[2] Sapientes dixerunt, quod inter rapidas aves[276] saccares[277] vocantur muli[278] avium, quoniam tolerabiliores[279] sunt ad labores et meliores sunt[280] in digestione grossorum ciborum et sunt[281] mansueti[282] [3] et maxime insequuntur magnas aves ut grues et bistardos. Si autem volent super gazellas, capiunt eas. [4] Proprietas eorum est volare super aquaticas et silvestres aves et quadrupedes. [5] Nobiliores autem his[xix][283] sunt hi, qui post mutationem accipiuntur et quorum dispositio est similis dispositioni falconum. [6] Si vero inveniatur[284] saccar'[285] lenis[286] palme, quod raro invenitur, et digiti sint[287] grossi tendentes ad celestitatem, lingua nigra, color[288] rufus vel[289] citrinus vel varius[290] sive[291] griseus, similis dispositioni falconis, hic erit velocissimus.

---

[274] *fehlt V*

[275] zaccarum *ALZA'* zaccarū *C* saccari *DHP* çaccarum *GINB'* saccar^{9} *K* çaccarū *O* çaccharum *R* zaccaru *S* sattari *V;* Capitulum 4 - saccarum] *fehlt BEJTW*

[276] rapidas aves] raptores *ACGIJLNORSZA'B'*

[277] zaccari *AL* saccari *BDEHW* zicari *C* saccarus *F* çaccaĩ *G* çaccari *INORA'B'* zacchari *J* sactar̄ *K* zaccaī *S* sac^{c}cari *T* sattar^{9} *V* saccar' *Y* zachari *Z*

[278] *folgt* aliarum *DH*

[279] *folgt* et nobiliores *V*

[280] ad labores et meliores sunt] *fehlt PV*

[281] et sunt] magisque *EW*

[282] privati (*folgt* id est domestici seu familiares *JZA'*) *ACGIJLNORSZA'B'*

[283] *fehlt BT* eorum *EW*

[284] inveniantur *ABCDFGHIJKORSTVZA'*

[285] zaccari *ACJLSZA'* saccari *BDFH* saccarus *EQW* çaccari *GNOB'* gaçarri *I* sactari *K* çaccara *R* saccri *T* sattari *V*

[286] levis *ADEFHJLMNPQUVWYZA'B'*

[287] digiti sint] sint digiti *ACGIJLNORSZA'B'*

[288] *folgt* (*expungiertes B*) fuscus *BT*

[289] et *J*

[290] vel varius] *fehlt EW*

[291] id est *ACGIJLNORSZA'B'*

Capitulum 5

[1] De narratione vel[292] proprietatibus aquilarum[293]

[2] Narraverunt sapientes[294], quod aquila, quando est bone moralitatis, proportionalis[xx], rubei coloris, profundorum oculorum, maxime si in occidentali parte in montanis nascantur.[xxi] [3] Et ille[295], que habent super caput suum aut[296] super dorsum albedinem, meliores sunt. [4] Çumech[297] autem arabice dictus[298], philadelphus[299] grece, melion[300] latine, meapan[301] in[302] Syria[303], quando est rufus, est indubitabilis[304] bonitatis. [5] Oportet vero, ut accipiatur, dum est parvulus. Et proprietas eius est, quod semper ei audacia et solertia augetur[305].

Capitulum 6

[1] De modo cibandi rapaces volucres[306]

[2] Sapientes dixerunt sic: Oportet, ut rapide aves[307] regantur, ut regitur equus currere debens in stadio, de pinguedine in maciem[308] et e converso. [3] Et oportet, ut pinguefiat, cum est macer, ut habilitetur[309] ad revocationem. Et cum pinguis erit, minuatur solitus cibus, ut

---

292 narratione vel] *fehlt Q*
293 Capitulum 5 - aquilarum] *fehlt BEJTW*
294 prudentes *BDFHKTV*
295 he *ACGIJLNORSZA'B'*
296 et *BT*
297 zumech *ADEJVW* zummech *BHTA'* zi{nn}ech xūmet *CO* çummeth *F* çummet *G* çumeth *I* çummech *K* zument *L* çuñet *N* çuñech *P* umeth *Q folgt* id est acumeç grecē latine yndio syry meapan *R* zummet *S* zūmech *Z* çuñet *B'*
298 arabice dictus] *fehlt BT*
299 siladelsus *K* filadelphus *EW* phyladelphys *V*
300 milion *BDHKMPQTUV* mulieni *E* milyon *F* {mu}lic{in} *W*
301 hiccipan *E* meapān *P* niccipan *W*
302 meapan in] meapati *F*
303 arabice (I, 5, 4) - Syria] *fehlt ACGILNORSB'* id est turciolus (turtiolus aquilarum *ZA'*) *JZA'*
304 dubitabilis *BT*
305 *folgt* Et scias, quod dicti miliones sunt rubei in pectore sicut astures et sunt magne persone, habent pedes pilosos et sunt maximi ardimenti et capiunt maximas aves. *BT*
306 aves *QV folgt* rapacium *Y;* rapaces volucres] rapidas (rapientes *CGLNOSB'* rapidos *R*) aves *ACGLNORSZ A'B'* volucres rapine *I* volucres rapaces *P;* Capitulum 6 - volucres] *fehlt BEJTW*
307 rapide aves] aves rapide *ACGIJLNORSZA'B'*
308 macritatem *ACGIJNORSZA'B'*
309 veniat *BDEFHKPQTVWY*

preparetur ad volandum[310]. [4] Nam si minuatur, cum est macer, sustinere non posset debilitatem. Et hoc esse debet secundum quantitatem avis per subtilem considerationem. [5] Cum autem volueris macrificare[311] eos, minue cibum eorum de quarta uncie[312] simul per triduum et post per aliud triduum, et[313] portetur continue per totum diem. [6] Cum autem egerit, depone eum parum et postea tolle. Et cum digesserit et[314] egesserit[315], depone eum[316][xxii], donec[317] non remaneat aliquid in gutture suo. Deinde deponatur[318] per residuum noctis. [7] Cum autem noverit[319], quod bene in hoc requiescit, studeas[xxiii] facere sic, scilicet digerere et[320] egerere, quando portetur[321]. [8] Tu autem sic frequenter facias, donec videas eum macrifieri[322] et sit fortis animi. [9] Item in pastu suo non debet esse nervus[323] nec pinguedo nec vena aliqua in tempore preparationis. [10] Et sic facias augmentando et minuendo, donec habebit appetitum caninum[324], et porta tunc[325] eum nocte dieque sine intermissione. [11] Signum autem bone dispositionis et tolerationis[326] sue[327] preparationis[328] est, quod, cum videbis tu, falconarie, quod eiecerit plumatam[329] suam[330] ante diem, licet non noceat, si in aurora iacit, cum melius sit in nocte. [12] Oportet, quando pascis, ut removeas pastum suum, priusquam satietur, et morare modicum et tange guttur suum. Et si satis non est cibatus, iunge[331] ei, non tamen multum. [13] Quando autem rapiet, non cibes eum, donec requiescet anhelitus suus, nam si prius cibetur, accidet ex hoc ei gravis infirmitas. [14] Non enim

---

310 volatum *ACGIJLNORSZA'B'*
311 macrefacer̄ *B* mactificare *F* magnificare *IL* mac'fac'e *J* mac^{i}ficare *P* mac{i}ificare *Q* macrefacere *TZA'*
312 *Lücke von ca. 4 (3 Buchstaben E) Buchstaben EW*
313 *fehlt AJ folgt* post *BT;* post per aliud triduum, et] *fehlt LNSB'*
314 vel *BT*
315 et egesserit] *fehlt DEW*
316 Et cum (I, 6, 6) - eum] *fehlt H*
317 dum *ACGIJLNORSZA'B'*
318 reponatur *DHSV* ponatur *L*
319 noveris *BDEFHIJKPQTVWYZA'* noluerit *CO* voluerit quando *LNB'*
320 digerere et] *fehlt A*
321 portabitur *ACGIJLNORSZA'B'* poterit *P* poteris *Q*
322 mac^{i}ficari *A* macrefieri *BCENORTVB'* macrefieĩ *GW* macre fieri *I* macer fieri *LQ* mac'fi^{S} *P* macrefieĩ *S;* eum macrifieri] cum macrifiet *J*
323 vermis *Q*
324 carnium *QV;* habebit appetitum caninum] habeat caninum appetitum *ACGIJLNORSZA'B'*
325 *fehlt EW*
326 tolerabilis *ACGIJLORSZA'*
327 et tolerationis sue] sive *BT*
328 et tolerationis sue preparationis] *fehlt NB'*
329 plumatā *FHKPV* plumam *Q*
330 plumatam suam] plumatū (pl{um}atū *CJ* plumatum *ILRA'B'*) suum *ACGIJLNORSZA'B'*
331 unge *V* inunge *Y*

dimittes eum pascere ad velle suum et dimitte, quod deplumet parvas[332] plumas, sicut in deserto faciebat, nam si dimittatur, ut anhelitus sibi transeat, suaviter comedet. [15] Si autem cadat aliquid de pastu suo in meatu anhelitus sui, unde[333] transit aer ad pulmonem, quod est periculosum, [16] accipe pennam vel subtilem calamum perforatum factum de ere vel argento molli et fac transire per foramen illud et suge, donec trahes illud, quod intra ciderat. [17] Quibusdam etiam volucribus non prodest caro galline propter frigiditatem[334] suam. Si autem comedunt, turbabit[335] ventrem. Similiter et carnes vaccine. [18] Cum autem hoc videbis, cave sibi et da comedere carnes[336] parvarum avium et[337] cupatarum[338] et pullorum[339] columbarum[340] incipientium iam volare et parve hirundinis. [19] Caveas etiam, ne sibi des veteres[341] columbas nec carnes pice, quia amare sunt. [20] Multi etiam dicunt, quod carnes vaccine laxative sunt eis, quod verum non est, sed propter gravitatem earum faciunt indigestionem et sic laxant. [21] Item aliquantulum[342] des sibi de coxis et collo gallinarum, nam colla inpinguescunt viscera eorum propter medullam, que ex eis exit, et plumata[343xxiv] dilatat sibi botellum sive[344] intestinum et desiccat humiditatem[345] superfluam, quod non potest exire cum egestione sua[346]. [22] Si autem probare velis, utrum rapida avis[347] sanus[348] sit an non, laves[349] eum[350] continue per triduum. Infra quod des sibi comedere carnes columbi parvi[351] [23] et in tertia die pone in pastu suo aliquantulum theriace et in naribus[352]

---

[332] *folgt* pennas sive *BT*
[333] ubi *ACGIJLNORSZA'B'*
[334] infirmitatem *A* firmitatem *I* fortitudinem *P*
[335] turbat *ACGIJLNORSZA'B'*
[336] vaccine (I, 6, 17) - carnes] *fehlt KLNSB'*
[337] *folgt* id est laudarumque habent cristas super caput et in Apulia vocantur cozardi et *I*
[338] cupatam *BT* tupacarum *C* cupatorum *DH folgt* id est alaudarum, que habent cristas super caput et in Apulia vocantur cozardi *JR(Hand 2)ZA'* cuptarum *NB'* occupatarum *P* tupatarum *V* cupetarum *Y* capatarum *A'*; et cupatarum] ancupatarum *E* aucupatarum *W*
[339] *folgt* et *BLT fehlt EPQSW*
[340] pullorum columbarum] columbellarum *DFHKVY*
[341] *fehlt EW*
[342] aliquando *BT*
[343] plumatū *AGNORS* pl{um}atū *CJZ* pl{um}ata *H* plumatum *ILB'* pluma cum *A'*
[344] botellum sive] *fehlt ABCGIJLNORSTZA'B'*
[345] dilatat (I, 6, 21) - humiditatem] *fehlt I*
[346] egestione sua] fimo suo *ACGIJLNORSZA'B'*
[347] rapida avis] avis rapine *ACGILNORSB'* rapiens (*darübergeschrieben* volucer) *J* volucer rapine *ZA'*
[348] sana *BDEFHKPQTVWY*
[349] non leves *BT*
[350] eam *BDEFHKPQTVWY*
[351] columbi parvi] columbelli *ACGIJLNORSZA'B'*
[352] auribus *L*

similiter aliquantulum[353] theriace[354] cum zuccaro albo, et statim manifestabitur. [24] Interest autem regum, ut non exponant aves suas nisi falconariis talibus[355], qui sint experti in hoc et in hoc habeant aptitudinem nature et diligant volucres, [25] eis precipiendo cavere sibi a frigore et calore et indigestione et deliberare suaviter ungues suos a corporibus rapine sive prede[356]. Similiter et suaviter tenere debet[357] eum, quando suit oculum ipsi[358] et cum ligat campanam. [26] Et[359] quando avis saliet de manu, sciat falconarius reducere ipsum[360] ad manum suam[361]. [27] Et quando dissuentur[362] oculi, falconarius non respiciat faciem avis, ne transeat in consuetudinem[363], nam malus esset usus. [28] Caveat similiter sibi a fumo[364] et a pulvere, a muro et porta et a[365] femina menstruata, maxime in tempore mutationis, et ab homine ebrio et a gallina. Et portetur[366] assidue in hieme et similiter in nocte[xxv]. [29] Et in presentia sua stare faciat canes, ut assuescat cum eis[367]. Et frequenter mutetur a diversis manibus et audiat frequenter sonitum pharetrarum[368] et sonitum chorde arcus et motum freni[369], ut istis omnibus fiat familiaris. Hec autem necesse est sibi videre et audire. [30] Item oportet, quando transit falconarius ianuam, ut sibi caveat de turbatione volucris et cito transeat et submittat manum suam, cum qua portat avem[370], in medio porte, ne declinet in aliquam partem porte[371]. [31] De revocatione autem dicitur, quod non convenit, quod fruatur avis[372] carne gallinacea, quoniam in omnibus locis[373] invenitur gallina et caro sua dulcis est et delectabilis. [32] Timendum enim est, quod, quando iacitur ad rapiendum et videt gal-

---

353 similiter aliquantulum] aliquantulum similiter (simul *L*) *ACGJLNORSZA'B'*
354 et in naribus similiter aliquantulum theriace] *fehlt EIW*
355 Interest (I, 6, 24) - talibus] *fehlt L*
356 sive prede] *fehlt ACGIJLNORSZA'B'*
357 *fehlt ACGIJLNORSZA'B'*
358 *fehlt ACGIJLNORSZA'B'*
359 campanam et] campanellam *ACGIJLNORSZA'B'*
360 ipsam *ACGIJLNORSZA'B'*
361 suaviter et artificialiter *ACGIJLNORSZA'B'*
362 desuentur *BLT*
363 ne transeat in consuetudinem] *fehlt ACGIJLNORSZA'B'*
364 fimo *A*
365 porta et a] *fehlt I*
366 tollatur *ACGIJLNORSZA'B'*
367 cum eis] eos *ACGIJLNORSZA'B'*
368 ferarum *PQ* forestarum *R*
369 ferri *BT*
370 cum qua portat avem] *fehlt J*
371 ne declinet in aliquam partem porte] *fehlt ZA'*
372 *folgt* semper *BT*
373 *folgt* credo non *P*

linam, quod pro gallina dimittat rapinam suam sive predam vel[374] revertatur ad locum, ubi viderat prius gallinam. [33] Cum autem assuefacere vis ipsam avem rapidam ad revocationem[375], revoca per triduum cum carne, postea cum ave magna. [34] Et revocari debet primo super terram, ut usitet super eam cadere, deinde super manum. [35] Et satietur per unam diem, dum iacitur, et per aliam[376] in revocatione[xxvi], ne obliviscatur revocationis. [36] Si autem tardet ad revocationem carnis[377][xxvii], iactes[378] sibi avem. [37] Non enim est sibi avis aliqua delectabilis sicut columba alba. Ideo debet semper[379] habere falconarius in bursa, id est[380] carneria sua[381], columbum album[382] vel alam avis[383] albi[384]. [38] Si autem lente revertatur ad revocationem vel non revertatur[385] aliquo modo, et hoc erit propter raritatem portandi[386] et tenendi[387] ipsum[388] et per inusitationem vel per incuriam falconarii vel propter dolorem sibi accidentem, [39] et[389] unumquodque istorum curari debebit per contrarium. [40] Si autem non revertatur propter inobedientiam et elationem anime sue[390], accipe de pinguedine umbilici equi ad modum ciceris[391] et unge rostrum suum in nocte, [41] et erit falconario tam[392] amorosus et gratus, quod vix vellet a manu sua recedere, sic quod etiam levando manum suam redibit ad eum[393]. [42] Similiter et herba, que vocatur badurug[394], id est basilicon latum hortulanum vel fluviale[395], iuvat in hoc, cum datur sicca et pulverata cum

---

374 et *ACGIJLNORSZA'B'*
375 assuefacere (I, 6, 33) - revocationem] revocare volueris avem *ACGIJLNORSZA'B'*
376 eam personam *Q*
377 *fehlt BT*
378 iacias *ACGIJLNORSZA'B'*
379 *fehlt K*
380 id est] *fehlt ACGIJLNORSZA'B'*; bursa id est] *fehlt BT*
381 falconarius (I, 6, 37) - sua] *fehlt H*
382 columbum album] columbam albam *PQ*
383 -tora (I, 3, 4) - a-] *Lücke von 1,5 (2,5 U) Zeilen mit Randbemerkung des Schreibers:* Hic deficit i folium. *MU*
384 avis albi] avem albam *K;* alam avis albi] aliam avem albam *A*
385 ad revocationem vel non revertatur] *fehlt ENWB'*
386 tollendi *JZA'*
387 et tenendi] *fehlt ACGIJLNORSZA'B'*
388 *folgt* in manu sive in pugno, hoc erit propter raritatem portandi ipsum in pugno *BT*
389 *fehlt ACGIJLNORSZA'B'*
390 anime sue] animi sui *ACGIJLNORSZA'B'*
391 unguenti *K*
392 ad (I, 6, 40) - tam] *fehlt A*
393 *folgt* Contra inobedientiam *A'*
394 badur[9] *A* baclurug *BEFKTW* bachurug *DH* bad{ui}tig *I* baclurg *MU* badurig *Q* baduruc *R am Rand mit Einfügungszeichen nachgetragen* {badu}ruc in arabico id est basilio *R (Hand 2)* bathuruos *V*
395 *Lücke von ca. 5 (4 D) Buchstaben DH* fluvialem *Y;* latum hortulanum vel fluviale] *fehlt ACGILNORSZA' B';* id (I, 6, 42) - fluviale] *fehlt J*

morsibus carnium. Et accaron[396] sive[397] acorus similiter. [43] Vel[398] accipe salem rubeum ad modum ciceris et pone in pastu suo, nam per hoc eiciet omnem superfluitatem, que in eo est, et emendabit moralitatem suam. [44] Vel[399] accipe liquiritiam pulveratam ponens in panno novo[400] lineo et funde in aquam per i noctem et in mane cola aquam[401] et ibi pone parvam laminam sive parvum frustum[402] vaccine carnis et ciba avem per triduum. [45] Carnes autem vaccine sunt hoc loco non pro cibo, sed pro medicina.

Capitulum 7

[1] De ingenio et modo[403] doctrinandi avem, ut volet[404]

[2] Dixerunt sapientes, quod, cum volueris doctrinare accipitrem, fac eum volare in vespere, ut non[405] allevietur[406][xxviii]. Et[407] prima avis[408], ad quam eum iacies, debet esse aut perdix aut franquillinus[409], deinde[410] ad lepores, ut consuescat cadere super terram, deinde volet super magnas aves et satietur super eas, non autem super parvas. [3] Modus ingenii, ut sit studiosus ad rapiendum: Cum videbis volucrem tardum in volatu et venatu[411] suo, satia eum, cum venatus est, et iacias eum occulte ad perdicem[xxix], et cum accipiet, satia eum de carne sine penna[412] et sine ossibus. [4] Ingenium autem audacie, quod scilicet volet ad magnas aves

---

[396] acharon *BDHT* accharon *E* accarum *P* accare *Q*
[397] accaron sive] *fehlt ACGIJLNORSZA'B'*
[398] *fehlt BTV*
[399] et *CGLNOSB'*
[400] *fehlt I*
[401] per (I, 6, 44) - aquam] *fehlt N*
[402] sive parvum frustum] *fehlt ACGIJLNORSZA'B'*
[403] et modo] *fehlt EIMUW*
[404] volent *Y;* avem, ut volet] aves ut sint studiosi ad rapiendum *I;* doctrinandi avem, ut volet] capiendi *A* rapiendi *CGLNORSZA'B';* Capitulum 7 - volet] *fehlt BJ*
[405] ut non] et ut sit velox *J* et ut *ZA'*
[406] alienetur *PQ*
[407] *folgt* sit velox *ZA'*
[408] *folgt* pro accipitre est perdix aut franquillinus (franquilinus *Z*), ut allevietur et velocior fiet (fiat *Z*), ut allevietur et sit velox. Prima avis *ZA'*
[409] franquilinus *BTUZ* franquellin₉ *CS* frīguillinus *D* franquillinu⁹ *F* franquillin⁹ *G* frīguilinus *H* franguillum *I* franquil{in}ˢ *K* franquellino *L* frāguellino *N* frāquellin⁹ *O* frēquellinus *P* fregeiellinus *Q* franglllinus *R* fringuillin⁹ *V* franquilin⁹ *Y* franguellino *B'*
[410] aut *BT;* eum iacies (I, 7, 2) - deinde] *fehlt A*
[411] et venatu] *fehlt BPTZ*
[412] pluma *Q*

et[413] quod non sit timorosus: Pro quo[414] detur columbellus[415], qui aperto rostro imbibatur[416] aceto et dimittatur volare huc et illuc, donec acetum penetret in venas suas. [5] Cum volueris ire venatum, accipe iii morsus carnis infuse in vino puro, et cum eris in loco venationis, des ei, [6] nam habebit audaciam et voluntatem bonam et non dubitabit invadere aliquam avem. Et si sit accipiter, quando vadis venatum, da accipitri i frustum carnis infuse in aceto forti ad quantitatem amygdale, et quando aproximabis, ut debeas iacere ad rapiendum, da sibi iii frusta carnis infuse[417] in vino[418]. [7] Multe sunt cause, per quas avis fit erratica, recedens[419] et fugitiva et sic perditur. De quibus causis[420] est, si proiciatur iuxta flumen invadabile aut[421] iuxta mare, iuxta stagna et lacus vel in loco, ad quem ire non potes. [8] Sapientes autem dixerunt: Custodiendo manum tuam salvabitur avis. Cum etiam tantum volaverit avis[422], [9] quod[423] videre non poteris et credes eam amissam esse[424], ascende altum collem et pone aurem tuam super terram et ausculta, si audire poteris alicubi voces corvorum et[425] cornicularum vel si videas[426] ipsorum[427] multitudinem. Tunc scire potes, quia in parte illa[428] est. [10] Nam rapacium volucrum[429] est tantum ingenium, quod rapinam suam ferunt in cavernis[430]. Quandoque in medio stagni et laci[431], quandoque in aqua stat, ut non audiatur sonus sue campanelle. [11] Aliud ingenium est hoc: Ascende super aliquem altum aggerem sive ripam[432] de terra[433] et vide adventum volucrum, et in parte illa, unde veniunt, erit avis. [12]

---

[413] *folgt* maxime *Q*
[414] *fehlt JZA'*; Pro quo] *fehlt ACGILNORSB'*
[415] columbus *ACGIJLNORSZA'B'*
[416] imbuatur *ABCGIJKLNORSTZA'B'*
[417] *fehlt BT*
[418] accipe (I, 7, 5) - vino] cum accipitre, da ei de carne infusa in aceto forti, et quando eris vicinus, ut iactare debeas, da ipsi iii bolos carnis infuse in vino, nam habebit audaciam et voluntatem bonam et non dubitabit invadere aliquam (aquilam *A*) avem *ACGIJLNORSZA'B'*
[419] *fehlt Y*
[420] avis (I, 7, 7) - causis] amittitur avis rapiens. Inter quas *ACGIJLNORSZA'B'*
[421] invadabile aut] *fehlt BDEFHKMPQTUVWY*
[422] Cum etiam tantum volaverit avis] *fehlt ACGIJLNORSZA'B'*
[423] quam *AL* quam si *JZA'*
[424] eam amissam esse] esse amissam *ACGIJLNORSZA'B'*
[425] vel *BT;* corvorum et] *fehlt ACGIJLNORSZA'B'*
[426] si videas] *fehlt BDFHKTV*
[427] ipsarum *ACGIJLNORSZA'B'*
[428] alia *I*
[429] rapacium volucrum] raptorum *ACGIJLNORSZA'B'*
[430] in cavernis] *fehlt V*
[431] et laci] vel aque et *BT*
[432] sive ripam] *fehlt ACGJLNORSZA'B'*
[433] sive ripam de terra] *fehlt I*

Aliud[434] ingenium est[435]: Solus stare debes in loco patulo et pone frontem tuam super terram, ac si orares, et subaudi ab oriente, ab occidente, ab[436] Arcton[437] et a meridie. [13] Et ubi vocem audies et partem non poteris discernere, tunc obtura aurem dextram volvendo sinistram ante et retro. Et si audis vocem avium, scito, quod est ante te vel sinistrorsum. [14] Et si cum aure sinistra audire non poteris, claude eam et aperi dextram. Et si audias aliquid, scias, quod avis est retro vel[438] dextrorsum[439]. [15] Sciendum preterea, quod fraus et dolus non invenitur nisi in volucribus[440], qui post mutationem suam capiuntur, nam ipsi sciunt usum et subtile ingenium rapine[441]. [16] Illi autem, qui capiuntur[442] a nido, simplices sunt et bone moralitatis et non fugitivi[443] in venando. [17] Ingenium abolendi usum, ut non stent[444] super arbores, est, ut dimittatur[445] iii vicibus, cum est pluviosus dies vel nubilosus et dum est ros. Si enim pluries sedeat super arbores[446] et rapina sua carebit, non sedebit plus.

Capitulum 8

[1] De ingenio aquilarum[447]

[2] Aquile rapiunt accipitres et ceteras[448] aves, quecumque[449] de rapina vivunt, propter laqueos, quos in pedibus habent, quia credunt laqueum, qui est in pedibus ipsarum avium[450], esse frustum[451] carnis. Et propter hoc querunt eas, ut eis auferant. [3] Et nescimus aliquam rationem, cur volent in ipsas nisi hanc, quoniam dum sunt in deserto, non faciunt hoc. [4]

---

434 ingenium (I, 7, 11) - aliud] *fehlt F*
435 *fehlt ACGIJLNORSZA'B'*; Ascende (I, 7, 11) - est] *fehlt EMUW*
436 ab occidente, ab] *fehlt BT*
437 austro *CGLNOSB'* septentrione *BT* aquilone *Q*
438 et *ACGILNORSB'*
439 Et si cum (I, 7, 14) - dextrorsum] *fehlt P*
440 volatilibus *EMUW*
441 subtile ingenium rapine] fugiunt semper *BT*
442 nam (I, 7, 15) - capiuntur] *fehlt DFHKNVB'*
443 fugiunt *ACGILNOSB'* fugituri *RZA'*
444 stet *ACGIJLNORSZA'B'*
445 dimittantur *BT;* ut dimittatur] iaciatur *ACGIJLNOSZA'B'*
446 est ut (I, 7, 17) - arbores] *fehlt R*
447 decipiendi et fugandi aquilas extra regionem *I;* Capitulum 8 - aquilarum] *fehlt BJT*
448 omnes *ACGIJLNORSZA'B'*
449 que *ACGIJLNORSZA'B'*
450 ipsarum avium] avium rapidarum (rapidorum *ZA'*) *ACGILNORSZA'B'* rapidorum avium *J*
451 laminam *ACGIJLNORSZA'B'*

Ideo falconarii prudentes non ligant in venatione caudam accipitris propter aquilam. Nam si ligaretur et inveniret aquilam, non posset per ingenium suum[452] se volvere[453] sic, ut deliberaretur ab ea. [5] Cum autem multe sunt aquile et vis eas confundere, accipe i vivam et sanam[454] et[455] sue sibi oculos[456] remanente modico[457] foramine, quo possit videre debiliter[458] aerem et celum, [6] et[459] pone in orificio sui ani[460] aliquantulum de asa fetida, que arabice dicitur altit[461]. Deinde sue illud et liga ibi alam volucris alicuius vel[462] frustum[463] carnis cum penna vel pannum rubeum[464], quod credant aquile esse rapinam vel carnem. [7] Dehinc dimitte aquilam[465], et cum volabit, omnes alie venient super ipsam, et ipsa brancabit illam, que veniet[466] ad se, illa aliam, et sic de ceteris, quousque cadent ad terram. [8/9] Aquila vero, que sutos habet oculos, non faciet hoc nisi propter dolorem, quem[467] infert sibi asa fetida. Sic faciendo destrues omnes[468]. [10] Quando autem avis volabit sursum ascendendo et[469] faciendo gyrum, erit[470] signum[471] in gyro suo[472], unde spem habeas, quod non amittatur, et erit signum[473], unde timeas amittere[474]. [11] Spem vero[475], cum non recedit a semita capitis falconarii nec elongatur ab eo. [12] Timoris[476] siquidem signum[477] est, cum aperiet cau-

---

452 *fehlt ACGILNORSZA'B'*
453 solvere *I*
454 suam *P*
455 sanam et] *fehlt BEMQTUW* suam *FV;* et sanam et] *Lücke von ca. 4 (6 H) Buchstaben DH fehlt K*
456 *folgt* deinde desue eos tamen *BT*
457 aliquo *BT*
458 *fehlt BT*
459 celum, et] *fehlt EMUW*
460 orificio sui ani] ano (manu *AL* anu *CGIORS*) suo (sua *AL*) *ACGIJLNORSZA'B'*
461 altio *BFKT* alcio *DHV* alcit *U;* que arabice dicitur altit] *fehlt ACGIJLNORSZA'B'*
462 *folgt* laminam vel *Z;* Deinde (I, 8, 6) - vel] *fehlt G*
463 laminam *JA'*
464 i *PQ;* pannum rubeum] panno rubeo *K*
465 vel carnem. Dehinc dimitte aquilam] *fehlt PQ*
466 super (I, 8, 7) - veniet] *fehlt I*
467 que *GIJLNPY* quam *R*
468 *folgt* Vel sic dicas, quando vides aquilam, de qua dubites: Vincit leo de tribu Iuda, radix David. Halleluia. *BT*
469 *folgt* descendendo et *BT*
470 tunc est *ACGJLNORSZA'B'*
471 erit signum] *fehlt I*
472 gyro suo] gyrando seu rotando (vocando *C*) *ACGIJLNORSZA'B'*
473 erit signum] *fehlt ACGIJLNORSZA'B'*
474 et erit signum, unde timeas amittere] *fehlt T*
475 Spem vero] Spes enim est non amittendi *BDEFHKMPQTUVWY*
476 amittendi *BDEFHKMPQTUVWY*
477 *fehlt ACGIJLNORSZA'B'*

dam suam et gyrabit eam circulando[478xxx] et tendit ad unam partem ascendendo. [13] Ideo necesse est falconario, cum viderit avem suam ascendere in altum et non revertitur et incipit gyrare et videt signum spei, debet ei iactare alam[479] et fortiter clamare. [14] Et si non descendit, hoc erit vel propter superfluitatem cibi vel propter[480] pinguedinem suam. Tunc debes cavere tibi de his ii vitiis. [15] Cura hec est: Accipe subtile[481] filum et sue pennas sue caude, ut non possit eas extendere neque volvere[482]. [16] Vel depila locum, qui est circa orificium ani[483], sic ut tantummodo appareat orificium[484], nam per hoc ascendere non poterit in altum[485], quia nocebit ei aeria frigiditas. [17] Dubitandum tamen est[486] de aquilis propter suturam pennarum caude[487], quoniam non posset eas evitare. [18] In tempore autem veris avis fugit propter desiderium coeundi vel quando audiunt alias aves[488] vernantes, cum scilicet[489] faciunt nidos. Tunc desiderant recordando hec volare cum eis. [19] Si vero de hoc dubites, pone in pastu suo aliquantulum de arrhenico rubeo, quod est auripigmentum[490], nam mortificat desiderium istud. [20] Si autem avis volet de manu portantis ad terram vel circulariter super manum, hoc erit signum infiducie et[491] fuge[492] sue. Est enim fugitiva[493].

---

478 *fehlt ACGIJLNORSZA'B'*
479 avem *BT*
480 superfluitatem cibi vel propter] *fehlt NQB'*
481 *fehlt EW*
482 ut (I, 8, 15) - volvere] *fehlt I*
483 orificium ani] anum *ACGIJLNORSZA'B'*
484 anus *ACGILNORSB' folgt* ani *JZA'*
485 nam (I, 8, 16) - altum] *fehlt Y*
486 *fehlt Q;* tamen est] est tamen *BPY*
487 de aquilis propter suturam pennarum caude] propter suturam caude de aquilis *ACGIJLNORSZA'B'*
488 *folgt* sibilantes seu *ACGIJLNORSZA'B'*
489 simul *CLOS;* cum scilicet] et insimul *I*
490 quod est auripigmentum] id est auripigmento *ACGIJLNORSZA'B'*
491 infiducie et] *fehlt BDEFHKMPQTUVWY*
492 fugit *I*
493 sue. Est enim fugitiva] *fehlt ACGIJLNORSZA'B'*

Capitulum 9

[1] De narratione mutationis sive[494] mute[495] et de modo domus et[496] cibationum[497]

[2] Dicitur, quod in finibus Parthorum sunt spatiosa nemora et magna abundantia omni genere avium, aquatilium scilicet et silvestrium. [3] Accipitres etiam frequentant illa nemora, et homines regionis illius libenter[498] usitaverunt venari cum accipitribus [4] et in tempore mutationis[499] dimiserunt accipitres in illis nemoribus[500], donec mutaverunt[501]. Postea acceperunt eos cum laqueis, et quoscumque capiebant, sui erant, sive sui fuissent vel extranei[502]. [5] Quando vero avem volueris ponere in muta, prepares ei submissam domum sine pulvere, fumo et rore et non permittas aliquem[503] ambulare super tectum[504] et cave sibi a tumultu sive clamoribus[505]. Et domus non sit[506] aperta a parte austri. Et caveas, ne ibi veniant galline et cadant ibi pediculi earum [6] et pone sub avibus[507] salices et herbam[508] irin recentem et murtum[509] semel[510] in triduo et ante eos pone tinam i aque[511]. [7] Et priusquam in muta ponantur, acue sibi rostrum suum et ungues et depila eum sub collo[512] et cauda [8] et ciba eum de carnibus columbi parvi[513] cum sanguine suo et oleo nucis per vii dies et postea da sibi carnem cum urina per triduum. [9] Et si vides avem tuam bone dispositionis et egestionem suam siccam[514], ciba eum per triduum de carne arietis et postea[515] per decendium de

---

494 mutationis sive] *fehlt ACEGLMNORSUWB'*
495 sive mute] *fehlt QTZA'*
496 domus et] *fehlt Q*
497 *folgt* in muta *T;* mutationis (I, 9, 1) - cibationum] mutationum vel de modo totius cibationis in muta *I;* Capitulum 9 - cibationum] *fehlt BJ*
498 *fehlt BT*
499 *folgt* multi *A folgt* seu mute *CGIJNORSZA'B'*
500 et (I, 9, 4) - nemoribus] *fehlt L*
501 mutati fuerunt *ACGIJLNORSZA'B';* venari (I, 9, 3) - mutaverunt] *fehlt Q*
502 alieni *BT folgt* De modo mutandi *V*
503 *fehlt ACGIJLNORSB'* aliquando *ZA'*
504 terram *H*
505 tumultu sive clamoribus] clamoribus et (sive a *J*) tumultu *ACGIJLNORSZA'B'*
506 non sit] *fehlt NB'*
507 *folgt* pulices *Y*
508 *folgt* viridem *EMUW*
509 murram *J*
510 simul *EMUW*
511 *fehlt PQ*
512 sub collo] super rostro *BT*
513 columbi parvi] pulli columbini *ACGIJLNORSZA'B'*
514 bonam *K;* egestionem suam siccam] fimum suum siccum *ACGIJLNORSZA'B'*
515 *fehlt L*

carne[516] cum[517] lacte[518] asinino et zuccaro et altera[519] de diversis volucribus[520] pastum suum. [10] Et si velis, quod cito exeat de muta, ciba eum de carne ericii sive[521] erinacii sine[522] pinguedine sic, quod minuas tertium pastus sui. Nam per hoc fiet pinguis et eiciet cito[523] pennas suas. [11] Similiter et caro murilegi et muris babylonii, qui invenitur[524] in desertis, et talpe[525], istorum quodlibet funde in butyro. [12] Similiter detur ei volucris, qui[526] dicitur hudhud[527], vivus[528] super manum, et est upupa. [13] Et etiam si volueris, ut cito[529] mutetur sine damno, quando senties, quod prope hoc est, pinguefac eum fortiter. Deinde accipe scrofulas[530], que sunt in collo[531] arietis, scilicet nodos carnium[532], et de eis satietur per triduum. [14] Vel[533] accipe vespas, et desiccentur et pulverentur super carnes[534], et ciba eum, raro tamen[535]. [15] Vel accipe vermes illos polipodes[536], qui, quando tanguntur, volvunt se et fiunt rotundi et inveniuntur[537] vel sub quartara[538] vel sub aliquo fundamento, et desicca istos et[539] pulvera[540] et pone super carnem [16] et da. Deinde[541] da ei i peciam spolii serpentini cum carne et[542] iii parvas ranunculas[543]. [17] Et cum videbis, quod inceperint exire penne

---

516 de carne] *fehlt P*
517 de *Q*
518 cum lacte] *fehlt EW*
519 fac alternatim *ACGIJLNORSZA'B'*
520 avibus *BT*
521 seu *ACGIJLNORSZA'B'*
522 sive *FPY*
523 *fehlt F*
524 inveniuntur *EVW*
525 *fehlt K*
526 que *ACGIJLNORSZA'B'*
527 hud hud *ALB'* buchud *BDHKT* udhud *EMW* huchud *F* hudud *I* hudehud *Q* huc ud *R* {li}d hud *U* bucud *V* hudhuc *Y*
528 viva *ACGIJLNORSZA'B'*
529 *fehlt BT*
530 *folgt* sive natas *BT*
531 gutture hirci vel *BT*
532 scilicet nodos carnium] *fehlt BT*
533 et *JR*
534 carnem *ACGIJLNORSZA'B'*
535 raro tamen] *fehlt DH*
536 polipotes *DHPQV* pollipodes *FL* polipetes *K* pollipedes *Y;* illos polipodes] *fehlt BT*
537 et inveniuntur] *fehlt AI;* volvunt (I, 9, 15) - inveniuntur] *fehlt BDFHKTV*
538 quartare *A* cauda *BT* quarcara *D* cartara *H* quar{c/t}ara *JY* quartam *K* quar{c/t}a{c/t}a *P* cantara *Q folgt* lagena *ZA';* sub quartara] suquarriça *I*
539 aliquo fundamento, et desicca istos et] ala lucent et aliter vocantur cantharelle vel aliter vocantur luçole, eo quia de nocte lucent, et sunt sicut musce *BT*
540 vel sub aliquo (I, 9, 15) - pulvera] *fehlt I*
541 vel *BT*
542 da. Deinde (I, 9, 16) - et] *fehlt V*

sue, infunde pastum suum in oleo sesamino quolibet die, ut[544] transeat oleum in corpus suum et[545] penne sue devenient molles et pingues, [18] quia si sicce exeant[546], rumperentur extra vel[547] intra carnem suam, si acciderit ei aliqua lesio. [19] Si vero[548] abstinere poteris a medicinis, hoc erit melius, nam huiusmodi medicine contrarie sunt nature sue. [20] Sciendum vero, quod, quando exeunt penne macre vel sicce vel curte[549], non recentes neque pingues, et[550] hoc accidit, quia exitus earum erit subitus et avis non habebit pinguedinem, per quam potens sit regere pennas, [21] tunc cura eum cum columbello et passere et cupata et parva hirundine et cum[551] carne arietis[552] cum oleo et[553] omni[554] carne conferenti caliditatem.

Capitulum 10[555]

[1] De macrificatione[556] avis[557], cum exit de muta[558]

[2] Accipe pulmonem arietis et incide frustatim et minutatim[559] et lava bene, donec exeat inde totus sanguis et vigor, et pasce eum, nam hoc macrificabit[560] eum[561]. [3] Et de nocte impone lutum super perticam suam et liga illud[562][xxxi] ibi, nam hoc vetabit eum dormire. [4] Et sic liquefiet eius pinguedo, et familiaris erit[563].

543 aviculas *I;* parvas ranunculas] parvos ramusculos (ranunculos *R*) *CGLNORSB'*
544 usque *EW*
545 in corpus suum et] *fehlt F*
546 exirent *ACGIJLNORSZA'B'*
547 et *BT*
548 Si vero] *fehlt BDEFHKMPQTUVWY*
549 vel curte] *fehlt F*
550 *fehlt ABCEGIJLMNORSTUVWZA'B'*
551 cura (I, 9, 21) - cum] *fehlt G*
552 *folgt* et *Y*
553 passere (I, 9, 21) - et] *fehlt BDFHKTV*
554 et omni] communi *I*
555 Capitulum 10] *fehlt MU*
556 magrificatione *A* macrificacōe *C* macrificatiōe *DQV* mac^{i}ficatōe *G* macrificacione *HY* mac^{i}ficaōe *I* macrifactiōe *R* mactificacōe *S* macrificatōe *Z* mac^{i}ficatione *A'* mafricatione *B'*
557 macrificatione avis] modo macrificandi (morificandi *E* morificādi *W*) avem *EMUW*
558 Capitulum 10 - muta] *fehlt BJT*
559 et minuatim] *fehlt BPT*
560 mac^{i}ficabit *AP* mactificabis *G* macrificabis *LNB'* macrificat *Q* mac'ficabis *S* macreficabit *Y;* hoc macrificabit] cum hoc macrificabis *CO*
561 *folgt* subtiliter *EMUW*
562 eam *EMUW* illum *JZA'*
563 *folgt* et facilis revocationis *ACGIJLNORSZA'B'*

Capitulum 11[564]

[1] De signis sanitatis rapacium avium[565]

[2] Sapientes[566] dixerunt, quod impossibile est scire egriditudinem, antequam sciatur sanitas. [3] Signum autem sanitatis avium rapacium[567] est, quod volucris[568] inveniatur[569] mane in aurora movens se et moveat caudam et[570] ventilet[571] et eiciat plumatam[572] suam[573] de nocte aut post auroram[574], [4] deinde levet[575] alas cum rostro, dextram scilicet et sinistram, et accipiat de loco, qui est sub[xxxii] crupa, aliquam pinguedinem et ungat se a dextra et a sinistra parte. [5] Opus autem hoc vocatur unctio fiale[576]. [6] Si autem hoc faciat cum duabus partibus alarum, signum est sanitatis. Si tantum hoc faciat ex una parte, scias[577], quod infirmitas est in parte dimissa. Et si non faciat hoc ab aliqua parte, scias, quod[578] maxima infirmitate constringitur[579]. [7] Signum autem sanitatis in volucre est, quod alacer videtur, sollers[580], equaliter accipiet carnem ab utraque fauce [8] et stercus suum[581] erit digestum[582], continuum[583], non abscisum[584], valde album[585], et nigrum[586] subtile[587] erit, intra siccum[588], [9] et avis videbitur pinguis et clari coloris, ac si ungantur penne eius oleo, et duo ossa, que sunt apud duas coxas, equalia erunt, non diversa, et due vene, que sunt in radice alarum,

---

564 Capitulum 11] *fehlt MU*

565 rapacium avium] avium rapacium *ACGILNORSZA'B'*; Capitulum 11 - avium] *fehlt BJT*

566 Et si queratur, utrum res furata fiunt vel amissa, sapientes *A*

567 avium rapacium] raptorum *ACGIJLNORSZA'B'*

568 volucer *ACGIJLNORSZA'B'*

569 invenitur *ACGIJLNORSZA'B'*

570 *folgt* alas *Y*

571 egerit cum ventositate (cum ventositate] *fehlt JZA'*) *ACGIJLNORSZA'B'*

572 plumatā *FHPV*

573 plumatam suam] plumatū (pl{um}atū *CJZ* plumatum *ILA'B'*) suum *ACGIJLNORSZA'B'*

574 in aurora *A*

575 lavet *J*

576 fyale *FKJ* fuale *P* syale *Y*; unctio fiale] nuntiosiale *NB'*

577 signum est *BT*

578 infirmitas (I, 11, 6) - quod] *fehlt FJLNB'*

579 *folgt* Capitulum (*fehlt EW*) ad idem *EMUW*

580 *folgt* et *ACGIJLNORSZA'B'*

581 stercus suum] egestio sua *ACGIJLNORSZA'B'*

582 digesta *ACGIJLNORSZA'B' fehlt V*

583 continua *ACGIJLNORSZA'B'*

584 abscisa *ACGIJLNOSB'* abscissum *DEHKMUVW* scisa *R* abscissa *ZA'*

585 alba *ACGIJLNORSZA'B'*

586 nigredo egestionis *ACGILNORSB' folgt* et *BT folgt* egestionis *JZA'*

587 subtilis *ACGILNORSB'*

588 intra siccum] venter siccus *ABCDEFGHIJKLMNOPQRSTUVWYZA'B'*

pulsabunt[589] semper[590]. [10] Si vero frequenter et velociter[591] pulsent, erit signum infirmitatis. Et si pulsent[592] quandoque et quandoque[593] non, est etiam signum infirmi[594]. [11] Pulsatio enim venarum significans[595] sanitatem debet esse mediocris inter[596] fortitudinem et debilitatem et velocitatem et tarditatem[597]. [12] Similiter et bonus appetitus signum est sanitatis.

Capitulum 12[598]

[1] De signis egritudinum[599]

[2] Signa egritudinum cognoscuntur iii modis: Primo de dispositione egrotantis, secundo de nocumento virtutis, tertio de hoc, quod exit de superfluitate. [3] Primum est, quando vides volucrem claudentem oculos vel oculum et ex his[600] exibunt lacrime vel aliquid umidum. Tunc scias, quod aliquid ceciderit intus. [4] Cum autem videbis, quod avis claudet ii tertias partes oculi cum pannulo[601] oculi[602] et[603] levabit pedem unum et alterum deponet[xxxiii] et horripilabit pennas suas, scias, quod est refrigidatus. [5] Cum videbis, quod aperiat os et rostrum et anhelat cum lingua et apud partem exteriorem[604] oculi ingrossant et[605] coartat pennas et alas, scias, quod habet[606] calorem extraneum[607]. [6] Cum vero videbis oculum avis

---

[589] *folgt* bene *A*
[590] *fehlt I*
[591] fortiter *Q;* et velociter] *fehlt P*
[592] erit signum infirmitatis. Et si pulsent] *fehlt A*
[593] et quandoque] *fehlt LR*
[594] Et si (I, 11, 10) - infirmi] *fehlt DEHW*
[595] Et si (I, 11, 10) - significans] *fehlt NB'*
[596] *folgt* firmitatem vel *BT*
[597] et tarditatem] *fehlt NPB';* et velocitatem et tarditatem] *fehlt Q*
[598] 11 *R;* Capitulum 12] *fehlt E*
[599] Capitulum 12 - egritudinum] *fehlt BJT*
[600] et ex his] *fehlt ACGIJLNORSZA'B'*
[601] panno *BDFHKT* panniculo *NSB'*
[602] cum pannulo oculi] *fehlt V*
[603] vel *S*
[604] inferiorem *BT*
[605] apud (I, 12, 5) - et] *fehlt EMUW*
[606] *folgt* ephemeram sive *JZA'*
[607] *folgt* sive ephemeram *AI*

clausum terendo[608] eum cum latere sue ale et vene, que sunt inter oculos in loco cauterizationis, pulsant et frequenter[609] palpebrant, scias, quod gypsum habet in capite suo. [7] Cum videbis avis palatum albescere post nigredinem, scias, quod habet corrosionem[610] sive arsuram[611]. [8] Cum videbis avem aperire os vel[612] rostrum et movere caput et ferire cum pectore et portando[613] turbatur, scias, quod asthmaticus est. [9] Et cum avis assidue sternutabit palpeprizando debiliter[614], scias eum in capite ventositatem habere. [10] Cum autem videbis eum stare obliquo modo[615] super perticam, collisus est. [11] Laxatio vero alarum ventositatem pretendit in alis suis. [12] Inflatio gutturis sine cibatione notat illic ventositatem esse. [13] Curvatio dorsi et laxatio animi[616] super perticam notat ventositatem[617] in dorso. [14] Fissura pedum exeunte inde aqua citrina hemorrhoides significat. [15] Inflatio autem palmarum[618] significat rupturam vel disiuncturam aut ventositatem. [16] Quando autem a parte posteriori vadit aliquis ad avem[619] et avis[620] volvere se vult versus hominem, ut eius moris est, et in volvendo tremit et non potest stare super perticam, scias, quod podagram habet. [17] Constrictio rostri et sessio super pectus et abominatio ciborum notat augmentum podagre. [18] Inflatio autem super cavillam pedum et pilorum depilatio, hoc notat vermes amplos ad modum granorum cucurbitarum intra ventrem. [19] Carminatio autem pennarum, que sunt super[621] collum, et laxatio extremitatum pennarum, que[622] dicuntur cultelle[623], que in alis sunt, notat caliditatem[624]. [20] Secundo autem modo[625] signi, quod est de nocumento virtutis, est sic: [21] Cum videris[626] volucrem minuentem excussionem

---

608 tenendo *ABCDEFGHIJKLMNOPQRSTUVWYZA'B'*
609 et frequenter] frequenter et *BT*
610 corruptionem *I*
611 sive arsuram] et pruritum *ACGIJLNORSZA'B'*
612 os vel] *fehlt JZA'*
613 potando *G*
614 *fehlt CGLNOSB'*
615 obliquo modo] alio modo quam solitus sit *BT*
616 *fehlt B* tantum *I*
617 esse (I, 12, 12) - ventositatem] *fehlt T*
618 palpebrarum *A*
619 a (I, 12, 16) - avem] post volucrem vadit aliquis *ACGIJLNORSZA'B'*
620 volucris *ACGIJLNORSZA'B'*
621 sub *L*
622 sunt (I, 12, 19) - que] *fehlt T*
623 cultelli *BEMQTUW;* pennarum, que dicuntur cultelle] *fehlt CGLNOSB'* cultellarum *AIJRZA'*
624 *folgt* Secundum autem signum De nocumento virtutis *Q*
625 secundo autem modo] secundus autem modus *ACGIJLNORSZA'B'*
626 est sic. Cum videris] *fehlt NB'*

sive expergefactionem pennarum suarum[627] et coartat se non movendo[628] collum nec caput, scias, quod infirmatur in capite. [22] Et cum avis[629] clamat, arsuram significat. [23] Quando vero comedit, si cum ungue scalpit palatum, sic ut exeat inde sanguis, et abhorret cibum, corrosionem[630] et arsuram[631] habet ibi[632]. [24] Similiter quando ferit unam partem rostri ad aliam, corrosionem[633] et arsuram[634] habet[635]. [25] Inequalitas cibationis et laxatio alarum et debilitas animi significat caliditatem[636]. [26] Frequens anhelatio ex naribus ore clauso et sine alteratione dispositionis significat laborem aut aliam infirmitatem. [27] Et quando avis non[637] frequenter[638] mordet carnes[639], scito, quod habet indigestionem. [28] Pone nares tuas in rostro et odora movendo rostrum cum manibus, et si fetorem sentias, indigestionem habet. [29] Si autem avis expellat cibum suum a gutture vel remanet ibi et non descendit, signum est indigestionis. [30] Quando autem scalpit dextram partem rostri, signum est doloris hepatis. [31] Si autem in pertica ventilat sive ventositatem facit, maxime quando egerit[640], signum est ventositatis[641] in ventre. [32] Si brancet carnes et facit eas pendere[642], signum est, quod in palma vel in crure vel in coxa habet ventositatem[643]. [33] Quando autem tremit, cum portatur super manum[644] portantis, signum est, quod plumatam[645] habet. [34] Tardatio egerendi stricturam orificii[646] ani denotat. [35] Tardatio egerendi[647] plumatam[648] suam[649]

---

627 excussionem sive expergefactionem pennarum suarum] sive excussionem scotulationem (scorulacionem *A* sectulationem *I*) suam *AIR* scotulationem (scrotulationem *LN*) suam *CGLNOSB'* scotulationem suam sive excussionem *JZA'*

628 volvendo *PQ*

629 *folgt* hiat sive *BDEHMTUVW folgt* sive hiat *FKP folgt* sive licet hiat sive *Q*

630 corruptionem *I*

631 et arsuram] *fehlt ACGIJLNORSZA'B'*

632 *fehlt MU*

633 corruptionem *I*

634 et arsuram] *fehlt ACGIJLNOSZA'B'*

635 ferit (I, 12, 24) - habet] *fehlt R*

636 debilitatem *EMUW*

637 *fehlt U*

638 non frequenter] frequenter non *BT*

639 *fehlt S*

640 ventilat (I, 12, 31) - egerit] egerit cum sonitu ventoso *ACGIJLNORSZA'B'*

641 signum est ventositatis] ventositatem habet *EMUW;* facit (I, 12, 31) - ventositatis] *fehlt H*

642 perdere *I*

643 Si (I, 12, 32) - ventositatem] *fehlt EMUW*

644 palmam *JZA'*

645 plumatū *AR* plumatā *BFPVWY* pl{um}aciū *C* plumatiū *GOS* pl{um}atū *H* plumatium *ILNB'* pl{um}a tantum *J* pl{um}atiū *Z* plumat{i}um *A'*

646 *fehlt ACGIJLNORSZA'B'*

647 stricturam (I, 12, 34) - egerendi] *fehlt EKVW*

notat indigestionem. [36] Assiduitas et multitudo pediculandi significat pediculos. [37] Quando vero invenitur pastus in[650] intestinis mollis quasi aqua et[651] in gutture durus ut lapis, egritudinem pretendit. [38] Claritas autem oculorum cum privatione visus notat aquam in eis. [39] Quando avis a pertica descendit et non potest super eam saltare[652], notat mortem. [40] Et quando videtur non posse volvere se in volatu suo ad dextram vel ad sinistram, signum est, quod in parte illa infirmatur. [41] Quando ungit[653] alas suas ex pinguedine, que sub[654][xxxiv] crupa est, in aurora et dimittit aliquod latus non unctum, in illo[655] latere habet dolorem. [42] Quando asthmaticus est et macer est, non curetur, quia incurabilis est[656]. [43] Modo quidem dicendum est de signo, quod exit de superfluitate. [44] Scito autem, quod vi[657] sunt superfluitates: prima[658] lacrime, aqua, que ex naribus exit, ventositas, vomitatio, penna exiens intra tempus suum et extra tempus, egestio sive stercus[659]. [45] Si autem exeat aqua ex oculis, notat, quod aliquid illic cecidit[660]. [46] Si vero exeat aqua ex[661] suis naribus, scito, quod infirmatus est. [47] Quando vero erit plumata[662] sua[663] mollis et fetida[664] et videbitur excutere caput, postquam expulerit plumatam[665] suam[666], signum est, quod phlegma habet. [48] Et cum videantur in plumata[667] sua[668] quasi vermes, signum est, quod

---

[648] plumatā *DFKPTVWY* pl{um}atā *H*

[649] egerendi plumatam suam] plumarii *A* pl{um}atii *CZ* plumatii *GLNOSB'* plumatip *I* pl{um}acii *J* plumacii *R* plumat{i}i *A'*

[650] *fehlt DHILQVY*

[651] aqua et] *fehlt DH*

[652] *folgt* id est resilire *JZA'*

[653] perungit *ACGIJLNORSZA'B'*

[654] super *P*

[655] aliquo *A*

[656] *folgt* Capitulum 13 Qualiter portetur et teneatur avis Signum tertium *Q*

[657] v *Q*

[658] *fehlt ACGIJLNORSZA'B'*

[659] egestio sive stercus] fimus, quem Romani dicunt in avibus (in avibus] *fehlt R*) smalt (īmalt *A* s{m}lt *G* finaliter *I* sil{u}at *L* sinalt *NB'* s{m}alī *S*) *ACGIJLNORSZA'B'*; Scito (I, 12, 44) - stercus] *fehlt BDFHKTV*

[660] accidit *A*

[661] oculis (I, 12, 45) - ex] *fehlt NB'*

[662] pl{um}ata *CHU*

[663] plumata sua] plumatā suā *P*

[664] plumata sua mollis et fetida] plumacīū (pl{um}atiū *Z* plumat{i}um *A'*) suum molle et fetidum *JZA'*

[665] plumatā *BFIKPVW*

[666] plumatam suam] *fehlt CGLNOSB'* pl{um}acium (pl{um}atum *Z* plumatum *A'*) suum *JZA'*

[667] pl{um}ata *HU* pluma *P* plumacio *S*

[668] plumata sua] plumatio (plumato *A* pl{um}atio *CZ* pl{um}acio *J*) suo *ACGIJNORZA'B'*; in plumata sua] implumatio suo *L*

vermes[669] habet in gutture.[670] [49] Quando vomet[671] carnem et non remanebit in gutture[672], indigestionem habet. [50] Quando depilat[673] suum ventrem, vermes habet intus. [51] Similiter, si depilet[674] coxas. [52] Et cum videtur eicere pennas[675] in tempore et non in tempore et[676] manifeste vermes habet, scito, quod corrosionem[677] habet in pennis. [53] Quando vero videtur frequenter depilare pennas[678] corporis sui, scito, quod est propter macritudinem et pravum[679] regimentum[680]. [54] Quando egestio sua citrina[681] et[682] rotunda erit et levat cito caudam et non[683] appetit volare ad rapiendum[684] volucres aquaticas[685], scito, quod habet infirmitatem, que vocatur astarem[686]. [55] Et cum videtur egestio sua incisa, scito, quod constrictionem habet. [56] Viriditas[687] egestionis et frequentatio eius paulatim et scalpatio caude et potatio[688] aque[689] significat, quod constringitur orificium ani. [57] Albedo egestionis sue tendens ad citrinitatem et grossities illius nigri, quod est in egestione, pretendit indigestionem. [58] Quando autem erit nigredo egestionis quantum albedo vel quasi et fuerit albedo sicuti panis sine unctuositate, tunc denotat egritudinem vel[690] maciem.

---

[669] signum est, quod vermes] *fehlt CGLNOSB'*
[670] *folgt* Unde quando aves proiciunt carnes et non retinent pastum, sic medica: Subito capias botellum galli et bene lava ipsum cum aceto. Postea ipsum imple oleo per ii digitos et bene liga ipsum ab omni parte, ne exeat oleum inde. Postea da avi ad comedendum, velit nolit (velit nolit] *Lücke von ca. 9 Buchstaben T*), et pone avem in obscuro, et liberabitur. Vel sic cura: Quando contingit dictam avem proicere pastum, noli ipsam ille die pascere, sed subito tolle i modicum de aqua tepida mixta cum aqua rosata et pone ante avem in aliquo vase, ut possit bibere, si vult. Et si non vult, ipsam coge ad bibendum. Postea ipsum pone in obscuro et ipsum dimittas usque ad noctem. Deinde accipe lac caprinum et misce cum sanguine pipionis et da ei comedere per medium pastum. Deinde in tertiis pasce ipsum recenti, et liberabitur. *BT*
[671] movet *AC*
[672] Quando (I, 12, 49) - gutture] *fehlt EW*
[673] vomet (I, 12, 49) - depilat] *fehlt NB'*
[674] depilat *CDHKLMQRSVWZA'*
[675] *folgt* non *BT folgt* et non *Y*
[676] non in tempore et] *fehlt ABDEFHKLMPQTUVWY*
[677] corruptionem *BIT*
[678] *folgt* vel plumas *EMUW*
[679] p̄lium *A* p̃vum *BJZ* parvum *DEHLMPTUW* pãvum *FV* parum *Q* pravi *Y*
[680] tegumentum *Q* nutrimentum *R*
[681] *fehlt GLNOB'*
[682] citrina et] *fehlt CS*
[683] *fehlt V;* et non] *fehlt ACGILNORSB'*
[684] *fehlt ACGIJLNORSZA'B*
[685] aquatiles *ACGIJLNORSZA'B'*
[686] astarē *AGJPZ* astaron *BKT* astaren *CDEHLMNOSUVWB'* astarea *I* astaten *R*
[687] humiditas *R*
[688] caude et potatio] *fehlt A*
[689] et potatio aque] *fehlt CGLNOSB'*
[690] et *Q*

[59] Humiditas nigri et siccitas albi[691] in egestione significat infirmitatem. [60] Sanguis vel citrinitas in egestione avis significat[692] hemorrhoidas. [61] Sanies in egestione significat[693] saniem esse in ventre. [62] Viriditas in egestione, que vocatur mirtina[694], mortem significat.

Capitulum 13[695]

[1] Qualiter[696] portetur et teneatur[697] avis[698]

[2] De modo portandi et tenendi[699] volucrem[700]: Et[701] si[702] portetur super manum dextram portando melius est et iactando in venationem[xxxv]. [3] Quando autem[703] iacitur firmo modo, velocior est. [4] Et si miles volucrem portet super sinistram manum et equitare velit, non poterit hoc facere, nisi ponat sinistram[704] super[705] arcum selle. Et tunc, si forte pavefiat equus in ascensu militis, avis sub ipso erit et morietur[706]. [5] Si vero[707] super dextram sit ascendendo[708], potest ponere manum super ultimum arcum selle[709] et levare manum[710], et erit sine periculo[711].

---

691 *fehlt DHV*
692 infirmitatem (I, 12, 59) - significat] *fehlt CF*
693 hemorrhoidas. Sanies in egestione significat] *fehlt H*
694 mutina *A* murtina *BETW* {mi}yrtina *C* mircina *FIV* myrtina *GSZ* myr{c/t}ina *J* nunciria *K* myrtyna *L* myrcina *O*
695 14 *Q; fehlt K;* Capitulum 13] *fehlt BT*
696 *fehlt P*
697 portetur et teneatur] teneatur et portetur *ACGLNORSZA'B'*
698 *folgt* in manu *CGLNOSB';* Qualiter portetur et teneatur avis] De modo sciendi portare avem super manum *I;* Capitulum 13 - avis] *fehlt BJT*
699 portandi et tenendi] tenendi et portandi *ACGIJLNORSZA'B'*
700 avem *ACGIJLNORSZA'B';* Qualiter (I, 13, 1) - volucrem] De modo portandi et tenendi volucrem Portetur et teneatur avis *DH*
701 De (I, 13, 2) - Et] *fehlt EMUW*
702 *folgt* teneatur et *ACGIJLNORSZA'B'*
703 enim *EMUWZA'*
704 manum (I, 13, 4) - sinistram] *fehlt Q*
705 ad *EW*
706 mori poterit *EMUW*
707 *folgt* portet avem *EMUW*
708 sit ascendendo] manum et velit ascendere *EMUW*
709 arcum selle] arconem (*folgt* selle *ZA'*) *ACGIJLNORZA'B'*
710 super ultimum arcum selle et levare manum] *fehlt S*
711 *folgt* vel nocumento *BT folgt* Tenetur autem avis in manu sive portatur, aut ut pascatur aut ut evigiletur sive sollicitetur, ut mansuescat, aut ut cum ipsa aucupetur. Si propter primam causam portetur, melius portatur et tenetur in sinistra. Fortius enim videtur rostro cibum opprimere quam manum pedibus. Preterea

Explicit[712] tractatus[713] primus[714]. Incipit tractatus secundus[715] de libro Moam'[716] falconarii[717] de dispositionibus rapacium avium[718] et medicamine infirmitatum occultarum, et dividitur in lxii[719] capitula[720].

Capitulum 1[721] De proemio, quod debet precedere narrationem egritudinum intrinsecarum[722] et medicamen[723] earum[724]

Capitulum 2[725] De medicamine sanguinis generati in corporibus suis[726]

Capitulum 3[727] De medicamine phlegmatis[728] generati in corporibus suis[729]

---

dextra manus habilior (subtilior *S*) est ministrare cibum quam sinistra. Si secunda causa sive propter secundam causam portatur, melius etiam est, ut super sinistra portetur, quoniam si proterve ac importune de manu volitet (volvet *S*), melius et habilius iuvatur cum dextra quam cum sinistra (quam cum sinistra] *fehlt CO*). Si autem portetur causa aucupandi, dico etiam, quod melius est portare in sinistra, quia si fuerit pedes, habilius portatur baculus venatorius in dextra manu quam sinistra. Preterea cum cadit aliquis, sepius et (sepius et] *fehlt S*) velocius opponet (oppone *GLNSB'*) manum rectam casui quam sinistram. Unde si haberet avem in dextra vel fugeret vel lederet (lederetur *CO*) canis, etiam melius recta et fortius quam sinistra trahitur. Si autem auceps eques fuerit, predictis de causis dico, quod melius portatur sinistra quam dextra. Et equus etiam fortius freno regitur, si hoc dextra contineat. Ad illud autem, quod auctor dicit, quod melius in dextra, quia firmo modo iacitur et sit velocior, dico, quod hoc melius verum est in his, qui proiciuntur inclusi pugillo, sicut faciunt Syri. Sed si avis de manu evolet pressis pedibus in pugillum, dico, quod (hoc melius verum est in his, qui prohiciuntur inclusi pugillo, sicut faciunt Syri. Sed si avis de manu evolet pressis pedibus in pugillum, dico, quod] *fehlt C*) modicus et quasi nullus debet esse brachii motus, quoniam contingit avi sicut salienti, sub pede cuius volvitur lapis in elevatione saltus. Unde dico, quod sufficit eius infirmitas sinistre manus. Ad aliud, quod dicit auctor, de ascensu equi, dico, quod non est magnum nec difficile tenere eum in dextra, cum ascendit super equo, et manum tegere tunica vel chlamyde, si oportet. Sed qualiter debeat teneri pugillus secundum diversitatem avium, tacuit auctor. *CGLNOSB'*

712 *folgt* primus *EMUW*

713 *folgt* magistri Theodori *Q*

714 falconarii (*folgt* translatus de arabico in latinum *Q*) *DEFHMPQUVW*

715 *fehlt DFHKP*

716 Moamȳ *A* Moamyn *CGOS* Moami *DFHKP* Moamini *EMUW* Moamin *LNRB'* Moa{m}[e] *Z* Moam[e] *A'*

717 *fehlt DEFHKMPUW;* secundus de libro Moam' falconarii] *Lücke von ca. 7 Buchstaben V*

718 rapacium avium] avium rapidarum *ACGLNORSB'* rapinorum *ZA'*

719 xl *A* lx *CFGMNORUVB'* l *DHP* lxxii *Y*

720 lxii capitula] pluribus capitulis *K;* et dividitur in lxii capitula] *fehlt EW;* Explicit tractatus primus - capitula] *fehlt BIT*

721 Capitulum 1] *fehlt L;* Explicit tractatus primus - Capitulum 1] *fehlt J*

722 et diversarum *L*

723 medicaminum *DHV* medicamine *GJ*

724 et medicamen earum] *fehlt BT;* debet (*Überschrift 1*) - earum] narrationibus egritudinum intrinsecarum precedere debet *EW*

725 Capitulum 2] *fehlt DHJPSV* {Capitulum 2} *K*

726 generati in corporibus suis] generatō *P*

727 Capitulum 3] *fehlt DHJPSV* {Capitulum 3} *K*

728 flati *A (Hand 2)*

729 Capitulum 3 - suis] *fehlt A am Rand nachgetragen A* (*Hand 2*)*;* De (*Überschrift 2*) - suis] De regulis egri-

Capitulum 4[730] De medicamine[731] ventositatis generate in corporibus suis

Capitulum 5[732] De medicamine catarrhi inclusi

Capitulum 6[733] De medicamine catarrhi sicci

Capitulum 7[734] De medicamine catarrhi recentis, id est umorosi[735]

Capitulum 8[736] De medicamine catarrhi umidi[737]

Capitulum 9[738] De medicamine catarrhi generati ab indigestione et comestione[739] alteratarum carnium[740]

Capitulum 10[741] De medicamine catarrhi generati ex fumo et pulvere

Capitulum 11[742] De medicamine sudhaam[743]

Capitulum 12[744] De medicamine doloris capitis[745]

---

tudinum avium diversis in partibus iii Capitulum 3 De medicamine avium eicientium carnes propter phlegmam (phlegma *E*) *EW* Prima regula egritudinum avium Capitulum 3 De modo utendi medicinis Capitulum 4 De tertia regula medicinarum Capitulum 5 De medicinis, quando eiciunt carnes propter phlegma *BT*

730 6 *BT;* Capitulum 4] *fehlt DJPSV* {Capitulum 4} *K*

731 phlegmatis (*Überschrift 3*) - medicamine] *fehlt H*

732 7 *BT;* Capitulum 5] *fehlt DHJPSV* {Capitulum 5} *K*

733 Capitulum 6] *fehlt JPS*

734 Capitulum 7] *fehlt JPS*

735 recentis, id est umorosi] umidi, quod Gallici dicunt relenit (relent *CGLNOSB'* rele{m}t *A'*) *ACGIJLNOR SZA'B'*

736 Capitulum 8] *fehlt JPS*

737 Capitulum 7 - umidi] *verbessert zu* Capitulum 7 Medicamen, quando avis non potest claudere rostrum Capitulum 8 De claudendo rostrum et constringendo rūfationem Capitulum 9 Quando inflantur oculi et obturantur nares Capitulum 10 Ad expellendum spumam oculorum Capitulum 11 Ad expellendum infirmitatem capitis *A* (*Hand 3*); Capitulum 6 - umidi] sicci et umidi *DFHKMUV* sicci et umidi Capitulum 8 De medicina ad caput inflatum Capitulum 9 De medicina catarrhi sicci Capitulum 10 De medicina quando avis non potest claudere rostrum Capitulum 11 De medicina in claudendo rostrum et constringendo rumphationem Capitulum 12 De medicina quando inflantur oculi et obturantur nares avium Capitulum 13 De medicina ad expellendum spumam oculorum Capitulum 14 De medicina ad expellendum infirmitatem de capite avium *BT* Capitulum 6 De medicamine ad caput inflatum Capitulum 7 De medicamine catarrhi sicci Capitulum 8 De medicina avium, quando non possunt claudere os Capitulum 9 De medicamine ad claudendum os et constringendum rumphationem avis Capitulum 10 De medicamine quando inflantur oculi et obturantur nares avis Capitulum 11 De medicamine contra spumam oculorum avium Capitulum 12 Ad expellendum infirmitatem capitis avium *EW*

738 15 *BT* 13 *EW* 6 *FMU;* Capitulum 9] *fehlt DHJPSV* {Capitulum 6} *K*

739 et comestione] *fehlt BETW*

740 *folgt* {Capitulum 7} De medicamine ad caput inflatum {Capitulum 8} De medicamine oris et oculorum avium et obturatione narium {Capitulum 9} De medicamine ad expellendum infirmitatem capitis *K*

741 16 *BT* 14 *EW* 7 *FMU;* Capitulum 10] *fehlt DHJPSV* {Capitulum 10} *K*

742 8 *FMU;* Capitulum 11] *fehlt DHJPSV*

743 soda *ACGLNORSB'* siydthaam *DH* syidaham *F* sodi *I* syidhaam *MU* suadat *P* sydthoan *V* subdhaa' *Y;* Capitulum 11 - sudhaam] *fehlt BEKTW*

744 17 *BT* 15 *EW* 9 *FMU;* Capitulum 12] *fehlt DHJPSV* {Capitulum 11} *K*

745 *folgt* Capitulum 16 (Capitulum 16] {Capitulum 12} *K*) De medicamine, quando aves tremant (tremunt *EW*) *EKW folgt* Capitulum 18 De medicina tremoris avium *BT*

Capitulum 13[746] De medicamine infirmitatis, que vocatur çug[747], id est spasmus[748]

Capitulum 14[749] De medicamine ventositatis generate in capitibus eorum

Capitulum 15[750] De medicamine vermium natorum in capitibus eorum

Capitulum 16[751] De medicamine vermium natorum in[752] oculis suis [753]

Capitulum 17[754] De medicamine suringa[755]

Capitulum 18[756] De medicamine doloris aurium

Capitulum 19[757] De medicamine surditatis earum[758]

Capitulum 20[759] De medicamine ulcerum generatorum in gutture[760]

Capitulum 21[761] De medicamine phlegmatis generati in gutture eorum[762]

Capitulum 22[763] De medicamine granorum alborum sive pustularum natarum[764] super linguam[765]

Capitulum 23[766] De medicamine corrosionis[767] sive pruritus[768] nate in palato[769]

---

746 19 *BT* 17 *EW* 10 *FMU;* Capitulum 13] *fehlt DHJPSV* {Capitulum 13} *K*

747 zug *ACDFHJKLS* gug *I* xug *MU* gig *N* çugu *R* zuos *V* zus *ZA'*

748 *folgt* vel horripilatio *K;* çug, id est spasmus] horripilatio et spasmus (et spasmus] *nachgetragen von B* (*Hand 3*)) *BT* horripilatio *EW*

749 20 *BT* 18 *EW* 11 *FMU;* Capitulum 14] *fehlt DHJPSV* {Capitulum 14} *K*

750 21 *BT* 19 *EW* 12 *FMU;* Capitulum 15] *fehlt DHJPSV* {Capitulum 15} *K*

751 22 *BT* 20 *EW;* Capitulum 16] *fehlt PS*

752 capitibus (*Überschrift 15*) - in] *fehlt AJNB'*

753 medicamine (*Überschrift 15*) - suis] vermibus natis in capitibus et oculis eorum *DFHKMUV*

754 16 *ANB'* 13 *FMU;* Capitulum 17] *fehlt DHJPSV*

755 surӯga *A* sutinga *CO* syringa *DFHMUV* sutynga *G* surynga *I* sur{in}ga *J* sutyriga *LNSB'* do surӯga *P* suriga *R* surringa *ZA';* Capitulum 17 - suringa] *fehlt BEKTW*

756 17 *ANB'* 23 *BT* 21 *EW* 14 *FMU;* Capitulum 18] *fehlt DHJPSV* {Capitulum 16} *K*

757 24 *BT* 22 *EW* 18 *NB';* Capitulum 19] *fehlt JPS*

758 medicamine (*Überschrift 18*) - earum] dolore aurium et de surditate earum *DFHKMUV*

759 19 *NB';* Capitulum 20] *fehlt JPS*

760 Capitulum 20 - gutture] *fehlt BEKTW;* Capitulum19 - gutture] Capitulum 18 De medicamine ulcerum generatorum in oculis Capitulum 19 De medicamine surditatis earum *A*

761 20 *ANB'* 25 *BT* 23 *EW;* Capitulum 21] *fehlt JPS* {Capitulum 17} *K*

762 Capitulum 20 - eorum] Capitulum 15 De ulceribus et phlegmate generatis in gutture eorum *FMU fehlt V* Capitulum 20 De medicamine phlegmatis generati in gutture eorum Capitulum 21 De medicamine ulcerum generatorum in gutture *Z*

763 21 *ANB'* 26 *BT* 24 *EW* 16 *FMU;* Capitulum 22] *fehlt JPSV* {Capitulum 18} *K*

764 sive pustularum natarum] natorum *ACGIJLNORSZA'B';* granorum alborum sive pustularum natarum] mali, quando nascitur *BT* mali nascentis *EW*

765 *folgt* Capitulum 27 Contra caliditatem avium *BT folgt* Capitulum 25 Contra caliditatem Capitulum 26 Ad refrigerandum *EW;* super linguam] sub lingua *S;* Capitulum 20 - linguam] De granis albis sive pustulis natis super linguam De ulceribus et phlegmate generatis in gutture earum *DH*

766 22 *ANB'* 28 *BT* 27 *EW* 17 *FMU;* Capitulum 23] *fehlt DHJPSV* {Capitulum 19} *K*

767 corruptionis *I*

768 sive pruritus] *fehlt JZA'*

769 sive pruritus nate in palato] nate in palato sive pruritu *ACGILNORB'*

Capitulum 24[770] De medicamine gypsi[771]

Capitulum 25[772] De medicamine corrosionis[773] faucium in parte interiori[774]

Capitulum 26[775] De medicamine raucitatis umide[776]

Capitulum 27[777] De medicamine raucitatis[778] sicce[779]

Capitulum 28[780] De medicamine rūfationis[781]

Capitulum 29[782] De medicamine vermium ascendentium de crupa in[783] interioribus[784] ad guttur[785]

Capitulum 30[786] De medicamine hepatis[787]

Capitulum 31[788] De medicamine ethice[789]

Capitulum 32[790] De medicamine[791] pulmonis[792]

Capitulum 33[793] De medicamine rabo[794], id est[795] asthmatis[796]

---

770 23 *ANB'* 29 *BT* 28 *EW* 18 *FMU;* Capitulum 24] *fehlt DHJPV* {Capitulum 20} *K*
771 *folgt* Contra caliditatem Ad refrigerandum *K*
772 24 *ANB'* 19 *FMU;* Capitulum 25] *fehlt DHJPV*
773 *folgt* et pruritus *ACGJLNORZA'B'* corruptionis et pruritus *I*
774 anteriori *CGLNOB';* Capitulum 25 - interiori] Capitulum 30 De clysteriis contra gypsum *BT* Capitulum 29 Rememoratio clysterum utilium ad morbum gypsi *EW fehlt K;* sive (*Überschrift 23*) - interiori] et pruritus faucium in parte anteriori De medicamine corrosionis nate in palato sive pruritu De medicamine gypsi *S*
775 25 *ANB'* 20 *FMU;* Capitulum 26] *fehlt DHJPSV* {Capitulum 21} *K*
776 Capitulum 26 - umide] *fehlt BETW*
777 31 *BT* 30 *EW* 26 *NB';* Capitulum 27] *fehlt JPS*
778 umide (*Überschrift 26*) - raucitatis] *fehlt A*
779 umide (*Überschrift 26*) - sicce] sicce et umide *K;* medicamine (*Überschrift 26*) - sicce] raucitate umida et sicca *DFHMUV*
780 26 *A* 32 *BT* 31 *EW* 21 *FMU* 27 *NB';* Capitulum 28] *fehlt DHJPSV* {Capitulum 22} *K*
781 rūfacionis *AA'* rumfationis *BGO* rumfacionis *C* rupchatōīs *I* rūfac̄onis *JS* runfactiōīs *K* rusitionis *L* rufationis *NB'* rubificatoīs *P* rūfatiōīs *R* rumphationis *T* rūphacionis *Y;* medicamine rumphationis] ruffatione *D* rumfatione *FM* ruffacione *H* r{um}facione *U* ruffatōē *V;* De medicamine rumphationis] Contra runfationem *EW*
782 27 *A* 33 *BT* 32 *EW* 22 *FMU* 28 *NB'* 24 *R;* Capitulum 29] *fehlt DHJPSV* {Capitulum 23} *K*
783 *fehlt PY*
784 medicamine (*Überschrift 29*) - interioribus] vermibus interioribus ascendentibus de crupa *DFHKMUV*
785 in interioribus ad guttur] sua versus sursum *BT* ad sursum *EW*
786 28 *A* 34 *BT* 23 *FMU* 29 *NB';* Capitulum 30] *fehlt DHJPSV* {Capitulum 24} *K*
787 Capitulum 30 De medicamine hepatis] *fehlt EW*
788 29 *A* 24 *FMU* 30 *NB';* Capitulum 31] *fehlt DHJPSV* {Capitulum 25} *K*
789 echice *J* etthice *R* etiche id est ethita *U* ethyce *B';* Capitulum 31 - ethice] *fehlt BT* Capitulum 33 Contra aspirationem asthmaticam *EW*
790 30 *A* 35 *BT* 34 *EW* 25 *FMU* 31 *NB';* Capitulum 32] *fehlt DHJPSV*
791 Capitulum 32 De medicamine] *fehlt K*
792 *folgt* Capitulum 36 De dolore pulmonis *BT folgt* et dolor eiusdem *K*
793 31 *A* 26 *FMU* 32 *NB';* Capitulum 33] *fehlt DHJPSV* {Capitulum 26} *K*
794 nabo *I* cabo *R*
795 *folgt* aspirationis *K*

Capitulum 34[797] De medicamine anhelitus[798]

Capitulum 35[799] De medicamine viscositatis generate in gutture eorum[800]

Capitulum 36[801] De medicamine abscisionis[802]

Capitulum 37[803] De medicamine sanguinis inclusi[804] in ventre[805]

Capitulum 38[806] De medicamine paralysis[807]

Capitulum 39[808] De medicamine febrium[809]

Capitulum 40[810] De medicamine ulcerum generatorum in ventre[811]

Capitulum 41[812] De medicamine corruptionis[813] et mollitiei[814] ventris[815], quando in eo[816] est[817] ventositas[818]

Capitulum 42[819] De medicamine vermium, qui sunt in ventre[820]

Capitulum 43[821] De medicamine turbationis[822] ventris

---

796 *folgt* De ulceribus et phlegmate generatis in gutture eorum *V folgt* id est obesitas pectoris *Y* (*Hand 4*)
797 32 *A* 27 *FMU* 33 *NB'*; Capitulum 34] *fehlt DHJPSV*
798 Capitulum 34 - anhelitus] *fehlt K;* rabo (*Überschrift 33*) - anhelitus] anhelitus Capitulum 34 De medicamine rabo, id est asthmatis *L;* Capitulum 33 - anhelitus] Capitulum 35 (37 *BT*) Cura (De medicamine *BT*) aspirationis asthmatice Capitulum 36 (38 *BT*) De modo faciendi foveam pro ave curanda (habente anhelitum *BT*) *BETW*
799 33 *A* 39 *BT* 28 *FMU* 34 *NB'*; Capitulum 35] *fehlt DHJPS* {Capitulum 27} *K*
800 gutture eorum] visceribus *K;* generate in gutture eorum] que accidit in visceribus avium *BT*
801 29 *FMU* 35 *NB'*; Capitulum 36] *fehlt DHJPS*
802 Capitulum 36 - abscisionis] *fehlt BKT;* Capitulum 35 - abscisionis] De medicamine abscisionis De viscositate generati in eorum gutture *V*
803 40 *BT* 30 *FMU* 28 *K* 36 *NB'* 27 *R;* Capitulum 37] *fehlt DHJPSV*
804 coagulati *BKT*
805 Capitulum 36 - ventre] Capitulum 34 De medicamine inclusi sanguinis in ventre Capitulum 35 De medicamine abscisionis *A*
806 36 *A* 31 *FMU* 29 *K* 37 *NB'*; Capitulum 38] *fehlt DHJPSV*
807 Capitulum 38 - paralysis] *fehlt BT*
808 37 *A* 41 *BT* 38 *NB'*; Capitulum 39] *fehlt JPS*
809 caliditatis *BT;* medicamine (*Überschrift 38*) - febrium] paralysi et (seu *K*) febribus (*folgt* calidis *K*) *DFHK MUV*
810 38 *A* 32 *FMU* 39 *NB'*; Capitulum 40] *fehlt DHJPSV*
811 Capitulum 40 - ventre] *fehlt BKT*
812 39 *A* 42 *BT* 33 *FMU* 30 *K* 40 *NB'*; Capitulum 41] *fehlt DHJPSV*
813 corrosionis *K*
814 malitie *P*
815 et mollitiei ventris] *fehlt ACGIJLNORSZA'B'*
816 in eo] *fehlt AA'* ibi *CGILNORSB'*
817 in eo est] est ibi *JZ*
818 mollitiei ventris, quando in eo est ventositas] laxationis facte ex ventositate in ventre ipsius avis (-te in ventre ipsius avis] *abgeschnitten K*) *BKT*
819 40 *A* 43 *BT* 24 *F* 31 *K* 34 *MU* 41 *NB'*; Capitulum 42] *fehlt DHJPSV*
820 unguibus (*darübergeschrieben* ventribus *B* (*Hand 3*)) *BK*
821 41 *A* 44 *BT* 35 *FMU* 32 *K* 42 *NB'*; Capitulum 43] *fehlt DHJPSV*

Capitulum 44[823] De medicamine ictus, quando feriunt se ad invicem, vel ab aliis[824], quando rapiunt[825]

Capitulum 45[826] De medicamine astaren[827]

Capitulum 46[828] De medicamine apostematum interiorum[829]

Capitulum 47[830] De medicamine sitis

Capitulum 48[831] De medicamine indigestionis[832]

Capitulum 49[833] De medicamine xunag[834]

Capitulum 50[835] De medicamine vermium generatorum in plumis[836] alarum[837]

Capitulum 51[838] De medicamine collisionis[839] et constrictionis[840] et infirmitatis[841], que vocatur damiscus[842], accidentis[843] ex collisione vel ictus[844]

Capitulum 52[845] De medicamine frigiditatis

Capitulum 53[846] De medicamine mollitiei[847]

---

[822] gurgulationis et rugitus *BKT*
[823] 42 *A* 45 *BT* 36 *FMU* 33 *K* 43 *NB' folgt (vor der zweiten Zeile der Überschrift)* Capitulum 45 *Y;* Capitulum 44] *fehlt DHJPSV*
[824] ab aliis] *fehlt DFHKMUV*
[825] De (*Überschrift 44*) - rapiunt] Quando aves capiunt se ad invicem et vulnerantur inter se vel ab avibus, quas capiunt *BT*
[826] 43 *A* 37 *FMU* 44 *NB'* 46 *Y;* Capitulum 45] *fehlt DHJPSV*
[827] astaron *DH* astrare *G* astarea *I* astarem *Y;* Capitulum 45 - astaren] *fehlt BKT;* Capitulum 35 - astaren] *fehlt EW*
[828] 44 *A* 46 *BT* 38 *FMU* 34 *K* 45 *NB';* Capitulum 46] *fehlt DEHJPSVW*
[829] *fehlt BETW*
[830] 45 *A* 47 *BT* 39 *FMU* 35 *K* 46 *NB';* Capitulum 47] *fehlt EJPSVW*
[831] 46 *A* 48 *BT* 40 *FMU* 36 *K* 47 *NB';* Capitulum 48] *fehlt EJPSVW*
[832] Capitulum 47 - indigestionis] *fehlt DH*
[833] 47 *A* 41 *FMU* 48 *NB';* Capitulum 49] *fehlt DHJPSV*
[834] zunag *ACZ* exunag *DHMUV* ex unag *F* ximag *I* y{nn}ag *J* sunag *L* exumag *P* xumag̅ *R* sumag *Y;* Capitulum 49 - xunag] *fehlt BEKTW*
[835] 48 *A* 49 *BNTB'* 42 *FMU* 37 *K;* Capitulum 50] *fehlt DEHJPSVW*
[836] pennis *BEKTW*
[837] *fehlt A*
[838] 49 *A* 50 *BNTB'* 43 *FMU folgt (vor der zweiten Zeile der Überschrift)* Capitulum 52 (51 *NB'*) *GNB'* 38 *K;* Capitulum 51] *fehlt DEHJPSVW*
[839] contusionis *T darübergeschrieben* contusionis *B* (*Hand 3*)
[840] *folgt* alarum *A*
[841] et infirmitatis] *fehlt J*
[842] damuscus *AILMNRA'B'* damuschus *CGJOZ* danus cum *F* clavuscus *H* deamuschus *P* damuschnus *S* da{mi}scus *U* daniscus *V;* medicamine *(Überschrift 51)* - damiscus] collisione et constrictione et damisco *K*
[843] que accidunt *DFHKMUV*
[844] ictu *CDFHKMOUV;* et constrictionis (*Überschrift 51*) - ictus] *fehlt BETW*
[845] 50 *A* 44 *FMU* 53 *G;* Capitulum 52] *fehlt DHJPSV*
[846] 51 *A* 54 *G;* Capitulum 53] *fehlt JPS*
[847] De medicamine mollitiei] *fehlt DFHMUV;* Capitulum 52 - mollitiei] Capitulum 51 De medicamine lesio-

Capitulum 54[848] De medicamine rupture laterum[849]

Capitulum 55[850] De medicamine vulnerum[851] membrorum

Capitulum 56[852] De medicamine doloris[853] dorsi et radicum alarum[854]

Capitulum 57[855] De medicamine sonorum generatorum in inferiori parte ventris[856]

Capitulum 58[857] De medicamine lapidis

Capitulum 59[858] De medicamine carnositatis spine[xxxvi] et natium, unde oriuntur penne caude[859]

Capitulum 60[860] De medicamine pediculorum

Capitulum 61[861] De medicamine infirmitatum accidentium ex frigiditate

Capitulum 62[862] De medicamine corruptionis complexionum[863]

Expliciunt capitula[864].

---

nis comestionis propter frigiditatem Capitulum 52 De medicamine lesionis et laxationis *BT* De medicamine sadech De medicamine laxationis et lesionis *EW*

[848] 52 *A* 53 *BT* 45 *FMU* 55 *G;* Capitulum 54] *fehlt DEHJPSVW*

[849] Capitulum 52 - laterum] Capitulum 39 De medicamine laxationis et indigestione Capitulum 40 De medicamine lesionis et laxationis Capitulum 41 De ruptura laterum Capitulum 42 De medicamine frigiditatis *K*

[850] 53 *A* 54 *BT* 56 *G* 43 *K;* Capitulum 55] *fehlt EJPSW*

[851] Capitulum 55 - vulnerum] vel *DFHMUV*

[852] 54 *A* 55 *BT* 57 *G* 44 *K;* Capitulum 56] *fehlt EJPSW*

[853] *fehlt BEKTW*

[854] et radicum alarum] *fehlt NB';* Capitulum 56 - alarum] *fehlt DFHMUV*

[855] 55 *A* 56 *BT* 46 *FMU* 58 *G* 45 *K;* Capitulum 57] *fehlt DHJSV*

[856] sonorum generatorum in inferiori parte ventris] gurgulationis, que fit in ventre avium (*fehlt K*) *BKT;* Capitulum 57 - ventris] Ad curandam gurgulationem natam in ventre *EW*

[857] 57 *BT* 47 *FMU* 59 *G* 46 *K;* Capitulum 58] *fehlt DEHJSVW*

[858] 58 *BT* 48 *FMU* 60 *G* 47 *K;* Capitulum 59] *fehlt DEHJSVW*

[859] spine *(Überschrift 59)* - caude] et crupe *K;* carnositatis *(Überschrift 59)* - caude] doloris (*am Rand mit Einfügungszeichen nachgetragen B* (*Hand 3*)) crupe *BT* crupe *EW;* Capitulum 58 - caude] Capitulum 56 De medicamine corrositatis spine et natium, unde oriuntur penne caude Capitulum 57 De medicamine lapidis *A;* Capitulum 57 - caude] *fehlt P*

[860] 58 *A* 59 *BT* 49 *FMU* 48 *K;* Capitulum 60] *fehlt DEHJPSVW*

[861] 59 *A* 60 *BT* 50 *FMU* 49 *K;* Capitulum 61] *fehlt DHJPSV*

[862] 60 *A* 61 *BT* 51 *FMU* 50 *K;* Capitulum 62] *fehlt DHJPSV*

[863] Capitulum 61 - complexionum] *fehlt EW*

[864] Expliciunt capitula] *fehlt IK* Incipit primus tractatus *A;* Incipit tractatus secundus - capitula] *fehlt Q*

Capitulum 1[865]

[1] De proemio, quod debet precedere narrationem egritudinum intrinsecarum et medicamen[866] earum[867]

[2] Cum predixerimus in tractatu primo de hoc, quod[868] predicendum est, [3] dicamus nunc in isto tractatu[869] egritudines[870] occultas rapacium avium[871], que diversificantur propter diversitatem complexionis et aeris et temporis[872] anni et loci habitationis et propter[873] species[874] avium[875] rapacium[876] et propter debilitatem et fortitudinem complexionis[877] eorum. [4] Nam inveniuntur[878] medicamina diversa ab his, que dicuntur in libro isto, quia[xxxvii] experimenta facta ab antiquis et modernis incomprehensibilia sunt. [5] Aliquando enim cause egritudinum sunt debiles et corpora rapacium avium[879] sunt fortia, et tunc medicamen cito iuvat, licet sit modicum. [6] Vel e converso, scilicet corpora rapacium avium[880] sunt debilia et cause egritudinum fortes, et tunc medicina non iuvat, licet[881] sit efficax. [7] Et ideo[882] indigemus iteratione[883] et additione et[884] diminutione[885] et alteratione aliquarum medicinarum secundum subtilem existimationem et diversitatem dispositionum. [8] Nam cura egritudinum in principio non est sicuti cura in augmentatione vel in statu vel in declinatione[886]. Et

---

[865] Capitulum 1] *fehlt LNA'*
[866] medicam' *G* medicamine *LSA'* medicaminum *Q* med' *R*
[867] et medicamen earum] *fehlt DEFHKMPUVW;* De (II, 1, 1) - earum] *fehlt A;* Expliciunt capitula - earum] *fehlt BT;* Incipit tractatus secundus - earum] *fehlt G'*
[868] de hoc, quod] *fehlt ZA'*
[869] capitulo *Q*
[870] *folgt* multas *H*
[871] rapacium avium] avium rapidarum *ACGIJLNORSZA'B'*
[872] *fehlt A folgt* et *EW*
[873] *fehlt ACGIJNORSA'B'*
[874] specierum *ACGIJNORSA'B'*
[875] *fehlt CGINORSB'*
[876] rapidarum *ACGIJNORSA'B'*
[877] et aeris (II, 1, 3) - complexionis] *fehlt LZ*
[878] Nam inveniuntur] Inveniuntur autem multa *BDEFHKMTUVW*
[879] *fehlt ACGIJLNORSZA'B'*
[880] *fehlt ACGIJNORSZA'B'*
[881] rapacium (II, 1, 6) - licet] *fehlt L*
[882] cito *N*
[883] ratione *BT*
[884] additione et] *fehlt VG'*
[885] et diminutione] *fehlt F*
[886] vel in declinatione] *fehlt I*

propter prenotatas causas et similes his tendit res in[887] infinitum. [9] Ego autem non dimisi aliquid incorrectum de tractatibus antiquorum[888], immo addidi id, quod expertum est in tempore nostro, secundum posse meum[889]. [10] Regula prima[890]: Debemus accipere sucos dictos in libro isto in temporibus suis, et reserventur, ut utamur his vice corporis sui[891]. [11] Nam suci sunt efficaciores corporibus medicinarum, quia transeunt in venas, quando resolvuntur in aqua vel lacte vel infunduntur in eis carnes, que dabuntur comedere rapidis[892]. [12] Corpora autem medicinarum, quando pulverantur et dantur cum cibo, adherent gutturi eorum. Et quando transeunt illuc[893] carnes comeste, in tempore revolutionis[894] et digestionis commiscentur cum eis corpora medicinarum et exeunt cum eis, antequam vadant ad venas[895][xxxviii]. [13] Et si aliquid vadat ad venas[896], modicum erit. [14] Regula secunda[897]: Oportet, ut non utamur medicinis irresolubilibus[898] in aquis vel in lacte, sicuti est cera, glutinum et oleum et similia. [15] Ista enim viscositatem dant in visceribus rapacium avium[899] et non resolvuntur a ventribus et sic essent causa[900] destructionis eorum. [16] Meliores igitur medicine sunt ille, que cito[901] resolvuntur in aquis vel[902] lacte et habebunt minus fecis. [17] Et debemus uti medicinis post dietam de carnibus grossis et cavere prius de fumo, de[903] pulvere, de rore. [18] Regula tertia[904]: Quicquid dicitur in libro isto de quantitate medicinarum, quas dixerunt antiqui et probaverunt, oportet nos uti in unaquaque specie avium rapacium[905] secundum quantitatem eorum et minuere, quantumcumque pote-

---

887 res in] *fehlt A*
888 aliquorum *E verbessert aus oder zu* aliquorum *W*
889 *folgt* Capitulum 2 et *K*
890 *folgt* egritudinum avium Super predictam curam egritudinum habemus iii regulas, quarum prima hec est *BDEFHKMTUVW;* Regula prima] *durchgestrichen J*
891 *folgt* unde exierunt (exiverunt *JZA'*) *ACGIJLNORSZA'B';* corporis sui] herbarum suarum *BT*
892 *folgt* avibus *ACGIJLNORSZA'B'G'*
893 illic *AC* illinc *GO* illum *I* illac *JZA'* illunc *L* illanc *R*
894 resolutionis *BDFHKQTV*
895 ad venas] *fehlt DH*
896 Et si aliquid vadat ad venas] *fehlt KT*
897 Regula secunda] *durchgestrichen J*
898 in resolutionibus *ABCFGIJLNOQRSTB'* in resolubil' *D* in resolubilis *H*
899 rapacium avium] avium (*fehlt ACGILNORSB'*) rapidarum *ACGIJLNORSZA'B'G'*
900 et sic essent causa] *fehlt ACGILNORSB'*
901 *fehlt PQJ*
902 et *PQ*
903 fumo de] *fehlt RNB'*
904 Regula tertia] *durchgestrichen J*
905 rapidarum *JZA';* avium rapacium] rapidarum *ACGILNORSB'*

rimus. [19] Nam si minuendo non appareat perfectio sanitatis, facile erit iterare[906]. [20] Si autem superflua fuisset medicina, non posset[907] restaurari, et sic esset causa destructionis. [21] Ego autem assignabo modum in quantitate avium et medicinarum. [22] Medicine ergo, que dicentur hic, quando ponentur in morsibus carnium, sic occulte ponende sunt, ne avis comedens sentiat odorem earum, [23] nam si sentiret medicinarum odorem, numquam comederet, et propter hoc disturbaretur efficacia.

Capitulum 2[908]

[1] De medicamine sanguinis generati in corporibus suis[909]

[2] Quando accidit hoc, accipiatur casie drachma i[910] et turbith[911] drachma i et tertia et spice[912], mastichis et[913] cinnamomi et macis[914] et spodii[915] et croci ana drachme[916] ii[917], sandalis[918] albi[919] et myrobalanorum citrinorum ana drachme iv[920], rosarum rubearum[921] et piperis albi ana drachme iii, zuccari albi et[922] aloes hepatici rubei ana drachme vi. [3] Hec pulverentur et coadunentur in vase habente caput latum et commisceantur cum aqua porri[923] et moveantur, sic ut fiant ut pasta mollis. [4] Et cum necesse fuerit, accipiantur carnes de tibiis pecorum[924], drachme[925] vi, et scindantur subtiliter iii lamine vel[926] frusta parva[927] et

---

[906] *folgt* et addere *BT*
[907] medicina, non posset] *fehlt DH*
[908] 29 *G'*
[909] generati in corporibus suis] *fehlt A;* Capitulum 2 - suis] *fehlt P*
[910] drachma i] iii uncias *Q Lücke von ca. 3 Buchstaben A'*
[911] turbit *CGIOPQRS* turpit *L* turbabith *Y* tũbith *G'*
[912] *fehlt G'*
[913] *fehlt ACGIJLOQRS*
[914] mastichis *L*
[915] drachma i et turbith (II, 2, 2) - spodii] *fehlt NB'*
[916] iii *Q* drachma i vel *Y*
[917] drachme ii] drachma i *J*
[918] sãdal' *P* sandelis *Y*
[919] sandalis albi] sandalorum (sandalis *J* scandalorum *S* sindalorum *Z*) alborum *ACGJLNORSZA'B'* sandalli albis *G'*
[920] iii *AJLQ*
[921] *Lücke von ca. 3 Buchstaben Q*
[922] ana drachme iii, zuccari albi et] *fehlt PQ*
[923] *folgt* vel (et *J*) cum suco (*folgt* porri *G'*) *JZA'G'*
[924] porcorum *JP*
[925] {drachme / uncie} *A'*

ponantur in aqua tepida i hora [5] et extrahantur, et ponatur super has sexta pars drachme[928] i de hac medicina, si medicabiles fuerint iuvenes. Et si sint adulti, plus adiungatur. [6] Et detur eis iii horis diei transactis, et morabuntur usque ad sextam, [7] et postea iuveni avi adiungantur drachme[929] vi carnium cesarum et positarum prius in aqua tepida. Adulte autem sive seni avi dentur drachme[930] xviii[931], et convalescent.

Capitulum 3[932]

[1] De medicamine phlegmatis generati in corporibus suis[933]

[2] Accipe de myrobalanis bellericis, de pyrethro et hypericon et galanga et pipere nigro ana drachmam i, spice et piperis longi et piperis albi et origani persani[934] et cacolle, id est cardamomi[935], et acori et chiatrech[936] ana drachmas ii, emblicorum drachmas iii, myrobalanorum kebulorum[937] et caryophyllorum et croci et nucis muscate ana drachmas[938] iv[939], zingiberis et cinnamomi ana drachmas[940] vi. [3] Hec omnia pulverentur et cribrentur per pannum[941] subtilem et misceantur cum melle sine spuma in duplici quantitate et ponantur in vase viridi[942]. [4] Et quando necesse fuerit, accipe carnes agnorum aut castrati annualis mundatas[943] de venis suis et[944] pone in tepida aqua. [5] Et postea extrahatur de aqua, et

---

926 lamine vel] *fehlt ACGIJLNORSZA'B'G'*
927 *fehlt ACGIJLNORSZA'B'G'*
928 {drachme / uncie} *A'*
929 {drachme / uncie} *A'* {uncie} *R*
930 {drachme / uncie} *A'*
931 xix *I*
932 30 *G'*
933 *folgt* et causati *J;* Capitulum 3 - suis] *fehlt P*
934 psani *ACGYB'G'* persami *I* psa{ni} *JS* psam *O* persici *P*
935 id est cardamomi] *fehlt J*
936 ethiarcet *A* ciat *CGLNOB'* chiarcet *I* chiacr{ec} *J* chiarrech *P* riatret *R* cicit *S folgt Lücke von ca. 7 Buchstaben Y* chiatreth *A'* chiacrech *G'*
937 *folgt* id est cardamomi *A*
938 ii (II, 3, 2) - drachmas] *fehlt CGLNOSB'*
939 iii *L;* myrobalanorum (II, 3, 2) - iv] *fehlt Z*
940 uncias *A*
941 et cinnamomi (II, 3, 2) - pannum] *fehlt L*
942 mundo *A*
943 mundati *ACGIJLNORSZA'B'*
944 *folgt* de nervis et *JZA'G'*

scindantur iii frusta parva[945], et super unumquodque frustum ponatur drachme media, et mittatur in aliqua[946] plumata[947] et detur ad gluttiendum rapidis avibus[948], et abstineant ii horis. [6] Et postea detur de sanguine calido maioribus[949] uncia i et iuvenibus secundum quantitatem eorum. [7] Et non debent illis dari cibi sui completi per illum diem nec per crastinum, donec utantur his[950]. [8] Et si accidat propter istam infirmitatem ipsos esse asthmaticos, accipe de radice, que vocatur stella[951], et pulveretur et ponatur super pastum eorum, et detur. [9] Et si non prosit, accipe spicam, et pulveretur, et suffla eam in nare et obtura nares per iii horas. [10] Et si per hoc non sanentur, accipe staphisagrie grana iii de maioribus et v de minoribus et de medicinis, que vocantur squicacon[952], et de corticibus granatorum ana partem, et pulverentur et hec ponantur in morsu carnium, et dentur gluttienda. [11] Et per istam medicinam eicietur, quicquid erit in corporibus[953] suis de phlegmate. [12] Et quando eicient, ponatur aqua ante eos, ut bibant, et detur eis comedere de carnibus avium, dum sunt calide, unctis cum modico oleo vel[954] de piscibus recentibus[955]. [13] Si autem per superfluitatem phlegmatis eiciant carnes, quando mordebunt, accipe staphisagrie grana vii[956], et decorticentur et pistentur[957] et ponantur in i morsu carnis, et gluttiant. [14] Et si est in tempore frigido, ad solem ligentur, si in tempore[958] calido[959], in umbra, et eicient multum phlegma de corporibus suis. [15] Et si per hoc non mundentur, pistetur[960] sinapis et ungatur intus palatum. [16] Et si per phlegma habebunt in ventre tantam turbationem, ut faciat sonum, accipe de pyrethro sextam drachme et fructus tamarisci

---

945 *fehlt ACGIJLNORSZA'B'*
946 aqua *AGLNSZA'B'*
947 pl{um}ata *CJZ fehlt I*
948 rapidis avibus] avi *ACGIJLNORSZA'B'*
949 grandibus *ACGIJLNORSZA'B'*
950 *folgt* De asthma *A'*
951 *folgt Lücke von ca. 15 Buchstaben Y*
952 īqcacon *A* squicacon *CGINOB'* sq'ntaton *J* squiquacon *L* squincacon *PZ* squicaton *R* squitacon *S folgt Lücke von ca. 7 Buchstaben Y* squincaton *A'* sq{uin}cacon *G'*
953 pulverentur (II, 2, 3) - corporibus] *fehlt Q*
954 et *ACGILNORSB'*
955 Capitulum 2 - recentibus] (Capitulum 3 *EKW*) Medicina, quando eiciunt carnes propter phlegma *DEFHK MUVW fehlt BT*
956 vi *P* v *Q*
957 coquantur *AIR* terantur *CGJLNOSZA'B'G'*
958 frigido, ad solem ligentur, si in tempore] *fehlt Q*
959 *folgt* ponantur *BDEFHKMTUVW*
960 teratur *ACGIJLNORSZA'B'G'*

tertiam drachme, et pulverentur et misceantur, [17] et accipe ex his sextam drachme[961] et[962] distempera in aqua, et cum ipso ponatur gutta olei, et mittatur in palato. [18] Si autem habuerit phlegma superfluum in visceribus et velimus[963] expellere[964] illud phlegma, accipe sinapem et tere eam, et infundatur cum ea aqua in vase mundo, [19] et dimittatur per noctem in sereno, et in crastino ponatur in palato drachma i, et statim eicient. [20] Et quando eicient[965], detur eis de carnibus pinguibus convenientibus sibi. [21] Et parum postea augmententur carnes circa noctes[966], et hoc erit utile. [22] Vel accipe de pipere albo et spica et[967] caryophyllis ana partem, et pulverentur et[968] minutentur[969][xxxix] cum panno[970] subtili, [23] et pone iuvenibus pondus iii granorum et magnis[971] plus et coram eis pone aquam, ut bibant. [24] Et hec medicina est utilis, quando iaciunt plumatam[972] umidam[973]. [25] Et debet fieri hoc assidue, donec[974] mundentur viscera eorum ex humiditate et emendabuntur plumate[975] sue. [26] Si enim per hec omnia non emendabuntur[976], accipe staphisagrie grana vii[977] maioribus avibus, mediis v, minoribus iii, et decorticentur et pulverentur, [27] et fiant[xl] lamine[978] carnis subtiles, et de hoc pulvere immisce, et pascantur. Et hec est ultima medicina.

---

961 et fructus (II, 3, 16) - drachme] *fehlt F*
962 accipe ex his sextam drachme et] *fehlt CO*
963 *folgt* laxare vel *JZA'*
964 laxare *ACGILNORSB'*
965 Et quando eicient] *fehlt ACGILNORSB'*
966 noctem *BEHJMPQRTUWZ*
967 spica et] *fehlt I*
968 *folgt* cribellentur et *G'*
969 cribellentur *P* cribellare *Q folgt* vel cribellentur *A'*; et minutentur] vel cribellentur *Z*
970 *folgt* de lino *DHV*
971 magis *AGLNQSB'*
972 plumatā *FPV* pl{um}atam *H* plumarum *U*
973 plumatam umidam] spumatum (spumatū *AGOSA'* sp{um}atum *CZ* sp{um}aciū *J*) umidum *ACGIJLNOR SZA'B'*
974 *fehlt DH*
975 pl{um}ate *CHJLZ* plumature *Q*
976 emendentur *BEFKMTUVW* emundabuntur *CGLNORSB'* em̄dabuntur *J* emundentur *DHY*
977 viii *Q*
978 morselli *ACGIJLNORSZA'B'G'*

Capitulum 4[979]

[1] De medicamine ventositatis generate in corporibus[980] suis[981]

[2] Signum huius infirmitatis est, quod, quando est in pertica sua, curvabit[982] dorsum vel[983] turbabitur, quando tangetur locus doloris. [3] Et etiam cognoscetur per volatum suum, quando non poterit volvere collum neque poterit[984] se volvere ad dextram vel ad[985] sinistram[986]. Et in parte illa, in qua[987] volvere[988] non potest, ibi est dolor. [4] Et pastus suus pendebit in rostro[989], et videbitur alterari egestio[990] sua. [5] Et tunc debemus scire locum doloris, quem non patietur tangi, nam volucris sana non turbabitur aliquo tangente totum corpus suum nisi causa infirmitatis. [6] Et quando accidet hoc, accipe pulpe colocynthide et cardamomi et croci et[991] cubebe ana drachmam i, piperis, zingiberis et origani montani[992] et myrobalanorum kebulorum et capilli Veneris ana drachmas ii et cinnamomi et xylobalsami ana drachmas iii[993], piperis longi[994], anisi[995] ana drachmas[996] iv. [7] Hec omnia pulverentur, et pone de pulvere in carnibus confectis in aqua calida, et detur accipitri[997], et dimitte ipsum sic[998] per x horas. [8] Et postea detur illis de sanguine agni calidi[999] scanati[1000] sive[1001] iugulati in illa hora, et mensuretur pastus eorum secundum subtilem existimationem. [9]

---

979 3 *MU* 31 *G'*
980 visceribus *G'*
981 Capitulum 4 - suis] *fehlt BT*
982 curabit *DFHJKV*
983 *fehlt C*
984 volvere collum neque poterit] *fehlt U*
985 vel ad] et in parte *Y*
986 ad dextram vel ad sinistram] *fehlt ACGIJLNORSZA'B'G'*
987 *folgt* se *ABCDEFGHJKLMNORSTUVWZA'B'G'*
988 Et in parte illa in qua volvere] *fehlt I*
989 in rostro] *fehlt PQ*
990 digestio *ACGILNORSB'*
991 croci et] *fehlt Q*
992 *fehlt L*
993 et cinnamomi (II, 4, 6) - iii] *fehlt BDEFHKMTVW*
994 *folgt* et *ABCDEFGHIJKLMNORTVWZA'B'G'*
995 piperis longi, anisi] *fehlt Q*
996 ii (II, 4, 6) - drachmas] *fehlt SU*
997 volucri *BDEFHKMTUVW*
998 *fehlt ACGIJLNORSZA'B'*
999 *fehlt PQ*
1000 scannati *DEH* scānati *FKMP* sca{nni}ati *W* scana{t}i *G'*
1001 scanati sive] *fehlt ABCGIJLNORSTZA'B'*

Alia cura secundum tractatum novum sic: [10] Accipe semen[1002] hyoscyami et tere et pone in panno et pone pulmonem[1003] cesum per morsum, et coquatur in butyro, donec sentiatur sapor suus in butyro. [11] Et postea extrahatur, et de butyro[1004] illo detur sibi in pastu suo, quantum inducere[1005] poterit. [12] Et si hoc non prosit[1006], des ei hyoscyamum comedere circa meridiem et des ei aquam bibere[1007] [13] et in crastino da ei comedere columbellum iam[1008] magnum cum intestinis et de sanguine et de[1009] visceribus et de pulmone parvo suo[1010], et sic sanabitur.

Capitulum 5[1011]

[1] De medicamine catarrhi inclusi[1012]

[2] Huius cura hec est: Accipe de medicina, que vocatur sanducos[1013], et pulvera eam et misce cum vino veteri et melle mediocriter, scilicet nec spisse[1014] nec clare[1015]. [3] Et postea accipe volvam sive[1016] matricem[1017] suis, et fundatur cum hoc et detur illi ad comedendum[1018]. [4] Et caveat sibi operans, ut non tangat aliquid olei[1019], quia penitus contrarium est huic[1020] infirmitati[1021]. [5] Et si forte caput vel facies ipsorum infletur, accipe de fece almuri[1022], id est[1023] obsomogari[1024], et suffla in naribus suis cum calamo subtili, et post i

---

1002 *fehlt A*
1003 *folgt* agni *BDEFHKMTUVW*
1004 donec (II, 4, 10) - butyro] *fehlt FG*
1005 *folgt* sive digerere *JZA'G'*
1006 possit *P*
1007 libere *F*
1008 *fehlt ACGIJLNORSZA'B'*
1009 sanguine et de] *fehlt J*
1010 parvo suo] parum *BDEFHKMTUVW*
1011 32 *G'*
1012 *folgt* sicci et umidi *K folgt* in corporibus eorum (suis *Y*) *RYG'*; Capitulum 5 - inclusi] *fehlt BT*
1013 sa{n}ducos *K* ganducos *BT* sandu{c/t}os (*folgt Lücke von ca. 8 Buchstaben*) *Y* sanbucos *R* sandutos *P*
1014 durum *ACGIJLNORSZA'B'G'*
1015 molle *ACGIJLNORSZA'B'G'*
1016 volvam sive] *fehlt BDEFHKMTUVW*
1017 sive matricem] *fehlt ACGIJLNORSZA'B'*
1018 *folgt* et iuvabit *BDEFHKMTUVW*
1019 alii *NB'*
1020 *folgt* medicine vel *BT*
1021 *folgt* (Capitulum 6 *EKW*) Medicina ad caput inflatum *DEFHKMPUVW*
1022 almuryn *P* almura *Q* almūī *V*

horam[1025] sugatur, et cibentur postea de[1026] carnibus[1027] calidis. [6] Et si post hec sternutationem habeant, non debent cibari, donec transeat sternutatio.

Capitulum 6[1028]

[1] De medicamine catarrhi sicci[1029]

[2] Quando accidit hoc et sternutant[1030] multum et non exit aliquid de naribus, accipe obsomogarum et vinum vetus et suffla in naribus et liga in sole. [3] Et quando transierit sternutatio, tunc detur eis de carnibus nervosis et venosis[1031], ut laborent mordendo[1032], quia propter hoc descendet[1033] de capite illud, quod habent humiditatis[1034]. [4] Et quando se scalpunt propter hanc infirmitatem et tangunt suas pennas[1035], accipe de malvavisco et de malva hortulana et tere et[1036] pone cum carnibus, et cibentur. [5] Item quando inflantur capita, accipe pannum bombycinum infusum in aqua frigida et pone sub palma pedis, ut frigus sentiant, et iuvabit. [6] Item quando frequenter[1037] clamant et[1038] hiant et fortiter[1039] anhelant, accipe de opio[1040] et de euphorbio ana mediam drachmam[1041] et de medicina, que vocatur costus, et saadech[1042], pro[1043] quo[1044] ponatur folium caryophylli, ana mediam drach-

---

1023 almuri, id est] *fehlt ACGILNORSB'*
1024 almuri, id est obsomogari] obsomogari, id est muri (muris *J*) *JZA'G'*
1025 post i horam] postea parum *BDEFHKMTUVW*
1026 *folgt* bonis *BDEFHKMTUVW*
1027 *folgt* et *BDEFHKMTUVW*
1028 7 *EW Lücke von ca. 6 Buchstaben K fehlt MU* 33 *G'*; Capitulum 6] *fehlt GB'*
1029 Capitulum 6 - sicci] *fehlt BT*
1030 hoc et sternutant] quod avis sternutat *BDEFHKMTUVW*
1031 et venosis] *fehlt ABPQT*
1032 *folgt* hoc falconarii dicunt tiratorium *ZA'*
1033 *folgt* infirmitas *BDEFHKMTUVW*
1034 illud, quod habent humiditatis] in naribus, et sic sugatur, et convalescet *BDEFHKMTUVW*
1035 *folgt* et alas *G'*
1036 tere et] *fehlt NB'*
1037 fortiter *Q*
1038 clamant et] *fehlt BDEFHKMPQTUVWY*
1039 forte *A* frequenter *Q*
1040 apio *V*
1041 drachme *ACGIJLNOPQRSZA'B'*
1042 saad'c *A* sahadec *BDFHKV* siadec *C* sachadech *EW* saadec *GJLNOA'B'* si adeo *I* sahadech *M* saadrec *R* saadet *S* sachadee *T* sahadeth *U* saadeh (*folgt Lücke von ca. 10 Buchstaben*) *Y*
1043 cum *K*
1044 *folgt* si non inveniantur (inveniatur *ARZG'*) *ACGIJLNORSZA'B'G'*

me[1045] et de pyrethro ana ii siliquas drachme[xli] et de pipere[1046] et de staphisagria grana[1047] xxi[1048]. [7] Hec omnia pulverentur et coadunentur cum melle in i vase. [8] Et quando necesse fuerit, ungentur nares, et iuvabit[1049]. [9] Et si per hoc non convaleant, accipe de oleo laurino[1050] iii guttas et de[1051] purificato unciam i et vitella iii ovorum et baçurug[1052] siccum pulveratum, drachmam i, et est ocimum rubeum sive basilicon[1053]. [10] Hec coadunentur et dentur[1054] cum carnibus murium, et hoc iuvabit[1055]. [11] Quando aperiunt os et non claudunt, ungantur cum oleo[1056] de[1057] behen[1058] vel de aliquibus unguentis calidis. [12] Vel[1059] accipe de costo dulci et sadeget[1060] ana uncie[1061] mediam[1062] et de xylobalsamo uncias[1063] iv, de pipere[1064] l grana[1065]. Hec pulverentur divisim et coadunentur cum oleo de behen et ponantur in vase, et liniantur aves his[1066] cotidie ante pastum. [13] Et si non convalescant, accipe de butyro vaccino[1067] recenti et pone cum[1068] melle puro tam de hoc quam de[1069] illo[1070] equaliter et de arrhenico rubeo pulverato, id est auripigmento[1071], et misceantur hec omnia, et his

---

1045 uncie *N* uncia *B'*
1046 ana ii siliquas drachme et de pipere] *fehlt U*
1047 *fehlt Y*
1048 xx *L* xxii *A*
1049 et iuvabit] *fehlt BT*
1050 nardino *PQ*
1051 *folgt* oleo *ACGIJLNORSZA'B'G'*
1052 bazurag *A* baruruch *BTV* baturus *C* baruruc *D* barurug *EFMUW* baçur[9] *G* bar{un}e *H* bazurug *J* banuug *K* bacuris *L* bacurus *NB'* baçurus *O* acuruch *Q* baçuruch *RG'* bazurus *S* bazarug *Z* brizarug *A' folgt* id est basilicon *ACGIJLNORSZA'B'G'*
1053 et est ocimum rubeum sive basilicon] *fehlt ACGIJLNORSZA'B'G'*
1054 et dentur] *fehlt U*
1055 *folgt* (Capitulum 7 *K* Capitulum 8 *EW*) Medicina, quando avis non potest claudere (aperire *DHPV*) os *DEFHKMPUVW*
1056 *fehlt ACGILNORSB'*
1057 *fehlt ZA'*
1058 de behen] ybeen (*folgt* id est deban *G'*) *ACGJLNORSB'G'* ydeen *I*
1059 de aliquibus unguentis calidis. Vel] *fehlt BDEFHKMTUVW*
1060 sadeg *DEFHKMUW* sadech *BT* sadegz *JZ folgt Lücke von ca. 5 Buchstaben P* sedeget *Q* sadeos *V* sadech (*folgt Lücke von ca. 7 Buchstaben*) *Y* sadegç *G'*; de aliquibus (II, 6, 11) - sadeget] *fehlt ACGILNORSB'*
1061 drachme *I*
1062 uncie mediam] unciam *P*
1063 drachmas *IA'*
1064 *folgt* longo *G'*
1065 l grana] i granum *A*
1066 bis *BDFHKMPQTUVWY fehlt G'*
1067 *folgt Lücke von ca. 4 Buchstaben Q*
1068 et pone cum] *fehlt PQ*
1069 hoc quam de] *fehlt V*
1070 puro tam de hoc quam de illo] *fehlt PQ*
1071 id est auripigmento] *fehlt ACGIJLNOPQRSZA'B'*

frica palatum, et ligentur[1072] in sole[1073]. [14] Si autem aperiunt os et trahunt linguam et audiatur eorum rūfatio[1074], accipe carnes et bulli[1075], et deplumentur[1076] et fundantur in sirupo rosaceo, et his pascantur. [15] Et[1077] in sequenti die accipe de filon, quod folium est[1078], pulverato et misce cum sirupo rosaceo et butyro sic, ut sit spissum[1079], et pone in corio[1080] parvi muris et da ad comedendum[1081], et postea[1082] pascantur de carnibus calidis. [16] Et si per hoc non convalescant, pone in naribus[1083] tertio die aliquantulum de oleo laurino, et ligentur[1084] in umbra, non in domo, et hoc fac, quousque sanentur[1085]. [17] Item[1086] quando oculi inflantur et oppilantur nares, accipe grana macropiperis v et staphisagrie vii, pyrethri et caryophylli et castorei et papaveris silvestris cum flore rubeo, quod non fert[1087] fructum, ana siliquam i et de semine apii[1088] silvestris et croci et traganti et de oleo balsami[1089] et de costo et saadeg[1090] et de flore squinanti[1091] ana siliquas ii[1092], de opio sextam drachme. [18] Hec omnia pulverentur et misceantur cum oleo balsami, et his liniantur. [19] Et si abhorret linitionem avis, lini rostrum cum melle, ut vincatur amaritudo medicine. [20] Et postea infunde super ipsos aquam, ne illud abhorreat[1093], vel sugas in naribus fortiter et postea

---

1072 ponantur *ACGIJLNORSZA'B'*
1073 *folgt* et convalescent *BT folgt* et convalescent (*folgt* Capitulum 9 *EW;* et convalescent] *fehlt P*) Medicina de claudendo (de claudendo] ad claudendum *EMUW*) os et ad constringendam (ad constringendam] constringendo *FK* constringendum *EMUW* constringendi *V*) rumphationem avis *DEFHKMPUVW*
1074 rūfacio *ACLS* rumfatio *BNA'B'* ruffatio *DV* runfatio *EGMTW* rūfatō *FP* ruffacio *HG'* rumfacio *J* rumphatio *Q* r{un}faccio *U* romfacio *Y*
1075 *folgt* sive carminentur *JG'*
1076 carminentur *ACGILNORSB' folgt* sive carminentur *ZA'*
1077 fundantur (II, 6, 14) - et] *fehlt NB'*
1078 filon, quod folium est] folio caryophyllorum (caryophyll' *IZA'G'* caryophyllus *J*) *ACGIJLNORSZA'B'G'*
1079 spississimum *DEFHKMUVW*
1080 in corio] *fehlt P*
1081 *folgt* ante pastum *BDEFHKMTUVW*
1082 *fehlt P*
1083 *folgt* omni *BDEHKMTUVW* auribus *ZA';* calidis (II, 6, 15) - naribus] eorum omni *F*
1084 non ponantur *A* ponantur *CGILNORSB'*
1085 convaluerint *BDEFHKMTUVW folgt* Medicina, quando inflantur oculi et obturantur nares avium *P*
1086 *fehlt BT* (Capitulum 10 *EW*) Medicina, quando inflantur oculi et obturantur nares avium *DEFHKMUVW*
1087 quod non fert] *fehlt G'2*
1088 opii *L*
1089 balsamo *A folgt* et de (et de] id est *G'1*) balsamo *ZA'G'1*
1090 saad'gi *A* de saadegi *I* sadeg *J* saadam *L* saadege{m} (*folgt Lücke von ca. 3 Buchstaben*) *P* saadeque (*folgt Lücke von ca. 7 Buchstaben*) *Q folgt Lücke von ca. 7 Buchstaben Y* de ssadeg *G'1*
1091 squi{n}a{n}tur *J* squinantis *Q* squinat' *YZ* squinant *A'* squinancie *G'1*
1092 vii *S*
1093 illud abhorreat] ipsum tedeat *ACGIJLNORSZA'B'*

suffla in eis aloe hepaticum[1094] et camphoram. [21] Et si eiciant aliquid de capite suo, tunc sani erunt. [22] Et si non, iterentur medicine post biduum, et dimittantur per ii horas, et dentur sibi ii partes sui pastus, et sic de tertio in tertium interpolatim. [23] Et si per hoc non convalescant, accipe[1095] staphisagriam pulveratam et accipe calamum[1096] acute[1097] perforatum[1098] et pone intus medicinam et suffla in naribus, et statim aperientur. [24] Et si per hoc non convalescent, accipe[1099] orobi granum i, piperis grana ii, et misceantur[1100] simul et[1101] coadunentur cum melle, et inde linias[1102] eis nares et pone[1103] ante eos aquam, [25] et circa[1104] vesperam[1105] cibentur de carnibus arietis annualis vel gallinarum calefactis, et postea clysteriza cum oleo sesamino, cotidie[1106] drachmas ii vel minus. [26] Vel accipe picem puram[1107] pulveratam et misce cum aceto forti[1108] insimul mixto ita, quod videatur quasi mel, et cum penna ponatur in naribus per triduum. [27] Et antequam fiat hec medicina, ungatur naris sua cum melle, et des eis pastum suum. [28] Et si per[1109] hoc non convalescant, accipe de obsomogaro bono et pone in naribus per triduum semel in die. [29] Et si per hoc non convalescunt[1110], dentur eis carnes porcine calide cum oleo. Vel pascantur de carnibus avis, que vocatur aglogos[1111], nam carnes iste valde iuvabunt[1112].

[1094] *folgt* pulverato *G'1*
[1095] grana (II, 6, 17) - accipe] *fehlt BDEFHKMTUVW*
[1096] cannulam *RZA'* cannulas *ACGILNOSB'*
[1097] subtiliter *ACGILNORSZA'B'G'1*
[1098] perforatam *RZA'* perforatas *ACGILNOSB'*
[1099] staphisagriam (II, 6, 23) - accipe] *fehlt JQ*
[1100] pistentur *G'1*
[1101] *folgt* pistentur et *G'2*
[1102] lava *BT*
[1103] intus (II, 6, 23) - pone] *fehlt G*
[1104] ante *EMUW*
[1105] circa vesperam] hora vesperarum *BT*
[1106] triduo *I*
[1107] *fehlt Q*
[1108] fortiter *L*
[1109] videatur (II, 6, 26) - per] ubi *NB'*
[1110] accipe (II, 6, 28) - convalescunt] *fehlt BDEFHKMPQRTUVWY*
[1111] aglocos *ACGLNOB'* algloglos *BT* agloglos *F* aglotos *IR* aglo{c/t}es *J* aglogas *PQ* aglocas *S folgt Lücke von ca. 6 Buchstaben Y* aglocgos (alocgos *Z*), secundum quosdam dicitur (de *Z*) gruara parva *ZA'*
[1112] *folgt* Quando avis habet caput vel oculos inflatos, aperies rostrum suum et invenies in palato i granum grossum ad formam piperis. Extrahe ipsum cum acu et subito unge cum balsamo et accipere os sepie et pulvera et pone in oculis avis et suffla intus, ut multum intret in oculo. Deinde ipsum pascas cum pastu recenti, et sanabitur. *BT*

Capitulum 7[1113]

[1] De medicamine catarrhi[1114] recentis sive umidi[1115]

[2] Quando hoc accidit, accipe eos suaviter cum manibus et aperi os suum et leva[1116] suaviter linguam. Et si inveniatur sub lingua sua aliqua lingua parvula, scias, quod accidit hoc ex superfluitate phlegmatis. [3] Et si hoc apparet, scalpe locum illum, donec sit subtilis, et postea accipe[1117] vinum vetus et lava palatum suum cum acumine digitorum fricando fortiter. [4] Deinde accipe piper et staphisagriam equaliter et pulvera[1118] et pone in vi[1119] vel in v laminis[1120] carnium unctis cum melle, ut gluttiant. [5] Deinde ligentur[1121] in sole, donec calefiant. Postea in umbra ponantur. Et per hoc exibit de ore suo aqua, et voment cibum suum cum phlegmate alterato[1122] vitreo[1123]. [6] Et si aliquid non eiciant, lini palatum suum cum melle, ut transeat sapor medicine. Et postea detur de carnibus columbinis linitis cum butyro et croco[1124] ad comedendum. [7] Et si per hoc non convalescant, accipe murem vivum et da eis, ut cum rostro[1125] iugulent ipsum et laborent deplumando et bibant de sanguine suo, et sic eicient, quicquid erit in naribus suis et in[1126] capite. Et hoc facias ter. [8] Et si per hoc non convalescant, accipe de staphisagria x grana et de pipere unciam[1127] i, de asara et de costo et de[1128] saadeg[1129] ana uncias[1130] iii. Hec omnia pulverentur, et his linias palatum

---

1113 34 *G'*
1114 *fehlt J*
1115 sive umidi] *fehlt A* quod Gallici dicunt {uciet} *Q;* recentis sive umidi] umidi, quod Gallici dicunt (quod Gallici dicunt] dicti *C*) relent (re̅le̅t *G* relet *L*) *CGILNOSB'* relentis *J* relent *R* relenit *Z* umidi *A'* sicci vel umidi, que Galli dicitur relent *G';* Capitulum 7 - recentis] *fehlt P*
1116 lava *AIQ*
1117 *folgt* bonum *G'*
1118 et pulvera] pulveratam *ACGIJLNORSZA'B'G'*
1119 vii *L*
1120 morsibus *ACGIJLNORSZA'B'G'*
1121 ponantur *ACGILNORSB'*
1122 aliquanto *I*
1123 vitrino *ACGIJLNORSZA'B'*
1124 aceto *AI* citro *CGLNOSB'*
1125 cum rostro] *fehlt ACGIJLNORSZA'B'G'1*
1126 et in] a *J*
1127 drachmam *Q* drachma *G'1*
1128 *folgt* sanguine draconis et de *G'1*
1129 saad'g *A folgt Lücke von ca. 7 Buchstaben P* sadateg (*folgt Lücke von ca. 10 Buchstaben*) *Q* saadec *R* saag (*folgt Lücke von ca. 12 Buchstaben*) *Y* sa{g}eg *Z* sadeg *A'*
1130 drachmas *I* drachme *G'1*

ipsorum, cum necesse fuerit. [9] Et si non iuvat, accipe staphisagrie grana vii[1131] et castorei uncie[1132] mediam et de semine[1133] hyoscyami unciam[1134] i, de pipere uncias[1135] v[1136]. Hec pulverentur et ponantur in vase, et linias palatum suum, ut diximus[1137]. [10] Item quando spumabunt oculi eorum, accipe de costo et macropipere et de semine hyoscyami ana partem[1138], et pulverentur, et[1139] linias[1140] his palatum ter[1141]. [11] Item si denigrentur palpebre oculorum et viscose iungantur simul, lava cum vino veteri, et postea pascantur de carnibus calidis[1142].

Capitulum 8[1143]

[1] De medicamine catarrhi umidi[1144]

[2] Cum accidit hoc[1145] et lacrimantur oculi et orridificant[1146] caput suum et runfactionem[1147] habent, accipe de pipere grana xl et de opio unciam[1148] i, de folio de pyrethro, de euphorbio ana uncias[1149] ii[1150], de costo uncias[1151] iv[1152], de staphisagria xx grana, de oleo balsami

---

[1131] vi *I*
[1132] drachme *NA'B'* drachma *G'1*
[1133] de semine] *fehlt Q*
[1134] drachma *G'1*
[1135] drachme *G'1*
[1136] vi *N* vii *Q*
[1137] *folgt* Medicina ad spumam oculorum avium *P;* Capitulum 7 - diximus] *fehlt BT* (Capitulum 11 *EW*) Medicina ad spumam oculorum avium *DEFHKMUVW*
[1138] *folgt* i *BT* parum *J* parte i *P* par' *ZA'* parte *G'1;* ana partem] equaliter *AIR*
[1139] *folgt* ponantur in vase et *AIJRZA'G'1*
[1140] palatum (II, 7, 9) - linias] *fehlt CGLNOSB'*
[1141] *folgt* et iuvabit *BDEFHKMTUVW fehlt I nicht lesbar G'1*
[1142] *folgt* et sanabitur *A*
[1143] 35 *G'2*
[1144] Capitulum 8 - umidi] *fehlt BDEFHKMPTUVWG'1*
[1145] *fehlt DH*
[1146] orridificat *H* aridificant *I* orudificant *K* orridificant{ur} *N* orridificatur *B'* ordificant *G'1* horridificant *G'2*
[1147] rūfacionē *AC* rumfatioēm *B* rūfationem *DK* runfationem *EMTW* rūfatiōēm *F* rufatōēm *G* rūfacioēm̄ *H* ruphationem *I* rūfacōnem *J* ruffatōē *L* rufationem *NB'* rūfatoem̄ *O* runfactōēm *P* tumefactioe *R* rufacōnem *S* runfaccionē *U* rūfationē *V* rumfacionē *Y* r{un}factionem *Z* rumiffacionem *G'1* ruffacionē *G'2*
[1148] drachma *G'2*
[1149] drachmas *INB'G'2*
[1150] *folgt* et *APY*
[1151] drachmas *A'* drachma *G'2;* ii, de costo uncias] *fehlt G'1*
[1152] iii *BT* ii *L*

uncias[1153] ii[1154], de butyro uncias[1155] iv. [3] Hec omnia pulverentur, et misce cum butyro et pone in vase. Et cum necesse fuerit, linias his[1156], nam hoc est utile[1157]. [4] Si autem exit de naribus suis humiditas grossa et videtur in oculis eorum inflatio et palpebre sunt inflate, medicentur per supradictas medicinas in catarrho recenti[1158]. [5] Et si hoc non iuvat, pone de liquiritia pulverata in pastu suo, et detur eis. [6] Et si hoc non iuvat, pone in naribus suis de oleo nardino vel[1159] de oleo de behen, et ligentur[1160] in sole per iv horas. [7] Et si non resolvatur catarrhus, detur de carnibus columbinis[1161] calidis, et medicentur post[1162] biduum, et linias nares suas cum oleo nardino. [8] Vel accipe caryophyllos et piper album et piper nigrum ana partem[1163], pulverentur, et suffla in naribus. Et quando hoc facies, stillabit de naribus aqua multa. [9] Et postea accipe vinum vetus et suffla in naribus[1164] suis et liga sive[1165] pone[1166] eos in sole per iii horas[1167], et postea ponantur in umbra, et erit valde utile[1168]. [10] Alia medicina[1169], que expellit istam infirmitatem de capitibus eorum: Accipe salgemam[1170] et oleum purum[1171] et mel et albumen ovi ana partem i et pone in iii laminis[1172] carnium, et[1173] iuvabit. [11] Alia medicina[1174] iuvativa[1175] ad iv[1176] species catarrhi, maxime

---

1153 drachmas *IA'* drachme *G'2*

1154 {iii} *P*

1155 drachmas *A'* drachme *G'2*

1156 *folgt* oculos *G'1* *folgt* nares *G'2*

1157 est utile] iuvabit valde *BDEFHKMTUVW*

1158 umido (*fehlt J*), quod Gallici dicunt relent (redeat *A* *fehlt I*) *ACGIJLNORSZA'B'G'2*

1159 et *ACGILNORSB'*

1160 ponantur *ACGILNORSB'*

1161 *fehlt A*

1162 postea *I*

1163 *folgt* i *ACGILOPRS;* partem] et *G'1* parte et *G'2*

1164 Et quando (II, 8, 8) - naribus] *fehlt G'1*

1165 liga sive] *fehlt ACGIORS;* suffla in naribus suis et liga sive] *fehlt L*

1166 sive pone] *fehlt JPZA'G'2*

1167 Et si (II, 8, 7) - horas] *fehlt NB'*

1168 *folgt* Medicina ad expellendam infirmitatem avium capitis *P;* Si (II, 8, 4) - utile] *fehlt BT* (Capitulum 12 *EW* Capitulum 8 *K*) Medicina (Optima medicina *K*) ad expellendam (expellendum *EKMUW*) infirmitatem capitis avium *DEFHKMUVW*

1169 *folgt* utilis et valde bona *BDEFHKMTUVW*

1170 salgēma *A* salgēmā *BFGNPRG'1* sal gemma *C* salgemmā *EW* salgemum *I* sal gēmā *J* salgeniam *K* salgēmam *L* salgemma *M* sal gēma *O* salge{min}ā *S* salgēmam *T* sal gemmam *U* salzemā *V* salgemā *Z* salgēmam *B'*

1171 *fehlt A* putrefactum *G'1*

1172 morsibus *ACGILNORSB'*

1173 *folgt* da comedere avi et *BDEFHKMTUVW* *folgt* da ad comedendum et *G'1* *folgt* da sibi ad comedere et *G'2*

1174 *folgt* et melior et *BDEFHKMTUVW*

1175 *folgt* multum *BEFKMTUW* *folgt* pro catarrho sicco vel umido vel *G'1*

frigidi: Detur aliqua pecia aliorum deglutienda. Et si non possunt gluttire, misce in pastu suo[1177], maxime in[1178] tempore frigiditatis. [12] Similiter cibentur de carnibus[1179] calidis[1180] avium et quadrupedum. [13] Alia medicina iuvativa pro catarrho sicco et umido: Accipe radicem ase fetide et funde in aquam, donec inspissetur. Deinde suffla[1181] in naribus suis, et valde iuvativum est[1182].

Capitulum 9[1183]

[1] De medicamine catarrhi generati ex[1184] indigestione[1185] alteratarum carnium[1186]

[2] Quando accidet hoc propter requiem et replebitur lacrimale oculorum cum infusione lacrimarum et videtur quasi[1187] nubes ex humiditate in oculo et depilant pastum suum et eiciunt[1188], [3] tunc accipe staphisagrie quartam drachme, costi et saadeg[1189] ana drachmas[1190] ii et mediam[1191]. [4] Hec pulverentur, et lava cum vino veteri palatum suum et postea frica[1192] de medicina ista et postea frica[1193] cum melle. [5] Et[1194] quando frequenter palpebrabunt, pone in naribus[1195] suis in primo die oleum violaceum, et in crastino detur eis

---

[1176] alias *BT* iii *L*
[1177] in pastu suo] cum aliquibus calidis carnibus et *BDEFHKMTUVW*
[1178] maxime in] *fehlt NB'*
[1179] cervicibus *G'1*
[1180] maxime in (II, 8, 11) - calidis] *fehlt F*
[1181] *folgt* ter *G'1*
[1182] Alia (II, 8, 13) - est] *fehlt BDEFHKMTUVW*
[1183] 13 *EW fehlt V* 36 *G'*
[1184] *folgt* nimia comestione et ex *NB'*
[1185] *folgt* et comestione *CGILOS(Hand 6)*
[1186] alteratarum carnium] *fehlt V* Capitulum 9 - carnium] *fehlt BST nachgetragen S (Hand 6)*
[1187] *folgt* rubedinem sive *G'*
[1188] quando (II, 7, 10) - eiciunt] *fehlt Q*
[1189] sa adeg *A* suadech *BT* zaadeg *C* suadeg *DFHKV* sachideg *E* si adax *I* saadag *L* sahadeg *MUW* siaadeg (*folgt* et sanguinis draconis *G'*) *PG'* saudag *Q* seadeg *R folgt* vel folium gaĩo{l}i *Y*
[1190] uncias *I*
[1191] et mediam] *fehlt T*
[1192] *folgt* cum melle et postea frica *G'*
[1193] et postea frica] palatum *DH fehlt I;* de medicina ista et postea frica] *fehlt LNB'*
[1194] postea frica cum melle. Et] *fehlt JG'*
[1195] auribus *P*

comedere de carnibus[1196] cum butyro vacce et salis ammoniaci aliquantulum, in tertio die suffla in naribus[1197] parum de theriaca infusa cum oleo violaceo.

Capitulum 10[1198]

[1] De medicamine catarrhi generati ex fumo et[1199] pulvere[1200]

[2] Signum huius infirmitatis est, quod descendet aqua ex naribus suis. [3] Et quando accidet hoc, accipe vinum vetus et suffla in naribus suis et in facie, et iuvabit. [4] Et si per hoc non convalescant, accipe scordion, et[1201] est alium agreste[1202], et tere eum cum vino veteri et linias nares eius, ut intret intus, cum[1203] penna, et per hoc exibit aqua. [5] Postea pone eos ante[1204] aquam, et si poteris, liga eos super[1205] aquam currentem, et lavent se illic, et iuvabit. [6] Et si per hoc non evadent, suffla in naribus suis oleum violaceum cum lacte mulieris, si tempus sit calidum[1206]. [7] Et si per occasionem istam inflentur oculi et nares eorum, accipe de oleo balsami et pone in naribus suis cum penna et liga in sole et appone eis aquam, ut se lavent. [8] Vel accipe aliquid obsomogari et vinum et oleum rosaceum et stilla in naribus suis cum penna[1207]. [9] Si autem accidat eis dormitatio, pascantur de cauda[1208] arietis veteris[1209] infusa in oleo, et iuvabit. [10] Et si sternutent frequenter et de ore suo exeat aqua, accipe eos suaviter, deinde accipe radicem sue lingue et decortica, et postea ungatur cum butyro, et cibentur per[1210] triduum de carne pingui vel[1211] de pinguedine avium conveni-

---

1196 de carnibus] *fehlt BDEFHKMTUVW*
1197 auribus *P*
1198 14 *EW* 37 *G'*
1199 vel *Q*
1200 Capitulum 10 - pulvere] *fehlt BT*
1201 id *BDEFHKMTUVW* quod de *G'*
1202 et est alium agreste] *fehlt ACGIJLNOPQRSZA'B'*
1203 *folgt* panno vel cum *Q*
1204 eos ante] ante aves (nares *BT*) *BDEFKMTUVW*
1205 ante *BT*
1206 *folgt* et iuvabit *BDEFHKMTUVW*
1207 Et si (II, 10, 7) - penna] *fehlt BDEFHKMTUVW*
1208 lana *A* carne *N*
1209 *fehlt BDFHKTV*
1210 post *PQ*
1211 et *ACGILNORSB'G'*

entium vel de cauda arietina. [11] Si autem per hoc[1212] ingrossetur vox eorum, accipe picem et oleum et infunde intus iii morsus carnis, ut gluttiant, et sanantur[1213]. [12] Et quando clamant frequenter, accipe iii grana de staphisagria et pone cum carne[1214] hirundinis, et cibentur. [13] Postea liga per i horam[1215]. Et si digeratur, clamoris frequentia transibit. [14] Si autem non digeretur[1216], signum est, quod non iuvat.

Capitulum 11[1217]

[1] De medicamine sudhaam[1218]

[2] Infirmitatis huius signum est, quod volucris in pertica sua torquebit dorsum suum et amittet velocitatem suam. [3] Et quando accidet hoc, accipe folia[1219] raparum et coque in aqua et infunde in aqua illa de carnibus[1220] arietinis et da ad comedendum, et iuvat[1221]. [4] Si autem per hoc non convalescant, accipe cor et hepar accipitris, qui mortuus fuit per istam infirmitatem, et pasce eos de his cum carnibus arietinis[1222]. [5] Et si per hoc non convaleant, accipe sarcocolle rubee drachmam[1223] i et tere et da cum carnibus et pilis[1224] apri. [6] Et si non prodest, accipe piperis xxx grana et de radice ase fetide unciam i et mediam, de croco uncias[1225] iii. Hec pulverentur [7] et misceantur cum vino albo et melle, et pone in vase et accipe de his cotidie secundum exigentiam et da eis cum morsibus carnium. [8] Alia medicina secundum tractatum novum: [9] Accipe aliquid de stercore arietis et aliquid de folio salicis recentis[1226] et omnium[1227] herbarum odoriferarum[1228] ana virgulam i [10] et coaduna

---

1212 per hoc] *fehlt I*
1213 Si (II, 10, 11) - sanantur] *fehlt BDEFHKMTUVW*
1214 cum carne] *fehlt L*
1215 Postea liga per i horam] et pone sedere parum *BDEFHKMTUVW*
1216 digeritur *ACGIJLNORSZA'B';* clamoris (II, 10, 13) - digeretur] *fehlt DH*
1217 38 *G'*
1218 sudaam *CGLOSYB'* suddaam *JR* soda *N* sudanhe *Q* ssuddam *G';* Capitulum 11 - sudhaam] *fehlt AIP*
1219 grana *AI*
1220 illa de carnibus] *fehlt A*
1221 et iuvat] *fehlt NB'*
1222 *folgt* et da ad comedendum, et iuvat *ACGILNORSB'*
1223 unciam *A*
1224 pili *AIR*
1225 drachmas *I*
1226 *folgt* sive viridis *ACGILNORSB'*
1227 aliarum *G'*

hec in vase et coque[1229], donec immisceatur sapor in aqua, [11] et postea aquam istam pone in magno bacili et liga avem in aliquo cribro desuper, ut per[1230] cribrum transeat fumus ad eum[1231].

Capitulum 12[1232]

[1] De medicamine doloris capitis[1233]

[2] Quando accidit hoc[1234], accipe de felle lupi[1235] pondus ii granorum et pone in naribus suis per biduum et tertio die accipe de carvi pondus grani i[1236] et misce cum oleo diasimini[1237] sive sambacino[1238] et pone in naribus suis[1239]. [3] Vel accipe de semine rute et pista[1240] et[1241] accipe sucum et misce cum oleo diasymini[1242] et pone in naribus suis[1243]. [4] Si autem tremant et non possint stare super pedes, accipe liquiritiam et de malvavisco, et simul misceantur et ponantur in laminis[1244] carnium et cibentur. [5] Et si non iuvat[1245], accipe staphisagrie i siliquam et salis albi ii siliquas, pulverentur, et munda nares[1246] avis a

---

1228 *fehlt Y*

1229 et coque] *fehlt PY*

1230 ut per] *fehlt P*

1231 *folgt* et iuvabit *A;* Capitulum 11 - eum] *fehlt BDEFHKMTUVW*

1232 11 *ADFHIKMPUV* 15 *EW* 39 *G'*

1233 doloris capitis] sudhaam *I;* Capitulum 12 - capitis] *fehlt BT*

1234 accidit hoc] dolor accidet in capite avis *BDEFHKMTUVW*

1235 *folgt* ad *MU*

1236 grani i] granorum ii *ZA'*

1237 diasmi *A* sisamino *BT* diasimino *CDEGKLMNOPSUVB'G'* dyasimino *F* diasi{mm}o *H* diastino *I* dyas{m}y *J* diasimi *R* diasimīo *W* dyasimȳ *ZA'*

1238 sisam{in}a *A* sābacino *BD* sambazino *F* sabas{m}o *H* sisamino *IR* susam{in}o *J* sanbacino *K* scābacino *M* sābucino *P* sta{m}bas{in}o *U* susam *ZA';* sive sambacino] *fehlt CGLNOSVYB'*

1239 *folgt* per triduum *R*

1240 tere *AR*

1241 pista et] *fehlt I*

1242 dias{in}īo *A* sisamino *BT* diasimino *DEG'* dyasimino *FMUW* diasi{nini}o *H* diasmino *IV* dyas{mini} *J* dyasimīo *K* d{iịi}as{min}o *R* diascimini *Y* dyas{mun} *Z* dias{imin}... (*weitere Buchstaben möglicherweise durch die Bindung verborgen*) *A'*

1243 *folgt* (C{apitulum 12} *K* Capitulum 16 *EW*) Medicamen, quando volucres (aves *KV*) tremunt *DEFHKM UVW;* Vel (II, 12, 3) - suis] *fehlt CGLNOSB'*

1244 frustis *ACGIJLNORSZA'B'G'*

1245 si non iuvat] iuvabit. Vel *DEFHKMUVW;* Et si non iuvat] Vel *BT*

1246 aures *E verbessert zu* aures *W*

pilis circumstantibus [6] et pone in naribus[1247] iii[1248] guttas de suco[1249] granati dulcis et infunde in faciem suam. Deinde accipe de pulvere illo et frica palatum. [7] Et si sentiat[1250] debilitatem anime, non ponas aquam ante eos usque post horam i. Deinde ponas aquam[1251] tepidam et non cibes eos usque ad nonam[1252]. In nonis des comedere de carnibus gallinarum nigrarum[1253] ad saturitatem.

Capitulum 13[1254]

[1] De medicamine infirmitatis, que vocatur zugz[1255], id est[1256] horripilatio[1257]

[2] Signum huius est, quod volucris horrificando et levando[1258] plumas[1259] suas levabit et stringet ad[1260] latus suum alas suas fortiter ab inferiori et superiori[1261] parte alarum et levabit[1262] unum pedem et alterum non et[1263] approximabit unum reliquo [3] et una vice succutiet[1264] se, alia vice carminabit[1265] plumas dorsi sui et habebit profundos oculos magis solito et forte cooperiet ii tertias[1266] oculorum suorum cum panno[1267] oculi sui, quod est malum signum cum horripilatione[xlii], et fortius hoc est, quando aperiet os et cito claudet. [4] Cura eius, ut approximetur ad ignem carbonis sine fumo. [5] Et si non iuvat, pone in ore suo

---

[1247] *folgt* quasi *BEFKMTUW*
[1248] iv *DH*
[1249] *folgt* pomi *G'*
[1250] *folgt* inde *ZA'*
[1251] ante (II, 12, 7) - aquam] *fehlt I*
[1252] *folgt* Capitulum 12 De medicamine doloris capitis *I*
[1253] mixtarum *DHV*
[1254] 12 *ADFHIPV* 17 *EW* 40 *G'*
[1255] zuç *A* zug *CKLS* çug *GINORB'* iugç *Y* çuger *G'*
[1256] *folgt* spasmus sive *K;* zugz, id est] *fehlt DEFHMPUVW*
[1257] spasmus *ACGIJLNORSZA'B' folgt* sive spasmus *G';* Capitulum 13 - horripilatio] *fehlt BT*
[1258] depilando *DHV* lavando *IY*
[1259] palmas *V*
[1260] *folgt* pectus seu ad *BT*
[1261] et superiori] *fehlt LP*
[1262] lavabit *T*
[1263] non et] et non *EMUW*
[1264] excutiet *ACGIJLNORSZA'B'*
[1265] *folgt* alas et (*fehlt K*) *BKT*
[1266] vel iii partes *BDEFHKMTUVW*
[1267] p *Lücke V*

aliquid de behen puro[1268] et aliquantulum in[1269] naribus suis. [6] Et si non iuvat[1270], clysteriza eum de behen[1271]. Et sic debes clysterizare: Cum cannula debes immittere behen[1272] et pone in ore suo aquam rosaceam[1273] tepidam stillando[1274]. [7] Et si revertatur animus eius, da ei de carnibus columbelli[1275] pinguis et aperi hepar et cor et pulmonem et, quicquid poteris, de sanguine coram eo et ciba[1276]. [8] Alii dixerunt, quod, cum acciderit ista infirmitas volucri, curetur per foveam, et nos in sequentibus narrabimus eam. [9] Vel volvetur in manteli et revolvetur super aquam calidam dorsum ipsius et aliquando venter. Et quando sudabit, tunc sanus erit. [10] Vel pone in igne pugillares pecias lapidis[1277], donec veniant[1278] quasi carbones, et super lapides pone ollam inversam[1279] et riga ibi vinum[1280] et volucrem teneas desuper, ut ascendat ad ipsum vapor. Et cum sudabit, sanus erit.

Capitulum 14[1281]

[1] De medicamine ventositatis generate in capitibus[1282] eorum[1283]

[2] Est signum huius, quod volucris sternutabit et palpebrabit[1284] debiliter. [3] Et sciatis, quod ventositas in capite[1285] est sicuti obturatio narium, que accidit quadrupedibus. [4] Et melior curatio est, quod debeat[1286] curari cum fovea sic: Fodiatur terra, et fac foveam profundam i brachio, latam autem ii brachiis, [5] et accende intus ignem, donec calefiat

---

1268 *fehlt NB'*
1269 de *U*
1270 Et si non iuvat] *fehlt R*
1271 clysteriza eum de behen] *fehlt G'*
1272 Et sic (II, 13, 6) - behen] *fehlt PY*
1273 *fehlt A*
1274 Et sic (II, 13, 6) - stillando] Pone in ore suo aquam rosacea tepidam stillando. Et si debes clysterizare, cum cannula debes immittere behen. *G'*
1275 columbellis parvis ad comedendum. Et sit bene *G'*
1276 *folgt* et hoc probatum est *A;* Et si (II, 13, 6) - ciba] *fehlt BDEFHKMTUVW*
1277 *folgt* id est parvas, ut contineantur in pugillo *ZA';* pugillares pecias lapidis] lapides *BDEFHKMTUVW*
1278 eveniant *CGJORS*
1279 ollam inversam] ollas inversas *CGLNOSB'*
1280 *folgt* bonum et odoriferum *G'*
1281 13 *ADFHPV* 18 *EW* 24 *L* 41 *G'*
1282 corporibus *L*
1283 Capitulum 14 - eorum] *fehlt BT*
1284 et palpebrabit] *fehlt P*
1285 in capite] *fehlt ACGILNORSB'*
1286 que (II, 14, 3) - debeat] *fehlt NB'*

fovea et deveniat rubea. Deinde trahe, quicquid ibi erit de igne et de cinere, et irriga foveam intus cum vino et pone desuper i tegulam subtilem[1287] [6] et involve volucrem[1288] fortiter[1289] de aliquo manteli vel panno et super tegulam volve et revolve avem a dorso et a ventre, ut ascendat vapor ad eum. Et sic defluet a naribus suis muchositas[1290]. [7] Deinde in manu portetur et cibetur de gallina nigra. Postea ponatur[1291] super chordam factam de herbis vel[1292] super fascem herbe. Et fac hoc per triduum, et sanabitur.

Capitulum 15[1293]

[1] De medicamine vermium generatorum in capitibus[1294] eorum[1295]

[2] Quando autem hoc accidet et videtur tempore mordendi carnes, quod non possit[1296] gluttire carnes, [3] pascantur de carnibus arietinis cum oleo sesamino et[1297] de[1298] carnibus columbarum, que[1299] iam[1300] volare[1301] inceperunt, et tunc[1302] sanantur[1303].

[1287] *fehlt NB'*
[1288] avem *BDEFHKMTUVW*
[1289] *fehlt G'*
[1290] muehositas *A* ventositas *BT* mochositas *CGOS* muchos *DH* rauehositas *I* rācositas *K* mothositas *L* mocositas *NB'* viscositas *P* muthositas *R* muthos *V* humiditas et viscositas *G' folgt* propter sudorem, qui multum iuvabit *BDEFHKMTUVW*
[1291] *folgt* sedere *BDEFHKMTUVW*
[1292] et *BT*
[1293] 14 *A* (*Hand 2*) *DFHPV* 19 *EW* 42 *G'*
[1294] corporibus *G'*
[1295] amittet (II, 11, 2) - eorum] *fehlt Q* Desunt nonnulla capitula. *Q* (*Hand 2*)
[1296] possint *A* (*Hand 2*) *GJOR* possunt *CILNSZA'B'*
[1297] vel *BDEFHKMTUVW*
[1298] *folgt* cervicibus et *G'*
[1299] columbarum, que] columborum, qui *A* (*Hand 2*)
[1300] *fehlt EMUW*
[1301] valere *T*
[1302] cito *MU*
[1303] *folgt* Alia medicina: Accipe croco, quod sufficit, et pone in morso carnis et fac avis deglutire in mane. Et postea dimitte stare per ii horas, antequam aliud comedat, et teneas eum in mane cum capello, ut non vomat medicina. Et cum videris stercus suum, quod intus aparuerit medicina digesta, tunc ciba eos de columbello cum sanguine suo. Alia medicina: Accipe de herba, que appellatur vulgariter in latino herba da{u}er{im}, que vocatur asençuol, et est calida et sicca, et de illa fac et da sibi per illud modum, sicut superius dictum est. Et iste ii sunt bone medicine. *G'*; Capitulum 15 - sanantur] *fehlt A am Rand mit Einfügungszeichen nachgetragen A* (*Hand 2*)

Capitulum 16[1304]

[1] De medicamine vermium generatorum in oculis suis[1305]

[2] Cum hoc acciderit, accipe ferrum auriculare[xliii] et cum illo volve suaviter[1306] palpebras suas de uno capite ad aliud, et statim videbis vermes[1307] in extremitatibus oculorum in superiori parte, et fac extrahi. [3] Et si remanet aliquid, quod non[1308] possis trahere, instilla super eum vinum vetus. Et si aliquid remanet adhuc, instilla forte acetum[1309], quia hoc[1310] expellit vermes[1311]. [4] Vel accipe spongiam infusam[1312] cum modico[1313] melle et tergas cum ea oculos et mundifica. [5] Et si per hoc non convalescant, pone in oculis suis[1314] de foliis persici siccis[1315] et cave eis de pastu sanguinis in ista infirmitate, nam nocivus est.

Capitulum 17[1316]

[1] De medicamine siringa[1317]

[2] Hec infirmitas accidit volucribus rapacibus[1318], quia pugnant[1319] ad invicem, dum sunt in nido. [3] Et est duritia quedam in pelle de vestigiis foraminum. Sicut fistule semper stillat inde aqua, et apparet duritia intercutanea. [4] Et quando vis, ut fiat macer, ut iaciatur ad

---

1304 15 *ADFHPV* 20 *EW fehlt K* 43 *G'*

1305 eorum *CDHJOPRVZA'* avium *EFKMUW fehlt Q;* Capitulum 16 - eorum] *fehlt BST nachgetragen S (Hand 6)*

1306 *fehlt BDEFHIKMTUVW*

1307 vermem *G'*

1308 *fehlt PQY*

1309 Et si aliquid (II, 16, 3) - acetum] *fehlt BT* vel acetum forte. Et licet non (nichil *EMUW*) remaneat aliquid (*fehlt EMUW folgt* quod non possis extrahere *DHV*), tamen (tantum *DFHKV*) vinum vetus instilla (destilla *EMUW*) *DEFHKMUVW*

1310 *folgt* acetum forte *BT*

1311 *folgt* et vinum instillatum quasi sanat *BDEFHKMTUVW* vermem *G'*

1312 quia (II, 16, 3) - infusam] *fehlt I*

1313 *fehlt DH*

1314 pone in oculis suis] accipe *BDEFHKMTUVW*

1315 *folgt* subtiliter pulverato *G'*

1316 16 *A* 44 *G'*

1317 sut'iga *A* suringa *CGILNOB'* syr{in}ga *J* siringe *Q* syringa *R* suryngia *S* siringe (suriga vel siringa *G'*) suringa est durities quasi cicatrix obdurans ora fistule *ZA'G';* Capitulum 17 - siringa] *fehlt P*

1318 rapine *ACGIJLNORSZA'B'*

1319 pungant *I*

volandum[xliv], et[1320] vigebit[1321] tunc ista infirmitas non valens foras exire propter duritiem pellis, penetrabit intus ad viscera, et morietur. [5] Et quandoque exibit ex eo humiditas, et indurando coadunabitur[1322] aqua[1323] et paulatim exibit. [6] Cura eius hec est: Quando accidet hoc, accipe de nigredine fimi sui et pone super locum egrum, et iuvabit. [7] Et[1324] si non iuvat, frica locum ipsum, donec rubefiat, cum sale vel cum sale[1325] ammoniaco[1326], ut mundetur. Deinde frica cum zuccaro. [8] Et si non iuvat, cauteriza locum cum virga murti, et iuvabit. [9] Alia cura secundum tractatum novum: [10] Ciba eos per triduum de muribus parvulis cum lacte caprino, postea cum oleo sanbacino[1327] vel cum oleo[1328] narcissino et infunde desuper de rubea[1329], scilicet macra[1330], pulverata. [11] Vel funde asam fetidam in forti aceto, donec liquefiat, et de hoc aceto[1331] adaqua[1332] quendam pullum[1333] aperiendo os suum et dimitte per i noctem. [12] In crastino erit mortuus. Tunc depiletur, et de hoc ciba avem per triduum, et sanabitur[1334].

Capitulum 18[1335]

[1] De medicamine doloris aurium[1336]

[2] Quando hoc[1337] accidit[1338], accipe de pinguedine ursi et oleo petroleo[1339] albo[1340] ana carrublam i per pondus, calefiant insimul[1341] et instillentur continuatim[1342] per triduum

[1320] *fehlt ACGIJLNORSZA'B'G'* ut *Q*
[1321] videbitur *AI*
[1322] coagulabitur *CO*
[1323] *fehlt NB'*
[1324] Alia cura *Y*
[1325] vel cum sale] *fehlt AIPQR*
[1326] armenico *A*
[1327] sabbatino *A* sāmacino *CNO* sanmacino *G* sambucino *I* sambac{in}o *JZ* sā{m}acino *L* sa'bacino *P* sambatino *Q* samacino *S* sambacino *A'G'* sam̃acino *B'*
[1328] sanbacino vel cum oleo] *fehlt R*
[1329] rub'a *A* rubeo *J;* de rubea] *fehlt I*
[1330] maiora *A* marra *I* ma{c̃} *J* macre *L* matata *P* macam *Q* mac̊ *R* mac{c}a *A' folgt* que est terra (cera *A fehlt G'*) rubea *ACGIJLNORSZA'B'G'*
[1331] liquefiat, et de hoc aceto] *fehlt R*
[1332] ad aquam *AJSZA'* aquam *P fehlt Q folgt* se (seu *CO*) imbibe *ACGILNORSB' folgt* se{u/v}i bibe *ZA'*
[1333] quendam pullum] quandam pullā *R*
[1334] *folgt* sine dubium *A;* In (II, 17, 12) - sanabitur] *fehlt CGLNOSB';* Capitulum 17 - sanabitur] *fehlt BDEF HKMTUVW*
[1335] 17 *AMU* 16 *DFHKPV* 21 *EW* 45 *G'*
[1336] avium *DHP;* Capitulum 18 - aurium] *fehlt BT*

quolibet die i gutta. [3] Et pone ipsum volucrem in loco calido obscuro, et cibetur de carnibus gallinarum et sanguine suo[1343].

Capitulum 19[1344]

[1] De medicamine surditatis[1345]

[2] Quando hoc accidit[1346], accipe de[1347] pipere[1348] albo sextam drachme[1349], pulveretur et ponatur in lamina[1350] carnium, et gluttiatur, et[1351] hoc est iuvativum[1352].

Capitulum 20[1353]

[1] De medicamine ulcerum generatorum in gutture[1354]

[2] Quando acciderit hoc, accipe de pice greca[1355] et tere cum aceto forti et pone in naribus suis, et in sequenti die liniantur guttura eorum cum melle et dentur cum pastu suo butyrum et mel. [3] Si autem non sanentur, pone in naribus suis obsomogarum, quod non sit

---

1337 vero dolor *BDEFHKMTUVW*
1338 *folgt* in auribus (naribus *DH*) *BDEFHKMTUVW*
1339 petrarum *ACGIJLNORSZA'B'G'*
1340 *folgt* quod dicitur petroleon *ACGIJORZA'* quod (que *G'*) dicitur petroleon (petrolium *NB'* petroleō *G'*) *LNSB'G' fehlt Q*
1341 *fehlt A*
1342 *folgt* in auribus *BDEFHKMTUVW*
1343 *fehlt BT*
1344 18 *A* 22 *EW* 17 *F fehlt K* 46 *G';* Capitulum 19] *fehlt DGHPV*
1345 Capitulum 19 - surditatis] *fehlt BT*
1346 *folgt* quod avis habebit surditatem *BDEFHKMTUVW*
1347 *folgt* pice greca *Y*
1348 papavero *R*
1349 sextam drachme] vi drachmas *R*
1350 frusto *ACGIJLNORSZA'B'G'*
1351 gluttiatur, et] *fehlt PQ*
1352 hoc est iuvativum] iuvabit multum *BDEFHKMTUVW*
1353 19 *A* 47 *G'*
1354 medicamine ulcerum generatorum in gutture] vulnere gutturis *Q;* Capitulum 20 - gutture] *fehlt P*
1355 *folgt* que dicitur colophonia *ACGIJLNORSZA'B'G'*

multum[1356] salitum. Deinde cibentur de carnibus columbinis, postea de carnibus[1357] porcinis[1358].

Capitulum 21[1359]

[1] De medicamine phlegmatis generati in gutture eorum[1360]

[2] Signum[1361] huius infirmitatis est, quod videbis avem succutere caput suum, quando[1362] eiciet plumatam[1363] suam[1364], et erit plumata[1365] hec mollis et fetida[1366]. [3] Et quando os aperit, invenies intus quasi glutinum de sputo. [4] Et volucris impinguatur ex infirmitate ista. [5] Cura huius hec est: Accipe sal ammoniacum et mamiranum[1367], id est[1368], ana pondus granorum ii, tere et misce cum melle et frica guttur eius mittendo digitum cum medicina ista intra guttur circa tertiam horam diei. [6] Deinde accipe liquiritie et penidiorum[1369] ana drachmas[1370] vii[1371], farris hordei drachmas xiv[1372] decoque in x libris aque [7] et fac colare et pone ante eos in vase tepido, et non cibetur usque ad nonam. Deinde ciba de alis gallinarum. [8] Et si non iuvat, accipe de staphisagria parum[1373] et pone in aqua et postea decortica et accipe de borac, id est[1374], et tere simul et misce cum melle[1375] et cum panno

---

1356 *fehlt ZA'*
1357 postea de carnibus] *fehlt Y;* columbinis, postea de carnibus] *fehlt Q*
1358 Capitulum 20 De - de carnibus porcinis] *fehlt BDEFHKMTUVW*
1359 20 *AMU* 23 *EW* 18 *F* 17 *K* 48 *G';* Capitulum 21] *fehlt DHPV*
1360 Capitulum 21 - eorum] *fehlt BT*
1361 Quando autem accidet, quod phlegma sit generatum in gutture avis, signum *BDEFHKMTUVW*
1362 ante *P*
1363 plumatā *ABFGLOPRSVWG'* pl{um}atā *CU* pl{um}am *H* plumatū *N* plumātam *Y* plumatum *B'*
1364 plumatam suam] pl{um}aciū (pl{um}atiū *Z* plumatium *A'*) suum *JZA'*
1365 pl{um}ata *CU* plumatā *G* pl{um}atā *H* pluta *L* plumatam *G';* suam, et erit plumata] *fehlt R*
1366 plumata hec mollis et fetida] pl{um}atū (pl{um}atiū *Z* plumatium *A'*) hoc molle et fetidum *JZA'*
1367 mamiranū *AHPYZ* mamiramum *BT* mamyranum *EV* mamyramum *FMU* mamironum *I* manuranū *J* mamy ramum *K* manuranum *Q* mamyranū *W* marmiranū *G'*
1368 *folgt Lücke von ca. 4 (6 MU 8 W 10 E) Buchstaben EKMUW;* id est] *fehlt ABIJRTZA'G';* et mamiranum, id est] *fehlt CGLNOSB'*
1369 penidiū *ACGOR* penidiarum *BEFMTUVWY* penidiarū *DH* penid{iu}m *I* re{v}idiarum *K* penedium *LNB'* pinidearum *P* penidyar^{S} *Q* pene{d}iū *S*
1370 uncias *P*
1371 vi *AIR* ii *Q*
1372 x *V*
1373 de staphisagria parum] staphisagriam puram *BT*
1374 *folgt Lücke von ca. 12 (5 M 6 U) Buchstaben MUY;* id est] *fehlt ABCGIJLNORSTZA'B'G'*

infrica palatum. [9] Et quando eicient id, quod est in gutture suo, cibentur[1376] de sanguine columbino et columbinis carnibus, et liga[1377] in sole et ante eos pone aquam, et sic sanantur.

Capitulum 22[1378]

[1] De medicamine ulcerum sive pustularum natarum[1379] super linguam[1380]

[2] Quando accidit hoc[1381], accipe de indico drachme mediam, de coriandro sicco[1382] drachmam i et frige[1383] coriandrum, donec ardeat. [3] Hec pulverentur[1384], et cum digito[1385] pone super locum doloris et infrica palatum, et post horam i[1386] cibentur[1387]. [4] Si autem per hoc non convaleant[1388], accipe de aloe hepatico et de camphora ana partem i. Hec pulverentur simul, et his fricetur palatum, [5] et postea pone in naribus eorum lac mulieris vel[1389] butyrum vel oleum violaceum[1390]. [6] Alia medicina iuvativa[1391] contra caliditatem accidentem quolibet tempore: [7] Accipe de camphora sextam drachme, de croco, de traganto, de pyrethro ana drachmam i[1392], spodii drachmas ii[1393], cacolle, id est[1394] cardamomi[1395], et cubebe, id est[1396], et suci liquiritie et lentis decorticate ana drachmas[1397]

1375 cum melle] *fehlt DHV*
1376 *folgt* absit *J*
1377 pone *ACGILNORSB'*
1378 21 *A* 19 *DFHPV* 24 *EW* 18 *K* 49 *G'*
1379 vel granorum alborum natorum *G'*; pustularum natarum] pustulis *Q*; ulcerum sive pustularum natarum] granorum (generatorum *I* granatorum *JR*) alborum natorum (*fehlt AZA'*) *ACGIJNORSZA'B'* mali, quod nascitur *EFKMUW*; medicamine ulcerum sive pustularum natarum] malo nato *DHPV*
1380 Capitulum 22 - linguam] *fehlt BT*
1381 quod aliquod malum nascetur super linguam avis *BDEFHKMTUVW*
1382 *fehlt CGLNOSUB'*; drachme mediam, de coriandro sicco] *fehlt AP*
1383 *folgt* id est orrefac (orefac *ZG'*) *JZA'G'*
1384 *folgt* insimul *DH*
1385 et cum digito] cum digito et *A*
1386 post horam i] postea *BDEFHKMTUVW*
1387 *folgt* de calidis carnibus *BDEFHKMTUVW*
1388 Si autem per hoc non convaleant] Vel *BDEFHKMTUVW*
1389 et *G'*
1390 *folgt* Capitulum contra caliditatem *P*
1391 *fehlt J*; Alia medicina iuvativa] *fehlt BT* (Capitulum 23 *E*) Medicina (Capitulum *DH* Capitula *V*) contra caliditatem *DEFHKMUVW*
1392 drachmam i] *durchgestrichen J*
1393 drachmas ii] *durchgestrichen J*
1394 id est] *fehlt Q*; cacolle, id est] *fehlt ACGILNORSB'*
1395 id est cardamomi] *fehlt J*
1396 *folgt Lücke von ca. 7 (5 P) Buchstaben PY*; id est] *fehlt ABCDEFGHIJKLMNORTUVWZA'B'G'*

v[1398] et de zuccaro albo xl[1399] drachmas[1400]. [8] Hec pulverentur et commisceantur cum aqua cicoree vel[1401] cum aqua psyllii et formentur ad modum[1402] abellane parve et in umbra ponantur[1403]. [9] Et cum necesse fuerit, accipe i et pista[1404] et frica cum hac palatum volucris, postquam mundificabitur[1405] palatum[1406] cum bombyce. [10] Et si fuisset infirmitas calida, remove de medicina ista pyrethrum et pone sucum liquiritie in quantitate piretri et rosam siccam pistatam[1407], drachmas ii[1408]. [11] Alia medicina refrigerativa: [12] Accipe de camphora siliquam i[1409], cacolle[1410] et[1411] croci ana drachmam i, spodii[1412] drachmas ii[1413], seminis rose drachmas[1414] iii, lentis decorticate et coriandri ana drachmas iv[1415], de amylo drachmas v[1416]. [13] Hec pulverentur et coadunentur[1417] simul. Et cum necesse fuerit, de his opereris[1418].

[1397] uncias *A*
[1398] drachmas v] drachmam i *I durchgestrichen J*
[1399] xi *A* x *F*
[1400] xl drachmas] *durchgestrichen J*
[1401] et *T*
[1402] et cubebe (II, 22, 7) - modum] *fehlt S*
[1403] *folgt* ut aliquantulum desiccentur *G'*
[1404] tere *ACGIJLNORSZA'B'*
[1405] fricabitur *PQ*
[1406] os *C*
[1407] tritam *ACGIJLNORSZA'B' fehlt G'*
[1408] iii *A folgt* (Capitulum 26 *EW*) Medicina (*fehlt DHPV*) ad refrigerandum *DEFHKMPUVW;* drachmas ii] *durchgestrichen J fehlt R*
[1409] *folgt* idem drachmam i *PQ*
[1410] cardamomi *ACGIJLNORSZA'B'G'*
[1411] id est cardamomi *PQ*
[1412] drachmam i, spodii] *fehlt C*
[1413] drachmam i, spodii drachmas ii] *durchgestrichen J*
[1414] ii, seminis rose drachmas] *fehlt DH*
[1415] drachmas iv] *durchgestrichen J*
[1416] drachmas v] *durchgestrichen J*
[1417] et coadunentur] *fehlt Q*
[1418] *folgt* sicuti in medicina caliditatis narravimus *BDEFHKMTUVW*

Capitulum 23[1419]

[1] De medicamine corrosionis sive pruritus in palato nate[1420]

[2] Signum huius est, quod[1421] videtur volucris esse gypsius et ascendit calor ad caput et accidit[1422] ei adustio in palato. [3] Tunc scias, quod habet corrosionem[1423], maxime si palatum album fuerit post nigredinem. [4] Et quando comedit carnes, figet unguem suam[1424] in palato et raspabit[1425], donec infletur gula et de ipsa exibit sanguis et prohibeatur a cibo. [5] Et quando volucris eiciet pennas in tempore suo et extra tempus suum et videbuntur ibi vermes, tunc scias, quod corrosio[1426] succedit in pennis suis, et scito, quod potest esse, quod vadat corrosio[1427] usque ad viscera sua. [6] Principium autem huius est, quod accidit ei prius gypsum. Postea per ascendentem calorem usque ad caput accidit adustio in palato, deinde corrosio. [7] Quando autem accidet[1428] hoc, linias locum egrum cum butyro vaccino et pipere per triduum. [8] Et si non iuvat, accipe sucum raphani et piperis et olei[1429] granorum persicorum et salis ammoniaci ana partem, pulverentur illa, que ex his pulverari possunt, et misce simul cum suco raphani et linias his loca. [9] Et si non iuvat, accipe de semine[1430] hyoscyami et de sale et de pipere ana partem i, tere et hoc unge. [10] Vel[1431] accipe laminam[1432] carnis pinguis et pone in veru, donec calefiat parum[1433]. Deinde frica cum eo[1434] linguam et palatum, dum erit calidum, nam illud est iuvativum. [11] Vel accipe salis ammoniaci[1435] et sanbaci[1436] et indici ana partem equalem, tere[1437] et misce simul et accipe

---

1419 22 *A* 27 *EW* 19 *K* 50 *G'*
1420 Capitulum 23 - nate] *fehlt BT*
1421 *folgt* in palato *BT*
1422 calor ad caput et accidit] *fehlt DHV*
1423 *folgt* sive pruritum *ACGIJLNORSZA'B'G'*
1424 suum *GIJLNRSYB'*
1425 *folgt* sive (et *AIR*) scalpet *AIJRZA'G'*
1426 pruritus *ACGILNORSB' folgt* sive pruritus *JZA'G'*
1427 pruritus *ACGINORSB' folgt* sive pruritus *ZA';* succedit (II, 23, 5) - corrosio] *fehlt L*
1428 accidit *ACGIJLNORSZA'B';* adustio (II, 23, 6) - accidet] *fehlt T*
1429 *folgt* et *BDEFHKMTUVWG'*
1430 cum (II, 23, 8) - semine] *fehlt EW*
1431 Et *J*
1432 frustum *ACGJLNORSZA'B'G'* laminas *BDEFHKMPQTUVW* frusta *I*
1433 *fehlt CGLNOSB'*
1434 oleo *ABDEFHIKLMNPQRTUVWB'G'*
1435 armenici *A*
1436 sabati *AI* sambaci *BDEFHJKMPQTUZA'* sabaci *CGLNOB'* saba{c}i *R* sābaci *S* sambati *V*
1437 *fehlt G'*

parum et misce cum suco[1438] raphani vel cum[1439] lacte mulieris et linias palatum cum penna per triduum. [12] Vel accipe piperis drachmas ii[1440], arrhenici et boracis armenici ana drachmas iii[1441], pulvera et misce cum melle liquido. [13] Deinde unge palatum cum penna[1442] vel cum festuca pastinace agrestis[1443], qua homines mundificant dentes, facta ad modum calami scriptoris. [14] Cum hoc accipe de hac medicina et unge palatum avis. Deinde lava cum aceto et postea linias cum oleo rosaceo et modico de urina camelarum[1444] pascentium, postquam bene decoquentur urine[1445] – erunt quasi mel –, et erit iuvativum[1446]. [15] Vel accipe viridis eris siliquas ii[1447], de arrhenico rufo drachmam i[1448], de sale ammoniaco drachmas ii, de fuligine furni siliquam i, de borac armenica[1449] drachme mediam[1450], [16] tere[1451] et in vase pone. Et cum necesse fuerit, accipe aliquantulum et misce cum oleo sesamino et linias palatum. Postea lava[1452] cum aceto[1453]. [17] Si autem crescat corrosio palati eorum, accipe butyrum calefactum[1454] et pone ibi lignum absinthii et accende caput illius ligni et cauteriza locum egrum. [18] Si vero transierit corrosio palati, cauteriza duas partes rostri sui et sinciput, id est anteriorem partem capitis[1455], eorum cum ligno absinthii[1456]. [19] Si autem acciderit corrosio[1457] ab infirmitate viscerum, accipe salis ammoniaci et condisi[1458] ana grana ii[1459] per pondus, pulvera et misce cum butyro vaccino, et clysterizentur. [20] Vel accipe staphisagrie grana vii[1460], tere et pone in aliquo panno

---

[1438] oleo *AIR*
[1439] vel cum] et *Q*
[1440] drachmas ii] *durchgestrichen J*
[1441] drachmas iii] *durchgestrichen J*
[1442] per (II, 23, 11) - penna] *fehlt I*
[1443] *fehlt JZA'*
[1444] camelorum *JPQ*
[1445] *fehlt PQY*
[1446] Vel (II, 23, 12) - iuvativum] *fehlt BDEFHKMTUVW*
[1447] *durchgestrichen J*
[1448] drachmam i] *durchgestrichen J* drachmas ii *NB'*
[1449] *fehlt A;* drachmas (II, 23, 15) - armenica] *fehlt T*
[1450] drachme mediam] drachmas iii *CGNOSB' durchgestrichen J* drachmam *L* drachmas ii *R*
[1451] *fehlt NB'*
[1452] Postea lava] *fehlt Y*
[1453] *folgt* et iuvabit *BT*
[1454] *fehlt P*
[1455] id est anteriorem partem capitis] *fehlt JPQ*
[1456] *folgt* et accende caput illius ligni *Q*
[1457] pruritus *ACGILNORSB' folgt* vel (id est *G'*) pruritus *ZA'G'*
[1458] et condisi] *fehlt P*
[1459] ana grana ii] *durchgestrichen J*
[1460] grana vii] *durchgestrichen J*

subtili et mundo et pone in aqua[1461] frigida, si sit in estate, vel in aqua tepida[1462], si sit in hieme, [21] et[1463] accipe suaviter avem et frica palatum suum cum hoc panno, donec eiciat, quicquid erit in ventre vel in capite suo. [22] Et si timeas de debilitate vel[1464] turbatione vel syncopi, quem habebunt in tempore curationis[1465], prepara statim de butyro vaccino et pone in ore, et statim[1466] restaurabuntur. [23] Et abstineas eos a cibo, usque quo excutiant se bene, scilicet usque nonam. [24] Postquam autem excusserint se et inceperint[1467] polire se et habebunt bonum animum et bene egerent[1468], tunc cibentur de pullo pingui cum sanguine suo et ossibus et pennis, et hoc fiat secundum quantitatem[1469] volucris. [25] Vel cauteriza eos cum baculo[1470] murtino in ii locis, scilicet super[1471] nasum[1472] sub fronte iuxta oculum, item sub naso. [26] Si autem elargetur os suum deintus in inferiori parte et sit rubeum et non convalescant per supradictam curam, cauteriza eos taliter: [27] Accipe i peciam cepe rotunde et imple hanc de oleo diasimino[1473] ponens super ignem, usque quo calefiat. [28] Et quando calida fuerit, accipe festucam pastinace agrestis[1474] parvam et volve super hanc bombycem et madefac in oleo supradicto[1475] [29] et cauteriza loca rubefacta et elargata in palato, si sit hoc in tempore frigido. Si autem in calido sit, cauteriza cum oleo rosaceo. [30] Et non cauterizes deforis, quando emittunt lacrimas, quia statim oculos perderent. Sed debes infricare palatum cum aloes hepatici[1476] et staphisagrie[1477] et zuccari[1478] et croci[1479] et pyrethri[1480] ana partem i[1481] et non debes facere multum. [31] Et des carnes cum lacte

---

1461 in aqua] *fehlt R*
1462 calida *NB'*
1463 vel *L*
1464 et *PA'*
1465 purgationis *PQ*
1466 de butyro vaccino et pone in ore, et statim] *fehlt PQG'*
1467 se et inceperint] *fehlt G*
1468 digerent *ACGIJLNORSZA'B'G'*
1469 qualitatem *P*
1470 cum baculo] *fehlt CGLNOSB'*
1471 subter *ACGIJLNOPQRSYZA'B'G'*
1472 super nasum] *fehlt I*
1473 dyasmino *A* asimino *CLNOB'* de asimino *G* dyasimino *J* diasimīo *P* diacimo *Q* as{imin}o *S* dias{imin}o *ZA'* de sisa{mm}o *G'*
1474 *fehlt JZA'*
1475 *folgt* que est in cepe sub igne calefacto *G'*
1476 aloes hepatici] aloe (oleo *AGILNSB'*) hepatico *ACGIJLNORSZA'B'*
1477 staphisagria *ACGIJLNORSZA''B'*
1478 zuccaro *ACGIJLNORSZA'B'G'*
1479 croco *ACGIJLNOSZA'B'G'*
1480 pyrethro *AGIJLNSZA'B'G'* pipere *CO*

mulieris et zuccaro[1482]. Et in die medicine ciba eos leviter. [32] Post cibationem non debes medicari nisi in infirmitate pediculorum. [33] Et melior medicina in ista infirmitate est, ut[1483] sugantur[1484] nares, donec exeat, quod intus est. Deinde pone in naribus oleum violaceum. Postea laxentur cum lacte calido et zuccaro et penidion[1485].

Capitulum 24[1486]

[1] De medicamine gypsi[1487]

[2] Quando id acciderit[1488] et[1489] oculi sunt inflati, accipe de cauda arietis salita siliquam i et removeas corticem[1490], qui[1491] est desuper, et da comedere in medio carnium [3] et liga avem in sole, donec calefiat. Deinde pone in umbra. [4] Et cum digesserint, appone eis aquam. Et postea des de carnibus convenientibus sibi aut suge nares. Et postea pone oleum violaceum, si sit aer calidus. [5] Et si frigidus est, accipe de rubia tinctorum et salgema[1492] ana partem i, pulvera et funde in vino puro et suffla vinum super oculos. [6] Et debent semper[1493] tenere ventrem suum laxum sive mollem. [7] Et si indigeant cauterizatione, cauteriza eos cum tenera virgula[1494] murti et pone super oculos, quando cauterizabis, bombycem infusum in aqua frigida vel in aqua rosarum. [8] Et cave suo rostro et oculis cauterizando. Et non fiat cauterizatio[1495] profunda nec nimis larga, ne comburat cutem subtilem in loco, in quo est inflatio. [9] Et cauterizare debes in ii locis: in medio capitis et in duabus partibus rostri cum

---

1481 ana partem i] equaliter *ACGILNOSB'* ana par̄ (par *Z*) *JZA'*

1482 et croci (II, 23, 30) - zuccaro] *fehlt R*

1483 in (II, 23, 32) - ut] *fehlt L*

1484 ungantur *L* fricantur *Q*

1485 penidiis *ACIJNORSZA'B'* penediis *G* pēnidion *P* pemudion *Q* po{ni}dion *Y* pe{ni}dis *Z* penidis *A'*; et zuccaro et penidion] *fehlt L;* Si (II, 23, 17) - penidion] *fehlt BDEFHKMTUVW*

1486 23 *A* 28 *EW* 20 *K* 51 *G'*

1487 Capitulum 24 - gypsi] *fehlt BT*

1488 *folgt* quedam conglutinatio in oculis *G'*

1489 quod *BT*

1490 *folgt* salitum *ACGILNORSB'*

1491 corticem,qui] quod *JZA'*

1492 salgēmā *ACOS* sal'gēma *BT* salgemma *EMUW* salgēma *FNB'* salegēmā *G* silis gemma *I* salgēm̄a *J* sal-g'mā *L* sal'gēme *P* salis genme *Q* sal'gēm̄ *R* sal' gem̄ *Z* salisgēma *A'* sal gēma *G'*

1493 *fehlt BIT*

1494 virga *P*

1495 Et non fiat cauterizatio] *fehlt Q*

salute oculorum. Deinde unge[1496] locum cum predicto unguento[xlv]. [10] Et si per hoc infletur facies sua, funde super eos lac calidum, et similiter in ore et frequenter. [11] Deinde accipe ceram et violas et[1497] pinguedinem anseris, ana partem[1498] i, et ex his fac clysterium, et est iuvativum. [12] Si autem de indigestione dubites, fac istud electarium: Accipe spice et caryophyllorum et cinnamomi et zingiberis, cardamomi[1499], mastichis ana partem i, bulliant tantum in aqua, donec ibi in aqua[1500] assumatur sapor. [13] Deinde in aqua[1501] illa fundatur penidium[1502] et aliquantulum de lacte calido, et des secundum quantitatem et virtutes eorum[1503]. [14] Si autem emendentur de gypso et adhuc tumor oculorum remanet, cauteriza iuxta oculos cum virgula[1504] murti[1505] vel[1506] vitis vel[1507] salicis aut, si hoc non potes habere[1508], fac de clavo aliquo [15] et pone in domo obscura, et cibentur perfecto pastu, et linias locum cauterizatum cum oleo violaceo et cum butyro non salito[1509]. [16] Et quando gypsum erit in visceribus eorum et[1510] scivisti principium eius[xlvi], accipe rasuram panni subtilis lane ad pondus iii granorum et funde in catrano[1511] et fac iii[1512] laminas[1513] carnium, in unaquaque[1514] involve i granum de hoc et ciba, et morentur i hora, et appone eis aquam. [17] Et fiat hoc[1515] per triduum vel continue per quadriduum[1516], nam[1517] est iuvativum[1518]. [18] Et si non iuvat[1519], accipe de lacte mulieris et misce cum aliquantulo mellis et scinde de

---

1496 *folgt* rostrum et *G'*
1497 violas et] *fehlt I*
1498 Deinde (II, 24, 11) - partem] *fehlt L*
1499 *fehlt L*
1500 donec ibi in aqua] *fehlt LNSB'*
1501 donec (II, 24, 12) - aqua] *fehlt G*
1502 penidiū *AGORSG'* pe{nu}diū *C* peniduū *L* pennidion *P* per me{d}ien *Q*
1503 *folgt* et erit iuvativum *A;* Et si (II, 24, 7) - eorum] *fehlt BDEFHKMTUVW*
1504 virga *BCDEFHKMOTUVW*
1505 viridi *BT*
1506 et *Q*
1507 et *Q;* vitis vel] *fehlt I*
1508 si hoc non potes habere] *fehlt BDEFHKMTUVW*
1509 non salito] *fehlt P*
1510 *folgt* non *Y*
1511 *folgt* id est (id est] vel *ZA'*) in pice molli (liquida *R*) *JRZA'G'*
1512 etiam *L*
1513 frusta *ACGIJLNORSZA'B'G'*
1514 unoquoque *ACGIJLNORSZA'B'G'*
1515 *folgt* continue *BT*
1516 vel continue per quadriduum] *fehlt R*
1517 *folgt* multum *R*
1518 nam est iuvativum] *fehlt BT*
1519 Et si non iuvat] Vel *BDEFHKMTUVW*

carnibus laminas parvas[1520], et cibentur et eicient, quicquid erit in visceribus suis. [19] Et si hoc non iuvat, ciba cum pastu suo de penidiis[1521], et ponantur in domibus obscuris et cibentur de carnibus[1522] convenientibus per quadriduum. [20] Deinde pone in unguibus suis columbum[1523] pinguem, ut deplument eum. Quando autem apparebit sanguis, funde super illum de oleo sesamino et super istud pulvera zuccarum album, [21] et postea cibentur per triduum cibo suo cum butyro, nam[1524] est iuvativum[1525]. [22] Et si non iuvat[1526], accipe parvum murem et excoria et inversa corium suum et imple cum oleo de sesama[1527], ut inglutiant, et est iuvativum. [23] Et si non iuvat[1528], accipe hepar arietis et linias cum oleo sesamino[1529] et zuccaro albo et fac laminas parvas[1530] et pasce. [24] Et si per hoc non emendant[1531], accipe de zuccaro et de[1532] myrobalano citrino ana partem i et pone in felle arietis[1533], et inglutiant, nam est iuvativum. [25] Si autem per hoc non convaleant, accipe de ovis[1534] testudinis et laminam[1535] i de hepate arietis, incidatur minutim, et pone cum hac aliquid de aloe et de felle arietis[1536] et aliquantulum de urina puerorum, [26] commisce hec in felle arietis[1537] et liga caput suum laxo modo cum filo sic, ut teneas caput fili in manu tua, et fac inglutire. [27] Et quando requiescet pastus in gutture, trahe chordam, ut fel in gutture[1538], liquefactum hoc, remaneat, et da de carnibus parvi porcelli iugulati prius per triduum cum corio et pelle. [28] Et si per hoc non convaleant, accipe de frumento et de semine radicum et de anetho et de sesama et de apio et de uva solatri et de feniculo[1539] et de

---

[1520] laminas parvas] frusta parva *ACGIJLNORSZA'B'*
[1521] penediis *CGO* pinidiis *L* pēnidiis *P* pennidiis *Q*
[1522] obscuris et cibentur de carnibus] *fehlt PQ*
[1523] columbam *Q*
[1524] *folgt* multum *R*
[1525] Et si (II, 24, 19) - iuvativum] *fehlt BDEFHKMTUVW*
[1526] Et si non iuvat] Vel *BDEFHKMTUVW*
[1527] *folgt* et zuccaro albo *BT*
[1528] Et si non iuvat] Vel *BEFHKMUVW*
[1529] ut (II, 24, 22) - sesamino] *fehlt CDGT*
[1530] laminas parvas] frusta parva (*fehlt CGLNOSB'*) *ACGIJLNORSZA'B'*
[1531] Et si per hoc non emendant] Vel *BDEFHKMUVW*
[1532] zuccaro et de] *fehlt A*
[1533] ana partem i et pone in felle arietis] *fehlt A*
[1534] de ovis] ovo *Q*
[1535] frustum *ACGIJLNORSZA'B'*
[1536] mutonis *JZA'*
[1537] et aliquantulum (II, 24, 25) - arietis] *fehlt CR*
[1538] trahe chordam, ut fel in gutture] *fehlt Z*
[1539] et de feniculo] feni *PQ*

hyoscyamo ana partem i et de pipere modicum. [29] Hec omnia pulverentur et ponantur in corio muris, et inglutiant. [30] Et si hoc non iuvat, pasce de carnibus sibi convenientibus, postquam[1540] laxabuntur per triduum cum zuccaro vel cum aqua frigida et carnibus vitellinis infusis in lacte. Hoc autem laxabit et mundabit viscera eorum. [31] Et si per hoc adhuc non convaleant, accipe de oleo mirasolis[1541] et congela illud et pone in lamina[1542] carnis, et cibentur, si fuerit in tempore frigido. [32] Si autem fuerit in tempore calido, funde in eo[1543] laminam carnis[1544], et cibentur. [33] Et si devitent hoc, ponatur in ore suo, nam est iuvativum. [34] Si autem ex hoc non convalescant, accipe de rapis tritis[1545] et inde trahe sucum et funde ibi[1546] de carnibus caprinis annualibus[1547] et pone hic aquam et coque, usquedum aqua calescat, et da eis has per triduum. [35] Vel[1548] pone rapam super laterem in furno[1549] calido, donec mollescat. Deinde accipe sucum et in hoc infunde carnes, et cibentur. [36] Et si per hoc non convaleant, cibentur[1550] de cibo suo cum oleo nucum. [37] Vel accipe tragantum et zuccarum et aloe et lac asine et pone in i lamina[1551] carnis singulum istorum, [38] et prius gluttiant laminam[1552], in qua[1553] est zuccarum, deinde alias[1554] des eis et postea des totum pastum suum cum lacte asinino. [39] Et si per hoc non convaleant, accipe de pinguedine maliniani[1555] ad pondus iii granorum pro parvulis volucribus et magnis plus et misce cum carnibus minutim cesis et[1556] mundatis de vena sua et de nervis [40] et da in ii laminis[1557] carnium ad pondus ii drachmarum[1558] minoribus et maioribus secundum eorum quantitatem. [41] Postea liga avem, donec egerat et mundet viscera sua, et da cum tota

---

1540 post *L*
1541 mira sol' *G* mirasol' *JLPZ* que est binirasol' *R* murasol' *S folgt* que est herba *ZA'* mirassolis *G'*
1542 frusto *ACGIJLNORSZA'B'G'*
1543 eis *AGIJLNOPQRSYZA'B'G'*; in eo] *fehlt C*
1544 laminam carnis] frustum *ACGIJLNORSZA'B'G'*
1545 de rapis tritis] rapas curtas *Q*
1546 trahe sucum et funde ibi] accipe *Q*
1547 *fehlt P*
1548 *fehlt PQ*
1549 fumo *I*
1550 Et si per hoc non convaleant, cibentur] *fehlt J*
1551 frusto *ACGIJLNORSZA'B'G'*
1552 frustum *ACGIJLNORSZA'B'G'*
1553 quo *ACGIJLNORSZA'B'G'*
1554 alia *ACGIJLNORSZA'B'G'*
1555 melon' *A* meloniani *CGOS* meloniam *ILNB'* mel'oiani *J* malimani *P* mali malli *Q* melemani *R* mel'orani *Z* mel'ocani *A'* maliniam *G'*
1556 volucribus (II, 24, 39) - et] non *L*
1557 frustis *ACGIJLNORSZA'B'G'*
1558 granorum *A*

pluma eis medietatem cuiusdam avis, que vocatur cupata[1559], [42] et est avis habens super caput elevatam pennam et colorem terrenum et[1560] est maior passere[1561], [43] et minue de hoc vel auge secundum quantitatem volucrum rapacium[1562], [44] quia in crastino eicient superfluitatem et mundabuntur ex unctuositate[1563] medicine. [45] Oportet autem te uti pinguedine[1564] maliniani[1565] in temporibus frigidis, vel[1566] quando flat boreas[1567]. [46] Et oportet laxare cum carnibus convenientibus infirmitati gypsi[1568] cum oleo amygdalino et zuccaro rubeo et lacte mulierum et lacte ovino calido. [47] Si autem timeatur de indigestione, pone cum his de penidiis[1569]. Et quando[1570] laxabis eos, debes dare tantummodo tertiam[1571] sui pastus et adde vel minue, prout videbis habilitatem sue digestionis, quia si nimium des eis comedere, erit occasio indigestionis[1572]. [48] Si non sanentur per hoc, accipe radicem liquiritie trite et pone in[1573] novo panno[1574] et funde in aqua[1575] per i diem et[1576] per i noctem [49] et in crastino alio premas pannum[1577] de aqua et parum[1578] calefac[1579] et funde intus de carnibus vitelle et ciba, et erit iuvativum. [50] Si autem per hoc non convaleant, accipe de borac armenico et de melle ana drachmam i[1580], de lacte mulieris uncie[1581] mediam[1582], commisce hec et funde in his vii parva[1583] frusta carnium, et inglutiant, et liga

---

[1559] *folgt* id est avem, quam Latini vocant upupam sive cruccardo *R folgt* Latini vocant eam cuzardo (cuçardo, et Veneti vocant eam gallo de paradiso, et Greci vocant eam sipupa *G'*) *ZA'G'*
[1560] colorem terrenum et] *fehlt A*
[1561] *folgt* sicut est turdo aut merulo *G'*
[1562] volucrum rapacium] avium rapidarum *ACGIJLNORSZA'B'*
[1563] ventositate *A*
[1564] medicina *S*
[1565] meliniani *ALO* moliniani *C* eliniani *G* melunam *I* melōīani *J* melimiani *NB'* malimani *Q* melmiana *R* melimani *S* mali{ni}ani *Y* melōiani *Z* melōr̃ani *A'* maliniam *G' folgt* vel aqua vel suco *JZA'G'*
[1566] *fehlt P*
[1567] flat boreas] fiet calor *R*
[1568] *folgt* et *A folgt* vel *ZA'*
[1569] pinidiis *NB'* pinidⁱis *P* pennidiis *Q*
[1570] Et quando] *fehlt A*
[1571] mediam sive ter tertiam *R*
[1572] quia (II, 24, 47) - indigestionis] *fehlt AI*
[1573] *folgt* aqua cum *ACGILNORSB'*
[1574] novo panno] nova penna *JG'*
[1575] *folgt* vel *I*
[1576] vel *I*
[1577] pennam *JPQYG'* peciam *ZA'*
[1578] *fehlt Q*
[1579] *folgt* aquam *ACGIJLNORSZA'B'G'*
[1580] drachmam i] *durchgestrichen J*
[1581] drachme *ACJLNOSA'B'* drachmam *G* unciam *G'*
[1582] an̄ sem̄ *R;* uncie mediam] unciam medie *Y*

illos. [51] Et quando induxerint[1584], des de sanguine columbarum[1585] calido et sic fac per triduum, nam iuvabit. [52] Et si non iuvat, accipe de carnibus salitis veteribus v laminas[1586] ad modum amygdale et lava, quousque recedat salsedo. [53] Deinde calefac, et inglutiatur, et pone in qualibet lamina[1587] carnis aquam frigidam et liga in umbra, quousque egerant. [54] Tunc appone eis aquam tepidam, in qua sit coctum zingiber[1588], ut bibant. Et post[1589] iii horas[1590] satientur seu de sanguine gallinarum et[1591] de carnibus earum vel de pulmone arietis[1592]. [55] Et si non convaleant, frica palatum suum cum zuccaro et sale. Deinde cibentur de carnibus sibi convenientibus, et da sibi frequenter butyrum et zuccarum, nam hoc est convenientius[1593] in huiusmodi infirmitatibus, [56] et cibentur[1594] de iii[1595] laminis[1596] carnium cum asa fetida, et post eos pone vas aqua plenum[1597], ut ibi egerant et sic ibi videatur gypsus. [57] Et debent requiescere in loco, ubi non possint se huc[1598] et illuc iactare concutiendo aut volitando[1599] et ubi non sit fumus nec pulvis et ubi sit mediocre lumen, nec nimis clarum nec nimis[1600] obscurum, ut iudicetis, secundum quod[1601] videbitur. [58] Si autem hoc non iuvat, accipe de nasturcio pulverato drachme mediam et misce cum pinguedine calida porci et ciba. Si[1602] pro maioribus, adde, si[1603] pro minoribus[1604], minue, secundum quod tibi videbitur. [59] Et postea ciba eos de cauda[1605] arietis recentis[1606]

1583 perparva *P;* vii parva] *durchgestrichen J*
1584 digesserint *ACGIJLNORSZA'B'G'*
1585 columborum *I*
1586 frusta (*folgt* parva *R*) *ACGILNORSZA'B';* v laminas] *durchgestrichenes* v frusta *J*
1587 qualibet lamina] quolibet frusto *ACGIJLNORSZA'B'*
1588 zuccarum *Q*
1589 Et post] Per *S*
1590 dies *A*
1591 *fehlt Q*
1592 Si (II, 24, 25) - arietis] *fehlt BDEFHKMTUVW*
1593 et da (II, 24, 55) - convenientius] *fehlt DHG'*
1594 nam (II, 24, 55) - cibentur] *fehlt V*
1595 de iii] *fehlt NB'*
1596 frustis *ACGIJLNORSZA'B'*
1597 post eos pone vas aqua plenum] pone ante eos aquam in vase aliquo *BDEFHKMTUVW*
1598 hunc *Y*
1599 huc (II, 24, 57) - volitando] concutere *ACGILNORSB';* non (II, 24, 57) - volitando] concutere se non possint *JZA'G'*
1600 clarum nec nimis] *fehlt U*
1601 *folgt* ad hoc melior *G'*
1602 Et non *I*
1603 nec *I*
1604 adde, si pro minoribus] *fehlt PQ*
1605 carne *R*
1606 *fehlt GL*

secundum necessitatem, nam hoc iuvat. [60] Et si non convaleant, accipe de medicina, que vocatur brenga[1607], parum[1608] et pone in iii morsibus carnium, et inglutiant[1609]. [61] Quando autem erit gypsus vetus[1610] in eis, loca[1611] eos per triduum in domo obscura et minue eis suum pastum taliter[xlvii], ut non volitent nec flagellent se cum alis[1612]. Deinde accipe de aloe hepatico parum et pone in morsu[1613] carnis, et inglutiant. [62] Et si non convaleant per hoc, triduum[1614] cibentur de cauda arietis et post hec[1615] laxentur cum zuccaro et croco, nam hoc iuvativum est[1616]. [63] Si autem sibi accidat gypsus, dum in muta sunt, accipe de penidiis[1617] et funde in lacte et ibi pone de traganto et de suco liquiritie ana sextam drachme[1618] pulveratam et misce cum oleo sesamino et[1619] clysteriza eos. [64] Et si addatur aliquid de radice[1620] capparis, melius erit[1621]. [65] Rememoratio clysterum utilium[1622] ad morbum gypsi[1623]: Quando autem necesse fuerit clysterizare, accipe de minio[1624] rubeo et de pipere et de butyro vaccino[1625] molli et de sale ammoniaco ana partem i, pone hec[1626] in calamo, et quando congelabitur, clysteriza eum. [66] Aliud clystere: Accipe de semine porri et de semine crisoni[1627] sive[1628] senacionis[1629] et de semine radicis et semine apii, secbyneç[1630], id

---

[1607] brengi *ACO* prengi *GS* branci *I* brenigi *L* bregni *NB'* brenxa *PQ* breg *R* brenya *Y* beeuxa vel brenga *G'*
[1608] *folgt* semina minuta ut cannabus mopos [?] tamen *ZA'*
[1609] *folgt* Et si per hoc non convaleant, per hoc triduum cibentur. *Q*
[1610] *fehlt Q* ventus *YZA'*
[1611] pone *ACGILNORSB'* liga *JZA'*
[1612] se cum alis] *fehlt P;* volitent nec flagellent se cum alis] satientur *ACGIJLNORSZA'B'*
[1613] morsibus *G*
[1614] ut (II, 24, 57) - triduum] et *BDEFHKMTUVW*
[1615] hoc *ABFIJPRTVA' fehlt U;* post hec] postea *Q*
[1616] nam hoc iuvativum est] *fehlt BDEFHKMTUVW*
[1617] pinidio *AR* penidio *CGLNOSZA'B'* penediis *DH* penid' *I* p{e}nidio *J* pēnidiis *P* pennudiis *Q* pe{ni}diis *U* pinidiis *V*
[1618] sextam drachme] drachmas vi *R*
[1619] misce cum oleo sesamino et] *fehlt JZA'*
[1620] de radice] *fehlt BDEFHKMTUVW*
[1621] *folgt* Capitulum 29 *EW folgt* Capitulum 52 *G'*
[1622] clysterum utilium] clysterii utilis *R*
[1623] Rememoratio clysterum utilium ad morbum gypsi] *fehlt BT*
[1624] vino *HKPQG'*
[1625] *fehlt P*
[1626] hoc *CDGHIJLNOPQRSTB' fehlt VG'*
[1627] crissomi *PQ* crisdui *G'*
[1628] id est *P* .s. *Q;* crisoni sive] *fehlt ACGIJLNORSZA'B'*
[1629] sinapis *A* se{mī}acōis *C* sanacionis *GQ* senatōīs *IZ* senacōnis *J* senatoīs *LOP* senatiōīs *N* senaçiōn *R* senacōīs *S* senationis *A'B'*
[1630] set{hc}nec *A* sechinet *CGRS* sethynec *I* sethinet *LO* sethynet *NB'* sebineg *P* sedomeg *Q* semine vineg *Z* sc{o}bm{e}g *A'* secbineg *G'*

est[1631] serapinum[1632], et salgema[1633] ana partem i, borac armenici medietatem[1634] partis[1635], [67] pulvera[1636] et misce cum melle despumato et fac sicuti figuram olive i, et portent, et est iuvativum. [68] Vel accipe de hac medicina sextam[1637] drachme[1638] et clysteriza. [69] Aliud clystere[1639]: Accipe de sale ammoniaco albo[1640] pondus iii granorum et condisi[1641] et myrobalanis citrinis ana partem i et x grana sinapis. [70] Hec pulvera et misce cum butyro vaccino molli[1642], et quando congelabitur, fac inde quoddam licinium et linias iterum cum butyro[1643] et appone eis. [71] Et dimitte supra dorsum i hora, donec convertatur medicina ad sua viscera. Deinde trahe licinium[1644]. [72] Aliud clysterium: Accipe de borac aurificum siliquas ii et de salgema[1645] et de semine atriplicis et de arrhenico rubeo ana drachmam i[1646] et de ieusir[1647], id est[1648] opopanaco, et de pulpa colocynthide et de sarcocolla et[1649] de basapede[1650] et de semine[1651] porri ana drachmas ii, zingiberis[1652] drachmas iv[1653], de fenugreco sextam drachme[1654], de anetho drachmas x, turbith[1655] drachmas xii, de furfure drachmas

---

1631 secbyneç, id est] *fehlt J*

1632 serapinū *CJORYG'* sarapinū *GNS* sarapinum *ILB'* serapin{is} *P* sarapini *Q*

1633 saleg{ē}ma *A* salgēmā *CJO* salcgēmā *G* sal gemma *I* sale gēmā *L* salgēmam *N* sal'gēme *P* salis gemme *Q* salisgēma *R* sale gemā *S* salgem̄ *Z* salgemma *A'* sale gēmam *B'* salgemam *G'*

1634 med' *AGS* mediam *COA'* iii *I* m' *JZ* mede *L* medie *NB'*

1635 par *JZ* partem *A'*; med' partis] partem i *P* partem .f. *Q*

1636 medietatem partis pulvera] dragmam i pulvera partis *R*

1637 vi *GLNSB'*

1638 sextam drachme] vi drachmas *COR*

1639 Accipe (II, 24, 66) - clystere] *fehlt BDEFHKMTUVW*

1640 *fehlt R folgt* ad *MU*

1641 *angefügt* citrinum *T* (*Hand 2*)

1642 *fehlt ACGIJLNORSZA'B'G'*; vaccino molli] molli vaccino *Y*

1643 *folgt* vaccino *F*

1644 *folgt* et da (et da] *fehlt G'*) vel suppone in ano *ACGIJLNORSZA'B'G'*; et linias (II, 24, 70) - licinium] *fehlt S*

1645 sal'gēma *A* sale gemma *C* sale gēma *GOB'* sal gemma *I* salegēma *JL* salgēma *N* saligēma *R* sale gē{ni}a *S* salgemma *Z* sal{e}gem̄a *A'*; de salgemma] sal'gēme *P* salis gēme *Q*

1646 ana drachmam i] *fehlt PQ*

1647 i{e}suer *A* ieusier *CGIOZ* eusie{t} *J* ienser *LNB'* ie{iu}syr *P* iensir *Q* geusier *R* ie{u}sier *S*

1648 ieusir, id est] *fehlt G'*

1649 vel *Q*

1650 basa pede *J* besapede *S* basa pedis *Y* basaped' *Z*; et de basapede] basepedis *P* rasorpedis vel de basapedis *Q* (*bei P und Q stehen alle umgebenden Zutaten im Genitiv*)

1651 et de semine] *fehlt L*

1652 zuccari *Q*

1653 iii *J*

1654 unciam *I*

1655 turbit *ACPQRYG'* terbit *I* turbich *J* tūbit *O*

xx[1656], [73] pone furfurem in veteri panno et tere medicinas alias et pone in vase, ubi sit de aqua libre ii et media[1657], et cooperi buccam vasis et linias cum gypso et pone in furno[1658] calido per i noctem. [74] Et in crastino cola[1659] illam aquam et clysteriza maiores aves cum iv[1660] drachmis et minores secundum suam possibilitatem. [75] Aliud clystere[1661]: Accipe de anetho et de semine apii et de frumento et de pipere et de semine raphani et de feniculo[1662] ana partem i, pulvera, et misceantur cum oleo sesamino, et clysterizentur. [76] Oportet autem, ut in sequenti die cibentur de cibo eorum cum butyro. Et maior pars sui pastus debet esse de carne franquillini[1663]. [77] Aliud clystere: Modera pastum suum per i diem. Deinde accipe de melle et de borac et de lacte asinino ana sextam drachme[1664] et de oleo puro tertiam[1665] drachme[1666], de[1667] vino[1668] novo et suco feniculi[1669] ana unciam[1670] i[1671]. [78] Pulverentur hec, que possunt pulverari[1672], et misceantur cum liquidis. [79] Deinde accipe bursam fellis[1673] arietis[1674] et evacua, quicquid est intus, [80] et lava cum vino. Postea pone medicinas istas intus et accipe parum[1675] secundum necessitatem et clysteriza illud et obtura foramen eorum per i horam, donec circumierit medicina in visceribus suis. [81] Aliud clystere: Accipe de oleo rosaceo, flore basiliconis et de menfur[1676] et oleo violaceo et de

---

1656 xxx *Q*
1657 et tere (II, 24, 73) - media] *fehlt NB'*
1658 fumo *R*
1659 coque *CO*
1660 iii *A*
1661 Accipe (II, 24, 72) - clystere] *fehlt BDEFHKMTUVW*
1662 de feniculo] feni *P*
1663 frāquillini *APS* franquillinorum *BTV folgt* aut de melioribus carnibus calidis, quas habere potes. Item (Alia rememoratio clisterum *EMUW*) *BDEFHKMTUVW* franguillinorum *DH* franbalniorum *E* fraguillinorum *F* strāguilli *I* franquilīōrum *K* francholinorum *M* franquilini *NYA'B'* frigida quillini *Q* strāquillini *R* fran{no}linorum *U* franbal{m}orum *W* franquilī *Z* franquilinum *G'*
1664 sextam drachme] vi drachmas *R*
1665 sextam *CGLNOSB';* de oleo puro tertiam] *fehlt DH*
1666 tertiam drachme] vi drachmas *R*
1667 oleo puro tertiam drachme, de] *fehlt G'*
1668 *folgt* puro *V*
1669 novi feni *R*
1670 drachmam *APSA'*
1671 unciam i] drachmas ii *Q*
1672 hec, que possunt pulverari] *fehlt Q*
1673 bursam fellis] fel *ACGIJLNORSZA'B'*
1674 mutonis *JZA'*
1675 *fehlt C*
1676 mensur *ARZ* mesur *I* mēfur *JA'* m'sm *S;* de menfur] deinde fur *N*

pinguedine anseris et[1677] gallinarum et de pinguedine renum[1678] caprarum equaliter, commisce [82] et deinde accipe[1679] virgam[1680] argenteam vel aeneam[1681], cum qua ponitur nigrum in oculo[1682], et involve super ipsam modicum bombycis et infunde illud in medicina illa et pone in fundamento illarum [83] et move suaviter, quia gypsus quandoque inviscabitur in visceribus eorum et non poterit exire. [84] Deinde clysteriza eos cum oleo violaceo[1683] et cum butyro taliter: Accipe modicum bombycis et funde intus medicinam et pone in fundamento, quia[1684] hec medicina est talis, que leviter[1685] trahet lapidem. [85] Quando autem deplumant suos ventres per istam causam, clysteriza eos cum butyro vaccino solo vel[1686] commixto cum oleo sesamino. [86] Et si per hoc non convalescant, accipe de sale ammoniaco et de azuro[1687] equaliter. Hec pulverentur et coadunentur cum melle, et scalpe fundamentum ipsorum non clysterizando[1688]. [87] Et si per hoc non convalescant[1689], accipe[1690] herbam illam, de qua fit scopa, et est similis absinthio, sed absinthium non est, et accipe sucum suum, et si non inveniatur recens, siccum decoquatur, et funde in aqua sua pastum avis, et sibi detur[1691], [88] nam hec medicina expellit, quicquid est de gypso in visceribus eorum proprietate sua. [89] Et postea des eis de sanguine hircino et caprino. [90] Clysteria autem sua[1692] debent fieri de pennis vel de argento et non de calamo, quia est dubitativus.

1677 flore (II, 24, 81) - et] vel violaceo et de pinguedine anseris et de flore basiliconis et de menfur et de pinguedine *G'*
1678 *fehlt Y;* de pinguedine renum] *fehlt PQ*
1679 *folgt* brocam vel *JZA'*
1680 brocam *ACGILNORSB'*
1681 ercam *Q* eream *AJZA'*
1682 commisce (II, 24, 81) - oculo] *fehlt G'*
1683 rosaceo *CO*
1684 et move (II, 24, 83) - quia] cum canulla argenteam vel eream vel calamum specialiter ad hoc factum et involve super ipsam modicum bombycis et pone in ano avis et clysteriza et move suaviter et intus pone de butyro et misce cum alias medicina supradicta et scias, quod *G'*
1685 leniter *P* breviter *G'*
1686 et *ACGILNORSB'*
1687 aceto *A* zuccaro *R;* de azuro] zuccari *CO*
1688 Aliud (II, 24, 81) - clysterizando] *fehlt BDEFHKMTUVW*
1689 *folgt* fac istam medicinam, que melior est omnibus *BDEFHKMTUVW*
1690 de sale (II, 24, 86) - accipe] *fehlt L*
1691 *folgt* et iuvabit *BDEFHKMTUVW;* et sibi detur] *fehlt PQ*
1692 autem sua] cannula *G'*

Capitulum 25[1693]

[1] De medicamine corrosionis et pruritus[1694] faucium in interiori[1695] parte[1696]

[2] Quando hoc accidit, accipe de alumine albo et de murra ana sextam drachme[1697] et de myrobalano citrino et de[1698] zingibere[1699] ana drachmam i[1700] et de aloe hepatico et de[1701] medulla gallarum parvarum viridium ana drachmas[1702] ii, [3] pulvera hec, et misceantur in vase[1703] et[1704] custodiatur in loco[1705], ubi non[1706] sit pulvis, et cum aceto infrica locum doloris. [4] Si autem grossa sit infirmitas et tumor[1707] est multus[1708], cauterizentur cum sacorafio[1709], id est grossa acu, calefacta ex duabus partibus suarum faucium, et incipe a dextra. [5] Deinde linias locum cauterizatum cum medicina ista coadunando cum vitello ovi et postea ciba eos de carnibus porcelli vel anseris. [6] Et quando his[1710] accidet vulnus et exibit inde sanies, tergas eos suaviter, donec bene[1711] mundentur. [7] Deinde accipe pennulam[1712xlviii] et pulvera[1713] et minuta cum digitis et pone super. [8] Et quando per hunc dolorem deplumabunt plumas suas[1714], pone in naribus suis sal ammoniacum album cum oleo sesamino secundum necessitatem. [9] Et si non convaleant, accipe sal ammoniacum album[1715] et sal commune, de zingibere et de caryophyllis ana partem i, pulvera et suffla in

---

[1693] 24 *A* 53 *G'*
[1694] et pruritus] *fehlt AJRZA'*
[1695] anteriori *CGLNORSB'*
[1696] Capitulum 25 - parte] *fehlt P*
[1697] sextam drachme] vi drachmas *C* vii uncias *R*
[1698] *fehlt ACGIJLNORSZA'B'*; et de] *fehlt PQ*
[1699] zuccari *Q*
[1700] drachmam i] drachmas ii *GR*
[1701] aloe hepatico et de] *fehlt G'*
[1702] uncias *R*
[1703] in vase] *fehlt R*
[1704] *folgt* bene cooperiatur et *G'*
[1705] in loco] i domo *R*
[1706] *fehlt C*
[1707] timor *AQA'*
[1708] mortis *Q*
[1709] sacorasio *AP* sacorafis *Q* scorafio *R*
[1710] bis *J*
[1711] *fehlt PQ*
[1712] *fehlt ACGIJLNORSZA'B'* panulā *P* p{ā}nullum *Q* panullam *Y* panulam *G' folgt* id est (id est] *fehlt ACGIJLNORSZA'B'*) herbam palustrem strictam, que scindit ut serra (ut serra] *fehlt ACGIJLNORSZA'B'*) *ACGIJLNOPQRSYZA'B'G'*
[1713] et pulvera] pulveratam *ACGIJLNORSZA'B'*
[1714] plumas suas] pilos suos *ACGIJLNORSZA'B'* pennas (*folgt* suas *G'*) *PQG'*
[1715] cum (II, 25, 8) - album] *fehlt Q*

naribus suis, et est iuvativum. [10] Si autem vadat infirmitas ad collum, accipe de butyro vaccino veteri et pone hic in butyro fustem tamarinum[1716] et mitte in igne, donec fumet. [11] Et quando fumabit, cauteriza illum locum[1717] suaviter, et sanabitur.

Capitulum 26[1718]

[1] De medicamine raucitatis umide[1719]

[2] Cum acciderit hoc, accipe de croco et de[1720] such[1721], id est gallia[1722] muscata[1723], ana grana v et de aloe[1724] hepatico et de sinape alba ana quartam drachme[1725], de zuccaro drachme[1726] mediam[1727]. Hec pulvera, et coadunentur in vase. [3] Et cum necesse[1728] fuerit, accipe de medicina ista ii siliquas et misce cum media uncie[1729] aque tepide[1730] et pone in ore suo et de residua medicina linias os suum suaviter. [4] Deinde liga eos per iv horas et ciba de sanguine porcelli et carnibus sic, ut non sit perfecta cibatio nec in illo die nec in crastino. Et sic facias iii vicibus[1731] de quarto in quartum[1732], et emendabuntur[1733]. [5] Si autem audiatur in eis rumfatio[1734] propter caliditatem factam in visceribus eorum, accipe de zuccaro albo et de camphora aliquantulum et pone in morsibus carnium, et cibentur[1735].

1716 marinum *AI* {c/t}amarinum *J* camarinum *R*
1717 *fehlt C*
1718 25 *A* 54 *G'*
1719 raucitatis umide] raucedinis sicce *CO;* Capitulum 26 - umide] *fehlt P*
1720 de croco et de] *fehlt P*
1721 zu{c}h *C* su{c}h *R* succh *A'*
1722 gallina *C* galla *YZA'G'*
1723 muscatata *G;* gallia muscata] gallina m̃ca *P* gallina musca *Q;* such, id est gallia muscata] gallia muscata {s}ucch *J*
1724 oleo *Y*
1725 uncie *A'*
1726 de zuccaro drachme] *fehlt Y*
1727 de zuccaro drachme mediam] et *I*
1728 Et cum necesse] *fehlt CGLNOSB'*
1729 drachme *A';* media uncie] drachma i *Q*
1730 *fehlt I*
1731 modis *G'*
1732 quinto die *G';* iii (II, 26, 4) - quartum] de quarto in quartum diem iii vicibus *ACGIJLNORSZA'B'*
1733 mundabuntur *P* mundabitur *Q* emundabuntur *SY*
1734 rūfacio *ACJS* runfatio *G* rumphatio *I* rufatio *LRB'* rufacio *NQ* rūfatio *O* rufatō *P* ronfacio *Y* rumfacio *G'*
1735 Capitulum 25 - cibentur] *fehlt BDEFHKMTUVW*

Capitulum 27[1736]

[1] De medicamine raucitatis sicce[1737]

[2] Quando accidet istud[1738], accipe columbellum[1739] pinguem[1740] et da ei bibere drachmam[1741] i[1742] fortis aceti et tene rostrum suum[1743], donec moriatur, [3] et appone ipsum in pedibus[1744] avis, ut iugulet ipsum cum rostro[1745] et bibat de sanguine eius, priusquam algeat. Et non des ei de plumata[1746] sua[1747] comedere nec de ossibus suis. [4] Et post septimum[1748] diem[1749] des sibi de carnibus vitellinis lactantibus calidis et recentibus[1750], grandibus et parvis secundum suam quantitatem[1751]. [5] Alia medicina: Accipe sucum radicis feniculi et pone cum eo zuccarum album et funde de carnibus convenientibus iii morsus, et sanentur[1752].

[1736] 26 *A fehlt DHP* 30 *EW* 21 *K* 55 *G'*
[1737] *fehlt F;* Capitulum 27 - sicce] *fehlt BT*
[1738] quod avis habebit raucitatem siccam *BDEFHKMTUVW*
[1739] columbum *ACGIJLNORSZA'B'G' folgt* parvum *BT*
[1740] *fehlt ZA'*
[1741] unciam *A*
[1742] drachmam i] drachmas ii *R*
[1743] *folgt* inter ii digitos *BT folgt* clausum *G'*
[1744] palma *ACGIJLNORSZA'B'*
[1745] cum rostro] *fehlt ACGIJLNOPQRSZA'B'*
[1746] pl{um}ata *HU* plumatio *LNB'*
[1747] plumata sua] plumatio (plumato *AR* pl{um}atio *CZ* pl{um}ac̄ō *J* pluma{tt}io *O* plumacō *S*) suo *ACGIJO RSZA'*
[1748] vii *ACGIJLNORSA'B'*
[1749] dies *ACGILNORSB'*
[1750] et recentibus] *fehlt BDEFHKMTUVW*
[1751] qualitatem *EFMUW*
[1752] satientur *A;* et sanentur] secundum suam quantitatem *P fehlt Q*

Capitulum 28[1753]

[1] De medicamine rumfationis[1754]

[2] Accipe[1755] ieusyr[1756], id est opopanacem[1757], pondus i grani[1758] et distempera in oleo[1759] iasimino[1760] sive[1761] sanbacino[1762] et pone in naribus suis. [3] Et si per hoc non convaleant, pone in naribus suis[1763] de musco distemperato in oleo iasimino[1764] et post triduum accipe macropiperis et sinapis[1765] ana partem i, pulverentur et misceantur cum oleo iasimino[1766], et pone in naribus, et post hoc cibentur de carnibus columbelli[1767]. [4] Et si non convalescant, frica palatum cum sinape et melle[1768]. [5] Si autem accidat eis fluxus sanguinis ex naribus[1769] per hanc infirmitatem, accipe de stercore vaccino et trahe sucum suum et pone in oculis[1770] et suffla in naribus. [6] Et si exeat multus sanguis[1771], accipe de cumino trito drachmam i et misce cum suco[1772] feni[1773], et est herba[1774] similis trifolio, et frica eis pa-

---

1753 27 *A* 31 *EW* 22 *K fehlt B'* 56 *G'*

1754 rūfacionis *AHUY* rūfacoīs *C* rūfationis *DMNRSB'* runfationis *EKOP* rumphationis *FI* rūfacioīs *G* rumfacōnis *J* runfatōīs *L* rufationis *Q* runphacionis *V* runfatioīs *W* runffacionis *G'*; Capitulum 28 - rumphationis] *fehlt BT*

1755 Quando accidet, quod avis runfabit (rūfabit *BDFHK*), accipe *BDEFHKMTUVW*

1756 yensir *BET* ge{n}sir *CO* sensyr *DH* ieusir *FP* geusir *G* ieusys *I* b{eus}ir *J* eufir *K* gensir *LNB'* iensir *Q* ie^{n}sir *R* gensu *S* iensyr *UV* yensyr *W* genfir *ZA'* geufir *G'*

1757 *folgt* ad *MU*; id est opopanacem] *fehlt J*

1758 pondus i grani] granum (grani *CO*) i ponderis *ACGIJLNOPQRSYZA'B'G'*

1759 in oleo] *fehlt P*

1760 ysimino *BT* rasimino *E* asimino *FV* ras{im}ino *W* susimino *G'*

1761 iasimino sive] *fehlt ACGIJLNORSZA'B'*

1762 sabbatino *A* sambacino *BCEFJTVWZA'G'* samoacino *DH* sāmacino *GL* sambucino *I* samacino *NSB'* sābacino *O* scambucino *Q* susamino *R*

1763 Et (II, 28, 3) - suis] *fehlt AGLNORSVB'*

1764 sabbatino *A* ysamino *BT* ias{imin}o *E* asimino *F* sāmacino *GLB'* iasminio *H* sambucino *I* sambacino *JOZG'* sāmacino *NS* dyasimino *Q* s{a}mbacino *R* sambatino *A'* sanbacino *G'*; et pone (II, 28, 2) - iasimino] *fehlt C*; sive (II, 28, 2) - iasimino] *fehlt MU*

1765 et sinapis] *fehlt Z*

1766 ysamino *BT* ias{min}o *E* asimino *F* iasminio *H* iasumino *I* yas{im}ȳo *J* iasimīo *K* iamsimino *L* iams{umin}o *N* iase{mī}o *S* iasi{mn}o *W* iasymī *Y* iamsumino *B'* *folgt* id est sābacino (sabbatino *A* sāmattio *C* sanmacino *G* sambucino *I* sāmacino *LNOS* sammacino *B'*) *ACGILNORSB'*

1767 columbinis *NB'*

1768 *folgt* mixtis simul *BDEFHKMTUVW*

1769 ex naribus] *fehlt PQY*

1770 cerebrum *A* culis *Q*

1771 trahe (II, 28, 5) - sanguis] *fehlt NB'*

1772 *folgt* {vini} *Y*

1773 fen^{i} *P* feniculi *Q*

1774 feni, et est herba] herbe *ACGIJLNORSZA'B'*

latum et cave sibi, ne portes eos, donec sanentur[1775]. [7] Et quando accidet eis rūfatio[1776] ex caliditate, accipe spodii et rose et liquiritie equaliter et pulvera et misce sextam drachme ex his cum carnibus et da sibi comedere. [8] Si autem ex[1777] frigiditate runfent[1778], accipe de scordion[1779] sextam drachme et misce in carnibus et da[1780], nam est iuvativum. [9] Et si non habeant nisi[1781] rūfationem[1782] simplicem et fuerint pingues, accipe scintillam corticis ferri, que volat ex ferro, quando faber ferit super incudem in ferro calido, et quere rotundam et tere ad pondus i grani et da in carnibus sibi comedere.

Capitulum 29[1783]

[1] De medicamine vermium ascendentium de crupa sua deintus[1784] ad sursum[1785]

[2] Quando id acciderit[1786], accipe de scea[1787] armenica, que est[1788] genus absinthii, quod dicitur[1789] absinthium marinum sive santonicum[1790], et abreyng[1791], id est[1792], ana partem i,

---

1775 Si (II, 28, 5) - sanentur] *fehlt BDEFHKMTUVW*
1776 rūfacio *AJS* rumfacō̄ *C* rumphatio *I* runfatio *L* rufatō *P* rufatio *QB'* ruffacio *Y* rumfatio *A'* rufacio *G'*; accidet eis rumphatio] rūfat *BT* rumfeat *D* runfent *EMUW* rūfeat *FK* runfeat *HV*
1777 *folgt* infirmitate vel *G'*
1778 rūfent *ACFGOS* rūfet *BT* rumfent *DJZA'* referunt *EW* rumfecit *I* rumphent *K* rufent *LNQB'G'* rūfet[S] *P* *fehlt R* rufēt *V*
1779 *folgt* id est alii silvestris (alium salvaticum *G'*) *ACGIJLNORSZA'B'G'*
1780 Si (II, 28, 8) - da] *fehlt K*
1781 *fehlt Q*
1782 rūfacioēm *A* rūfatōēm *BP* rūfacōēm *C* rumfationē *D* runfationem *EMT* rūfatiōēm *F* runfationē *GVW* r{um}facionē *H* rumphationem *I* rumfacōnem *J* rōfationem *K* rufationē *L* rufationem *NB'* rūfatoēm *O* rufacionem *Q* rūfatiōe *R* rumfacōnē *S* rumfaciōnē *U* rufacionē *Y* rumfationem *A'* rufacionem *G'*
1783 28 *AF* 32 *EW* 23 *K* 57 *G'*
1784 sua deintus] *fehlt EMUW*
1785 *folgt* ad gutture *G'*; sua deintus ad sursum] in interioribus ad guttur *ACGIJLNORSZA'B'*; Capitulum 29 - sursum] *fehlt BT*
1786 id acciderit] vero aves habebunt vermes intus *BDEFHKMTUVW*
1787 seha *AGIR* s{c}ha *CO* sceha *DFHPV* secca *E* sebba *K* chea *J* scha *LSB'* s{ec}ha *Q* s{ec}a *W* l{cc}ha *Z* c{e}a *A'* scecha et *G'*; de scea] descha *N*
1788 *folgt* quoddam *CGILNORSB'*
1789 absinthii, quod dicitur] *fehlt F*
1790 saxonicum *Q* *folgt* apud quosdam dicitur herba blanca *G'*; quod (II, 29, 2) - santonicum] et apud quosdam dicitur herba blanca *CGILNORSB'*; que (II, 29, 2) - santonicum] *fehlt AJZA'*
1791 de breȳg *A* ebrehic *B* breyng *C* ebreig *DFHKV* ebreyng *EMUWY* de breyug *GO* debreȳg *I* debreynch *L* de breyng *NSB'* breyug' *P* ebretig *Q* brēt *R* ebre hic *T* hebreyng *G'*
1792 *folgt Lücke von ca. 12 Buchstaben Y;* id est] *fehlt ACGIJLNORSB'G'* que est quoddam genus absinthii et apud quosdam dicitur herba blanca *ZA'*

pulverentur et cribrentur[1793], et accipe[1794] pondus ii granorum et misce in carnibus. [3] Et si per hoc non convalescant[1795], accipe de suco herbe viridis frumenti et funde intus carnem mundatam nervis et vena, et cibentur. [4] Et signum efficacie est, quod videbitur rubedo in stercore illorum ut caro rubea, et illud est vermis. [5] Et si non iuvat, iterare[1796] debes. Et[1797] in die curationis ciba leviter et non sinas ventrem eorum vacuum esse post curam[1798]. [6] Et si non convaleant, accipe filtrum et subtiliter scinde ut corrigiam. Deinde funde in sanguine, et inglutiant, sic ut ab ore stomaci[1799] trahatur foras cum filo, quia vermes exibunt cum illo filtro[1800]. [7] Et quando apparebit vermis in stercore suo, cibentur de carnibus asininis per triduum[1801].

Capitulum 30[1802]

[1] De medicamine hepatis[1803]

[2] Signum est, quod scalpet dextram partem rostri desuper. Quando hoc accidet et alterabitur egestio[1804] sua et palma erit nigra vel[1805] viridis, [3] cibes de pinguedine porcorum vel[1806] franquillinorum[1807], nam est iuvativum. [4] Et[1808] si non convalescant, accipe de medicina scripta superius in capitulo de corrosione[1809] et misce cum aqua solatri et infunde ibi cibum suum, et cibentur. [5] Deinde phlebotomentur de vena, que est sub ala, ut exeant inde

---

1793 et cribrentur] *fehlt I*
1794 *folgt* ad *CGILNORSB'G'*
1795 Et si per hoc non convalescant] et da comedere. Vel (Item vel *DFHKV*) *BDEFHKMTUVW*
1796 illorum (II, 29, 4) - iterare] *fehlt P*
1797 predictas medicinas *BDEFHKMTUVW*
1798 ciba (II, 29, 5) - curam] *fehlt G*
1799 statim *R*
1800 quia vermes exibunt cum illo filtro] *fehlt Q;* Et si (II, 29, 6) - filtro] *fehlt BDEFHKMTUVW*
1801 per triduum] *fehlt DEFHKMUVW* Item accipe de suco foliorum persicorum et infunde in suco isto pastum valde recentem et da ei comedere, quando ponis ipsam avem ad dormiendum, et sic faciendo bis vel ter sanabitur. *BT*
1802 29 *A* 33 *EW* 24 *K* 58 *G'*
1803 aspirationis asthmatice *EW;* Capitulum 30 - hepatis] *fehlt BT*
1804 digestio *S*
1805 et *Q*
1806 et *ACGILNOQRSB'*
1807 frāquillinorum *AJO* franquilinorum *BKMWZG'* franguillinorum *DHRV* franquil{ni}orum *E* stranguillorum *I* frāquillorum *P* franguillorum *Q* franquīllorum *S* franguilinorum *U* frāquilinorum *Y*
1808 nam est iuvativum. Et] *fehlt V*
1809 pruritu *ACGILNORSZA'B'*

iii gutte sanguinis. [6] Et si fuerit in tempore calido, et[1810] ponas sub palma sua pannum infusum in aqua. [7] Et cibentur de cruribus[1811] gallinarum[1812] et de similibus carnibus non calidis. Et infunde carnes suas in lacte, nam est iuvativum.

Capitulum 31[1813]

[1] De medicamine ethice[1814]

[2] Quando id accidet, accipe de lacte asinino libre[1815] mediam et pone illic[1816] traganti pulverati mediam drachme et pone super ignem, ut bulliat, et infunde illic de carnibus capreolorum[1817] vel cervorum[1818] aut de carnibus onagri, id est asini[1819] silvestris[1820], vel caprinis, nam est iuvativum. [3] Et si per hoc non convalent, accipe de peonia pulverata tertiam drachme et pone in iii morsibus carnium, cum transierint iii hore diei. [4] Deinde ligentur, quousque egerant, et appone eis aquam tepidam usque ad meridiem. [5] Deinde detur de carnibus caprinis cum puro butyro ana drachma i, nam est iuvativum. [6] Alia medicina: Detur eis cibus suus cum lacte vaccino mixto cum macropipere. [7] Vel accipe ungulam arietis et de semine rape et de semine cepe, pulverentur, et accipe de toto[1821] pondus drachme medie[1822] et pone in iii morsibus carnium convenientium, et comedant, et liga[1823], quousque egerant. Deinde cibentur perfecte. [8] Si autem egerant[1824] viride[1825],

---

1810 *fehlt ACGIJLNORSZA'B'*
1811 sanguine *A* carnibus *BEKLMNQTUVWB'*
1812 *folgt* pro quibus Arabes dant franquillinos (franquillones *A* frangullos *I* frāquillinos *O* frigida grillinos *R* franquilinos *Z* franquill{in}os *A'*), pro quibus dare nos (dare nos] nos dare *IRA'*) possumus (dare nos possumus] nos possumus dare *NZB'*) phasianos *ACGILNORSZA'B' folgt* id est de cruribus *BT*
1813 30 *A* 59 *G'*
1814 hettice *I* ethyce *LY* et hire *R* echtte *S;* Capitulum 31 - ethice] *fehlt P*
1815 libram *AGJQRZA'*
1816 *folgt* cummi *ACGIJLNORSZA'B'*
1817 capreolarum *JZA'G'*
1818 cervarum *CGIJLNORSZA'B'G'*
1819 agni *I*
1820 *fehlt G';* id est asini silvestris] *fehlt ACGIJLNORSZA'B'*
1821 croco *R*
1822 *fehlt A;* drachme medie] mediam unciam *I* medie drachme *JRZA'*
1823 et liga] *fehlt A*
1824 *folgt* perfecte *Q*
1825 *folgt* perfecte *G'*

frequenter cibentur de carnibus sibi convenientibus. [9] Vel[1826] accipe de carnibus[1827] arietinis et approxima eas igni, donec fiant albe. Deinde cibentur non multum. [10] Et quando induxerint[1828], des plus secundum quantitatem eorum et secundum sue digestionis virtutem et pone in loco obscuro, quod non[1829] saliant[1830], et cave sibi de pulvere et rore et non[1831] apponas eis aquam, donec pinguefiant et emendentur[1832]. [11] Si autem inveniatur in ore suo, quando aperitur, quasi glutinum, quod fit ex humiditate, et hoc plerumque accidit in tempore frigido propter frigiditatem[1833] vel propter sudorem vel propter[1834] aliud infrigidans corpus[1835] suum. [12] Tunc[1836] accipe de condiso[1837] et excortica et pulvera parum et da alicui galline, ut comedat. Et si sibi non noceat, des similiter avi cum pastu suo. [13] Vel accipe de condiso et[1838] de colocynthida et viridis eris et de sale ammoniaco et arrhenico[1839] rubeo, id est auripigmento[1840], et de sale nigro et zingibere ana sextam drachme, pulvera et misce cum butyro et aqua, et decoquantur[1841], donec consumatur aqua. [14] Deinde ponatur in panno mundo et prematur, donec exeat butyrum solum, et de isto butyro cibentur in iii morsibus interpolatim. [15] Et in die, quo non cibabuntur cum butyro[xlix], ciba de carnibus gallinarum pinguium[1842] vel[1843] pinguis columbelli. [16] Et pone ante eos, cum comedunt butyrum, aquam[1844], ut bibant, nam per hoc eicient, quicquid phlegmatis erit in visceribus suis vel pravi umoris. [17] Vel accipe de zingibere[1845] et de sale ammoniaco et de aloe et de stercore canis albo[1846] ana partem i, pulvera et misce cum lacte mulieris et fac pilulas ad

---

[1826] *fehlt L*
[1827] sibi convenientibus. Vel accipe de carnibus] *fehlt I*
[1828] bene digesserint *ACGIJLNORSZA'B'G'*
[1829] *folgt* flagellent se cum ale nec se desbatant nec *G'*
[1830] flagellent se cum alis *ACGIJLNORSZA'B'*
[1831] *fehlt R*
[1832] emendent *ACGIJLNORSZA'B'*
[1833] siccitatem *R*
[1834] sudorem vel propter] *fehlt R*
[1835] caput *CO* cor *Q*
[1836] Vel *R*
[1837] de condiso] vii grana staphisagrie *R*
[1838] vel *SG'*
[1839] et arrhenico] *fehlt ACGIJLNORSZA'B'*
[1840] id est auripigmento] *fehlt ACGIJLNORSZA'B'*
[1841] coquantur *ACGILNORSB'* decoquentur *Q* decoquatur *Y*
[1842] *fehlt G'*
[1843] et *NB'*
[1844] in aqua *I*
[1845] zuccaro *Q*
[1846] albi *ANPB'*

modum grani piperis [18] et da in primo die iv grana[1847] in morsibus carnium et liga, donec egerant, nam eicient, quicquid erit in ventre superfluum. [19] Et post meridiem cibentur de carne columbelli, et in tertio v grana da in iii morsibus carnium et fac, ut fecisti in primo die, et hoc utantur usque ad xii grana. [20] Et postea detur[1848] continue per decendium de stercore albo canis secundum indigentiam vel de carnibus murium parvorum vel pullorum cum oleo sesamino. [21] Quando autem albescet egestio sua et decrescent anhelitus, sciendum est, quod sanantur. [22] Tunc cibes per decendium de carnibus porcorum secundum quantitatem eorum[1849].

Capitulum 32[1850]

[1] De medicamine pulmonis[1851]

[2] Quando hoc accidet, cibentur de carnibus leporinis frequenter, nam est iuvativum[1852]. [3] Vel[1853] accipe[1854] de croco et de zuccaro ana partem i, pulvera et misce et pone[1855] in iii morsibus carnium caprinarum recentium[1856]. Et quando egerunt, perfice pastum suum, nam hoc est iuvativum[1857]. [4] Et si per hoc non emendantur, accipe de fenugreco et aristolochia rotunda[1858] et de croco et de[1859] costo ana drachme mediam, de suco liquiritie et zuccaro ana ii siliquas, pulvera et pone in morsibus carnium capre recentis secundum necessitatem, et inglutiant[1860]. [5] Et si per hoc non convaleant[1861], accipe de pilis porcinis et incide[1862] minutim, et ponantur in sanguine porci, donec congelentur, et dentur, et ciba, donec satientur.

1847 iv grana] *fehlt CGLNOSB'*
1848 dentur *JPQA'*
1849 Capitulum 31 - eorum] *fehlt BDEFHKMTUVW*
1850 31 *ADFHMPUV* 34 *EW* 25 *K* 60 *G'*
1851 rabo, id est asthmatis *R;* Capitulum 32 - pulmonis] *fehlt BT*
1852 iuvatissimum *ZA'*
1853 *fehlt NB'*
1854 *folgt* frequenter *Y*
1855 et pone] *fehlt CGLNOSB'*
1856 *fehlt BT*
1857 *folgt* valde *BT*
1858 rosea *Q*
1859 croco et de] *fehlt G'*
1860 Et si per (II, 32, 4) - inglutiant] *fehlt BDEFHKMTUVW*
1861 Et si per hoc non convaleant] Vel *BDEFHKMTUVW*
1862 -quas, pulvera (II, 32, 4) - incide] *fehlt NB'*

[6] Et in sequenti die accipe de sumac[1863] pulverato et misce cum melle et fac quasi pilulas et pone in gutture eorum secundum necessitatem. [7] Quando autem calor[1864] transierit ad pulmonem eorum et audietur eorum gemitus propter hanc occasionem, accipe de costo[1865] et de borac et de salgema[1866] ana uncias iv, pulverentur et misceantur cum melle et oleo et albumine ovorum, et infunde ibi de carnibus, et cibentur[1867]. [8] Quando autem anhelabunt fortiter ex dolore pulmonis, accipe de favo mellis et decoque cum aqua et pone in gutture eorum et liga usque ad meridiem. Postea cibentur de carnibus gallinarum nigrarum[1868], nam hoc est iuvativum. [9] Si autem per hoc medicamen non convaleant, fac hoc fomentum vel suffumigationem, que penetrat ad pulmonem: [10] Accipe de styrace liquida unciam[1869] i, de glutino nabotyno[1870], quod est cummi butū[1871], et de arrhenico rubeo et de mastiche ana partem i, pulvera et misce cum aqua et fac ut granum ciceris [11] et accipe i granum et pone in igne et aperi suaviter os avis et pone granum, ut intret intus fumus, et non sit multus fumus[1872], ne sibi noceat, et cito[1873] sanabitur[1874].

1863 sumao *FK* sumach *BTV* scrimat *Q* s{imi}ac *S*
1864 *fehlt AV* dolor *BDFHKT*
1865 testo *BT*
1866 sal'gēma *A* salgēma *BFKQA'* sal gema *DH* salgemma *EMWZ* salegēma *GN* sal gemma *I* salgēma *J* sale gemma *L* salegēma *R* sale ge{nn}a *S* salge{mn}a *U* sale gēma *B';* de salgemma] sal' ge{min}e *C* sal' gēme *O*
1867 *folgt* de dictis carnibus infusis *BT folgt* (Capitulum 35 *EW*) Idem (Item *DHV*) capitulum (*fehlt V*) de dolore pulmonis *DEFHKMUVW*
1868 *fehlt CGLNOSB'*
1869 drachmam *IA'*
1870 et rabocinū *A* botino *GLNB' fehlt I* nabutino *P* nabotino *Q* vacino *S* nabatino *ZG'* nabatyno *A';* glutino nabotyno] gluti nova bachino *J* glutrina bocino *R;* de glutino nabotyno] glutini botini *CO*
1871 bo{tū} *P* bocum *Q* bocum, quod sunt quedam, que est terebinthina *G';* quod est cummi butū] quod secundum quosdam est terebinthina *ACGIJLNORSZA'B'*
1872 fumus, et non sit multus fumus] *fehlt R*
1873 scito *J*
1874 Si (II, 32, 9) - sanabitur] *fehlt BDEFHKMTUVW*

Capitulum 33[1875] et[1876] 34[1877]

[1] De medicamine[1878] asthmatice[1879] aspirationis[1880]

[2] Signum huius est, quod volucer[1881] aperit os suum et movet caput et percutit cum pectore, et quando accipit hunc aliquis, concutiet se et movebit caudam, et anhelitus suus erit frequens et exibit de faucibus suis. [3] Et sciendum, quod infirmitas talis accidit avibus de multitudine fumorum[1882] et pulverum vel ex collisione, quando fortiter[1883] rapit, vel ex multo volatu, cum venatur, quia tunc calefit complexio sua et corrumpitur eius humiditas[1884]. [4] Et quando vides, quod anhelitus in eo augmentatur, hoc est ex frigiditate[1885] capitis. [5] Cura hec est: Sciendum est, quod non est efficacior medicina oleo sesamino in hoc. Vel tragantum et cumma[1886] arabicum[1887] infunde in aqua et pone in ore suo. [6] Et cum vis curare, non sinas eum volare[1888] vel rapere aves et remove campanellas et dieta illum, donec revertatur dispositio sue persone et veniat ad pristinam[1889] pinguedinem. [7] Et des ei bibere mummiam infusam in oleo irino vel sine oleo, et bibat de bolo[1890] armenico[1891]. [8] Si autem sit infirmitas in capite suo, da ei bibere mummiam[1892]. Vel[1893] da ei de asa fetida ad modum grani ciceris in i morsu carnium, [9] quia quando inglutiet, habebit quasi sternutationem, et quando sternutabit, exibit de naribus suis mucus durus[1894], et sanabitur[1895]. [10] Et si non

---

1875 *folgt* De medicamine rabo (rabi *J*), id est asthmatis (*hierzu mit Einfügungszeichen am Rand ergänzt* deficiebat in exempla... (*Rest abgeschnitten*)i{um} cul{um} *S* (*Hand 6*)) *CGJLNOSZA'B'*
1876 *fehlt CGLNOSB'*
1877 33 et 34] 32 *AV* 33 *DFHIPQR* 36 *EW* 26 *K* 61 *G'*
1878 *folgt* anhelitus, id est *ACGJLNORSZA'B'*
1879 *fehlt Y*
1880 asthmatice aspirationis] rabo, id est asthmatis *I;* Capitulum 33 et 34 - aspirationis] *fehlt BT*
1881 volucris *ACGIJLNORSZA'B'*
1882 furorum *GLNSB'*
1883 *fehlt J*
1884 anhelitus *I*
1885 infirmitate *A*
1886 cummi *COPQ* cummam *J*
1887 arabica *BEFKMTUW* arabicam *R* rabicam *V* arabice *G';* cumma arabicum] cummam arabicam *AGINSZ A'B'G'* comamrabicam *DH* cumarabicam *L*
1888 aucupare *ACGIJLNORSZA'B'*
1889 *fehlt A*
1890 oleo *I*
1891 ammoniaco *Y*
1892 infusam (II, 33/34, 7) - mummiam] *fehlt BDFHKTV*
1893 et *Q*
1894 *fehlt V*
1895 hoc erit signum sanitatis *BDEFHKMTUVW*

convaleat per hoc, da ei de aloe[1896] hepatico. Si non sanetur, pone in ore suo de aloe hepatico[1897] et de yordanian[1898], id est[1899], mixto cum oleo[1900] rosaceo et cauteriza eum in ambabus partibus rostri desuper cum ligno schea[1901] et super caput suum et cauteriza guttur, quia forte vermes sunt illic. [11] Et si non sanentur et videantur macriores, sciatis, quod habent ethicam[1902]. Tunc curentur, ut supradictum est in cura ethice[1903]. [12] Et si non iuvat, accipe radicem magnam[1904] et scinde per medium et sume partem illam, que est a parte foliorum, et trahe, quod est in medio, et ibi pone butyrum vaccinum, et bulliat super ignem fortiter, et depone[1905] postea de igne et frigefac et infunde ibi lanam carminatam[1906] involutam in carnibus. [13] Vel si capere vult, sine lana illud butyrum da ei. Et si capere non[1907] vult, da sibi illud butyrum[1908] cum carnibus sine lana[1] et da, ut gluttiat, et expellet, quicquid erit in ventre suo superfluum. [14] Et si non sanentur, da ei anacardinum parum[1909]. [15] Quando autem anhelitus crescet et non sanabitur et avis est pinguis, ultima medicina est fovea, que talis est[1910]: fodias in terra foveam i brachii in latitudine et ii in profunditate et accende intus ignem de lignis vitis[1911], donec calefiat et rubefiet[1912]. [16] Deinde trahe foras cinerem et involve avem in i manteli et aspergas in fovea vinum. Postea appones desuper i tegulam et pone avem super tegulam [17] et verte dorsum a ventre et e converso[1913], donec calefiat[1914], et exibit de naribus suis humiditas, qualis exit de naribus bestie infrigidate[1915].

[1896] oleo *Q*
[1897] Si non sanetur, pone in ore suo de aloe hepatico] *fehlt ACGILNORSB'*
[1898] iordaynian *A* iordanion *C* yordaniam *NB'* iordanian *O* yordaman *P* ordamō *Q* torsinian *R* iordamani *S* iordani *Y*
[1899] *folgt Lücke von ca. 6 (12 PQ) Buchstaben PQY;* id est] *fehlt ACGILNORSZA'B';* et de yordanian, id est] *fehlt G'*
[1900] ore (II, 33/34, 10) - oleo] *fehlt J*
[1901] secha *A* sceha *CGLOPB'* sccha *I* steha *N* schoca *Q* s{e}cho *R* s{ce}ha *S* scea *G'*
[1902] ethicā *ACGOP* eticam *NB'G'* ethycam *Q* ecticam *R* etichā *S* heticā *Y*
[1903] ectice *R* hetice *G'*
[1904] *fehlt I*
[1905] eice *ACGIJLNORSZA'B'*
[1906] *folgt* et da, ut gluttiant *G'*
[1907] *fehlt QR*
[1908] da ei. Et si capere non vult, da sibi illud butyrum] *fehlt G*
[1909] Et (II, 33/34, 14) - parum] *fehlt Q;* Et si (II, 33/34, 10) - parum] Item *BT* (Capitulum 37 *E*) Modus faciendi foveam pro ave medicanda Item (*fehlt EMUW*) *DEFHKMUVW*
[1910] talis est] est talis (*folgt* Qualis est (*mit darübergeschriebenem* sit) fovea *J folgt* Qualis fit fovea *ZA'*) *ACGIJLNORSZA'B'*
[1911] vectis *BFKT* veteris *DH* veteribus *V*
[1912] et rubefiet] *fehlt P*
[1913] et e converso] *durchgestrichen J*
[1914] *folgt* bene *BDFHKTV*

[18] Postea ciba de carnibus gallinarum[1916] per triduum, uno die calidis, alio frigidis. [19] Et regula huius[1917] infirmitatis est hec: Quando videbis avem macrum[1918] et[1919] asthma et[1920] anhelitum frequentem, non debebis curare, quia incurabilis est vel sanari non potest.

Capitulum 35[1921]

[1] De medicamine viscositatis, que accidit[1922] in visceribus suis[1923]

[2] Quando autem hoc accidit et[1924] eicient carnes et non poterunt comedere, ciba de carnibus arietinis cum oleo sesamino parum. Deinde satia eos de carnibus columbarum, nam est iuvativum. [3] Et quando egerunt diversis[1925] egestionibus mucosis[1926], mundifices cum laxativis. [4] Et si erit in extremitate sui stercoris[1927] obscuritas, medere eis iterum, donec exeat egestio sua munda[1928], [5] et postea des de sanguine columbarum vel turturum vel hedorum et de carnibus istorum. [6] Oportet autem, ut non satientur cibis, donec deplument[1929] plumas eorum. [7] Deinde ponantur[1930] ad locum suum super perticam[1931], quousque digerant bene cibum suum. Et oportet, ut non tardes cibare eos, cum digesserint, donec[1932] sanentur[1933]. [8] Et cum volueris laxare, laxa cum butyro recenti et non salso. Et nisi inveneris butyrum recens, sed salsum, lava illud cum aqua tepida ter[1934] et cum frigida

---

1915 naribus bestie infrigidate] bestia infrigidata *CGLNOSB'*
1916 *folgt* nigrarum *CGIJLNORSZA'B'G'*
1917 Et regula huius] *durchgestrichen J*
1918 macram *BDFHKPQTV* macra *Y*
1919 *fehlt JZA'G'*; macrum et] *fehlt AGILNSB'*; avem macrum et] in ave *CO fehlt R*
1920 vel *BT*
1921 33 *A* 34 *DHIPRV* 27 *K* 62 *G'*
1922 que accidit] generate in gutture eorum sive *ACGJLNORSZA'B'G'*
1923 viscositatis, que accidit in visceribus suis] anhelitus *I;* Capitulum 35 - suis] *fehlt BT*
1924 quod *T*
1925 *fehlt BDFHJKPQTVYG'*
1926 viscosis *QG'*
1927 sui stercoris] sue egestionis *ACGIJLNORSZA'B'G'*
1928 umida *G'*
1929 deplumaveris satis *BT folgt* satis *DFHKV*
1930 ligentur *JZA'*
1931 super perticam] *fehlt PQY*
1932 *folgt* saturentur et *G'*
1933 satientur *RZA';* Deinde (II, 35, 7) - sanentur] *fehlt BDFHKTV*
1934 *fehlt BDFHKTV*

quater[1935]. [9] Deinde accipe de camphora granum i et de bolo armenico drachme mediam et de basilicone sicco et de croco ana drachmam i[1936], pulvera hec et cribella per pannum subtilem et misce cum butyro in quantitate xx drachmarum et da in morsibus[1937] carnium. Deinde ciba de carnibus supradictis. [10] Hec autem medicina mundificativa est viscerum ab omni[1938] sorde superflua et alleviat expulsionem sue plumate[1939], quod non poterat prius expellere propter superfluitatem generatam in visceribus suis, que involvebatur super plumatam[1940] suam[1941], vel propter bothor, id est pustulas parvas sive[1942] apostemata minuta, vel propter carnem superfluam vel propter[1943] apostema[1944]. [11] Medicina enim ista destillabit[1945] omnia hec et aperiet apostema et depurabit superfluitatem et emendabit infirmitatem suam et dabit appetitum comedendi et confortabit digestionem suam. [12] Et si per hoc non convalescant, accipe de glutino cardonis et de salgema[1946] ana drachmas ii et de rosa rubea drachmas iv[1947] et de semine anethi drachmas[1948] viii, pulvera et misce cum melle depurato. [13] Et accipe de hac medicina siliquas ii[1949] et funde[1950] in aqua, ubi decoctum est anethum, et pone in ore suo et dimitte per v horas in obscuro loco, ubi non possint deicere se saliendo aut flagellando[1951], donec expellant plumatam[1952] et sordem, quam habent in visceribus suis[1953]. [14] Deinde ciba de carnibus avium predictarum[1954], et bibant de sanguine earum.

1935 *fehlt BDFHKTV*
1936 de bolo (II, 35, 9) - i] *fehlt J*
1937 morsum *B* morsu *T*
1938 *folgt* carne et *G'*
1939 pl{um}ate *H* plumatis *V;* sue plumate] sui plumacii (plumati *A* pl{um}acii *CJ* plumatii *ILOR* pulmatii *S* pl{um}at{i}i *Z) ACGIJLNORSZA'B'*
1940 plumatā *BFKV* pl{um}atam *H*
1941 plumatam suam] plumaciū (pl{um}aciū *CJ* plumatium *IOR* plumatiū *L* pl{um}atium *Z* plumat{i}ū *A'* plumacium *B'*) suum *ACGIJLNORSZA'B'*
1942 et *ACGIJLNORSZA'B'G'*
1943 carnem superfluam vel propter] *fehlt P*
1944 vel propter apostema] *fehlt BDFHKTV*
1945 stillabit *ACGIJLNORSB'*
1946 sal'gēma *A* salegēma *GR* sal gemma *I* salgēma *J* sal gēma *L* salgēma *NPA'* sal gē{m}a *S* salgenia *Y* salgemma *Z* sal gema *B'G';* de salgemma] salisgēme *CO*
1947 iii *I*
1948 uncias *A*
1949 et de rosa (II, 35, 12) - ii] *fehlt C*
1950 ii et funde] *fehlt A*
1951 aut flagellando] *fehlt Q*
1952 pl'matā *A* pl{um}atā *CZ* plumatā *GOS* pl{um}atū *J* plumant *Y*
1953 Et si (II, 35, 12) - suis] *fehlt BDFHKTV*
1954 *folgt* videlicet de columbis et turturibus et aliis melioribus carnibus *BDFHKTV*

[15] Et[1955] non[1956] debes dare sibi plumatam[1957] per vii dies nec perfectum cibum in i hora, sed in ii. [16] Quando autem cadent super ventrem precedente rostro et multum movebunt caudam, accipe tunc de foliis quercinis combustis et mixtis cum aqua et fac pilulas ad modum[1958] ciceris et mitte in ore. [17] Deinde accipe minuta limationis[1959] ferri et misce cum carne et da. [18] Unum autem, quod est iuvativum pro superfluitate generata in visceribus suis et pro malis umoribus[1960] et pro vermibus, est, [19] ut cibentur de cauda arietis lota et bene bullita cum melle. Deinde liga in sole[1961], donec calefiat dorsum eorum. [20] Deinde appone eis aquam, ut bibant. [21] Quando autem bibent[1962], erit iuvativum et[1963] confortativum appetitus et mundificativum viscerum suorum.

Capitulum 36[1964]

[1] De medicamine abscisionis[1965li]

[2] Quando hoc accidet, accipe de peonia pulverata sextam drachme et pone in ii morsibus carnium, et inglutiant. [3] Deinde dentur ii[1966] boli[1967] carnis, et porta avem in manu, donec digerat, ne illam carnem proiciat. [4] Deinde liga[1968] et appone eis aquam, ubi decoctum sit apium, usque horam vespertinam. [5] Postea cibes de carnibus gallinarum nigrarum, et bibant de earum sanguine, nam hoc est iuvativum. [6] Si autem per hoc non convalescant, accipe de absinthio drachme[1969] mediam[1970] et pone in iii morsibus carnis et da sibi hoc

---

1955 bibant de sanguine earum. Et] *fehlt G'*
1956 Et non] *fehlt DH*
1957 plumatã *AFKPVY* pl{um}aciũ *CJ* plumaciũ *GS* pl{um}atam *H* plumatium *IRA'* plumatiũ *LNO* pl{um}a-tiũ *Z* plumacium *A'B'*
1958 ad modum] *fehlt R*
1959 limature *ACGIJLNORSZA'B'G'*
1960 et pro malis umoribus] per malos umores *NB'*
1961 liga in sole] pone ad solem *ACGILNORSB'*
1962 Quando autem bibent] *fehlt L*
1963 iuvativum et] *fehlt L*
1964 34 *A* 35 *IPR* 63 *G'*
1965 De medicamine abscisionis] *fehlt P* De medicinis viscositatis generate in gutture earum *I*
1966 iv *NB'*
1967 morselli *ACGIJLNORSZA'B'*
1968 loca eos *ACGILNORSB'*
1969 drachmam i et *A*
1970 drachme mediam] drachmam i *Q*

comedere, cum transierint ii hore diei. Postea ligentur, donec egerant, [7] et appone eis aquam tepidam et dimitte requiescere usque meridiem. Deinde ciba eos de pulmone arietis vel[1971] de carnibus columbarum satiando. [8] Et si non convalent, accipe de carsenne[1972], id est orobo, quod datur bobus[1973], pulverata drachmas ii et linias morsum suarum carnium et da comedere [9] et stude, ut[1974] pinguefiant, nam hoc est iuvativum. [10] Et si non convaleant, da inglutire cum morsibus carnium de origano silvestri, nam est iuvativum[1975].

Capitulum 37[1976]

[1] De medicamine sanguinis[1977] coagulati[1978] in ventre[1979]

[2] Quando hoc accidet, accipe de zuccaro et funde in aqua granatorum et aqua[1980] furfuris[1981] et ibi infunde bolum[1982] carnis, et inglutiant. [3] Et cum digesserint, perfice pastum suum, et emendabunt. [4] Vel[1983] accipe de asa fetida et de radice capparis et pulvera et pone in aqua et sine, donec clarescat, et in aqua ista infunde bolos[1984] carnis et da sibi comedere, nam iuvativum est.

[1971] et *P*

[1972] ca²senne *A* carsenue *IG'* cansēe *L* carsēn̄e *N* carsēne *OB'* cera senne *Q* {c}arsēne *S* carsene *ZA'*

[1973] id est orobo, quod datur bobus] *fehlt J*

[1974] ne *CO*

[1975] est iuvativum] multum iuvat *A;* Quando (II, 35, 16) - iuvativum] *fehlt BDFHKTV*

[1976] 35 *A* 36 *DFHIPRV* 28 *K* 64 *G'*

[1977] *folgt* inclusi in ventre (in ventre] *fehlt ACGLNOSB'*) sive *ACGJLNOSZA'B'*

[1978] *folgt* inclusi *R*

[1979] coagulati in ventre] coagulatum in gutture eorum sive inclusum in corporibus suis *G';* medicamine sanguinis coagulati in ventre] medicinis abscisionis *I;* Capitulum 37 - ventre] *fehlt BT*

[1980] granatorum et aqua] *fehlt G'*

[1981] sulphuris *BDFHKTVG' hierzu mit Einfügungszeichen am Rand nachgetragen* aliter furfuris *T* (*Hand 2*)

[1982] morsum *ACGIJLNORSZA'B'G'*

[1983] Et *Q*

[1984] morsum *AGLNSB'* morsos *CIJORZA'G'*

Capitulum 38[1985]

[1] De medicamine paralysis[1986]

[2] Quando id accidet, accipe de chelatha[1987] – et[1988] chelatha[1989] est medicina[1990], qua medici utuntur – accipe de hac pondus i grani et funde in aqua maiorane sive suco[1991] et destilla in naribus suis et frica linguam, nam est iuvativum. [3] Et si per hoc non convalescunt, accipe de castoreo[1992] et de granis balsami ana granum i, pulvera et misce cum aqua mentastri, et inglutiant de hoc drachme mediam. [4] Si autem hoc sit in tempore hiemis, ciba eos de carnibus passeris[1993].

Capitulum 39[1994]

[1] De medicamine[1995] caliditatis[1996]

[2] Signum autem huius est, quod volucris aperit os cum frequentatione anhelitus et apertis alis ventilabit[1997] aliquando et oculus[1998] quasi exibit exterius et constringet pennas suas non aperiendo et videbitur aperire alas et habere desidem[1999] aut remissum animum et, quando carminabit pennas cervicis sue, laxabit et[2000] aperiet[2001] magnas pennas[2002] alarum [3] et

---

1985 36 *A* 37 *IR* 65 *G'*
1986 sanguinis inclusi in ventre *I;* Capitulum 38 - paralysis] *fehlt P*
1987 chelacha *I* chelara *J* chelata *LZA'* telata *NB'* cholatha *Q* celacha *G'*
1988 chelatha - et] *fehlt S*
1989 cheleca *A* cheleza *CN* cheleça *GOB'* chelasa *I* chelaza *JZA'* cheza *L* chalath *P* thelatha *Q* cele et *R* chelaca *S* chelaça *Y* celaça *G' folgt* que *ACGIJLNORSZA'B'G'*
1990 *folgt* composita in antidotario Haly (Alii *AA'* Ali *CO* ali- (*verbunden mit dem folgenden* qua *zu* aliqua) *GI* Aly *J* ali- (*verbunden mit dem folgenden* qua *zu aliqui*) *LNSB'* Hali *G'*) *ACGIJLNORSZA'B'*
1991 sive suco] *fehlt I;* maiorane sive suco] sive suco maiorane *ACGJLNORSZA'B'*
1992 stercore *J*
1993 Capitulum 38 - passeris] *fehlt BDFHKTV*
1994 37 *ADFHP* 38 *IR* 29 *K fehlt V* 66 *G'*
1995 *folgt* febrium et *ACGLNORSB'*
1996 paralysis *I folgt* et febrium *JZA'* paralysi seu febribus calidis *K;* Capitulum 39 - caliditatis] *fehlt BT*
1997 *folgt* et flagellabit *ACGIJLNORSZA'B'*
1998 et oculus] *fehlt I*
1999 desiderium *BT*
2000 *fehlt ACGILNORSB'*
2001 et aperiet] *fehlt JZA'*
2002 cervicis sue laxabit et aperiet magnas pennas] *fehlt G'*

quolibet die minuetur eius pinguedo. [4] Cura: Accipe os capitis asinini et tere[2003] non nimis minutim, sed ad modum lentis, et pone desuper iii[2004] manipulos palee frumentacee et bulli cum aqua et mitte super[2005] os olle virgas. [5] Super quas pone avem, donec vapor aque in illam ascendat, sic ut vapor[2006] non comburat avem[2007]. [6] Et facias hanc curam per multos dies, nam corium suum mollificabit, et digeret pastum suum, et transibit calor. [7] Oportet autem, ut falconarius ponat hunc in loco frigido et ponat aliquantulum de camphora in aqua clara, ut bibat eam. Et destilla aliquantulum de aqua clara[2008] in naribus[2009] suis. [8] Si autem dubitas de frigiditate camphore, adaquet[2010] eum de[2011] aqua rose, ubi infunditur zuccarum, et destilla super caput eius et in naribus suis[2012] aliquantulum de oleo violaceo mixto cum aqua frigida. [9] Si autem videatur convalescere, cibetur de carnibus pullorum vel cupate[2013] vel[2014] avium parvularum taliter, ut eicias prius ventrem, et sine infrigidari[2015] et da comedere. [10] Et funde zuccarum in aqua et pone[2016] inter frusta carnium, quas comedet[2017], et erit iuvativum[2018].

[2003] et tere] *fehlt DH*
[2004] *fehlt BT*
[2005] iii (II, 39, 4) - super] *fehlt NB'*
[2006] aque in illam ascendat, sic ut vapor] *fehlt G'*
[2007] donec (II, 39, 5) - avem] *fehlt R*
[2008] Et destilla aliquantulum de aqua clara] *fehlt G';* ut bibat (II, 39, 7) - clara] *fehlt DFH*
[2009] in naribus] *fehlt S*
[2010] ad aquam *A* adaqua *BCDFGHKNORSTVB'* adaquat *Z*
[2011] adaques eum de] da de aqua cum *I*
[2012] Si (II, 39, 8) - suis] *fehlt L*
[2013] cupace *NB'* capite *Q* capace *V*
[2014] cupate vel] *fehlt DH*
[2015] et sine infrigidari] *fehlt BDFHKTV*
[2016] *folgt* aquam *ACGIJLNORSZA'B'*
[2017] et funde (II, 39, 10) - comedet] *fehlt Q*
[2018] erit iuvativum] iuvabit multa *DH*

Capitulum 40[2019]

[1] De medicamine ulcerum natorum[2020] in visceribus suis[2021]

[2] Quando istud[2022] accidet et elevabit pennam, que est sub alis, liga eum in locis umbrosis et cave a pulvere et rore et accipe i granum theriace de iv medicinis et funde in aqua calida et pone in morsibus carnium, et inglutiant. [3] Deinde ciba de carnibus[2023] anseris cum butyro vel cum oleo, non perfecte, sed adde cotidie, donec utantur[lii]. Et non debes sibi dare rem pinguem nec oleum sepe. [4] Et si transeat infirmitas per xiv dies, sperare potes de salute. Tunc non debes eos movere usque ad xl[2024] dies, ut confirmetur sua sanitas. [5] Si autem cum hoc accidat rūfatio[2025] et oris apertio et videtur in pectore suo pulsatio, accipe scordion et pista[2026] et pone aliquantulum in iii bolis[2027] carnium, ut inglutiant, et liga, donec[2028] digerant et egerant[2029]. [6] Deinde ciba eos de carnibus convenientibus cum butyro et melle, nec multum[2030].

Capitulum 41[2031]

[1] De medicamine corruptionis viscerum[2032] et laxatione facta[2033] ex ventositate[2034]

[2] Signum huius est, quod videtur, quod, quando avis stat super perticam suam, venter suus bullitat[2035] et bombizat egerendo vel[2036] egerit bombizando[2037]. [3] Cura: Da ei semen nastur-

---

2019 39 *AIR* 67 *G'*
2020 generatorum *ACGJLNORSZA'B'* natarum *Y*
2021 *folgt* et ventre *ACGJLNORSZA'B'G';* ulcerum natorum in visceribus suis] febrium *I;* Capitulum 40 - suis] *fehlt P*
2022 *fehlt Q*
2023 et inglutiant. Deinde ciba de carnibus] *fehlt A*
2024 xx *Q*
2025 rūfacò *A* rūfacio *CS* rumphatio *IL* rūfacō̄ *J* rufacio *NY* rufatō *P* rufatio *QB'* rumfatio *A'* ruffacio *G'*
2026 tere *ACIJLNORSZA'B'*
2027 morsibus *ACIJLNORSZA'B'G'*
2028 et pista (II, 40, 5) - donec] *fehlt G*
2029 et egerant] *fehlt NB'G'*
2030 Capitulum 40 - multum] *fehlt BDFHKTV*
2031 39 *A* 38 *DFHP* 40 *IR* 30 *K fehlt V* 68 *G'*
2032 *fehlt DFHKPQVG'*
2033 laxatione facta] laxationis facte *DFHKPV;* et laxatione facta] facte *G'*
2034 viscerum et laxatione facta ex ventositate] quando ibi est ventositas *CGIJLNORSZA'B';* corruptionis (II, 41, 1) - ventositate] vermium que sunt in ventre *A;* Capitulum 41 - ventositate] *fehlt BT*

cii et zingiberis in morsibus carnium per triduum et ciba eum de carnibus gazellis[2038] parvuli[2039] vel[2040] capre[2041] silvestris[2042]. [4] Vel accipe caudam arietis et linias cum sanguine et da ei tres bolos[2043]. [5] Et quando scies, quod digerit[2044], ciba eum de carnibus cum nasturcio et zingibere[2045] et acharon[2046] per triduum, et sanatur. [6] Et cum egestio sua erit quasi tartarum[2047] et erit[2048] assiduus[2049], defende eum ab aqua, sic ut numquam aquam tangat, quoniam pessimum est. Et non des eis comedere, donec fiat mundum stercus suum[2050] et alterabitur. [7] Cum enim erit mundum, pone in ore suo de bolo armenico et de carabe pulverata et infusa in aqua cocta cum cumino[2051] dulci[2052], et statim sanabitur.

Capitulum 42[2053]

[1] De medicamine vermium generatorum in visceribus[2054] suis et[2055] in ventre[2056]

[2] Signum huius est, quod avis depilabit pennas, quas habet circa pectinem et in coxa. [3] Et cum videbitur tumor super gulam et cum repellit pennam suam[liii], est signum, quod habet vermem latum[2057] ut vermis[2058] aceti, quod accidit pueris. [4] Cura: Cibentur cum nasturcio

---

2035 bulliat *ACGILNOPRB'* debulitat *D* debilitat *H* bulicat *Q* bullaat *S* bulitat *ZG'*
2036 et *BT fehlt I*
2037 *folgt* et cum aliquantulo sono (somno *J*) *JZA'*
2038 gazelle *AI* gazelli *BCGJLNOSTVB'G'* gazellinis *Z*
2039 parvi *CGLNOSB'* parvulis *QZA'* parvis *R*
2040 et *BT*
2041 capree *APQ* capite *DFHV* capiter *G* capere *I* carpee *J* caput *K* capitis *LNB'* cap̄ *O* rapine *R* capit{z} *S*
2042 capre silvestris] de capreis silvestribus *BT*
2043 morsus *ACGIJLNORSZA'B'G'*
2044 egerit *G'*
2045 zuccaro *Q*
2046 ab'aron *A* araron *BDFHPT* acaron *CGLNOB'* akaron *IJRZA'G'* aracon *K* araton *Q* accaron *S* aranon *V*
2047 *folgt* et tartarum est residuum fecis vini durum, quod h̄eret {negeci} *J*
2048 quasi tartarum et erit] *fehlt F*
2049 assidua *ACDFGIJKLNORSTVZA'B'*
2050 stercus suum] *fehlt I*
2051 cinnamomo *BT*
2052 *folgt* quod est anisus *ZA' folgt* id est anisum *G'*
2053 40 *A* 39 *DFHP* 41 *IR* 31 *K fehlt V* 69 *G'*
2054 corporibus *G'*
2055 generatorum in visceribus suis et] qui sunt *CGILNORSB'*
2056 visceribus suis et in ventre] unguibus suis (*fehlt Y*) *DFHKPQVY;* vermium (II, 42, 1) - ventre] corruptionis quando in est ventositas *A;* Capitulum 42 - ventre] *fehlt BT*
2057 vermem latum] vermes latos *BT*

albo, et accipe aquam acrium[2059] granatorum et infunde ibi pastum suum et da comedere. [5] Et si per hoc non convaleant, accipe radicem cappari et[2060] tere et pone in corio parvi muris et da inglutire cum oleo de sesama. [6] Et si per hoc non convalescunt[2061], da comedere per vi[2062] dies continuo quolibet die i peciam accaron[2063] cum carnibus. [7] Et si non sanentur, accipe de medicina, que vocatur ebreyngi[2064], que sunt grana[2065] minuta[2066] rufa[2067] de ultramarinis partibus[2068], et de granis cucurbitarum decorticatarum et tere utrumque et pone in pecia carnium et da inglutire[2069]. [8] Deinde pone avem ad solem et appone illi bacile i sive pelium[2070] plenum aqua, et sitiet et bibet aquam et[2071] egeret, et[2072] videbis vermes in stercore suo[2073]. [9] Vel accipe aliquantulum de sale ammoniaco[2074] et[2075] de zingibere et de pipere, pulvera et misce cum butyro et da huic comedere. [10] Vel accipe ii[2076] grana frumenti et ii grana risi et corium muris loti cum aqua frumenti, misce simul et da in pastu. Postea des carnes cum caryophyllis. [11] Vel accipe cicer album et[2077] pulvera ipsum. Deinde accipe[2078] iii frusta carnis et lini cum melle et iace de pulvere illius ciceris et involve et da comedere, nam expertum est in iactu vermium. [12] Et cum vermes exeunt de ore suo, accipe de cumino pulverato et misce cum aqua et clysteriza eum. [13] Et si per hoc non convaleant[2079],

---

2058 ut vermis] et vermes *BT*
2059 malorum *BT*
2060 *folgt* in alio libro dixit (dixi *L*) radicem colocynthide, et *ACGILNORSB'*
2061 Et si per hoc non convalescunt] Vel *BDFHKTV*
2062 vii *I*
2063 ab'aron *A* accoron *BT* acaron *CGNOPSZA'B'* acharon *DH* akaro *I* accarō *JYG'* acarō *L* akaron *R*
2064 obrergi *A* ebreygi *CGIOS* ebreȳgii *J* ebreyci *LNB'* ebre{s}gy *P* ebryge *Q* ebreigi *R* ebreyngy *Y* ebreingi *G'*
2065 *folgt* rotunda *ACGIJLNORSZA'B'G'*
2066 parum *G'* parva *ACGIJLNORSZA'B'*
2067 *folgt* ut granum soria *G'*
2068 de ultramarinis partibus] ut granum surici *ACGIJLNORSZA'B'*
2069 Et si (II, 42, 7) - inglutire] *fehlt BDFHKTV*
2070 pellim *P;* sive pelium] *fehlt ABCDFGHIJKLNORSTVZA'B'G'*
2071 sitiet et bibet aquam et] *fehlt P*
2072 sitiet et bibet aquam et egeret, et] *fehlt Q*
2073 stercore suo] egestione sua *ACGIJLNORSZA'B'*
2074 armenico *AP*
2075 ammoniaco et] *fehlt BDFHKTV*
2076 *fehlt V*
2077 *folgt* secundum quosdam lupinum et *ACGIJLNORSZA'B'G'*
2078 cicer album et pulvera ipsum. Deinde accipe] *fehlt DH*
2079 Et si per hoc non convalent] Item vel *BDFHKTV*

accipe aquam furfuris[2080] et sucum granatorum dulcium et zuccarum album, misce insimul et illuc infunde carnes arietis[2081] calidas[2082] per triduum.

Capitulum 43[2083]

[1] De medicamine gurgulationis vel rugitus[2084] ventris[2085]

[2] Quando hoc accidit, accipe carnes porci veteris salsas et excortica et accipe[2086] de loco medio, ad quem non[2087] pervenit sal aut fumus[2088], et pasce eum, quia iuvativum est. [3] Et cum habebit infirmitatem, que vocatur bayanuit[2089], et est nomen infirmitatis persicum, ciba eum in primo die de carne infusa in lacte pecorino[2090], in sequenti die de carne infusa in[2091] vitello[2092] ovi et oleo, et statim sanabitur.

2080 sulphuris *BDFHKTV*
2081 *fehlt DHV*
2082 *fehlt CGLNOSB'*
2083 41 *A* 40 *DFHP* 42 *IR* 32 *K fehlt NV* 70 *G'*
2084 gurgulationis vel rugitus] turbationis *ACGIJLNORSZA'B'G'*
2085 *folgt* id est gurgulationis *AJRZA'G';* rugitus ventris] *fehlt Y;* Capitulum 43 - ventris] *fehlt BT*
2086 et accipe] *fehlt ACGIJLNORSZA'B'*
2087 vix *BDFHKPQTVY*
2088 fimum *G';* aut fumus] *fehlt J*
2089 baxianiuc *A* baunich *BT* baiamut *CLNSB'* baymich *DH* bahimic *F* bayamiit *G* haianuit *I* bayamil{c/e} *J* bahimio *K* baianuit *O* baymit *P* baymyt *Q* baxiamut *R* baynuc *V* bayamulet *ZA'* baymilet *G'*
2090 porcino *Y*
2091 lacte (II, 43, 3) - in] *fehlt BDFGHKPQTV*
2092 infirmitatis (II, 43, 3) - vitello] *fehlt A*

Capitulum 44[2093]

[1] De medicamine[2094] acceptionis, cum[2095] accipiunt[2096] se ad invicem et[2097] vulnerantur[2098] vel a seipsis[2099] vel ab his[2100], quos[2101] rapiunt[2102]

[2] Dico, quod hoc accidit tripliciter: [3] Primo de aviditate sua super pastum, dum sunt in nido[2103], et ideo vulnerant se. [4] Secundo cum leduntur ad invicem, cum permittuntur volare[2104] ad rapiendum[2105]. [5] Tertio[2106] de hoc, quod accidet sibi de avibus, quas rapiunt, ut gruem, si rapiant[2107] ipsam vel aliam magnam avem. [6] Et si est de primo modo et non curentur, timendum est, nam[2108] ungues cum[2109] cadunt super ventrem, tunc generatur sanies intercutanea[2110]. [7] Quando autem rapiunt et laborant[2111] volando, fiunt macri, morbus inveterascet, et sanies exire non poterit propter duritiem sue pellis et revertetur ad viscera et, ubi transiet, destruet membrum[2112] et erit occasio destructionis eorum. [8] Et cum scies hoc, accipe columbellum pinguem et da sibi asam fetidam et forte acetum et dimitte per i noctem, et in crastino morietur. Finde ventrem et pasce avem tuam et post triduum simile fac. [9] Et si per hoc non convalent, accipe de radice feniculi et tere et[2113] accipe sucum et cola. Deinde clama volucrem, quod ad te veniat de procul, vel coram ipso iace aliquam avem, quam

---

[2093] 42 *A* 41 *DFHPV* 43 *IR* 33 *K* 71 *G'*
[2094] *folgt* ictus *ACGIJLNORSZA'B'* *folgt* icus fferutut, id est *G'*
[2095] acceptionis, cum] quando (cum *JZA'*) aves *ACDFGHIJKLNOPRSZA'B'*
[2096] feriunt *ACGIJLNORSZA'B'*
[2097] *fehlt Y*
[2098] et vulnerantur] *fehlt ACGIJLNORSZA'B'*
[2099] vel a seipsis] *fehlt ACGILNORSB'* inter se *DFHKP;* acceptionis (II, 44, 1) - seipsis] avium, quando inter se vulnerantur *V*
[2100] aliis *ACGILNORSA'B'* avibus *DFHKPV* is *G'*
[2101] quando *ACGILNORSB'* quas *DFHPVA'*
[2102] *folgt* quando volent *Q;* quos rapiunt] q... (*Rest abgeschnitten*) *K;* vel a seipsis vel ab his, quos rapiunt] *fehlt Y;* Capitulum 44 - rapiunt] *fehlt BT*
[2103] i tegulam (II, 33/34, 16) - nido] *Lücke von einem Folio und ca. 10,5 Zeilen E* hic deest i folium *MU* *Lücke von ca. 4,5 Zeilen W*
[2104] *folgt* plures simul *G'*
[2105] *folgt* plures simul *J* *folgt* plures *ZA'*
[2106] *folgt* simul *ZA'*
[2107] ut gruem, si rapiant] *fehlt HT*
[2108] *folgt* si *BDEFHKMTUVW*
[2109] *fehlt BDEFHKMPQTUVWYG'*
[2110] *folgt* et facit fistulam *JZA'G'*
[2111] *folgt* venando sive *ACGILNORSB'*
[2112] destruet membrum] *fehlt Q*
[2113] tere et] *fehlt PQ*

accipiat, [10] et pasce eum cum convenibili[2114] carne infusa in suco feniculi et zuccaro et ciba eos[2115]. [11] Si autem sit ex hoc, quod accipiunt se ad invicem, cum volant[2116], et propter hoc eiciant sanguinem ex naribus suis, accipe de medicina, que vocatur colotyn[2117], et misce cum sanguine calide galline et ciba[2118], iuvativum enim erit. [12] Et si erit vulnus pro avibus, quas rapiunt, et hoc vulnus findet corium suum, tunc sue vulnus cum filo lini[2119] vel cum serico[2120] subtiliter[2121]. Deinde accipe cinerem corticis[2122] quercus et misce cum oleo[2123] et emplastra vulnus sutum[2124]. [13] Et si non convalent[2125], accipe butyrum purum[2126] et lini locum vulneris. [14] Vel accipe[2127] de olibano et[2128] de sanguine draconis ana partem i, pulverentur, et postquam irrigaveris vulnus cum modico vini[2129], pulverem iacias desuper[2130]. [15] Vel accipe de mummia pulverata parum et funde in oleo narcissino[2131] vel oleo de iasimino[2132] et incide carnes minutim et infunde illuc et deinde pulvera ibi de macra[2133] rubea, quo signant carpentarii ligna, et da sibi iii morsus[2134]. [16] Et si per hoc non convalent[2135], accipe de carnibus muris et infunde in forti aceto. Et postquam dederis comedere de carne columbi[2136] parum[2137] et digesserint, tunc des de carne muris fusa in aceto. Et sic fac iii[2138] diebus[2139].

2114 columbelli *L*
2115 Quando (II, 44, 7) - eos] *fehlt BDEFHKMTUVW*
2116 *folgt* simul *BDEFHKMTUVW*
2117 coloytin *A* colota *BT* colotim *CDGHLNOSB'* colotin *EFIR* colot{iu} *K* colotyna *M* caloty *P* colotym *Q* colotya *U* colōcu *V* colotina *W* colotyin *YG' folgt* id est (*folgt Lücke von ca. 5 Buchstaben Y*) *FKYG' folgt Lücke von ca. 4 Buchstaben MU*
2118 et ciba] *fehlt I*
2119 leni *Q*
2120 seta *A;* lini vel cum serico] *fehlt BDEFHKMTUVW*
2121 subtili *BDEFHKMTUVW*
2122 ligni *BT*
2123 subtiliter (II, 44, 12) - oleo] *fehlt A*
2124 suum *BDEFHKMPQTUVWY*
2125 si non convalent] iuvabit. Vel (Item vel *DFH* Item *K*) *BDEFHKMTUVW*
2126 parum *CGLNOSB'*
2127 butyrum (II, 44, 13) - accipe] *fehlt BT*
2128 vel *Q*
2129 cum modico vini] tunc *A*
2130 *folgt* et iuvabit *BDEFHKMTUVW*
2131 nardino *G'*
2132 de iasimino] dyasimino *AO* dyas{im}ino *C* diasimino *GNB'G'* diasy{min}o vel sambaco *J* dias{im}ēo *L* d'asimino *P* asinino *Q* diasmino *R* dias{mi}ō *S* dyacimino vel sambacino *ZA'*
2133 mac̃ *AR* magro *J* magria *Z* magna *A'*
2134 Vel accipe (II, 44, 15) - morsus] *fehlt BDEFHKMTUVW*
2135 Et si per hoc non convalent] Vel *BDEFHKMTUVW*
2136 columbelli *P*

Capitulum 45[2140]

[1] De medicamine astarem[2141]

[2] Quando hoc accidit, accipe de absinthio romano drachme mediam, pulvera et pone in iii morsibus carnium, et inglutiant, cum transibunt iii[2142] hore diei. Postea ligentur, donec egerant ter. [3] Et si per hoc non convalent, accipe de abrotono drachmas ii et decoque in v libris aque et da eis bibere, et dimittantur usque ad nonas. [4] Deinde cibentur de carne gallinarum, nam est iuvativum. Et post biduum utaris medicamine isto[2143]. [5] Et si per hoc non convalent, accipe[2144] de nigella pondus iii granorum, de sale ammoniaco sextam drachme[2145], pulverentur insimul et ponantur in iii morsibus carnis et cibentur. [6] Postea cibentur[2146] satiatim de pulmone arietis, quia erit iuvativum. [7] Et si per hoc non convaleant, ciba eos de sanguine porcorum calido. [8] Et si iterum non convalent per hoc[2147], accipe astaren[2148], quod invenitur in stercore suo, et de hoc pulvera drachme mediam et pone in laminis[2149] carnium, et cibentur, nam hec est[2150] melior medicina[2151].

2137 parvi *G'*
2138 iv *LB'*
2139 *folgt* et iuvabit *BEFGKMTUVW* vicibus et iuvabit *DH* vicibus *Q*
2140 43 *A* 44 *IR* 46 *Y* 72 *G'*
2141 astoren *A* astaren *CLNORSB'* astarea *I* astare *Q* ascharem *Z* astharem *A'* astarē *G'*; Capitulum 45 - astarem] *fehlt P*
2142 vi *R*
2143 Et post biduum utaris medicamine isto] *fehlt I*
2144 de (II, 45, 3) - accipe] *fehlt C*
2145 uncie *ACGLNOSB'*
2146 Postea cibentur] *fehlt G'*
2147 ciba (II, 45, 7) - hoc] *fehlt PQ*
2148 astarē *APY* astarea *I* astharen *J* affarem *Q*
2149 morsibus *ACGIJLNORSZA'B'G'*
2150 *folgt* iuvativum et *I*
2151 Capitulum 45 - medicina] *fehlt BDEFHKMTUVW*

Capitulum 46[2152]

[1] De medicamine[2153] dubellati[2154], id est[2155] apostematis[2156]

[2] Infirmitatis huius ii sunt species: una sicca, alia umida. Tamen eandem habent curam. [3] Et cum accidet infirmitas ista, laxa eos cum aqua mellis, donec eiciant, quicquid est in visceribus suis. [4] Deinde accipe alsiton[2157], id est[2158], et decoque et accipe de aqua sua et misce cum melle. [5] Postea accipe de cinere hordei et coagula cum aqua ista et fac cum ista[2159] trochiscum et pasce eos post triduum de his trochiscis, nam eiciet dubellatum[2160], id est[2161] apostema, umidum cum sanguine et siccum cum gypso. [6] Et si per hoc non convalent[2162], accipe de sale ammoniaco et de condiso ana grana iii, pulvera et misce cum butyro vaccino[2163] et clysteriza[2164].

Capitulum 47[2165]

[1] De medicamine sitis[2166]

[2] Quando accidit hoc[2167] avi, da aliquantulum de aqua, ubi ponitur crocus et zuccarum et spodium. [3] Et[2168] tantum fiat, quousque transeat ad[2169] guttur suum, non plus. [4] Et si

---

2152 44 *A* 42 *DFHMPUV fehlt EW* 45 *IR* 34 *K* 73 *G'*
2153 De medicamine] *fehlt L*
2154 dubeylaty *J* debellati *Q* dubeylati *Z* dubeylat *A'* dubeilaty *G'*
2155 dubellati, id est] *fehlt EFKMUW*
2156 apostematum interiorum (*fehlt ZA'*) *JZA'* apostemati *Q folgt* in interiorum *G'*; dubellati, id est apostematis] apostematum interiorum (*folgt* que dicuntur arabice duxexlla *A*) *ACGILNORSB'*; medicamine dubellati, id est apostematis] apostemate *DHPV*; Capitulum 46 - apostematis] *fehlt BT*
2157 absinthium *B* alsiron *CGILNOSB'* absinthio *DFHKQ* abscinthio *E* alsychon *J* alsintio *MW* absitio *P* alichiron *R* absinchium *T* alsincio *U* assinthium *V* alsinctio *Y* alsicio vel as{l}siron *G'*
2158 *folgt Lücke von ca. 4 (6 MW) Buchstaben DEFHKMQUVWY;* id est] *fehlt ABCGIJLNOPRSTZA'B'G'*
2159 et fac cum ista] *fehlt R*
2160 dubellati *BT* bude/latum *D* dubellatū *FW* budelatū *HV* destillatum *K* debellatī *P* debella *Q*
2161 dubellatum, id est] *fehlt ACGIJLNORSZA'B'G'*
2162 Et si per hoc non convalent] Item *BTV* Item vel *DFHK* Vel *EMUW*
2163 butyro vaccino] oleo narcyno (nardino *Z* narçino *A'*) *JZA'*
2164 *folgt* et iuvabit *BT folgt* vel distempera cum oleo nardino *G'*; et misce cum butyro vaccino et clysteriza] *fehlt P*
2165 45 *A* 43 *DHPV fehlt EW* 44 *FMU* 46 *IR* 35 *K* 74 *G'*
2166 Capitulum 47 - sitis] *fehlt BT*
2167 accidit hoc] autem sitis accidit *BDEFHKMTUVW*
2168 *folgt* calefiat et *G'*

fuerit sitis de calore aut de multa pinguedine generata in corporibus suis, pone cum supradicta medicina terram sigillatam, nam erit iuvativum. [5] Et si fuerit sitis ex indigestione[2170], accipe de vino veteri[2171] vel de aqua caryophyllorum vel de aqua[2172], ubi decoctum est zingiber vel origanum vel accaron[2173], et funde ibi cibum suum et da comedere. [6] Et si decoctum est[2174] cuminum dulce in aqua, pone in ore[2175] suo, et multum[2176] iuvabit. [7] Et si sitiant semper[2177], ponantur in loco frigido. Et si aer sit calidus, pone ante eos vasa[2178] plena aqua, in qua[liv] ponatur boli armenici[2179] drachma i, et de camphora sextam drachme.

Capitulum 48[2180]

[1] De medicamine indigestionis[2181]

[2] Signum huius infirmitatis est, quod volucris[2182] decurtando affiget caput suum et hiabit frequenter et aperiet os suum sine[2183] anhelitu et deplumabit pastum suum minus solito et dimittet eum cito et non mordebit carnes frequenter [3] et, cum carnes[2184] comedet[2185], vomet et non morabitur caro in gutture suo et tardabit plumata sua[2186] vel morabitur pastus in gutture suo[2187] sic, quod non descendet ad ventrem suum, et erit albedo alterata sue egestionis vel in citrinitatem vel in nigredinem grossam et, cum pones nares tuas prope rostrum suum movendo illud cum manu tua, tu senties fetorem sui odoratus. [4] Et scias, quod avis

---

2169 transeat ad] *fehlt DH*
2170 digestione *AY*
2171 *fehlt I*
2172 vel de aqua] *fehlt DH*
2173 achorus *AGI* accharon *BET* atorus *C* acaron *DH* accarō *F* acharus *JZA'G'* acorus *LNOSB'* accarum *P*
2174 zingiber (II, 47, 5) - est] *fehlt R*
2175 in ore] *fehlt I*
2176 *fehlt BDEFHKMTUVW*
2177 *fehlt BT*
2178 *folgt* calida *BT*
2179 ammoniaci *CGLNOSB'*
2180 46 *A* 44 *DHPV* 45 *FMU* 47 *IR* 36 *K fehlt W* 75 *G';* Capitulum 48] *fehlt E*
2181 Capitulum 48 - indigestionis] *fehlt BT*
2182 quod volucris] *fehlt Q*
2183 *fehlt DHV*
2184 frequenter et, cum carnes] *fehlt Q*
2185 mordet *MU*
2186 plumata sua] pl{um}atū *J* plumatum (plumatū *G'*) suum *ZA'G'*
2187 et tardabit (II, 48, 3) - suo] *fehlt ABCDEFGHIKLMNOPQRSTUVWB'*

habet hoc ex culpa[2188] falconarii, quando tardabit pastum suum usque ad noctem aut donabit pastum mane[2189] nimis tempestive, priusquam mundetur a pastu serotino, transacto autem[2190] dabit comedere[2191] ultra modum. [5] Et in ista infirmitate non est medicina melior inanitione, et quod non detur sibi comedere, donec bene[2192] mundetur venter suus et emendetur egestio sua et transibit fetor et letetur et[2193] erit firmatus appetitus suus. [6] Et in hac infirmitate fiunt medicine de pulvere muscato. [7] Vel accipe mastichem et carvi et zingiber[2194] et cinnamomum et[2195] piper, pulvera et pone in carne pulli[2196] et ciba. [8] Vel[2197] pone avem in obscura domo[2198], donec transeat indigestio sua. Deinde da iii morsus carnis tenere[2199] involute in pulvere[2200] nasturcii, zingiberis et accaron[2201] et[2202] fac ipsum quiescere, donec digerat[2203]. Deinde ciba eum de carne cesa in aqua calida. [9] Vel[2204] accipe nigredinem, que est in fundo[2205] subter ollam et funde in aqua per horam i et cola et calefac et[2206] scinde[2207] intus carnem et da comedere, et avis[2208] abstineat usque ad noctem[2209]. In nocte autem da ei iii morsus carnis cum zingibere. Et sic transibit sua indigestio. [10] Si autem non convaluerit, da comedere de semine, quod invenitur[2210] in caryophyllis, pulverato.

2188 odoratus (II, 48, 3) - culpa] *fehlt F*
2189 *fehlt R*
2190 *folgt* tempore *BDEFHKMTUW*
2191 mane (II, 48, 4) - comedere] *fehlt V*
2192 *fehlt BT*
2193 emendetur (II, 48, 5) - et] *fehlt DHV*
2194 zuccarum *Q*
2195 cinnamomum et] *fehlt S*
2196 molli *J*
2197 *fehlt G;* accipe (II, 48, 7) - Vel] *fehlt BDEFHKMTUVW*
2198 obscura domo] obscuro loco *BDHT*
2199 *fehlt CGLNOSB'*
2200 in pulvere] *fehlt J*
2201 acharon *BT* acori *CILNOSB'* acaron *DHU* accori *GJZA'* accaren *Q* actora *R* acari *G'*
2202 accaron et] *fehlt A*
2203 egerat *J*
2204 *fehlt KV*
2205 in fundo] *fehlt J*
2206 calefac et] *fehlt G'*
2207 funde *G'*
2208 ab aliis *Q* alius *Y*
2209 ad noctem] *fehlt IG'*
2210 quod invenitur] *fehlt F*

Capitulum 49[2211]

[1] De medicamine xunach[2212]

[2] Quando accidet hoc, infunde pastum suum in lacte mulieris, et pascantur per triduum vel quadriduum. [3] Et si non convalent, accipe de cardamomo et de cubebe et de such[2213], id est[2214] gallia[2215] muscata[2216], ana partem i[2217] et de camphora parum. Hec pulverentur, et defrica palatum multis diebus, nam iuvabit. [4] Et si[2218] fuerint pingues, pone in gutture suo sextam drachme[2219] de sale rubeo et liga, donec circumcirca ierit per ventrem suum et donec egerant. Deinde appone eis aquam, in qua[2220] decoctum sit accaron[2221], ut bibant. Et facias hoc bis, et emendabunt. [5] Et non debes frequentare laxationem cum sale, ne habeant corrosionem in intestinis. [6] Et si per hoc non convalent, da sibi morsum carnis fuse in urina, et iuvabit[2222].

Capitulum 50[2223]

[1] De medicamine vermium generatorum in pennis[2224] alarum[2225]

[2] Quando hoc accidet[2226], unge locum, ubi hoc apparet, cum oleo narcissino, nam eiciet de ala[2227] pennam et nasci faciet meliorem. [3] Et si penne non sunt, que debeant cadere, non

---

[2211] 47 *A* 48 *IR* 76 *G'*
[2212] zuriag *A* zunag *C* ximag *GS* ximas *I* y{uu}ach *J* x{im}agi *L* ximagi *NB'* xunag *O* sumat *Q* {x}imāg *R* sunac *Y* ximach *Z* ssumach *G'*; Capitulum 49 - xunach] *fehlt P*
[2213] surc'h *J* s{ir}uchi *P* suich *Q* suych *Z* {s}y suyc *A'* syrach *G'*
[2214] et de such, id est] drachmas l *A*
[2215] gallina *P*
[2216] id est gallia muscata] *fehlt J*
[2217] id est gallia muscata, ana partem i] ana partem i, syrach est galla muscata *G'*
[2218] *folgt* non *P*
[2219] sextam drachme] drachmam *C*
[2220] in qua] *fehlt LNSB'*
[2221] achor⁹ *A* acor₉ *C* achorus *GIR* acharus *J* acorus *LNZA'B'* acor⁹ *O* accarum *P* acar₉ *S* accarō *Y* acarum *G'*
[2222] et iuvabit] *fehlt PQ;* Capitulum 49 - iuvabit] *fehlt BDEFHKMTUVW*
[2223] 48 *A* 46 *DEFHMPUW* 49 *IR* 37 *K* 45 *V* 85 *G'*
[2224] plumis *ACGILNORSB'*
[2225] *fehlt Y;* Capitulum 50 - alarum] *fehlt BT*
[2226] *folgt* quod videbis vermes generatos (*fehlt DH*) in pennis alarum *BDEFHKMTUVW folgt* accipe de luto armenico *Q*
[2227] *folgt* corruptam *ACGIJLNORSZA'B'*

utaris isto oleo. [4] Et similiter debes uti isto oleo[2228] in tempore mutationis, quando penna, que debet cadere, non cadit aut quando[2229] malo modo exit, ungendo ipsas pennas, nam radicem pravarum[2230] pennarum eiciet, et nascentur bone. [5] Si autem deplumant[2231] pennas suas sine timore et[2232] super[2233] rostrum suum erit immunditia, in qua adherebit penna tangendo ibi, et iaciet[2234] se avis, [6] tunc accipe de asara et de arrhenico rubeo ana partem i, pulvera[2235] super alam, ex quo irrigaveris locum doloris cum vino veteri, et emendatur. [7] Si autem deplumant[2236] pennas et delectabitur sine timore, sed erit causa corrosionis[2237], quam habebit in corio, sine vermibus in alis – [8] quando accidet hoc, tunc depila residuum pennarum, que erunt in illo loco. Deinde accipe i granum de borac albo et aliquantulum piperis et pulvera et misce cum acri[2238] aceto et linias locum depilatum[2239]. [9] Quando autem alitabunt sepe cum alis suis, tunc depila ascellam avis et pennas, que sunt inter[2240] crus et costas[2241], et avelle cum acu[lv], nam iuvativum est. [10] Et si deplumant pennas suas cum timore, accipe de nasturcio pulverato drachme[2242] mediam[2243] et pone in v morsibus carnium, et inglutiant. [11] Et cum digesserint et egesserint[2244], comple pastum suum. Et caveas, ne sentiant odorem medicine, quia si sentirent, non comederent nec istam nec aliam.

2228 Et similiter debes uti isto oleo] *fehlt QRT*
2229 que *BDEFHKMPQTUVWYG'*
2230 corruptarum *ACGIJLNORSZA'B'G'*
2231 depilant *ACGIJLNORSZA'B'*
2232 aut *S*
2233 sub *G'*
2234 deiciet *ACGIJLNORSZA'B'G'*
2235 *folgt* et proice *ACGIJLNORSZA'B'G'*
2236 depilabit *ACGILNORSB'* depilant *JZA'* deplumavit *PQ*
2237 pruritus *ACGILNORSB'*
2238 *fehlt G'*
2239 Si (II, 50, 5) - depilatum] *fehlt BDEFHKMTUVW*
2240 circa *CO*
2241 coxam *T* coxas *G'*
2242 uncie *A*
2243 drachme mediam] unciam i *EMUW*
2244 egerent *BDFHTY* egent *Q;* et egesserint] *fehlt L*

Capitulum 51[2245]

[1] De medicamine collisionis[2246]

[2] Quando sibi accidit collisio vel in murum vel in arborem vel in terram, accipe de lixivio et pone in ore suo. [3] Deinde des comedere carnes testudinis terrestris, et non aquatice, unctas[2247] cum butyro et vino secundum necessitatem, nam[2248] est iuvativum. [4] Vel accipe de butyro et melle drachme mediam et pone in ore suo[2249]. Deinde[2250] accipe[2251] de liquiritia et coque in aqua et ex ipsa aqua accipe drachmas[2252] ii et pone in his de mummia sextam drachme et de luto[2253] armenico tertiam drachme[2254] [5] et[2255] da eis in morsibus carnium et sine, ut requiescat in gutture suo, et postea perfice pastum.

Capitulum 52[2256]

[1] De medicamine chadec[2257] vel[2258] frigiditatis[2259]

[2] Quando hoc accidit et[2260] hiant multum et male digerunt et abhorrent pastum et laxantur, [3] tunc accipe albumen ovi et de vino veteri[2261] et de melle ana drachme[2262] mediam et de

---

[2245] 49 *A* 47 *DEFHMPUW* 50 *IR* 38 *K* 46 *V* 77 *G'*

[2246] *folgt* et constrictionis et (*fehlt GS*) infirmitatis (et infirmitatis] *fehlt JR*), que vocatur damaschus (damuscus *AI* damascus *CLNOB'* dam{^{v}}c^{9} *R* damschus *S* damaschis *Z* damasch *A'*), accidentis ex collisione vel ictus *ACGIJLNORSZA'B';* Capitulum 51 - collisionis] *fehlt BT*

[2247] *fehlt Z*

[2248] *folgt* multum *R*

[2249] in ore suo] *fehlt NB'*

[2250] des (II, 51, 3) - Deinde] *fehlt EW*

[2251] drachme mediam et pone in ore suo. Deinde accipe] et vino secundum necessitatem *K*

[2252] uncias *A*

[2253] bolo *R*

[2254] uncie *A*

[2255] de luto armenico tertiam drachme et] *fehlt CGLNOSB'*

[2256] 50 *A* 48 *DEFHMPUW* 51 *IR* 39 *K* 47 *V* 78 *G'*

[2257] sadech *EMW* {c/t}ade{c/t } *J* cadech *QZ* sadeth *U* cadec *A'*

[2258] chadec vel] *fehlt ACGILNORSB'* quando proiciunt carnes ex *G'*

[2259] vel frigiditatis] *fehlt EMUW;* chadec vel frigiditatis] lesionis et laxationis *DFHPV* laxationis et indigestione *K;* Capitulum 52 - frigiditatis] *fehlt BT*

[2260] quod *DFHKTV*

[2261] et de vino veteri] veteris *P*

[2262] uncie *A*

pipere pulverato[2263] pondus granorum iii, misce hec simul et pasce cum cibo per biduum[2264], et cibus sit minor[2265] solito. [4] Et post[2266] biduum des de medicina ista cum carnibus capitis arietis[2267] calidis, et sanantur. [5] Si autem per hoc non convalent, accipe de cinere folii querci et misce cum aqua. Deinde fac pilulas quasi cicer, et inglutiant in morsibus[2268] carnium. [6] Si autem apparet in stercore suo sanguis propter huiusmodi infirmitatem, tunc accipe de cinere folii querci et de luto[2269] armenico et de mummia ana partem i, pulvera insimul et misce cum aqua pluvie, [7] et pascantur parvuli[2270] in quantitate sexte[2271] partis drachme[2272] et magni secundum quantitatem eorum. [8] Deinde ligentur, donec egerant. Postea cibentur[2273].

Capitulum 53[2274]

[1] De medicamine[2275] lesionis[2276] et laxationis[2277]

[2] Quando autem hoc accidit[2278], accipe de luto[2279] armenico et de[2280] lacca ana partem i, pulvera[2281] et ciba cum carnibus turturis vel cupate[2282] per triduum. [3] Et si egerant munde, sani sunt. [4] Et si non munde, accipe de mummia et de oleo sanbachino[2283] ana partem i et

---

2263 *folgt* ad *MU*
2264 triduum *ABCDFGHIKLNORSTVB'*
2265 in more *LNSB'* umidior *G'*
2266 postea *Y*
2267 *fehlt P*
2268 Deinde (II, 52, 5) - morsibus] *fehlt G*
2269 bolo *R*
2270 parvi *ACGIJLNORSZA'B'*; et pascantur parvuli] *fehlt Q*
2271 vi *ACIJNOPRSYZA'B'* vii *GL*
2272 drachmarum *G'*; partis drachme] drachmarum *ACGIJLNORSZA'B'*
2273 Si (II, 52, 5) - cibentur] *fehlt BDEFHKMTUVW*
2274 51 *A* 49 *DEFHMPUW* 52 *IR* 40 *K* 48 *V* 79 *G'*
2275 De medicamine] *fehlt K*
2276 mollitiei *ACGIJLNORSZA'B'G'*
2277 *folgt* alterius *V* laxatione in ventre *G'*; et laxationis] *fehlt I*; Capitulum 53 - laxationis] *fehlt BT*
2278 hoc accidit] accidit, quod avis habet lesionem et laxationem *BDEFHKMTUVW*
2279 bolo *G'*
2280 *folgt* luto et de *G'*
2281 *folgt* et misce simul *BT* *folgt* insimul *G'*
2282 *folgt* que est similis alaude et habet cristam super caput *ACGILNORSB'* cupata *P*; vel cupate] et {e}upate *Q*
2283 sabbatino *A* sambacino *BDHZA'B'* sambachino *EMPUW* sambazino *F* sãmatino *G* sambucino *I* samba-c{in}o *JK* sa{m}ac{in}o *L* samac{in}o *N* sambatino *Q* sabatino *R* sam̃acino *S* sabacino *V* sanbacino *G'*; de

de oleo iii nucum et simul misce et[2284] funde illic de carnibus[2285] convenientibus minutim et pone super ignem, donec fiant albe[2286], et ciba eos taliter per triduum. [5] Et quando egerunt munde, cibentur de carnibus[2287] turturum per vii[2288] dies, et sanantur. [6] Si autem hoc accidat eis propter asthmaticam passionem vel propter corrosionem[2289] vel propter raritatem volatus, pone eos in obscuris locis, et non[2290] portentur in manu[2291] de multo tempore. Deinde infunde pastum suum[2292] in vino[2293] et linias cum melle, et cibentur, donec convaleant. Postea portentur[2294]. [7] Si autem habeant in alis suis lesionem vel gravitatem[2295], cum volant, et rare saliunt de manibus, tunc minge super alas graves per triduum. [8] Et si per hoc non convalescunt[2296], accipe eos et lava[2297] alas suas cum aqua tepida et phlebotoma venam[2298] sub alis positam[2299], ut inde exeant x gutte sanguinis. Deinde funde super locum phlebotomatum aquam frigidam lavando. [9] Postea accipe tertiam drachme[2300] de sale et oleo et aceto ana uncie[2301] mediam, insimul misce et emplastra locum phlebotomatum cum lana in hoc infusa [10] et tunc in loco obscuro ponantur, ut non saliant, donec confortentur[2302]. [11] Quando autem hoc accidit eis propter magnas aves, quas rapiunt et trahunt[2303], accipe tunc oleum xxx nucum et de mummia uncie[2304] mediam pulverata et pone super ignem, donec mummia liquefiat. Deinde pone ibi morsum carnis, quousque fiat albus,

---

oleo sanbachino] olei sāmat{ini} *C* olei sāmacini *O*
[2284] simul misce et] *fehlt EW*
[2285] de carnibus] *fehlt NB'*
[2286] fiant albe] calefiat *DH* calefiant *V*
[2287] sanguine *A*
[2288] viii *R*
[2289] pruritum *ACGILNORSB' folgt* vel pruritum *JZA'*
[2290] *fehlt CGLNOSB'*
[2291] in manu] *fehlt ZA'*
[2292] *folgt* vel gravitatem *A*
[2293] *folgt* bono *G'*
[2294] Si (II, 53, 6) - portentur] *fehlt BDEFHKMTUVW*
[2295] vel gravitatem] *fehlt ACGLNOSB'*
[2296] Et si per hoc non convalescunt] Vel *BDEFHKMTUVW*
[2297] super (II, 53, 7) - lava] *fehlt G'*
[2298] arterias nervum *A* nervum (*folgt* id est venam *ZA'*) *CDEFGHIJKLMNOPQRSUVWYZA'B'* venuum *G'*
[2299] positum *ACDEFGHIJKLMNOPQRSUVWYA'B'G'*
[2300] uncie *A*
[2301] drachme *ACGLNOQSA'B'G'*
[2302] donec confortentur] et sanabitur (*folgt* Capitulum 41 De ... (*Rest abgeschnitten*) *K folgt* De collisione et ictu facta a magnis avibus *V*) *BDEFHKMTUVW*
[2303] et trahunt] *fehlt G'*
[2304] drachme *ACGILNOSA'B'*

et inglutiant per triduum. [12] Et[2305] si per hoc non convaleant, accipe de aloe et de ture equaliter et misce cum albumine ovi et pone super locum lesionis. [13] Si autem accidat eis laxatio in alis et pedibus[2306], cibentur de carnibus columbarum et sanguine suo[2307] et[2308] ponantur in locis calidis, et sanantur. [14] Si autem accidat pulsatio in alis[2309] suis vel per aves, quas rapiunt, vel per aliud, tunc ponantur in balineis, donec calefiant. [15] Postea accipe de luto armenico et de lacca et de mummia et de aliis, misce hec insimul in pastu suo, et cibentur, [16] et aspergas frequenter aquam frigidam super locum doloris, nam[2310] est iuvativum[2311]. [17] Et si per hoc non convaleant[2312], accipe laqueum[2313] ipsorum[2314] et iace ipsam avem in aquam currentem, ut ibi moveat alas et natet[2315].

Capitulum 54[2316]

[1] De medicamine rupture[2317] laterum[2318]

[2] Quando accidet hoc, pone avem super filtrum infusum in aqua tepida multis diebus[2319] in domibus obscuris[2320], et faciatis[2321] impinguari[2322], et sanabitur.

2305 *folgt* iuvabit *BDEFHKMTUVW*
2306 Si autem accidat eis laxatio in alis et pedibus] Et *BDEFHKMTUVW*
2307 suis *IJPQZA'G'*
2308 sanguine suo et] *fehlt R*
2309 suo (II, 53, 13) - alis] *fehlt CGLNOSB'*
2310 *folgt* multum *R*
2311 et (II, 53, 16) - iuvativum] *fehlt BDEFHKMTUVWZ*
2312 Et si per hoc non convaleant] Vel *BDEFHKMTUVW*
2313 longam (longā *FK*) *BEFKMTUW* longolam (longolā *V*) *DHV*
2314 *folgt* et liga eam satis longam *BDEFHKMTUVW*
2315 *folgt* et iuvabit *BDEFHKMTUVW*
2316 52 *A* 50 *DEFHMPUVW* 53 *IR* 42 *K* 83 *G'*
2317 vulnerum vel ruptura *G'*; medicamine rupture] ruptura *DEFHMPUVWY*
2318 *fehlt NB'* latenti *Q folgt* sive membrorum *G'*; medicamine rupture laterum] frigiditatis *K;* Capitulum 54 - laterum] *fehlt BT*
2319 multis diebus] *fehlt BDEFHKMTUVWG'*
2320 *fehlt R;* domibus obscuris] loco obscuro *BT*
2321 facias *ACGIJLNORSZA'B'*
2322 faciatis impinguari] non faciant pugnam *G'*

Capitulum 55[2323]

[1] De medicamine vulnerum accidentium in membris suis[2324]

[2] Quando id accidit[2325], accipe de borac et de aqua rute et de oleo sesamino ana partem i[2326], bulliant insimul[2327] et ponantur super vulnus. [3] Si autem hoc accidet eis per aliam volucrem arripiendo ipsam, accipe tunc de cortice cucurbite aduste, pulvera et lava vulnus cum[2328] vino veteri et pone pulverem desuper, nam sanabuntur.

Capitulum 56[2329]

[1] De medicamine[2330] dorsi et radicum alarum[2331]

[2] Quando videbitur illic aliquis dolor vel debilitas aliqua, accipe de vino veteri calefacto et funde super dorsum. [3] Vel[2332] liga eos super quendam fascem feni et liga super[2333] oppositionem dorsi sui cucurbitam perforatam subtili foramine plenam aqua, et stillabit super dorsum et inter spatulas, [4] et linias pastum suum cum oleo nucis vel[2334] cum oleo[2335] communi, nam est iuvativum. [5] Et si per hoc non convaleant[2336], accipe[2337] de palea frumenti et decoque cum aqua et pone in vase et super vas pone calathum et super calathum[2338] liga[2339] avem, ut ad ipsum ascendat vapor. Hoc fac in obscuro loco, ut non saliat[2340]. [6] Et si iterum per hoc non convalescant, pone eos super fascem feni et pone cum suo

---

2323 53 *A* 51 *DEFHMPUV* 54 *IR* 43 *K fehlt W*
2324 accidentium in membris suis] membrorum *ACGIJLNORSZA'B';* Capitulum 55 - suis] *fehlt BT*
2325 Capitulum 55 - accidit] Alia bona medicina *G'*
2326 ana partem i] *fehlt G*
2327 *fehlt PQ;* ana partem i, bulliant insimul] misce *BT*
2328 *folgt* bono *G'*
2329 54 *A* 52 *DFHPV fehlt EW* 55 *IR* 44 *K* 53 *MU* 84 *G'*
2330 *folgt* doloris *ACGIJLNORSZA'B'*
2331 Capitulum 56 - alarum] *fehlt BT*
2332 Et *ABQTZA'*
2333 quendam fascem feni et liga super] *fehlt DHV*
2334 et *S*
2335 nucis vel cum oleo] *fehlt HK*
2336 Et si per hoc non convaleant] Vel *DEFHKMUVW*
2337 Et si per hoc non convaleant, accipe] *fehlt BT*
2338 et super calathum] *fehlt A*
2339 pone *NSB'*
2340 *folgt* et iuvabit *BDEFHKMTUVW*

pastu de luto stagni, id est de bolo, quod venit de stagno[2341], et ciba sic per multos dies, nam sic sanabuntur[2342].

Capitulum 57[2343]

[1] De medicamine gurgulationis, que fit[2344] in ventre[2345]

[2] Si accidat istud, accipe scordion et tere et misce cum cibo suo, et cibentur, et liga, donec digerant. [3] Et quando digesserint, accipe de melle et butyro ana partem i, misce insimul, et cibentur.

Capitulum 58[2346]

[1] De medicamine lapidis[2347]

[2] Notandum, quod principium huius infirmitatis provenit ex ventositate vel ex indigestione. Et quando perturbatur, prohibetur[2348] digestio, tunc exit stercus[2349] suum incisum tendens ad citrinitatem sicuti gypsus [3] et aliquando coagulatur et fit ut lapis et est sicuti iliaca infirmitas, que accidit hominibus[2350]. [4] Quando autem digerit pastum suum, egestio sua exit matura et alba sive[2351] albior solito et mollis. Et quando tangitur, invenitur viscosum continuarum partium. [5] Cum autem accidit sibi hec infirmitas, est stercus suum ut calx vel

---

2341 id est de bolo, quod venit de stagno] *fehlt J*

2342 bolo (II, 56, 6) - sanabuntur] medicamine sonorum granorum et interiori parte ventris, ex quibus fit burbulitatio *I;* Et si (II, 56, 6) - sanabuntur] *fehlt BDEFHKMTUVW*

2343 55 *A* 56 *IR* 45 *K* 80 *G';* Capitulum 57] *fehlt EW*

2344 que fit] sive bullitionis *G'*

2345 gurgulationis, que fit in ventre] sonorum generatorum in interiori (inferioribus *I* inferiore *R*) parte ventris, ex quibus fit burbulitatio (burbullatio *CGLNOSB'* bullitio *A;* ex quibus fit burbulitatio] *fehlt IR*) *ACGIJL NORSZA'B';* Capitulum 57 - ventre] *fehlt BTV*

2346 56 *A fehlt EVW* 57 *IR* 46 *K* 81 *G'*

2347 Capitulum 58 - lapidis] *fehlt BT*

2348 *fehlt CGLNOSB'*

2349 tunc exit stercus] *fehlt V*

2350 canibus *Q*

2351 alba sive] *fehlt EMUW*

ut gypsus, et oculi sui fiunt artiores solito, et orificium ani artius[2352] et dolebit sibi tantum, quod ipsum scalpet cum rostro suo, et ascendet vapor ad caput suum et accidet sibi corrosio[2353] in gutture[2354], sicuti accidit puero, quando constringitur sibi venter. [6] Et signum huius infirmitatis est, quod avis frequenter claudit oculum suum et tergit[2355] cum umero alarum[2356] et pulsabunt due vene, que sunt inter oculos. [7] Quando accidit hoc, accipe de aloe iameny[2357], id est caballino[2358], v grana[2359] et pone in v vel in vi[2360] morsibus carnium, et inglutiant, nam[2361] est iuvativum[2362]. [8] Et si non convaleant[2363], accipe aliquantulum de calce[2364] sicca[2365] et involve cum vino aut cum[2366] melle aut cum oleo[2367] et misce in morsibus[2368], et inglutiant. Deinde ligentur, donec digerant. Postea[2369] cibentur de carnibus testudinis fluminis. [9] Vel accipe de carne et involve[2370] albumen ovi et da comedere per iii dies, deinde[2371] cum melle, deinde[2372] cum[2373] vino, nam est iuvativum valde[2374]. [10] Et si per hoc non convaleant[2375], infunde carnes, quas comedunt, in sanguine hircino[2376], et cibentur[2377]. [11] Quando autem scalpunt orificium ani et videtur sanguis in rostro[2378] suo per hoc, accipe fustem subtilem et volve cum bombyce fusa in oleo de sesama et pone suaviter in orificio ani et trahe, si potueris, lapides, qui sunt intus. [12] Deinde des eis iii morsus carnis

---

2352 strictus *G'*
2353 pruritus *ACGILNORSB' folgt* vel pruritus *JZA'G'*
2354 in gutture] *fehlt PQ*
2355 et tergit] *fehlt G'*
2356 tergit cum umero alarum] ingit [?], cum umor alarum ascendit *A*
2357 iameni *ABEFKMUG'* yameni *CILNOSA'B'* iamini *DHTV* yameny *R* iamem *W* yamei *Z*
2358 id est caballino] *fehlt J*
2359 *folgt* secundum pondus *ZA'*
2360 vel in vi] *fehlt BDEFHKMTUVW*
2361 *folgt* multum *R*
2362 nam est iuvativum] *fehlt BT*
2363 Et si non convaleant] Vel *BDEFHKMTUVW*
2364 aloe *AQ*
2365 viva *LNB'*
2366 aut cum] et *Q*
2367 aut cum oleo] *fehlt Q*
2368 *folgt* carnium *BDEFHIKMQTUVW* carnibus *G'*
2369 Primo *A*
2370 *folgt* in *ZA'*
2371 *fehlt PQ*
2372 vel *A*
2373 melle, deinde cum] *fehlt V*
2374 *fehlt BDEFHKMTUVW*
2375 Et si per hoc non convaleant] Vel *BDEFHKMTUVW*
2376 *fehlt J*
2377 iuvabit *BEMTUW;* et cibentur] *fehlt AI*
2378 ore *ACGILNORSB'*

infusos cum favo mellis, et postea requiescant usque sero, et perfice tunc suum cibum, nam est iuvativum. [13] Si autem viride fuerit stercus suum et molle, detur de medicina dicta supra in capitulo de ventositate, nam est iuvativum[2379]. Et signum sui iuvamenti est, quod stercus suum erit mundum. [14] Quando autem de orificio sui ani audietur tinnitus[2380] vel stridor, tunc accipe radicem amaroni[2381] sive[2382] amarule[2383], pulvera[2384] et misce cum oleo veteri et clysteriza eum, nam est iuvativum[2385]. [15] Quando autem erit strictum orificium suum, tunc pone ibi de carne porci. [16] Et si non convaleant[2386], cibentur de carnibus porcorum[2387] cum[2388] oleo nucum vel de carnibus pecorum[2389] cum sanguine suo. [17] Si autem accidat eis thenasmon[2390], cibentur de pulmone recenti. [18] Et si non convalescant, unge orificium ani cum oleo de granis coccinarum[2391], id est ante[2392] persicarum[2393], vel[2394] cum oleo[2395] et[2396] sambaco[2397] cum cera. [19] Et si non convaleant, cauteriza in medietate capitis et in principio rostri apud oculos[2398].

2379 Si (II, 58, 13) - iuvativum] *fehlt I*
2380 tonitrus *BT* sonitus *N*
2381 amoroni *BDEFHKMPTUV* amormi *Q* amoro{ni} *W*
2382 amaroni sive] *fehlt ACGIJLNORSZA'B'G'*
2383 amaruelle *CGO* amarulle *DFHJMQUG'* amarille *I* amanile *K* amaīēl *L* amamole *N* amatulle *P* amaiule *R* armanelle *S* amarulem *A'* amaviole *B' folgt* que dicitur cotula fetida *ACGIJLNORSZA'B'*
2384 *fehlt I*
2385 nam est iuvativum] *fehlt G'*
2386 *folgt* unge orificium et *DHV*
2387 Et (II, 58, 16) - porcorum] *fehlt G'*
2388 vel *NB'*
2389 porcorum *ABDHKLNPQTVZA'B';* cum oleo nucum vel de carnibus pecorum] *fehlt FS*
2390 scherasmo *A* tenasmon *BCGOPRSB'* thesnasmon *DKV* thesnasmō *FA'* {c}hanasmon *J* t{en}asmon *N* thēasmon *Q* teñsmon *T* thesnamon *G'*
2391 coctinorum *DH;* de granis coccinarum] grani *CGILNORSB'* grani {mi}laptice ({mi}la ptice *J* milaptice *Z*) *JZA'*
2392 *fehlt BT* aut *CO* aū *K* ance *Q* aīē *Z* aīē *A'* auce *G'*
2393 persicorum *BDHT* persicorum, que vocatur (vocantur *NSZA'B'*) cochina (cathina *I* cocina *R* coch{in}a *S*) *CGILNORSZA'B' folgt* que vocatur cochina *G';* id est ante persicarum] *fehlt J*
2394 et *H*
2395 de granis coccinarum, id est ante persicarum, vel cum oleo] *fehlt A*
2396 de *BDFHKTV fehlt P*
2397 sambacino *JZG'* sambuco *Q* sābatino *A';* et sambaco] sabatino *A* sa{mm}atino *C* samātino *G* sambucino *I* sāmacino *LNB'* sammacino *O* bābacino *R* samaciō *S* sambacino *G'*
2398 Si (II, 58, 17) - oculos] *fehlt EMUW*

Capitulum 59[2399]

[1] De medicamine crupe[2400]

[2] Cum accidit illic dolor[2401] per pugnam cum alia ave[2402] vel per aliud, tunc accipe de vino veteri[2403] et pone illic aliquantulum de borac pulverato et infunde spongiam et riga ipsum a termino[2404] colli usque ad crupam. [3] Et cum sciveris dorsum propter hoc calefactum esse, tunc terge eos cum panno subtili vel[2405] cum sicca spongia, donec removeatur inde humiditas vel donec sis securus, quod non habeant spasmum[2406]. [4] Et si adhuc per hoc non convaleant, calefac lapides aliquos et riga eos de vino[2407] et desuper in aliquo[2408] liga avem, ut vapor lapidum ad ipsum ascendat. [5] Et cum remanebit vapor lapidum[2409], pulvera vitrum et iace super lapides, ut vapor ad avem ascendat[2410]. [6] Et sic facias per triduum et ciba eos de carnibus convenientibus[2411] cum foliis mororum.

Capitulum 60[2412]

[1] De medicamine pediculorum[2413]

[2] Quando accidit hoc[2414], et maxime in ore suo, accipe de lupino sicco et decoque in aqua et ista aqua[2415] asperge eum et liga in sole. [3] Et si prima vice non prosit, hoc itera[2416] per

---

2399 57 *A* 69 *H* 58 *IRT* 47 *K* 49 *PB' fehlt V* 82 *G'*; Capitulum 59] *fehlt EW*
2400 carnositatis spine et natium, unde oriuntur penne caude *ACGIJLNORSZA'B'G' folgt* et carnositate *K*; Capitulum 59 - crupe] *fehlt B*
2401 *folgt* in crupa *BDEFHKMTUVW*
2402 *folgt* per album in arubico [?] *Q*
2403 *fehlt P*
2404 a termino] *fehlt I*
2405 et *ZA'*
2406 vel donec (II, 59, 3) - spasmum] *fehlt EMUW*
2407 *folgt* veteri *EMUW*
2408 in aliquo] *fehlt G'*
2409 ad (II, 59, 4) - lapidum] *fehlt GK*
2410 Et cum (II, 59, 5) - ascendat] *fehlt BT*
2411 *fehlt P*
2412 58 *A* 59 *IRT* 48 *K fehlt V* 86 *G'*; Capitulum 60] *fehlt EW*
2413 Capitulum 60 - pediculorum] *fehlt B*
2414 quod avis habet pediculos *EMUW*
2415 et ista aqua] *fehlt DHIQ*
2416 hoc itera] cauteriza ipsum *BT*

multos dies. [4] Si autem hoc[2417] accidat sibi in alis[2418], ponatur super corium leporis, et aspergas super illos aquam in sole, nam pediculi exibunt et intrabunt in corio leporis. [5] Et si aliquid remansit, funde[2419] super eum vinum vetus cum arrhenico rubeo pulverato[2420], maxime si accidat eis in tempore calido. [6] Nam si in tempore frigido accidet, accipe de fimo suo et coque et dimitte, donec frigeat, et lava[2421] eos, nam iuvativum est[2422]. [7] Vel accipe argiros[2423], id est[2424] argentum vivum, mortificatum cum cinere et cum oleo et linias loca, in quibus sunt pediculi. Et quando exibunt pediculi[2425], pone ante eum aquam, ut se lavet. [8] Et cave, ne cadat argiros[2426] vel aliqua gutta sua in ore avis, nam hoc est mortale. [9] Si autem pediculi sunt per totum corpus, tunc involve avem in panno subtili et accipe lanam suavem et fac inde laqueum et pone in collo avis et intra in prima statione balinei. [10] Et quando avis sudabit, omnes pediculi exibunt de corpore et intrabunt vel in panno vel in lana. [11] Et si per hoc non recedant pediculi, accipe de condiso pulverato et misce cum oleo et accipe cum penna et pone in loco illo corporis, ubi rostrum avis non poterit scalpere, nam hoc destruet pediculos. [12] Et si per hoc non destruantur, accipe staphisagriam pulveratam et funde in aquam. Deinde excoria radicem cannule pennarum suarum, ubi sunt pediculi, et funde cum illa aqua et desuper eam radicem pulvera piper tritum, postquam comederint medietatem sui pastus. [13] Deinde liga eum in sole ponendo ante eum aquam, ut lavetur. [14] Quando autem digesserint, comple cibum suum in vespere, et sanabitur. [15] Et si[2427] pediculi destruxerint calamum penne et intus sunt generati, tunc liga pedes suos et pone[2428] eum suaviter in aliquo molli loco [16] et accipe calamum penne corrose[2429], in quo sunt pediculi, et finde[2430] eum et inde extrahe pulpitam[2431] et in loco suo pone lignum

---

[2417] *folgt* non *BDFHKPQTV*
[2418] aliis *BDFHPQVG';* in alis] male *R;* Si autem hoc accidat sibi in alis] Vel *EMUW*
[2419] asperge *EMUW*
[2420] *fehlt I*
[2421] *folgt* ex illa aqua *EMUW*
[2422] *folgt* valde *BT*
[2423] argiōs *P* argiro *UY*
[2424] argiros, id est] *fehlt ACGILNORSB'G'*
[2425] Et quando exibunt pediculi] *fehlt AFPQ*
[2426] argentum vivum *ACGILNORSB'* argi{r}o{s} *U* argiroros *W*
[2427] per (II, 60, 11) - si] *fehlt EMUW*
[2428] liga *BCGLNOSTB'*
[2429] grosse *BT*
[2430] *verbessert aus* funde *B* funde *DEFGHIJKLMNPQSTUWZA'B'* scinde *VG'*
[2431] pulpā *A* pupitam *BT* pulpitā *CFGLOPRSVY folgt* id est medullam, que vocatur ylus (ilus *J*) *JZA'* pulpam *Q*

sambuci et in loco fisso include pulpitam[2432], quam inde traxisti, et sic sanabitur. [17] Vel accipe absinthium pulveratum et suffla in collo suo[2433] et in radicibus omnium suarum pennarum [18] et postea mitte eum in balineo calido, donec sudet[2434], et unge cum oleo pedes et tibias, nam pediculi venient ad odorem olei, et tunc eicias[2435] omnes.

Capitulum 61[2436]

[1] De medicamine infirmitatis, que accidit ex frigiditate[2437]

[2] Melior medicina est mel et lac pecorinum[2438]. Aliquando[2439] lini carnes, et cibentur, et aliquando misce aquam cum melle[2440] et da bibere cuidam columbello[2441] et dimitte per i diem. [3] Postea[2442] iugula eum[2443] et deinde ciba avem, nam est iuvativum. [4] Et si per hoc non convaleat, accipe de oleo mirasolis[2444] et stilla v guttas in gutture[2445] suo et da eis quartum sui pastus, et sic sanabuntur[2446].

2432 pulpitã *ACDFGJKORV* pupitam *BT* pulpidam *L;* et in (II, 60, 16) - pulpitam] *fehlt S*
2433 suo (II, 60, 16) - suo] *fehlt P*
2434 persudet *I*
2435 occides *A*
2436 59 *A* 60 *IRT* 49 *K* 87 *G'*
2437 superfluitate oĩs *A;* Capitulum 61 - frigiditate] *fehlt B*
2438 porcinum *BT*
2439 *folgt* cum eis *BT*
2440 Aliquando lini (II, 61, 2) - melle] *fehlt NB'*
2441 columbelle *P*
2442 *folgt* excanna ({excanna} *G* excantia *I* excarna *LNB'*) eum sive *CGILNORSB'*
2443 *fehlt CGIJLNORSZA'B'*
2444 mirasol' *AGPRZ* miral sol *I* mirasole *L* mirasal' *S* {mi}rrasolis *G'*
2445 ore *R*
2446 Capitulum 61 - sanabuntur] *fehlt Q*

Capitulum 62[2447]

[1] De medicamine corruptionis complexionum[2448] avis[2449]

[2] Quando hoc accidit, accipe de malva silvestri et tere et pone in iii[2450] morsibus carnium, et inglutiant, et sic mundificabuntur.

Finitur[2451] secundus tractatus de libro falconarii[2452]. Sequitur tertius tractatus[2453] de medicamine apparentium[2454] egritudinum[2455] rapacium avium[2456] continens capitula xv[2457].

Capitulum 1[2458] De medicamine albedinis nate[2459] in oculis

Capitulum 2[2460] De medicamine unguis nate[2461] in oculis

Capitulum 3[2462] De medicamine aque descendentis in oculos

Capitulum 4[2463] De medicamine lacrimarum

Capitulum 5[2464] De medicamine adherentie palpebrarum

Capitulum 6[2465] De medicamine inflationis oculorum

Capitulum 7[2466] De medicamine oppilationis narium[2467] et ruptura et disiunctura rostri

---

2447 60 *A* 61 *IRT* 50 *K fehlt Q* 88 *G'*

2448 complexionis *CIORTV*

2449 complexionum avis] *fehlt Q* complexio *Y;* Capitulum 62 - avis] *fehlt B*

2450 v *BT*

2451 Explicit *CDGHLNOPRSB'* Finit *JZA'* Incipit *Y*

2452 Finitur secundus tractatus de libro falconarii] *fehlt A;* secundus tractatus de libro falconarii] liber secundus de narratione egritudinum intrinsecarum et medicamine earum *G';* omnium (II, 60, 17) - falconarii] *fehlt EMUW*

2453 *folgt* de libro falconarie *EMUW* liber *G'*

2454 *fehlt J*

2455 medicamine apparentium egritudinum] apparentibus egritudinibus extrinsicis *EMUW*

2456 rapacium avium] avium (avibus *R*) de rapina *CGLNORSB'* avium rapacium *EMUW* avium rapine *JZA'* raptarum avium *Q*

2457 Finitur secundus tractatus - xv] *fehlt BIT*

2458 63 *IZ;* Capitulum 1] *fehlt DHMPRUV* {Capitulum 1} *K*

2459 innate *JRZA'*

2460 64 *IZ;* Capitulum 2] *fehlt DGHMPRSUVB'* {Capitulum 2} *K*

2461 innate *CIOS* innati *JLNZA'B'* innatis *R*

2462 65 *IZ;* Capitulum 3] *fehlt DGHMPRSUV* {Capitulum 3} *K*

2463 66 *IZ;* Capitulum 4] *fehlt DGHMPRSUV* {Capitulum 4} *K*

2464 67 *IZ;* Capitulum 5] *fehlt DGHMPRSUV* {Capitulum 5} *K*

2465 68 *IZ;* Capitulum 6] *fehlt DGHMPRSUV* {Capitulum 6} *K*

2466 69 *IZ;* Capitulum 7] *fehlt DGHMPRSUV* {Capitulum 7} *K*

Capitulum 8[2468] De medicamine corrosionis alarum et pennarum

Capitulum 9[2469] De qualitate[2470] correctionis ruptarum pennarum[2471]

Capitulum 10[2472] De medicamine disiuncture et rupture membrorum

Capitulum 11[2473] De medicamine hemorrhoidum innatarum in palmis suis

Capitulum 12[2474] De medicamine podagre et rupture[2475] seu disiuncture unguium

Capitulum 13[2476] De medicamine callis[2477] et clavi et foraminum natorum in palmis eorum[2478]

Capitulum 14[2479] De medicamine saniei palmarum

Capitulum 15[2480] De medicamine pediculorum[2481]

Capitulum 1[2482]

[1] De medicamine albedinis nate in oculo[2483]

[2] Cum acciderit hoc, accipe mel et lac mulieris, ana drachme mediam[2484], viridis eris pulveratum granum i[2485], tere simul et in tertia hora diei pone in oculo et tene eum in manu faciendo sic in vespere. [3] Et si non iuvat, accipe spicam et pulvera siliquam i, id est tertiam partem drachme[2486], et funde in aquam frigidam[2487] et cola in panno et pone de hac

---

2467 *fehlt K*
2468 70 *IZ;* Capitulum 8] *fehlt DGHMPRSUV* {Capitulum 8} *K*
2469 71 *IZ;* Capitulum 9] *fehlt DGHMPRU* {Capitulum 9} *K*
2470 medicamine *CGIJLNORZA'B'*
2471 De qualitate correctionis ruptarum pennarum] *fehlt SV*
2472 72 *IZ;* Capitulum 10] *fehlt DGHMPRU* {Capitulum 10} *K;* Capitulum 9 - Capitulum 10] *fehlt SV*
2473 73 *IZ;* Capitulum 11] *fehlt DGHMPRSUV* {Capitulum 11} *K*
2474 74 *IZ;* Capitulum 12] *fehlt GPRS* {Capitulum 12} *K*
2475 et rupture] *fehlt BT*
2476 75 *IZ;* Capitulum 13] *fehlt GPRS* {Capitulum 13} *K*
2477 verruce *BT*
2478 hemorrhoidum (*Überschrift 11*) - eorum] podagre et rupture seu disiuncture unguium (*fehlt EW*) Capitulum 12 (Capitulum 12] *fehlt DHMUV*) De medicamine callis et clavi et foraminum natorum in pennis (palmis *EMUW*) eorum Capitulum 13 (Capitulum 13] *fehlt DHMUV*) De medicamine hemorrhoidum innatorum (innatarum *EMUW*) in palmis suis *DEFHMUVW*
2479 76 *IZ;* Capitulum 14] *fehlt DGHMPRSUV* {Capitulum 14} *K*
2480 77 *IZ;* Capitulum 15] *fehlt DGHMPRSUV* {Capitulum 15} *K*
2481 Capitulum 1 - pediculorum] *folgt im Anschluß an die Capitulatio des zweiten Buches I fehlt QG'*
2482 62 *I* 89 *G'*
2483 Capitulum 1 - oculo] *fehlt BT*
2484 drachme mediam] drachmam i *I*
2485 granum i] *fehlt I*
2486 id est tertiam partem drachme] *fehlt CGIJLNORSZA'B'G'*

in oculo[2488]. [4] Vel accipe de felle galli[2489] et pone in[2490] naribus ter[2491] in triduo[2492]. [5] Vel accipe de cortice[2493] ovorum combustorum et de salgema[2494] pulveratis[2495] ana partem i, pone in canna subtili et suffla in oculis, nam est iuvativum. [6] Vel accipe de cinere corticis[2496] cucurbite veteris et suffla in oculis[2497]. [7] Vel accipe[2498] ossa dactylorum veterum et corruptorum[2499] et pulvera et pone cum melle despumato et reserva in vase. Et cum fuerit necesse, distempera cum suco maiorane et pone in oculis faciendo hoc per multos dies. [8] Medicina autem hec prodest volucri habenti in oculo ungues, postquam curatur cum ferro, prout narrabimus. [9] Si vero accidat eis albedo post gypsum, accipe coagulum leporis desiccatum et pulvera et misce cum aqua et lini locum albedinis oculorum cum penna, est enim iuvativum. [10] Si acciderit hoc ex percussione, accipe de sanguine pennarum columbelli[2500] et de aqua coriandri et de[2501] arrhenico rubeo pulverato ana partem i, misce simul et pone in oculo, quoniam est iuvativum. [11] Si autem careant visu sine clausione palpebrarum, instilla in oculis suis de sanguine aquile[2502] calido. [12] Vel accipe de sanguine[2503] canis et misce cum urina virginis[2504] et instilla in oculis, et est iuvativum[2505].

[2487] *fehlt Q*
[2488] collo *DHV*
[2489] *fehlt NB'*
[2490] *folgt* oculis vel *Q*
[2491] *fehlt BT*
[2492] ter in triduo] per triduum *V*
[2493] de cortice] *fehlt Q*
[2494] salgēma *BFJKP* sal gema *DG'* sal'gezā *E* salegōma *G* salgena *H* salgemā *I* sal gēma *LSB'* salgemma *MUZ* sal gemma *NQ* saligēma *R* sal' gemma *T* salzema *V* salge{ī}a *W* sal'gema *A';* de salgemma] salis gemme *C* salis gēme *O*
[2495] pulverata *Q fehlt P*
[2496] *fehlt I*
[2497] *folgt* nam est iuvativum *R*
[2498] de (III, 1, 6) - accipe] *fehlt BLNSTB'*
[2499] veterum et corruptorum] *fehlt BDEFHKMPQTUVWY*
[2500] columbi *BT* columbarum *H*
[2501] percussione (III, 1, 10) - de] *fehlt P*
[2502] *fehlt Q*
[2503] aquile calido. Vel accipe de sanguine] *fehlt G*
[2504] *fehlt DHV*
[2505] Si (III, 1, 11) - iuvativum] *fehlt Z*
[2506] 63 *I fehlt Y* 90 *G'*

Capitulum 2[2506]

[1] De medicamine unguis nate[2507] in oculis[2508]

[2] Quando hoc evenit, leva[2509] unguem cum acu[2510], donec recedat ab albedine, et tunc scindas vel cum phlebotomo vel cum rasorio. Deinde accipe de melle et[2511] de felle hircino, misce insimul et instilla in loco incisionis. [3] Si autem hoc acciderit post albedinem oculorum, instilla[2512] de vino veteri iii guttas iii vicibus in die. [4] Et si non convaleant, accipe de margarita non[2513] perforata – et est parva – et de[2514] sarcocolla alba et sesama et robigine[2515] speculi ana partem i, pulverentur et misceantur insimul et coadunentur cum cerebro[2516] passeris, et pone cotidie bis in oculis. [5] Si vero albedo alteretur ad rubedinem, accipe[2517] intestina iii vel iv passerum masculorum et pone in aqua[2518], ut iaceant, et destilla aquam in oculo, nam est iuvativum.

Capitulum 3[2519]

[1] De medicamine aque descendentis[2520] ad[2521] oculos[2522]

[2] Cum istud acciderit, pone salgemam[2523] in aqua tepida[2524], donec fundatur, [3] et de aqua ista in oculis pone per biduum[2525]. [4] Deinde pone mel infumatum[2526] intus et foris bis in die [5] et post hoc statim pone de lacte canum, iuvativum enim est.

2507 nati *C* innati *GILNSZA'B'* innate *R*
2508 Capitulum 2 - oculis] *fehlt B*
2509 lava *DHIQV*
2510 aqua *DHIQV*
2511 vel *EMUW*
2512 in loco (III, 2, 2) - instilla] *fehlt CGLNOSB'*
2513 *fehlt BDEFHKMPQTUVWY*
2514 est parva - et de] *fehlt BDEFHKMPQTUVWYG'*
2515 *folgt* oculi *Y*
2516 pulverentur (III, 2, 4) - cerebro] *fehlt L*
2517 pone (III, 2, 4) - accipe] *fehlt NB'*
2518 in aqua] *fehlt C*
2519 64 *I* 91 *G'*
2520 ascendentis *L*
2521 in *CDGHILNOPQRSTVZA'B'*
2522 oculis *DHLNOPSVA'B'* oculo *Q* oculum *T;* Capitulum 3 - oculos] *fehlt B*
2523 salgēmam *BJ* sal gēmā *C* sal gema *DH* sal gemmā *E* salgēmā *FGKPR* salgemmam *IOU* salgema *L* salgē-

Capitulum 4[2527]

[1] De medicamine lacrimarum[2528]

[2] Quod iii de causis accidit: Primo, quando aliquid in oculo cecidit[2529]. [3] Signum vero huius est, quod cooperiet[2530] oculos cum pannis[2531] suis et exibit inde aqua ut lacrime. [4] Curatio: Accipe sanguinem calidum[2532] passeris et instilla in oculo. Et si per hoc non convalescent, instilla in oculo[2533] vinum vetus[2534], nam prodest. [5] Secunda causa est ex multitudine caliditatis. [6] Cura huius est, quod instilla in oculo in i die aquam rosaceam, nam sanabitur. [7] Tertia causa est ex multitudine humiditatis[2535]. [8] Cura est: Instillabis[2536] in oculo i die cum penna aliquantulum de aqua alii[2537], et sanabitur.

Capitulum 5[2538]

[1] De medicamine coherentium palpebrarum[2539]

[2] Hoc sibi accidit propter multam turbationem sternutationis[2540] et exitum sanguinis ex naribus. [3] Quando autem hoc accidit, accipe de fimo vacce[2541] virginis adusto et pulverato et suffla in oculis et in[2542] naribus[2543], et statim[2544] sanantur.

---

ma *NB'* sal gemā *QS* salzemā *V* salgeminā *W* salgemā *Y*
[2524] *fehlt BT*
[2525] triduum *RG'*
[2526] spumatum *BT* despumatum *CGIJLNORSZA'B'G'* refumatum *K* infamatum *P* indispumatum *Q*
[2527] 65 *I* 92 *G'*
[2528] Capitulum 4 - lacrimarum] *fehlt B*
[2529] accidit *DH*
[2530] aperiet *BCDEFGHIJKLMNOPQRSTUVWYZA'B'G'*
[2531] pennis *BCDEFGHIJKLMNOPRSTUVWYZA'B'G'*
[2532] *fehlt I*
[2533] Et si (III, 4, 4) - oculo] *fehlt BDEFHIKMPQTUVWY*
[2534] intus *DFHK*
[2535] Tertia causa est ex multitudine humiditatis] *fehlt J*
[2536] Instilla bis *J* Instilla/bis *C*
[2537] lilii *N*
[2538] 66 *I* 93 *G'*
[2539] Capitulum 5 - palpebrarum] *fehlt B*
[2540] sternutationem *LNB'*
[2541] *fehlt EW*
[2542] oculis et in] *fehlt J*
[2543] *folgt* mane et sero *L*

Capitulum 6[2545]

[1] De medicamine inflationis accidentis in suis oculis[2546]

[2] Quando accidit et timetur de cecitate, accipe de radice rubie tinctorum et de salgema[2547] ana partem i, pulvera et pone in penna[2548] et suffla in oculis mane et sero[2549]. [3] Si autem inflatio acciderit ex ventositate, pone aliquantulum de bombyce super fustem et infunde cum sinapi distemperata in aqua et linias inflationem. [4] Si autem acciderit eis vulnus in oculis propter spinas, accipe de arrhenico[2550] parum et misce cum lacte mulieris et per biduum vel per triduum pone in oculis, nam sanantur[2551].

Capitulum 7[2552]

[1] De medicamine oppilationis narium[2553] et disiunctura et ruptura[2554] rostri[2555]

[2] Si contingat oppilationem fieri in naribus, sugantur, donec exeat illud, quod intus est. Deinde suffla in naribus[2556] de osse sepie et fac eos trahere in[2557] coxa gallinarum vel columbarum vel de aliis duris, ut exeat superfluitas a capite suo propter fortitudinem mordendi. [3] Quando autem disiungetur rostrum, pone super illud de mummia vel[2558] de glutino, id est de cummi albotin[2559], vel[2560] de fermentata pasta vel[2561] de pulpa melaniani[2562], nam prodest.

2544 *fehlt MNUB'*
2545 67 *I* 94 *G'; * Capitulum 6] *fehlt V*
2546 Capitulum 6 - oculis] *fehlt B*
2547 salgēma *BFJKNPSA'B'* sal gema *DG'* salgemma *EIMTUZ* salegēma *G* salgema *HVY* sal gemma *Q* saligēma *R* salgemina *W;* de salgemma] salisgemme *C* salisgēme *O*
2548 panno (*folgt* subtili *K*) *BCDEFGHIJKMNOPQRSTUVWYZA'B'G'*
2549 Capitulum 6 - sero] *fehlt L*
2550 *folgt* rubeo *DHV*
2551 *folgt* Capitulum 6 De medicamine inflationis oculorum Quando accidit, timetur de cecitate, accipe de radint rubee tinctorum et de salge{nm}a equaliter, pulvera et pone in panno et fus in oculis *L*
2552 68 *I* 94 *G'*
2553 aurium *DFHKPVYG'*
2554 iunctura *ZA'*
2555 *fehlt K;* Capitulum 7 - rostri] *fehlt B*
2556 sugantur (III, 7, 2) - naribus] accipe (*expungiert P*) *BDFHKMPTUV fehlt EQW*
2557 *folgt* osse seu *S*
2558 et *Q*
2559 albotim *DQ* albotini *H* albotī *P* albotiri *T* arabico vel de terebinthina *G';* glutino, id est de cummi albotin] terebinthina *CGIJLNORSZA'B'*

Capitulum 8[2563]

[1] De medicamine corrosionis[2564] pennarum et alarum[2565]

[2] Quando autem accidet et videntur depilare pennas alarum et multum pediculare se et vix eiciunt aliquas[2566] et, quod eiciunt, corrosum est in radice et cum sanguine et multum scalpunt radicem colli et erunt macri et cito digerent pastum et apparet corrosio in pennis suis quasi corrosio[2567] vermium et inflatur in loco doloris et in loco[2568] egritudinis et alteratur[2569] ad rubedinem et nigredinem et viriditatem, et[2570] hoc parum accidit parvulis, [3] cura huius: Lava alas cum acri aceto vel cum vino[2571]. Deinde accipe muscam equinam et pone in acri[2572] aceto[2573] per i septimanam. Deinde[2574] exsicca eam de foris et pulvera [4] et de pulvere hoc et nuce adusta accipe ana ii drachmas[2575] et pulvera super radicem pennarum. [5] Deinde munda locum infirmitatis cum acu et pone ibi de lana bruneta quasi papyrum sive licinium[2576] et hoc fac in poris corrosionis[2577] alarum et pone aves in loco obscuro, ut non saliant, [6] faciendo sic ter in triduo. [7] Deinde vide locum, quo curasti, et si non caret inflatione neque confortantur radices pennarum, lava totum corpus cum aceto[2578] excepto capite. [8] Deinde phlebotoma eum in loco, qui est inter collum et alam, nam erit iuvativum. [9] Et si non convaleant, accipe de absinthio vel[2579] de eruca[2580] et decoque cum aqua fortiter et cola, et refrigidetur, et pone ante eos, ut laventur, nam iuvativum est. [10] Et si non

---

2560 et *BDFHKTV*
2561 et *BDFHKQTV*
2562 malviani *BT* melemani *CS* malaviani *DFV* meclamani *EW* me{b}eniani *G* mal{m}ani *H* meleniani *ILNO ZB'* malaniam *K* {m}ele{m}a{m} *JA'* melamani *Q* {m}ela{m}a{m} *U* melaniam *G'*
2563 69 *I* 96 *G'*; Capitulum 8] *fehlt V*
2564 corruptionis *I*
2565 Capitulum 8 - alarum] *fehlt B*
2566 *folgt* pennas *CGIJLNORSZA'B'G'*
2567 in pennis suis quasi corrosio] *fehlt BDEFHKMPQRTUVW*
2568 inflatur in loco doloris et in loco] inflantur loca infirmitatis vel *CGIJLNORSZA'B'G'*
2569 alterantur *CGIJLNORSZA'B'G'*
2570 nigredinem et viriditatem, et] ex *Q*
2571 vel cum vino] per i septimanam *G*
2572 *fehlt DH*
2573 in acri aceto] lac *I*; vel (III, 8, 3) - aceto] *fehlt R*
2574 septimanam. Deinde] *fehlt G*
2575 partes *BT*
2576 licinum *BQ* lacinum *DEFHKMUVW* licivum *T* lucinum *Y*; sive licinium] *fehlt CGIJLNORSZA'B'G'*
2577 corruptionis *I*; fac in poris corrosionis] facto pone super corrosione *V*
2578 cum aceto] *fehlt P*
2579 et *IR*
2580 ruta *NS* urtica *Q*

convaleant, accipe de borac armenico et arrhenico et cumino et sucos dulcium granatorum et cortice[2581] granatorum[2582] adustorum[2583] ana partem i, pulvera et misce insimul cum acri aceto et farci[2584] loca egriditudinis. [11] Deinde[2585] lava cum aqua calida et unge cum oleo, nam est iuvativum. [12] Et si non convalent, accipe de borac armenico drachmam i cum acri aceto uncie media[2586], misce et frica locum doloris. [13] Deinde accipe panis albi adusti et corticem granatorum dulcium adustorum, ana drachmam i, arrhenici drachmas ii, pulvera[2587] et pone super locum egritudinis [14] et pone ante eos aquam, ut laventur. Deinde misce in pastu suo drachmam i mellis, nam est iuvativum. [15] Et si per hoc non convaleant, accipe de borac armenico et de arrhenico et de[2588] oculucha[2589], id est licio[2590], et de aloe ana partem i. Hec pulverentur, et misce insimul cum vaccino felle[2591] et acri aceto. Deinde pungatur in loco doloris cum acu, et[2592] lini cum hac medicina, nam iuvativum est. [16] Et si per hoc non convalescent, accipe iii acus et liga cum filo, ut non separentur, et depila pilos corruptos et percute cum illis acubus locum pororum[2593] pennarum corruptarum. [17] Deinde accipe de[2594] viridi[2595] eris et[2596] minio sive[2597] cinnabrio[2598] et sale[2599] ana partem i, pulverentur et misceantur cum aceto, et linias locum exitus sanguinis de medicina ista cum bombyce. [18] Deinde calefac ferrum et appropinqua locis percussis non[2600] tangendo[2601]. [19] Et sic iterabis percussiones et tersiones[2602] et cauterizationes, donec abscindatur sanguis et loca illa

---

[2581] corticem *BDEFHKMPTUVWY*
[2582] et cortice granatorum] *fehlt ILNQSB'*
[2583] *fehlt Y*
[2584] frica *BQT* lava *V*
[2585] et misce (III, 8, 10) - Deinde] *fehlt L*
[2586] uncie media] drachme media *CO* media uncie (drachme *GLNSA'B'*) *GJLNSA'B'* *fehlt I*
[2587] *fehlt NB'*; dulcium (III, 8, 13) - pulvera] *fehlt DHV*
[2588] arrhenico et de] *fehlt BDEFHKMPQTUVWY*
[2589] occu{l}ah *C* occult^a^h *GIO* occulta *L* occultha *NB'* ōclu̅t̅h̅ *R* occuloch *S* coluth *ZA'*
[2590] lino *ZA'*; id est licio] *fehlt CGILNORSB'*; oculucha, id est licio] oculo lucii *BDEFHKMQTUVWYG'* oleo litii *P*
[2591] vaccino felle] butyro vaccino, melle *R*
[2592] *folgt* locum *CGIJLNORSZA'B'*
[2593] parvarum *I* predictorum *R*
[2594] accipe de] *fehlt I*
[2595] viridis *JPYG'* viride *IZA'*; de viridi] viridis *CGLNOQRSB'*
[2596] sive *G'*
[2597] minio sive] *fehlt CGIJLNORSZA'B'*
[2598] cumino *I*
[2599] et sale] *fehlt C*
[2600] *fehlt N*
[2601] non tangendo] *fehlt I*
[2602] defensioēs *B* {in}ter{c}isiones *C* densiones *DFHV* tonsiones *EMUW* ī{c̄}siones *G* concussiones *I*

albescant[2603]. [20] Deinde accipe de cauda arietis drachmam i[2604], de sarcocolla et zuccaro ana drachme mediam, fac morsum i, et inglutiant. Deinde dimitte eos in domo, donec exeant penne, et sic sanantur. [21] Si adhuc non convaluerint, scinde circumcirca pennas corruptas, donec exeat sanguis. Deinde frica loca illa cum aloe[2605] fortiter[2606] et pulvera ea[2607] cum salgema[2608], nam est iuvativum. [22] Et si per hoc non convaleant, accipe de suco folii coriandri et linias locum incisionis cum bombyce. [23] Et si non convaleant, phlebotoma venam, que est sub alis et super coxam ex parte dextra. Deinde[2609] accipe de salgema[2610] et de galbano ana siliquam i et de butyro vaccino uncie[2611] mediam, misce insimul et frica locum phlebotomatum. Deinde satia[2612] eos[2613] carnibus arietinis. [24] Et si non convaleant, accipe acum auream et percute locum, ubi cecidit penna, donec exeat sanguis, non tamen fortiter, ut non destruantur membra. [25] Et sit[2614] percussio[2615] in locis rubefactis et inflatis. Deinde frica loca illa cum panno fuso[2616] in aqua foliorum persicorum. [26] Et si non invenias folia, accipe de aloe[2617] et pipere et murra et borac album et glutinum pini et corticem adustorum granatorum et arrhenicum, ana partem i, pulverentur et misceantur cum aceto forti, et frica loca percussa farciendo[2618] [27] et lava pennas, cum quibus tangitur medicina, cum aceto et dimittas eos incuratos per v dies. [28] Quando transierit inflatio et rubedo, linias loca illa cum oleo rosaceo, ut exeant cortices, nam statim penne exibunt corticibus cadentibus. [29] Deinde asperge super eos aquam frigidam, si sit tempus calidum,

---

{c}'ssiones *J* decisioēs *K* ītersiōēs *L* interficiōes *N* int'siones *O* tonsiōēs *P* tansiones *Q* tersiōēs *R* {in}t'sioēs *S* defensiones *T* interficiōēs *B'*

[2603] donec (III, 8, 19) - albescant] *fehlt DH*

[2604] drachmam i] *fehlt DH* et *K*

[2605] calce *Y*

[2606] *fehlt BT*

[2607] eum *BT* eam *PRZ*

[2608] salgēma *BFKP* sale gēma *CGLNSB'* sal gema *D* sal gemma *EQ* salgemma *IMTUZ* sal'gēma *J* salegēma *OA'* salegemma *R* salgemina *W* sall gema *G'*

[2609] phlebotoma (III, 8, 23) - Deinde] *fehlt NB'*

[2610] salgēma *BFKLNPSTZA'B'* sal gema *DHG'* salgemma *EIMU* sale gemma *G* sal'gēma *J* sal gemma *Q* saligēma *R* salzema *V* salgemina *W* salgema *Y;* de salgemma] salis gēme *CO*

[2611] drachme *CGLNOSA'B'*

[2612] sana *JN*

[2613] satia eos] caveas eis a *BDEFHKMPQTUVWYG'*

[2614] si *BDEFHIKMPQTUVWYG'*

[2615] *folgt* est *BDEFHKMTUVW* *folgt* fit *G'*

[2616] panno fuso] penna fusa *BCDEFGHIJKLMNOPQRSTUVWYZA'B'G'*

[2617] calce *NB'*

[2618] *fehlt BIRT* sarciendo *CDFGHKLNOSVB'G'* fortiter *Y*

et pone ante eos aquam, ut balneent se, et pone eos[2619] [30] in domo spatiosa[2620], ubi sint pertice[2621] prope terram, ut requiescant ibi et ale non laborent, et cibentur non super[2622] manus. [31] Si autem iterum indigeant curatione, itera eam, et sic sanantur. [32] Si vero comedent pennas suas, accipe de malvavisca[2623] sicca[2624] pulverata[2625] et pone in morsibus[2626] et pasce eos, et hoc faciet ipsos oblivisci, ne comedant pennas.

Capitulum 9[2627]

[1] De qualitate[2628] correctionis ruptarum[2629] pennarum[2630]

[2] Quando hoc accidit, accipe suaviter volucrem et incidas ruptam pennam cum forfice radicitus et accipe aliam pennam, que sit similis ei in qualitate et[2631] quantitate[2632]. [3] Deinde linias radicem penne cum colla et insere super ipsam aliquantulum de pennis subtilibus et insere[2633] cum penna incisa attente.[2634] [4] Si vero ruptura fuerit in medio vel extremitate pennarum, accipe acum ferream ii capitum et triangulorum et pennam similem rupte et taliter eam[2635] incide[2636], ut possis perficere illam ruptam sine diminutione vel augmenta-

---

2619 aquam, ut balneent se, et pone eos] *fehlt IK*
2620 speciosa *ZA'*
2621 *folgt* spatiose *R*
2622 per *CO*
2623 mal{vi}sca *C* malvisca *GNOSB'* malva visca *JG'* malnavisca *K* malva{vi}sca *P* malvavisco *Q* malva fisca *R* mal{v}a{vi}sca *U* malna{ni}sca *W*
2624 *fehlt LNB'*
2625 malvavisca sicca pulverata] malvavisco (malavisco *D* mal{vi}sco *H* malva{vi}sc̄ *I* malva visco *T* malvanisco *A'*) sicco (sic̄c̄ *I*) pulverato *BDHITZA'*
2626 *folgt* carnium *Q*
2627 70 *I* 97 *G'*
2628 medicamine *CGIJLNORSZA'B'*
2629 *fehlt Y;* qualitate correctionis ruptarum] corrigendis rupturis *DEFHKMPTUW*
2630 correctionis ruptarum pennarum] rupture et disiuncture membrorum *R;* Capitulum 9 - pennarum] *fehlt B* De additione pennarum *V*
2631 qualitate et] *fehlt RT*
2632 *folgt* Et talis penna debet esse de simili ave et simili loco. Et propter hoc falconarii servant pennas avium suarum, quando mortue sunt. *J*
2633 misce *PQ* sera *T* (*unterstrichenes* misa) misere *Y;* super ipsam aliquantulum de pennis subtilibus et insere] *fehlt DH*
2634 *folgt* Nota bene, quod talis penna debet esse de simili ave et simili loco. Propter hoc falconarii servant pennas avium suarum, quando mortue sunt. *G'*
2635 ii (III, 9, 4) - eam] *fehlt BDFHKTV*
2636 insere *CGIJLNORSZA'B'* *fehlt Y*

tione. [5] Deinde infunde acum in calido[2637] sanguine leporis vel in[2638] aceto et fige in penna, quam incidisti[2639], et quod remanet de acu, fige suaviter in penna volucris, sic ut non[2640] remaneat[2641] vacuitas aliqua in loco insertionis. [6] Si autem infundes acum in sanguine leporis vel in aceto[2642], ut stet infusa per i diem et fiat robiginosa, melius erit. [7] Quidam autem ponunt in loco acus fustem factum de lancea ad modum acus, quem narravimus[2643], unctum cum colla de piscibus[2644], et maxime utuntur hoc in cauda, non in alis[2645]. [8] Quando autem ceciderit penna i de pennis caude ex percussione vel alia causa, accipe de oleo laurino et oleo nucis ana partem i[2646], misceantur et instillentur in poro penne cadentis, nam statim[2647] nascentur. [9] Quando autem disiungetur aliqua ex pennis suis et vis restaurare, accipe vitellum ovi et misce cum stuppa minutim incisa et pone super subtilem pannum in quantitate loci rupti et liga super[2648] pennas intus et foris[2649], et sic restaurabuntur[2650].

Capitulum 10[2651]

[1] De medicamine disiuncture et[2652] rupture membrorum[2653]

[2] Quando accidet istud, accipe murram et sanguinem hircinum ana partem i, misce insimul et emplastra et liga in loco disiuncture. [3] Et si non convaleant, accipe de felle caprino et bulli fortiter. Deinde emplastra et liga cum aliquo ligamine, et sic sanantur. [4] Si autem

---

2637 *fehlt V*
2638 *folgt* forti *G'*
2639 inseruisti *BCDEFGHIJKLMNOPRSTUVWYZA'B'G'* asseruisti *Q*
2640 *fehlt DHK*
2641 de (III, 9, 5) - remaneat] *fehlt L*
2642 vel in aceto] *fehlt CO*
2643 narrabimus *BCDFGHIJKLNOPQRSTVYZA'B'G'*
2644 colla de piscibus] glutino piscino (pistino *GJS* pixto *L* pisto *NB'* pis{t}ino *O*) *CGIJLNORSZA'B'*
2645 aliis *DHUG' folgt* Ut penne caude nascantur *V;* non in alis] *fehlt P*
2646 ana partem i] *fehlt G*
2647 *folgt* alie penne *G'*
2648 *folgt* subtiles *BT*
2649 rupti (III, 9, 9) - foris] *fehlt V*
2650 *folgt* cito *MU*
2651 71 *I* 98 *G';* Capitulum 10] *fehlt V*
2652 disiuncture et] *fehlt E*
2653 pennarum *DEFHKMPUW fehlt Q;* disiuncture et rupture membrorum] hemorrhoidarum innatarum in palmis eorum *R;* Capitulum 10 - membrorum] *fehlt B*

accidat eis ruptura membrorum, accipe de vitro[2654] alexandrino et de aloe et de pice[2655] greca ana partem i, pulverentur et misceantur cum albumine ovi, et liga super locum rupture, et prodest[2656]. [5] Et si non prodest[2657], accipe conchulam marinam, sicuti est, et de murra et aloe et[2658] olibanum et mastichem, ana partem i, pulverentur et[2659] misceantur cum albumine ovi, et emplastra in loco[2660] rupture ligando[2661]. [6] Et si non convaleant, accipe de magnis conchulis[2662], que in fluviis inveniuntur, et decortica cum cultello et tere et misce cum eis de pulvere aloe et olibani et emplastra ligando[2663] in loco rupture. [7] Si autem ruptura sit in palmis vel in coxa, oportet, quod solvatur laqueus volucris, antequam medicinetur. [8] Deinde dimittatur in domo obscura, ubi posita erit herba, et pascatur sine osse et nervo et vena per xiv dies, et statim restaurantur. [9] Signum vero restaurationis est, quod ligamen emplastri laxabitur[2664]. [10] Modus vero emplastri positi super palmam talis est: [11] Accipe subtilem pannum de lino spissum[2665] et fac in ipso iv foramina et ibi pone emplastrum figendo iv digitos palme in foraminibus panni et sic liga extremitates panni super crura[2666].

[2654] nitro *F* vino *I*
[2655] pisce *T*
[2656] et prodest] *fehlt V*
[2657] Et si non prodest] *fehlt FNRB'*
[2658] aloe et] *fehlt I*
[2659] mastichem, ana partem i, pulverentur et] *fehlt I*
[2660] in loco] *fehlt BT*
[2661] *fehlt SV*
[2662] coquillis *CGIJLNORSZA'B'G'* oculis *DFHVY*
[2663] *fehlt BDEFHKMPQTUVW*
[2664] lambitur *BDEFHKMTUVW*
[2665] densum *CGIJLNORSZA'B'*
[2666] panni super crura] *fehlt Q*

Capitulum 11[2667]

[1] De medicamine hemorrhoidarum[2668] natarum[2669] in palmis suis[2670]

[2] Signum huius infirmitatis est, quod videbuntur pedes avis scissi[2671], inflati et de his exibit aqua citrina. [3] Cura: Accipe de aloe et murra et acacia et pyrethro ana partem i, pulvera[2672] et misce cum aqua et linias palmas, nam sic sanantur.

Capitulum 12[2673]

[1] De medicamine podagre[2674] seu disiuncture unguium[2675]

[2] Quando hoc accidet, et maxime[2676] parvulis, remove ab eis campanellas et laqueos et dimitte eos in domo vel[2677] in cavea[2678] lata et filtrata interius et ciba cum hirundinibus parvis et passeribus et carnibus[2679] convenientibus. [3] Deinde accipe de calce[2680] pulverata[2681] et de albumine ovi ana partem i, misce et linias palmas[2682]. [4] Deinde carmina de filis lane et pone super emplastrum, nam erit iuvativum. [5] Si vero ex hoc palme inflentur, finde[2683] eas cum vitro subtiliter[2684], ut inde exeat, quicquid est de sanguine et aqua citrina. [6] Deinde accipe aloe et gummam[2685] et lac et crocum et viride eris, pulverentur, et misceas

---

2667 72 *I* 99 *G'*
2668 hemorrhoidum *CGJLNOSZA'B'*
2669 natorum *CO* innatorum *GJLSZA'* innatarum *INB'*
2670 hemorrhoidarum natarum in palmis suis] podagre et rupture sive disiuncture unguium *R;* Capitulum 11 - suis] *fehlt BV*
2671 fissi *CGIJLNORSZA'B'*
2672 *fehlt Q folgt* ut melius incorporetur *G'*
2673 73 *I* 11 *M* 100 *G'*
2674 *folgt* et rupture *CGILNOSB'*
2675 podagre seu disiuncture unguium] callis et clavi et foraminum natorum in palmis eorum *R;* Capitulum 12 - unguium] *fehlt B*
2676 et maxime] *fehlt BQT*
2677 et *J*
2678 cagia *CGIJLNORSZA'B'G'*
2679 et carnibus] *fehlt G'*
2680 aloe *BDEFHKMNTUVWB'*
2681 pulverato *DEHKNT*
2682 *fehlt MU*
2683 funde *BIPY* scinde *DHRV* finge *K*
2684 *fehlt P;* finde eas cum vitro subtiliter] *fehlt Q*
2685 *folgt* arabica *G'*

cum albumine ovorum et calefac super ignem, donec coagulentur. Deinde emplastra palmas[2686] [7] et volve[2687] super emplastrum de folio scariole[2688] et super hoc de bombyce et liga cum pannis[2689], nam prodest[2690]. [8] Si autem inflatio sit non clara nec declinans ad citrinitatem, accipe peciam vasis novi et de ovis formicarum ana partem i, pulvera et misce cum albumine ovorum et[2691] volve super palmas. Et quando desiccabuntur, aspergas desuper aquam bis in i die. [9] Si enim citrinitas inflationis palmarum est clara, saniem demonstrat. [10] Oportet autem, quod calefacias grossam acum, et aperi cum illa clara loca, donec exeat, quidquid intus est. [11] Deinde emplastra cum foliis sicle[2692], id est blete[2693], decoctis cum puro vino mixto cum farina hordei ligando et sic facias semel in triduo, nam prodest. [12] Quandoque autem accidit eis palmarum inflatio propter multam requiem et carentiam laboris et motus, et signum hoc est, quod super palmas suas stare non possunt. [13] Quando accidet, accipe galbani i siliquam et tere[2694] cum butyro vaccino et linias palmas et liga per i noctem et i diem, nam prodest[2695]. [14] Si autem inflatio vehemens non est, scinde sub palma, nam invenies illic quasi grana[2696] milii et tolle cum acu, donec mundetur locus. [15] Deinde emplastra cum olibano et lithargyro mixto cum albumine ovorum et liga, donec convalescant. [16] Quando autem signum sanitatis apparet, ligamina linias cum vino veteri, donec laxentur et cadant. [17] Et si per hoc non convalent, cauteriza palmas cum fuste murtino suaviter et non mittas emplastrum super locum cauterizatum, et sic sanantur. [18] Si autem disiungantur ungues eorum et non[2697] cadant, accipe de pice et cera et misce insimul et emplastra, et sanantur. [19] Si vero ungues cadant[2698], reducantur ad loca eorum suaviter. Deinde accipe de fece ferri et pulvera et pone super eos [20] et liga dimittens per vii[2699] dies, nam

---

2686 *fehlt NB'*
2687 pone *J*
2688 scoriole *DEFHKMUW* squeriole *T* scoliole *V* stariole *A'*
2689 pennis *BCDEFGHJKLMNOPQRSTUVWYZA'B'G'*
2690 nam prodest] *fehlt NB'*
2691 cum albumine ovorum et] *fehlt Q*
2692 sicce *DFHKMUVWY* si{cce} *E* side *J* siche *PQ*
2693 *folgt* sicce *BT*
2694 et tere] *fehlt DH*
2695 nam prodest] *fehlt BJT*
2696 granum *EW*
2697 *fehlt DH*
2698 accipe (III, 12, 18) - cadant] *fehlt DH*
2699 v *Q*

sic stabunt, donec alii substituantur[2700]. [21] Vel accipe arrhenicum et[2701] olibanum et murram ana partem i, misce cum albumine ovorum et aceto et linias palmas et loca unguium[2702] et liga. [22] Si vero exeat ligamentum, linias cum pinguedine lupe, nam est iuvativum. [23] Si autem[2703] exeant ungues sue directe et sine curvatione[2704], accipe de carsenne[2705], id est orobo[2706], et aloe ana drachme mediam[2707] et de olibano et origano ana siliquam i, pulvera et misce cum aqua et linias ungues, nam est iuvativum. [24] Si vero rumpatur aliquid de unguibus, medicentur de medicamine[2708] rupture rostri.

Capitulum 13[2709]

[1] De medicamine[2710] verruce[2711] et clavi[2712] et foraminum natorum in palmis eorum[2713]

[2] Quando eis accidet verruca[2714], solve eis laqueos et dimitte eos in domibus vel in magna cavea[2715], donec desiccetur verruca[2716], nam si portentur et saltent, sanguinabunt[2717], et crescet palmarum inflatio, et cura non proderit sibi. [3] Curatio autem hec est: Accipe de aloe et murra et croco et camphora et cacolle, id est cardamomum[2718], et acacia et luto armenico ana partem i, pulverentur, et misce simul cum[2719] aceto[2720] et linias, et sic sanantur.[2721] [4] Et si

---

2700 substituentur *CGIJLNORSZA'B'G'*
2701 vel *Q*
2702 *folgt* cum aceto *BT*
2703 exeat (III, 12, 22) - autem] *fehlt DH*
2704 turbatione *S*
2705 cãsenne *BO* carsemie *C* carserve *E* carsẽne *I* cãsẽne *L* carserne *MUW* carisenne *P* carseme *Q* carsene *S* carseunṭe *T* cãseune *V* carseñe *YA'* carsenue *G'*
2706 orobus *CGIJLNORSZA'B'G'*
2707 drachme mediam] drachmam i *Q;* ana drachme mediam] *fehlt J*
2708 *folgt* nam est iuvativum *S*
2709 74 *I* 14 *U* 101 *G'*
2710 *folgt* calli et (id est *J*) *JZA'G'*
2711 calli *CGILNOSB'*
2712 et clavi] *fehlt G'*
2713 in palmis eorum] *fehlt EW;* verruce (III, 13, 1) - eorum] saniei palmarum *R;* Capitulum 13 - eorum] *fehlt B*
2714 callus *CGIJLNORSZA'B' folgt* sive callus *G'*
2715 cagia (*folgt* latine dicitur cavea *ZA'*) *CGIJLNORSZA'B'G'*
2716 callus *CGIJLNORSZA'B'G'*
2717 non sanabuntur *BT*
2718 cacolle, id est cardamonum] cardamomo *CGIJLNORSZA'B'G'*
2719 *folgt* fortissimo *K*
2720 ana (III, 13, 3) - aceto] *fehlt R*

sint foramina in duritia illa, ex quibus[2722] exeat humiditas ut albumen ovorum, hoc est signum corruptionis membrorum. [5] Si autem inflentur palme et crura et apparet illic additio in carnibus, hoc non accidit nisi propter stricturam laqueorum et[2723] asperitatem vel propter nivem[2724], quod accidit eis, quando cadunt rapiendo. [6] Tunc finde[2725]. Deinde accipe de olibano et[2726] de lithargyro et vitro[2727] alexandrino et de coquilla ana partem i, pulverentur et misceantur simul cum albumine ovorum, et pone super palmas, postquam infunderis[2728] eas cum vino calido, et liga, et non solvantur, donec sanentur. [7] Et si non convaleant[2729], accipe pannum bombycis infusum in aqua et pone super palmas, nam est iuvativum. [8] Si autem accidant in palmis foramina, accipe de murra et[2730] aloe[2731] et sandalo[2732] rubeo et memithe, que est herba[2733], et faufel[2734] ana partem i, pulvera et misce cum aceto et emplastra. [9] Si vero accidant eis clavi in palmis[2735], oportet, ut non[2736] tangantur cum ferro, nam si tangantur[2737], corrumpuntur palme et non iungentur. [10] Oportet autem, ut[2738] emplastrentur cum medicinis dictis superius de verruca[2739]. [11] Et ponantur super pulvinar plenum pilis equine caude, et cave, ne coadunentur, ut fiat durum. [12] Si enim durefiat[2740], dissue et postea reduc pilos in loco suo, ut semper sint molles. [13] Et si non convaleant, ligentur super petram calcis, et iacias super calcem de aqua[2741] bis in die[2742].

2721 *auf Höhe dieses Rezeptes am Rand:* Hec cura prodest multum bene hominibus. *K*
2722 ex quibus] *fehlt LNSB'*
2723 vel *BT*
2724 *fehlt BDFHKTV*
2725 funde *BDEFHKMNPQUVWB'G'* furde *Y*
2726 vel *J*
2727 de melle *BT* nitro *HP*
2728 infuderis *BCFJPTZA'*
2729 Et si non convaleant] Item *BDFHKT* Vel *EMUW* Item vel *V*
2730 murra et] *fehlt BDEFHKMTUVW*
2731 oleo *U*
2732 scandalo *CGILNSB'* saldalo *DH*
2733 que est herba] *fehlt BCGIJLNORSTZA'B'*
2734 sufel *BJKLNQSTB'* fuffel *DHG'* fufel *CEFGIMOPRUW* suphel *V* suffle *Y*
2735 pedibus *BT*
2736 *fehlt V*
2737 *folgt* cum alio *V;* cum ferro, nam si tangantur] *fehlt T*
2738 *folgt* cum subtili pecia *K*
2739 callo *CGIJLNORSZA'B'G'*
2740 fiat durum *BET* durum fiat *DFHKMUVW* dure fiat *IJNQB'G'* durificat *P* dure fiāt *R*
2741 de aqua] *fehlt R*
2742 *folgt* Vel sic: Recipe salviam bene tritam, vinum album et ceram virginem et oleum de amygdalis amaris – sint omnia predicta equali pondere. Fac omnia bullire tantum, quod perveniat ad tertiam partem. Deinde pone super peciam lineam dictum unguentum et pone dictam peciam sic unctam super stagnā (stagnam *T*)

Capitulum 14[2743]

[1] De medicamine saniei palmarum[2744]

[2] Quando hoc accidet, accipe de pulvere salso, qui est in radicibus murorum, et misce cum acri aceto et linias locum egrum, nam est iuvativum.

Capitulum 15[2745]

[1] De medicamine pediculorum innatorum[2746] in eis[2747]

[2] Si acciderit istud, accipe staphisagriam et tere eam in aqua calida et cola et[2748] imbue loca, in quibus sunt pediculi. [3] Et si non removeantur, accipe absinthium et lupinum ana partem i, decoque in aqua et cola in vase[2749], ubi laventur. [4] Et si per hoc[2750] pilos depilent, decoque[2751] sulphur citrinum fortiter in aqua, donec exeat illic sapor suus, [5] et pone illud in vase et super vas pone cribrum et liga[2752] super cribrum[2753] avem, ut ascendat ad ipsum vapor et sudet. [6] Et quando sudabit, omnes pediculi cadent[2754].

Explicit tractatus[2755] tertius[2756]. Incipit[2757] tractatus[2758] quartus[2759] de dispositionibus naturalibus et accidentalibus[2760] rapacium quadrupedum[2761], qui vi[2762] capitula continet.

---

accipitris et tene accipitrem x diebus et totidem noctibus continuis super dictam peciam, et multum infirmitati clavorum confert. *BT*

2743 75 *I* 102 *G'*

2744 pennarum *Q;* saniei palmarum] pediculorum *R;* Capitulum 14 - palmarum] *fehlt B*

2745 76 *I* 103 *G'*

2746 generatorum *CGILNORSB'* natorum *EFKMQTUWG'* et natorum *Y;* medicamine pediculorum generatorum] pediculis natis *DHPV*

2747 Capitulum 15 - eis] *fehlt B*

2748 cola et] *fehlt KY*

2749 loco *BT*

2750 per hoc] *fehlt V*

2751 in aqua (III, 15, 3) - decoque] *fehlt LNSB'*

2752 *fehlt CO*

2753 super cribrum] *fehlt EW;* et liga super cribrum] *fehlt GLNSB'*

2754 *Textende BT; folgt* Finit tractatus presens. *C folgt* Finis. (*Textende*) *EMUW folgt* Finis. Moamyn falconarii liber de scientia venandi per aves explicit feliciter. (*Textende*) *I*

2755 liber *G'*

2756 *folgt* de medicamine apparentium egritudinum avium de rapina (avium de rapina] rapacium avium *G'*) *CGLNOSB'G' folgt* libri falconarie magistri Moamini (M{e}amini *H* M{e}omim *P* Oxamini *V*) arabici

Capitulum 1[2763] De numeratione rapacium[2764] quadrupedum et primo[2765] de proprietatibus canum

Capitulum 2[2766] De tempore generationis canum

Capitulum 3[2767] De physiognomia significante malitiam et bonitatem eorum

Capitulum 4[2768] De regimento eorum et venationis modo[2769]

Capitulum 5[2770] De modo cibationis et qualitate pinguedinis eorum[2771][lvi]

Capitulum 6[2772] De narratione naturalium probata[2773] ab antiquis[2774]

Capitulum 1

[1] De numeratione rapacium[2775] quadrupedum et[2776] proprietatibus canum[2777]

[2] Huius autem operis professores sufficienter non tractaverunt de canibus, qui in opere isto nobiliores sunt ceteris quadrupedibus, quia participant cum habentibus rostrum pre ceteris participantibus. [3] Participantes in aliquo modo sunt zabadeg[2778] et mustela, lupus et bda-

---

DFHKPV; Textende K

2757 *folgt* liber *DHP*

2758 liber *G'*

2759 tertius *A fehlt DHP folgt* et ultimum *G'*

2760 *folgt* canum et *V*

2761 canium et proprietatibus earum et de egritudinum intrinscecarum et apparentium infirmitates et de cura et medicine ipsarum *G'*; de dispositionibus naturalibus et accidentalibus rapacium quadrupedum] *fehlt Q*

2762 xiii *G'*

2763 Capitulum 1] *fehlt DFGHLNPRSVZB'*

2764 rapidorum venaticorum *CGJLNORSZA'B'G'*

2765 numeratione rapacium quadrupedum et primo] *fehlt P*

2766 Capitulum 2] *fehlt GLNRSZB'*

2767 Capitulum 3] *fehlt GLNRSZB'*

2768 Capitulum 4] *fehlt GLNRSZB'*

2769 Capitulum 2 - modo] De regimento eorum et venationis modo (venationis modo] modo venationis *DHV*) De tempore generationis canum De physiognomia significante bonitatem et malitiam eorum *DFHPV*

2770 Capitulum 5] *fehlt DFGHLNPRSVZB'*

2771 regimento (*Überschrift 4*) - eorum] modo cibationis et qualitate pinguedinis eorum Capitulum 5 De regimento eorum et venationis modo *J*

2772 Capitulum 6] *fehlt DFGHLNPRSVZB'*

2773 probatarum *ZA'*

2774 Capitulum 1 - antiquis] *fehlt Q* Incipit tractatus quartus - antiquis] *fehlt E'*

2775 rapidorum venaticorum (*fehlt JZA'*) *CGJLNORSZA'B'*

2776 *folgt* primo de *CGLNORSB'*

2777 numeratione (IV, 1, 1) - canum] electione canum et eorum nobilitate *E'*

2778 zabedeg *A* zabbadeg *CDFH* çabbadeg *GNOB'* zabbedeg *J* gabbadeg *L* çābadeg *P* cabadeg *Q* çabadecg *R*

lach[2779], id est[2780], et similia. [4] Que autem alio modo communicant, sunt lynx et leopardus. Tamen lynx non habet astutiam leopardorum. [5] Dixerunt quidam, quod in India sunt quidam quadrupedes astuti quasi leopardi[2781], sed tamen noti non sunt apud nos. Isti autem cum leopardis proprietatem habent, que in canibus non invenitur, quia sunt sagaces et fraudulenti et capiunt magnas aves. [6] Canis autem habet communitatem cum rapacibus[2782] quadrupedibus et cum avibus rapacibus[2783], et propter hoc narrare volumus de dispositionibus eorum pre ceteris. Dicimus igitur, quod debemus eligere parvulum[2784] leopardi et lyncis, nam velociores sunt ad doctrinam. [7] Canem autem illum debemus eligere, cuius progeniem nequaquam ignoramus et qui proportionaliter bonam habet dispositionem, quemadmodum in loco proprio narrabimus[2785]. [8] Medicamen autem rapacium[2786] quadrupedum[2787] simile est medicamini canum[2788].

Capitulum 2[2789]

[1] De tempore[2790] generationis canum[2791]

[2] Tempora, in quibus moventur canes ad coitum, sunt ii: primum est extraordinarium, aliud ordinarium. [3] Extraordinarium est in primo[2792] ianuarii, ordinarium est in primo[2793] februarii. [4] Quando autem voles eos coniungere, fac eos prius[2794] quiescere, postquam

sabedeg *S* zabadecs *V* çabbadegi *Y* cab'nd{t}os *E' folgt* et est animal sicut cattus, quod facit subeita (subecta *JZA'* subiecta *LNSB'* subeica *R*), quod redolet ut muscus *CGJLNORSZA'B'*

2779 badalach *ADHVY* badala{t}h *J* belalach *Q* b{e/o}dalacg *R* udolah *S* bdalah *B'* baldalach *E'*

2780 *folgt* {s} *A folgt Lücke von ca. 6 (8 Y) Buchstaben FPY;* id est] *fehlt CDGHJLNOQRSVZA'B'E'*

2781 Dixerunt (IV, 1, 5) - leopardi] *fehlt R*

2782 venaticis *CGJLNORSZA'B'*

2783 rapidis *CGJLNORSZA'B';* et cum avibus rapacibus] *fehlt E'*

2784 parvum *DFHNVB'E'*

2785 iam notavimus *E'*

2786 venaticorum *CGJLNORSZA'B'*

2787 narrabimus. Medicamen autem rapacium quadrupe-] *fehlt A*

2788 Capitulum 1 (*Capitulatio zu Buch IV*) - canum] *fehlt G'*

2789 104 *G' fehlt S;* Capitulum 2] *fehlt L*

2790 *folgt* coitus et *DFHPV*

2791 generationis canum] quo canes ad coitum moventur, et de modo et ordine *E'*

2792 principio *V folgt* ordinarii *Y*

2793 principio *VG'*

2794 fac eos prius] *fehlt L*

habuerint desiderium, per decendium, [5] et quando membra generationis ingrossantur[2795] et mundantur. [6] Et potior in generatione erit illa, que ii erit annorum, nam pauciorum uti non decet generatione. [7] Et prius[2796] include[2797] in loco solitario, ubi neminem videre possint, nam hoc est melius ad spem habendi meliores catulos. [8] Quando autem concipient, duc feminam[2798] suaviter et cave eis de cursu et de venatione, nam si currant, poterunt abortiri. [9] Similiter masculis[2799] de venatione usque ad xxx[2800] dies caveas. [10] Tempus autem fetus sui erit in[2801] lx[2802] dies[2803], [11] et forte plus secundum maiorem numerum masculorum, nam per unumquemque catulum masculum huic numero iungitur i dies. [12] Cum vero erit tempus partus et gravida erit et necesse est, ut eiciant catulos, accipe de semine violarum et in aqua decoque et da eis bibere. [13] Si autem per hoc non deliberentur, accipe de[2804] cinere et impasta cum vino lymphato et pone in membro. [14] Et si non[2805] liberentur, accipe de elleboro nigro parum et pulvera et pone cum carnibus, et cibentur, nam sic liberabuntur[2806]. [15] Quando autem exibunt catuli et vis mundare instrumentum generationis, fac panem de farina lentium et desicca [16] et accipe modicum de porro et misce cum pane isto[2807] et in aqua decoque, et de aqua ista laventur[2808]. [17] Si autem velis, ut cito concipiant, ieiunent per i diem, et in nocte detur aliquantulum de fermento[2809]. [18] Vel accipe[2810] iii grana salis, et portent intus. Deinde saliant eas masculi, nam cito concipient. [19] Si autem masculi salire non possint propter debilitatem, accipe lupinum et decoque cum aqua carnium arietinarum vel gallinarum vel[2811] porcorum, et cibentur, nam est iuvativum.

[2795] ingrossant *CGJLNORSZA'B'G'*
[2796] *fehlt DFHQVE'*
[2797] *folgt* eos *CGJNOS folgt* illos *DFHV folgt* eas *LRZA'B'G'*
[2798] catulam *E'*
[2799] masculus *ADGHJNSZA'B'G'* masculos *CO*
[2800] iii *Q*
[2801] infra *DFHVE' fehlt P* per *Q;* erit in] erunt *CGJLNORSYZA'B'G'*
[2802] xl *ADFHPVYE'* iv *Q*
[2803] *fehlt CGJLNORSZA'B'*
[2804] semine (IV, 2, 12) - de] *fehlt G'*
[2805] *folgt* convaleant, accipe de semine violarum et in aqua decoque et da eis bibere. Et si non *G';* si non] *fehlt Q*
[2806] *folgt* et pariet catulos *G';* accipe (IV, 2, 14) - liberabuntur] *fehlt NB'*
[2807] pane isto] modico de pane *S*
[2808] *folgt* Medicina canum ad cito concipiendum *DFH folgt* (Capitulum 3 *E'*) Ut cito concipiant *VE'*
[2809] frumento *A*
[2810] *fehlt A*
[2811] et *Z;* gallinarum vel] *fehlt P*

[20] Si autem[2812] eis accidat corrosio in tempore coitus[2813], imbue locum cum aqua calida. Deinde linias cum pice mundata in[2814] oleo, et sic confortantur.

Capitulum 3[2815]

[1] De physiognomia significante malitiam et bonitatem[2816] eorum

[2] Primum signum, quo suam cognoscere poterimus bonitatem[2817], est, quod tu debes facere[2818] quendam circulum de herbis siccis. [3] Et pone parvulos catulos intra illum circulum[2819] tenendo matrem extra de longe, sic ut possit videre illos. Et accende circulum totum in gyro et postea dimitte matrem, nam curret ipsa ad excutiendum illos ab igne singillatim[2820]. [4] Et quem primo trahet ab igne[2821], melior est omnibus, secundus potior tertio, et sic de reliquis[2822]. [5] Et aliter cognoscitur, quia ponderosiores sunt meliores[2823]. [6] Oportet autem, quod per hec symptomata meliores eligantur et dimittantur cum matre, ut lacteant, et deteriores dentur alii cani[2824] ad lactandum. [7] Que si eos respuat lactare[2825], tunc accipe de lacte ipsius canis lactare nolentis et cum eo misce sputum et linias super dorsum catulorum[2826]. [8] Quando vero istos lambet[2827], mansuescet[2828] sibi eos et lactabit. [9] Quando vero minuetur lac matrum, accipe pulmonem tauri et combure et de cinere ciba catulos, et

---

2812 iam *R*
2813 partus *Q*
2814 et *COS*
2815 4 *E'* 105 *G'*; Capitulum 3] *fehlt LV*
2816 physiognomia significante malitiam vel bonitatem] cognoscentia bonitatis et pravitatis *DFHPV*
2817 suam cognoscere poterimus bonitatem] bonitatem et (vel *F*) malitiam catuli (canum *E'*) cognoscere poterimus *DFHVE'*
2818 Primum (IV, 3, 2) - facere] Nota, quod cum habueris catulam habentem catellos et ex ipsis catellis velis eligere meliorem, fac *A*
2819 de (IV, 3, 2) - circulum] *fehlt DHVE'*
2820 *folgt* timore perterrita, ne comburantur *A*
2821 Et quem primo trahet ab igne] *fehlt DFHV*
2822 *folgt* quia in primo et secundo, quos extraherit, videtur magis habere amorem quam in aliis *A*
2823 sunt meliores] *fehlt P*
2824 alii cani] aliis canicus *Q*
2825 et deteriores (IV, 3, 6) - lactare] *fehlt DH*
2826 super dorsum catulorum] catulos *V*
2827 lambent *GRYZB'*
2828 familiabit *CGJLNORSZA'B'* *folgt* et familiabit *G'*

constringetur eis natura[lvii], [10] vel de cinere herbe, que stella[2829] vocatur[2830]. [11] Signa[2831] vero significantia bonitatem eorum sumpta ex coloribus non sunt vera in re, sed ad visum secundum placitum, [12] quia quandoque videtur canis turpis[2832] et implaciti coloris esse melior illo, qui pulchrum[2833] et placitum habet colorem[2834]. [13] Sed illud, quod bonitatem eorum vere significat, est proportionalitas membrorum et dispositionis habilitas et membrorum[2835] equalitas et compositionis sue equatio[2836]. [14] Symptomata vero electionis eorum[2837], que sunt habiles ad concipiendum[2838], sunt, [15] quod leve habent caput et locum cerebri latum et altum et[2839] aures laxas[2840] et pendulas et subtiles, longas, spatium magnum inter eas, videntur nectere collum, [16] molles, tersas[2841], vene frontis grosse, os ambiens oculos est deforis et est subtile et longum et tersum[2842][lviii], visus eorum acutus, oculus niger[2843], lucens, latus, profundus quasi profunditas oculorum leonis et lyncis [17] et caput superiorum labiorum est acutum[2844], os largum, lucida facies, postremum colli plenum et collum longum[2845], umeri lati et carnosi, a pectore ad ventrem est latus, in dorso est multa caro et mediocris[2846][lix], [18] a ventre ad ilia fit[2847] descensus continuus et equalis sine aliquo intervallo[2848], superiora loca coxarum sunt magna et multe carnis, pes anterior parvus, rotundus, equalis et durus[2849], [19] dorsum breve, cauda subtilis et brevis, postrema pars sui erit

---

2829 stilla *CGLNOSB'*
2830 *folgt* De bonitate canum *V*
2831 Symptomata *CGJLNORSZA'B'*
2832 canis turpis] *fehlt P*
2833 pulcherrimum *PQ*
2834 *folgt* et e converso *DHVE'*
2835 et dispositionis habilitas et membrorum] *fehlt ADHG'*
2836 *folgt* Signa communia masculorum et feminarum *Q;* et compositionis sue equatio] *fehlt DHVE'*
2837 earum *CFGKLNOPRSYA'B'E'G'*
2838 *folgt* currendum *Q*
2839 et altum et] *fehlt DH*
2840 latas *E'*
2841 videntur nectere collum, molles, tersas] *fehlt DFHVE'*
2842 os (IV, 3, 16) - tersum] *fehlt DFHVE'*
2843 macer *Q*
2844 lucens (IV, 3, 16) - acutum] *fehlt DFHVE'*
2845 plenum et collum longum] longum et plenum *V*
2846 *folgt* quod *CGJLNORSZA'B'*
2847 sit *CGJLNORSZA'B'*
2848 umeri (IV, 3, 17) - intervallo] *fehlt DFHVE'*
2849 durum *R;* pes anterior parvus, rotundus, equalis et durus] pedes anteriores (*folgt* sunt *A*) parvi et equales et duri *ADFHPQVYE'* manus parva et (*fehlt ZA'*) rotunda et equalis et dura *JZA'* pedes anteriores equales manus pedum palme parva et rotunda et equalis et dura *G'*

altior prima et pedes posteriores[2850] altiores pedibus anterioribus et pilus[2851] est mollis[2852]. [20] Symptomata supradicta cum visa fuerint in his aut plura, significabunt bonitatem suam et audaciam et[2853] velocitatem[2854] sui cursus[2855]. [21] Electio masculorum ad cursum: [22] Siquis habet parvum caput et latera gutturis profunda[2856] et carnes faucium incisas, et alti sub oculis, et[2857] frequens saliva exit ab ore, hec sunt note multe tolerantie. [23] Illi autem, qui sunt largi nasi, et pili anterioris partis capitis[2858] sive[2859] frontis sunt foras[2860][lx], aures molles et coste[2861] quasi foras et pectus spatiosum et largum, hoc est signum fortis cursus. [24] Similiter illi, qui sunt providi et trahunt frequenter catenas collorum, erunt boni. Et quorum color erit[2862] clarus[2863] et sunt feminee figure vel forme[2864], et vene faciei manifeste sunt et multe et os[2865] ancharum est latum[2866] et nodi caude fortes, notat sui cursus velocitatem. [25] Illi autem, qui caudas a cruribus non separant, sunt[2867] aliis nobiliores. [26] Illi autem, qui sunt sine signis huiusmodi, maxime qui dorsum habent acutum a loco iuncture, deteriores sunt[2868]. [27] Symptomata vero significantia electionem[2869] feminarum pro cursu: [28] Ille, que nigros habent oculos vel celestes, et sunt prominentes, et fauces subtiles, et sub barba et faucibus est pilorum congeries longorum, et[2870] pectus latum, longum et grossum, quasi per terram trahibile, et declinatio principii pectoris eorum apud foras, subtilia ilia[2871], coxe plene et longe, grosse carnationis, [29] corium, quod est inter eas, est latum, ossa duo,

---

2850 altior prima et pedes posteriores] *fehlt R*
2851 pellis *CGJLNORSZA'B'G'*
2852 et pilus est mollis] *fehlt DH*
2853 audaciam et] *fehlt DH*
2854 et velocitatem] *fehlt LNSB'*
2855 *folgt* Signa masculorum *Q*
2856 latera gutturis profunda] latum gutturis largum et profundum *R*
2857 alti sub oculis, et] *fehlt DFHVE'*
2858 anterioris partis capitis] sincipitis *CGJLNORSZA'B'*
2859 capitis sive] *fehlt G'*
2860 sunt foras] *fehlt J*
2861 coxe *CGLNORSB'*
2862 est *CGJLNORSZA'B'*
2863 *folgt* (et *JZA'*) splendens *CGJLNORSZA'B'G'*
2864 vel forme] *fehlt CGJLNORSZA'B'*
2865 ossa *E'*
2866 est latum] lata *E'*
2867 dicuntur esse *DFHVE'*
2868 *folgt* Signa bonitatis et malitie feminarum *Q*
2869 Symptomata vero significantia electionem] Electio vero *DFHVE'*
2870 *fehlt CGJLNORSZA'B'G'*
2871 et declinatio (IV, 3, 28) - ilia] *fehlt DFHVE'*

que sunt apud coxas de ossibus[2872] expulsionis fetuum[2873], parva sunt, quasi in quantitate iii digitorum ponderosa[2874][lxi], hec signa notant audaciam et astutiam. [30] Ille autem, que habent posteriora corporis altiora prioribus, sunt in cursu velociores, in ascensu et descensu et in plano. Ille vero, quibus priora sunt altiora[2875] posterioribus[2876] tantum in plano bene currunt. [31] Nigre autem sunt tolerantes frigiditatem magis quam caliditatem. [32] Albe vero astute sunt, cum nigros habent oculos. [33] Et que super crura vel super radicem caude rostrum, id est[2877] sporonum[2878], habent, quod oportet abscindi[2879], ut in tempore cursus sibi non noceat[lxii]. [34] Que longam et grossam caudam habent, sunt astutiores et minus fallunt in venatione, e converso in hoc, quod diximus de electione masculorum, quia meliores subtiles et breves caudas debent habere[2880][lxiii]. [35] Ille autem, que digitos restringunt ambulando, meliores sunt aliis[2881], nam hoc defendit eos non intrare scilicet lutum vel terram inter digitos[2882]. [36] Ille autem, que huiusmodi significationis signa non habent, bonitate carent.

Capitulum 4[2883]

[1] De qualitate cibationum et impinguatione[2884] eorum[2885]

[2] Oportet, ut cibentur in vere[2886] et in hieme[2887][lxiv] multoties in i die propter longitudinem et caliditatem dierum de pane trito in aqua frigida non multo, quia cibi multitudo facit eos

---

[2872] corium (IV, 3, 29) - ossibus] *fehlt L*
[2873] fetum *ACGJLNORSB'* fecum *PZA'G'* secum *Q* fe fecum *Y*
[2874] ossa (IV, 3, 29) - ponderosa] *fehlt DFHVE'*
[2875] prioribus (IV, 3, 30) - altiora] *fehlt DFHQVE'*
[2876] anterioribus *DHV;* sunt in (IV, 3, 30) - posterioribus] *fehlt P*
[2877] id est] et *E'*
[2878] speronū *AF* speronum *DHV* sporonū *P* sp̧onū *V* spronum *G';* id est sporonum] *fehlt CGJLNORSZA'B'*
[2879] abscidi *ACDFHJOZA'E'*
[2880] e converso (IV, 3, 34) - habere] *fehlt DH*
[2881] *folgt* ad cursum *DFHVE'*
[2882] *folgt* vel alia nocumenta *CGJLNORSZA'B'G'*
[2883] 5 *E'* 106 *G';* Capitulum 4] *fehlt LV*
[2884] pugnationis *A* pinguatione *DFHP* impinguationis *Q* pinguedine *V*
[2885] qualitate cibationum et impinguatione eorum] regimento eorum et venationis modo *CGLNOSB'* modo cibationis et qualitate pinguedinis eorum (*folgt* canum et quomodo debeant cibari et doctrinari quomodo et qua hora et quot vicibus et quibus modis et ad venationem introducantur et libentius accedant ad venationem et ad predam *R*) *RZA'* cibatione canum *E'*
[2886] estate *DFHVE' folgt* estate *Q*
[2887] estate *CGLNOPSB';* vere et in hieme] estate *A*

vomere. [3] Si autem potentur lacte solo vel cibentur lacte[2888] cum[2889] pane, iuvativum est. [4] Et cum omni cibo suo debet commisceri cuminum tritum[2890] aliquantulum, nam hoc facit anhelitum suum odoriferum et expellit ventositatem. [5] Similiter caro desiccata est bonus cibus. [6] Et debent bibere aquam, cui superponitur oleum, quia graciliabit et confortabit eos et habilitabit[2891] ad cursum. [7] In tempore autem autumnali et hiemali cibentur de pane infuso in iure carnium arietinarum cum osse semel in die, quando ius erit tepidum. [8] Et non detur, dum est calidum, nam vomitum faceret. [9] Et hoc fiat in vespere. [10] Si autem sic non fiat et iaciantur[2892] mane ad venationem, debilitabuntur, et minuetur sibi audacia. [11] Et melior cibus est, quando veteres canes[2893], fiunt minus audaces, quod comedant panem infusum et ossa, nam sic sanantur. [12] Quando autem volueris impinguare eos, [13] accipe de cacolle[2894] et decoque eum, donec bulliat, et cola aquam et in ea pone de farina secundum convenientiam sui cibi et ciba eos tepide et de osse cocto refrigidato [14] v diebus continue vel vi, nam fient umidi et recuperabunt carnem. [15] Et si cibentur de carnibus porcorum cum suo corio, impinguantur velociter. [16] Et si accipiatur pulmo vaccinus et coquatur in aqua et refrigidetur et detur ad comedendum, sic cito impinguabitur cotidie i libra[2895]. [17] Similiter, si cibentur capitibus arietinis et pedibus decoctis cum pilis et de iure potentur non comedendo ossa. [18] Et si cibentur de butyro per triduum, unoquoque die iv uncie vel v, et impinguabuntur[2896]. [19] Et si non habeant comedendi appetitum, cibentur de stercore parum[2897], et infunde in suis naribus acetum, in quo fuerit positus panis lentinaceus[2898] tritus, nam est[2899] iuvativum. [20] Et si debilitentur propter paucam cibationem, cibentur butyro calido ante horam solitam comedendi, et cave, ne exeant[2900] ad venandum,

---

2888 *fehlt PQ*
2889 vel *NB'*
2890 pistatum *DFHPQVYE'*
2891 eos et habilitabit] *fehlt YA'*
2892 ducantur *CGJLNORSZA'B'*
2893 *folgt* quia *AJZA'G'*
2894 cardamomo *CGJLNORSZA'B'G'*
2895 ad (IV, 4, 16) - libra] cotidie ad comedendum i libra, sic cito impinguabitur *G'*
2896 In tempore (IV, 4, 7) - impinguabuntur] *fehlt DFHVE'*
2897 puerorum *CGLNOSB'*
2898 lentinace^9 *AV* lentig{m}acius *C* leūnaceus *DH* lentiginacēs *G* leutinacius *J* lentiginatus *L* lentig{in}atus *N* lētigi{na}ce^9 *O* lentiaceus *P* lentigēac^9 *R* lentigina{...}s *S* lentinacius *Y* lentinatius *ZA'* lentiginat^9 *B'* lentinacis *G'*
2899 *folgt* multum *DFHVE'*
2900 exeat *DFHV*

donec habeant solitum usum[2901]. [21] Si vero leopardos volueris impinguare, ciba eos de coxis[2902] arietinis satiatim. [22] Ultima enim quantitas satiationis sue[2903] sunt viii libre sine pinguedine, nam[2904] pinguabuntur.

Capitulum 5[2905]

[1] De qualitate regimenti et venatione[2906]

[2] Expedit, ut ligentur separatim, nam appropinquatio eorum ad invicem est facere eos fetidos et scabiosos et infirmos. [3] Item oportet, quod sepe fricentur cum manibus et rebus[2907] lenibus[2908] ut mantelibus et pannis[2909] et similibus[2910], [4] nam est iuvativum et umectat corium eorum et facit[2911] eos mansuetos[2912] et facit[2913] eos[2914] obedientes ad cursum venationis, et quando hortantur. [5] Et debent dormire[2915] iuxta suum custodem super molle stratum. [6] Et oportet, ut solvantur in die bis vel semel. Postea ligentur, nam si per totum diem solvantur, fierent desidiosi et sine audacia. [7] Cum vero ducentur[2916] secessum, non simul exeant, sed separatim. [8] Et si diutius a venatione vacaverint, exire debent bini et bini, nam hoc confortabit suum animum, et delectabitur, et erunt quasi in venatione[2917]. [9] Oportet iterum, ut non exeant[2918] ad venationem, antequam x menses perfecerint, nam si

---

2901 habeant solitum usum] bene (*fehlt DH*) confortetur *DFHVE'*
2902 carnibus *CGLNOSB'*
2903 satiationis sue] sue satiationis *CGJLNORSZA'B'G'*
2904 *folgt* cito *DFHVE'*
2905 4 *R* 6 *E'* 107 *G';* Capitulum 5] *fehlt LV*
2906 venationis *JZA'G';* qualitate regimenti et venatione] modo cibationis et qualitate pinguedinis eorum *CGLNOSB'* regimine eorum et venationis modo *R* ligatione canum et cura eorum et ductu ad venationem *E'*
2907 panibus *DH* pannis *FV*
2908 levibus *NVB'*
2909 *folgt* mollis *G'*
2910 ut mantelibus et pannis et similibus] *fehlt DFHVE'*
2911 faciat *A*
2912 inconsuetos *APQY;* facit eos mansuetos] familiat (familiant *L*) eos *CGJLNORSZA'B'G'*
2913 faciet *CGJNOPQRSZA'B'*
2914 facit eos] *fehlt DFHVE';* et facit eos] *fehlt L*
2915 iacere *DFHVE'*
2916 nam (IV, 5, 6) - ducentur] *fehlt L*
2917 Cum (IV, 5, 7) - venatione] *fehlt DFHVE'*
2918 ducantur *DFHVE'*

prius exeant[2919], non erunt securi de torsione[2920] et ruptura propter humiditatem membrorum. [10] Et oportet, ut non tardentur a venatione, ex quo talem habuerint etatem, nam securi non erunt de pigritia, et hoc erit, secundum quod pertinet sue nature. [11] Item non oportet, cum exeunt ad venandum[2921], ut canis extraneus appropinquet eis, nam hoc moveret eos ad ludum et esset causa laboris et ut[2922] differant facere id, quod facere debent[2923]. [12] Oportet iterum, ut exeant venatum in tempore veris circa vesperas et in estate in matutinis [13] et venentur usque ad ascensum caloris, nam sitis et caliditas terre nocent unguibus et pedibus eorum. [14] In autumnali autem tempore post meridiem, in hiemali tempore in prima hora[2924] diei, et venentur per totum diem, nam securi erunt in campis in tali tempore[2925]. [15] Qualitas autem odorandi in quattuor temporibus sic est, [16] quod in vere parum sentiunt, non propter debilitatem sensus, sed propter odorem florum, et minus in estate, nam fortitudo caloris tollit odorem, ideo non fortiter sentiunt. [17] In autumno autem et principio hiemis acute sentiunt[2926], [18] nam[2927] lepores frequenter ambulant in nocte, et hec est causa, ut canes sequantur vestigia eorum[lxv]. [19] Et quandoque erunt cum eis vulpes, potius luna lucente. Et quandoque latrabunt canes, cum non sentiunt odorem venati[2928], [20] sed hoc erit, cum mixta erunt vestigia et odores, et propter stuporem, quem habent, irascuntur et latrant. [21] Et opportunior dies[2929] ad venandum est dies clarus et in quiete ventorum. [22] Sed cum ad venationem exeunt, oportet, quod sit laqueus in collo eorum, nam si essent liberi sine hoc, currerent dextrorsum et sinistrorsum, et esset hoc causa errationis[2930]. [23] Item non oportet, quod exeant venatum, quando flant venti, nam hoc prohiberet eos odorare, maxime auster. [24] Similiter et pluvia[2931]. [25] Non autem oportet, ut ducantur ad loca[2932] nivosa, quando ningit, quia nix arderet eis nares. [26] Similiter et gelu, nisi erit nix multa, nam tunc

---

[2919] ducantur *DFHVE'*
[2920] corrosione *DHPQ*
[2921] ad venandum] venatum *CGJLNORSZA'B'*
[2922] *folgt* non *ACGJLNOPQRSYZA'B'G'*
[2923] et ut (IV, 5, 11) - debent] *fehlt DFHVE'*
[2924] in prima hora] post primam horam *S*
[2925] *folgt* (Capitulum 7 *E'*) De odoratu (*folgt* canum in iv anni temporibus et in qua die et in qua non *E'*) *VE'*
[2926] In (IV, 5, 17) - sentiunt] *fehlt DFHPQVE'*
[2927] scientes quod *DFHVE'*
[2928] venationis *CGJLNORSZA'B'*
[2929] et latrant. Et opportunior dies] *fehlt Q*
[2930] *folgt* et fatigationis *E'*
[2931] *folgt* et gelu *G'*
[2932] ad loca] *fehlt PQ*

non noceret eis[2933]. [27] Similiter ad venationem non exeant post vomitum, quia tunc debilitabuntur. [28] Et caveatur eis a multitudine laboris et frequentatione venandi et[2934] multitudine clamoris et tumultus[2935] et[2936] correctionis[2937], nam hoc stupefaciet eos. [29] Et[2938] debes eis adulari, et debent vocari nominibus suis, ut ipsi irritentur[2939] ad venationem et commoveant[2940] et sequantur. [30] Signum autem sue astutionis[2941] est, ut, quando sunt in venatione, habeant alacritatem bonitatis animi et quod moveant auriculas apud frontem et quod moveant oculos dextrorsum et sinistrorsum[2942] et odorent et[2943] sequantur vestigia venati in locis propriis suis. [31] Oportet autem, quando appropinquant venationi – quod est manifestum suo custodi per motum[2944] suum –, quod[2945] adulabitur eis verbo dulci et monitis[2946]. Hoc confortabit eos, ut inveniant venationem[2947]. [32] Quam quando capient, detur eis[2948] de corde, quod sit confortativum ad venandum[2949]. [33] Quando autem in tempore estivali laborabunt in venatione et in loco, ubi venantur, non erit aqua et anhelabunt fortiter, in ore cuiuslibet rumpantur ova ii[2950], [34] nam sic peribit sitis et labor. [35] Si vero sic non fiat, timendum est de morbo ethice[2951]. [36] Similiter dentur redeuntibus a venatione ova ii[2952] mixta cum vino, refrigidabit enim eorum viscera et erit iuvativum[2953]. [37] Vel[2954]

[2933] *folgt* Quod canes exire non debent ad venandum post vomitum *V folgt* Capitulum 8 Quod post vomitum non ducantur venatum et de aliis utilibus canibus et venationi *E'*
[2934] frequentatione venandi et] a *DFHVE'*
[2935] tumultibus *DFHVE'*
[2936] *fehlt DFHV*
[2937] correptionis *V*
[2938] Item cum ducuntur ad venandum *DFHVE'*
[2939] excitentur *CGJLNORSZA'B'G'*
[2940] ut ipsi irritentur ad venationem et commoveant] et irritari et commoveri ad venationem *DFHVE'*
[2941] astutie *ADFHPQVYE'* astuciei *C* astucōīs *G* astuconis *J* astutiones *LB'* astutiōīs *N* astutiei *O* astucionis *G'*
[2942] et sinistrorsum] *fehlt E'*
[2943] *folgt* movere valde suam caudam et *G'*
[2944] modum *DFHPQVA'E'*
[2945] qui *APQRYZA'*
[2946] et monitis] *fehlt S*
[2947] ut inveniant venationem] ad venandum *DHVE'*
[2948] ut (IV, 5, 31) - eis] *fehlt L*
[2949] Quod sit confortativum ad venandum] ipsius, si est animale. Et si est qualca vel pernice vel alia ave, detur cane ad comedendum caput huius avis, ut sentiant de sua venationem *G'*; Quam (IV, 5, 32) - venandum] *fehlt DHVE'*
[2950] *folgt* mixta cum vino, refrigidabit enim eorum viscera et erit iuvativum *G'*
[2951] echite *DHV* thice *FE'* ethyce *A'* hetice *G'*
[2952] nam (IV, 5, 34) - ii] *fehlt Q*
[2953] Similiter (IV, 5, 36) - iuvativum] *fehlt G'*
[2954] *fehlt E'*

misce acetum cum aqua et pone illic aliquantulum de pane lentium pulverato et linias dorsum et collum et infunde cum hoc totum corpus. [38] Dehinc misce aliquantulum de oleo rosaceo et infunde in[lxvi] ii ovis, et inglutiant. [39] Vel[2955] funde de pane lentinaceo[2956] in aceto et linias nares eorum. [40] Quando autem calefient, phlebotomentur in venis aurium, et non eliciatur multus sanguis, ut non noceat visui. [41] Accipe aliquid de obsomogaro et misce cum ii ovis et pone in naribus, et iuvat. [42] Si vero acciderit eis pigritia, infunde de aceto, in quo mixtus est panis lentium, faciem suam. Dehinc fumigetur[2957] de pilis pedis equini. Postea cooperiantur cum tapeto[2958], donec sudent. Et post hec[2959] tergantur et quiescant. [43] Dehinc accipe de herba, que acetosa vocatur, et tere et misce ibi ii ova cum aliquantulo[2960] butyro, et cibentur. [44] Dehinc dentur ad potandum libre ii vini veteris cum aliquanto piperis pulverati, et sic emendantur[2961]. [45] Si autem acciderit eis repletio et purgare volueris, accipe salem pulveratum et da eis secundum necessitatem et accipe eos per os, donec inglutiant. [46] Et quando laxabuntur et mundabuntur[2962], dabis ad potandum[2963] lac cum melle mixtum[2964]. Dehinc reducantur ad cibum solitum[2965]. [47] Vel accipe ventrem pecoris recentis et ciba eos, quia mundat viscera eorum. [48] Si vero per hoc non mundantur, accipe de staphisagria pulverata et pone cum ovo i et aliquantulo de oleo, et potent[2966]. [49] Medicina autem ista, licet sit iuvativa, tamen macrifaciet[2967] eos. [50] Cum vero graviter urinant, cibentur de fimo mixto cum caprino lacte bis in die, nam est diureticum. [51] Cum vero a muscis mordentur, accipe de ruta adusta et misce de aqua et pone super locum morsum. [52/53] Et si musce fuerint magne[2968], infunde in loco morso aquam calidam, nam est iuvativum. [54] Si vero canis mordeatur a cane, accipe de catrano, id

---

[2955] *fehlt NB'*
[2956] letinaceo *A* leutinacio *J* lẽtinaceo *O* lentiãceo *P* linteate o *Q* lentinatio *R* *unleserlich S* lentiaceo *Y* lentinateo *A'* lentinacio *G'*
[2957] fumigentur *CGJLNORSZA'B'*
[2958] carpettis *CGLNOB'* carpetto *JRZA'*; cum tapeto] *fehlt S*
[2959] hoc *APSZA'G'* *fehlt R;* post hec] postquam *J*
[2960] aliquanto *CGJOSZA'* aliquantulum *QY*
[2961] infunde (IV, 5, 37) - emendantur] sic iuvabit eos, et diligent (diliget *F*) te *DFHVE'*
[2962] et mundabuntur] *fehlt Q*
[2963] salem (IV, 5, 45) - potandum] *fehlt G'*
[2964] mixto *ADFGHJPQRSVYZA'G'E'*
[2965] Quando (IV, 5, 40) - solitum] *fehlt LNB'*
[2966] et potent] *fehlt G'*
[2967] macrificabit *CO* macrofacit *DHV* magrofacit *F* macrefaciet *GZ* macrefacit *JNSB'* macrefiat *L* maciefaciet *Q* mac{r}efaciet *R* macrifiet *Y* macrefaci& *A'* macri faciet *G'*
[2968] macre *Q*

est[2969] pice[2970] liquida[2971], et de fece ferri pulverata[2972] ana partem i, misce simul et lini locum vulneris, nam est iuvativum[2973]. [55] Si autem acciderit eis rabies – et signum huius est id, quod apparent quasi expavefacti et volvunt undique oculos et aspiciunt oblique[2974] transeuntes coram se et negant[2975] dominos suos et parum curant de hoc, quod eis factum est – [56] tunc accipe de foliis rute trite[2976] et misce cum sale pulverato et melle et emplastra locum vulneris[2977]. Vel accipe lanam sordidam sive sucidam[2978] et lava[2979] et pone in loco vulneris[2980] et non removeas usque post vii dies[2981]. [57] Et si non iuvat, accipe de pinguedine anseris mixta cum melle et emplastra vulnus per triduum. [58] Si non iuvat[2982], accipe de pinguedine[2983] porci veteris et emplastra vulnus[2984]. [59] Vel[2985] accipe de fimo pecoris et misce cum veteri vino et emplastra.[2986] [60] Quando autem sunt in[2987] venatione et combuste fuerint plante pedum, accipe de cinere mixto cum melle et pone. [61] Quando vero inflata fuerint crura[2988] propter cursum vel laborem, accipe acetum et oleum et misce et calefac et linias locum inflationis crurium. [62] Si autem discalcietur[2989], misce farinam cum aqua et pone. [63] Si propter hoc non convalent[2990], accipe de cortice granati triti[2991] et misce cum sale trito et aceto et pone in calida olla, ut intus pedes suos ponant, sic ut tolerare possint, nam iuvativum est. [64] Si adhuc non convaleant, linias cum oleo eorum orificium

---

2969 *folgt* de *A*
2970 id est pice] que est pix *CGJORSZA'*
2971 *fehlt DFHPQVE' Lücke von ca. 10 Buchstaben Y;* catrano, id est pice liquida] pice *G'*
2972 pulveratam *AY* pulvera *CGORSVG'* pulverati *FE'* pulverato *H*
2973 *folgt* (Capitulum 9 *E'*) De rabie *DHVE' folgt* De medicamine rabiei *F;* Cum vero (IV, 5, 50) - iuvativum] *fehlt LNB'*
2974 *fehlt V* aliquos *E'*
2975 et negant] *fehlt CGLNOSB'*
2976 *fehlt DFHLNSVB'*
2977 et emplastra locum vulneris] *fehlt G'*
2978 sive sucidam] *fehlt JZA'G'*
2979 *folgt* in supradicta medicina *G'*
2980 Vel (IV, 5, 56) - vulneris] *fehlt CGLNORSB'*
2981 Vel (IV, 5, 56) - dies] *fehlt DFHVE'*
2982 Si non iuvat] Vel *DFHVE'*
2983 anseris (IV, 5, 57) - pinguedine] *fehlt G'*
2984 *folgt* per triduum *Y*
2985 Si non iuvat *Y*
2986 *folgt* Capitulum 10 De reditu canu a venatione *E'*
2987 sunt in] redierint a *DFHVE'*
2988 *fehlt DFHVE'*
2989 discalcientur *DFHLNQVZA'B'E'G'* discalciantur *J* discalciatur *Y*
2990 Si propter hoc non convalent] Vel *DFHVE'*
2991 *fehlt Q*

ani[2992] et lava per triduum cum aqua calida[2993]. Dehinc lini pedes cum catrano, id est cum pice[2994] liquida. [65] Et si non emendant[2995], accipe de galla et vitriolo ana partem i et pulvera et misce cum aceto, quousque fundantur, et pone ad solem, donec calescant. [66] Et de hoc funde[2996] palmas, nam est iuvativum, et maxime leopardis.

Capitulum 6[2997]

[1] De[2998] rememoratione naturalium rerum probatarum[2999]

[2] Antiqui dixerunt, quod, si accipias vii[3000] grana hordei et unoquoque circumeas oculum egrum cum sinistra manu, transibit dolor. [3] Et si vis, quod non fugiant a grege, accipe calamum i secundum longitudinem sue caude et rade pilos caude et[3001] fige caudam[lxvii] in[3002] illo calamo [4] et pone[3003] sub tecto, nam hoc faciet ipsum non fugacem. [5] Vel[3004] depila caudam et pilos pone intra calamum et pone calamum[3005] in loco gregis, nam non fugient. [6] Vel accipe calamum umidum recentem et munda cum lapide, qui dicitur carabe, et cum calamo illo terge canem a naribus usque ad extremitatem caude. [7] Deinde involve calamum in i panno, ut canis non videat, et pone inter pedes suos circa ortum solis. Deinde pone illum calamum[3006] in grege. [8] Et ille, qui hoc facit, loqui non debet, quousque hoc faciet, nam sic non fugient[3007]. [9] Si autem tinguere volueris colores canis de albo in

---

2992 orificium ani] anum *CGORS*
2993 Si (IV, 5, 63) - calida] *fehlt LNB'*
2994 id est cum pice] que est pix *CGJLNORSZA'B'*
2995 emendantur *ACJO* emendatur *LNB';* adhuc (IV, 5, 64) - emendant] vero propter predictas medicinas non convaleant *DFHVE'*
2996 lava bene *DFHVE'*
2997 *fehlt R* 11 *E'* 108 *G';* Capitulum 6] *fehlt LVZA'*
2998 *folgt* natura commune naturalium probata ab antiquis sive de *R*
2999 *folgt* ab antiquis per proprietatem *JZA' folgt* per proprietatem *R;* rerum probatarum] probata ab antiquis *CGLNORSB';* rememoratione naturalium rerum probatarum] quibusdam factis circa canes *E'* medicamine naturalium rerum plantarum *G'*
3000 x *E'*
3001 rade pilos caude et] *fehlt G'*
3002 fige caudam in] frige caudam cum *DH*
3003 *folgt* canem (cane *RG'* carnem *ZA'*) *CGJNORSZA'B'G'*
3004 pone (IV, 6, 4) - Vel] *fehlt L*
3005 et pone calamum] *fehlt RVY*
3006 pedes (IV, 6, 7) - calamum] *fehlt L*
3007 nam sic non fugient] *fehlt A;* Vel (IV, 6, 6) - fugient] *fehlt DFHVE'*

nigrum, accipe de calce et de lithargyro[3008] ana partem i et pulvera et misce cum melle, et liniantur per xxx dies semel in die et fient nigri. [10] Cum autem volueris, quod loco pilorum alborum[3009] nascantur pili nigri, accipe de vitriolo illorum, qui faciunt calceos[3010], et de suco fimi asinini et de pinguedine pecoris ana partem i, coquantur simul et linias loca, que vis, per decendium, et nascentur nigri pili. [11] Vel accipe panem decoctum cum aceto et gallam pulveratam[3011], misce simul cum aqua et iterum decoque et linias, et albi pili nigrefient. [12] Cum autem volueris eos longos[3012] facere[3013], fodias i foveam et in capite fovee ponas suum cibum. [13/14] Et cum capient, detrahetur sibi collum, et hoc faciet eum longum[3014]. [15] Si vis, ut non currant, lini ascellas suas[3015] cum oleo.

Finit tractatus quartus[3016]. Incipit quintus[3017] de medicamine egritudinum canum. Et sunt capitula x[3018].

Capitulum 1[3019] De medicamine egritudinis oculorum[3020]
Capitulum 2[3021] De medicamine aurium
Capitulum 3[3022] De medicamine gule[3023]
Capitulum 4[3024] De medicamine viscerum[3025]
Capitulum 5[3026] De medicamine vulnerum et fissurarum

[3008] *folgt* id est plumbum coctum *A* vitriolo illorum, qui faciunt calceos (*folgt* et de lithargyro *G'*) *CGJLNOR SZA'B'G'*
[3009] pilorum alborum] pili albi *CGJLNORSZA'B'*
[3010] colores *E'*; illorum, qui faciunt calceos] supradicto *CGJLNORSZA'B'G'*
[3011] gallam pulveratam] galla (gallia *Q*) pulverata *AQ*
[3012] collum longum *DHV* longum collum *FE'*
[3013] *folgt* collum *A*
[3014] eum longum] eos habere longum collum, quod est pulchritudo leporaria et signum bonitatis *DFHVE'*
[3015] Si vis, ut non currant, lini ascellas suas] *fehlt V*
[3016] *Textende G* de dispositionis canum et *G'*; Finit tractatus quartus] *fehlt ADHP*
[3017] *fehlt G'*
[3018] sunt capitula x] primo *N*; Et sunt capitula x] *fehlt Y D'G'*; Incipit quintus - x] Incipiunt quedam medicamina convenientia certis infirmitatibus caninis *DHP*; Finit tractatus quartus - x] *fehlt L*
[3019] 7 *Z*; Capitulum 1] *fehlt DFHLPSVB'D'*
[3020] *folgt* et primo de medicamine albuginis *CO*
[3021] 8 *Z*; Capitulum 2] *fehlt DFHLPSVB'D'*
[3022] 9 *Z*; Capitulum 3] *fehlt DFHLPSB'D'*
[3023] viscerum *AD'*
[3024] 10 *Z*; Capitulum 4] *fehlt DFHLPSB'D'*
[3025] gule *AD'*

Capitulum 6[3027] De medicamine apostematum et nascentiarum

Capitulum 7[3028] De medicamine scabiei

Capitulum 8[3029] De medicamine iuncturarum

Capitulum 9[3030] De medicamine coxarum

Capitulum 10[3031] De convenientia antiquorum super hoc, quod prodest et nocet[3032] de dispositione venationum[3033]

Capitulum 1[3034]

[1] De medicamine oculorum et primo[3035] de medicamine[3036] albuginis accidentis in oculo[3037]

[2] Quando accidit eis albumen in oculis, accipe murram et os sepie adustum et crocum[3038] ana partem i, pulvera simul et misce et pone super locum albefactum in mane et vespere, nam est iuvativum. [3] Et si per hoc non convalent, accipe de melle non fumato[3039] et misce cum ipso de croco pulverato[3040] et lini locum albefactum. [4] Vel accipe de croco et de osse sepie ana partem i et[3041] pulveratis misce cum melle et in oculo pone[3042]. [5] Si vero vetus

---

3026 11 *Z;* Capitulum 5] *fehlt DFHLPSB'D'*
3027 12 *Z;* Capitulum 6] *fehlt DFHLPSB'D'*
3028 13 *Z;* Capitulum 7] *fehlt DFHLPSB'D'*
3029 14 *Z;* Capitulum 8] *fehlt DFHLPSB'D'*
3030 15 *Z;* Capitulum 9] *fehlt DFHLPSB'D'*
3031 16 *Z;* Capitulum 10] *fehlt DFHLPSB'D'*
3032 *folgt* et *A*
3033 Capitulum 7 - venationum] *fehlt N;* Capitulum 3 - venationum] De medicamine viscerum De medicamine apostematum et nascentiarum De medicamine iuncturarum De convenientia antiquorum super hoc quod prodest et nocet De dispositione venationum De medicamine gule De medicamine vulnerum et fissurarum De medicamine scabiei De medicamine coxarum *V;* Capitulum 1 - venationum] *fehlt QG';* Finit tractatus quartus - venationum] *fehlt E'*
3034 12 *E'* 109 *G';* Capitulum 1] *fehlt V*
3035 De medicamine oculorum et primo] Incipit capitulum *G'*
3036 oculorum et primo de medicamine] *fehlt V*
3037 et (V, 1, 1) - oculo] *fehlt E'*
3038 coctum *DHVD'* citrum *Q*
3039 despumato *CJLNORSZA'B'G'* spumato *Q*
3040 *fehlt P*
3041 *fehlt AJLNPQB'*
3042 Et si (V, 1, 3) - pone] *fehlt DFHVE'*

albumen fuerit, accipe crocum[3043] et[3044] fel tauri et sucum[3045] feniculi et mel, ana partem i, misce et pone in oculo. [6] Si lacrimantur, riga oculos cum aqua tepida. Deinde accipe farinam et[3046] albumen ovi, misce et emplastra oculos, nam lacrimas stringet. [7] Si incisio fuerit palpebrarum, accipe ii mures et arde et inde accipe pulverem et telam aranee fumatam[3047] et pone super fissa loca, et sanantur. [8] Si vero emanet inde sanguis, cauteriza loca illa cum calido ferro, et sic obturabitur sanguis[3048].

Capitulum 2[3049]

[1] De medicamine aurium[3050]

[2] Si existimes illic esse vermes, accipe spongiam immundam adustam pulveratam et emplastra. [3] Si vero fuerit inflatio aurium, accipe de cortice granatorum et decoque cum oleo et aceto et destilla in aure inflata, nam est iuvativum. [4] Vel linias inflatum locum cum aceto. Vel[3051] pone de cinere spongie. [5] Et sic fac, cum in auribus[3052] erit vulnus. [6] Et si per hoc non convalent, cum calido ferro cauteriza[3053]. [7] Si surditas fuerit, cuius signum est pigritia in vultu apparens et animi[3054] alteratio et vigiliarum crebritas[3055], tunc oportet, ut phlebotomentur aurium vene, si sint pingues. Si macri[3056] sint, accipe de oleo rosaceo et de vino puro, et misceantur, et pone in aure ter in die. [8] Si fiat[3057] revolutio[lxviii] aurium, accipe de nitro[3058] et arde et pulvera et decoque cum melle et aceto et linias aures.

[3043] carvi *D'*
[3044] vel *C*
[3045] semen *E'*
[3046] farinam et] *fehlt J*
[3047] formatam *APQYD'* firmatam *CLNOSZA'B'* sumatam *R*
[3048] Si (V, 1, 7) - sanguis] *fehlt DFHVE'*
[3049] *fehlt V* 13 *E'* 110 *G'*
[3050] medicamine aurium] vermibus natis in auribus et inflatione earum *V*
[3051] et *DFHVE'*
[3052] naribus *QG'*
[3053] *folgt* (in loco vulneris. Capitulum 14 *E'*) De surditate *DFHVE'*
[3054] aurium *D'*
[3055] et vigiliarum crebritas] *fehlt DFHVE'*
[3056] macre *AFPQVD'E'G'* macres *Y*
[3057] Si fiat] *fehlt L*
[3058] vitro *ACDHLNQB'G'D'E'* nartro *JA'* intro *R* nartio *Z;* de nitro] *fehlt S*

Capitulum 3[3059]

[1] De medicamine gutturis[3060]

[2] Si accidet eis dolor in gutture, da bibere de melle mixto cum butyro. [3] Si palatum egrum fuerit, accipe alumen[3061] et frustum i de nova olla et lithargyrum, ana partem i, arde insimul[3062] et pulvera et misce cum melle et aceto et lini palatum[3063]. [4] De medicamine bothor[3064], qui generatur[3065] in palato: Accipe salem et murram et gallam et[3066] chartam[3067] adustam[3068], pulvera[3069] et misce cum aceto et frica palatum. [5] Siquando figuntur ossa in gutture, pone in ore oleum et coarta nares apud[3070] collum, nam tussient et eicient. [6] Et si non iuvat[3071], misce aquam tepidam cum oleo[3072] et pone suaviter in ore, nam remolliet ossa, et exibunt suaviter[3073]. [7] Si autem in gutture eorum intret sanguisuga, fumiga eos cum cimicibus, nam statim cadent.

Capitulum 4[3074]

[1] De medicamine viscerum[3075]

[2] Si existimes, quod sint illic vermes, accipe de cornu cervi adusto et pulvera et misce cum melle et aqua et des, nam interficiet vermes. [3] Vel accipe de semine absinthii, et detur cum aqua. [4] Vel[3076] decoque caput pecoris cum pilis suis, donec disiungantur[3077]. Deinde pone

---

[3059] 15 *E'* 111 *G';* Capitulum 3] *fehlt V*
[3060] gule *E'*
[3061] albumen *DH*
[3062] simul *CJLNORSZA'B'G'*
[3063] *folgt* (Capitulum 16 *E'*) De medicamine palati *DFHVE' folgt* Capitulum 112 *G'*
[3064] De medicamine bothor] equorum *D'*
[3065] qui generatur] id est pustulorum, que generantur *CLNORSB'*
[3066] gallam et] *fehlt DFHVE'*
[3067] ceram *V*
[3068] adustas *A;* chartam adustam] chartas adustas *PQYD'*
[3069] pulveratam *NB'*
[3070] retro ad *DFHVE'*
[3071] Et si non iuvat] Vel *DFHVE'*
[3072] cum oleo] *fehlt NB'*
[3073] in (V, 3, 6) - suaviter] *fehlt V*
[3074] *fehlt L* 17 *E'* 113 *G';* Capitulum 4] *fehlt V*
[3075] verm{ium} *R folgt* et vermium *E'*
[3076] Et *CLNOQRSB'*

ibi aliquantulum de cambil[3078], et cibentur, et sic vermes eiciet. [5] Vel accipe abreing[3079] et misce cum lacte[3080], et bibatur[3081]. Post hoc in vespere cibentur de aliquibus lentibus coctis cum oleo. [6] Vel[3082] cibentur aliquantulo[3083] de alcanna[3084], et detur statim lana involuta cum butyro vaccino[3085]. [7] De medicamine doloris[3086] intestinorum[3087]: Cooperiantur cum tapeto[3088] calefacto[3089] ad ignem. Deinde tere radicem i alii et misce cum pice et oleo calefacto et pone in ore et in naribus[3090], et sic sanantur[3091]. [8] Si autem acciderit stomaco debilitas et indigestio pastus vel[3092] vomitus, cibentur de ossibus vaccinis decoctis cum aceto, nam sanantur[3093]. [9] Si vero acciderit ventositas, bibant aliquantulum de aceto. [10] Et si acciderit infirmitas sibi in visceribus et in femore, accipe de lapide molendini calefacto in igne et pone desuper urinam, et bibant. [11] Dehinc accipe de vino et aceto et lini circumcirca femora cum pennis[3094]. Deinde linias[3095] cum fimo vaccino, et sanantur. [12] Si vero[3096] dysenteria accidat eis, detur de caseo abluto veteri. Vel[3097] decoque columbam silvestrem cum aceto[3098], et cibentur. [13] Si vero tussis fiat in inferioribus partibus ventris, accipe de origano et coque cum oleo et melle, et bibant[3099], nam iuvat[3100]. [14] Et si non

---

3077 disiungatur (*verbessert aus* disiungantur *R*) *CDFGHJOPQRSVD'E'G'* disiungant *L;* decoque (V, 4, 4) - disiungantur] *fehlt A*
3078 ca{m}bil *JZ* canabis *PQ* cambum *R* canibil *Y* carnibus *E' folgt* que est medicina in Avicenna (Avicena *LNA'B'* Advicena *R;* in Avicenna] *durchgestrichen J fehlt G'*) contra vermes *CJLNORSZA'B'G'*
3079 abraig *A* albreig *COS* abre{in}g *J* alberig *LNB'* abre{in}g̃ *P* albrenig' *Q* albreig̃ *R* albreing *Y* abre{in}g *Z* abreig *D'* de reing *G'*
3080 melle *J*
3081 *folgt* in mane *G'*
3082 accipe (V, 4, 5) - Vel] *fehlt DFH*
3083 *fehlt A*
3084 et cibentur (V, 4, 4) - alcanna] *fehlt E'*
3085 *folgt* Capitulum 18 *E' folgt* Capitulum 114 *G';* Capitulum 4 - vaccino] *fehlt V*
3086 *fehlt A*
3087 doloris intestinorum] stomachi dysenteria et tussi *E'*
3088 carpetto *CJLNORSZA'B'*
3089 *fehlt E'*
3090 auribus *D'*
3091 *folgt* Dc indigestione pastus *ZA'*
3092 et *CLNORSVB'*
3093 nam sanantur] *fehlt P*
3094 pannis *S*
3095 Deinde linias] *fehlt L*
3096 acciderit (V, 4, 9) - vero] *fehlt DFHVE'*
3097 Et *CDFHLNORSVB'E'*
3098 cum aceto] *fehlt CLNOSB'*
3099 bibatur *CJLNORSZA'B'G'*
3100 nam iuvat] *fehlt DFHVE'*

convalent, pone in medicina ista vinum, et potentur[3101]. [15] De medicamine melancholice infirmitatis, que rabies vocatur[3102]: In principio huius infirmitatis[3103] inquire sub lingua, et invenies ibi parvam[3104] scrofulam[3105] quasi vermem tendentem ad albedinem[3106] et adherentem radici lingue. Scinde eam, et convalescent. [16] Et si non convalent[3107] per hoc, accipe de radicibus silvestrium rosarum et teras bene et commisce cum calida aqua et cola et[3108] da ei bibere. [17] Vel accipe de foliis esule et tere et misce cum pastu et da comedere. [18] Vel accipe[3109] de medicina, que vocatur chelidonia, et misce cum sebo veteri et pane, et cibentur. [19] Vel accipe de[3110] medicina, que vocatur panoynimon[3111], id est[3112] quidam dumus habens radices c, decoque cum oleo et misce in pastu suo, et cibentur[3113]. [20] De medicamine egritudinum[3114], quando sanguinem mingunt: Accipe lentis ii libras, decoque cum lacte et aqua recentis coriandri et xxv[3115] granis piperis pulverati et aliquantulo oleo, et cibentur, nam prodest[3116] eis[3117]. [21] De qualitate laxationis vel purgationis: Cum autem eos purgare volueris, potent de caprino lacte, et linias umbilicum suum cum felle tauri[3118]. [22] Vel accipe cancrum fluvialem et tere et misce cum aqua, et bibant, nam laxativum est et iuvativum.

[3101] *folgt* Capitulum 5 *A folgt* et iuvabit. Medicina ad rabiem (Medicina ad rabiem] De medicamine melancholice infirmitatis *V* Capitulum 19 De medicamine melancholie *E'*) *DFHVE' folgt* De melancholia *Y folgt* Capitulum 115 *G'*

[3102] melancholice infirmitatis, que rabies vocatur] scabiei *A*

[3103] que rabies vocatur: In principio huius infirmitatis] al' *Q*

[3104] *fehlt PS*

[3105] parvam scrofulam] parvas scrofulas, vel inquire *Q*

[3106] ad albedinem] de albedine *R*

[3107] convalebit *CORS* convaleant *JZA'*

[3108] cola et] *fehlt DFHVE'*

[3109] de (V, 4, 17) - accipe] *fehlt DHVE'; folgt* Medicina, quando canes mingunt sanguinem *F*

[3110] foliis (V, 4, 17) - de] *fehlt R*

[3111] panayrimon *A* ponayminon *COS* panaym$\overset{m}{\bar{o}}$n *J* panaynimon *PQ* papanayniximo *R* panayramō *D'* panaīuimon *G'*

[3112] id est] et (*folgt* est *CORS*) *ACJOPQRSYZA'D'G'*

[3113] *folgt* Capitulum 6 *A folgt* Capitulum 116 *G'*; Vel (V, 4, 19) - cibentur] *fehlt DFHV* Capitulum 20 Quando canis sanguinem mingit *E'*

[3114] medicamine egritudinum] *fehlt A;* De medicamine egritudinum] *fehlt D'*

[3115] xv *SE'*

[3116] *folgt* multum *DFHVE'*

[3117] *folgt* Medicina pro purgando canes *DH folgt* Medicina, quando volueris purgare canes *F folgt* Modus purgandi *V folgt* Capitulum 21 De qualitate purgationis *E'*

[3118] Et si (V, 4, 16) - tauri] *fehlt LNB'*

Capitulum 5[3119]

[1] De medicamine vulnerum et fissurarum[3120]

[2] Accipe laminam[3121] i[3122] nove olle et calefac ad ignem et fac pulverem et misce cum acri aceto et pone super vulnera vel fissuras[3123], nam est iuvativum. [3] Vel accipe aliquantulum alii triti et mellis et aceti et coaduna insimul et coque[3124], donec consumetur tertium. Deinde emplastra loca vulnerum. [4] Postea accipe de cortice granatorum sicco et pulvera et pone ibi, nam est iuvativum. [5] Et si non convalent, accipe[3125] de glutino albutyn[3126] et de pinguedine anseris[3127], misce insimul et pone ibi, et sanantur[3128]. [6] De medicamine vermium accidentium vulneribus[3129]: Ablue cum aceto[3130] mixto cum aqua. Deinde accipe de calce et de pice liquida ana partem i, misce simul[3131] et emplastra locum vermium[3132]. [7] Et si non cognoscas locum[3133] vulneris in corpore suo[3134], liga eum ad solem et vide, ubi ponunt se musce, et[3135] loca illa lava cum aqua calida[3136]. [8] Deinde accipe de fimo vaccino et misce cum aceto mixto cum aqua calida[3137] et linias locum[3138]. [9] De medicamine vulneris veteris[3139]: Accipe de radice iris[3140] et carsenne[3141] et radice iussir[3142], id est[3143] opopanaci[3144],

---

3119 7 *A* 22 *E'* 117 *G'*
3120 *folgt* et iuncturarum *A;* et fissurarum] *fehlt C;* Capitulum 5 - fissurarum] Ad idem *D'*
3121 frustum (*folgt* vel peciam *R*) *CLNORSB'*
3122 *folgt* vel peciam *JZA'*
3123 fracturas *E'*
3124 et coque] *fehlt CLNOSB'*
3125 aliquantulum (V, 5, 3) - accipe] *fehlt DFHVE'*
3126 abbonti *A* albo *CLO* albutin *DVZ* albut{in} *H* album *NQRSB'* albutī *P* albotim *E'* albutȳ *G'*
3127 *fehlt J*
3128 *folgt* De medicamine vermium *DFHV folgt* Capitulum 23 De vulneribus, ubi sunt vermes *E'*
3129 vermium accidentium vulneribus] vulnerum et fissurarum *D'*
3130 *folgt* forti *G'*
3131 *folgt* liga eum ad solem *S*
3132 vulnerum *G'*
3133 vermium. Et si non cognoscas locum] *fehlt AD'*
3134 Et si non *D'*
3135 emplastra (V, 5, 6) - et] *fehlt DFHVE'*
3136 tepida *A*
3137 Deinde (V, 5, 8) - calida] *fehlt JPY*
3138 *folgt* De vulnere ventris *V folgt* Capitulum 24 *E'*
3139 ventris *DFHVG'E';* vulneris veteris] vermium accidentium vulneribus *D'*
3140 *folgt* quod de est orobus *G'*
3141 ca²sēne *A* carsemie *C folgt* quod est orobus *CLNORSB'* carsēe *F* carse{mn}e *J* carsenue *L* carsunue *NB'* cãsenne *O* arrhenice *S* carsene *YD'E'* carse{mu}e *Z* carse{mn}e *A'* carsemne *G'*
3142 iussyr *FV* iuss{um} *L* {iu}ssur *N* {m'}sis *P* vissina *Y* iussus *ZA'* iussur *B'* iusfit *D'* rusye *E'*
3143 id est] *fehlt Y;* iensir id est] *fehlt G'*

ana partem i, pulverentur et minutentur[3145][lxix] super vulnus, nam est iuvativum. [10] Vel accipe de pice liquida et linias loca, et sic sanabuntur.

Capitulum 6[3146]

[1] De medicamine apostematum[3147]

[2] Quando accidet eis tumor post vulnus, decoque de extremitate arborum[3148] calidarum[3149][lxx] cum aqua et lava totum corpus. Deinde da eis de melle et butyro. [3] Si vero tumor sit sine vulnere precedente, accipe de osse sepie adusto et pulverato et emplastra loca tumoris. [4] Et quando inflabitur corpus cum vesiculis apparentibus, accipe de galbano et styrace et medulla cervi et oleo ana unciam i[3150] et mediam[3151] et de melle et cera ana uncias[3152] ii et de sale amaro uncias[3153] iii, [5] coaduna insimul, et decoquantur. Deinde linias sibi dorsa continue per decendium, et dabitur tunc pro cibo ius[3154], et sic sanantur[3155]. [6] De medicina bothor, qui vocantur clavi[3156]: Accipe de calamo recenti et frica loca bothor. Deinde lava cum aceto mixto cum aqua. [7] Deinde accipe de[3157] charta adusta et plumbo combusto[3158], pulverentur insimul[3159] et super loca illa ponantur[3160]. [8] De medicina[3161] bothor generati in toto corpore[3162]: Accipe terram, ubi mingunt muli, et linias loca bothor, nam

---

[3144] id est opopanaci] *fehlt JZA'*

[3145] mittentur *DH* {inm}ittentur *S* inmittantur *D'*

[3146] 8 *A* 25 *E'* 118 *G'*; Capitulum 6] *fehlt DHPV*

[3147] apostematis *AG' folgt* et (*fehlt G'*) nascentiarum *CJLNORSZA'B'G' folgt* nascentium *Y;* medicamine apostematum] apostemate *DFHPV;* De medicamine (V, 5, 6) - apostematum] *fehlt Q*

[3148] alborum *CLNORSYB'* a{c}borum *F*

[3149] calindarum *A* calidorum *Q*

[3150] unciam i] uncias ii *CO* drachmas ii *LS*

[3151] unciam i et mediam] uncias xiii *DH*

[3152] drachmas *LS*

[3153] drachmas *LS*

[3154] *fehlt DHP*

[3155] *folgt* De medicamine bothor, que vocatur clavi *V folgt* Capitulum 26 *E'*

[3156] pustule *CLNORSB' folgt* vel pustule *JZA'G'*

[3157] accipe de] *fehlt A*

[3158] adusto *DHG'*

[3159] simul *CJLNORSZA'B'*

[3160] Si (V, 6, 3) - ponantur] et sanabitur *Q; folgt* De medicamine bothor generati in toto corpore *V folgt* Capitulum 27 *E'*

[3161] medicamine *CDHLNORSVZA'B'G'E';* de medicina] Deinde *J* Deinde est *Q*

[3162] De (V, 6, 8) - corpore] *fehlt D'*

est iuvativum. [9] Vel accipe de fimo sicco et de cortice cucurbitarum et de pane hordei et combure unumquodque istorum et accipe ana partem i et[3163] pulvera et[3164] misce simul et emplastra loca illa[3165]. [10] De medicamine[3166] verrucarum[3167]: Scalpe locum illum. Deinde emplastra cum pinguedine calida. Et quando mollefient, accipe de cortice cucurbitarum siccarum et de sale ana partem i, pulvera[3168] et misce cum aceto et oleo et emplastra loca illa. [11] Et si non convalent, accipe de aloe et sinape[3169] ana partem i, pulverentur et minutentur[3170lxxi] super loca verrucarum[3171], et corrodent. [12] Et cum corrodentur[3172], accipe de foliis salicis et decoque et[3173] pone illic aliquantulum de fece ferri pulverato[3174] et lava loca illa, et convalescent.[3175]

Capitulum 7

[1] De medicamine scabiei[3176]

[3163] accipe ana partem i et] *fehlt DFHVE'*
[3164] pulvera et] *fehlt NB'*
[3165] *folgt* et hoc est iuvativum (*folgt* Ad verrucas *V folgt* Capitulum 28 *E'*) *DFHVE'*
[3166] *folgt* callium, id est (id est] *fehlt J*) *JZA'*
[3167] callium *G'*; De medicamine verrucarum] *fehlt H*
[3168] cum (V, 6, 10) - pulvera] *fehlt R*
[3169] et sinape] *fehlt J*
[3170] mittentur *JQ* misceantur *G'*
[3171] callis (*folgt* seu verruce *CLNORSB'*) *CJLNORSZA'B'* callium *G'*
[3172] Et cum corrodentur] *fehlt RE'*
[3173] decoque et] *fehlt G'*
[3174] pulverata *DFHVA'D'*
[3175] *Textende ALNSB'D' folgt* Et hoc est de predictis (*folgt* De medicina verrucarum *H*). Explicit liber tractatus de dispositionibus et accidentibus naturalibus rapacium quadrupedum. (*Textende*) *DH folgt* Et hec de predictis. Explicit tractatus canum. (*Textende*) *F folgt* Finis adest operis. Mercedem posco laboris. (*Textende*) *J folgt* Capitulum et cetera non habentur. (*Textende*) *P folgt* Capitula cetera non habent{ur}. (*Textende*) *Q folgt* Capitulum 6 et cetera non habentur. (*Textende*) *R folgt* Explicit liber tractatus canum. (*Textende*) *V folgt* Quis, cuius, quotenis et tantus. Deo referamus gratiam. Amen. Finito libro referamus gratias Christo. Amen. Amen. Amen. (*Textende*) *Y folgt* Et hoc de predictis. Dicta sufficiant. Explicit tractatus de canibus. (*Textende*) *E' folgt* Explicit liber quarto et ultimo ... (*Textende*) *G'*
[3176] *folgt* Unguentum pro venatoribus, qui habent canes scabiosos: Recipe sulphuris et calcis vive, equaliter de quolibet. Que simul terantur et bulliantur (bulliant *C*) in equali mixtura olei et aceti, et immittatur ibidem i (quartus *C*) pugillus salis. Deinde inunge loca scabiosa canis ex dicto unguento calido ad solum et liga, quia curabitur canis. Item ad idem: Teratur subtiliter ferrugo et misceatur cum radice caprinelle (cap'nelle *C*) trite. Deinde bulliant in aceto fortissimo usque ad consumptionem tertie partis ipsa simul commiscendo, et fiat unguentum, ex quo ungatur canis, et sanabitur. (*Textende*) *CO Textende Z folgt* non habetur (*Textende*) *A'*

Anhang 1

[1] Liber Moamyn[3177] falconarii de scientia venandi per aves et quadrupedes, ut solacium habeatur[3178]

[2] Reges pluribus delectationibus gaudent. Aliis enim victoria plus placet, aliis regimen populorum per exhibitionem legum, aliis placet plus magnorum operum constructio, aliis comissatio, aliis veneria delectatio, aliis thesaurorum congregatio, aliis beneficiorum exhibitio, aliis ludorum et festivitatum ordinatio, aliis plus virtutum et scientiarum acquisitio, aliis venatio, aliis alia. [3] Ex his omnibus venatio videtur magis conveniens regibus et magis[3179] propria. Fere enim omnes reges ceterique magnates hanc pre ceteris appetunt, nec immerito, per eam enim magna tam corpori quam anime comparatur utilitas. Quia in aere puriori vivunt[3180], [4] omnes sensus delectantur, omnia membra suas reddunt perfectius actiones, dampnosa voluptas[3181] Veneris[3182] ceteraque vitia remittuntur, tristitia sollicitudinis[3183], melancholica cogitatio[3184], Amor nimius, qui dicitur grece Hereos[3185], immo omnis desperatio per hanc exsulant et fugantur. [5] Habet namque ambulationem, equitationem[3186] suavem, fortem[3187] et mediocrem, sed vicissim. Et exercitium tale, si leve sit et moderatum, calorem[3188] naturalem confortat, superfluitates expellit, grata[3189] quiete membra recreat, cibi generat appetitum. [6] Venatores vero[3190] predam, quam venantur, acquirunt mediantibus variis instrumentis, que sunt arcus cum turculis[3191], balliste et arcus cum sagittis, mucrones,

---

[3177] Moamin *LB'*
[3178] Liber - habeatur] Incipit liber Moamyn de curis egritudinum avium rapidarum *A fehlt BNT* {Incipit ... philosophie ... imperatoris ... Moamyn ... de scientia venandi per aves et quadrupedes ut ex eis solacium ...} *R*
[3179] *verbessert zu* magnatis *T* (*Hand 2*)
[3180] vivent *ABT* mitius *I* vivitur *R*
[3181] volūptas *A* voluntas *BLNRTB'*
[3182] *folgt* fructus *BT*
[3183] solitudinis *GLNOSB'*
[3184] agitatio *G*
[3185] Herceos *GS* Herteos *LNOB'*
[3186] *fehlt I*
[3187] fortiter *GLNOSB'*
[3188] colorem *I*
[3189] grate et *BT*
[3190] quosque *GLS* quousque *NB'* quoque *O*
[3191] c^{S}culis *A* circulis *BT* t̄rulis *GO* terruls *L* terrulis *NB'* (tr *mit darübergeschriebenem* ce)ulis *S*

lancee, venabula, iacula, pedice, fosse, retia, laquei, viscus alieque decipule, canes, leopardi, gatti[3192] maymonis[3193], item lutre, furce bidentes et tridentes, hami, sagene, rete, cum quibus venamur pisces. [7] Aves etiam viventes de rapina sunt nobilius et mirabilius instrumentum venandi. Per eas enim alacritatem, gaudium et delicias habet homo. [8] Hoc considerans[3194] Moamyn[3195] falconarius composuit[3196] hunc librum in arabicum de venatione et divisit[3197] in iv[3198] tractatus, [9] quem[3199] magister[3200] Theodorus[3201] philosophus[3202] mandato Cesaris transtulit in latinum. [10] Primus tractatus continet theoricam venationis, que fit per aves rapidas, [11] secundus medicinas occultarum infirmitatum, [12] tertius curas manifestarum infirmitatum, [14] quartus naturam et medicamen quadrupedum, cum quibus venamur.

Explicit prologus.[3203]

3192 gacti *AO* gati *NB'*
3193 maymones *ABT* maimoīs *G* mai{e/o}monis *L* maimonis *NOSB'*
3194 *folgt* Theodorus et *R*
3195 Moamin *AT* Moamī *B* Momin *L* Moamum *R*
3196 composuerunt *R*
3197 diviserunt *R*
3198 *folgt* partes *R*
3199 *folgt* idem *R*
3200 *fehlt BT*
3201 Theudorus *L*
3202 *fehlt BT*
3203 Explicit prologus] *fehlt ABL*

Anhang 2

Capitulum 1 De generibus avium rapinarum[3204] et de moribus suis et electione ipsarum

Capitulum 2 De electione accipitrum – qui ad quod volatile rapiendum sunt[3205] utiles

Capitulum 3 De narratione falconum

Capitulum 4 De narratione saccarum[3206]

Capitulum 5 De narratione vel proprietatibus aquilarum

Capitulum 6 De doctrina cibandi volucres rapine

Capitulum 7 De ingenio doctrinandi aves, ut sint studiosi[3207] ad rapiendum[3208]

Capitulum 8 De ingenio decipiendi[3209] et[3210] fugandi aquilas extra regionem

Capitulum 9 De narratione mutationum et de modo domus et[3211] cibationis in mutatione[3212]

Capitulum 10 De macrificatōē [3213] avis, cum exit de muta

Capitulum 11 De signis sanitatis avium rapientium

Capitulum 12 De signis egritudinum earundem avium

Capitulum 13 De modo sciendi portare avem super manum[3214]

[3204] rapine *AI* rapacium *BT* rapientium *R*
[3205] sint *ABGIT*
[3206] saccaris *A* sa{..}crum *B* saccar̄ *GOS* seccar̄ *L* seccar̄ *NB'* sacrarum *R* saccrarum *T;* Capitulum 1 - saccarum] *fehlt C*
[3207] studiose *NRB'*
[3208] doctrinandi aves, ut sint studiosi ad rapiendum] et modo capiendi (*verbessert zu* doctrinandi avem de rapina, ut volet *A* (*Hand 3*)) *A* et modo doctrinandi avem de rapina, ut volet *BT*
[3209] Capitulum 8 De ingenio decipiendi] *fehlt I*
[3210] decipiendi et] et modo *BT*
[3211] domus et] totius *I*
[3212] mutis *ABT* mutacion *C* mutanter *G* muta *I* mutatur *L* mutatura *N* muta{t} *S* muctatur *B'*
[3213] macⁱficacⁱoē *A* macrificationn̄ *B* macrificacōē *C* macrificatione *LNB'* macrifatiōē *R* mac'ficacōē *S*
[3214] *folgt* Sequitur primus tractatus, qui continet theoricam venationis, que fit per aves rapidas. *T*

Anhang 3

Incipit rubrica libri magistri Moamini falconarii translata de arabico in latinum.

Primo de prohemio

Capitulum 1 De electione accipitrum – qui et ad que volatilia rapienda sunt utiles

Capitulum 2 De narratione falconum

Capitulum 3[3215]

Capitulum 7 De ingenio doctrinandi avem rapacem

Capitulum 8 De ingenio aquilarum

Capitulum 9 De narratione mute et de modo domus et cibationis

Capitulum 10 De modo macr^{i}fican^{i}[3216] avem, cum exit de muta

Capitulum 11[3217] De cognoscentia sanitatis avium

Capitulum 12 De signis et cognoscentia egritudinum avium

Capitulum 13[3218] Qualiter debet portari avis et teneri

[3215] *folgt Lücke von drei Zeilen E folgt Lücke von einer Zeile W*
[3216] morif{i}candi *E*
[3217] {11} *W*
[3218] {13} *W*

---

[i] Comestio (Prolog, 7) - inest: *Gemeint ist wohl:* Comestioni, potationi, auditioni, visioni et unicuique operationi humane delectatio inest.

[ii] ille (Prolog, 9) - voluntatem: *Sinn unklar. Vielleicht sind hier Handlungen gemeint, an deren Ausführung der menschliche Wille keinen Anteil hat, z. B. Reflexhandlungen, und sollte es heißen:* ille quarum perfectio est et principium per naturam, non per voluntatem*?*

[iii] *Gemeint ist wohl:* comprehendentis. *Anders* BURNETT, *Master Theodore, 279: (appropriate to the virtue) which is doing the grasping.*

[iv] cui indecet virtuositatem suam: *Sinn unklar. Vielleicht ist gemeint:* cui indicet virtuositatem suam – *dem er sein Wissen offenbart. Anders* BURNETT, *Master Theodore, 279: which its virtuous state befits.*

[v] *An dieser Stelle ist offenbar versehentlich Text ausgefallen. Er dürfte als das zweite* genus *die* falcones *genannt und die Anzahl ihrer* species *angegeben haben (vgl. al-Ġiṭrīf 2, 10f.).*

[vi] *Auch hier ist offenbar versehentlich Text ausgefallen. Er dürfte als das dritte* genus *die* saccares *genannt und die Anzahl ihrer* species *angegeben haben (vgl. al-Ġiṭrīf 2, 16).*

[vii] tamen laborat deferendo propter transmutationem: *Gemeint ist „Doch ermüdet er seinen Träger, weil er sehr oft die Beute leitet (fortträgt)" (al-Ġiṭrīf 2, 14).*

[viii] Et meliores (I, 1, 34) - omnibus: *Der Widerspruch zwischen dieser Aussage und derjenigen in I, 1, 29 erklärt sich durch eine Verkürzung des al-Ġiṭrīf-Textes. Die zwei Aussagen waren ursprünglich verschiedenen Autoritäten zugeordnet, erstere den „Philosophen Babyloniens" und letztere dem Chosrau Bahram Gur (s. al-Ġiṭrīf 7, 1 und 3).*

[ix] De (I, 1, 37) - scintillantes: *Ursprünglich eine Einteilung junger Habichte in vier Altersstufen, deren erster einige Ernährungsanweisungen beigefügt sind (vgl. al-Ġiṭrīf 7, 7-10).*

[x] *Wohl fälschlich statt* inferiores. *Der Text des al-Ġiṭrīf gibt hierzu keine Aufschlüsse – die ganze den Federn gewidmete Passage fehlt dort.*

[xi] sicut çaccares: *Möglicherweise ein falsch verstandener Teil von al-Ġiṭrīf 10. Dort heißt es: „Wenn er auf der Hand seines Trägers hockt und man ihn von vorne betrachtet, soll er von Gestalt wie ein Saker und von schwarzer Farbe wie eine Nebelkrähe aussehen."*

[xii] circulus aurium: *Gemeint sind vielleicht „die im Federkleid kreisförmig vom Hinterkopf abgesetzten Schläfenpartien des Tieres" (*GLESSGEN, *Die Falkenheilkunde, II, 523f.).*

[xiii] ossa tibiarum curta et alba: *Ursprünglich: „die Knochen der Läufe kräftig, letztere weiß und kurz" (al-Ġiṭrīf 12).*

[xiv] ab (I, 2, 3) - ponderosus: *Ursprünglich: „das Gelenk der Hinterzehe (kū') stark, mit breiterer Unterseite, rundlich und kompakt" (al-Ġiṭrīf 12). Die Form* almis *geht wohl auf* alvus *zurück.*

[xv] cuius ale tendunt super oculos: *Ursprünglich: „dessen Augenbrauen überstehen" (al-Ġiṭrīf 18).*

[xvi] Si (I, 2, 17) - muta: *Ursprünglich: „wenn du auf einen in Gefangenschaft vermauserten (kurraz) Habicht triffst, d.h., der das Mauserhaus verlassen hat, und der so aussieht, als sei er wild vermausert" (al-Ġiṭrīf 18, 3).*

[xvii] Nobilior autem his: *Unverständliche Steigerung des zuvorgenannten Superlativs, zumal beide bewerteten Eigenschaften unterschiedlichen Kategorien angehören und nicht vergleichbar sind. Bei al-Ġiṭrīf sind beide Aussagen als Elative formuliert, zudem durch eine längere Passage von einander getrennt (20, 3 - 22).*

[xviii] grossus circulus: *Unklarer Begriff. Möglicherweise ist er auf die zuvor genannten Fänge zu beziehen und bezeichnet deren großen Umfang (vgl.* GLESSGEN, *Die Falkenheilkunde, II, 523f.). Vielleicht ist aber auch wie in I, 1, 51 an die Färbung des Federkleides zu denken.*

[xix] Nobiliores autem his: *Unsinniger Vergleich. Gegenstand des Vergleichs waren ursprünglich die in Gefangenschaft vermauserten Sakerfalken (s. al-Ġiṭrīf 25, 2).*

[xx] *Der Sinn von* proportionalis *bleibt ohne die Angabe eines Bezuges trüb; möglicherweise ist die Stelle auch korrupt; bei al-Ġiṭrīf ist statt dessen von stämmigen Läufen die Rede (29, 1).*

[xxi] *Hier folgt ursprünglich „so ist er unbestritten gut" (al-Ġiṭrīf 29, 1).*

[xxii] *Hier folgt ursprünglich: „In dieser Weise fahre man fort" (al-Ġiṭrīf 31, 5).*

[xxiii] *Ursprünglich: „wird er sich selbst bemühen" (al-Ġiṭrīf 31, 5).*

[xxiv] *Der Zusammenhang zwischen Hüften und Federn bleibt unklar. Derselbe Wortlaut erscheint bereits bei al-Ġiṭrīf 31, 8.*

[xxv] in hieme et similiter in nocte: *Ursprünglich: „im Winter und bei großer Kälte" (al-Ġiṭrīf 33, 4).*

[xxvi] Et satietur (I, 6, 35) - revocatione: *Gemeint ist: ‚Einen Tag soll er sich auf der Beute sattkröpfen, am anderen auf dem „Zurückholer"' (al-Ġiṭrīf 34, 3).*
[xxvii] ad revocationem carnis: *Gemeint ist: „auf das Fleisch (am Flügel) zurückzukehren" (al-Ġiṭrīf 34, 4).*
[xxviii] ut non allevietur: *Gemeint ist:* ut non allevetur – *„damit er nicht in große Höhe steigt" (al-Ġiṭrīf 36, 1).*
[xxix] iacias eum occulte ad perdicem: *Gemeint ist: wirf ihn auf ein Rebhuhn, dem die Augen zugenäht worden sind (vgl. al-Ġiṭrīf 37, 1).*
[xxx] cum aperiet caudam suam et gyrabit eam circulando: *Ursprünglich: „daß man sieht, wie der Vogel jedesmal, wenn er einen Kreis in der Luft (beginnt), den Schwanz ausbreitet und wieder zusammenzieht" (al-Ġiṭrīf 42, 2).*
[xxxi] *Gemeint ist der Vogel (vgl. al-Ġiṭrīf 46).*
[xxxii] *Gemeint ist: auf.*
[xxxiii] levabit pedem unum et alterum deponet: *Gemeint ist: „und die Füße abwechselnd hebt und niedersetzt" (al-Ġiṭrīf 50, 6).*
[xxxiv] *Gemeint ist: auf.*
[xxxv] Et si (I, 13, 2) - venationem: *Die Formulierung dieses Satzes (zweifaches anknüpfendes* et *ohne offenkundigen Bezug) läßt vermuten, daß er ursprünglich nicht den Eröffnungssatz des Kapitels gebildet hat, sondern daß ihm ein Textstück vorausgegangen ist, das zumindest einen weiteren Vorzug geschildert hat, den das Tragen des Vogels auf der rechten Hand mit sich bringt.*
[xxxvi] carnositatis spine: *Gemeint ist wohl der Bürzel (verstanden als Fleischauswuchs der Wirbelsäule) (GLESSGEN, Die Falkenheilkunde, II, 521f.).*
[xxxvii] Nam ... quia: *Sinn und Ursache dieser zweimaligen kausalen Verknüpfung sind unklar. Der arabische Text hat zu dieser Passage keine, der kastilische Text nur eine entfernte Entsprechung (Libro de los animales que cazan II, 1 (112, 25 - 113, 4)).*
[xxxviii] Et quando (II, 1, 12) - venas: *Gemeint ist, daß das Pulver zusammen mit dem Gewölle ausgeworfen wird (Libro de los animales que cazan II, 1 (113, 36f.)).*
[xxxix] *Gemeint ist ursprünglich, die Zutaten möchten gesiebt werden (Libro de los animales que cazan II, 3 (117, 11) / Kitāb al-Manṣūrī 7, 18).*
[xl] *Hier stand wohl ursprünglich eine Form von* scindere *(vgl. Libro de los animales que cazan II, 3 (117, 20)).*
[xli] ana ii siliquas drachme: *Im kastilischen und arabischen Text lautet die Mengenangabe an dieser Stelle unmißverständlich zwei Drittel eines Dinars bzw. 4 Dāniq, was im lateinischen Text* ii siliquas *entspräche (Libro de los animales que cazan II, 6 (119, 3f.) / Kitāb al-Manṣūrī 10, 5).*
[xlii] quod est malum signum cum horripilatione: *Ursprünglich: „Dies ist das Kennzeichen [schnell eintretender (D)] Kältestarre" (al-Ġiṭrīf 60, 1).*
[xliii] ferrum auriculare: *Gemeint ist ein metallenes Ohrreinigungsstäbchen (GLESSGEN, Die Falkenheilkunde, II, 659).*
[xliv] Et (II, 17, 4) - volandum: *Ursprünglich: „Und wenn du siehst, daß der Vogel dahinschwindet und abmagert und du ihn dann an Beute wirfst" (al-Ġiṭrīf 119, 2).*
[xlv] predicto unguento: *Gemeint ist das in II, 24, 4 genannte Öl (vgl. Libro de los animales que cazan II, 24 (137, 4) / Kitāb al-Manṣūrī 61, 6).*
[xlvi] et scivisti principium eius: *Gemeint ist wohl: und wenn Du diese bemerkst. So läßt sich jedenfalls der arabische Text verstehen: „und man feststellt, dass sie begonnen hat" (Kitāb al-Manṣūrī 61, 11). Ähnlich unklar ist allerdings der kastilische Text: „e sopieren quando fue el començamiento daquel mal" (Libro de los animales que cazan II, 24 (137, 37f.)).*
[xlvii] et minue eis suum pastum taliter: *Diese Passage ist weder im kastilischen noch im arabischen Text enthalten. Aus welchem Grund sie an diese unpassende Stelle gelangte, ist unklar.*
[xlviii] *Ursprünglich folgt hier die Anweisung: und streiche damit Honig auf die Wunde und nimm einen (arabischer Text: Kiesel- / kastilischer Text: Ziegel-)Stein (Kitāb al-Manṣūrī 41, 5 / Libro de los animales que cazan II, 25 (146, 34)).*
[xlix] Et (II, 31, 15) - butyro: *Dieser überraschende Anschluß beruht auf einem Textausfall. Im kastilischen und arabischen Text heißt es zuvor, man möge die Butter an drei Tagen füttern, und zwischen diesen Tagen möge jeweils ein Tag liegen, an dem die Butter nicht gefüttert werde (Libro de los animales que cazan II, 31 (152, 29) / Kitāb al-Manṣūrī 55, 17).*

[l] et infunde (II, 33/34, 12) - lana: *Ursprünglich: „füttere damit den Vogel, falls er sie frißt. Frißt er sie nicht, so gib ihm Fleisch, in dem sich drei Stückchen frische Butter in gekrempelter Wolle befinden" (al-Ġiṭrīf 73, 10).*

[li] *Welche Krankheit unter „Abschneiden" zu verstehen ist, bleibt unklar. Der arabische Text spricht ebenso unklar von „Aufhören" (Kitāb al-Manṣūrī 65, 1), der kastilische Text von einem Bruch (Libro de los animales que cazan II, 36 (162, 19)), womit jedoch kein herkömmlicher Bruch gemeint sein kann, wie die auf die orale Verabreichung von Medikamenten beschränkte Behandlung zeigt. Möglicherweise ist an eine Veränderung des Schmelzes gedacht, bei der dieser in Stücken hervortritt (vgl. I, 11, 8).*

[lii] non (II, 40, 3) - utantur: *Gemeint ist, man möge nicht von Anfang an die ganze übliche Futtermenge geben, sondern mit einem Teil beginnen und diesen täglich steigern, bis der Vogel die volle Ration verdauen kann (vgl. Libro de los animales que cazan II, 40 (167, 18-20)).*

[liii] repellit pennam suam: *Al-Ġiṭrīf, 91, 1 hat: „daß der Vogel sich Federn am Steiß (marāqq) und an den Schenkeln ausrupft".*

[liv] vasa plena aqua, in qua: *Der arabische Text spricht hier von einem Trinkgefäß, der kastilische erwähnt gar kein Trinkgefäß (Libro de los animales que cazan II, 47 (177, 20) / Kitāb al-Manṣūrī 51, 8).*

[lv] avelle cum acu: *Gemeint ist ursprünglich, man möge die Poren der ausgerupften Federn mit einer Nadel aufstechen (vgl. Libro de los animales que cazan II, 50 (182, 28f.) / Kitāb al-Manṣūrī 83, 10).*

[lvi] *Die Überschriften 4 und 5 haben irrtümlich die Plätze getauscht.*

[lvii] constringetur eis natura: *Sinn unklar. Ursprünglich „es wird sie schützen" (Libro de los animales que cazan IV, 3 (220, 23f.) / Kitāb al-Manṣūrī 3 (23, 31).*

[lviii] et est subtile et longum et tersum: *Diese Beschreibung gilt ursprünglich nicht dem Augenknochen, sondern der Schnauze der Hunde (Kitāb al-Manṣūrī 3 (25, 3)).*

[lix] *Gemeint ist offenbar: gleichmäßig verteilt (Libro de los animales que cazan IV, 3 (221, 8): „e las cuestas bien carnudas e eguales").*

[lx] pili anterioris partis capitis sive frontis sunt foras: *Ursprünglich: hervorstehende (Vor-der-)Schädel (Libro de los animales que cazan IV, 3 (221, 23) / Kitāb al-Manṣūrī 3 (25, 19)).*

[lxi] *Bezugspunkt sind ursprünglich die Hunde, nicht die beiden zuvor genannten Beckenknochen (vgl. Libro de los animales que cazan IV, 3 (222, 7f.) und Kitāb al-Manṣūrī 3 (26, 9f.)).*

[lxii] Et (IV, 3, 33) - noceat: *Hier ist Text ausgefallen. Ursprünglich heißt es, diese Hündinnen seien besonders edel (Libro de los animales que cazan IV, 3 (222, 13f.) und Kitāb al-Manṣūrī 3 (26, 18)).*

[lxiii] quod (IV, 3, 34) - habere: *Die Passage, auf die hier Bezug genommen wird, ist nicht mehr vorhanden. Sie stand ursprünglich im Anschluß an IV, 3, 26 (vgl. Libro de los animales que cazan IV, 4 (221, 34f.)).*

[lxiv] *Ursprünglich: Sommer (Libro de los animales que cazan IV, 4 (222, 27) / Kitāb al-Manṣūrī 4 (28, 5)).*

[lxv] nam (IV, 5, 18) - eorum: *Ursprünglich eine Einschränkung, keine Begründung: „but the hares increase their movements and increase their range in the winter nights. This is why the hounds need a longer distance to track and to scent their prey" (Kitāb al-Manṣūrī 5 (31, 21-23)).*

[lxvi] misce ... infunde in: *Gemeint ist ein und derselbe Vorgang (vgl. Libro de los animales que cazan IV, 5 (226, 24f.) / Kitāb al-Manṣūrī 5 (33, 21f.)).*

[lxvii] *Ursprünglich sollen die abgeschnittenen Haare, nicht der Schwanz, in das Rohr gesteckt werden (Libro de los animales que cazan IV, 5 (228, 26) / Kitāb al-Manṣūrī 5 (36, 17)).*

[lxviii] *Gemeint ist ein „Umknicken" der Ohren (vgl. Libro de los animales que cazan V, 2 (233, 12)). So auch im arabischen Text, allerdings von Clark und Derhalli fälschlich als „abscesses" übersetzt (Kitāb al-Manṣūrī 8 (39, 7)).*

[lxix] *Wohl fälschlich statt* inmittantur (vgl. *Libro de los animales que cazan IV, 5 (236, 21) / Kitāb al-Manṣūrī 11 (43, 22)).*

[lxx] arborum calidarum: *Wohl fälschlich statt* arborum salicum ö. ä. - *hierfür spricht der Wortlaut des kastilischen Textes „de los ramos de los salzes" (Libro de los animales que cazan V, 6 (236, 27f.)); der arabische Text allerdings erwähnt nur "tips of tree branches" (Kitāb al-Manṣūrī 12 (44, 5)).*

[lxxi] *Wohl fälschlich statt* inmittantur (vgl. *Libro de los animales que cazan IV, 6 (237, 26) / Kitāb al-Manṣūrī 12 (45, 6)).*

Glossar

abreing / abreyng	*Ribelienbeeren, Barabangfrucht (GLESSGEN, Die Falkenheilkunde, II, 722f.)*
accaron / acharon	*gelbe Schwertlilie, Rhizom der gelben Schwertlilie (GLESSGEN, Die Falkenheilkunde, II, 699-701)*
aglogos	*Steinkauz (GLESSGEN, Die Falkenheilkunde, II, 495)*
albotin / albutyn	*Terebinthen-, von der Terebinthe (GLESSGEN, Die Falkenheilkunde, II, 759-761)*
almanicus	*deutsch (s. Edwin HABEL und Friedrich GRÖBEL, Mittellateinisches Glossar. Mit einer Einführung von Heinz-Dieter HEIMANN (Uni-Taschenbücher 1551), Paderborn / München / Wien / Zürich 1989)*
almuri	*Fisch-Salzlake (GLESSGEN, Die Falkenheilkunde, II, 890f.)*
alsiton	*Phantomwort; hier wie auch bei* → **colotyn** *liegt offenbar* simfūṭun *(Beifuß) zugrunde (vgl. Kitāb al-Manṣūrī 68, 3) (im Libro de los animales que cazan klafft an der fraglichen Stelle (II, 46 (176, 29)) eine Lücke)*
alteratus	*verdorben, ungenießbar geworden (GLESSGEN, Die Falkenheilkunde, II, 911)*
amaroni *(Gen.)*	*1. Mutterkraut 2. Kamille (das im arabischen Text zugrundeliegende* uqḥuwān *(Kitāb al-Manṣūrī 62, 13) kann beides bezeichnen) (GLESSGEN, Die Falkenheilkunde, II, 706f.)*
amarula	→ **amaroni**
argiros	*Quecksilber (GLESSGEN, Die Falkenheilkunde, II, 844f.)*
asençuol	*gemeint ist vielleicht der als warm und trocken geltende Wermut (ital.* assenzio*)*
astarem / astaren	*Gipskrankheit, gipsartiger Kot (GLESSGEN, Die Falkenheilkunde, II, 596-600)*
avitare	*Vögel fliegen/jagen lassen, mit Vögeln jagen*
aynoki	*Wanderfalkenterzel (GLESSGEN, Die Falkenheilkunde, II,*

	473f.)
basapede *(Abl.)*	*(Frucht vom) Burzeldorn, Erdstern (GLESSGEN, Die Falkenheilkunde, II, 718)*
bayanuit	*Bedeutung unklar; der arabische Text hat ebenfalls unklares* bāḥābūyad *(Vokalisierung unsicher) (Kitāb al-Manṣūrī 47, 3), der kastilische Text spricht von Trockenheit (*sequedad*) (Libro de los animales que cazan II, 43 (172, 19))*
baydac	*Sperberterzel (GLESSGEN, Die Falkenheilkunde, II, 478)*
bdalach	*hier liegt wohl der im arabischen Text genannte Begriff* dilaq *zugrunde, der üblicherweise das gemeine Wiesel bezeichnet, hier aber angesichts des bereits zuvor genannten Wiesels eher als ägyptischer Mungo oder als Steinmarder zu verstehen sein dürfte (CLARK / DERHALLI, 14, Fußnote 6); der kastilische Text hat keine Entsprechung (Libro de los animales que cazan IV, 1 (217, 27 - 218, 1)*
brenga	→ **abreyng**
butus	*von der Terebinthe, Terebinthen- (GLESSGEN, Die Falkenheilkunde, II, 759-761)*
çaccar	→ **saccar**
cambil	*Kamala, Drüsenhaare der Früchte des Kamalabaumes (GLESSGEN, Die Falkenheilkunde, II, 725)*
caprinella	*europäische Bleiwurz (it.* caprinella*)*
carminare	*die Federn sträuben (GLESSGEN, Die Falkenheilkunde, II, 520)*
carminatio	*Sträuben der Federn (GLESSGEN, Die Falkenheilkunde, II, 520)*
carvan	*Triel (GLESSGEN, Die Falkenheilkunde, II, 502f.)*
censura	*vielleicht liegt hier* tonsura *zugrunde; al-Ġiṭrīf 8, 1 spricht allerdings nicht von gazellenhufartigen Einschnitten in den Federn, sondern davon, daß die schwarzen Bänder auf den Federn die Form von Gazellenhufen aufweisen*

chadec	*unklare Krankheitsbezeichnung, der im arabischen Text ebenso unklares* ḫaḍd *(das Abbrechen) entspricht (Kitāb al-Manṣūrī 66, 1); der kastilische Text spricht von überschüssiger Feuchtigkeit im Körper der Vögel, das von zu feuchtem Futter herrührt (Libro de los animales que cazan II, 52 (184, 1f.))*
chelatha	*ein im Qānūn des Avicenna beschriebenes Elektuarium mit etwa 140 Bestandteilen, das gegen Epilepsie, Apoplexie, Lähmungen und Krämpfe empfohlen wird (GLESSGEN, Die Falkenheilkunde, II, 892f.)*
chiatrech	*(Kraut vom) Pfefferkraut, breitblättrige Kresse (GLESSGEN, Die Falkenheilkunde, II, 735)*
coccina / cochina	*Aprikose (GLESSGEN, Die Falkenheilkunde, II, 801-803)*
cohec	*Sakerterzel (GLESSGEN, Die Falkenheilkunde, II, 479)*
colotyn	*Phantomwort; hier wie auch bei →* alsiton *liegt offenbar* simfūṭun *(Beifuß) zugrunde (vgl. Kitāb al-Manṣūrī 71, 7) (der Libro de los animales que cazan hat an der fraglichen Stelle (II, 44 (173, 25)) ebenso unklares* solotín*)*
cotam	*weiblicher Baumfalke (GLESSGEN, Die Falkenheilkunde, II, 479f.)*
crisoni *(Gen.)*	*echte Brunnenkresse, Wasserkresse (GLESSGEN, Die Falkenheilkunde, II, 742)*
çug	*Kältestarre (GLESSGEN, Die Falkenheilkunde, II, 640f.)*
çumeg / çumech	*Habichtsadler (GLESSGEN, Die Falkenheilkunde, II, 493f.)*
cupata	*Haubenlerche (GLESSGEN, Die Falkenheilkunde, II, 503f.)*
cuzardo	*Haubenlerche (s. Mittellateinisches Wörterbuch: cozardus)*
Dacia	*Dänemark (s. Glossarium mediae latinitatis Sueciae, Stockholm 1968-2002)*
damaschus / damiscus	*Transliterierung des ansonsten nicht belegten arabischen Begriffs* dāmšak *(Kitāb al-Manṣūrī 64, 1), hier wie dort jedoch klar als Erkrankung infolge eines Aufpralls oder Schla-*

	ges zu verstehen
da{u}er{im}	**→ asençuol**
diasiminus	*Jasmin-, mit Blüten von Jasmin parfümiert (GLESSGEN, Die Falkenheilkunde, II, 813-816)*
diasimini *(Gen.)* / **diasymini** *(Gen.)*	*Jasmin (GLESSGEN, Die Falkenheilkunde, II, 813-816)*
discalciare	*gemeint ist offenbar: ablösen (Haut) (vgl. Kitāb al-Manṣūrī 5 (35, 32):* if the feet should nevertheless be abraded*; Libro de los animales que cazan IV, 5 (227, 37):* si se despearen*); möglicherweise handelt es sich um die lateinische Entsprechung zu italienischem* scalcare *– abschaben (S. GLESSGEN, Die Falkenheilkunde, II, 933), möglicherweise liegt aber auch eine Verlesung für* discarnare *vor*
ebreyngi	**→ abreing**
ethica	*Tuberkulose, anhaltende, von rasch fortschreitender Abmagerung begleitete Atembeschwerden (GLESSGEN, Die Falkenheilkunde, II, 589)*
excannare	*(die Kehle) durchschneiden (ital.* scannare*)*
faufel	*Betelnuß, Arekanuß (GLESSGEN, Die Falkenheilkunde, II, 833)*
fiale *(Gen.?)*	*unklare Ergänzung zu dem das Einsalben mit Bürzeldrüsensekret bezeichnenden* unctio*; möglicherweise ist* phiala *gemeint und die Bürzeldrüse somit als Gefäß beschrieben (GLESSGEN, Die Falkenheilkunde, II, 535f.)*
filon	*Malabathron, Blätter verschiedener asiatischer Lauraceae u. a. (GLESSGEN, Die Falkenheilkunde, II, 751-754)*
franquillinus / **frinquillinus**	*Halsbandfrankolin (GLESSGEN, Die Falkenheilkunde, II, 505f.)*
gattus maymonis	*für gewöhnlich verstanden als großer Affe mit langem Schwanz und menschenähnlicher Gestalt, hier aber vielleicht eher zur Bezeichnung von Luchs oder Gepard*

verwendet (GLESSGEN, Die Falkenheilkunde, II, 506)

gruara *Bedeutung unklar; allerdings wohl abgeleitet von* grus - *Kranich (vgl.* gruarius - for hunting cranes *(Dictionary of Medieval Latin from British Sources))*

gypsius *von der Gipskrankheit befallen (GLESSGEN, Die Falkenheilkunde, II, 596-600)*

gypsum / gypsus *1. Gipskrankheit, 2. gipsähnliches Körpersekret (GLESSGEN, Die Falkenheilkunde, II, 596-600)*

hudhud *Wiedehopf (GLESSGEN, Die Falkenheilkunde, II, 503f.)*

iameny *aus dem Jemen (GLESSGEN, Die Falkenheilkunde, II, 703-706)*

iasimino *(Abl.)* *Jasmin (GLESSGEN, Die Falkenheilkunde, II, 813-816)*

iasiminus *Jasmin-, mit Blüten von Jasmin parfümiert (GLESSGEN, Die Falkenheilkunde, II, 813-816)*

Iurgionia *(die alte persische Provinz) Gurgan (vgl. al-Ġiṭrīf 12)*

lentinaceus *Linsen-, aus Linsen hergestellt (GLESSGEN, Die Falkenheilkunde, II, 770)*

longa *Flugleine, Lockschnur (GLESSGEN, Die Falkenheilkunde, II, 462f.)*

luçola *gemeinhin: italienischer Leuchtkäfer, hier jedoch mit der spanischen Fliege (*cantharella*) gleichgesetzt (GLESSGEN, Die Falkenheilkunde, II, 875f.)*

macra *Rötel (GLESSGEN, Die Falkenheilkunde, II, 860f.)*

maliniani *(Gen.)* / **melaniani** *(Gen.)* *Aubergine (GLESSGEN, Die Falkenheilkunde, II, 777f.)*

malvavisca *echter Eibisch, Wurzeln / Blätter des echten Eibisch (GLESSGEN, Die Falkenheilkunde, II, 773f.)*

mamiranum *(Akk.)* *Wurzel des Schöllkrauts (GLESSGEN, Die Falkenheilkunde, II, 774)*

menfur *Phantomwort; im arabischen Text ist anstelle von* menfur *und der zuvor genannten Basilikumblüten von Levkojenöl*

	(duhn al-ḫīrīy) *die Rede, im kastilischen Text von* olio di viola marina *(?); GLESSGEN, Die Falkenheilkunde, II, 785f. vermutet, es könne sich um die weiße Seerose handeln*
{mi}lap̧tica	*wohl Pfirsich (klassisch:* malum persicum*)*
mirasolis *(Gen.)*	*(Samen der) Rizinusstaude (GLESSGEN, Die Falkenheilkunde, II, 779f.)*
muchositas	*Schleim (zu* mucus*) (vgl. auch GLESSGEN, Die Falkenheilkunde, II, 686f.)*
nabotynus	**→ butus**
nate	*Lymphdrüsen (GLESSGEN, Die Falkenheilkunde, II, 884f.)*
Norueġia	*Norwegen*
nymin	*Kurzfangsperber, Zwerghabicht (GLESSGEN, Die Falkenheilkunde, II, 489)*
obsomogari *(Gen.)*	*Fisch-Salzlake (GLESSGEN, Die Falkenheilkunde, II, 890f.)*
oculucha, id est licium	*Phantombegriff, dem arabisches* bizr fīlzahra *(Bocksdornsamen) (Kitāb al-Manṣūrī 81, 13) entspricht; im kastilischen Text ist die Zutat ausgelassen (Libro de los animales que cazan III, 10 (202, 14))*
orrefacere	*gemeint ist wohl* torrefacere – *erhitzen (Kitāb al-Manṣūrī 42, 2:* Man erhitzt den Koriander, bis er brennt*; Libro de los animales que cazan II, 22 (132, 23f.):* e tuesten el culantro fasta ques queme*)*
orridificare	*Bedeutung unklar; der kastilische Text spricht davon, daß die Vögel ihren Kopf zerzausen (*e se les espeluzraren las cabeças*) (Libro de los animales que cazan II, 8 (122, 28)), was vermuten läßt, daß hier horrificare gemeint ist, und so übersetzt es auch Giovan Marco Cinico (*faranno horrida la loro testa*); im arabischen Text heißt es hingegen, daß die Vögel am Kopf zittern (Kitāb al-Manṣūrī 12, 2), und so übersetzt es auch Maestro Moroello (*l'capo gli trema*)*

pannum / pannulum	*Nickhaut (das dritte durchscheinende Lid zwischen Hornhaut und äußeren Augenlidern, das von schräg oben nach unten über das ganze Auge führt) (GLESSGEN, Die Falkenheilkunde, II, 537)*
panoynimon	*dieser als Strauch mit hundert Wurzeln bezeichnete, nicht recht klare Begriff gehört zu einer Passage des Kitāb al-Mutawakkilī, die nur im kastilischen Text überliefert ist (dort ebenfalls nicht klares* fenenjamán*); möglicherweise ist er zurückzuführen auf* fanǧankušt *(Mönchspfeffer) (GLESSGEN, Die Falkenheilkunde, II, 796f.)*
pelium	*unklare Gefäßbezeichnung; möglicherweise handelt es sich ursprünglich um die Angabe einer alternativen Lesart zu dem folgenden* plenum, *die später irrtümlich als Bezeichnung eines Gefäßes aufgefaßt wurde*
penidion / penidium	*eingedicktes, getrocknetes Zuckerwasser (GLESSGEN, Die Falkenheilkunde, II, 896f.)*
persanus	*persisch (vgl. Kitāb al-Manṣūrī 7, 2)*
plumata	*1. Gewölle, 2. Gefieder, 3. Gewölleverhaltung (GLESSGEN, Die Falkenheilkunde, II, 627 und 978)*
polipodes *(Akk.)*	*vielfüßig (zu gr. πολύς - viel und πούς, ποδός - Fuß)*
qualca	*gemeint ist wohl die Wachtel (ital.* quaglia*)*
quartara	*altes italienisches Hohlmaß (ital.* quartara*) (Encyclopedia Italiana di scienze, lettere ed arti, Bd. 28, Rom 1935)*
relenit / relent	*gemeint ist wohl das altfranzösische* relent *– modrig, widerlich schmeckend, übelriechend (GLESSGEN, Die Falkenheilkunde, II, 564-567)*
rubea	*Rötel (GLESSGEN, Die Falkenheilkunde, II, 860f.)*
rūfatio / rumfatio / runfactio	*geräuschvolles Atmen (GLESSGEN, Die Falkenheilkunde, II, 631-634)*
rufum	*Eigelb (GLESSGEN, Die Falkenheilkunde, II, 986)*

runfare	*geräuschvoll atmen (GLESSGEN, Die Falkenheilkunde, II, 631-634)*
saadech / saadeg	*Malabathron, Blätter verschiedener asiatischer Lauraceae u. a. (GLESSGEN, Die Falkenheilkunde, II, 751-754)*
sabech	*Sperberterzel (GLESSGEN, Die Falkenheilkunde, II, 490f.)*
saccar / saccar' *(Nom.)*	*(weiblicher) Würgfalke, Saker (GLESSGEN, Die Falkenheilkunde, II, 489f.)*
sadech	→ **chadec**
sadeget	→ **saadech**
salgema	*Steinsalz (GLESSGEN, Die Falkenheilkunde, II, 866f.)*
sambacinus / sanbacinus / sanbachinus / sābacinus	*Jasmin-, aus Blüten von Jasmin hergestellt (GLESSGEN, Die Falkenheilkunde, II, 813-816)*
sambaco *(Abl.)* / **sanbaci** *(Gen.)*	*1. Jasmin, 2. mit Blüten von Jasmin parfümiertes Öl (GLESSGEN, Die Falkenheilkunde, II, 813-816)*
sandalis *(Gen.)* / **sandalo** *(Abl.)*	*(zerriebenes) Kernholz des Sandelholzbaumes (GLESSGEN, Die Falkenheilkunde, II, 816f.)*
sanducos	*Bedeutung unklar; die arabische Entsprechung* sandrūṭus *(Vokalisierung unsicher) (Kitāb al-Manṣūrī 9, 2) und die als griechischer Begriff angesprochene kastilische Entsprechung* cidarutiz *(Libro de los animales que cazan II, 5 (118, 8f.)) lassen vermuten, daß hier am ehesten griechisches* σιδηρῖτις *(Gliedkraut) zugrundeliegt (GLESSGEN, Die Falkenheilkunde, II, 869)*
scanare	→ **excannare**
scariola	*mehrdeutige Pflanzenbezeichnung, in Frage kommen: 1. die wilde Zichorie, 2. die gemeine Wegwarte, 3. die Kohl- oder Ackergänsedistel (GLESSGEN, Die Falkenheilkunde, II, 819f.)*
scea / schea	*Artemisia-Varietät (GLESSGEN, Die Falkenheilkunde, II, 712-715)*
scotulatio	*das Sich-Schütteln des Vogels (GLESSGEN, Die Falken-*

heilkunde, II, 517f.)

secbyneç *Sagapengummi (ein durchsichtig-gelbliches, dem Teufelsdreck im Geruch nahekommendes Gummiharz) (GLESSGEN, Die Falkenheilkunde, II, 821f.)*

senacio *echte Brunnenkresse, Wasserkresse (GLESSGEN, Die Falkenheilkunde, II, 742f.)*

seph *Sakerterzel (al-Ġiṭrīf:* saqāwa*) (bei GLESSGEN, Die Falkenheilkunde, II, 492, mit dem zuvor genannten Sperber(weibchen) (al-Ġiṭrīf:* sāf*) gleichgesetzt)*

serapinum *Sagapengummi (ein durchsichtig-gelbliches, dem Teufelsdreck im Geruch nahekommendes Gummiharz) (GLESSGEN, Die Falkenheilkunde, II, 821f.)*

serenum *die frische Luft, das Freie (vgl. Libro de los animales que cazan II, 3 (117, 6))*

smeriolus *(weiblicher) Merlin (GLESSGEN, Die Falkenheilkunde, II, 492f.)*

sporonus *Sporn (s. HABEL/GRÖBEL)*

squicacon *Bedeutung unklar; der arabischen Text hat ebenfalls unverständliches* dailamqāfūr *(Kitāb al-Manṣūrī 7, 8), im kastilischen Text findet sich keine Entsprechung (Libro de los animales que cazan II, 3 (116, 22f.))*

stagna *Sitzreck (GLESSGEN, Die Falkenheilkunde, II, 466f.)*

stella *Bedeutung unklar; möglicherweise ist Krähenfuß, Spitzwegerich gemeint (GLESSGEN, Die Falkenheilkunde, II, 831f.)*

subeita *Zibet (streng riechendes Analdrüsensekret der Zibetkatze)*

sudhaam *Prellung (GLESSGEN, Die Falkenheilkunde, II, 634f.)*

sumac *Blätter oder Früchte des Essigbaums/Gerbersumachs (GLESSGEN, Die Falkenheilkunde, II, 834)*

synacus *chinesisch (vgl. al-Ġiṭrīf 7, 3)*

Synus *Chinese (vgl. al-Ġiṭrīf 17, 2)*

tamarinus *Tamarisken-, von der Tamariske (GLESSGEN, Die Falken-*

	heilkunde, II, 835f.)
tersio	*das (Ein)reiben (zu* terere*)*
thenasmon	*von einer Anusverletzung begleitete Verstopfung (GLESSGEN, Die Falkenheilkunde, II, 645f.)*
turciolus	*Habichtsterzel (GLESSGEN, Die Falkenheilkunde, II, 475)*
turbith	*Turpethwurzel (fingerdicke, einen weißen Milchsaft absondernde Wurzel der ostindischen Turbithwinde) (GLESSGEN, Die Falkenheilkunde, II, 837)*
turculis *(Abl.)*	*wohl eine Winde, mittels derer sich ein Bogen spannen läßt (zu* torquere*) (so auch GLESSGEN, Die Falkenheilkunde, II, 1001)*
unguis	*Oberflächenveränderung des Auges (GLESSGEN, Die Falkenheilkunde, II, 558)*
ventilare	*Wind abgehen lassen (vgl. al-Ġiṭrīf, 47, 2 und 51, 12)*
virga	*Federscheide, von Federscheide bedeckte Dune (GLESSGEN, Die Falkenheilkunde, II, 543)*
xunac / xunach	*Bedeutung unklar; gemeint ist wohl am ehesten eine Verstopfung (GLESSGEN, Die Falkenheilkunde, II, 589); dem arabischen Text fehlt das entsprechende Kapitel; der kastilische Text spricht von Übersättigung (*quando les dan mucho cevo e les faze mal*) (Libro de los animales que cazan II, 49 (181, 7))*
xemy	*Schikra, südlicher Kurzfangsperber (GLESSGEN, Die Falkenheilkunde, II, 491f.)*
yalem	*(weiblicher) Merlinfalke (GLESSGEN, Die Falkenheilkunde, II, 486f.)*
yordanian	*Ambra (GLESSGEN, Die Falkenheilkunde, II, 879f.)*
yuair	*(weiblicher) Merlinfalke (GLESSGEN, Die Falkenheilkunde, II, 486f.)*
zabadeg	*Zibetkatze (MATTHEIS, 105)*
zugz	→ **çug**

6. Die Entwicklung der Tradition

6.1 Entstehung und erste Ausbreitung – der Hof Friedrichs II. und sein Umfeld

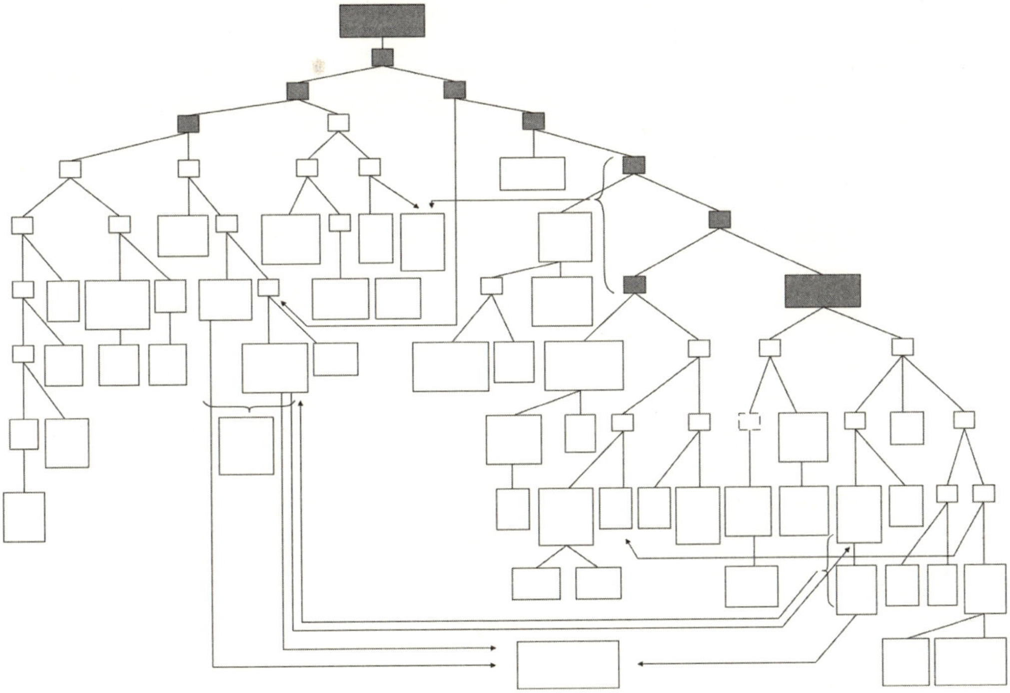

Zwischen dem ältesten erschließbaren Textbestand des *Moamin* und den ihm am nächsten stehenden Versionen seiner beiden arabischen Vorlagen klaffen große Unterschiede. Die Vorlagen sind nicht nur übersetzt, zu einer Einheit verbunden und unter einen neuen Autorennamen gestellt, sie sind auch stark überarbeitet worden.

Buch I

Die Umformungen in Buch I lassen sich mit großer Genauigkeit beurteilen, denn die *al-Ġiṭrīf*-Ausgabe von Möller und Viré bietet neben dem vollständigen Text der Handschrift Istanbul, Saray, 2099 auch Aufschluß über alle bedeutsamen Abweichungen der anderen Handschriften und damit auch der dem *Moamin* am nächsten stehenden Handschrift Istanbul, Saray, 2016. Bedauerlich ist nur, daß die beiden Herausgeber zu den bedeutsamen Veränderungen nicht auch die Textausfälle gerechnet haben, denn wie sie im Vorwort ihrer

Ausgabe schreiben, ist gerade Istanbul, Saray, 2016 durch solche gekennzeichnet.[1] Es besteht mithin die Möglichkeit, daß im *Moamin* zu beobachtende Textausfälle bereits unerkannt auf die Vorlage zurückgehen. Doch hält sich die daraus resultierende Unschärfe im Rahmen. Denn da viele andere Abweichungen dieser Handschrift verzeichnet sind und diese sich mit steter Regelmäßigkeit durch den Text ziehen, können viele Ausfälle des *Moamin* diesbezüglich überprüft und ein früherer Ausfall ausgeschlossen werden. Nur für einen kleineren Teil ist dies nicht möglich, läßt sich also die genannte Unsicherheit nicht ausräumen.

Der Vergleich mit der *al-Ġiṭrīf*-Ausgabe ergibt folgendes Bild: Zahlreiche und massive Streichungen reduzieren den Text auf nahezu die Hälfte seines ursprünglichen Bestandes. Eine Reihe von Ergänzungen vergrößert ihn wiederum um gut 5%. Wiederholt ist zudem die Reihenfolge verändert:[2]

Werk des al-Ġiṭrīf, 1. Teil	*Moamin* I
1 - 2, 1	--
2, 2f.	1, 1-4
2, 3f.	--
2, 5-7	1, 5 - 1, 7 (*turciolus*)
2, 7	--
2, 7-13	1, 7 (*et hic*) - 13
2, 14 **A**	--
2, 15	1, 14
2, 15	--
2, 16-18	1, 15-18
2, 19	--
--	1, 19 **A**
2, 20-22	1, 20-22
3	--
4	1, 23f.
5	--
6	1, 25-28
6	--
7, 1f.	1, 29f.
7, 2	--
7, 2	1, 31-33
7, 3f.	1, 34-36
7, 4-6	--

1 „... während D ihren Lücken und groben Textfehlern zufolge von einer stark beschädigten Vorlage abgeschrieben worden sein muß" (MÖLLER / VIRÉ, 51).

2 Die folgende Synopse verzeichnet alle bedeutenderen unter diesen Veränderungen. Bei der Beurteilung der Bedeutsamkeit wurden sowohl die Länge der Abschnitte als auch deren inhaltliches Gewicht berücksichtigt. Als Beispiel für eine Veränderung, die gerade noch Aufnahme gefunden hat, sei der Ausfall der Passage „mit Ausnahme der [aschgrauen (D)] Saker, die solche Leistungsstufen nicht erreichen" in 25 (2) genannt. Veränderungen der Reihenfolge sind durch dickgedruckte Buchstaben dargestellt. Gleiche Buchstaben bedeuten gleichen Text.

7, 7-10	1, 37-41
--	1, 42
8-9 **B**	--
9	--
10	1, 43 (*Cognitio - digerendi*)
--	1, 43 (*et excutiendi - saccares*)
--	1, 44-47 **B**
--	1, 48-50
--	1, 51 (*Signum - digestionis*) **C**
10	1, 51 (*orificium - egerit*)
10	--
10	1, 51 (*Si - est*)
10	--
11 **C**	--
--	1, 52-54
12 - 14, 1	2, 1 - 2, 8 (*accipitres*)
14, 1	--
--	2, 8 (*Debiles*) - 2, 9
14, 2 - 17, 1	--
17, 2 - 20, 2	2, 10 - 3, 4
20, 2	--
20, 3	3, 5
20, 3 - 21	--
22f.	3, 6f.
--	3, 8 **D**
24, 1	3, 9 - 3, 10 (*montanis*)
24, 1	--
24, 2	3, 10 (*Nigri - nascuntur*)
24, 2	--
24, 3 **D**	--
25, 1f.	4, 1-3
25, 2	--
25, 2 **E**	--
25, 3	4, 4
--	4, 5 **E**
26	--
27	4, 6
28	--
29, 1	5, 1-3
29, 2	--
30	5, 4f.
31, 1	6, 1-4
31, 2-4	--
31, 5	6, 5-8

--	6, 9 **F**
31, 5	6, 10
31, 5	--
31, 6f.	6, 11f.
31, 7 **F**	--
31, 7	6, 13f.
31, 7	--
31, 7f.	6, 15-21
31, 9	--
32, 1	6, 22
32, 1	--
32, 1	6, 23
32, 2 - 33, 1	--
33, 2	6, 24 - 6, 25 (*indigestione*)
33, 2	--
33, 2	6, 25 (*et deliberare - prede*)
33, 2	--
33, 2	6, 25 (*Similiter*) - 6, 26
33, 3	--
33, 4-5	6, 27-30
34, 1	--
34, 2-4	6, 31-36
34, 4	--
35, 1-4 **G**	--
35, 5	6, 37
--	6, 38-41 **G**
35, 5	--
35, 6	6, 42-45
35, 6f.	--
36 - 37, 1	7, 1-3
37, 2	--
38	7, 4
--	7, 5 - 7, 6 (*avem*)
38	7, 6 (*Et si - amygdale*)
--	7, 6 (*et quando - vino*)
39, 1-4	7, 7-10
39, 4	--
39, 4	7, 11
--	7, 12-14
39, 4 - 41, 1	7, 15 - 8, 3
41, 1	--
41, 2f.	8, 4-9
42, 1 **H**	--
42, 1	--

42, 2	8, 10-12
42, 3	--
--	8, 13f. **H**
42, 4 - 43, 1	8, 15 - 9, 4
43, 2	9, 5
43, 2f.	--
43, 3 **I**	--
43, 3	9, 6
--	9, 7 **I**
43, 3 - 44, 1	9, 8-10
44, 1f.	--
44, 2	9, 11
44, 2-5	--
44, 6f.	9, 12f.
44, 7	--
44, 8	9, 14
44, 9	--
44, 10f.	9, 15-18
44, 12	--
44, 13-15	9, 19-21
45	--
46 - 47, 1	10 - 11, 2
47, 1	--
47, 2	11, 3-8
47, 3 **J**	--
47, 4	11, 9 (*et avis - oleo*)
--	11, 9 (*et duo*) - 11, 11 **J**
47, 4	--
47, 4	11, 12
48 - 49, 4	--
49, 5	12, 1f.
49, 6	--
50, 1	12, 3
50, 1-5	--
50, 6	12, 4
50, 7	--
50, 8-13	12, 5-10
50, 14 **K**	--
50, 15f.	12, 11f.
--	12, 13
--	12, 14 **K**
50, 17 - 51 (Überschrift)	12, 15-20
51, 1	--
51, 2-12	12, 21-31

51, 13 **L**	--
51, 14	12, 32
--	12, 33 **L**
51, 15	12, 34
51, 16 **M**	--
51, 17	12, 35
--	12, 36 **M**
51, 18	12, 37
51, 19	--
51, 20 - 52, 1	12, 38-44
52, 1	--
52, 2-10	12, 45-53
52, 11	--
52, 12	12, 54
--	12, 55
52, 13	--
52, 14-20	12, 56-62
52, 21f.	--
--	13

Die Streichungen lassen sich in zwei Gruppen unterscheiden: Einige Passagen dürften gestrichen worden sein, weil an ihren Themen prinzipiell kein Interesse bestand. So sind nahezu alle Teile ausgefallen, die nicht konkret (verwendbaren) ornithologischen, jagd- oder heilkundlichen Inhalts waren – das ganze lange Kapitel 1 mit seinen anekdotenhaften Berichten über die Anfänge der Beizjagd, der größte Teil des Kapitels 14, der von den kalten, höheren Luftregionen und den darin wohnenden sagenhaften Lebewesen handelt, größere Teile von Kapitel 49, in denen der Lobpreis der griechischen Mediziner gesungen wird, etc. Und auch Kapitel 3, das dem wenig verbreiteten Beizen mit Braunnackenraben und Rohrweihen gewidmet ist, dürfte dazu gehört haben. Andere Passagen dürften zwar mit ihren Themen, nicht aber mit ihren spezifischen Inhalten auf Interesse gestoßen und daher weggelassen worden sein. So entfallen etwa 12 von 20 Empfehlungen zur Atzung des Vogels in der Mauser[3] und fehlen in der Liste der Symptombeschreibungen diejenigen für Ödeme oder Fremdkörper im Auge und mehrere Formen des Katarrhs,[4] zuviel Feuchtigkeit im Blut,[5] Bildung von Augenhäutchen,[6] Federausfall,[7] Steinkrankheit[8] sowie Übergewicht und schmerzende Körperteile.[9] Was indes in diesen Fällen jeweils den Ausschlag für eine Beibehaltung oder eine Streichung gab, ist nicht auszumachen. Zu wenige Gemeinsamkeiten verbinden die ausgefallenen Passagen und grenzen sie von den anderen ab, als daß daraus auf die dahinterstehenden Motive geschlossen werden könnte. Daß solche freilich existiert

3 44, 1f.; 44, 2-5; 44, 7; 44, 9; 44, 12.
4 50, 1-5.
5 50, 7.
6 51, 19.
7 52, 11.
8 52, 13.
9 52, 21f.

haben, legt die Art nahe, wie sie ausgefallen sind. Sie bilden keinen Block zu Anfang oder Ende eines Abschnitts, sondern verteilen sich unregelmäßig – die 12 ausgefallenen Atzempfehlungen für die Mauserzeit etwa stehen an zweiter, vierter bis elfter, vierzehnter, sechzehnter und neunzehnter Stelle. Ob der Streichung dabei stets eine gründliche Auseinandersetzung mit den Inhalten vorausgegangen ist, ist zweifelhaft. Es ist kaum anzunehmen, daß tatsächlich alle gestrichenen Atzempfehlungen ausprobiert und als unnütz erkannt worden sind. Hier mögen auch ganz vordergründige Kriterien für oder gegen eine Beibehaltung gesprochen haben und mag der tiefere Grund der Wunsch gewesen sein, auch dort Informationen zu kürzen, wo derer zu viele an einem Ort versammelt waren. Diese Erklärung drängt sich auf, denn auch in den übernommenen Inhalten offenbart sich ein starker Drang zur Straffung.

Seinen deutlichsten Ausdruck findet dieser in der nahezu vollständigen Beseitigung der kompilatorischen Struktur des al-Ġiṭrīf. Der Syrer hatte mit großer Akribie die jeweilige Herkunft des in seinem Werk vereinten Materials verzeichnet. 106 solcher, oft ausgiebiger Quellenangaben (darunter nicht weniger als 48 verschiedene) durchziehen den Traktat, z. B. in Kapitel 10:

> *Al-Ġiṭrīf hat gesagt: Diejenigen von den türkischen Tarchanen (ṭarḫān), den persischen Satrapen (marzubān), den byzantinischen Patriziern und ihren Philosophen, die sich in den Wissenschaften auskannten und etwas von jagdtüchtigen Habichten verstanden, – sie versicherten: ...*

Diese Struktur ist ganz und gar verschliffen worden. 45 der Quellenangaben (darunter 28 verschiedene) sind bereits im Zuge der anderen Kürzungen fortgefallen. Die übrigen 61 (darunter 26 verschiedene) sind auf 13 zusammengestrichen. Von diesen 13 bleibt nur eine einzige – man möchte denken, aus Versehen – unversehrt: *Die Alexandriner sagen / Alexandrini autem dicunt.*[10] Alle übrigen 12 Quellenangaben werden zu unspezifischem *sapientes dixerunt* (bzw. *narraverunt* o. ä.), *dixerunt quidam* oder *dicitur* reduziert.[11]

Ähnlich, wenn auch nicht so systematisch, sind spezielle und/oder überholte geographische Namen behandelt. Bald fällt das Land der Chasaren aus, jenes Turkstammes, der vom achten bis zehnten Jahrhundert ein großes Gebiet im östlichen Schwarzmeerbereich beherrschte,[12] bald die ostpersische Provinz Chorasan, die an der Südküste des Aralsees und um das Amu-Darya-Delta gelegene Provinz Chorism und die Gegend der Eisernen Pforte, ein Engpaß bei der Stadt Derbend am Westrand des Kaspischen Meeres,[13] bald die an der Grenze Ägyptens zu Libyen gelegenen Teile des Maghreb.[14] Und wiederum ein andermal fallen die Landschaft Lasiq am Ostrand der Schwarzmeerküste und das Schwarze Meer aus

---

10 *Al-Ġiṭrīf* 24, 3 / *Moamin* I, 3, 8.
11 *Al-Ġiṭrīf* 6 / *Moamin* I, 1, 25; *al-Ġiṭrīf* 17, 2 / *Moamin* I, 2, 10; *al-Ġiṭrīf* 20 / *Moamin* I, 3, 2; *al-Ġiṭrīf* 20, 2 / *Moamin* I, 3, 4; *al-Ġiṭrīf* 25, 1 / *Moamin* I, 4, 2; *al-Ġiṭrīf* 29, 1 / *Moamin* I, 5, 2; *al-Ġiṭrīf* 31, 1 / *Moamin* I, 6, 2; *al-Ġiṭrīf* 34, 2 / *Moamin* I, 6, 31; *al-Ġiṭrīf* 36, 1 / *Moamin* I, 7, 2; *al-Ġiṭrīf* 39, 2 / *Moamin* I, 7, 8; *al-Ġiṭrīf* 43, 1 / *Moamin* I, 9, 2; *al-Ġiṭrīf* 47, 1 / *Moamin* I, 11, 2.
12 *Al-Ġiṭrīf* 7, 3 / *Moamin* I, 1, 34; *al-Ġiṭrīf* 12 / *Moamin* I, 2, 4.
13 *Al-Ġiṭrīf* 13 / *Moamin* I, 2, 6.
14 *Al-Ġiṭrīf* 18 / *Moamin* I, 1, 18.

und wird die persische Provinz Daylam an der Südküste des kaspischen Meeres schlicht zu Persien:[15]

Die besten von allen Habichten sind diejenigen aus Lasiq (lāziqiyya) und vom Schwarzen Meer (bāriqiyya) – das sind die Habichte aus Armenien (armīniyya) und Daylam (daylamiyya) ...

Meliora autem genera accipitrum sunt armenici, persici ...

Nicht viel anders ist es regionalen Alternativbezeichnungen für Tiere ergangen. So ist etwa ausgefallen, daß der *sabech* im Irak und Hidschas *ʿafṣī* (Gallapfel) heißt,[16] daß der *aynoki* und der *cotam* im Irak *kurrak* bzw. *tahriğa* genannt werden,[17] daß die arabischen Nomaden die nicht raubenden Vögel als *buġāṯ* (unedle Vögel) und die Raubvögel als *sibāʿ* (Beute schlagend) bezeichnen[18] und daß die Byzantiner für den *ventus* die Bezeichnung *muqarnas* (der Wildvermauserte, Hagard) verwenden.[19]

Und jene Inhalte, die übernommen wurden, sind nahezu jeder umständlichen Ausdrucksweise und jeder Redundanz entledigt, sind gleichsam auf ein Konzentrat reduziert. So heißt es z. B. über die an den Falkner gestellten Anforderungen:[20]

Al-Gitrif und Adham haben gesagt: Die Ärzte der Könige, die Philosophen und die Fachleute für die Abrichtung von Beizvögeln stimmten darin überein, daß es bei der Haltung sämtlicher Beizvögel auf deren richtige Führung und auf die Auswahl von Wärtern mit einem Blick für diese Dinge ankommt, dazu auf die Freundlichkeit, rechte Leitung und Beaufsichtigung, Fürsorge, ein gutes Verhältnis zu ihnen, sorgfältige Ausbildung, gütige Behandlung, Bedacht auf ihren Schutz und auf das Vermeiden ihres ständigen Einsatzes und einer Belastung mit Training und Atzung über ihre Kräfte hinaus. Daher, [haben sie gesagt, (D)] sollte ein Herrscher mit der Sorge für die Beizvögel nur Leute betrauen, die ihnen leidenschaftlich zugetan sind und sie vor Kälte, Hitze,

Interest autem regum, ut non exponant aves suas nisi falconariis talibus, qui sint experti in hoc et in hoc habeant aptitudinem nature et diligant volucres, eis precipiendo cavere sibi a frigore et calore et indigestione ...

---

15 *Al-Ġiṭrīf* 7, 1 / *Moamin* I, 1, 29.
16 *Al-Ġiṭrīf* 2, 9 / *Moamin* I, 1, 9.
17 *Al-Ġiṭrīf* 2, 13 / *Moamin* I, 1, 13; *al-Ġiṭrīf* 2, 15 / *Moamin* I, 1, 14.
18 *Al-Ġiṭrīf* 4 / *Moamin* I, 1, 23.
19 *Al-Ġiṭrīf* 7, 10 / *Moamin* I, 1, 41.
20 *Al-Ġiṭrīf* 33, 1f. / *Moamin* I, 6, 24f.

Übelkeit und Verdauungsbeschwerden bewahren.

Oder über Vögel, die nicht bereitwillig zu ihrem Herrn zurückkehren:[21]

Ein Chakan und etliche Mediziner haben gesagt: Die Weigerung des Beizvogels, zum Falkner zurückzukehren, rührt oftmals daher, daß er wenig getragen wird oder die Führung des Vogels schlecht ist oder der Falkner ihn rauh behandelt oder sich von ihm fernhält, so daß dies Wildheit und Scheu des Vogels ihm gegenüber zur Folge hat. Vielleicht liegt es aber auch an Schmerzen, die den Vogel befallen haben. Ist der Grund das mangelnde Tragen oder die Wildheit oder Scheu gegenüber dem Falkner oder dessen Rauheit, so ist die Sache einfach: Der Falkner braucht nur zur (rechten) Beizvogelführung, zu freundlicher Behandlung und häufigem Tragen zurückzukehren, so wird auch der Vogel zu ihm zurückkehren. Sind die Ursachen jedoch Schmerzen, so soll der Falkner nicht das Zurückkehren von dem Vogel verlangen, bevor dieser nicht von seiner Krankheit geheilt ist, sondern sich an die Behandlung der Schmerzen machen.

Si autem lente revertatur ad revocationem vel non revertatur aliquo modo et hoc erit propter raritatem portandi et tenendi ipsum et per inusitationem vel per incuriam falconarii vel propter dolorem sibi accidentem, et unumquodque istorum curari debebit per contrarium.

Oder über unzeitiges Mausern:[22]

Wenn du siehst, daß er die Federn am Steiß (marāqq) [ausrupft (F, H)], so wisse, daß er Würmer im Bauch hat. [Wenn du siehst, daß er die Federn am Schenkel ausreißt, so wisse, daß er Würmer im Bauch hat. (F)]

Quando depilat suum ventrem, vermes habet intus. Similiter, si depilet coxas.

Demselben Drang zu Kürze und Kompaktheit wird es auch zuzuschreiben sein, daß die Zahl der Kapitel von ursprünglich 52 auf 13 reduziert worden ist.

---

21 *Al-Ġiṭrīf* 35, 1-3 / *Moamin* I, 6, 38f.
22 *Al-Ġiṭrīf* 52, 7f. / *Moamin* I, 12, 50f.

Erstaunlich ist, daß diese Straffung auch nicht vor Bestandteilen haltgemacht hat, die als essentiell für das richtige Verständnis bzw. die richtige Umsetzung der dargebotenen Informationen gelten müssen, namentlich Zeit- und Mengenangaben. Auch sie sind wiederholt ausgefallen. So heißt es etwa in *al-Ġiṭrīf* 31, 5 / *Moamin* I, 6, 10:

*Sodann erhöhe man **für drei Tage** die Atzung **auf dreiviertel Unzen** und schließlich wieder **auf eine Unze** ...*

Et sic facias augmentando et minuendo ...

Oder in *al-Ġiṭrīf* 31, 8 / *Moamin* I, 6, 18f.:

*Wenn du solches feststellst, dann laß beiseite, was ihnen nicht zuträglich ist, und gib ihnen Spatzen, Haubenlerchen (qunbura), Fleisch von jungen, flüggen Tauben und Schwalbenjungen, **falls es deren Jagdzeit ist**. Hüte dich, ihnen das Fleisch alter Tauben zu geben – **es sei denn im Abstand von mehreren Tagen** – wie auch das von Elstern (ʿaqʿaq), denn deren [Fleisch (F, K)] ist bitter.*

Cum autem hoc videbis, cave sibi et da comedere carnes parvarum avium et cupatarum et pullorum columbarum incipientium iam volare et parve hirundinis. Caveas etiam, ne sibi des veteres columbas nec carnes pice, quia amare sunt.

Oder in *al-Ġiṭrīf* 35, 6 / *Moamin* I, 6, 42:

*Wenn der Beizvogel das Zurückkehren nicht gut ausführt, gib ihm mit der Atzung Basilienkraut (ḥawk), auch bādarūǧ genannt, in getrockneter und gestoßener Form oder **drei Stück** Magenwurz (abrīn) ...*

Similiter et herba, que vocatur badurug, id est basilicon latum hortulanum vel fluviale, iuvat in hoc, cum datur sicca et pulverata cum morsibus carnium. Et accaron sive acorus similiter.

Oder in *al-Ġiṭrīf* 38 / *Moamin* I, 7, 4:

*[Die beiden (B)] haben gesagt: Zu dem, was den Jagdvogel mutig und scharf (auf große Vögel) macht, gehört, daß man ihn **am Vortage der Jagd** mit einem Taubenjungen, dem scharfer Essig eingeflößt wurde, füttert. Laß (die Taube) erst noch ein wenig fliegen, bis der Essig in ihre Adern gelangt ist; dann gib sie ihm. **Am nächsten Morgen** wird er mager, schlank und lebhaft sein.*

Ingenium autem audacie, quod scilicet volet ad magnas aves et quod non sit timorosus: Pro quo detur columbellus, qui aperto rostro imbibatur aceto et dimittatur volare huc et illuc, donec acetum penetret in venas suas.

Oder in *al-Ġiṭrīf* 44, 10 / *Moamin* I, 9, 15:

Oder nimm Kellerasseln (ḥimār qabbān) – die man auch ḍarrāra, „Schädling“, nennt, die sich in der weichen Erde an Mauerrändern aufhalten und sich mit einem Wall aus Erde umgeben –, ***sechs oder sieben Stück****, trockne und zerstoße sie; bestreue* ***von Zeit zu Zeit*** *das Atzfleisch damit.*	*Vel accipe vermes illos polipodes, qui, quando tanguntur volvunt se et fiunt rotundi et inveniuntur vel sub quartara vel sub aliquo fundamento, et desicca istos et pulvera et pone super carnem et da.*

Die in Buch I zu beobachtenden Ergänzungen gelten zum großen Teil den Habichten. Ihre Flügel, so erfährt man nun zusätzlich, zählen 20 Federn: vier vordere, vier obere, vier untere (*defensiores* – wohl eine Verschreibung für *inferiores*), vier verborgene und vier sichtbare, ihr Schwanz aber 12, bei einigen edlen Exemplare auch 13.[23] Zu ihren Gütemerkmalen rechnen nun auch weit und kräftig ausgeworfener Schmelz, ein breiter Bürzel, dicke Krallen und die gefällige Bereitschaft, eine ihnen hingestreckte Hand zu ergreifen,[24] zu ihren schlechten Merkmalen kurze Zehen und kleine Ballen.[25] Über weibliche Habichte heißt es, sie seien mutiger und würden schlicht Habicht (*accipiter*) genannt, männliche hingegen rufe man Terzel (*tertiolus*), und ihre Gütemerkmale seien andere als die der Weibchen.[26] Ferner seien die Habichte schwach, und ein furchtsamer oder kranker Habicht tauge nicht zum Abrichten.[27] Und Lesern, die wissen wollen, ob ihr Habicht mutig und stark sei, ist nun je eine Probe an die Hand gegeben. Ein mutiger Habicht springe, wenn er bei Dunkelheit unversehens berührt werde, sogleich auf die Hand seines Gegenübers und greife nach dieser. Ein starker Habicht schmelze in hohem Bogen, was sich leicht erkennen lasse, wenn man ihn in der Ecke eines Gemäuers anbinde.[28]

Die übrigen Ergänzungen gelten allen Raubvögeln gemeinsam. Ein universelles Gütemerkmal sei der ebenmäßige Körperbau.[29] Um einen verlorengegangenen Vogel aufzuspüren, wird nun auch empfohlen, sich allein an einen offenen Ort zu begeben und den Kopf gen Boden zu senken, als ob man bete, und nacheinander nach allen vier Himmelsrichtungen hin zu horchen.[30] In der Übersicht der Krankheitssymptome heißt es nun zusätzlich, ein Vogel, der schlaff und mit gekrümmtem Rücken auf der Reck sitze, habe Pneumatose im Rücken und rissiger Schmelz deute auf Verengung des Afters.[31] Und schließlich wird ganz am Ende noch ein eigenes kurzes Kapitel ergänzt, das Empfehlungen darüber gibt, auf welcher Hand man den Vogel am besten trägt, wenn man ihn auf die Beute wirft oder wenn man zu Pferde steigt. Für beide Fälle wird die rechte Hand empfohlen. Beim Abwerfen des Vogels könne sie dem Tier größeren Schwung mitgeben und ihn so mehr beschleunigen. Beim Aufsteigen auf das Pferd – es wird offenbar vorausgesetzt, daß dies stets von der linken Seite aus geschieht – könne sie vom Sattel gelöst werden und der

23 I, 1, 42.
24 I, 1, 43.
25 I, 1, 48.
26 I, 1, 53f.
27 I, 2, 8f.
28 I, 1, 49f.
29 I, 1, 52.
30 I, 7, 12-14.
31 I, 12, 13; I, 12, 55.

Vogel so davor bewahrt werden, unter den Körper des Reiters zu gelangen und erdrückt zu werden, falls das Pferd scheut.[32]

Die Veränderungen der Reihenfolge haben weder Auswirkungen auf den Inhalt noch geben sie Aufschluß über die ihnen zugrundeliegenden Motive. Einzig in den mit H und K bezeichneten Fällen kann man mit etwas gutem Willen annehmen, sie sollten einen stringenteren Textaufbau herbeiführen: Im ersten Fall erfährt der Leser nun zunächst, woran er erkennen kann, ob Hoffnung besteht, einen fliehenden Vogel zur Umkehr zu bewegen, bevor ihm erklärt wird, wie er dies erreichen kann. Im zweiten Fall sind Blasen an den Beinen nun nach statt vor Pneumatose behandelt und damit neben die thematisch näherstehenden geschwollenen Füße gerückt.

Schließlich finden sich immer wieder auch Passagen, an denen der eine Inhalt an die Stelle des anderen getreten ist. Hier ist jedoch Skepsis angebracht. Viele dieser Veränderungen sind ebenso klein wie überraschend. So schlägt der Adler nicht mehr Großwild, sondern Hasen[33], sind die Augen des einjährigen Habichts nicht mehr goldfarben, sondern rund,[34] haben ausgezeichnete Falken nicht mehr füllige Kehlen, sondern füllige Hüften[35], ist das Federkleid eines schlechten Habichts nicht mehr gestreift, sondern schmutziggrau,[36], ist der Kopf eines guten Habichts nicht mehr groß, sondern klein,[37] haben jagdtüchtige Sakerfalken nicht mehr schwarzes Gefieder, sondern schwarze Zungen,[38] etc. Sie erwecken den Eindruck, als beruhten sie schlicht auf Verlesungen des Übersetzers oder, wohl noch häufiger, Verderbnissen der arabischen Überlieferung. Denn Möller und Viré schreiben zu den erhaltenen acht Handschriften der al-Ḥaǧǧāǧ-Version: „Fast in jedem Satz dieser Manuskripte ist erkennbar, daß die Abschreiber von zerschlissenen, unleserlichen und fehlerhaften Vorlagen kopierten und den Text mit neuen Fehlern anreicherten."[39] Bisweilen ist eine solche Korruption denn auch offensichtlich: Gleich dreimal ist in unterschiedlichen Zusammenhängen der Schnabel der Vögel erwähnt, wo eigentlich die Krallen gemeint sind,[40] und zweimal ist in unterschiedlichen Zusammenhängen von „rauh" die Rede, wo eigentlich „kurz" gemeint ist.[41]

Nur selten erwecken diese Veränderungen den Eindruck bewußter Eingriffe. Ein solcher Eingriff ist sicher innerhalb der Klassifikation der Raubvögel erfolgt: Im *genus* der Habichte ist die *species* Tughrul weggefallen. Das *genus* Wanderfalke ist nun zu einem *genus* Falke ausgeweitet worden, an die Stelle seiner *species* Wanderfalke sind nun der Gerfalke und der Falke getreten, und die *species* Merlin ist nun herausgenommen und unter dem *genus* der Sakerfalken aufgeführt – eine Zuordnung, die im arabischen Raum weit verbreitet ist.[42] Im *genus* der Sakerfalken wiederum ist die *species* Schikra weggefallen, und jene besonderen

---

32 I, 13.
33 *Al-Ġiṭrīf* 2, 21 / *Moamin* I, 1, 21.
34 *Al-Ġiṭrīf* 7, 8 / *Moamin* I, 1, 39.
35 *Al-Ġiṭrīf* 22 / *Moamin* I, 3, 6.
36 *Al-Ġiṭrīf* 19, 2 / *Moamin* I, 2, 16.
37 *Al-Ġiṭrīf* 10 / *Moamin* I, 1, 43.
38 *Al-Ġiṭrīf* 27 / *Moamin* I, 4, 6.
39 MÖLLER / VIRÉ, 50.
40 *Al-Ġiṭrīf* 10 / *Moamin* I, 1, 43; *al-Ġiṭrīf* 12 / *Moamin* I, 2, 3; *al-Ġiṭrīf* 50, 19 / *Moamin* I, 12, 17.
41 *Al-Ġiṭrīf* 19, 1 / *Moamin* I, 2, 15; *al-Ġiṭrīf* 19, 2 / *Moamin* I, 2, 16.

Exemplare des Sakerterzels, die auch Gazellen jagen, sind nun zusätzlich mit der Bezeichnung *xemy* versehen.[43] Ein anderer Eingriff galt den Dingen, vor denen man den Vogel in Schutz nehmen soll. Feuersglut, dichtes Gebüsch, fremde Personen, Geschrei und Gedränge zählen im *Moamin* nicht mehr dazu, wohl aber Hühner (da sie Läuse übertragen).[44] Und auch die aus den Körpern der Vögel austretenden überschüssigen Stoffe sind überarbeitet. Während al-Ġiṭrīf derer neun aufführt (Tränen, Nasenschleim, Gewölle, Erbrochenes, ausfallende Federn, Schmelz, Schweiß, Fett der Bürzeldrüse und eine weiße Substanz, die sich zur Zeit der Mauser an den Federn befindet), sind sie im *Moamin* auf sechs reduziert – die letzten drei sind gestrichen, Gewölle ist offenbar mit Erbrochenem zusammengefaßt und Körperwinde sind hinzugefügt.[45]

Bücher II-V

Die Veränderungen der Bücher II-V gegenüber denen des *Kitāb al-Mutawakkilī* in seiner nächst greifbaren, dem arabischen und lateinischen Text zugrundeliegenden Fassung[46] weisen deutliche Gemeinsamkeiten mit den gerade für Buch I festgestellten Veränderungen auf:

Wie in Buch I so ist auch hier massiv gekürzt worden – ca. 30 % des Inhalts sind weggefallen. Zumeist sind Teile von Bündeln gleichartiger Informationen betroffen: etwa das achte von neun Rezepten gegen geschwollene Augen und verstopfte Nasen aufgrund von trockenem Katarrh,[47] das vierte von sechs Rezepten gegen feuchten (*nadīya*) Katarrh,[48] das zweite bis vierte von neun Rezepten gegen zähen Nasenschleim und geschwollene Augen und Augenlider,[49] das dritte und Teile des vierten von vier Rezepten gegen Katarrh, der sich aufgrund von Rauch und Staub einstellt,[50] und das zweite von drei Rezepten gegen Kopfschmerzen[51] oder auch verschiedene Gütemerkmale:[52]

... superiora loca coxarum sunt magna et multe carnis, pes anterior parvus, rotundus, equalis et durus, dorsum breve, cauda subtilis et brevis, postrema pars sui erit altior prima et pedes	*... e las ancas bien grandes e enfiestas e redondas e carnudas* ***e que sean más altas que las cuestas, e el cuero sobre los vientres gordo e blando****, e las manos chicas e redondas e eguales e fuertes, e que sean*	*... prominent, oval, well-muscled hips,* ***protruding more than their forequarters; fleshy and with fine hair in the soft parts of their stomachs*** *small, round, hard, symmetrical feet;* ***long between the forelegs and the rear legs, short-backed, mo-***

42 Vgl. GLESSGEN, Die Falkenheilkunde, II, 490.
43 *Al-Ġiṭrīf* 2, 2-19 / *Moamin* I, 1, 2-19.
44 *Al-Ġiṭrīf* 33, 4 / *Moamin* I, 9, 5.
45 *Al-Ġiṭrīf* 52, 1 / *Moamin* I, 12, 44.
46 Vgl. Kapitel 2.
47 *Libro de los animales que cazan* II, 6 (121, 13-15) / *Kitāb al-Manṣūrī* 10, 22.
48 *Libro de los animales que cazan* II, 7 (122, 5-12) / *Kitāb al-Manṣūrī* 11, 8.
49 *Libro de los animales que cazan* II, 8 (123, 4-23) / *Kitāb al-Manṣūrī* 12, 5-8.
50 *Libro de los animales que cazan* II, 10 (125, 10-15 und 16f.) / *Kitāb al-Manṣūrī* 14, 4f. und 5.
51 *Libro de los animales que cazan* II, 12 (126, 30 - 127, 3) / *Kitāb al-Manṣūrī* 16, 3.
52 *Moamin* IV, 3, 18f. / *Libro de los animales que cazan* IV, 3 (221, 9-17) / *Kitāb al-Manṣūrī* 3, 8-13.

posteriores altiores pedibus anterioribus et pilus est mollis.	*cortas de espinazo* ***e luengas de los pies a las manos, e que sean todos sos miembros de buena grandez,*** *e los rabos delgados e cortos,* ***e los nudos de los rabos eguales e tiestos e fuertes, e los cabos de los rabos botos e que non rabeen mucho,*** *e que sean altos detrás e baxos delantre,* ***e que ayan las unnas bien fuertes, e que ayan grandes cuerpos e luengos,*** *e el pelo len e blando.*	***derate limbs;*** *fine, short tails,* ***well-formed, firm, taut, with the ends docked; powerful, firm muscles;*** *the hind quarters higher than the forequarters and the rear legs longer than the forelegs;* ***hard nails; long, well-made bodies*** *with long, soft hair.*

Mitunter betreffen die Streichungen aber auch komplette Einheiten. So sind im dritten Buch viermal ganze Kapitel (die Kapitel 6 über Erblindung, 9 über verklebtes Gefieder, 22 über in die Haut eingedrungene Dornen und 23 über Krätze), am Ende des fünften Buches gar viereinhalb Kapitel am Stück (die letzten fünf Rezepte von V, 6 über Hautauswüchse sowie die gesamten Kapitel V, 7 über Räude, V, 8 über Sehnen- und Gliederleiden, V, 9 über Erkrankungen der Hinterteile und V, 10 über islamische Speisevorschriften) ausgefallen.

Auch in den Büchern II-V läßt die Struktur der Streichungen grundsätzlich eine bewußte Auswahl vermuten – bei einer rein schematischen Kürzung wären wohl stets ganze Blöcke, nicht immer wieder einzelne Teile gestrichen worden. Konkrete Motive, die gleich für mehrere dieser Streichungen verantwortlich gemacht werden könnten, erschließen sich indes fast genauso wenig wie im ersten Buch. Einzig Verständnisprobleme lassen sich hier anführen. So fällt im Kapitel über die Eingeweide der Hunde zweimal eine Zutat aus, deren Formulierung im arabischen und/oder kastilischen Text vermuten läßt, daß sie unvertraut war:[53]

Vel accipe de semine absinthii, et detur cum aqua.	*O tomen duna* ***melezina quel dizen çaradión*** *e de la semient del assensio, tanto de lo uno como de lo ál, e cuéganlo con del agua e cólenlo e échenles dello por las narizes …*	*Take also from a* ***medicine called sudayun*** *and from the seeds of the wormwood one part of each, mix with water, filter and inject via the nose as much as necessary.*

53 *Moamin* V, 4, 3 und 11 / Libro *de los animales que cazan* V, 4 (234, 4-7 und 25-29) / *Kitāb al-Manṣūrī* 10 (40, 15-17 und 41, 14-18).

Dehinc accipe de vino et aceto et lini circumcirca femora cum pennis. Deinde linias cum fimo vaccino, et sanantur.

... e después tomen vino e vinagre e mézclenlo en uno e mógenles con ello las ijadas con una pénnola e los logares que son en derredor de las ijadas, después tomen de la bonniga de las vacas ***e duna melezina quel dizen çoradic****, e amássenlo con del vinagre e del agua e póngangelo sobre las ijadas e átenlo.*

Then take after that [some sherbet and vinegar mixed together and rub it over the flanks and what is adjacent to them, next take after that] some cow dung ***and some medicine called suradiq****, mix to a paste with vinegar and put it on their flanks and the veins of their kidneys.*

und finden sich derart gekennzeichnete Zutaten auch innerhalb anderer ausgefallener Passagen: *melezina quel dizen adrión / Koriander;*[54] *melezina quel dizen çedevaren / šādāw.zān;*[55] *árbol quel dizen* [...] */ des baṭalyān genannten Baumes;*[56] *melezina quel dizen foufal / indische Betelnuss;*[57] *melezina quel dizen arquintiduz / some medicine which is called qabi'dubus;*[58] *melezina quel dizen amomo / some medicine called al-ha';*[59] *árbol quel dizen* [...] */ from the tree that the people of Hamadan call the laur;*[60] *melezina quel dizen* [...] */ some medicine known as kamashir.*[61] Nur in drei der zuletzt genannten Fälle freilich liegt ein Zusammenhang nahe, ist die ausgefallene Passage jeweils nur auf jenes Rezept begrenzt, welches den problematischen Begriff beinhaltet.[62] In den übrigen fünf Fällen sind um den Begriff herum gleich zwei oder mehr Rezepte ausgefallen. Mehrfach bleiben solcherlei Begriffe und die sie umgebenden Passagen zudem auch unverändert bestehen, etwa: *medicina, que vocatur sanducos / melezina quel dizen en griego cidarutiz* [...] */ Medikament, das sandrūṭus genannt wird;*[63] *avis, que vocatur aglogos / af quel dizen en Romania haclocoz / Vogel, der im Griechischen aᶜlauqus genannt wird;*[64] *infirmitatem, que vocatur bayanuit, et est nomen infirmitatis persicum / Krankheit ..., die bāḥābūyad genannt wird;*[65] *medicina, que vocatur colotyin / melezina quel dizen solotín / Heilmittel, das Symphytum genannt wird.*[66]

---

54 *Libro de los animales que cazan* II, 44 (174, 10) / *Kitāb al-Manṣūrī* 71, 11.
55 *Libro de los animales que cazan* II, 45 (175, 27f.) / *Kitāb al-Manṣūrī* 63, 10.
56 *Libro de los animales que cazan* III, 14 (206, 16) / *Kitāb al-Manṣūrī* 72, 7.
57 *Libro de los animales que cazan* III, 18 (213, 4) / *Kitāb al-Manṣūrī* 88, 7.
58 *Libro de los animales que cazan* IV, 2 (219, 28f.) / *Kitāb al-Manṣūrī* 2 (22, 21).
59 *Libro de los animales que cazan* IV, 4 (223, 25) / *Kitāb al-Manṣūrī* 4 (29, 9).
60 *Libro de los animales que cazan* IV, 5 (228, 7) / *Kitāb al-Manṣūrī* 5 (36, 4f.).
61 *Libro de los animales que cazan* IV, 6 (229, 25) / *Kitāb al-Manṣūrī* 6 (37, 10).
62 *Libro de los animales que cazan* IV, 2 (219, 28f.) / *Kitāb al-Manṣūrī* 2 (22, 21); *Libro de los animales que cazan* IV, 5 (228, 7) / *Kitāb al-Manṣūrī* 5 (36, 4f.); *Libro de los animales que cazan* IV, 6 (229, 25) / *Kitāb al-Manṣūrī* 6 (37, 10).
63 *Moamin* II, 5, 2 / *Libro de los animales que cazan* II, 5 (118, 8f.) / *Kitāb al-Manṣūrī* 9, 2.
64 *Moamin* II, 6, 29 / *Libro de los animales que cazan* II, 6 (121, 16) / *Kitāb al-Manṣūrī* 10, 23.
65 *Moamin* II, 43, 3 / -- / *Kitāb al-Manṣūrī* 47, 3.
66 *Moamin* II, 44, 11 / *Libro de los animales que cazan* II, 44 (173, 25) / *Kitāb al-Manṣūrī* 71, 7.

Weitere Motive, die mehrere Ausfälle gleichzeitig erklären könnten, sind nicht erkennbar. Auch hier vermittelt sich daher, wie in Buch I, der Eindruck, der Auswahl sei nicht notwendigerweise eine eingehende Auseinandersetzung mit den Inhalten vorausgegangen, sondern sie diene vornehmlich der Ausdünnung und bediene sich dabei oberflächlicher Kriterien – dies um so mehr, als auch hier, wie in Buch I, eine Straffung der übernommenen Inhalte erfolgt. Auch hier sind nahezu alle redundanten und überflüssigen Bestandteile gestrichen, sind die Aussagen auf ihren Kern reduziert, etwa in *Moamin* II, 1, 8 und 21 / *Libro de los animales que cazan* II, 1 (113, 12-17 und 114, 17-24) / --:

Nam cura egritudinum in principio non est sicuti cura in augmentatione vel in statu vel in declinatione.	*... porque la guarda que les an de fazer en el comienço de las enfermedades non {es} atal como la que les an de fazer quando les acreçen las enfermedades cada día o quando son en la fin dellas, nin la guarda que les an de fazer quando están las enfermedades paradas, que non crecen nin minguan, no es atal como la que les an de fazer quando les comiençan de minguar las enfermedades.*
Ego autem assignabo modum in quantitate avium et medicinarum.	*... e con tod esto diremos nos en las demás cosas de las melezinas que dixieron los antigos e que fallaron por provado: que es lo que an de fazer a las aves mayores, e a las medianas, e a las menores, e qué es lo que an de menguar a las aves menores quando las quisieren melezinar, e esto segund que determinaron de las mayores o lo que an de ennader a las mayores quando las quisieren melezinar, e esto segund que determinamos a las menores, e lo que es mediano entre estas dos maneras farán a las medianas ...*

Oder in *Moamin* IV, 3, 11 / *Libro de los animales que cazan* IV, 3 (220, 26-29) / *Kitāb al-Manṣūrī* 3 (23, 32 - 24, 1):

Signa vero significantia bonitatem eorum sumpta ex coloribus non sunt vera in re, sed ad visum secundum placitum ...	*E la escogencia de los que son buenos pora aver fijos dellos, non se escoge[n] segund las colores.* ***E los colores dellos son amariellos y vermejos e negros e blancos e picaraçados e barzenos e manchados e cenizientos e otras colores si ay algunas*** *...*	*As for discerning the excellence of what has been selected, it has nothing to do with what sort of colours they are,* ***which are cream, red, black, white, greyish, fawn, blue, black and white, ash and the like*** *...*

Oder in *Moamin* IV, 2, 2f. / *Libro de los animales que cazan* IV, 2 (218, 28-33) / *Kitāb al-Manṣūrī* 2 (21, 3-7):

Tempora, in quibus moventur canes ad coitum, sunt ii: primum est extraordinarium, aliud ordinarium. Extraordinarium est in primo ianuarii, ordinarium est in primo februarii.	*... las sazones en que fazen so fornicio los canes son dos, e a los del un tiempo dizen tempranos e a los del otro tiempo dizen tardíos. Pues el tiempo en que se engendran los tempranos es desdel primer día de enero,* ***quando es el sol en la meatad de Capricornio****. E el tiempo en que se engrendran los tardíos, [es desde] el primer día de febrero,* ***quando es el sol en la meatad de Aquario****.*	*Hounds have two times for mating: one is early and the other is late. The early one is on the first of January* ***when the largest bright star is parallel to the middle of Capricorn****. The late one is on the first day of February* ***when the largest bright star is parallel to the middle of Aquarius****.*

Auch hier erfaßt der Drang zur Kürze wiederholt Informationen, die als essentiell für das richtige Verständnis und die richtige Umsetzung des Textes angesehen werden müssen, fallen namentlich Zeit- und Mengenangaben aus oder werden sie reduziert, etwa in *Moamin* II, 61, 2f. / *Libro de los animales que cazan* II, 61 (193, 17-27) / *Kitāb al-Manṣūrī* 73, 2-5:

Melior medicina est mel et lac pecorinum. Aliquando lini carnes, et cibentur, et aliquando misce aquam cum melle et da bibere cuidam columbello et dimitte per i diem. Postea iugula eum et deinde ciba avem, nam est iuvativum.	*... que quando les acaeçier aquesto que tomen de la miel* ***peso dun dinero de plata****, e de la leche de las ovejas* ***peso duna onça****, e mézclenlo en uno, e después remógenles en ello la carne, e denles dello so cevo complido ... e si mejoraren con esto, e si no tomen de la miel* ***peso dun dinero de plata****, e bátanlo bien con del agua e fáganlo tragar a un palomino, e dexen el palomino estar un día, e después degüéllenle e cévenlas del ...*	*Wenn dies eintritt, nimmt man* ***einen Dirham*** *Honig und* ***eine Unze*** *Schafsmilch und vermischt sie. Darin legt man das Futter der Vögel ein und füttert sie damit, bis sie satt sind ... Oder man nimmt* ***einen halben Dirham*** *Honig und mischt ihn mit Wasser. Dies verabreicht man einem Küken, lässt es einen Tag ruhen, schlachtet es dann und füttert die Vögel damit.*

Oder in *Moamin* III, 1, 2-4 / *Libro de los animales que cazan* III, 1 (196, 23-29) / *Kitāb al-Manṣūrī* 21, 3f.:

... et in tertia hora diei pone in oculo et tene eum in manu	*... e quando fueren las tres oras del día passadas, métanles dello en los ojos e*	*Wenn drei Stunden des Tages vergangen sind, bestreicht man die Augen-*

faciendo sic ***in vespere****. Et si non iuvat, accipe spicam et pulvera siliquam i, id est tertiam partem drachme, et funde in aquam frigidam et cola in panno et pone de hac in oculo.*

ténganlas en la mano ***quanto un ora, e fáganles aquesto algunos días, cada tercer día una vez****; e si mejoraren con esto, e si no tomen del espic peso duna sesma dun dinero de plata, e mézclenlo con del agua fría e déxenlo esclarecer, e después alcofólenlas con ello,* ***e fáganles aquesto tres vezes, cada tercer día una vez*** *...*

ränder der Vögel damit und hält sie ***für eine Stunde*** *mit den Händen fest.* ***Dies macht man mehrere Tage lang mit ihnen****. Man nimmt auch einen Dāniq indische Narde, mischt ihn mit kaltem Wasser (und klärt dies). Mit dem geklärten Wasser bestreicht man die Ränder ihrer Augen.* ***Dieser Behandlung sollen die Vögel drei Tage lang unterzogen werden****.*

Oder in *Moamin* III, 3, 2-5 / *Libro de los animales que cazan* III, 3 (198, 26-29) / *Kitāb al-Manṣūrī* 24, 2:

Cum istud acciderit, pone salgemam in aqua tepida, donec fundatur, et de aqua ista in oculis pone per biduum. Deinde pone mel infumatum intus et foris bis in die et post hoc statim pone de lacte canum, iuvativum enim est.

... quando les acaecier aquesto que tomen de la salpedres e destémprenla con agua tibia e destéllenles dello en los ojos, e fáganles esto [dos] días, e después tomen de la buena miel, que non sea afumada, e úntenles los ojos de dentro e de fuera con ella, cada día dos vezes, ***una vez ante que las ceven e otra después que lo ovieren tollido****, e después destéllenles en los ojos leche de perra.*

Wenn dies eintritt, nimmt man Steinsalz, löst es in lauwarmem Wasser auf und träufelt dies zwei Tage lang in ihre Augen. Dann nimmt man ungeräucherten Honig und bestreicht damit zweimal am Tag ihre Augen, innen und außen – ***einmal vor der Fütterung und einmal, nachdem sie ihr Futter verdaut haben****. Dann träufelt man etwas Hundemilch in ihre Augen.*

Oder in *Moamin* III, 12, 11 / *Libro de los animales que cazan* III, 16 (209, 10-15) / *Kitāb al-Manṣūrī* 87, 12:

Deinde emplastra cum foliis sicle, id est blete, decoctis cum puro vino mixto cum farina hordei ligando et sic facias semel in triduo, nam prodest.

... e después tomen de las fojas de las acelgas mondadas de los tronchos ***peso de .xiiii. dineros de plata****, e cuéganlas con* ***.v. onças*** *de vino puro o de mosto cocho e métan ý de la farina del ordio o de la cevada quemada, e muélanlo todo en*

Danach nimmt man ***vierzehn Dirham*** *Blätter der roten Beete, von denen die Stängel entfernt wurden, kocht sie in* ***fünf Unzen*** *unverdünntem Wein und gibt die notwendige Menge Gerstenmehl hinzu. Das Heilmittel wird dann auf*

	uno fasta que se faga tal como albarham, e fagan emplaustro dello e póngangelo desuso e átengelo, e fáganles aquesto cada tercer día una vez.	*einen Lappen gestrichen und dieser auf die aufgeschnittene Stelle gelegt. Anschließend wird die Stelle verbunden. Dieser Behandlung unterzieht man die Vögel alle drei Tage einmal.*

Oder in *Moamin* V, 1, 5 / *Libro de los animales que cazan* V, 1 (232, 5-9) / *Kitāb al-Manṣūrī* 7 (38, 2-5):

Si vero vetus albumen fuerit, accipe crocum et fel tauri et sucum feniculi et mel ***ana partem i,*** *misce et pone in oculo.*	*quando ovieren nuves que sean de grand tiempo, tomen de la miel* ***peso de medio dinero de plata****, e del açafrán* ***peso dun dinero de plata****, e de la fiel del buey* ***peso dun dinero e tercio de plata****, e muélanlo e mézclenlo con* ***un poco*** *de çumo de finojo e útenles las nuves con ello.*	*If their eyes should have advanced leucoma, take* ***1/16 of an ounce*** *of honey,* ***1/8 of an ounce*** *of saffron,* ***a little over 1/8 of an ounce*** *of bull's gall,* ***a small amount*** *of squeezed mace, mix them after pounding and sifting them and smear on the leucoma.*

Einmal bleibt gar nur noch ein Bruchteil der ursprünglichen Information erhalten:[67]

Et si per hoc non convalescant, accipe ... et ***funde in aqua, ubi decoctum est anethum****, et pone in ore suo ...*	*... e si mejoraren con esto, si no tomen ... e* ***tomen del eneldo quanto la mano l[l]ena e cuéganlo en el agua fasta que mingüe la tercera part e finquen las dos, e después cólenla e destiempren esta melezina que diximos con peso de .vi. dineros de plata daquel agua*** *e fágangelo tragar ...*	*Man nimmt auch ... Dann* ***nimmt man ein Bündel Dill und kocht es stark mit einem Raṭl Wasser, bis ein Drittel davon verdampft ist und zwei Drittel übrig geblieben sind. Man klärt das Wasser, nimmt sechs Dirham davon, mischt es mit den Heilmitteln*** *und gibt es den Vögeln zu fressen.*

Auch hier ist schließlich eine Reduktion der Kapitelzahl zu konstatieren. Die ursprünglich 24 Kapitel des dritten Buches sind zu 15 zusammengefaßt.

Die in den Büchern II-V zu beobachtenden Ergänzungen, jene 24 aus dem Werk des al-Ġiṭrīf entnommenen Passagen, machen gut 10 % dieses Teils des *Moamin* aus. Zwölfmal ist

67 *Moamin* II, 35, 12f. / *Libro de los animales que cazan* II, 35 (161, 28-37) / *Kitāb al-Manṣūrī* 58, 8f.

der Text des al-Ġiṭrīf herangezogen worden, um die Indikationen zu ergänzen, die im Rezeptteil des *Kitāb al-Mutawakkilī* oft sehr kurz ausfallen oder gar ganz übergangen sind, offenbar weil sie bereits am Ende des ersten Buches zu einer Liste zusammengestellt sind. Dabei sind jeweils Symptombeschreibungen, mitunter auch weiterführende ätiologische Anmerkungen, zweimal auch zusätzlich noch Rezepte ergänzt worden.[68] Sechsmal bestehen die Einfügungen allein aus Rezepten.[69] Viermal ist ein vollständiges Kapitel ausgetauscht,[70] einmal auch ein nahezu vollständiges Kapitel.[71]

Wie in Buch I sind auch in den Büchern II-V neben den großflächigen Streichungen und Ergänzungen viele punktförmige Änderungen zu beobachten. Auch hier dürften freilich viele davon durch Korruptelen in der arabischen Tradition oder durch Übersetzungsfehler zustande gekommen sein. Nur wenige lassen absichtliches Handeln erkennen:

Gewisse Vorbehalte bestanden offenbar gegenüber Schaffleisch. Jedenfalls kann es kaum als Zufall gelten, daß diese Zutat gleich an zehn verschiedenen Stellen gemieden wird. Einmal wird statt dessen das Fleisch einer Ziege empfohlen,[72] fünfmal ist es zu „Fleisch" verallgemeinert,[73] zweimal auch zu „geeignetem Fleisch",[74] zweimal ist es auch ersatzlos gestrichen.[75] Auch hier ist allerdings kein systematisches Vorgehen erkennbar, denn in einer Vielzahl anderer Fälle ist das Schaffleisch unverändert übernommen worden.

Zweimal ist die Darreichungsweise von Heilmitteln verändert. Süßholzwurzeln, Mumienbalsam und armenische Erde sollen gegen Prellungen nicht mehr lauwarm, dafür aber zusammen mit Fleisch gegeben werden.[76] Und ein Abführmittel aus Läusekraut, Ei und Öl sollte den Hunden ursprünglich durch die Nase eingeflößt werden, vielleicht um ihnen so den unangenehmen Geschmack der Substanz und dem Halter unnötige Mühen mit dem sich sträubenden Tier zu ersparen. Ob der Bearbeiter diesbezüglich bessere Erfahrungen gemacht hat oder ob er sich der möglichen Schwierigkeiten nicht bewußt gewesen ist, läßt sich nicht sagen. Er entscheidet sich jedenfalls dafür, das Mittel als Getränk zu geben.[77]

Zweimal zeigen sich Ansätze einer Verwestlichung des Textes: Das in Europa kaum zu beschaffende Fleisch von Gazellen wird ausgeblendet (ähnliches geschieht auch im kastilischen Text – hier ist die Gazelle gegen verwandtes einheimisches „Wild" ausgetauscht):[78]

---

68 II, 4, 1-5; II, 10, 1f.; II, 11, 1f.; II, 17, 1-5; II, 21, 1-4; II, 23, 1-6; II, 30, 1 - 2 (*desuper*); II, 41, 1-5; II, 42, 1-11; II, 58, 1-6; III, 4, 1-4; III, 11, 2.
69 II, 4, 9-13; II, 11, 8-11; II, 17, 9-12; II, 42, 13; II, 60, 17f.; III, 10, 10f.
70 II, 13; II, 14; II, 39; II, 48.
71 II, 33/34, 2-11 und 12 (*et infunde*) - 19.
72 *Moamin* II, 31, 5 / *Libro de los animales que cazan* II, 31 (151, 22) / *Kitāb al-Manṣūrī* 55, 3.
73 *Moamin* II, 26, 5 / *Libro de los animales que cazan* II, 26 (148, 7) / *Kitāb al-Manṣūrī* 37, 6; *Moamin* II, 31, 18 / *Libro de los animales que cazan* II, 31 (153, 4) / *Kitāb al-Manṣūrī* 55, 18; *Moamin* II, 36, 2 / *Libro de los animales que cazan* II, 36 (162, 21) / *Kitāb al-Manṣūrī* 65, 2; *Moamin* II, 36, 8 / *Libro de los animales que cazan* II, 36 (162, 33) / *Kitāb al-Manṣūrī* 65, 4; *Moamin* II, 37, 4 / -- / *Kitāb al-Manṣūrī* 70, 3.
74 *Moamin* II, 40, 6 / *Libro de los animales que cazan* II, 40 (167, 28) / *Kitāb al-Manṣūrī* 69, 4; *Moamin* II, 53, 4 / II, 53 (184, 29) / *Kitāb al-Manṣūrī* 64, 10.
75 *Moamin* II, 25, 5 / *Libro de los animales que cazan* II, 25 (146, 28f.) / *Kitāb al-Manṣūrī* 41, 4; *Moamin* II, 40, 3 / II, 40 (167, 17f.) / *Kitāb al-Manṣūrī* 69, 3.
76 *Moamin* II, 51, 5 / *Libro de los animales que cazan* II, 51 (183, 32) / *Kitāb al-Manṣūrī* 64, 8.
77 *Moamin* IV, 5, 49 / *Libro de los animales que cazan* IV, 5 (227, 7f.) / *Kitāb al-Manṣūrī* 5 (35, 9).
78 *Moamin* III, 7, 2 / *Libro de los animales que cazan* III, 8 (200, 17f.) / *Kitāb al-Manṣūrī* 36, 3.

... et fac eos trahere in coxa gallinarum vel columbarum vel de aliis duris, ut exeat superfluitas a capite suo propter fortitudinem mordendi.	*... e después denles a tirar en pierna de gallina o de paloma* ***o de gamo*** *o en alguna cosa tiesta por tal que les decenda la umor que tienen en las cabeças,* ***e si las cevaren de carne de gamo serles á bueno****.*	*... dann sollen sie am Oberschenkel eines Huhnes, einer Taube,* ***einer Gazelle*** *oder etwas anderem Zähen reißen, damit dabei das Überflüssige aus ihrem Kopf herausläuft,* ***und es bekommt ihnen gut, wenn sie mit Gazellenfleisch gefüttert werden****.*

Und ein Aufenthalt der Hunde „in der Wüste“ wird zu einem Aufenthalt „auf den Feldern“.[79]

Zweimal ist der Text auch neu strukturiert worden: Im Kapitel über Steinkot ist die zweite Indikation („Wenn sie deswegen an Verdauungsstörungen leiden“) samt ihres ersten Rezeptes ausgefallen. Ihr zweites Rezept ist nun mit *deinde* und damit als Folgebehandlung an die erste Indikation („Wenn sie sich mit dem Schnabel den After wundscheuern“) und deren Rezept angehängt.[80] Und im Läusekapitel erscheint das vormals zweite Rezept der fünften Indikation („Wenn die Läuse die Federkiele zerstört haben und sich darin vermehren“) nun am Schluß der vierten („Wenn die Läuse über den ganzen Körper verteilt sind“).[81]

Wie sind nun aber die in den Büchern I und II-V auftretenden Veränderungen einzuordnen? Stammen sie von einem Araber, gar jenem Falkner Moamin, unter dessen Namen der Traktat nachmals bekannt war, und ist es ein Überlieferungszufall, daß wir sein Wirken erst im Abendland greifen können? Oder sind sie erst im Abendland erfolgt, war Theodor ihr Urheber oder der Kaiser und ist die Zuschreibung an den Falkner Moamin auf andere Weise zustande gekommen? Oder aber fließen hier Eingriffe aus beiden Kulturkreisen zusammen? Und wenn ja, zu welchen Anteilen?

Antworten auf diese Fragen sind an den Veränderungen selbst nur in Ansätzen abzulesen. So weisen die Parallelen zwischen den Kürzungen in Buch I und denjenigen in den Büchern II-V in der Tat auf das Werk eines einzigen Redaktors. Hier wie dort sind praktisch alle Redundanzen und umständlichen Formulierungen beseitigt. Hier wie dort sind auch viele Inhalte beschnitten, in der offenkundigen Absicht, den Text auf ein handliches Format zu bringen, und fallen wiederholt Informationen fort, die als essentiell für das richtige Verständnis und die richtige Umsetzung des Textes angesehen werden müssen. Die Kürzung dürfte dann aber frühestens in einem Zug mit der Kompilation erfolgt sein. Der Kompilator wiederum hat nicht nur den ersten Teil des al-Ġiṭrīf-Werkes mit dem *Kitāb al-Mutawakkilī* verbunden, sondern auch 24 al-Ġiṭrīf-Exzerpte in die Bücher II und III integriert. Zudem ist ihm das Werk des al-Ġiṭrīf offensichtlich erst zugänglich geworden, nachdem er bereits im Besitz des *Kitāb al-Mutawakkilī* war. Denn drei der in den Text des *Kitāb*

79 *Moamin* IV, 5, 14 / *Libro de los animales que cazan* IV, 5 (225, 5) / *Kitāb al-Manṣūrī* 5 (31, 13).
80 *Moamin* II, 58 / *Libro de los animales que cazan* II, 58 (188f.) / *Kitāb al-Manṣūrī* 62.
81 *Moamin* II, 60 / *Libro de los animales que cazan* II, 60 (190-193) / *Kitāb al-Manṣūrī* 78.

al-Mutawakkilī integrierten al-Ġiṭrīf-Passagen werden von ihm als Bestandteile eines *novus tractatus* gekennzeichnet.[82] Nähere Erkenntnisse erschließen sich erst im größeren Zusammenhang. Hierzu ist es nötig, zunächst den Verlauf der weiteren am staufischen Hof entstandenen Tradition zu verfolgen.

Wie weit sich die staufische Tradition insgesamt erstreckt, läßt sich nur vermuten, da es keine Belege gibt, anhand derer sich exakte Grenzen bestimmen ließen. Ein Mindestumfang von zehn Handschriften kann gleichwohl vorausgesetzt werden und soll im folgenden als Arbeitsgrundlage dienen. Denn für die drei Handschriften x5, x22 und x23 kann ein staufischer Ursprung – wie im folgenden zu zeigen sein wird – mit großer Sicherheit angenommen werden. Damit dürften aber auch die sechs zwischen der Übersetzung und diesen dreien liegenden Handschriften x2, x3, x4, x7, x12, x18 staufisch sein.

In Handschrift x5 ist der dem *Moamin* ursprünglich beigegebene Prolog gegen einen kürzeren anderen ausgetauscht. Dabei tritt als neue Information hinzu, daß das Werk von *magister Theodorus philosophus* übersetzt worden sei. In ähnlicher Form findet sich diese Information zwar auch in einigen Handschriften unterhalb von x7,[83] eine Übernahme von dort ist aber wohl auszuschließen – dagegen spricht nicht nur die jeweils unterschiedliche Formulierung, sondern auch die Tatsache, daß x5 ansonsten keine Anzeichen für die Benutzung einer zweiten Vorlage aufweist. Als eigenständige Ergänzung aber dürfte die neue Information von einem Angehörigen des staufischen Hofes eingefügt worden sein, der um die Entstehungszusammenhänge wußte. Dies umsomehr, als der neue Prolog mit seiner umfänglichen Aufzählung verschiedener Jagdwaffen und -tiere eine Gemeinsamkeit mit dem Prolog des *De arte venandi cum avibus* aufweist:

... cetere venationes habent instrumenta artificialia et manufacta, ut retia, laqueos, pedicas, venabula, iacula, arcus, balistas et huiusmodi, aut habent animalia quadrupedia domestica et agrestia, scilicet modos canum, leopardos, linces, lutrias, furectos et alia plura ...[84]

Venatores vero predam, quam venantur, acquirunt mediantibus variis instrumentis, que sunt arcus cum turculis, baliste et arcus cum sagittis, mucrones, lancee, venabula, iacula, pedice, fosse, retia, laquei, viscus alieque decipule, canes, leopardi, gatti maymonis, item lutre, furce bidentes et tridentes, hami, sagene, rete, cum quibus venamur pisces.

Die Handschrift x22 wurde im Auftrag von Friedrichs Sohn Enzo ins Franko-Italienische übersetzt. Die Übersetzung erfolgte wohl erst gegen Ende seiner bologneser Gefangenschaft (1249 bis zu seinem Tod 1272) und damit bereits nach dem Zerfall der Stauferherrschaft.[85] Indes dürfte die Handschrift Enzo noch über den staufischen Hof zugänglich gemacht worden sein, sei es, daß sie dem Gefangenen von dort zugetragen wurde, sei es, daß er sie bereits mit in seine Gefangenschaft brachte.

---

82 II, 4, 9-13; II, 11, 8-11; II, 17, 9-12.
83 S. hierzu ausführlich Seite 332-335.
84 Trombetti Budriesi, 6.
85 S. Seite 386.

Den staufischen Ursprung von x23 schließlich belegt jener bereits in der Einleitung erwähnte Brief, den der Mailänder Guilielmus Bottatius 1264/1265 an Karl von Anjou sandte und in dem er dem künftigen König von Sizilien einen Codex anbot, der Friedrich II. bei seiner Niederlage vor Parma (1248) entwendet worden sei. Mit Gold und Silber und dem Bildnis des Kaisers geschmückt und im Umfang zweier Psalter biete er, so der Verfasser ferner, durchgängig in Kapitel geordnet, alles Wissenswerte über Aufzucht und Abrichtung sowie die Ursachen, Anzeichen und Behandlungsweisen der Krankheiten von Habichten, Falken, Gerfalken, Sperbern, allen übrigen edlen Raubvögeln und allen Hunden. Auch erfahre man dort, wie man einen entflohenen Vogel zurückgewinnen könne und was ein Jäger tun müsse, um es in seiner Kunst zur Meisterschaft zu bringen. Zum besseren Verständnis seien die Inhalte durchgängig am Rand illustriert. Ein dem Brief beigegebenes, heute verlorenes Blatt brachte zudem der Reihe nach alle in dem Werk enthaltenen Kapitelüberschriften.[86]

Diese Beschreibung weckt unwillkürlich Assoziationen an den Codex Vatikan, Pal. lat. 1071, jene berühmte Abschrift der ersten beiden Bücher des *De arte venandi cum avibus*, die von König Manfred in Auftrag gegeben wurde und gleichfalls reich verziert und mit einem Bildnis des Kaisers sowie einer fortlaufenden Illustration versehen ist. Und so nimmt es nicht Wunder, daß Charles Homer Haskins, und nach ihm mancher andere, sie trotz der darin genannten Hunde und Krankheiten – Themen, die im *De arte* nicht vorkommen – auf eine kaiserliche Fassung jenes Werkes bezog, die dann später im Auftrag Manfreds nur nachgestaltet worden wäre. Erst 1995/1996 zogen Burnett, Fried und Gleßgen den näherliegenden Schluß, daß die Beschreibung dem *Moamin* galt.

Auch danach bestand indes noch Klärungsbedarf, denn während Fried einen Zusammenhang des Codex mit dem *De arte* fortan auschloß, wähnten Gleßgen, Paulus und van den Abeele darin eine Kombination von *De arte* und *Moamin*, so wie sie auch in den beiden Handschriften Z und A' erscheint.[87] Diese Annahme freilich ist von Fried jüngst überzeu-

---

86 ... *quoddam in meis facultatib(us) p(re)tiosum solis excellentib(us) dignum dominatio(n)i v(est)re tradere p(re)elegi · nobilem silicet librum de avib(us) et canib(us) bone recordationis olim domini · FR(EDERICI) · gloriosi romanor(um) imperato(r)is que(m) / p(re) cet(er)is placidis h(abe)re noscebat(ur) p(re)cipuum ˀ cuius pulc(r)itudinis et valoris admirationen lingua p(ro)rsus non sufficeret enarare · Auri enim et Argenti decore Artificiose polit(us) et imperatorie maiestatis effigie deco/ratus in psalt(er)ior(um) duor(um) voluminis spatio p(er) compositam capitulor(um) distinctionen docet ancipitrum · falconum ˀ ierofalconum ˀ asturum (et) cet(er)ar(um) nobilium avium et canum o(mn)ium cognitionem ˀ nut(r)itura(m) / eruditionem et eor(um) o(mn)ium [infirm]itates et ear(um) causas signa et curationes similit(er) ear(un)dem · illic etiam ostendit(ur) quo mod[o] si [avis ab] aucupe fuge(r)it possit, debeat mirabilit(er) rehaberi · venationes / insup(er) desc(r)ibit et quo modo v(er)sari venator se debeat ad perfectionem artis ve(n)atorie demonstrat(ur) · Ad decus etiam (et) utilitatem op(er)is in margine libri ingeniosissime depicti sunt canes et Aves, eg(ri)tu/dines eor(um) (et) ear(um) signa cure et eruditiones et univ(er)sa sicut p(er) litt(er)am denotant(ur) · quem a quodam ad cui(us) manus incasu quem memorat(us) imp(er)ator sustinuit incastris victorie penes parmam p(er)venerat / blanda et ingeniosa collatione munerum adquisivi et eum nisi p(ro)lixitas itine(ri)s et viar(um) t(ur)bassent desc(r)imina celsitudini v(est)re dudum fueram oblaturus ... Et ut pleni(us) libri ip(s)i(us) qualitate(m) (et) inte(n)tione(m) v(est)ra co(m)p(re)hende(re) possit indust(r)ia, libri ip(s)i(us) capitula que ob eor(um) p(ro)lixitate(m) inco(n)gruu(m) e(st) lit(er)is co(n)texere, in cedula p(er) ordine(m) sicut inip(s)o seriati(m) habent(ur) duxi cu(m) p(re)sentib(us) v(est)re p(re)eminencie destinare / cui(us) reor intoto orbe simile(m) v(e)l exe(m)plu(m) n(isi) penes me vo(bis) devotissim(um) rep(er)eri ...* (Transkription nach der Abbildung bei WILLEMSEN, 1970, Tafel VIII).

87 Vgl. PAULUS / VAN DEN ABEELE, 44-51; GLESSGEN, La traduzione, 63-81; GLESSGEN / VAN DEN ABEELE.

gend widerlegt worden.[88] Der Vergleich des Umfangs mit dem zweier Psalter kann sinnvollerweise nur die Länge des Psaltertextes gemeint haben, da es für die Maße von Psalterhandschriften keinerlei Norm gab, an welcher der Adressat sich hätte orientieren können. Hätte der Band aber, wie die Handschriften Z und A', das *De arte* und den *Moamin* gemeinsam überliefert, so hätte er mindestens einen Umfang von sechs Psaltern aufweisen müssen. Auch hätte das von Bottatius genannte einzelne Blatt bei weitem nicht ausgereicht, um darauf alle Kapitelüberschriften des *De arte* zu notieren, und hätte eine völlige Disproportion zwischen Beschreibung und Inhalt bestanden, bei der Hunde und Krankheiten, die beiden Charakteristika des *Moamin*, über Gebühr herausgehoben wären, die verschiedenen Arten der Beizjagd aber, der Hauptinhalt des weit längeren *De arte*, als bloßes Anhängsel erschienen (*Venationes insuper describit, et quomodo versari venator se debeat ad perfectionem artis venatorie demonstratur.*). Vielmehr muß die Beschreibung, wie Fried weiter ausführt, einer Verbindung des *Moamin* mit dem kürzeren Drückjagdtraktat des Guicennas gegolten haben, wie sie die Handschriften D, F, H und V (samt den beiden kurzen Falkenheilkunden *Dancus rex* und *Guillelmus falconarius*) überliefern. Denn der Traktat des Guicennas ist nicht nur kürzer als der *Moamin* und steht diesem in den genannten Handschriften nach, wie es den Worten des Bottatius entspricht, er ist auch unter allen bekannten Jagdtraktaten der einzige, der zu jener Zeit bereits existiert haben könnte, und er bietet obendrein signifikante inhaltliche Entsprechungen, wird doch der Autor in der Einleitung des Werkes in konkreten Zusammenhang mit einem Kaiser Friedrich, wohl Friedrich II., gebracht und ist dort, in auffälliger Übereinstimmung mit den Worten des Bottatius, der Anspruch formuliert, der Leser des Werkes könne durch dessen Lektüre zur Meisterschaft in der Kunst der Jagd gelangen.[89]

Die Lage des *Liber de avibus et canibus* im Stemma dürfte indes bereits vor den Handschriften DFHV und ihrem Archetyp x28, nämlich bei x23, anzusiedeln sein. Denn zwei Passagen aus der Beschreibung des Bottatius lassen sich mit den ab x28 allein überlieferten Texten nur schwerlich erklären. Bottatius berichtet ausdrücklich, der *Liber de avibus et canibus* lehre, wie man einen entflohenen Vogel auf wundersame Weise zurückerlangen könne. Solches aber steht weder im *Moamin*, noch im *Dancus rex*, *Guillelmus falconarius* oder *Guicennas*. Dort finden sich lediglich einige Ratschläge darüber, wie man erfahren kann, in welche Himmelsrichtung ein Vogel geflohen ist.[90] Desgleichen ist nicht recht ersichtlich, warum Bottatius bei der Angabe der im kaiserlichen Codex behandelten Vogelarten (*ancipitrum, falconum, ierofalconum, asturum*), die er offenbar den Eingangsworten des *Moamin* (I, 1, 3) entnommen hat (*accipitres, falcones, saccares et aquile*), die Adler gegen die Sperber ausgetauscht hat. Unter der Bezeichnung *astures* erscheinen sie bei x28ff. nicht ein einziges Mal, unter der Bezeichnung *sperverii* gerade zweimal in unter-

---

88 Vgl. FRIED, Die Handschrift.

89 *Si quis scire desideret de arte bresandi, in hoc tractatu cognoscere poterit magistratum. Huius autem artis liber vocatur Guicennas, et racionabiliter vocatur Guicennas, nomine cuiusdam millitis theutonici qui appelabatur Guicennas, qui huius artis et libri materiam prebuit. Iste vero dominus Guicennas theutonicus fuit magister in omni venatione et insuper summus omnium venatorum et specialiter de arte bresandi, [sicut] testificabantur magni barones et principes Alamanie et maxime venatores excelentis viri domini Federici, romanorum imperatoris. Dixitque ergo hic dominus Guicennas: qui vult scire et esse perfectus in arte ista, primo debet ...* (Gunnar TILANDER (Hg.), Guicennas. De arte bersandi. Le plus ancien traité de chasse de l'Occident, Uppsala 1956, 18).

90 *Moamin* I, 7, 8-14.

geordneter Rolle.[91] Beides erklärt sich freilich zwanglos, wenn man davon ausgeht, daß der Codex zusätzlich den *Ghatrif* enthalten hat, wie es für x23 – und zwar in der Reihenfolge *Ghatrif*, *Moamin* I-III, *Dancus rex*, *Guillelmus falconarius*, *Moamin* IV-V, *Guicennas* – angenommen werden kann. (Von x27 an bricht der Inhalt nach Buch III des *Moamin* ab. Von x28 an setzt er erst mit dem *Moamin* ein.) Hier erfährt der Leser, zudem in Form eines eigenen Kapitels und mit einer Überschrift hervorgehoben, er müsse nur zwei Tauben oder Küken mit etwas Abstand aneinanderbinden und dem flüchtigen Vogel vorwerfen, dann würden die zusammengebundenen Vögel derart aufgebracht umeinander fliegen und aneinander reißen, daß der Flüchtige sich nicht beherrschen könne und auf sie stürzen und so abgelenkt sein werde, daß sein Herr ihn leichterhand einfangen könne. Wie im Bottatius-Brief wird dabei das Wiedererlangen durch den wenig gebräuchlichen Begriff *rehabere* ausgedrückt.[92] Hier erscheinen ferner die *astures*, und zwar in herausgehobener Position. Weite Strecken des *Ghatrif* sind ausschließlich ihnen gewidmet. Andere Vögel finden so gut wie nur in der Einleitung Erwähnung. Bestätigung erfährt diese Annahme schließlich auch durch die unterhalb von x23 gelegene Tradition: der mit x27 beginnende Zweig ist wohl gänzlich in oder um Bottatius' Heimatstadt Mailand entstanden, und die Handschriften x37, D und F lassen vermuten, daß auch der mit x28 beginnende Zweig hier seinen Ausgang genommen hat.[93]

Welche Veränderungen lassen sich nun aber innerhalb dieser Tradition beobachten? Aussagen für den Bereich zwischen der Übersetzung und x2 sind nur sehr eingeschränkt möglich. Alle sinnvollen Veränderungen, wie sie oben beim Vergleich mit den arabischen Vorlagen dargestellt worden sind, bleiben unverwertbar, da sich nicht sicher feststellen läßt, wo sie eingetreten sind – vor, bei oder nach der Übersetzung. Heranziehen lassen sich einzig grob unsinnige Veränderungen, die entweder offensichtlich innerhalb der lateinischen Tradition aufgetreten sind oder von denen man dies mit Blick auf den (Sach-)Verstand des Übersetzers billigerweise annehmen muß. So dürftig aber auch die Erkenntnismittel an dieser Stelle sind, die Ergebnisse, die sie erbringen, sind bemerkenswert. Sie zeigen nämlich, daß der Text des *Moamin* bereits bei x2 ein gerüttelt Maß derartiger Korruptelen aufweist, die sich einer Kette gleich durch das ganze Werk ziehen.[94]

Bereits die allerersten Sätze mit ihrer Klassifikation der Raubvögel sind durch zwei Augensprünge entstellt. Erst bricht in **I, 1, 10** die gerade eingeleitete Vorstellung des zweiten *genus* jäh ab, und es folgt die Beschreibung der zweiten zu diesem *genus* gehörigen *species*,

---

91 *Moamin* I, 1, 8f.

92 *Capitulum capiendi avem, que fugit et non vult redire ad reclamum*
Si avis tua fugit et non vult redire et restat foris et iacet per i noctem vel per ii et efficitur sicut silvestris et dure voluntatis, cura hec est: Accipe ii columbellos vel pullos et liga eos simul cum i funiculo ita, quod unus distet ab altero. Et cum inveneris avem tuam et nolet venire ad te, iacta predictos columbellos ante eam. Ipsi preliabuntur ad invicem. Et in tali colluctatione pullorum avis se non poterit continere, ne descendat super eos. Et tu habeas virgam vel cannam longam et in summitate pone anulum i vel laqueum. Et cum astur descenderit super pullos et ambos interfecerit et incipiet deplumare, tu tunc plane et pedetemptim accedens virgam vel cannam cum laqueo in manibus, et hoc quantum potes occulte. Et quando astur incipiet comedere carnes, et tunc extenta virga cum laqueis ponere studeas anulum vel laqueum in collo suo, et ita rehabebis ... (Rekonstruktion des Archetyps dieser Passage auf der Grundlage aller acht erhaltenen lateinischen Handschriften, bearbeitet nach denselben Prinzipien wie bei der Edition des *Moamin*).

93 S. hierzu ausführlicher Seite 403f.

94 S. zu dem folgenden Überblick auch die ausführlicheren Informationen im Sachapparat der Edition.

ohne daß der Leser erfährt, wie das *genus* heißt und welches seine erste *species* ist (*Secundum autem genus nobilius aliis speciebus est girfalcus, et est mirabilis in opere suo et potentior omnibus generibus avium viventium de rapina et nascitur in partibus frigidis, ut in Dacia et Noru*^{e}*gia. Secunda autem species est falco.*). Dann bleibt in **I, 1, 15** auch das dritte *genus* ungewiß und der Text fährt statt dessen mit dessen erster *species* fort (*Tertium genus est. In quo nobilior est saccarum. Secunda species est cohec.*).

Kaum hat der Leser nach diesen beiden Stolperern wieder Tritt gefaßt, steht er bereits vor den nächsten Unstimmigkeiten. Erst ist in **I, 1, 28** ein Konsekutivsatz unpassend mit *quare* eingeleitet. Dann heißt es über die Habichte in **I, 1, 29**, deren beste Vertreter seien die armenischen und persischen, danach die griechischen und zuletzt die afrikanischen (*Meliora autem genera accipitrum sunt armenici, persici, deinde greci et postremo africi.*), in **I, 1, 34** hingegen, die besten von allen seien die griechischen, danach die armenischen, die indischen jedoch und die chinesischen seien von allen die schlechtesten (*Et meliores omnium sunt greci, deinde armenici. Indici autem et synaci sunt deteriores omnibus.*), ein Widerspruch, der sich durch die erwähnten Streichungen von Quellenangaben erklärt. Die beiden Aussagen sind ursprünglich unterschiedlichen Autoritäten in den Mund gelegt – erstere den Philosophen Babyloniens, letztere dem Chosrau Bahram Gur.

Wiederum nur wenige Zeilen später ist gar eine ausgedehnte Passage (**I, 1, 37-41**) entstellt. Sie lieferte ursprünglich eine Unterscheidung der Habichte in vier Typen, darauf beruhend, zu welchem Zeitpunkt diese gefangen werden: in den *ġiṭrāf* (Nestling), der noch im Nest sitzt, den *kāfir* (Ästling), der schon frei sitzt, aber noch von der Mutter gefüttert wird, den *mubtadir* (der Eilige), der wild lebt und bereits mit dem zweiten Federkleid ausgestattet ist, aber noch kein Jahr alt ist, und den *zamiǧ* (?) (der Zornige), der schon zweimal in Freiheit vermausert ist.[95] Der Beschreibung des Nestlings waren dabei zusätzlich Empfehlungen beigegeben, wie man ihn in drei verschiedenen Phasen seines Heranwachsens füttern solle. Diese Passage ist nun zu einer in sich widersprüchlichen Abhandlung über Ernährung mutiert. Das Ergebnis: zu Anfang wird eine viergeteilte Systematik zur Ernährung von – allgemein – Raubvögeln angekündigt (*De alimento autem rapacium avium dicimus, quod est quadruplex ...*). Statt dessen folgen jedoch vier einzelne Ernährungsempfehlungen: zuerst diejenige, die für den – als Habicht bezeichneten – Nestling in dessen erster Phase empfohlen ist, schließlich die als Futtertiere aufgefaßten übrigen drei Habichttypen. Dazwischen, und von der Zählung seltsam ausgeschlossen, stehen die für die beiden übrigen Phasen des Nestlings aufgeführten Empfehlungen.

Leser, die an Habichten interessiert sind, sehen sich sodann in **I, 2, 2** durch einen weiteren Textausfall mit dem Rat konfrontiert, sie mögen darauf achten, daß der Habicht weiße Schienbeinknochen habe, und erfahren wenig später, in **I, 2, 13**, die Flügel eines schlechten Habichts spannten sich bis über die Augen (*cuius ale tendunt super oculos*), während der Autor sie hier eigentlich auf überstehende Augenbrauen aufmerksam machen wollte. In **I, 3, 5f.** heißt es, die allerbesten (*Potior omnibus*) Falken seien diejenigen, die vor der ersten Mauser gefangen würden. Direkt im Anschluß hingegen erfährt der Leser, edler als jene (*Nobilior autem his*) seien die, welche rote Federn, einen großen Kopf, breite Augen und andere derartige Körpereigenschaften mehr hätten, und weiß nicht, worüber er mehr erstaunt sein soll – über die Steigerung des Superlativs oder über den Vergleich nicht vergleichbarer Eigenschaften. Wiederum sind Streichungen im Text des al-Ġiṭrīf der Grund für die Unstim-

---

95 S. *al-Ġiṭrīf* 6, 6-10.

migkeit. Beide Aussagen waren ursprünglich durch einen längeren Abschnitt getrennt und standen nicht in direkter Beziehung. Ähnliches begegnet kurz darauf in **I, 4, 5**, wo es nach einer allgemeinen Vorstellung der Sakerfalken heißt, besser als diese seien jene, die nach der Mauser gefangen würden, ein Vergleich, der ursprünglich den in Gefangenschaft vermauserten Sakerfalken galt.

Weiteren Textausfällen ist es zuzuschreiben, daß der Leser erst in **I, 5, 2** vergeblich auf die Auflösung eines begonnenen Konsekutivsatzes wartet (*Narraverunt sapientes, quod aquila, quando est bone moralitatis, proportionalis, rubei coloris, profundorum oculorum, maxime si in occidentali parte in montanis nascantur. Et ille, que habent super caput suum aut super dorsum albedinem, meliores sunt.*) und er dann in **I, 6, 6** angewiesen wird, einen Vogel abzusetzen, der bereits sitzt (*Et cum digesserit et egesserit, depone eum, donec non remaneat aliquid in gutture suo. Deinde deponatur per residuum noctis.*). Absurd sind **I, 6, 7** und **I, 8, 12**: Erst heißt es, der Falkner möge sich bemühen zu verdauen und zu koten (*studeas facere sic, scilicet digerere et egerere*). Dann wird dem Vogel auch noch das Kunststück abgenötigt, seinen Schwanz kreisen zu lassen (*aperiet caudam suam et gyrabit eam circulando*). In **I, 11, 4** und **I, 12, 41** ist jeweils *super* oder *supra* zu *sub* verlesen und die Bürzeldrüse von der Ober- auf die Unterseite des Bürzels gewandert.

In **II, 1, 4** sind die Aussagen, die Rede solle nun auf die verborgenen Krankheiten kommen, es gebe noch andere Rezepte als die im vorliegenden Buch erwähnten und frühere wie zeitgenössische Experimente seien unverständlich, unsinnigerweise kausal verknüpft (*dicamus nunc in isto tractatu egritudines occultas rapacium avium ... Nam inveniuntur medicamina diversa ab his que dicuntur in libro isto, quia experimenta facta ab antiquis et modernis incomprehensibilia sunt.*). In **II, 3, 22** wird der Leser angewiesen, mehrere Gewürze mit einem dünnen Tuch zu zerkleinern (*minutentur*) anstatt sie, wie ursprünglich vorgesehen, zu sieben. In **II, 23, 25** wird eine Kauterstelle empfohlen, die zugleich unterhalb der Nasenlöcher und in Höhe der Augen liegen soll (*Vel cauteriza eos cum baculo murtino in ii locis, scilicet subter nasum sub fronte iuxta oculum, item sub naso.*). In **II, 24, 32** heißt es, man möge ein Stück Fleisch *in eis* eintauchen, obgleich zuvor nur ein zum Eintauchen geeigneter Stoff, Rhizinusöl, genannt worden ist.

An ein Zauberkunststück erinnert **II, 24, 49**, wo etwas geriebene Süßholzwurzel umgeben von einem Tuch (*pannum*) in Wasser gelegt wird und am nächsten Tag umgeben von einer Feder (*penna*) wieder herausgenommen werden soll. In **II, 24, 61** wird der Leser praktisch aufgefordert, seine Vögel verhungern zu lassen, indem es heißt, man solle den Vögeln so wenig Futter geben, daß sie nicht mehr fliegen oder mit den Flügeln schlagen (*minue eis suum pastum taliter, ut non volitent nec flagellent se cum alis)*. In **II, 28, 2** führt eine Wortverdrehung zu der unsinnigen Mengenangabe *granum i ponderis*.

Es folgt eine Reihe von Verschreibungen. Eine Verkehrung von *venam* in *nervum* in **II, 53, 8** führt zu dem Ratschlag, eine Sehne zur Ader zu lassen (*phlebotoma nervum sub alis positum*). Eine zuviel geschriebene Haste in **II, 60, 16** (*funde* statt *finde*) stellt den Leser vor das Problem, wie er durch nicht näher erläutertes Eintauchen das Mark aus der Mitte eines Federkiels entfernen soll. Ein Wechsel von *cooperiet* zu *aperiet* und *pannis* zu *pennis* führt in **III, 4, 3** zu der Aussage, ein Vogel, dem ein Fremdkörper ins Auge geraten sei, werde seine Augen mit den Federn öffnen (*aperiet oculos cum pennis suis*). Und eine Verwechslung von *penna* und *pannum* erscheint noch drei weitere Male: In **III, 6, 2** soll den Vögeln ein Pulver in die Augen geblasen werden – mittels eines Tuches statt eines Federrohrs. In **III, 8, 25** und **III, 12, 7** sollen zum Betupfen bzw. Verbinden von Wunden Federn statt

Tücher verwendet werden. Eine Verschreibung von *incidisti* zu *inseruisti* ist wohl schließlich schuld, wenn in **III, 9, 5** von einer Feder die Rede ist, die einer anderen, abgebrochenen Feder als Prothese aufgepfropft werden soll, und sie zugleich als bereits aufgepfropft beschrieben wird (*quam inseruisti*).

Wiederum einem Textausfall ist es geschuldet, wenn in **IV, 3, 16** nicht Hündinnen mit einer sauberen Schnauze, sondern solche mit sauberen Augenknochen (*os ambiens oculos est ... tersum*) zur Fortpflanzung empfohlen werden. In **IV, 3, 29** erfährt der Leser, er erkenne tapfere und tüchtige Hündinnen am Gewicht der Beckenknochen (*ossa duo, que sunt apud coxas de ossibus expulsionis fetum, parva sunt, quasi in quantitate iii digitorum ponderosa*), in **IV, 4, 2** dann auch, er möge Hunde im Frühling und im Winter aufgrund der langen und heißen Tage mehrmals am Tag füttern. In **IV, 4, 11** führt ein fälschlich in den Text geratenes *quia* zu einer unverständlichen Aussage (*Et melior cibus est, quando veteres canes, quia fiunt minus audaces, quod comedant panem infusum et ossa, nam sic sanantur.*), in **IV, 5, 11** ein fälschlich in den Text geratenes *non* zu dem unsinnigen Rat, die Hunde möchten nicht durch fremde Artgenossen abgelenkt werden, da sie ansonsten ihre Pflichten „nicht" vernachlässigten (*esset causa ... ut non differant facere id, quod facere debent*). Ein zu *qui* verschriebenes *quod* hebt in **IV, 5, 31** das Satzgefüge aus den Angeln (*Oportet autem, quando appropinquant venationi – quod est manifestum suo custodi per motum suum –, qui adulabitur eis verbo dulci et monitis.*). Schließlich kommt es in **IV, 6, 4** zu der burlesken Empfehlung, man möge, um einen Hund am Fortlaufen zu hindern, seine Schwanzhaare abscheren, den Schwanz in ein Rohr stecken und das Rohr samt Schwanz unter ein Dach legen (*Et si vis, quod non fugiant a grege, accipe calamum i secundum longitudinem sue caude et rade pilos caude et fige caudam in illo calamo et pone sub tecto, nam hoc faciet ipsum non fugacem.*). Ursprünglich sollten die abgeschorenen Haare in das Rohr gestopft werden und den Hund offenbar durch ihren Geruch am Fortlaufen hindern.[96]

Sinnvolle Veränderungen lassen sich innerhalb der staufischen Tradition erstmals bei **x3** und **x4**[97] nachweisen, hier allerdings noch mit einer gewissen Unschärfe, denn oft ist nicht, oder nicht klar zu entscheiden, welche von beiden Fassungen den Wortlaut von x2 wiedergibt und welche davon abweicht.[98] Doch auch wenn sich das genaue Maß an Veränderungen so nur für beide Seiten gemeinsam, nicht für jede einzelne bestimmen läßt, tritt eines deutlich hervor: Auf beiden Seiten gilt das Interesse nahezu ausschließlich den Begrifflichkeiten. Der Inhalt des Textes wird weder hier noch dort angerührt, weder wird er verkürzt noch ergänzt noch umgeschrieben, und wenn, dann allenfalls in zu vernachlässigendem Umfang. Hingegen gibt es kaum ein Kapitel, in dem nicht der ein oder andere Begriff mit einer Glosse versehen oder einer Glosse verlustig gegangen oder gegen einen gleichbedeutenden anderen Begriff ausgetauscht ist.

---

96 Aufgeführt sind hier nur solche Korruptelen, die einem aufmerksamen Leser auch ohne besondere Kenntnisse zwangsläufig aufgefallen sein müßten. Neben diesen finden sich bei x2 auch noch viele weitere, weniger offensichtliche Korruptelen (vgl. den Sachapparat der Edition).

97 Da sich der Wortlaut von x4 nur für die von Handschrift A überlieferten Bücher IV und V rekonstruieren läßt, können zu den ersten drei Büchern strikt genommen keine Aussagen getroffen werden. Wie allerdings die Bücher IV und V zeigen, sind nahezu alle Veränderungen, die bei x7 vorliegen, bereits bei x4 eingetreten. Dies darf auch für die ersten drei Bücher angenommen werden.

98 Vgl. die Anmerkungen im Vorwort der Edition.

Versucht man, die Anteile der beiden Bearbeiter schärfer zu fassen – daß jeweils nur ein Bearbeiter tätig war, möchte man annehmen – und geht man dabei davon aus, daß Glossen eher hinzugekommen als ausgefallen sind und Qualitätsunterschiede konkurrierender Synonyme eher einer Verbesserung denn einem Verderbnis entspringen, so scheint beiden Seiten ein etwa gleich großer Anteil an diesen Veränderungen zuzukommen, wobei auf der rechten Seite stärker glossiert und auf der linken Seite stärker ausgetauscht wird.

25 Mal bietet x4 einen ausführlicheren Text. Davon sind 15 Mal Begriffe erstmals glossiert[99] und dreimal bereits vorhandene Glossen erweitert.[100] Sieben- oder achtmal ist Wissensbedarf gekennzeichnet worden, indem unbekannten Begriffen ein *id est* angehängt wurde, ohne daß bereits eine Erklärung gegeben werden konnte – ein sonst in der ganzen *Moamin*-Tradition nicht zu beobachtendes Vorgehen.[101]

19 Mal findet sich der ausführlichere Text bei x3. Davon sind 17 Mal Begriffe erstmals glossiert[102], zweimal bereits bestehende Glossen erweitert.[103] Hierbei wurde offenbar humanmedizinische Literatur herangezogen. Denn in II, 38, 2 erfährt man nun zu der Droge *chelatha*, die vielleicht schon zuvor von einem anderen Bearbeiter am staufischen Hof mit *et chelatha est medicina, qua medici utuntur* glossiert worden ist, man finde dieselbe *in antidotario Haly*[104] beschrieben, d. h. wohl im *Kitāb kāmil aṣ-ṣināʿa aṭ-ṭibbīya* (das vollständige Buch der Medizinkunst) des ʿAlī ibn al-ʿAbbās al-Maǧūsī (geläufiger: Haly Abbas, tätig vor 977/978) in dessen von Stephan von Antiochien wohl im Jahr 1127 angefertigter Übersetzung.[105] Und über die in V, 4, 4 genannte Droge *cambil* weiß der Bearbeiter zu berichten, es sei eine *medicina in Avicenna contra vermes* – gemeint ist wohl der durch Gerhard von Cremona (1114-1187) ins Lateinische übersetzte *Canon medicinae* des Avicenna (ca. 980-1037). Beide Werke waren in der Mitte des 13. Jahrhunderts medizinische Standardwerke, zumindest der *Canon* blieb es noch bis weit in die Neuzeit. Eine der Glossen bei x3 weist zudem Lokalkolorit auf: In I, 6, 18 heißt es, Haubenlerchen nenne man in Apulien *cozardi*.

Von den 26 Fällen, in denen schlechtere gegen bessere Begriffe ausgetauscht wurden, entfallen 18 auf x3[106] und acht auf x4.[107] Dabei fällt auf, daß keine Seite durchgängig auf die Sprache geachtet hat. Hier wie dort bleiben weiterhin deutliche sprachliche Mißgriffe bestehen. So liest man bei x3 *quedam, que dicitur yemy, qui ...,*[108] *fugibiles* statt *fugitivi*[109]

99 I, 1, 43; I, 8, 6; II, 6, 9; II, 6, 13; II, 10, 4; II, 28, 8; II, 29, 2; II, 31, 2; II, 31, 13; II, 32, 10; II, 42, 8; III, 1, 3; III, 13, 8; IV, 3, 33; IV, 5, 56.

100 I, 6, 42; II, 25, 7; II, 42, 7.

101 II, 21, 5; II, 21, 8; II, 22, 7; II, 29, 2; II, 33/34, 10; (II, 44, 11); II, 46, 4; IV, 1, 3.

102 I, 2, 16; I, 6, 18; I, 12, 44; II, 6, 9; II, 17, 10; II, 18, 2; II, 20, 2; II, 24, 41; II, 29, 2; II, 32, 10; II, 38, 2; II, 42, 7; II, 58, 14; II, 58, 18; IV, 1, 3; V, 4, 4; V, 6, 6.

103 II, 38, 2; II, 42, 7.

104 Lesart der Handschrift Z.

105 Vgl. Charles BURNETT and Danielle JACQUART (Hgg.), Constantine the African and ʿAlī ibn al-ʿAbbās al-Maǧūsī. The Pantegni and Related Texts (Studies in Ancient Medicine 10), Leiden / New York / Köln 1994.

106 I, 1, 39; I, 1, 42; I, 6, 26; I, 6, 40; I, 7, 4; I, 7, 17; I, 9, 4, I, 9, 9; I, 9, 12; I, 9, 18; I, 12, 20; I, 12, 44; II, 7, 23; II, 23, 30; II, 35, 17; II, 41, 6; II, 50, 5; II, 54, 2.

107 I, 1, 2; I, 3, 2; I, 1, 18; I, 6, 22; I, 8, 11; I, 8, 12; II, 33/34, 19; IV, 5, 30.

108 I, 1, 18.

109 I, 3, 2.

und *astutionis* statt *astutie*.[110] Und bei x4 findet man Verben unterschiedlicher Numeri demselben Subjekt zugeordnet,[111] die Präposition *cum* mit dem Akkusativ gebraucht[112] und *egestio* um das Attribut *assiduus* ergänzt.[113] Ja selbst ein und dieselbe stilistische Verderbtheit scheint bald verbessert, bald übersehen worden zu sein: auf beiden Seiten findet sich *avis* zweimal als Femininum gebraucht.[114]

Noch deutlich nachlässiger gehen beide Bearbeiter mit den so zahlreichen Korruptelen um. Denn von den 36 oben aufgeführten sind nur vier bearbeitet, davon nur drei wirklich beseitigt worden. Der Bearbeiter von x3 hat sich der verwirrten Aussage in II, 24, 61 angenommen. Sie lautet nun nicht mehr, man solle den Vögeln derart das Futter verringern, daß sie nicht mehr mit den Flügeln schlagen, sondern stimmiger: „daß sie nicht mehr satt werden". Und in IV, 6, 4 läßt er nicht mehr den Schwanz eines streunenden Hundes, sondern den Hund unter ein Dach bringen. Eine wirkliche Verbesserung bewirkt indes auch dies nicht, denn der Hund dürfte sich kaum am Streunen hindern lassen, nur weil er unter ein Dach gebracht wurde. Der Bearbeiter von x4 hat in IV, 4, 11 das störende *quia* entfernt und dem Satz so seine Klarheit zurückgegeben. Auch dem unsinnigen *inseruisti* in III, 9, 5 ist er durch eine Veränderung von *incide* zu *insere* in III, 9, 4 begegnet. Auf diese Weise hat sich die Korruptele allerdings nur verlagert, denn nun erstaunt, daß die abgebrochene Teilfeder durch eine komplette andere ersetzt werden soll.

Auf der linken Seite des Stemmas hat der *Moamin*, wie **x5** zeigt, sogleich eine weitere Bearbeitung erfahren. Der hierfür verantwortliche Bearbeiter – wiederum möchte man nur einen einzigen am Werk sehen – hat sein besonderes Augenmerk auf den Anfang des *Moamin* gerichtet. Der von Theodor verfaßte Prolog mit seinen ausgiebigen philosophischen Reflexionen erschien ihm wohl unpassend – er schrieb ihn zu einer knappen, anschaulichen Einleitung um. Auch empfand er es offenbar als Manko, daß dem ersten Buch des *Moamin* – anders als den anderen vieren – (wohl aufgrund seiner Herkunft) keine Capitulatio vorausging. Also stellte er eine solche aus den Überschriften im Text zusammen. Dabei nahm er zugleich mehrfach Präzisierungen an den sehr allgemeinen, ja teils irreführenden Überschriften vor, änderte etwa die Überschrift zu Kapitel 7 von *De ingenio et modo rapiendi* zu *De ingenio doctrinandi aves, ut sint studiosi ad rapiendum* und die Überschrift zu Kapitel 8 von *De ingenio aquilarum* zu *De ingenio decipiendi et fugandi aquilas extra regionem*. Und auch im Haupttext fand er sogleich Anlaß zur Verbesserung, machte er aus der zuvor abschließenden Aufzählung von vier *genera* von Beizvögeln eine exemplarische von vier „häufiger verwendeten".[115] Nach diesem energischen Beginn freilich ebbte sein Gestaltungswille merklich ab, folgen nur noch einige versprengte Eingriffe. Fünfmal fügt er Glossen an[116], viermal tauscht er ein Wort gegen ein Synonym aus,[117] zweimal reduziert er Begriff-Glosse-Paare auf deren zweiten Teil.[118] Dem gegen Unterkühlung zu fütternden Taubenjungen läßt er nun alternativ auch die Kehle durchschneiden, nicht mehr nur den

110 IV, 5, 30.
111 I, 7, 17.
112 II, 23, 30.
113 II, 41, 6.
114 Bei x4 in I, 1, 39 und I, 6, 26. Bei x3 in I, 6, 22 und II, 33/34, 19.
115 II, 1, 2.
116 II, 11, 9; II, 28, 3; II, 53, 2; V, 3, 4; V, 5, 9.
117 II, 35, 19; II, 50, 7; II, 58, 11; II, 60, 8.
118 II, 22, 7; II, 60, 7.

Hals umdrehen.[119] Und zu einem Rezept gegen Wurmbefall der Eingeweide, das die Verwendung der Kapernwurzel empfiehlt, hat er offenbar eine weitere Rezeptsammlung zum Vergleich herangezogen; er schreibt, *in alio libro* stünde „Wurzel der Koloquinte".[120] Welches andere Buch gemeint war, muß indes offenbleiben – in dieser Form findet sich das Rezept weder in einer der anderen bekannten *Moamin*-Handschriften noch in einem der 15 lateinischen falkenheilkundlichen Traktate, deren Pharmaka van den Abeele durch einen Index erschlossen hat.[121] Schließlich hat er sich auch zweier Korruptelen angenommen: In II, 24, 49 ist *pennam* gegen *pannum* ausgetauscht und der Stelle so der Charakter eines Zauberkunststücks genommen, und in IV, 4, 11 ist nunmehr auch hier das störende *quia* gestrichen.

Auf der rechten Seite des Stemmas scheint der Text zunächst weniger Beachtung gefunden zu haben. Denn für **x7**, **x18** und **x22** läßt sich keine bewußte Veränderung feststellen, für **x12** nur eine einzige, zudem zweifelhafte: Neben Schreien wird hier auch Gähnen als Anzeichen für Brand (*arsura*) aufgeführt.[122] Dieser Zusatz könnte freilich auch schlicht davon herrühren, daß der Abschreiber nicht genau lesen konnte, ob es in seiner Vorlage *clamat* oder *hiat* heißen sollte, und er darum beides vermerkte.

Erst bei **x23** erscheint wieder eine weitere Bearbeitung, wohl erneut die eines einzelnen Redaktors. Dieser hat sich ausschließlich den Büchern II-V gewidmet. Im ersten Buch findet sich nicht eine einzige nennenswerte Änderung. Die Bücher II-V allerdings sind grundlegend umgestaltet.[123] Ins Auge fallen zunächst die massiven Streichungen – allein 81 längere Passagen, darunter viele mit mehreren hundert Wörtern, fallen aus. Einige Passagen dürften weggefallen sein, weil der Bearbeiter mit ihrem Inhalt nicht einverstanden war, namentlich wenn er aus einer Vielzahl gleichartiger Informationen einzelne tilgt – das erste von sechs Rezepten gegen geschwollene Augen und verstopfte Nasen,[124] das dritte von fünf Rezepten gegen Kältestarre,[125] das sechste von sieben Rezepten gegen Zersetzung des Gaumens,[126] etc. Andere Passagen dürften weggefallen sein, weil sie nicht verständlich waren, etwa die Kapitel *De medicamine astarem* (II, 45) und *De medicamine xunach* (II, 49). Beide geben keine über die Überschrift hinausgehende Indikation, ihre Überschriften aber werden wohl unklar geblieben sein – *astarem* ist eine im Okzident isolierte Transliteration von arabischem *aṣṭārim*, seinerseits vermutlich entlehnt aus griechischem στερέμνια (Hartes, Festes im Stuhl),[127] *xunach* ist ein Phantomwort.[128] Die meisten Textausfälle hingegen dürften schlicht dem Wunsch geschuldet sein, den Umfang des Textes zu reduzieren.

---

119 II, 61, 3.
120 II, 42, 5.
121 VAN DEN ABEELE, La fauconnerie, 292-311.
122 I, 12, 22.
123 Mit Gewißheit lassen sich die bei x23 eingetretenen Veränderungen nur für diejenigen Teile des *Moamin* beschreiben, welche sowohl von x28 als auch von x27 überliefert werden, d. h. nicht für die Bücher IV und V und nicht für einige Passagen in den Büchern I-III, die bei x27 fehlen. Da x28 jedoch, von einer einzigen Ausnahme abgesehen, nur in diesen bei x27 fehlenden Teilen Veränderungen aufweist und diese in Ausmaß und Art ganz und gar dem Veränderungsprofil von x23 entsprechen, sind die dortigen Veränderungen hier ebenfalls auf x23 bezogen – wo solche Stellen im folgenden als Belege erscheinen, tragen sie den Zusatz „(x28)".
124 II, 6, 23.
125 II, 13, 7.
126 II, 23, 14.
127 GLESSGEN, Die Falkenheilkunde, II, 598.

Streichungen sind freilich nur ein Merkmal dieses Bearbeiters. Viel war ihm offenbar auch an einer besseren Erschließbarkeit und Verständlichkeit des Textes gelegen: Wiederholt hebt er spezielle Unterabschnitte von Kapiteln durch eigene Überschriften hervor.[129] Den häufig nur mit *quando hoc accidit* o. ä. unbestimmt beginnenden Kapiteln fügt er oft noch einmal die in der Überschrift enthaltene Indikation an, vielleicht aus der Erfahrung heraus, daß Überschriften beim Abschreibevorgang leicht wegfallen können und ein unbestimmter Kapitelanfang in solchen Fällen das ganze Kapitel unbrauchbar macht, ein gerade beim *Moamin* häufig anzutreffendes Phänomen. An einer Stelle gibt er einen Textverweis: die auf die Rezeptur einer komplexen Medizin folgende nicht ohne weiteres verständliche Anweisung *de his* [*sc. medicinis*] *opereris* ergänzt er um den Hinweis *sicuti in medicina caliditatis narravimus*.[130] An einer anderen Stelle tauscht er einen nicht mehr auf Anhieb verständlichen Textverweis der Vorlage (*predictarum*) gegen die durch ihn vertretenen Begriffe aus.[131] Oftmals bewegen sich derartige Ergänzungen freilich auch an der Grenze zum Übereifer, etwa wenn gegen Ohrenschmerzen das Einträufeln einer Medizin auf Basis von Bärenfett und Petroleum empfohlen wird und der Bearbeiter ergänzt, die Medizin solle *in auribus* geträufelt werden,[132] oder wenn gegen feuchten Katarrh geraten wird, drei Fleischstücke mit Salz, Öl, Honig und Eiweiß zu versehen, und der Bearbeiter ergänzt: *et da comedere avi*.[133]

Nicht minder große Aufmerksamkeit schenkt der Bearbeiter der Bewertung von Rezepten. 22 von ihnen erhalten seine explizite Zustimmung, sei es, indem er ihnen erstmals eine Bekräftigungsformel anfügt[134], sei es, indem er ein Rezept gegenüber anderen als besser bezeichnet,[135] sei es, indem er bereits vorhandene Formeln durch Hinzufügung eines *valde*, *multum* oder *cito* steigert.[136] Sechsmal drückt er aber offenbar auch Zweifel aus, indem er Bekräftigungsformeln der Vorlage nicht übernimmt oder sie ihres elativischen Zusatzes beraubt[137] oder wenn er eine als Gewißheit formulierte Aussage zu einer Meinungsbekundung (*dicitur*) reduziert.[138]

Ein gutes dutzendmal greift er auch direkt in den Inhalt ein: So ist es ihm nicht eindeutig genug, wenn in der Vorlage empfohlen wird, man möge einem Hund, der einen Knochen verschluckt hat, damit er hustet und ihn auswirft, die Schnauze *apud collum* ziehen; er präzisiert: *retro ad collum*.[139] Und auch die in einem Rezept gegen Pneumatose verwendete

---

128 GLESSGEN, Die Falkenheilkunde, II, 589.

129 II, 3, 13; II, 5, 4; II, 6, 10; II, 6, 13; II, 6, 17; II, 7, 9; II, 12, 3; II, 32, 7; II, 33/34, 14; IV, 2, 16 (x28); V, 2, 6 (x28); V, 3, 3 (x28).

130 II, 22, 13.

131 II, 35, 14 (x28).

132 II, 18, 2.

133 II, 8, 10.

134 15 Mal: davon 12 Mal eine einfache: (*et*) *iuvabit* oder *et hoc est iuvativum* oder *et convalesce*(*n*)*t* (II, 5, 3; II, 6, 3; II, 6, 13; II, 7, 10; II, 24, 87; II, 44, 14; II, 44, 17; II, 53, 12; II, 53, 17; II, 56, 5; V, 4, 14 (x28); V, 6, 9 (x28)) und dreimal eine besonders positive: *utilis et valde bona*, *que melior est omnibus* und *qui multum iuvabit* (II, 8, 10; II, 24, 87; II, 14, 6).

135 II, 8, 11.

136 II, 8, 3; II, 8, 11; II, 19, 2; IV, 4, 19 (x28); IV, 4, 22 (x28); V, 4, 20 (x28).

137 II, 22, 6; II, 24, 62; II, 47, 6; II, 58, 9; V, 4, 13 (x28).

138 IV, 3, 25 (x28).

139 V, 3, 5 (x28).

Lunge ist ihm zu allgemein; er ergänzt, es müsse Schafslunge sein.[140] Zu speziell hingegen erscheint es ihm, wenn als Symptom für Kältestarre angeführt wird, daß der Vogel seine Augenlider zu zwei Dritteln schließt; er vermerkt, sie könnten auch ganz geschlossen sein.[141] Und auch wenn in einem Rezept gegen gipsartigen Kot verlangt wird, der größte Teil des Futters solle aus dem Fleisch des Buchfinken bestehen, ist der Bearbeiter großzügiger – es dürfe auch anderes hochwertiges Fleisch sein.[142] Dort, wo es heißt, man solle die Fessel des Vogels nehmen und ihn in fließendes Wasser werfen, fügt er an, die Fessel solle dabei viel Spiel haben, und er tauscht zugleich den allgemeinen Begriff *laqueum* gegen einen Begriff der Falknereisprache: *longa*.[143] Einmal liefert er auch eine Erklärung: zu dem gegen Pneumatose im Kopf empfohlenen Wein-Dampfbad schreibt er, der Nutzen entstehe dadurch, daß der Vogel schwitze[144] – eine Erklärung, die freilich nicht von guter Beobachtungsgabe zeugt, denn Vögel können nicht schwitzen, sie haben gar keine Schweißdrüsen. Siebenmal schließlich hat er sich auch der x2-Korruptelen angenommen, und damit mehr als einem Drittel der 18 in den Büchern II-V enthaltenen: Die Passagen über die sauberen Augenknochen in IV, 3, 16 (x28), die gewichtigen Beckenknochen in IV, 3, 29 und die aus Ablenkung resultierende Aufmerksamkeit in IV, 5, 11 (x28) hat er gestrichen, die irrige Gewichtsangabe *granum i ponderis* in II, 28, 2 zu *pondus i grani* entdreht. In IV, 5, 31 (x28) hat er *qui* zu *quod* verändert und in II, 1, 4 die erste der beiden unverständlichen kausalen Verknüpfungen gestrichen. Eine weitere Korrektur dürfte vom Bearbeiter richtig gemeint, aber vom Abschreiber von x23 falsch umgesetzt worden sein. Dort, wo die Vorlage widersprüchlich rät, die Hunde sollten *in vere et in hieme ... propter longitudinem et caliditatem dierum* mehrmals am Tag gefüttert werden – ist anstatt, wie es sinnvoll wäre, *hieme* gegen *estate* auszutauschen, *vere* zu *estate* verändert und *hieme* stehengelassen.[145]

Erstaunlich ist, daß der Bearbeiter die Capitulatio unverändert ließ, obgleich sie nach seinen Eingriffen kaum noch mit Gewinn benutzt werden konnte. Denn viele der dort verzeichneten Überschriften sind im Zuge der Streichungen ausgefallen, andere sind neu hinzugekommen.

Hiermit ist der Überblick über die Entwicklung der staufischen Tradition abgeschlossen. Bevor jedoch die Frage nach der Entstehung des *Moamin* wieder aufgegriffen wird, seien zuerst noch jene Aussagen in den Blick genommen, welche die Tradition selbst explizit über ihre Anfänge macht.

Die ältesten Aussagen enthält der den Text ursprünglich begleitende Prolog. Sein Verfasser bezeichnet, ohne sich zu erkennen zu geben, das vorliegende Werk als das eines Falkners (*librum falconarii*). Auch dessen Namen nennt er nicht. Kaiser Friedrich II. habe ihm aufgetragen, das Werk aus dem Arabischen ins Lateinische zu übersetzen. Er habe den Auftrag ausgeführt und es dabei in vier Teile geteilt, von denen der erste die Theorie, der

140 II, 4, 10.
141 II, 13, 3.
142 II, 24, 76.
143 II, 53, 17.
144 II, 14, 6.
145 IV, 4, 2 (x28).

zweite Heilmittel für verborgenen Krankheiten, der dritte Heilmittel für offen zu Tage tretenden Krankheiten und der vierte Heilmittel für Raubtiere mit vier Füßen enthalte.[146]

Der bei x5 gegen diesen ursprünglichen Prolog eingetauschte, in der dritten Person Singular geschriebene Prolog übernimmt diese Informationen, präzisiert und korrigiert sie aber auch zugleich: Dem Falkner und Verfasser des Werkes ist nun der Name *Moamin* beigegeben. Als Übersetzer wird *magister Theodorus philosophus* genannt. Und die Aufteilung des Werkes in vier Teile ist nunmehr nicht mehr dem Übersetzer, sondern dem Verfasser zugeschrieben.

In beiden Texten erstaunt die Angabe, das Werk sei in vier Bücher eingeteilt. Sie macht so keinen Sinn, denn das Werk ist explizit in fünf Traktate eingeteilt. Hierauf wird zurückzukommen sein.

Auf der rechten Seite des Stemmas ist der ursprüngliche Prolog offenbar gleich zu Anfang weggefallen – man darf vermuten unbeabsichtigt, denn der Text verliert hierdurch seinen Accessus, und das Incipit bleibt weitgehend sinnentstellt übrig. Wer das Werk in dieser Form zur Hand nimmt, erfährt über dieses nunmehr allein, daß der erste Traktat „dieser Kunst" 13 Kapitel umfasse.[147] Bis x7 scheint noch keine befriedigende Lösung dieses Problems gefunden worden zu sein, denn noch Y behilft sich mit der Verlegensheitslösung, die Eingangsworte des Traktats als Incipit zu wiederholen: *Incipit tractatus genera volatilium viventium de rapina, quibus utitur gens aucupando, sunt iv et xiv species. Genera autem sunt hec: accipitres, falcones, saccares et aquile viventium de rapina.* Bei x12 hingegen wird ein Ausgleich geschaffen. Zwar rätselt der Leser auch hier noch darüber, was mit *huius artis* gemeint sein soll, doch ist er nun zumindest durch eine neu hinzugefügte kurze Notiz über Autor und Übersetzer im Bilde. Wie diese Notiz freilich ursprünglich ausgesehen haben mag, ergibt sich erst nach einiger Überlegung, denn sie erscheint in den acht Handschriften, die sie überliefern (c, h, a, Q, E, M, U, W – bei i, k und x23ff. ist sie wieder verschwunden) in recht unterschiedlicher Form: In der von Maestro Moroello angefertigten toskanischen Übersetzung (c, h) heißt es, das Buch stamme von *Coramomellino*, dem König von Karthago, und sei von Magister Theodor, dem Arzt Kaiser Friedrichs, aus dem Arabischen ins Lateinische übersetzt worden.[148] Die von Enzo korrigierte Fassung der franko-italienischen Übersetzung (a) vermerkt, es handele sich um das Buch des Falkners *Moamyn*, das von Magister Theodor, dem Philosophen Kaiser Friedrichs, in dessen Auftrag aus dem Hebräischen ins Lateinische übersetzt und anschließend vom Kaiser selbst vor der Stadt Faenza korrigiert worden sei.[149] Handschrift Q spricht von einem Buch des Falkners *Maomon*, das von Magister Theodor, dem Arzt, vor *Fancuna* aus dem Arabischen

---

146 *Ego igitur cum obedientia et devotione debita domini mei dignum preoccupavi preceptum presens opus tractatu quaternario dividendo, primo in theoricam huius artis, secundo in medicinas occultarum infirmitatum, tertio in curis manifestarum infirmitatum, quarto in medicamen rapinorum quadrupedum.*

147 *Incipit tractatus primus de theorica huius artis continens capitula xiii.*

148 *Cominca il libro de/gli uccelli di preda e degli cani ydonei a c/hacciare e delle loro proprietà e costumi e / delle loro malatie colle cure che convengono, // il quale fu di Coramomellino, re di Cartagine, / translatato d'arabico in latino per maestro Theo/doro, medico dello 'mperadore Federigo* (GLESSGEN, Die Falkenheilkunde, I, 179).

149 *Livres de Moamyn fauconier, translatiez d'ebreu en latin par mestre Theodre, phylosophe au magne empereor Freiri, par le commandemant l'empereor meemes, son segnor, et puis coreit par l'empereor meemes aprés la cité de Faence ...* (TJERNELD, 87).

ins Lateinische übersetzt worden sei.[150] In den Handschriften E, M, U und W schließlich liest man, es handele sich um das Buch des Magisters und Falkners *Moamin*, das von Magister Theodor, dem Arzt Kaiser Friedrichs, aus dem Arabischen ins Lateinische übersetzt und vom Kaiser selbst während der Belagerung Faenzas überarbeitet worden sei.[151]

Wie läßt sich diese Vielfalt erklären? Wie die gemeinsame Vorlage ermitteln? Nehmen wir zuerst die Fassung der franko-italienischen Übersetzung. Sie unterscheidet sich in zwei Punkten von allen anderen der genannten Handschriften: als Ursprungssprache gibt sie Hebräisch anstelle von Arabisch an, und Theodor charakterisiert sie als Philosophen, nicht als Arzt. Beide Unterschiede lassen sich indes leicht als Verlesungen der lateinischen Vorlage erklären: die Silbe *-ra-* in *arabico* wird, wie häufig, durch einen Kürzungsstrich ausgedrückt worden sein (*a'bico*), der, möglicherweise unsauber plaziert (*ab'ico*), zu *abraico* aufgelöst wurde – die Verbesserung von *a* zu *e* ist nur noch Formsache. Die Bezeichnung Philosoph zeigt zwar auf den ersten Blick Übereinstimmung mit der gleichlautenden Bezeichnung des kurzen Prologs. Allerdings darf man daraus wohl nicht ableiten, daß diese Übereinstimmung auf der Benutzung zweier Vorlagen beruht. Zum einen finden sich hierfür im übrigen Text keinerlei Anzeichen. Zum anderen leisten die ähnlichen Abkürzungen der beiden Wörter *physicus* und *philosophus* einer falschen Auflösung geradezu Vorschub.[152] Man wird daher wohl annehmen dürfen, daß auch hier, wie bereits bei *arabico / hebreu*, eine falsch aufgelöste Abkürzung zugrundeliegt.

Q unterscheidet sich von a, E, M, U und W darin, daß just diejenigen Teile fehlen, die sich auf den Kaiser beziehen – nämlich sowohl die Aussage, daß Theodor in Diensten Friedrichs stand, als auch, daß Friedrich die Übersetzung überarbeitet habe. Es liegt nahe, im Wegfall gerade dieser Stellen eine bewußte Tilgung des kaiserlichen Namens, eine *damnatio memoriae*, zu vermuten. Eine solche ist angesichts des Schicksals Friedrichs und seines Geschlechts nicht ungewöhnlich. Die Faenza-Ortsangabe wurde wohl beibehalten, weil nicht sicher war, ob sie sich nur auf Friedrichs oder auch auf Theodors Wirken bezog. Der durch den Wegfall der Friedrich-Passagen entstandene eindeutige Bezug von Theodors Übersetzung zu Faenza dürfte folglich ein unfreiwilliger Nebeneffekt sein. *Fancunam* schließlich ist sicherlich verlesenes ursprüngliches *Favenciam*: *v* und *n* sind häufig nicht zu unterscheiden, ebensowenig *e* und *c*, und *ci* ist schnell zu *n* verlesen.

Uneinheitlichkeit besteht schließlich noch hinsichtlich der Bezeichnung des kaiserlichen Eingriffs. Während a und U eine Korrektur vermerken, sprechen E, M und W von einem „Ergreifen" (*corripere*). Der Lesart von U kommt kein textkritischer Wert zu, denn U steht in der Tradition von M. Damit aber läßt sich nicht entscheiden, welche von beiden Varianten die ursprünglichere darstellt. Ihr Unterschied wird indessen wohl sicher auf einen Abschreibefehler zurückgehen – Formen von *corripere* treten gleich an drei Stellen des *Moamin* und bei wechselnden Handschriften an die Stelle solcher von *corrigere*.[153] Umge-

---

150 *Liber Maomon falconarii translatus de arabico in latinum per magistrum Theodorum physicum apud Fancunam.*

151 *Incipit liber magistri Moamini (M{edia}mini U) falconarii translatus de arabico in latinum per magistrum Theodorum (Teodorum W), physicum domini Federici (Fedrici W), Romanorum imperatoris. Et correptus (correctus U) est per ipsum imperatorem tempore obsidionis Faventie (Fa{v}e{n}cie U Faentie EW). De quo libro sunt iii tractatus.*

152 Vgl. Adriano CAPPELLI, Dizionario di abbreviature latine ed italiane, Milano ^{6}1961, 271f.

153 So in II, 1, 9 bei ABCDFHKLNORSTVB', in der Capitulatio-Überschrift 9 zu Buch III bei CIOR und in IV, 5, 28 bei V.

kehrt geschieht dies einmal, bei U. Beide Ausdrücke bedeuten jedenfalls, daß der Text überarbeitet wurde.

Somit kann angenommen werden, daß bereits x18, der Archetyp von a, Q, E, M, U und W, eine Notiz trug, die das Werk dem Falkner *Moamin* zuwies und konstatierte, es sei von Magister Theodor, dem Arzt Kaiser Friedrichs, aus dem Arabischen ins Lateinische übersetzt und von Friedrich selbst zur Zeit der Belagerung Faenzas überarbeitet worden.

Geht man nun eine weitere Stufe nach oben bis zu x12, dem Entstehungsort der Notiz, und vergleicht deren für x18 erschlossenen Wortlaut mit der Moroello-Übersetzung, so ergibt sich erneut Interpretationsbedarf: Zwar weisen beide Texte deutliche Übereinstimmungen auf – es heißt jeweils, Theodor, der Arzt Kaiser Friedrichs, habe das Werk aus dem Arabischen ins Lateinische übersetzt – doch bestehen auch deutliche Unterschiede. Im toskanischen Text wird das Buch nicht dem Falkner Moamin, sondern Coramomellino, dem König von Karthago, zugeschrieben, und es findet sich kein Hinweis auf den Eingriff Friedrichs vor Faenza.

Die Zuschreibung an einen König von Karthago namens *Coramomellino* klingt zuerst phantastisch, läßt sich aber leicht erklären: *Coramomellino* ist die latinisierte bzw. italianisierte Form des Kalifentitels *amīr al-mu'minīn* (Herr der Gläubigen). So oder ähnlich erscheint sie auch an anderer Stelle, wenn im Abendland von Kalifen die Rede ist.[154] Karthago steht für Tunis, den Herrschaftsmittelpunkt der Dynastie der Hafsiden. Ihr Begründer, Abū Zakariyā' (1202/1203-1249), Statthalter der Almohaden in Tunis, nutzte 1228 die Niederschlagung eines Aufstands, um sich von seinen Herren zu emanzipieren. Binnen kurzem umfaßte seine Herrschaft die Stadt und reichte mehrere hundert Kilometer in das Hinterland hinein. 1236-1241 konnte er sie nochmals gen Westen ausweiten, bis sie schließlich etwa an die Grenze des heutigen Marokko reichte.[155] Sein Sohn und Nachfolger Abū ʿAbdallah (reg. 1249-1277), der oben bereits als Empfänger des *Kitāb al-Manṣūrī* Erwähnung fand, konnte die Machtstellung seiner Dynastie festigen und gab ihr auch formell Ausdruck, indem er den Kalifentitel annahm und seinem Namen den Beinamen *al-Mustanṣir bi'llāh* beifügte, den bereits viele Herrscher bedeutender islamischer Dynastien getragen hatten, darunter die spanischen Umajaden, die Abbasiden und die Fatimiden.[156] Es wäre also durchaus denkbar, daß die Notiz ursprünglich nicht einen Falkner namens Moamin, sondern den mit dem Kalifentitel bezeichneten Hafsiden mit dem Werk in Verbindung gebracht hätte.

Dem stehen indes zwei gewichtige Einwände entgegen: Zum einen wird der Traktat bereits bei x2 im Incipit zu Buch II als Werk eines Falkners namens *Moam*' o. ä. bezeichnet und ist dort ferner auch im Explicit zu Buch II von einem Falkner, nicht von einem Herrscher die Rede. Letzteres gilt im übrigen auch für den ursprünglichen Prolog. Zum anderen nahm Abū ʿAbdallah den Kalifentitel erst im Jahr 1253 an.[157] Die Notiz der rechten Seite muß jedoch bereits vor 1248 verfaßt worden sein, jenem Jahr, in dem die Handschrift x23 dem Kaiser vor Parma entwendet wurde. Es ist daher anzunehmen, daß Moroello den in der Notiz enthaltenen Namen Moamin interpretiert und umgeformt hat. Der Herrscher von

154 Vgl. Robert BRUNSCHVIG, La berbérie orientale sous les Hafsides des origines à la fin du XVe siècle, 2 Bde., Paris 1940 und 1947, I, 40 und GLESSGEN, Die Falkenheilkunde, I, 42.

155 Vgl. BRUNSCHVIG, La berbérie, I, 20-38 und Günter KETTERMANN, Atlas zur Geschichte des Islam. Mit einer Einleitung von Adel Theodor KHOURY, Darmstadt 2001, E 61.

156 Vgl. BRUNSCHVIG, La berbérie, I, 39-70.

157 S. BRUNSCHVIG, La berbérie, I, 40f.

Tunis dürfte im Jahr 1313 unter den gebildeteren Schichten Italiens durchaus ein Begriff gewesen sein, zumal unter Kaufleuten, unter denen sich Moroello wohl bewegt haben wird, wenn er, wie er schreibt, seine Übersetzung auf den Champagne-Messen angefertigt hat. Hierzu paßt, daß Moroello das Incipit zum zweiten Buch dergestalt verändert, daß von einem Falkner namens Moamin keine Spur mehr bleibt: *Incominciano i capitoli del secondo tractato di questo libro delle medicine contro le malatie degli uccelli de preda e sono Lviiii capitoli.* Und auch der im Explicit zum zweiten Buch erwähnte Falkner ist verschwunden: *Explicit el secondo tractato.* Ist nun aber schon dieser Teil der Notiz von Moroello frei gehandhabt worden, so liegt es nahe, auch das Fehlen des Faenza-Teils eher als Kürzung Moroellos denn als Hinzufügung von x18 zu interpretieren.

An dieser Stelle soll nun der Bogen geschlagen und die eingangs des Kapitels gestellte Frage nach dem Ursprung der Unterschiede zwischen arabischem und lateinischem Text wieder aufgenommen werden. Geht man davon aus, daß die Notiz der rechten Seite eine wahre Begebenheit wiedergibt – und es ist kein Grund ersichtlich, warum sie dies nicht sollte – dann muß der Kaiser in den Text eingegriffen haben. Dieser Eingriff aber dürfte bereits vor x2 erfolgt sein. Denn zum einen finden sich bereits im Text von x2 Spuren Friedrichs, Begriffe nämlich, die überhaupt oder mit der ihnen beigelegten Bedeutung ausschließlich oder nahezu ausschließlich im *Moamin* und im *De arte* vorkommen: *sperverius* (Sperberweibchen), *tertiolus* (Raubvogelmännchen – im *Moamin* auf den Habicht, im *De arte* auf den Wanderfalken bezogen), *sacer* (Sakerfalke), *bistardus* / *bistarda* (Trappe), *franquillinus* (Halsbandfrankolin), *gazella* (Gazelle), *ancha* (Unterteil des Rumpfs der Vögel), *brancare* (greifen), *cultelle* / *cultelli* (äußerste Schwungfedern), *plume* / *dume* (Daunen), *campanella* (Bell), *gypsus* (Gipskrankheit).[158] Zum anderen lassen die zahlreichen bei x2 vorhandenen und im folgenden kaum überarbeiteten Korruptelen einen späteren Eingriff ausschließen. Wäre der Kaiser für Veränderungen nach x2 verantwortlich gewesen, so müßte man unterstellen, er habe den Text dabei nur flüchtig oder gar achtlos durchgesehen. Das aber möchte man gerade nicht vermuten. Gerade Friedrich, bei dem Leidenschaft für die Falknerei und kritischer analytischer Blick zusammenkamen, sollte diesem Traktat ganz besondere Aufmerksamkeit geschenkt und dessen Unstimmigkeiten nicht übersehen haben.

Die Korruptelen besagen indes noch mehr. Denn zwei von ihnen – ganz offensichtliche zumal – sind sicher erst im Zuge jenes Kürzungsprozesses entstanden, der den Text des al-Ġiṭrīf so rigoros kondensiert hat.[159] Sie bedeuten, daß Friedrichs Eingriff noch vor der Kürzung erfolgt ist oder aber, was wahrscheinlicher ist, daß Friedrich selbst die Kürzung veranlaßt hat und daß er die Umsetzung nicht noch einmal auf dadurch entstandene Verzerrungen durchgesehen hat. Hierfür spricht auch die Art der Kürzungen. Sie erinnern auffällig an jene, die Constantinus Africanus bei seinen Übersetzungen vorgenommen hat. Auch bei ihm sind sachliche Wiederholungen, überflüssig erscheinende Passagen und fast alle Angaben über die Autoren arabischer Texte und die von ihnen zitierten Autoritäten verschwunden.[160] Constantinus aber wurde vom Kaiser offenbar sehr geschätzt. In seinem *De arte* übernahm Friedrich wiederholt, zum Teil wörtlich, Constantinus' Lehren bzw. die der in

---

158 Vgl. GLESSGEN, La traduzione, 76-79.
159 I, 1, 29/34 und I, 3, 5f.
160 Vgl. GLESSGEN, Die Falkenheilkunde, II, 429.

seiner Tradition stehenden Salernitaner Schule.[161] Und in den Konstitutionen von Melfi übertrug er Salerno ein Monopol für die Ausbildung der in seinem Königreich tätigen Ärzte. In Salerno lehrte möglicherweise auch Theodor von Antiochien.[162]

Liegt der Eingriff Friedrichs aber bereits vor x2, so ist er wohl unmittelbar auf die Übersetzung gefolgt, deren erster Empfänger der Kaiser als Auftraggeber ja ohnehin gewesen sein dürfte, und erlaubt die Faenza-Notiz somit auch Rückschlüsse auf die Ankunft des Textes in Italien. Es ist kaum anzunehmen, daß der Kaiser den Text, nachdem er in seinen Besitz geraten war, erst einmal geraume Zeit unbeachtet gelassen hätte. Im Gegenteil, er dürfte großes Interesse daran gehabt haben, ihn bald in lateinischer Übersetzung zu lesen. Die Übersetzung dürfte demnach aber ebenfalls zur Zeit der Belagerung Faenzas (August 1240 - April 1241) oder kurz zuvor erfolgt sein.

Diese zeitliche Einordnung wiederum macht eine Herkunft des Textes aus Tunis wahrscheinlich, wie sie von Moroello angenommen wurde. Denn mit dem dortigen Hafsidenherrscher steht Friedrich um diese Zeit, vielleicht zum erstenmal,[163] in engem Kontakt. Als Anfang 1240 eine Hungersnot in Tunis ausbrach, ließ der Kaiser 50.000 Chargen Getreide dorthin bringen.[164] Begleitet wurde die Hilfeleistung von zwei Gesandten, deren einer, Heinrich Abbas, dabei offenbar zugleich sein Amt als staufischer Konsul in Tunis antrat. Als solcher erscheint er zwar bereits Ende 1239 in den Urkunden,[165] Bekanntschaft mit dem Emir hatte er aber wohl noch nicht gemacht, denn sonst hätte der Kaiser nicht Theodor von Antiochien den Auftrag erteilen müssen, der Gesandschaft ein arabisches Beglaubigungsschreiben zu verfassen.[166] Vor dem Hintergrund der Hilfeleistung des Staufers und des offiziellen Amtsantritts seines Konsuls, ja vielleicht eines ersten Kontaktes überhaupt, läßt sich eine Übergabe des *Moamin* als Geschenk des Emirs gut vorstellen, ist doch der Wechsel einer Handschrift vom Hafsiden zum Staufer in einem anderen Fall sogar konkret bezeugt. Im Vorwort des enzyklopädischen Lehrdialogs *Livre de Sidrac* heißt es über dessen Überlieferungsgeschichte:

> *Als die Kleriker nach Toledo gekommen waren, fanden sie dieses Buch und übersetzten es aus dem Griechischen ins Lateinische. Darauf hörte der König von Spanien von ihm und ließ es sich kommen und schätzte es sehr ob der trefflichen Fragen, die er darin fand. Da hörte auch Emir Elmomemin, der zu jener Zeit Herr über Tunis war, von diesem Buch und wandte sich an den König von Spanien mit der Bitte, er möge es ihm schicken. Und so ließ der König von Spanien es aus dem Lateinischen ins Arabische übersetzen und schickte es ihm, und Elmir Elmomemin*

---

161 Vgl. Johannes ZAHLTEN, Zur Abhängigkeit der naturwissenschaftlichen Vorstellungen Kaiser Friedrichs II. von der Medizinschule zu Salerno, in: Sudhoffs Archiv 54 (1970), 173-210 sowie ZAHLTEN, Medizinische Vorstellungen.

162 Vgl. STÜRNER, II, 380-385.

163 Für die Zeit vor 1240 ist kein solcher Kontakt belegt. Ein in diesem Zusammenhang oft angeführter Friedensvertrag aus dem Jahre 1231 (Louis DE MAS LATRIE (Hg.), Traités de paix et de commerce et documents divers concernant les relations des Chrétiens avec les Arabes de l'Afrique septentrionale au Moyen Age, Bd. II, Paris 1866, Nachdruck New York o. J., II, 153-155) datiert auf das Jahr 1221 und war noch mit einem Almohadenherrscher geschlossen. Vgl. Robert BRUNSCHVIG, Note sur un traité conclu entre Tunis et l'empereur Frédéric II, in: Revue Tunisienne 1932, 153-160.

164 Vgl. HUILLARD-BRÉHOLLES, V, 685-87, 726f.; BRUNSCHVIG, La berbérie, I, 34-37; STÜRNER, II, 221.

165 HUILLARD-BRÉHOLLES, V, 524 und 567f.

166 HUILLARD-BRÉHOLLES, V, 745.

> *fand großen Gefallen daran. Lange Zeit später stand es viel im Gebrauch bei jenem, der zur Zeit Kaiser Friedrichs Herr über Tunis war, und ob der trefflichen Fragen, die er anderen stellte und der klugen Antworten, die er auf alles gab, was man ihn fragte, galt er als sehr weise. Da wunderten sich die Gesandten des Kaisers über die große Weisheit des Herrn von Tunis und fragten sich, woher sie kommen könnte, worauf jener sie wissen ließ, in seinem Besitz befinde sich ein Buch, das der König von Spanien seinen Vorfahren geschickt habe, oder vielmehr demjenigen, der zu seiner Zeit lebte, und all seine Weisheit beruhe auf diesem Buch. Als die Gesandten dies dem Kaiser berichteten, wollte er das Buch unbedingt besitzen. Und so sandte er einen Boten zu dem Herrn von Tunis mit der Bitte, ihm dieses Buch zu schicken. Der Herr von Tunis ließ ihm antworten, er möge ihm einen Kleriker schicken, der des Lateinischen und des Arabischen mächtig sei. So schickte der Kaiser ihm einen Minderbruder aus Palermo namens Roger. Dieser übersetzte das Buch und brachte es zum Kaiser. Und der Kaiser hatte viel Freude daran und schätzte es sehr. Am Hofe des Kaisers aber lebte ein Mann aus Antiochien, mit Namen Theodor der Philosoph, der hoch in der Gunst des Kaisers stand. Als der Kaiser diesem von dem Buch berichtete, grübelte er, wie er in dessen Besitz gelangen könnte, und machte dem Kämmerer des Kaisers so viele Geschenke und Versprechungen, daß dieser ihm eine Abschrift anfertigen ließ. Und so gebrauchte er es heimlich, ohne daß es einer wußte. Einige Zeit später schickte es Theodor der Philosoph als Geschenk an Albert, den Patriarchen von Antiochien.*[167]

Ebenfalls für eine Herkunft aus Tunis spricht, daß sich die einzigen Spuren, die das *Kitāb al-Mutawakkilī* in der arabischen Welt hinterlassen hat, in dem wenige Jahre später am Hafsidenhof entstandenen *Kitāb al-Manṣūrī* finden und daß diese auch noch näher mit der lateinischen Übersetzung verwandt sind als die kastilische Übersetzung.

Wenn aber Tunis der Herkunftsort des *Moamin* war, so dürfte der Traktat noch unkompiliert nach Italien gelangt sein, denn von einer Vermischung des *Kitāb al-Mutawakkilī* mit

---

167 *Aprés que la clergie vint a Toulete, si trouverent ce livre et le translaterent de gregoys en latin. Le roi d'Espaigne oï parler de cest livre, si manda por lui et le tint en grant chierté por les beles demandes que il trova en lui. Emir Elmomemin qui au tens estoit seignor de Tunes oï parler de cel livre, si manda priant au roi d'Espaigne que il li mandast cel livre. Le roi d'Espaigne le fist translater de latin en sarracenois, et si li manda, dont Elmir Elmomemin l'ot moult chier. Aprés un grant tens celui qui fu al tens de l'empereor Fedric seignor de Tunes l'usoit moult, dont il estoit tenus moult sage home por les granz questions que il faisoit a la gent et por le bel respons que il responnoit de quanque on li demandoit. Dont les messages de l'empereor se merveillerent de si grant science du seignor de Tunes dont ele povoit venir, si que il lor fist entendant que en son tresor avoit un livre que le roi d'Espaigne avoit mandé a ses ancessors, cil qui fu en son tens, de que toutes les sciences que il savoit estoient de celui livre. Les mesages conterent ce a I'empereor, dont l'empereor fu mout talentif d'avoir le. Si manda .i. mesage au seignor de Tunes priant que il li mandast ce livre. Le seignor de Tunes li remanda dire que il li envoiast .i. clerc qui seust le latin et le sarrazinois. L'empereor li manda .i. frere menor de Palerme le quel ot non frere Rogier. Celui le translata et l'aporta a I'empereor. L'empereor ot moult grant joie de lui et le tint molt chier. En la cort l'empereor ot .i. home d'Antioche qui ot non Thodre le phillosophe, qui mout fu amé de l'empereor. Quant il oï parler de ce livre, il pena mout coment il le peust avoir et tant dona et promist au chambellain que il ot essamplaire de lui, et si l'usoit priveement que nul ne savoit. Aprés .i. tens Thodre le philosophe le manda en present au patriarche Aubert d'Antioche* (Ernstpeter RUHE (Hg.), Sydrac le philosophe. Le livre de la fontaine de toutes sciences. Edition des enzyklopädischen Lehrdialogs aus dem XIII. Jahrhundert (Wissensliteratur im Mittelalter 34), Wiesbaden 2000, 2).

dem Werk des al-Ġiṭrīf ist in dessen für das *Kitāb al-Manṣūrī* exzerpierter Fassung keine Spur zu finden. Auch bietet die einzige Abschrift des al-Ġiṭrīf-Werkes, die man mit dem Hafsidenhof in Verbindung bringen kann – jene dem *Kitāb al-Manṣūrī* in der Handschrift 2092 der Gothaer Forschungs- und Landesbibliothek angehängte[168] – eine andere Fassung (E) als die im *Moamin* verwendete.

Bestätigt werden diese Annahmen durch den *Ghatrif*, jenen neben *Moamin* und kastilischem *Kitāb al-Mutawakkilī* einzigen weiteren Zeugen einer orientalisch-okzidentalischen Übersetzung auf dem Gebiet der Falknerei. Wie der *Moamin* dürfte auch er über den Hof Friedrichs in den Westen gelangt sein. Seine 16 erhaltenen Textzeugen sind sämtlich in Italien entstanden. Zehn von ihnen finden sich zudem in Codices, die zugleich den *Moamin* überliefern.[169] Und der älteste Beleg – der Brief des Guilielmus Bottatius – führt gar direkt an den kaiserlichen Hof. Daß der *Ghatrif* mit dem Werk des al-Ġiṭrīf in Zusammenhang stehen muß, belegen bereits die Namen. Beiden liegt dieselbe, ganz und gar ungewöhnliche arabische Radikalfolge zugrunde. Welcher Art dieser Zusammenhang freilich ist, offenbart sich nicht auf den ersten Blick. Denn weder ist der *Ghatrif* mit dem Werk des al-Ġiṭrīf identisch, noch enthält er etwa jene Teile des al-Ġiṭrīf-Werkes, die nicht in den *Moamin* eingeflossen sind, noch lassen sich in ihm überhaupt irgendwelche Spuren des al-Ġiṭrīf-Werkes erkennen.[170] Näheren Aufschluß gibt erst ein anonymer arabischer Falknereitraktat, der heute nur noch in einer türkischen Übersetzung des 14. Jahrhunderts erhalten ist.[171] Der Autor dieses Werkes listet detailliert und in offenkundigem Bemühen um Vollständigkeit seine Vorlagen auf, darunter auch „das Buch Ghatrif's, welches der Meister Ebul Kasim im Rebiulewwel des Jahres 597 (1200) zu Alexandria verfaßt" hat.[172] Unter jener Bezeichnung

---

168 Vgl. AKASOY / GEORGES, 12f.

169 E, M, U, W, Z, A', a, c, h, i. Zu den übrigen sechs vgl. VAN DEN ABEELE, Les traités, II, 325-332.

170 Zwar weist der *Ghatrif* eine Reihe von Übereinstimmungen mit dem Werk des al-Ġiṭrīf auf (vgl. die Angaben zu Anfang der *al-Ġiṭrīf*-Kapitel 44, 61, 62, 79, 91, 102, 119, 131, 133 und 133a). Eine Abhängigkeit von diesem kann daraus allerdings, entgegen MÖLLER / VIRÉ, 14, nicht abgeleitet werden. Die entsprechenden Passagen sind jeweils nur kurz und ihr Wortlaut von dem bei al-Ġiṭrīf oft sehr verschieden. Keine von ihnen enthält zudem die kennzeichnenden Namen al-Ġiṭrīfs oder Adhams oder den für beide gebräuchlichen Ausdruck „Die beiden sagten". Ja, eine ist gar explizit dem Buch des Chakan zugeschrieben, während ihr Pendant bei al-Ġiṭrīf keine Herkunftsbezeichnung trägt (*Ghatrif*, Kapitel 32 (nach TJERNELD) / *al-Ġiṭrīf*, Kapitel 91). Es muß daher davon ausgegangen werden, daß beide Werke unabhängig voneinander dieselben älteren Quellen verwenden.

171 Eine verbesserungsfähige (vgl. MÖLLER, Studien, 12) deutsche Übersetzung dieses Traktates bietet Joseph HAMMER-PURGSTALL (Hg.), Falknerklee, bestehend in drey ungedruckten Werken über die Falknerey ... Aus dem Türkischen und Griechischen verdeutscht, und in Text und Übersetzung herausgegeben von HAMMER-PURGSTALL, Unveränderter Neudruck der Ausgabe von 1840, Vaduz 1986, 1-79.

172 „... denn ich habe das Buch gelesen, das aus dem Lande jenseits des Orus gekommen, und welches ein Abkömmling der Familie Sasan Dschemali Mohammed aus Gendsche in der Stadt Achlath im Rebiulewwel des Jahres 540 (1145) verfaßt; weiters das Buch des griechischen Kaisers zu Konstantinopel von Nicetas Sakatophoros verfaßt im Dschemasiulewwel des Jahres 571 (1175), dann das Buch des Königs der Türken, des größten Chakan's und des indischen Königs, beyde in Einem Bande, dann das von Iseddin Mohammed Palasakuni im Rescheb des Jahres 577 (1181) zu Damaskus verfaßte Buch; weiters das Buch Ghatrif's, welches der Meister Ebul Kasim im Rebiulewwel des Jahres 597 (1200) zu Alexandria verfaßt, das Buch Nuschirwan's des Gerechten, das von Imadeddin aus Isfahan im Silkide des Jahres 592 (1195) verfaßte, dann von den neueren Büchern das Buch Ali Kjame's aus Chorasan, das von Mewlana Bedreddin Mohammed aus Balch im Jahre 575 (1171) zu Haleb verfaßte, dann das Hausbuch, welches Schereseddin Alp Arslan Karabili im Ramasan des Jahres 591 (1194) zu Erserum verfaßt, und verschiedene andere Bücher,

dürfte sich der *Ghatrif* verbergen. Denn er trägt nicht nur den gleichen Namen, sondern zitiert auch einen gewissen *Bulchasem*, der wohl mit jenem Ebul Kasim aus Alexandria gleichzusetzen ist und den ägyptischen Emir Abū l-Qāsim (Unuğūr) ibn Muḥammad ibn Tuğğ (reg. 946-961) meint, der als Verfasser eines Falknereitraktates gilt.[173] Als *Bulcham Armarie* findet sich auch Abū l-Qāsims Vorgänger, der Emir Abū l-Ğayš Ḫumārawayh ibn Aîmad (reg. 883-896) zitiert, dem ebenfalls ein Falknereitraktat zugeschrieben wird.[174] Dieser Traktat ist zudem erhalten und wird vom *Ghatrif* ausgiebig exzerpiert.[175] Im Text des anonymen Traktats ist von dieser ägyptischen Kompilation des 10. Jahrhunderts (mit dem Jahr 1200 wird wohl ein Abschreibedatum gemeint sein) freilich keine Spur zu finden. Hier ist statt dessen das Werk des al-Ġiṭrīf wiederholt und ausgiebig zitiert.[176] Daß dieses in der Liste der benutzten Werke fehlt, kann aber wohl nur bedeuten, daß es sich zusammen mit jener ägyptischen Kompilation unter dem Titel „Buch Ghatrif's des Ebul Kasim" verbirgt. Dieselbe Doppelüberlieferung dürfte an den staufischen Hof gelangt sein, wo das Werk des al-Ġiṭrīf gekürzt und mit dem *Kitāb al-Mutawakkilī* verschmolzen, der ägyptische Traktat aber unter dem Namen *Ghatrif* weitertradiert wurde.

Neues Licht wirft und in neuem Licht erscheint so aber auch jene seltsame Aussage Theodors, er habe vier Bücher übersetzt, von denen das erste die Theorie, das zweite die Heilmittel der verborgenen Krankheiten, das dritte die Heilmittel der offen zu Tage tretenden Krankheiten und das vierte die Heilmittel für räuberische Vierfüßer enthalte. Die Erwähnung von vier Büchern dürfte tatsächlich von Theodor stammen und die von ihm zuerst allein übersetzten Bücher II-V gemeint haben. Die Inhaltsangabe hingegen ist offenbar erst hinzugefügt oder verändert worden, nachdem der Text mit dem Werk des al-Ġiṭrīf kompiliert worden war, in dem Bemühen, die nunmehr unstimmige Zahl Vier zu erklären.

Ist damit aber auch die Kompilation, wie die Kürzung, erst nach der Übersetzung vorgenommen worden, so wird man auch sie dem Eingreifen des Kaisers zuschreiben dürfen. Er dürfte den *Moamin* so erst eigentlich geschaffen haben. Zu Recht darf man daher mit Fried von einem „zweiten Falkenbuch" des Kaisers sprechen. Eine wiederholte Umarbeitung läßt sich indessen nicht belegen. Vielmehr erfolgte Friedrichs Eingreifen vermutlich in einem einzigen Schritt unmittelbar im Anschluß an Theodors Übersetzung. Allenfalls an der bei x23 zu beobachtenden Überarbeitung könnte er noch beteiligt gewesen sein.

Möglicherweise hatte Friedrich über das Kompilieren, Kürzen und Einbringen von Fachbegriffen hinaus auch noch Anteil an den Ergänzungen und Abwandlungen, die zwischen den arabischen Vorlagen und der ältesten lateinischen Fassung zu beobachten sind. Ein Beweis ist jedoch mit den zu Gebote stehenden Mitteln nicht zu führen. Einzig das Gegenteil läßt sich im Einzelfall belegen. Die hinzugekommene Passage über die Flügel- und Schwanzfedern etwa mit ihrer besonderen Wertschätzung für Vögel mit 13 Schwanzfedern, läßt zwar erst an den Kaiser denken, handelt es sich doch, wie bereits erwähnt,[177] um

---

welche besonderen Personen nicht beigelegt sind nach Worten der Meister, welche Glauben verdienen ..." (HAMMER-PURGSTALL, 2f.).

173 EISENSTEIN, 172.

174 EISENSTEIN, 172.

175 MÖLLER / VIRÉ, 14.

176 Zitate nach „Ghitrif" finden sich auf den Seiten 7, 12, 15, 69, solche nach „Ghitrif Hidschadsch" auf den Seiten 12 und 18, solche nach „Ghitrif und Edhem" auf Seite 16 und solche nach „Edhem Ben Moharres el-Bahili" auf Seite 6. Umfängliche weitere Passagen sind ohne explizite Kennzeichnung übernommen.

177 S. Seite 27f.

eine Auffassung, die von Usāma ibn Munqidh explizit den abendländischen Falknern zugeschrieben wird. Ein Blick in Friedrichs eigenes Werk zerstreut diese Vermutung aber sogleich, denn der Kaiser hat diesem Thema im *De arte venandi cum avibus* ein ausführliches Kapitel gewidmet und darin eine gänzlich andere, zudem weitaus differenziertere Sichtweise an den Tag gelegt: Er rechnet den Flügeln aller Raubvögel 26 Federn zu und unterscheidet diese nach Ort, Farbe, Festigkeit und Form in Gruppen von vier, zwölf und zehn. Weitere vier am äußeren Flügelknochen hängende und eine Vielzahl von Klein- und Kleinstfedern kämen noch hinzu.[178] Am Schwanz hingegen finde man in der Regel 12, manchmal aber auch 13 oder 14 oder weniger als 12, je nach Überfluß oder Mangel an Materie, wie man es auch an den Fingern der Menschen oder den Hörnern der Widder beobachten könne.[179]

Auch das zusätzliche Kapitel I, 13 läßt sich auf diese Weise als Zutat Friedrichs ausschließen. Die hier anzutreffende Empfehlung, der Falkner möge seinen Falken beim Aufstieg zu Pferde auf der rechten Hand tragen, wird zwar auch von Friedrich gegeben, doch berücksichtigt der Kaiser ausdrücklich, daß dies nur dann gelte, wenn der Falkner von der linken Seite aufsteige. Schwinge er sich von rechts hinauf, solle er den Vogel auf der Linken tragen.[180] Dem Verfasser von I, 13 hingegen scheint ein Aufsteigen von der rechten Seite gar nicht in den Sinn zu kommen. Folgt man zudem den Ausführungen eines späteren Glossisten, so muß das Kapitel von einem Araber stammen, denn die von ihm empfohlene

---

178 *Numerus itaque pennarum in unaquaque ala est XXVI, quatuor magis propinque corpori, que dicuntur corales, et postea XII, que dicuntur vane, firmiores et duriores corralibus et alterius coloris et figure, demum versus extremitatem ale sunt alie decem, que forinsece dici possunt. Hee sunt firmiores et duriores et longiores illis, que dicuntur vane. Ultima harum decem dicitur saxellus, et de hiis decem saxellus et ille, que priores sunt saxello, sunt decise et formate ad similitudinem cultelli. Quod enim de penna distincte latius est, manubrii locum obtinere videtur, et hoc est infra, set quod distincte strictius est, locum videtur obtinere ferri curtelli, quod est extra manubrium, et hoc est supra, propter quod oppinamur quod dicantur curtelle. Et de huiusmodi curtellis quedam habent plures, quedam pauciores, et quedam habent incisuras et stricturas longiores et quedam curtiores et quedam minus strictas ... Sunt preterea quatuor parve penne et dure in ala posite extra has decem forinsecas, et adherent illi parvo ossi forinseco, quem dicunt esse loco policis. Hee quatuor vocantur empiniones, et sunt minores pennis et maiores plumis ... Sunt etiam in ala supra istas viginti sex pennas seriatim et infra ipsas, alie penne minores illis et maiores plumis, et sunt duriores et maiores respectu sui quam alie ... Et supra has minores ... sunt alie locate seriatim per ordinem penne minores et plume usque per totam alam, sic munientes et protegentes totam alam et confirmantes alie alias* (Trombetti Budriesi, 222-228).

179 Trombetti Budriesi, 232-236.

180 *Falconarius ... si vult ascendere super equum a parte sinistra equi, et sumpsit falconem super manum sinistram, transmutet falconem ad dextram manum, et sumens ipsum de sinistra, quemadmodum de sede ad manum adsumpserat, postea dat tiratorium falconi, invitans ipsum vocibus consuetis ad mordicationem. Deinde ponat pedem suum sinistrum in stapha selle, accipiens arcum selle anteriorem cum manu sua sinistra, super quam iam non est falco, posteriorem vero cum dextra, super quam est falco, et postea firmat se super stapham selle et elevat. Antequam mittat crus suum dextrum ad aliam partem selle, removeatur dextra manus, super quam est falco, de arcu selle, et deinde ascendens transmutat crus ad aliam partem equi et sedeat super sellam. ... Si vero falconarius assumpserit falconem de sede super manum suam dextram et vellit ascendere super equum a parte dextra equi, transmutet falconem ad manum suam sinistram et, dato tiratorio falconi, accipiat arcum selle anteriorem cum manu sua dextra, ponendo pedem suum dextrum in stapha selle. Deinde cum manu sinistra, super quam est falco, apprehendat arcum posteriorem selle, et statim, cum firmaverit et elevaverit se super stapham, removeat manum sinistram, super quam est falco, de arcu selle, et elevando deiciat crus suum sinistrum ad aliam partem equi et sedeat, ut debet* (Trombetti Budriesi, 486-488).

Beschleunigung des Vogels durch einen Abwurf mit dem stärkeren rechten Arm impliziert eine spezifisch arabische Abwurftechnik.[181]

Bei zwei weiteren Ergänzungen – jener, welche die besonders jagdtüchtigen Exemplare der *species cohec* mit dem arabischen Namen *xemy* versieht,[182] und jener, die Empfehlungen zum Aufspüren entflohener Beizvögel gibt und dabei die islamische Gebetshaltung beschreibt[183] – ist der orientalische Ursprung ohnedies offensichtlich.

Zwei Fragen bleiben noch zu klären: Wie kommt es, daß der neu entstandene Traktat einem Falkner namens Moamin zugeschrieben wird? Und wie läßt sich die Vielzahl der staufischen Abschriften erklären, wenn eine stets von neuem erfolgte Überarbeitung durch Friedrich ausscheidet?

Hinsichtlich der Autorenbezeichnung ist folgendes auffällig:
1. Der Name lautet in den ursprungsnahen Handschriften Moam' o. ä., die Form Moamin o. ä. erscheint erst in den weiter entfernten Handschriften und dürfte der Fehlinterpretation des Abkürzungsstriches als hochgestelltes i entsprungen sein.
2. *Moam' falconarius* entspricht der Kurzform des Namens des Autors des *Kitāb al-Mutawakkilī*: Muḥammad al-Bāzyār.
3. Die Zuschreibung des Textes an den Falkner Moamin erfolgte offenbar nicht von Anfang an. In Theodors Prolog ist der Traktat nur als *liber falconarii* bezeichnet. Und bei x2, wo der Name Moamin zuerst erscheint, steht dieser erst im Incipit des zweiten Buches, während das Incipit des ersten Buches in Anknüpfung an den offenbar nicht originalen Abschnitt 33 von Theodors Prolog von einem *tractatus de theorica huius artis* spricht. Ein Bezug des Namens Moamin auf den ganzen Text wird erst bei x5 und x12 hergestellt, hier in Form des neuen Prologs, dort in Form der neu an den Anfang getretenen Notiz.

Verbindet man diese drei Beobachtungen miteinander, ist folgendes denkbar: Theodor übersetzte die Bücher II-V des Muḥammad al-Bāzyār und machte dies auch im Incipit und in seinem Prolog kenntlich. Dabei kürzte er den Namen Muḥammads nach dem vierten Buchstaben ab: ... *Incipit tractatus 2 de libro Moam' falconarii* ... bzw. ... *presentem librum Moam' falconarii transferre de arabico in latinum* ... . Während das Incipit allerdings unverändert erhalten blieb, ja auch problemlos erhalten bleiben konnte, da seine Aussage weiterhin gültig blieb, wurde im Prolog der Name des Autors gestrichen, nachdem der Kaiser dem Traktat den Text des al-Ġiṭrīf vorangestellt hatte. Erst später ist dieser Unterschied dann, bewußt oder unbewußt, nivelliert worden, ist der mittlerweile auch als Moamin o. ä. bezeichnete Falkner zum Autor des ganzen Werkes geworden.

Eine Erklärung für die Vielzahl der staufischen Abschriften erschließt sich aus der Betrachtung des kaiserlichen Falken- und Hundewesens. Dieses war dezentral organisiert: Einige Tiere reisten mit dem Kaiser, andere waren an verschiedenen festen Orten untergebracht, ja mußten dies sein, denn für bestimmte Lebensphasen waren Bedingungen vonnöten, die der stets auf Reisen befindliche Hof nicht bieten konnte. So bedurfte es für die Aufzucht der Vögel eines Turmes oder alleinstehenden hohen Hauses, um ihnen das Gefühl zu geben, sie

181 S. Seite 351.
182 I, 1, 18.
183 I, 7, 11-14.

befänden sich noch in ihrem Horst; für die Abrichtung mehrerer unterschiedlich dunkler und lärmausgesetzter Häuser, um sie schrittweise an den Menschen zu gewöhnen; für die Mauser schließlich einer weiteren speziell hergerichteten *domuncula*.[184]

Falkenstationen sind explizit belegt für Salpi (ca. 35 km südöstlich von Foggia), Tressanti (ca. 25 km südöstlich von Foggia)[185] und Melfi. Salpi und Tressanti erscheinen jeweils gemeinsam in zwei kaiserlichen Mandaten vom 4. November 1239 und vom 7. Juni 1240, die den Nicolaus de Calochurus für die Pflege der kaiserlichen Vögel an den genannten Orten entschädigen.[186] Carl Arnold Willemsen weiß zudem, leider ohne Quellenangabe, zu berichten, daß „die hier abgerichteten Jagdfalken überall besonders begehrt" waren.[187] Melfi begegnet in einem Mandat vom 26. November 1239, das dem Carnilevarius de Papia befiehlt, sich sofort dorthin zu begeben und die dort befindlichen kaiserlichen Vögel sorgsam zu pflegen.[188] Weitere Stationen dürfen aber wohl angenommen werden. So erfahren wir aus einem Mandat vom 5. Mai 1240, daß der Kaiser beabsichtigte, 19 Falkner nach Malta zu schicken *pro deferendis inde falconibus ad curiam nostram*.[189] Die Falken scheinen dort also bereits abholbereit versammelt gewesen zu sein. Hätte es sich um eine Vogelfangexpedition gehandelt, hätte die Formulierung wohl anders gelautet, etwa so, wie in einem Mandat vom 15. März, gemäß dem zwei kaiserliche Diener in die Gegenden von Neapel und Gaeta (ca. 70 km nordwestlich von Neapel) geschickt wurden *pro trahendis falconibus et nutriendis*[190] oder in einem fünf Tage später aufgesetzten Mandat, wo ein kaiserlicher Falkner u. a. auf die rund um Sizilien gelegenen Inseln Ustica, Favignana, Marettimo, Lampedusa und Pantelleria entsandt wurde *pro extrahendis falconibus et custodiendis*.[191] Ebenso mag die für ein Nebengebäude des Jagdschlosses in Gravina di Puglia (25 km nordwestlich von Matera) belegte *sala di falconi*[192] auf eine Station hindeuten. Und auch die Anwesen des Adels sind für die Unterbringung kaiserlicher Falken in Anspruch genommen worden. So kündigt ein kaiserliches Mandat vom 29. Februar 1240 dem Justitiar der Provinz Abruzzen an, es würden ihm durch einen kaiserlichen Diener einige Habichte überbracht, und trägt ihm auf, dieselben an einige Barone seines Amtsbereiches aufzuteilen, damit jene die Vögel bei sich mausern ließen.[193]

Hundestationen sind nicht explizit belegt, doch dürften auch von ihnen mehrere existiert haben, denn wie aus einem Registereintrag zum 13. Januar 1240 hervorgeht, wurden damals alle kaiserlichen Hundehüter aufgefordert (*scriptum est universis custodibus canum curie*),

---

184 Vgl. Maria Stella CALÒ MARIANI, L'arte al servizio dello Stato, in: Federico II e il mondo mediterraneo. A cura di Pierre TOUBERT e Agostino PARAVICINI BAGLIANI, Palermo 1994, 123-145, 139f.

185 Vgl. zur Lage die Karte bei Dankwart LEISTIKOW, Die Residenz Kaiser Friedrichs II. in Foggia, in: Burgen und Schlösser 18 (1977), 1-12, 5, zu der Gestalt der Anwesen CALÒ MARIANI, 138.

186 HUILLARD-BRÉHOLLES, V, 477 und 1000.

187 Carl Arnold WILLEMSEN, Die Bauten Kaiser Friedrichs II. in Süditalien, in: Die Zeit der Staufer. Geschichte – Kunst – Kultur. Katalog der Ausstellung Stuttgart 1977, 5 Bde., Stuttgart 1977-1979, III, 143-163, 144.

188 HUILLARD-BRÉHOLLES, V, 530.

189 HUILLARD-BRÉHOLLES, V, 969-971.

190 HUILLARD-BRÉHOLLES, V, 836f.

191 HUILLARD-BRÉHOLLES, V, 857f.

192 S. WILLEMSEN, Die Bauten, 145.

193 HUILLARD-BRÉHOLLES, V, 791.

Hunde anzuzeigen, die geeignet wären, um an den Hof gebracht zu werden – es scheint derer also eine größere Zahl auf unterschiedliche Orte verteilt gewesen zu sein.[194]

Es liegt nahe, daß der Kaiser ein Interesse daran haben mußte, das neu gewonnene orientalische Wissen nicht nur am Hof, sondern auch an möglichst vielen dieser Orte verfügbar zu machen. Auch dürfte bald das eine oder andere der sizilischen Adelsgeschlechter seine Bibliothek um eine Abschrift des *Moamin* bereichert haben, denn wie wir wissen, waren nicht wenige von deren Söhnen als kaiserliche Falkner tätig.[195]

Erstaunlich ist die Anordnung der staufischen Handschriften im Stemma. Man sollte erwarten, daß für die Herstellung einer größeren Anzahl von Kopien an einem Ort stets ein und dieselbe Vorlage ausgeschrieben worden wäre, ist es doch kaum vermeidbar, daß beim Abschreiben Fehler auftreten. Die Anordnung im Stemma deutet jedoch eher darauf hin, daß der Text weitgehend im Kettenverfahren vervielfältigt wurde – die erste Abschrift der zweiten als Vorlage diente, die zweite Abschrift der dritten etc. Bis das Werk König Enzo erreichte, war es so schon mindestens sechsmal abgeschrieben worden.

---

194 HUILLARD-BRÉHOLLES, V, 674f.
195 Vgl. KANTOROWICZ, 276-287.

6.2 Die Fortschreibung der Tradition unter den Anjou und den Aragonesen

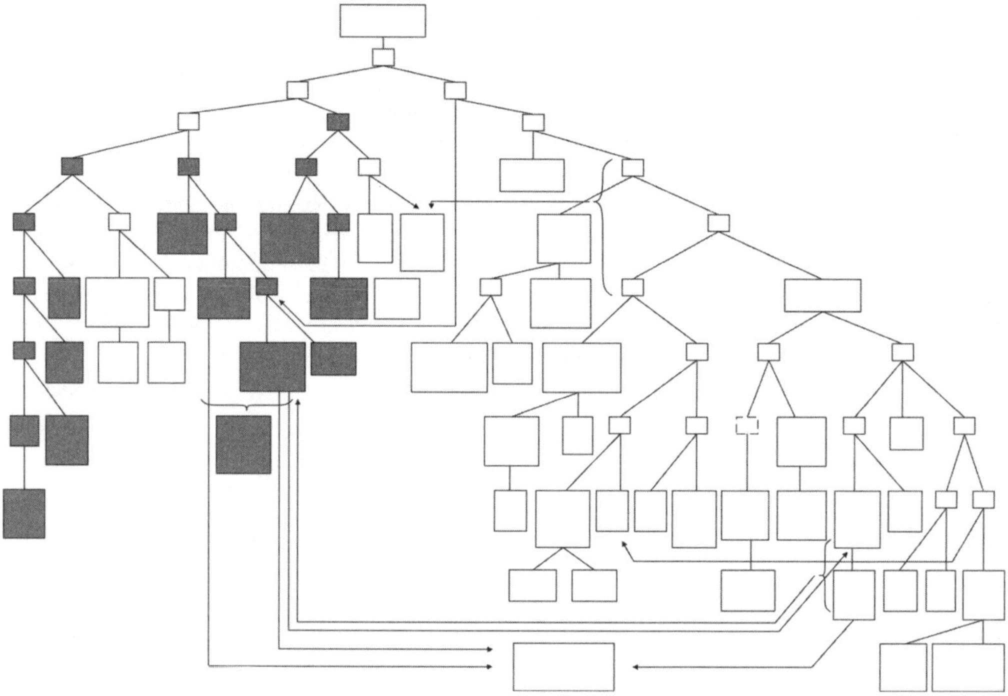

Während die bislang behandelten Handschriften dem staufischen Hof mit großer Sicherheit zugeordnet werden konnten, ist dies für die nachfolgend beschriebenen nicht möglich. Daß sich die Reihe der staufischen Handschriften indes auch in den hier zu betrachtenden Zweigen noch fortsetzt, ist nicht ausgeschlossen, ja, in einigen Fällen sogar durchaus wahrscheinlich.

Wenig scheint den mit x9 beginnenden Zweig auf den ersten Blick mit dem staufischen Hof zu verbinden, denn zwei der von ihm erhaltenen Handschriften, A und R, weisen nördlichere, vermutlich französische Züge auf. Man möchte vermuten, der Text sei bereits zu Anfang des Zweiges über die Alpen gewandert. Der zweite Blick hingegen weckt Zweifel. Denn der Zweig mündet gleich mehrfach in Neapel – A gehört in der zweiten Hälfte des 15. Jahrhunderts zum Bestand der königlich-aragonesischen Bibliothek, I entsteht wohl dort um dieselbe Zeit, und l mit seinem den *Moamin* kompilierenden neapolitanischen Habichttraktat gehörte Bona Sforza (1494-1557), der Tochter Isabellas von Aragon und Gian Galeazzo Sforzas, die im Königreich Neapel ihre Jugend verbrachte, bevor sie 1518 den polnischen König Sigismund I. heiratete und bis kurz vor ihr Lebensende in Polen residierte.[1] Sollte sich der Zweig erst über die Alpen erstreckt haben, um dann gleich mehrfach in seine Herkunftsregion zurückzuranken? Dies erscheint abwegig. Eine schlüssigere Erklärung findet sich auf den dritten Blick, wenn man die Entstehungszeiten der beiden französisieren-

---

1 Vgl. Henryk BARYCZ, Bona Sforza, regina di Polonia, in: Dizionario biografico degli Italiani, Bd. 11, Rom 1969, 430-436.

den Handschriften betrachtet. Beide stammen aus der Zeit, als die Anjou den Süden Italiens beherrschten. Und wie die für die Jahre 1280-1342 erhaltenen Rechnungsbücher der angiovinischen Schatzkammer belegen, waren unter den von ihr entlohnten Schreibern neben Italienern auch viele Ausländer, zumal Franzosen.[2] Dies legt nahe, daß sie am angiovinischen Königshof entstanden sind. Zugleich bedeutet es, daß die Tradition in diesem Zweig von den Staufern in direkter Linie an die beiden ihnen folgenden Herrscherhäuser übergegangen ist. Bekräftigung erfährt diese Annahme durch den Transfer der Hundebücher von x4 zu x20. Beide befanden sich offenbar noch in enger räumlicher Nähe, man darf annehmen, am selben Ort, an dem sie entstanden.

Wie sich dieser Übergang freilich staffelt, wieviel staufischer und wieviel angiovinischer Anteil sich in den nicht mehr erhaltenen Handschriften x9, x15 und x20 verbirgt, ist weniger sicher zu beurteilen. Das Ergebnis hängt davon ab, wie man die im 14. Jahrhundert entstandene, nur allgemein als italienisch einzustufende Handschrift D' beurteilt und wo man sie im Stemma verortet. Wie bereits Gundula Grebner ausgeführt hat, gibt es gute Gründe anzunehmen, daß dem hier einzig überlieferten fünften Buch des *Moamin* noch in staufischem Umfeld eine Reihe anderer Texte zur Seite gestellt worden ist, darunter ein Bericht von der wundersamen Heilung eines Pferdes Friedrichs II. und ein Rezept mit der Gewichtsangabe *imperiales*.[3] Geht man hiervon aus und setzt D' unterhalb von x20 an, dann müßten alle drei verlorenen Handschriften dieses Zweiges noch staufischen Ursprungs sein, ja man müßte sogar noch eine weitere, zwischen x20 und D' gelegene Handschrift annehmen, denn, wie A zeigt, liegt diese Sammlung noch nicht bei x20 vor.

Dies muß allerdings nicht zwangsläufig so gewesen sein, denn die Einordnung von D' unterhalb von x20 ist nicht sicher, sondern nur aufgrund der Beleglage geboten. Da die Existenz von x20 sich aus einem Merkmal ergibt, das nur in A, nicht zugleich auch in D' erscheint, kann die gemeinsame Vorlage von D' und A auch bereits eine zwischen x4 und x20 gelegene Handschrift sein. In diesem Fall wäre die staufische Tradition um diese Handschrift zu verlängern und bliebe die genaue Herkunft von x9, x15 und x20 unklar.

Möglich ist aber ebenfalls, daß das fünfte Buch erst in angiovinischer Zeit mit überkommenem staufischen Material verbunden wurde. Der Block ist eingerahmt von lateinischen Übersetzungen griechischer Pferdetraktate, darunter die sog. Epitome der griechischen Hippiatrika in der Übersetzung des für Karl von Anjou tätigen Moses von Palermo. In diesem Fall ließe sich eine staufische Herkunft weder für x9, x15 und x20 noch für eine eventuell zwischen x4 und x20 gelegene Vorlage von D' belegen.

Auch der mit x6 beginnende Zweig mündet – mit Handschrift A' – in die aragonesische Bibliothek zu Neapel. Könnte auch hier eine räumliche Kontinuität bestehen, der Text von Hof zu Hof weitergelangt sein? Für eine solche Annahme sprechen die Verbindungslinien zwischen Handschriften dieses Zweiges und denen des Zweiges x9ff.[4] Sie legen nahe, daß zumindest ein Teil des mit x6 beginnenden Zweiges noch am Hof vorgelegen haben muß, sei es am staufischen, sei es am angiovinischen. Daß x10 neben dem *Moamin* auch das *De arte* und den *Ghatrif* überliefert, kommt bestärkend hinzu. Ob sich die höfische Linie allerdings tatsächlich bis zu A' durchzieht, muß offenbleiben. Ebenso könnte A' auch von außen

---

2 S. Cornelia C. COULTER, The Library of the Angevin Kings at Naples, in: Transactions of the American Philological Association 75 (1944), 141-155, 143.
3 GREBNER, 193-213.
4 S. Seite 110.

zu den Aragonesen gelangt sein. Hierfür spricht die Herkunft von Handschrift Z. Sie wurde für Astorre II. Manfredi, den Herrn von Faenza, angefertigt.

Staufischen Anteil mag schließlich auch die von x8 ausgehende Tradition noch in sich tragen, ist sie doch, zumindest in ihrem äußeren Zweig, durchweg süditalienisch geblieben. Handschrift G wurde König Alfons V. von Sizilien dediziert. Handschrift S stammt aus Torremaggiore, ca. 30 km nordwestlich der kaiserlichen Residenzstadt Foggia. Handschrift B' überliefert im Anschluß an den *Moamin* ein Rezept zur Herstellung von *pilule Regis Rugerii*, gemeint ist wohl König Roger II. von Sizilien. Handschrift N gelangte offenbar ohne Umwege an die Biblioteca Nazionale zu Neapel.

Der staufische und/oder angiovinische Teil des Zweiges x9ff. ist sorgfältig abgeschrieben und hat mehrmals kompetente Bearbeiter gefunden. In **x9** ist gegen Gaumenfraß nun nicht mehr Rettichsaft, sondern Rettichöl empfohlen.[5] In **R** sind bei fünf Rezepten die Bekräftigungsformeln um ein *multum* ergänzt.[6] Einem Rezept ist überhaupt erstmals eine solche Formel beigegeben.[7] Aufmerksam gelesen und für nützlich befunden wurde offenbar auch das Kapitel IV, 5. Denn dessen Inhalt findet sich nun der Überschrift von Kapitel IV, 4 angehängt: Auf „Wie man die Hunde füttert und ihr Gewicht beeinflußt" folgt „und wie sie gefüttert und abgerichtet werden sollen – {wo} und zu welcher Stunde und wie viele Male und auf welche Weise – und wie sie zur Jagd ausgeführt werden sollen und wie man es anstellt, daß sie der Jagd und der Beute gern folgen."[8] Zweimal ist *lutum armenicum* gegen *bolum armenicum* ausgetauscht und damit der gebräuchliche lateinische Begriff für die armenische Bolaerde an die Stelle des von Theodor benutzen ungebräuchlichen gesetzt.[9] Gegen Tuberkulose sollen Vögeln anstelle einer unbestimmten Menge Nieswurz nun sieben Stephanskörner zu fressen gegeben werden.[10] Eine gegen Zersetzung des Schlundes empfohlene Medizin soll nicht mehr nur an einem staubfreien Ort, sondern in einem staubfreien Haus aufbewahrt werden.[11] Einmal ist auch eine Korruptele verbessert: In II, 60, 16 heißt es nun *finde* statt *funde*. Der Ausfall zweier Rezepte im Hundeteil dürfte auf einen Augensprung zurückgehen.[12] Diese Handschrift hat zudem die Aufmerksamkeit eines späteren Lesers gefunden. Er versieht den Text über seine ganze Breite mit Inhaltsvermerken.

Auf dem Weg zu x15 sind offenbar die beiden Hundebücher ausgefallen, die bei I fehlen und bei x20 durch diejenigen von x4 ersetzt sind. Daneben erscheinen nur zwei Veränderungen: Der als Beute des Wanderfalken genannte *carvam*, ein Vogel, zu dem Theodor offenbar keinen lateinischen Begriff wußte und den er, für die meisten Leser wohl unverständlich, schlicht transliteriert hat – vermutlich ist ein Triel gemeint –[13] ist nun mit einer Glosse versehen. Inwieweit diese Glosse freilich zur Erhellung des Begriffs beitrug, muß offenbleiben, denn sie ist in den einzigen beiden die Tradition von x15 überliefernden Hand-

---

5 II, 23, 11.

6 II, 24, 17; II, 24, 21; II, 51, 3; II, 53, 16; II, 58, 7.

7 III, 1, 6.

8 Daß diese Inhaltsangabe der Überschrift von IV, 4 und nicht der von IV, 5 angehängt ist, wird damit zusammenhängen, daß beide Überschriften in der Capitulatio vertauscht sind.

9 II, 51, 4 und II, 52, 6. Zur Bolaerde und ihrer Terminologie vgl. GLESSGEN, Die Falkenheilkunde, II, 850-853.

10 II, 31, 12.

11 II, 25, 3.

12 V, 4, 19.

13 Vgl. GLESSGEN, Die Falkenheilkunde, II, 502f.

schriften A und I nur sehr verderbt erhalten: *avis* (*aut* I) *que dicitur luitū* (*baricim* I).[14] Die zweite Veränderung betrifft die gegen die Krankheit *sudhaam* ursprünglich empfohlenen Rübenblätter. Sie sind gegen Rübensamen ausgetauscht.[15]

Bei **D'** ist nur eine einzige bewußte Veränderung zu vermerken, die allerdings das gesamte hier wiedergegebene fünfte Buch des *Moamin* in neuem Licht erscheinen läßt: Das Rezept gegen Gaumenleiden bei Hunden ist nun überraschend auf Pferde bezogen. Statt *et lini palatum* lautet die Ausführungsanweisung hier *et lini palatum equorum*.[16] Offenbar verstand man die im fünften Buch wiedergegebenen Rezepte als Rezepte für Pferde und hat sie deshalb zu den anderen in D' versammelten hippiatrischen Texten gestellt – sei es weil in dem von den ersten vier Büchern getrennten Buch V nicht zu erkennen ist, welchen Tieren es gilt, und man es irrtümlich auf Pferde bezogen hat, sei es, weil man die Ansicht vertrat, Hunderezepte seien genauso erfolgreich bei Pferden anzuwenden.

Bei dem aus zwei Vorlagen zusammengefügten Text von **A** sind in beiden Teilen Veränderungen eingetreten. Zwischen x4 und A sind es vier: Die Aussage, Hundewelpen, die von ihrer Mutter zuerst aus einem Feuer gerettet würden, seien edler als die später Geretteten, ist erklärt worden: sie seien deshalb edler, weil die Hündin diese mehr liebe als die übrigen.[17] Wunden, die von Maden befallen sind, sollen nun mit lauwarmem statt mit warmem Wasser ausgewaschen werden.[18] *Lithargyrum* ist nun als gekochtes Blei erklärt.[19] Und auch die Korruptele in IV, 4, 2 ist beseitigt worden: lange und heiße Tage sind nun nicht mehr Kennzeichen von Frühling und Winter, sondern solche des Sommers.

Zwischen x15 und A finden sich elf Veränderungen: Als Anzeichen für gute Gesundheit gilt nicht mehr allein, daß die beiden an den Flügelwurzeln gelegenen Venen pulsieren, sondern daß sie kräftig pulsieren.[20] Zur Aufmunterung träger Vögel soll nicht mehr das Fleisch, sondern das Blut von Schildkröten gegeben werden.[21] Die im Rahmen einer Asthma-Kur empfohlene Diät soll nur noch allgemein aus Hühnerfleisch, nicht mehr aus Fleisch von schwarzen Hühnern bestehen.[22] Zu den in II, 46, 1 genannten Geschwüren findet sich die Aussage, es handele sich um jene, die auf arabisch *duxexlla* hießen, eine überraschende Aussage, denn sie entspricht dem Wortlaut von x2, wonach die Geschwüre als *dubellatum* o. ä. bezeichnet werden – ein Inhalt, der freilich bereits bei x3 weggefallen ist und folglich bei A nicht mehr verfügbar gewesen dürfte. Sie dürfte wohl eher als Übernahme von x4 anzusehen sein denn als eigenständiges Wissen. Auch die Glossen zu *cupata* und *scea armenica* sind weggefallen.[23] Zweimal haben Rezepte erstmals eine Bekräftigungsformel erhalten.[24] Zweimal sind bereits bestehende Formeln gesteigert worden.[25] Einmal ist auch eine Korruptele angegangen: aus der in II, 53, 8 zum Aderlaß herangezoge-

14 I, 1, 17.
15 II, 11, 13.
16 V, 3, 4.
17 IV, 3, 4.
18 V, 5, 7.
19 IV, 6, 9.
20 I, 11, 9.
21 II, 53, 5.
22 II, 33/34, 18.
23 I, 6, 18; II, 29, 2.
24 II, 7, 11; II, 13, 7.
25 II, 17, 12; II, 36, 10.

nen Sehne sind nun immerhin *arterie nervuum* geworden, wenn auch unklar ist, was damit gemeint sein soll.

Der aragonesische Anteil des Zweiges x9ff. hinterläßt einen deutlich schlechteren Eindruck als der staufische und/oder angiovinische. Bei **A** korrigiert ein Leser am aragonesischen Hof die Capitulationes zu Buch I und II nach dem Text der Handschrift x33. In Buch II führt dies zu unsinnigen Aussagen, denn der Capitulatio II bei x33 liegt nach den Eingriffen bei x23 eine ganz andere Struktur zugrunde. Als Folge sind bei A nun Kapitel angekündigt, die gar nicht im Text erscheinen.

Noch befremdlicher wirkt die am aragonesischen Hof entstandene Handschrift **I.** Sie ist eine dumpfe Schreiberarbeit. So klar ihre humanistische Minuskel ist, so unklar ist zugleich ihr Inhalt. Ein Fehler reiht sich an den nächsten. Wenn sich hier doch auch sinnvolle Veränderungen finden, möchte man darin Flüchtigkeitsfehler oder aber Eingriffe eines früheren Bearbeiters vermuten: Zwei sinnvolle Ausfälle dürften auf Augensprüngen beruhen.[26] Bei Läusebefall sollen die Vögel nun nicht mehr nur in ein Dampfbad gestellt werden, bis sie schwitzen, sondern bis sie heftig schwitzen.[27] Auch zwei Korruptelen sind verbessert: Die in II, 23, 25 genannte Kauterstelle liegt hier nur noch in Augenhöhe, nicht mehr zugleich auch unterhalb der Nase. Und in III, 12, 7 sollen zum Verbinden nicht mehr Federn, sondern Tücher verwendet werden.

Befremdlich ist ebenfalls das *Moamin*-Fragment, das Eingang in den anonymen, im Codex **I** überlieferten und wohl ebenfalls am aragonesischen Hof entstandenen Habichttraktat gefunden hat. Auch hier folgt eine Verunstaltung der nächsten, etwa bei den Gütemerkmalen der Habichte:[28]

Accipiter autem, cuius ale tendunt super oculos et albumen oculorum albissimum erit, color rubeus vel subniger tendens ad rubedinem, est difficilis revocationem (*in revocationis vocationem* A *irrevocationis vocationem* I) *et signum* (*signa* AI) *perversi moris* (*morsi* A).

Ma lo spraviero del quale le ale se scendeno et sopra li occhy hanno bianchecze, senza russo de colore et alquanto nigro pertinente alla rossecza et ej duro ad venire et ei signo de perversa costume.

Die bei **x6** zu beobachtenden Veränderungen haben große Ähnlichkeit mit denen bei x3 und x4. Auch sie beschränken sich weitgehend darauf, den überlieferten Inhalt klarer und verständlicher zu machen. Der hiesige Bearbeiter – auch hier möchte man einen einzigen am Werk sehen – konzentriert sich allerdings im Unterschied zu den beiden anderen vornehmlich auf die Bücher I und II – von 29 relevanten Eingriffen entfallen zehn auf Buch I und 17 auf Buch II, hingegen keiner auf Buch III und nur jeweils einer auf die Bücher IV und V. Neunmal erklärt er Begriffe: das Attribut *privatus*,[29] das Verb *bombizare*,[30] die Vogel-

26 I, 1, 35; II, 58, 13.
27 II, 60, 18.
28 I, 2, 13 / LUPIS, La sezione, 261, 2-7.
29 I, 4, 2.
30 I, 41, 2.

bezeichnung *çumech*,[31] die Krankheitsbezeichnungen *calor extraneus* und *siringa*,[32] die Drogen *catranum*, *cuminum dulce* und *dyaciminum*,[33] und den anatomischen Begriff *pulpita*.[34] Fünfmal beseitigt er auch Unschärfen in der Formulierung: Mißverständlich erschien ihm offenbar die Beschreibung der Symptome, die den nahen Tod eines Vogels bedeuten (*Quando avis a pertica descendit et non potest super eam saltare*). Er fügt an *id est resilire* und schließt damit aus, daß gemeint sein könnte, der Vogel hüpfe auf der Stange auf und ab.[35] Die Aussage, die Vögel verletzen sich gegenseitig, wenn sie auf Beuteflug sind, lautet nun: wenn „mehrere gemeinsam" auf Beuteflug sind.[36] Dem Rat, Vögeln gegen Pneumatose so viel Butter ins Futter zu geben, wie sie schlucken können, fügt er vorsichtig hinzu: „bzw. verdauen".[37] Dort, wo ein Test für die Stärke eines Vogels angekündigt wird, es dann aber inkonsequent heißt, jener Vogel, der höher schmelze, sei auch der schnellere, ergänzt er: und der stärkere.[38] Und keine Zweideutigkeit will er auch aufkommen lassen, wenn es heißt, ein guter Habicht greife, wenn er angefaßt werde, nach der Hand seines Trägers. Er ergänzt: wenn der Habicht an den Füßen angefaßt werde.[39] Zweimal scheint er schlicht Freude an der Variation gehabt zu haben. So glossiert er den als *aqua* bezeichneten Saft des Lauchs als *sucus*[40] und den als *pinguedo* bezeichneten Saft der Aubergine als *aqua vel sucus*.[41] Einige Male ersetzt er Begriffe auch: Bei den Vögeln wird *manus* zu *palma*.[42] Bei den Hunden *pes anterior* zu *manus*.[43] Zweimal wird ein Widder (*aries*) zu einem Hammel (*muto*).[44] Zweimal verzichtet er offenbar auch auf unnötige Angaben: der Vogel öffnet nicht mehr den Mund oder den Schnabel (*os vel rostrum*), sondern nur noch den Schnabel.[45] Und *iussir* muß ohne die Glosse *opopanax* auskommen.[46] Unnötig erschien ihm wohl der Aufwand, Koriander durch Reiben zu entzünden. Er ergänzt, er möge geröstet werden.[47] Einmal fügt er auch eine neue Zwischenüberschrift ein.[48]

Neben diesen auf die Klärung oder Schärfung des Inhalts gerichteten Eingriffen nehmen sich die übrigen Eingriffe bescheiden aus. Über Eiterbildung unter der Haut erfährt der Leser nun auch, sie führe zur Entstehung einer Fistel.[49] Das gegen Schleim im Körper verwendete Lamm- bzw. Hammelfleisch soll nicht nur von seinen Adern, sondern auch von seinen Sehnen befreit werden.[50] Und zu dem Rat, einen Habicht zu Beginn seiner Abrich-

31 I, 5, 4.
32 I, 12, 5; II, 17, 1.
33 II, 24, 16; II, 41, 7; II, 44, 15.
34 II, 60, 16.
35 I, 12, 39.
36 II, 44, 4.
37 II, 4, 11.
38 I, 1, 50.
39 I, 1, 43.
40 II, 2, 3.
41 II, 24, 45.
42 I, 12, 33.
43 IV, 3, 18.
44 II, 24, 25; II, 24, 79.
45 I, 12, 8.
46 V, 5, 9.
47 II, 22, 2.
48 II, 34, 15.
49 II, 44, 6.
50 II, 3, 4.

tung am Abend fliegen zu lassen, weil er so weniger hoch aufsteige, weiß der Bearbeiter zu ergänzen, er fliege so auch nicht zu schnell.[51] Ein weiterer Textausfall dürfte auf einem Abschreibefehler beruhen.[52]

Wie bei x4 und x3 erstaunt es auch hier, daß ein offensichtlich um die Verständlichkeit des Textes bemühter Bearbeiter sich nicht auch der vielen offensichtlichen Korruptelen angenommen hat. Von 35, die auf ihn gekommen sind, behebt er nur eine einzige: das in I, 1, 28 unpassend zu Beginn eines Konsekutivsatzes stehende *quare* wird durch *quod* ersetzt.

Drei Korruptelen sind bei **x10** angegangen, zwei davon allerdings etwas zaghaft, denn der richtige Wortlaut wurde hier nicht etwa an die Stelle des fehlerhaften gesetzt, sondern jeweils nur an jenen angehängt: Heißt es in II, 3, 22 noch ursprünglich, Pfeffer, Ähren und Nelken sollten mit Hilfe eines Tuches zerkleinert werden, ist nunmehr ergänzt: „bzw. gesiebt". Und die Aufforderung *phlebotoma nervum sub alis positum* in II, 53, 8 erhält nun den Zusatz *id est venam*. Nur in II, 24, 49 ist mit mehr Entschiedenheit eingegriffen und *pennam* zu *peciam* gemacht und so verhindert worden, daß aus einem Tuch eine Feder wird. Acht weitere Eingriffe kommen hinzu: Zweimal werden in den Text Zwischenüberschriften eingefügt.[53] Die Gabe von Hasenfleisch gegen Lungenprobleme bei Vögeln wurde offenbar mit großem Erfolg erprobt: statt *nam est iuvativum* lautet die Bekräftigungsformel nunmehr *nam est iuvatissimum*.[54] Die in II, 24, 31 erwähnte Rizinusstaude ist als Kraut, die Angabe *v grana* in II, 58, 7 als Gewichtsangabe erklärt. Zu den in II, 24, 60 genannten Ribelienbeeren[55] findet sich der nicht ganz verständliche und soweit verständlich nicht korrekte Zusatz *semina minuta ut cannabus mopos tamen*. Und zu dem mit Sehnen und Adern durchzogenen Fleisch, dessen Gabe bei trockenem Katarrh empfohlen wird, damit sich die Vögel beim Kröpfen daran abmühen und sich die Feuchtigkeit in ihrem Kopf löst, ist nun der Fachbegriff angefügt: Falkner, so heißt es, bezeichneten solches Fleisch als *tiratorium*.[56]

Nach x10 ist die Tradition offenbar in stauferfeindlichem Milieu gelandet. Bei **Z** ist der Name des Kaisers aus dem langen Vorwort getilgt.[57] Bei **A'** ist dasselbe im Vorwort des voranstehenden *De arte* zu beobachten. Ansonsten geschieht nicht viel. Bei Z begegnen an potentiell bewußten Veränderungen nur der Ausfall eines Rezeptteils in II, 53, 16 und der eines ganzen Rezepts in III, 1, 12. Beide dürften zu den in dieser Handschrift wiederholt anzutreffenden Zeilen- bzw. Augensprüngen zu rechnen sein. Erst ein Leser aus dem Umkreis Astorres II. Manfredi, des Herrn von Faenza (1431-1468), hinterläßt klare Spuren der Auseinandersetzung mit dem Text: dem zweiten von drei Rezepten gegen Würmer, die aus dem Körperinnern nach oben steigen, fügt er eine Klammer und einen *Nota*-Vermerk an,[58] den zwei Rezepten gegen Geschwüre gar die Notiz *expertum*.[59] Bei A' erscheinen gerade zwei neue Zwischenüberschriften.[60]

---

51 I, 7, 2.
52 II, 24, 63.
53 I, 1, 22; V, 4, 7.
54 II, 32, 2.
55 Dies der Wortlaut von JZA'.
56 II, 6, 3.
57 Prolog, 30.
58 II, 29, 3f.
59 II, 46, 5f.
60 I, 6, 41; II, 3, 7.

Der Zweig x8ff. beginnt bemerkenswert. Bei **x8** begegnet eine umfangreiche Ergänzung. Sie gilt dem Kapitel I, 13 mit seinen Empfehlungen, den Vogel auf der rechten Hand zu tragen, wenn man ihn auf Beute wirft oder wenn man aufs Pferd steigt, und erscheint in der Form eines etwa dreimal so langen Anhangs, der das gleiche Thema zuerst eigenständig behandelt und dann an den zuvorstehenden Empfehlungen Kritik übt. Er unterscheidet drei Gründe, den Vogel zu tragen: 1. um den Vogel zu füttern, 2. um ihn zahm zu machen, 3. um mit ihm zu jagen. In allen drei Fällen sei es besser, den Vogel auf der linken Hand zu tragen. Im ersten Fall, weil die rechte Hand dem an der Atzung reißenden Vogel mehr Kraft entgegensetzen könne und von ihrer Motorik besser zum Füttern geeignet sei. Im zweiten Fall, weil die Rechte mit ihrer feineren Motorik auch besser geeignet sei, den aufspringenden Vogel zurückzuhalten. Bei der Jagd schließlich, weil man so besser den Jagdstab halten, einem strauchelnden Gefährten zu Hilfe kommen, den Hund bändigen und das Pferd lenken könne. Es folgt die Kritik an den Empfehlungen: Das Abwerfen mit der Rechten erhöhe allenfalls dann die Geschwindigkeit des Vogels und sei zu bevorzugen, wenn man den Vogel dabei mit der Hand umschließe, wie es die Syrer machten. Lasse man den Vogel jedoch – man darf ergänzen, wie es im Umfeld des Verfassers üblich war – frei sitzend von der Hand aufsteigen, so sei nur wenig oder kein Schwung geboten, um dem Vogel nicht den Untergrund zu entziehen, von dem er sich abstößt. Hierfür aber genüge die schwache linke Hand. Auch sei das Aufsteigen zu Pferde mit dem Vogel auf der Linken[61] durchaus ein leichtes Unterfangen. Die Ausführungen schließen mit dem Vorwurf, der Autor habe gar nichts darüber gesagt, wie die Tragweise der Vögel jeweils abhängig von ihrer Art variiere.

Der Verfasser dieses Gegenentwurfs war offenbar ein Jäger, der sich in vielen Facetten seines Metiers auskannte, mit verschiedenen Vögeln zu beizen gewohnt war und orientalische Gebräuche aus persönlicher Anschauung kannte, obendrein jemand, der sich nicht scheute, althergebrachten Lehrmeinungen klar entgegenzutreten und seine Kritik systematisch aufzubereiten wußte. All dies möchte einen mit Gleßgen und van den Abeele gern an den Kaiser selbst denken lassen.[62] Allein, derselbe Grund, der bereits dagegen sprach, daß der Staufer das Kapitel I, 13 verfaßt hat, spricht auch dagegen, daß dessen Kritik von ihm stammt. Er gibt im *De arte* weder der linken noch der rechten Hand den Vorzug, behandelt vielmehr beide mehrmals explizit gleich.[63]

Neben dieser Ergänzung erscheint bei **x8** nur eine andere bemerkenswerte Veränderung: die Korruptele in IV, 4, 2 ist behoben – als Jahreszeiten mit langen und warmen Tagen erscheinen hier nun wieder wie im Originaltext Frühling und Sommer nicht mehr Frühling und Winter. Zwei weitere Ausfälle dürften eher das Ergebnis von Flüchtigkeitsfehlern sein.[64]

Die in Süditalien verbliebene Tradition von x8 ist eine geistige Sackgasse. Ein nachlässiger Abschreiber folgt dem anderen. Ein Fehler reiht sich an den nächsten. Emendationsversuche finden so gut wie nicht statt. Am äußersten Ende dieses Zweiges, bei Handschrift N, ist bald jeder zweite Satz entstellt. Erstaunlicherweise hat der Text trotzdem noch mehrmals Aufmerksamkeit erfahren:

---

61 Im Text steht „der Rechten“ – dies kann aber nur ein Fehler sein.

62 Vgl. GLESSGEN / VAN DEN ABEELE.

63 S. Seite 340f. S. auch TROMBETTI BUDRIESI, 330 und 428.

64 I, 12, 9; V, 4, 12.

Handschrift **G** bot offenbar einem Benutzer des 15. Jahrhunderts mehrere nützliche Anregungen. Die Anzeichen für gute und schlechte Habichte hebt er jeweils durch ein großes *Signa* am Rand hervor.[65] Erstaunt ist er anscheinend darüber, daß die, mittlerweile zu Syrern mutierten Chinesen Habichte nur nach dem Gewicht beurteilen – *in siria emunt aves ad pondus* notiert er.[66] Auch die Liste von Rezepten, um widerspenstige Vögel gefügsam zu machen (I, 6, 40-45), scheint auf wache Augen getroffen zu sein – er wiederholt *pinguedine unbilici equi* und setzt Klammern. Mit einer großen Klammer und einem *nota* versieht er die Ratschläge, wie man einen entflohenen Vogel aufspürt.[67] Rezepte zur Beschleunigung der Mauser (I, 9, 10-12) entlocken ihm gleich dreimal hintereinander ein *nota* – und gleich noch ein weiteres die Warnung, es mit der Anwendung dieser Rezepte nicht zu übertreiben, da sie der Natur der Vögel widersprechen.[68] Bemerkenswert erschien ihm offenbar auch der in III, 12, 17 zum Kautern geschwollener Fußballen eingesetzte Myrtenzweig – er wiederholt am Rand: *fuste mirtino*.

Bei **x24** ist der Zusammenhang des *Moamin* aufgebrochen und zwischen Falken- und Hundeteil der Falkentraktat des Petrus de l'Astore eingefügt, und im Hundeteil erscheinen kurz hintereinander drei größere Textausfälle, die sich nicht leicht als Flüchtigkeitsfehler erklären lassen. Erst entfallen Ratschläge darüber, was zu tun ist, wenn die Hunde bei der Jagd überhitzen, wenn sie träge oder übersättigt sind,[69] dann solche über Schwierigkeiten beim Wasserlassen und Bisse von Insekten und anderen Hunden,[70] schließlich solche über aufgescheuerte Beine.[71] Ein sich anschließender vierter größerer Ausfall dürfte hingegen kaum beabsichtigt gewesen sein. Er läßt ein Abführmittel zum Heilmittel gegen Räude werden.[72]

Bei Handschrift **S** sind zwei Korruptelen angegangen: In I, 6, 6 ist *deponatur* gegen *reponatur* ausgetauscht und damit verhindert, daß der bereits sitzende Vogel nochmals hingesetzt wird. In I, 2, 13 ist *super* gegen *ad* eingetauscht und damit bewirkt, daß sich die Flügel von schlechten Habichten nur noch bis zu den Augen, nicht mehr über diese hinaus spannen. Auch so bleibt die Stelle allerdings merkwürdig. Vier weitere Eingriffe schließen sich an: Gibt die Vorlage noch den Rat, man möge die Hunde, wenn sie Fährte aufgenommen haben, mit freundlichen Worten und „Ermahnungen" loben (*adulabitur eis verbo dulci et monitis*), so sind die Ermahnungen nun gestrichen.[73] Zur Herstellung eines Suds, mit dem nach dem Wurf die Gebärmutter einer Hündin ausgewaschen werden soll, ist nicht mehr ein ganzes Brot aus Linsenmehl zu verwenden, sondern nur noch ein geringer Teil des Brotes.[74] Als Beispiele für Zähes, an dem man die Vögel reißen lassen soll, um eine Verstopfung der Nase zu kurieren, sind neben Hühner- und Taubenhüften nun auch

---

65 I, 1, 43; I, 2, 15-18.
66 I, 2, 10.
67 I, 7, 8-14.
68 I, 10, 19.
69 IV, 5, 46.
70 IV, 5, 54.
71 IV, 5, 64.
72 V, 4, 21.
73 IV, 5, 31.
74 IV, 2, 16.

Knochen genannt.[75] Und einmal ist auch ein Rezept durch Hinzufügung eines *nam est iuvativum* bekräftigt.[76]

In Handschrift **B'** erscheinen vier sinnvolle Ausfälle. Zumindest drei davon dürften beabsichtigt sein, denn alle betreffen Aussagen über die Wirksamkeit von Rezepten: in II, 11, 3 und III, 12, 7 ist die Bekräftigungsformel ganz ausgefallen, in III, 5, 3 heißt es nur noch, die Vögel würden gesunden, nicht mehr, sie würden sofort gesunden. Augensprungverdächtig ist hingegen der Ausfall einer Symptombeschreibung in I, 12, 50. Daneben wird Gaumenfraß im Winter statt mit lauwarmem nun mit heißem Wasser behandelt.[77] Eine Hand des 15. Jahrhunderts notiert am Rand des *Moamin* zudem mehrere Inhaltsvermerke, einmal auch zwei zusätzliche Rezepte.

Ob auch **L** in die Reihe der Handschriften gehört, die Bearbeitungsspuren aufweisen, ist zweifelhaft. Sie zählt nur zwei Veränderungen, die als bewußte Entscheidungen in Frage kommen. In beiden Fällen ist eine Vorsilbe weggefallen. Dabei macht die Veränderung von *deponatur* zu *ponatur* in I, 6, 6 Sinn, verleiht sie doch der Stelle Klarheit, nachdem zuvor die bereits seit x2 bestehende zweimalige Aufforderung, den Vogel abzusetzen, stets irritiert hat. Die in I, 1, 48 zu findende Aussage hingegen, Habichte mit kurzen Zehen und kleinen Fängen seien *decens* statt wie zuvor *indecens*, wirkt eher befremdlich und muß wohl eher als unbeabsichtigter Ausfall gelten.

---

75 III, 7, 2.
76 III, 12, 24.
77 II, 23, 20.

6.3 Ein römischer Zweig und die daraus hervorgegangene italienische Übersetzung von Sebastiano de Martinis

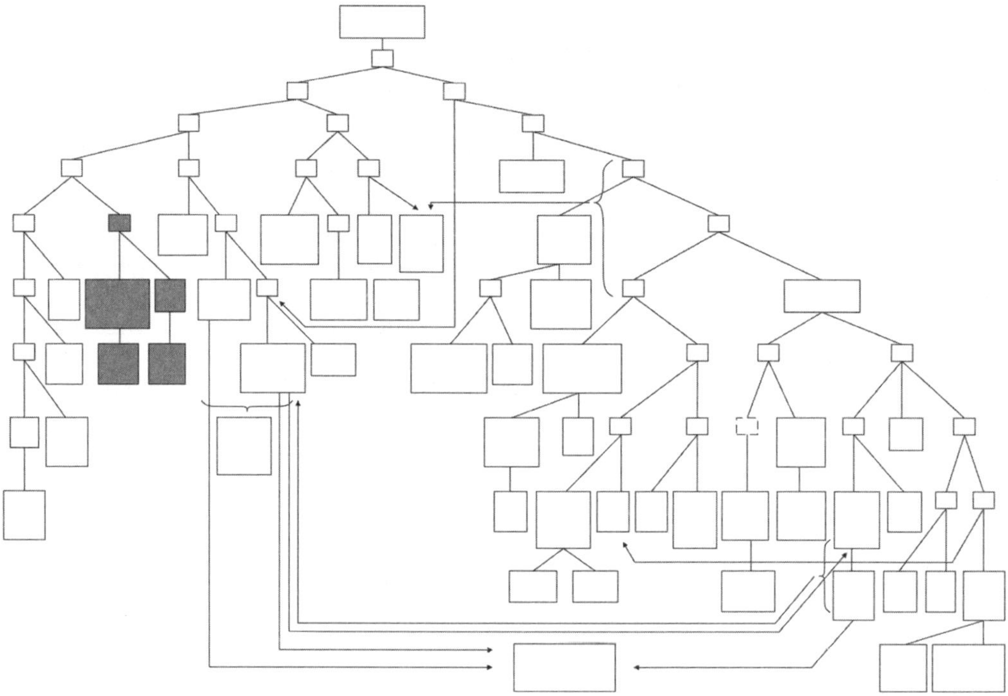

Mit x14 ist die Tradition des *Moamin* auch nach Rom gelangt, wo sie 1517 von Sebastiano de Martinis ins Italienische übersetzt wurde. Ob hier auch bereits im 14. Jahrhundert die Handschrift O nach der Vorlage von x14 entstand, läßt sich nicht ermitteln. Sicher ist hingegen, daß O spätestens im 15. Jahrhundert nach Frankreich gelangt ist. Vielleicht wurde sie von einem Gelehrten mit an die Pariser Universität gebracht, denn sie enthält vornehmlich alchemistische Texte und befand sich im 17. Jahrhundert möglicherweise im Besitz eines *Mr Coberge, docteur de Sorbonne et tres scavant en chymie*. Noch im 15. Jahrhundert entstand mit C in ihrer Tradition eine Abschrift für einen Herzog von Kleve.

Die Veränderungen innerhalb der lateinischen Handschriften dieses Zweiges sind gering. Bei **x14** könnten in II, 28, 2 *granum* zu *grani* und in II, 60, 16 *funde* zu *finde* verbessert und damit zwei Korruptelen beseitigt worden sein. Da diese Handschrift aber ansonsten keinerlei Veränderungen aufweist, ist es eher wahrscheinlich, daß diese Korrekturen sowohl bei d als auch bei O aufgetreten sind.

Einem mindestens seit x2 bestehenden Mißstand des *Moamin*, daß nämlich die Capitulatio zu Buch 5 zehn Überschriften führt, der Text hingegen bereits nach dem sechsten Kapitel abbricht, ist in Handschrift **O** entgegengetreten. Hier ist das Kapitel V, 7 über die Räude „wiederbelebt", indem die Überschrift aus der Capitulatio übernommen und um zwei passende Rezepte ergänzt ist. Das erste Rezept hat zwar leichte Ähnlichkeit mit einem der im *Kitāb al-Mutawakkilī* an dieser Stelle überlieferten Rezepte,[1] daraus jedoch die Benutzung einer zweiten, vor x2 gelegenen Vorlage abzuleiten, ist nicht gerechtfertigt. Dem zweiten Rezept fehlt jede Entsprechung zum *Kitāb al-Mutawakkilī*. Und wie van den Abeele und Loncke jüngst feststellten, erscheint der ergänzte Text ebenfalls – eigenständig und unabhängig vom *Moamin* – auf Folio 73v der Handschrift S.[2] Ob die einzige weitere für O anzuzeigende sinnvolle Veränderung einer bewußten Entscheidung entsprang, ist fraglich. Eine als Teil einer Federprothese zu verwendende Nadel soll, damit sie Rost ansetzt, nur noch in Hasenblut, nicht mehr in Hasenblut oder in Essig gelegt werden.[3]

Das gleiche Maß an Zurückhaltung muß gegenüber drei Ausfällen in Handschrift **C** gelten. Die Knie eines guten Habichts sind hier nur noch dick, nicht mehr auch spitz.[4] In II, 24, 32 sind die Worte *in eis* weggefallen und damit die dortige Korruptele beseitigt. Und im Kapitel gegen *astarem* ist eines von fünf Rezepten weggefallen.[5] Zumindest letzteres dürfte freilich mit einiger Wahrscheinlichkeit auf einen Augensprung zurückzuführen sein – hierauf deutet sowohl der identische Anfang des folgenden Rezepts als auch die Tatsache, daß Eingriffe zum Thema *astarem* ob dessen unklarer Bedeutung kaum sinnvoll möglich gewesen sein dürften. Deutliche Bearbeitungsspuren hinterläßt erst ein späterer Leser. Er notiert am Rand der Kapitel I, 13 bis II, 30 eine Reihe von *Nota*-Vermerken sowie am Rand von II, 35 offenbar zwei Begriffe, deren Bedeutungen ihm unklar waren.

Die Übersetzung Sebastiano Antonii de Martinis', eines Klerikers aus Millesimo in der Diözese Alba, der im Jahr 1517 auch eine Geschichte des ersten Kreuzzuges und der Heldentaten Gottfrieds von Bouillon in zwölf Büchern geschrieben (verfaßt?) hat,[6] ist in zwei Exemplaren (**d** und **g**) erhalten. Beide stammen von der Hand des Übersetzers. Handschrift g ist dem Kardinal Marco Cornaro (1482-1524) aus der gleichnamigen berühmten Venezianer Familie gewidmet. Über eine besondere Affinität dieses Kardinals zur Beizjagd ist zwar nichts bekannt, doch dürfte auch er, wie viele seiner Kollegen dieser Zeit,[7] daran Gefallen gefunden haben, zumal sich im Besitz seiner Familie jenes berühmte Landgut mit Namen *Il Barco* befand, das seine Tante Caterina, die vormalige Königin von Zypern (1454-1510), bei Altivole, unweit von Treviso, hatte anlegen lassen – ein von Mauern umgebener und mit aller Arten Pflanzen und Tieren gefüllter veritabler *hortus deliciarum*, von dem Giovanni Gonzaga im Jahre 1509 nicht anstand, der Isabella d'Este zu berichten, er sei eines Königs von Frankreich würdig. Hier soll Caterina auf Beizjagd gegangen sein. Ihr Neffe wird ihr darin nicht nachgestanden haben.[8]

In seiner Widmung geht de Martinis leider nicht auf die Umstände seiner Übersetzung ein. Vielmehr ergeht er sich einzig im Topos der Bescheidenheit. Er sei arm und sein Werk

---

1 Vgl. *Kitāb al-Manṣūrī* 13 (46, 10-14).

2 VAN DEN ABEELE / LONCKE, 293. Hier ist allerdings irrtümlich als Fundort die Handschrift Oxford, Corpus Christi College, 273 statt, wie richtig, 287 angegeben.

3 III, 9, 6.

4 I, 1, 47.

5 II, 45, 5.

6 M. X***. [= Louis DE MAS LATRIE], Dictionnaire des manuscrits, ou Recueil de catalogues de manuscrits existants dans les principales bibliothèques d'Europe, hg. von Jacques Paul MIGNE, Bd. II, Paris 1853, 603f.

7 Vgl. GNOLI.

8 Vgl. Teresa MARSON und Luciana PIOVESAN (Hgg.), Il Barco di Altivole. Contributi per la conoscenza, Treviso 2000.

ein armseliges Geschenk, doch hoffe er, der Kardinal möge es nicht verschmähen. Zumindest soviel scheint man jedoch herauslesen zu dürfen, daß es sich nicht um eine Auftragsarbeit handelte, sondern um ein Werk, das der Übersetzer aus eigenen Stücken in Angriff genommen hat, um sich für empfangene Gunsterweise des Kardinals zu bedanken.[9]

Die Übersetzung ist zugleich auch eine Kurzfassung. Man darf vermuten, daß auch hierfür de Martinis verantwortlich zeichnet. Die Kürzungen nehmen im Laufe der Übersetzung zu. Sind sie im ersten Buch noch meist auf wenige Wörter oder Sätze beschränkt, so fallen im zweiten und dritten Buch reihenweise ganze Kapitel aus. Auf die beiden Hundebücher schließlich wurde ganz verzichtet. Kaum mehr als ein Viertel des ursprünglichen Textes ist erhalten geblieben:

de Martinis	*Moamin*
1	I, 1, 1 - 11 (*frigidis*); I, 1, 12 - 13 (*aynoki*); I, 1, 14 - 17 (*lepores*); I, 1, 19 (*Tertius - aves*); I, 1, 20-22
2	I, 1, 23 - 25 (*rapina*); I, 1, 27 (*Illi - turciolo*); I, 1, 28 (*accipit*) - 36
3	I, 1, 37 - 42 (*xx penne*); I, 1, 42 (*preter - xiii*)
4	I, 1, 43 (*Cognitio - gutturis*); I, 1, 43 (*duritia - pectoris*); I, 1, 43 (*abundantia comedendi*); I, 1, 43 (*grossities unguium*); I, 1, 43 (*videtur - portantis*); I, 1, 44 (*pictura - pectore*); I, 1, 50 (*Signum fortitudinis est*); I, 1, 50 (*Vide*) - 51 (*magnus erit*); I, 1, 51 (*collum - longi*); I, 1, 51 (*caro - carne*); I, 1, 51 (*Si - optimum est*)
5	I, 2, 1 - 2 (*oblongam faciem*); I, 2, 2 (*et erit - crura*); I, 2, 5-10; I, 2, 13 (*color - moris*)
6	I, 3, 1 - 4 (*duri*); I, 3, 6 (*Nobilior - oculos*); I, 3, 6 (*collum longum*); I, 3, 6 (*cauda subtilis, cito volubilis*); I, 3, 7 - 8 (*eorum*); I, 3, 9f.
7	I, 4, 1 - 2 (*saccares*); I, 4, 2 (*tolerabiliores*) - 3 (*bistardos*); I, 4, 4-6
8	I, 5, 1-3; I, 5, 5
9	I, 6, 1-3; I, 6, 5 (*Cum - triduum*); I, 6, 11 (*Signum - diem*); I, 6, 12f. ; I, 6, 15 - 17 (*galline*); I, 6, 17 (*Similiter*) - 18; I, 6, 21 (*Item - eorum*); I, 6, 22 - 25 (*calore*); I, 6, 28 (*Caveat - pulvere*); I, 6, 28 (*et a femina - mutationis*); I, 6, 28 (*et a gallina*); I, 6, 29 (*Et in - cum eis*); I, 6, 29 (*et audiat - audire*)
10	I, 6, 33 - 37 (*alba*); I, 6, 38 (*Si - falconarii*); I, 6, 40 (*Si - equi*); I, 6, 40 (*et*

9 *R(everendissi)mo In Christo patri et Domino / D(omi)no Marco sante Marie in via / lata Diacono Car(dina)li Cornar° / patrimoniique legato digni(ssi)mo / Humilis servus Seba/stianus de martinis / de mileximo / S.D.P. / Arctaxerse non minore existimo / la pocha cortesia in grandissimo animo / di homo simplice R(everendissi)mo monsignore che / egli haverebbe estimato doni preciosissimi / et tutte le orientale richezze, che essen/dogli porta un pocho di aqua prese per / grandissimo dono la volonta liberale del / humile donatore. Con ilquale cogno/scendo io la humanita di v(ost)ra signo(r)ia / R(everendissi)ma pareggiare, mi sono facto audace / di appresentarli questo basso et vilissi/mo dono à sua altezza. Et se la / fortuna de suoi thesori me fusse stata // piu liberale co(n) piu larghe cortesie have/ria v(ost)ra sig(nor)ia R(everendissi)ma visitata. Ma per che / quella da piu tempo in qua (come è di / suo costume) mi ha agirato et gover/nato a suo modo, che del altrui fa/culta che essa di giorno in giorno lar/gamente porge mi bisogna ricercare. / La onde io non posso quello che poter / dovrei accetti quella cum serena fronte / queste mie fatighe, lequali non cognosco / dover meritare signore piu degno. A la / cui bona gratia del continuo ma{r}icoman° /*
Ad Eundem Idem / sebastianus, / Non mihi sunt tyris madefacta sanguine vestes / Nec quod amatori colea puella dedit / Aureaque hesperii nec sunt mihi poma draconis / Nec quod odorata falce metu(n)t Cylices / Cynnama donet Arabs et mollia vasa damascus / Quas possum exiguas do tibi pauper opes. (6r/v).

	unge) - 42 (*carnium*); I, 6, 43 (*Vel - suo*); I, 6, 44f.
11	I, 7, 1 - 2 (*vespere*); I, 7, 2 (*deinde ad*) - 3 (*est*); I, 7, 4; I, 7, 8 (*Cum*) - 9 (*cornicularum*); I, 7, 10; I, 7, 12-16
12	I, 8, 1 - 2 (*habent*); I, 8, 4 - 5 (*oculos*); I, 8, 6f.; I, 8, 10-12
13	I, 8, 14-16; I, 8, 18 - 19 (*rubeo*)
14	I, 9, 1 - 5 (*rore*); I, 9, 5 (*et cave - clamoribus*); I, 9, 5 (*Et caveas - galline*); I, 9, 6; I, 9, 7 (*et depila*) - 9 (*zuccaro*); I, 9, 13 (*Deinde*) - 16 (*et da*); I, 9, 19
15	I, 10
16	I, 11, 1 - 3 (*se*); I, 11, 4; I, 11, 6 - 7 (*quod*); I, 11, 8 (*stercus suum erit*); I, 11, 8 (*album et*); I, 11, 8 (*subtile*) - 11
17	I, 12, 1 - 4 (*deponet*); I, 12, 4 (*scias*) - 5 (*rostrum*); I, 12, 5 (*scias*) - 7; I, 12, 9 (*Et - sternutabit*); I, 12, 9 (*scias - habere*); I, 12, 11f.; I, 12, 14-16; I, 12, 18
18	I, 12, 23 (*Quando - sanguis*); I, 12, 23 (*corrosionem - ibi*); I, 12, 26f.; I, 12, 29; I, 12, 32; I, 12, 38; I, 12, 42
19	I, 12, 43 - 44 (*aqua*); I, 12, 44 (*ventositas - exiens*); I, 12, 44 (*egestio sive stercus*); I, 12, 47 (*signum - habet*); I, 12, 49f.; I, 12, 53 - 54 (*Quando*); I, 12, 54 (*levat cito caudam*); I, 12, 54 (*scito - astarem*); I, 12, 59
20	I, 13; II, 1-3; II, 1, 10; II, 1, 14; II, 1, 15 (*essent - eorum*); II, 1, 18-20
21	II, 2, 1 - 2 (*croci ana drachme*); II, 2, 2 (*iv*) - 5 (*medicina*); II, 2, 6
22	II, 3, 1 - 2 (*Accipe de*); II, 3, 2 (*pyrethro - cardamomi, et*); II, 3, 2 (*ana drachmas iv*) - 3; II, 3, 8; II, 3, 11 - 12 (*avium*); II, 3, 12 (*unctis*) - 17; II, 3, 26 - 27 (*pascantur*)
23	II, 4, 1 - 3 (*sinistram*); II, 4, 5 - 6 (*xylobalsami*); II, 4, 7 - 8 (*hora*);
24	II, 6, 1-3; II, 6, 5; II, 6, 11 (*Quando - claudunt*); II, 6, 13 (*accipe - sole*) - 13; II, 6, 17 (*Item - accipe*); II, 6, 24 (*orobi - nares*)
25	II, 8, 1 - 2 (*hoc*); II, 8, 2 (*accipe - balsami uncias ii*); II, 8, 3 (*Hec omnia pulverentur*); II, 8, 3 (*et pone*) - 5; II, 8, 7 (*Et si - calidis*); II, 8, 7 (*cum oleo nardino*); II, 8, 10; II, 8, 12f.
26	II, 9
27	II, 10, 1 - 5 (*Postea*); II, 10, 5 (*si*) - 6 (*mulieris*); II, 10, 10 (*Et si sternutent frequenter*); II, 10, 10 (*accipe - arietina*); II, 10, 12; II, 10, 14
28	II, 11, 1 - 4 (*cor*); II, 11, 4 (*accipitris*) - II, 11, 7 (*melle*); II, 11, 7 (*et da*) - 9 (*odoriferarum*); II, 11, 10 (*et coque*); II, 11, 10 (*in aqua*) - 11
29	II, 12, 1f.; II, 12, 4f.; II, 12, 7
30	II, 13, 1f.; II, 13, 3 (*et forte*) - 5; II, 13, 7 (*da - columbelli*); II, 13, 10 (*Et cum - erit*)
31	II, 14, 1f.; II, 14, 4-7
32	II, 15
33	II, 17, 1-4; II, 17, 6f.; II, 17, 9 - 11 (*liquefiat*)
34	II, 18
35	II, 19
36	II, 20
37	II, 21, 1 - 5 (*ammoniacum*); II, 21, 5 (*pondus*) - 7

38	II, 22, 1; II, 22, 4 (*accipe*) - 5; II, 22, 11-13
39	II, 24, 1 - 4 (*sibi*); II, 24, 16 (*Et quando - eorum*); II, 24, 18 (*accipe - cibentur*)
40	II, 25, 1 - 3 (*vase*); II, 25, 3 (*et cum - doloris*); II, 25, 10f.
41	II, 26, 1 - 3 (*suo*)
42	II, 28, 1 - 2 (*Accipe*); II, 28, 2 (*opopanacem - oleo*); II, 28, 2 (*sanbacino*); II, 28, 3 (*de musco distemperato*); II, 28, 3 (*et post*) - 5
43	II, 30, 1; II, 30, 3 - 4 (*corrosione*); II, 30, 5 - 7 (*calidis*)
44	II, 31, 1f.
45	II, 32, 1 - 3 (*recentium*); II, 32, 4 (*Et si - recentis*); II, 32, 7 (*accipe - cibentur*)
46	II, 33/34, 1 - 2 (*volucer*); II, 33/34, 2 (*movet - pectore*); II, 33/34, 2 (*et anhelitus - frequens*); II, 33/34, 3 (*Et sciendum - pulverum*); II, 33/34, 5
47	II, 38, 1 - 3 (*accipe de*); II, 38, 3 (*granis*) - 4
48	II, 39, 1 - 2 (*aliquando*); II, 39, 3 - 4 (*minutim*); II, 39, 4 (*et pone*) - 5 (*pone avem*); II, 39, 6
49	II, 42, 1-5; II, 42, 9
50	II, 43, 1f.
51	II, 44, 1; II, 44, 8 (*Et cum - tuam*); II, 44, 9 (*Et si - convalent*); II, 44, 10 (*pasce - eos*)
52	II, 46, 1 - 5 (*trochiscis*)
53	II, 47, 1-3; II, 47, 5
54	II, 48, 1f.; II, 48, 4 (*Et scias - serotino*); II, 48, 5 - 7 (*pulvera et*); II, 48, 7 (*ciba*); II, 48, 10
55	II, 50, 1f.; II, 50, 4 (*Et similiter - cadit*); II, 50, 10 (*Et si - suas*); II, 50, 10 (*accipe - inglutiant*); II, 50, 11 (*Et caveas - aliam*)
56	II, 51, 1; II, 51, 2 (*accipe*) - 4 (*sextam drachme*); II, 51, 5
57	II, 54
58	II, 55
59	II, 56, 1f.; II, 56, 5 (*Et si - vapor*)
60	II, 60, 1 - 2 (*hoc*); II, 60, 2 (*accipe*) - 3; II, 60, 7 (*Vel - sunt pediculi*); II, 60, 8; II, 60, 12 (*Et si - pediculi*); II, 60, 15-18
61	III, 1, 1 - 2 (*oculo*); III, 1, 2 (*faciendo sic in vespere*); III, 1, 6; III, 1, 10 - 11 (*visu*); III, 1, 11 (*instilla - calido*)
62	III, 2, 1 - 2 (*instilla*); III, 2, 3 (*de - die*); III, 2, 5
63	III, 3
64	III, 4, 1; III, 4, 4-6
65	III, 5, 1; III, 5, 3
66	III, 6, 1 - 2 (*accidit*); III, 6, 2 (*accipe - sero*); III, 6, 4
67	III, 7, 1 - 3 (*pasta*); III, 7, 3 (*nam prodest*)
68	III, 8, 1; III, 8, 22 (*accipe - incisionis*); III, 8, 32 - III, 9, 6; III, 9, 8 (*Quando - caude*); III, 9, 8 (*accipe - nascentur*)
69	III, 12, 1 - 2 (*domo*); III, 12, 2 (*et ciba - passeribus*); III, 12, 3f.; III, 12, 8f.; III, 12, 18 - 19 (*cadant*)
70	III, 14

71	III, 10, 1-4; III, 10, 6-11

Die Verteilung der Kürzungen mag die Interessenlage de Martinis widerspiegeln und derart zu deuten sein, daß er allgemeinen Informationen über Vögel eine größere, Informationen über ihre Krankheiten eine geringere und Informationen über Hunde schließlich gar keine Bedeutung zugemessen hat. Wahrscheinlicher spiegelt sie jedoch seine zunehmende Ermüdung wieder. Hierzu paßt, daß manchmal nur die Kapitelanfänge übernommen sind: Das lange Kapitel II, 24 etwa bricht in Abschnitt 4 ab, um nur noch einmal kurz wieder aufgenommen zu werden, Kapitel II, 31 bricht nach Abschnitt 2 ab, Kapitel II, 33/34 nach Abschnitt 5, Kapitel II, 44 nach Abschnitt 10.

Ganz ohne Ansehen des Inhalts wiederum scheint de Martinis auch nicht gekürzt zu haben, denn wiederholt vermitteln Lage und Umfang der Kürzungen den Eindruck, als liege ihnen eine bewußte, wertende Auswahl zugrunde. Ansammlungen von Alternativrezepten etwa sind immer wieder auf andere Weise dezimiert – von den sieben Rezepten gegen trockenen Katarrh, geschwollene Augen und verstopfte Nasen wird nur das dritte übernommen,[10] von den sieben Rezepten gegen Würmer in den Eingeweiden nur das erste, zweite und fünfte,[11] von den zehn Rezepten gegen Zersetzung der Federn und Flügel nur das achte,[12] etc. In gleicher Weise ist es den allgemeine Ratschlägen an den Falkner ergangen:[13]

Caveat similiter sibi a fumo et a pulvere, ***a muro et porta*** *et a femina menstruata, maxime in tempore mutationis,* ***et ab homine ebrio*** *et a gallina,* ***et portetur assidue in hieme et similiter in nocte****. Et in presentia sua stare faciat canes, ut assuescat cum eis.* ***Et frequenter mutetur a diversis manibus*** *et audiat frequenter sonitum pharetrarum et sonitum chorde arcus et motum freni …*	*... bisogna guardarli da la polver(e) dal fumo, / et da femine che i(n) quel tempo havesseno / el menstruo, et maxime in el tempo della / loro mutatione. Similmente da galline et / altri animali. Et facciasi star(e) i(n) p(rese)ntia / cani, accio che si assuefaccia et non habbia / paura. Et odino assai sovente romori / di corde darchi et di frette di cavalli.*

Und in einem Rezept gegen feuchten Katarrh ist offenbar bewußt auf Butter verzichtet worden:[14]

... accipe de pipere grana xl et de opio unciam i, de folio de pyrethro, de euforbio ana uncias ii, de costo uncias iv, de staphisagria xx grana, de oleo balsami uncias ii, ***de butyro uncias iv.*** *Hec omnia pulverentur,* ***et misce cum butyro*** *et pone in vase.*	*... piglia / del pepe grana quaranta et de oppio / (oncia) i, dela foglia del piretro, del / euforbio an(a) (oncie) ii de costo (oncie) iiii de / stafisagria grana vinti del oglio di / balsamo (oncie) ii Et queste cose tutte si / polverizino, et mettansi in uno vaso.*

10 II, 6, 24.
11 II, 42, 2-5 und 9.
12 III, 8, 22.
13 I, 6, 28f.
14 II, 8, 2f.

Bisweilen finden sich auch Stellen, an denen die Kürzungen sich auf den Informationsgehalt des übriggebliebenen Textes auswirken: Kapitel III, 4 etwa unterscheidet ursprünglich drei Arten von Tränen – solche, die durch Fremdkörper ausgelöst werden, solche, die auf eine zu hohe Körpertemperatur zurückgehen, und solche, deren Ursache ein Übermaß an Feuchtigkeit ist – und ordnet jedem einzelnen Fall eine eigene Behandlung zu. Bei de Martinis ist nur der letzte Fall erhalten, ihm aber zugleich das erste Rezept zugeordnet:[15]

De medicamine lacrimarum	*Dela medi(ci)na delle lagrime*
Quod iii de causis accidit: Primo, quando aliquid in oculo cecidit. Signum vero huius est, quod aperiet oculos cum pennis suis et exibit inde aqua ut lacrime. Curatio: Accipe sanguinem calidum passeris et instilla in oculo. Et si per hoc non convalescent, instilla in oculo vinum vetus, nam prodest. Secunda causa est ex multitudine caliditatis. Cura huius est, quod instilla in oculo in i die aquam rosaceam, nam sanabitur. Tertia causa est ex multitudine humiditatis. Cura est: Instillabis in oculo i die cum penna aliquantulum de aqua alii, et sanabitur.	*Toglie del sangue caldo de una passera / et stilla in ello occhio, ò vero fa cu(m) vino / vecchio ò vero di aqua di oglio, p(er) che / q(ue)sta i(n)firmita nasce p(er) lo humido*

Und in II, 55 gilt ein Rezept, das ursprünglich für Verletzungen eines Vogels durch andere Vögel vorgesehen war, nunmehr allen Arten von Verletzungen:

De medicamine vulnerum membrorum	*De la me(dicin)a alle ferite delle membra*
Quando id accidit, accipe de borac et de aqua rute et de oleo sesamino ana partem i, bulliant insimul et ponantur super vulnus. ***Si autem hoc accidet eis per aliam volucrem arripiendo ipsam****, accipe tunc de cortice cucurbite aduste, pulvera et lava vulnus cum vino veteri et pone pulverem desuper, nam sanabuntur.*	*Prendi boraac, aqua di ruta et oglio / sisimino equalmente et bollino insie/me et ponghisi sopra la ferita,* ***ò vero*** */ toglie della scorza della cucurbita / et abbrusiata, et pulveriza, et lava / la ferita cu(m) vino vecchio, et pone sop(r)a / che sanara.*

Neben den Kürzungen fällt zuerst die neue Ordnung ins Auge: Die Aufteilung in verschiedene Bücher ist zwar beibehalten, die darin enthaltenen Kapitel sind jedoch nun mit einer durchgängigen Zählung versehen. Dabei sind die Kapitel III, 8 und III, 9 zu einem

---

15 III, 4.

Kapitel verschmolzen, und das Kapitel III, 10 ist ganz an das Ende des Traktates gestellt worden.

Eingriffe anderer Art sind rar. In Kapitel I, 13 sah de Martinis sich offenbar veranlaßt, einen Ausgleich zwischen dem ursprünglichen Text und dem seit x8 angehängten Gegenentwurf zu schaffen. In einigen Fällen, so rät er, soll man den Vogel besser auf der Linken, in anderen besser auf der Rechten tragen.[16] In I, 12, 45-47 sind Tränen und Nasenlaufen nun Anzeichen einer Erkältung, nicht mehr für Fremdkörper bzw. eine nicht näher benannte Krankheit. Im Prolog wird die Jagd nicht mehr mit Königen in Verbindung gebracht, sondern allgemeiner mit hohen Herren. Bei Leberleiden soll nicht mehr das Fett, sondern das Fleisch des Halsbandfrankolins gefüttert werden.[17] Und die ersten Vögel, auf die man einen Habicht abrichtet, sollen nicht mehr das Rebhuhn und der Halsbandfrankolin, sondern allgemein "klein" sein.[18]

Von zwölf x2-Korruptelen, die in die übersetzten Teile fallen, hat de Martinis neun verbessert.[19] Diese Bilanz erscheint jedoch positiver als sie ist. Denn bei fünf von diesen handelt es sich um syntaktische Ungereimtheiten, die ein Übersetzer zu korrigieren gar nicht umhinkommt. Aufmerksame Lektüre oder Sachverstand waren nur in vier Fällen erforderlich: Die Widersprüche in den Aussagen über die besten Habichte in I, 1, 29/34 und I, 3, 5f. sind nun beseitigt. In I, 8, 12 kreist nicht mehr der Schwanz des Vogels, sondern der Vogel selbst. Und in I, 11, 4 liegt die Bürzeldrüse nun auf statt unter dem Bürzel. Hingegen sind zwei Korruptelen – die beiden in der Klassifikation der Vögel durch Augensprünge entstandenen Brüche –[20] nur äußerlich abgemildert, obgleich eine Wiederherstellung unter Rückgriff auf I, 1, 1 möglich gewesen wäre, und bleiben drei unverändert: Die verunglückte Ernährungs-Passage I, 1, 37-41 ist mit nahezu all ihrer Widersprüchlichkeit ins Italienische übernommen. In III, 6, 2 wird nach wie vor Pulver mit Hilfe eines Tuchs statt eines Rohrs in die Augen der Vögel geblasen. Und in III, 9, 5 soll weiterhin der abgebrochene Teil einer Feder durch eine vollständige andere Feder ersetzt werden.

Die wenigen neu hinzugekommenen Passagen haben allein textstrukturierenden Charakter und wurden zudem nicht selten erst durch die Ausfälle erforderlich. Deren längste sind einige einleitende Zeilen zum dritten Buch.

---

16 *Meglio assai si portano i falconi in la / dextra mano per cavalcare et per ogni / cosa. Ma è da sapere che ò si portano i(n) la / mano p(er) adextrargli ò p(er) uccellar(e) ò per dare / loro el cibo. In alcuna di queste cause si / portano meglio in la sinistra, et in altre, / come per ucellare si portano meglio in la / dextra. Devesi tenere fermo el braccio, / accio che lo aucello non vada suolazando // per che si guastarebbe.*

17 II, 30, 3.

18 I, 7, 2.

19 I, 1, 10; I, 1, 15; I, 1, 29/34; I, 3, 5f.; I, 4, 5; I, 5, 2; I, 8, 12; I, 11, 4; II, 28, 2.

20 I, 1, 10; I, 1, 15.

6.4 Ein venezianischer Zweig und die daraus hervorgegangene Kompilation Andrea Bragadinos

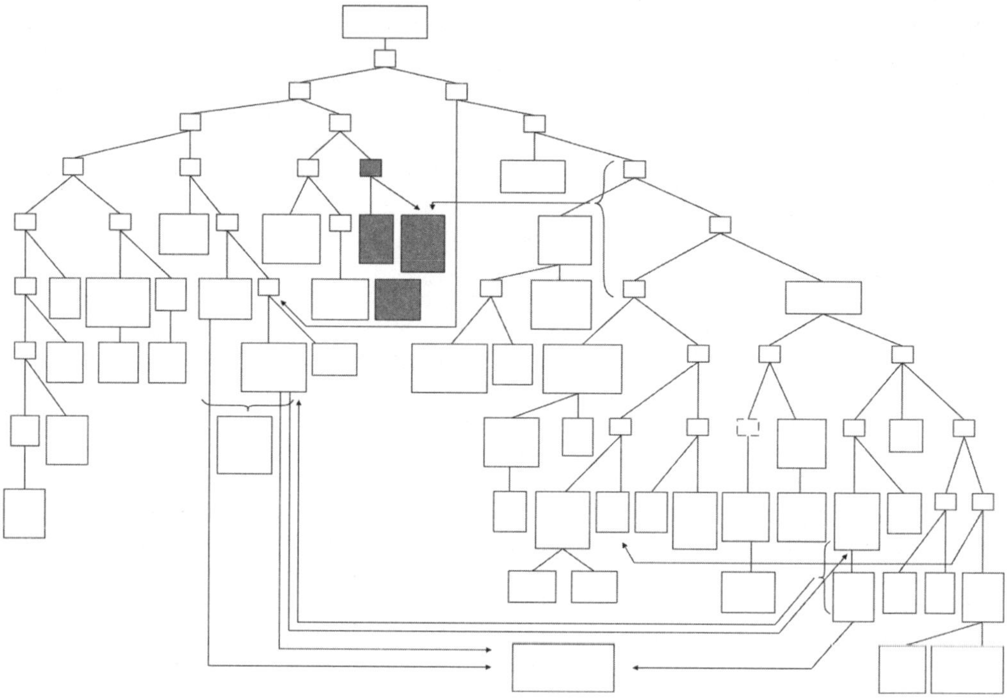

Mit x11 erreichte die Tradition auch spätestens im Jahr 1370 Venedig, wo sie Andrea Bragadino einer Kompilation zugrundelegte. Die Lagunenstadt mit ihrer großen deutschen Gemeinde könnte auch gut der Ort gewesen sein, wo der *Moamin* dieses Zweiges in deutsche Hände gelangte und so die Grundlage für die Entstehung der Abschrift J und wohl auch der Exzerpte des Rottenburgers Hainrich Benz geschaffen wurde.

Bei **x11** hat sich nur wenig verändert. Über Federprothesen heißt es nun, sie mögen von einem ähnlichen Vogel und einer ähnlichen Körperstelle stammen und es sei aus diesem Grund, daß Falkner die Federn ihrer verendeten Vögel aufbewahren.[1] Und zweimal sind Korruptelen verbessert: In II, 24, 49 wird das um geriebene Süßholzwurzel gewickelte Tuch nicht mehr wundersam über Nacht zu einer Feder – die Korrektur fällt freilich eigenwillig aus, denn der Bearbeiter entscheidet sich dafür, das Geriebene der Süßholzwurzel von vornherein in eine Feder einwickeln zu lassen. In IV, 5, 31 ist das unsinnige *qui* gegen *quod* ausgetauscht.

Der bei **J** begegnende Bearbeiter scheint ebenso kundig wie dünkelhaft gewesen zu sein. Anders läßt sich kaum erklären, daß er wiederholt Passagen streicht, die der Übersetzer oder die vorhergehenden Bearbeiter zur Erklärung ihrer Meinung nach schwieriger Wörter eingefügt haben. 16 Glossen sind so insgesamt weggefallen – zehn davon pharmazeutischen,

1 III, 9, 2 bzw. 3.

drei ornithologischen, je eine pathologischen, anatomischen und technischen Inhalts.[2] Daß dem allerdings keine prinzipielle Antipathie gegen Glossen zugrunde liegt, zeigt die Tatsache, daß der Bearbeiter zahlreiche andere Passagen dieser Art stehengelassen hat. Auch war wohl er es, der an einer Stelle selbst eine Glosse eingefügt hat: Der Begriff *tartarum* ist hier erstmals als harter Bodensatz des Weines erklärt.[3] Möglicherweise war er auch noch für eine Handvoll weiterer Veränderungen, vornehmlich Textausfälle, verantwortlich: Dem Ratschlag, Vögel, die Schleim ausspeien, mit Blut und Fleisch von Tauben zu füttern, ist ein empörtes *absit* angefügt.[4] Gegen Steinkot ist das Atzfleisch der Vögel nunmehr nur noch in Blut, nicht mehr speziell in Bocksblut zu tauchen.[5] Verbrannter Kuhdung als Mittel gegen verklebte Lider ist nur noch in die Nase zu blasen, nicht mehr zugleich auch in die Augen.[6] Zur Behandlung von Bißwunden ist nur noch Fett, nicht mehr unbedingt Entenfett heranzuziehen.[7] Zweimal gehen Rezepte ihres affirmativen Zusatzes verlustig.[8] Gegen Würmer in den Eingeweiden der Hunde sollen Ribelienbeeren nicht mehr mit Milch, sondern mit Honig verabreicht werden.[9] Und die in der Capitulatio zu Buch IV bereits seit Anfang der Tradition vertauschten Überschriften 4 und 5 erscheinen nun erstmals in der richtigen Reihenfolge.

Noch weit ausgiebiger wollte sich offenbar der deutsche Besitzer von J des *Moamin* annehmen. Mit steter Regelmäßigkeit hatte er bereits die Ränder der beiden vorausgehenden Texte mit Inhaltsvermerken versehen. Und mit gleicher Aufmerksamkeit widmet er sich dem Anfang des *Moamin*: *de avibus* notiert er zu Beginn des Prologs, dann *accipitres – falcones – zaccares – aquile* und ein Zitat aus Levitikus 11, 13f. und 16 (*in biblia aves que non debent comedi sunt aquila, gryfo, alictus, milwus, voltur iuxta genus suum et accipiter iuxta genus suum Herodes*) zu Beginn des ersten Kapitels. Zugleich versucht er der auf ihn einstürzenden Korruptelen und fremden Namen Herr zu werden: *Narecya* überschreibt er mit *Norweya*,[10] *caiam* mit *blo vuß*,[11] *yemy* mit *schasse*,[12] die Gazellen macht er zu Ziegen,[13] die Halsbandfrankoline zu Fasanen,[14] er stopft einen der beiden hier auftretenden Augensprünge[15] und verbessert unklares *Tertius dicitur* zu *Tertia species*.[16] Dann aber versiegt seine Feder. Schon mit einigem Abstand folgen zwei Inhaltsangaben zur Nahrung junger Habichte und zu den Gütemerkmalen der Habichte.[17] Danach greift er erst wieder am Ende des zweiten Buches ein – am Rand von II, 50, 5f. empfiehlt er, Vögeln, die ihre Federn ausrupfen, schmutzige Schnäbel haben und sich zu Boden werfen, mit einem Gebräu

2 I, 1, 8; I, 1, 9; I, 6, 42; II, 17, 1; II, 17, 11; II, 22, 7; II, 23, 18; II, 24, 41; II, 26, 2; II, 29, 2; II, 36, 8; II, 41, 7; II, 49, 3; II, 56, 6; II, 58, 7; II, 58, 18.
3 II, 41, 6.
4 II, 21, 9.
5 II, 58, 10.
6 III, 5, 3.
7 IV, 5, 5.
8 II, 22, 6; III, 12, 13. (Im zweiten Fall geschieht dasselbe auch unabhängig bei B.)
9 V, 4, 5.
10 I, 1, 11.
11 I, 1, 14.
12 I, 1, 18.
13 I, 1, 18.
14 I, 1, 19.
15 I, 1, 16.
16 I, 1, 19.
17 I, 1, 37 und 43.

arabischer Provenienz zu waschen: *cum decoctione {ma}nte sarracenic{a}, que dicitur merge{...}, laventur plume*. Und wenn seine Einträge im Hundeteil auch noch einmal an Zahl zunehmen, so erfolgt doch keine wirkliche Auseinandersetzung mit dem Text mehr. Er überschreibt diesen Teil mit *de canibus*, löst die Kürzel *inp*^{io} in IV, 2, 3 zu *in principio* auf und notiert einige inhaltlich verwandte Texte am Rand, erst einige Hundebezeichnungen und ihre Übersetzungen – *plangiticus vorluf / precax bracke / duculus leithunt / repertrio hesshun{t}* –, dann vier Abschnitte der anonymen *Practica canum*.

In der selben Tradition wie J stehen allem Anschein nach die *Moamin*-Exzerpte, die Hainrich Benz im späteren 15. Jahrhundert in Ehingen (Rottenburg) notierte und die vermutlich ebenso von ihm selbst zusammengestellt wurden wie die Auszüge diverser anderer Texte, die von seiner Hand überliefert sind (**H'**). Unter dem Titel *Incipiu(n)t na(tu-ra)lia d(e) avibus rapacib(us) / Ex libro falconarii* vermerken sie, weitgehend wortgetreu, aber mit erstaunlichen Sprüngen, zuerst zwei Gütemerkmale des Habichts (I, 1, 50; I, 1, 51 (*Si* - Ende)), den Unterschied zwischen männlichen und weiblichen Habichten (I, 1, 53), und daß ein Terzel große Augen habe (I, 1, 51) und man ihn mit Fleisch von Fledermäusen und Schwalben und Taubenleber sowie bei Einsetzen der ersten Mauser mit flüggen Tauben füttern solle (I, 1, 38), geben dann wieder, was die Alexandriner über schwarze Falken sagen (I, 3, 8 - I, 3, 9 (*Rubei*)), daß Fleisch von alten Tauben oder Elstern bitter und daher als Futter ungeeignet ist (I, 6, 19) und wie verlockend stattdessen weiße Tauben für den Raubvogel sind (I, 6, 37 (Anfang - *columbum album*)) und schließen damit, wie man den Vogel dazu bringt, gern auf die Hand zurückzukehren (I, 6, 36 (*Si tardet ad carnis revocationem*); I, 6, 44f.), wie man einen Habicht in Jagdlaune versetzt (I, 7, 5-7) und wie man verlorengegangene Vögel auffindet (I, 7, 9; I, 7, 11 - I, 7, 12 (*orares*); I, 7, 9 (*ausculta* - Schluß)).

Der exzerpierte Text ist, so kurz er ist, gleich mehrfach verderbt, wohl weil Benz ihn zu rasch zusammengeschrieben hat: Während es im Original noch heißt, große Augen seien ein Gütemerkmal guter Terzel, erscheinen sie hier als allgemeines Merkmal. Über die schwarzen Falken heißt es hier fälschlich, deren Augen würden in der Wüste rot. Und vor der Warnung vor alten Tauben und Elstern steht die irreführende Überschrift *De aquila*. Auf eine sorgfältige Auseinandersetzung mit dem Text scheint es Benz aber auch nicht angekommen zu sein.

Einen ganz anderen Anspruch verfolgt die auf dem *Moamin* aufbauende Kompilation des Venezianer Patriziers Andrea Bragadino, die er am letzten Junitag des Jahres 1370 im Hause seines Vaters Jacobo im Sestiere San Marco seiner Heimatstadt vollendete und deren einziger Textzeuge (G') vermutlich zugleich Autograph ist.[18]

Unter den zahlreichen Zweigen der Familie Bragadin dürfte der Autor, wie van den Abeele bei Nachforschungen im Staatsarchiv zu Venedig feststellte, dem San-Severo-Zweig angehört haben, unter dessen Vertretern ein Andreas als Sohn eines Giacomo zwischen 1346/1355 und 1400 belegt ist. Da, so van den Abeele weiter, die erste Zahl die Aufnahme in den Großen Rat angibt und diese nicht vor dem 20., in der Regel aber sogar nicht vor dem 25. Lebensjahr erfolgte, wäre er zur Zeit der Abfassung seines Werkes um die 50 Jahre alt gewesen.

18 Vgl. im folgenden VAN DEN ABEELE, Les traités, II, 386-395.

Er habe viele Werke früherer und zeitgenössischer Gelehrter über die Falknerei gelesen und wolle nun selbst ein Werk verfassen, in dem er *cuiuslibet generis avium rapacium vera doctrina* darzustellen gedenke, schreibt Bragadino in der Einleitung und betitelt sein Werk selbstbewußt *Magister Aucupatoris*.

Zumindest im ersten Buch vermag er diesem Anspruch halbwegs gerecht zu werden. Er fügt in eigenständiger Reihenfolge und Gewichtung Teile des ersten Buchs des *Moamin*, des *Dancus rex*, des *Guillelmus falconarius*, des zehnten Buchs des *Liber ruralium commodorum* des Petrus de Crescentiis und andere (eigene?) zu einem neuen Ganzen zusammen. Der *Moamin* liegt ihm dabei in mindestens zwei unterschiedlichen Fassungen vor. Von beiden macht er Gebrauch. Bei Abweichungen folgt er bald dieser, bald jener. Bisweilen stellt er auch beide Varianten nebeneinander. Auch werden die Exzerpte von ihm vielfach überarbeitet.

Eine Übersicht über die Zusammensetzung des ersten Buchs wurde bereits von van den Abeele erstellt. Sie sei hier (mit geringfügigen Korrekturen) wiedergegeben:

D = *Dancus rex*; Gu = *Guillelmus falconarius*; M = *Moamin*; PC = Petrus de Crescentiis

Bragadino	verwendete Exzerpte
Prolog	PC (Prolog) / PC 1 / <?> / M langer Prolog (33)
1	M 1 (2-3) / <?> / M 1 (25-28) / PC 2 (6-8) / M 1 (23-24, 29-37) / PC 3 (3) / M 1 (41) / <?> / M 1 (42)
2	PC 2 (2-5)
3	M 1 (43-52, 54)
4	M 2
5	<?> / M 1 (38) / PC 4 (3-6) / M 6 (29-30) / <?> / M 6 (31-45) / <?> / M 6 (2-29)
6	PC 5 (2-3) / M 7 (2) / <?> / PC 4 (8-10) / <?> / M 7 (3-17), 8 (10-20) / <?> / M 13
7	M 8 (2-4) / <?> / M 8 (5-9)
8	PC 4 (11-12) / M 9 (5-16) / PC 4 (13) / M 9 (17-21) / PC 4 (14)
9	M 10 (2) / <?> / M 10 (3-4)
10	PC 7
11	PC 13 (2) / <?> / PC 13 (3-4) / <?> / Gu 37 (3-5)
12	PC 8 / Gu 30-36
13	D 16
14	D 22
15	D 24 (2-3) / <?> / M 9 (5)
16	<?>
17	<?>
18	D 18
19	<?>
20	M 4
21	<?>
22	<?>
23	<?> / D 17 (2-6)

24	PC 10
25	PC 15 (2-3) / M 5 / PC 15 (4-10)
26	M 11
27	M 12

Das erste Buch des *Moamin* wird von Bragadino nahezu vollständig in das erste Buch seiner Kompilation übernommen. Allein auf den Passus zur Unterscheidung von männlichen und weiblichen Habichten,[19] das kurze Kapitel über die Falken,[20] einen Teil der Raubvögelklassifikation[21] und die Anekdote von den Parthern, die ihre Vögel frei in den Wäldern mausern lassen,[22] verzichtet er. Zu den ersten beiden Themen hat er offenbar in den anderen Vorlagen bessere Informationen gefunden und sich auf deren Exzerpierung beschränkt.[23] Und die Raubvögelklassifikation dürfte für ihn mit ihren vielen orientalischen, von Theodor schlicht transkribierten Namen (*nymin*, *sabech*, *baydac*, *aynoki*, *cotam*, *cohec*, *seph*, *xemy*, *yuair*, *yalem*, *çumeg*) keinen Gebrauchswert gehabt haben.

Das, was er übernimmt, schränkt er mehrfach ein. Vögel bereits nach drei Tagen des Abrichtens auf einen großen Beutevogel zurückzulocken, hält er nur für angebracht, wenn sie kühn sind.[24] Ihnen bei Widerspenstigkeit eine kichererbsengroße Menge rotes Salz unter das Futter zu mischen, scheint ihm nur bei Falken und Habichten sinnvoll, nicht aber bei Sperbern. Bei diesen möge man die Salzmenge verringern.[25] Die Vögel in der Mauserzeit auf frische Schwertlilien und Myrrhe zu setzen, hält er wiederum nur bei Sperbern und Habichten für geeignet.[26]

Häufiger noch mißbilligt er und schreibt er um. Nicht einverstanden ist er etwa mit der Einteilung der Raubvögel in die vier *genera* Habichte (*accipitres* – von ihm als Sperber verstanden), Falken, Sakerfalken und Adler. Die Sakerfalken begreift er offenbar als Unterart der Falken und läßt sie weg, Habichte (*astures*) und Merline hingegen nimmt er hinzu.[27] Entsprechend korrigiert er auch die Aussage, Habichtweibchen paarten sich sowohl mit männlichen Habichten als auch mit Falken, Sakerfalken und allen anderen Arten von Raubvögeln – er schreibt statt dessen: mit männlichen Sperbern, Habichten, Merlinen, Falken und Adlern.[28] Auch mit der Bezeichnung *turciolus* für den männlichen Sperber (*accipiter*) scheint er nicht zufrieden zu sein. Dreimal tauscht er sie gegen den Begriff *muscardus* ein,[29] zweimal setzt er letztere Bezeichnung neben erstere.[30] Die im *Moamin* unspezifisch als Haus bezeichnete Mauserkammer ersetzt er durch deren Fachbegriff *muta*.[31] Für übertrieben hält er offenbar die zweimal im *Moamin* geäußerte Behauptung, Habichte

19 I, 1, 53.
20 I, 3.
21 I, 1, 4-22.
22 I, 9, 2-4.
23 1vb und 10vaff.
24 I, 6, 33.
25 I, 6, 43.
26 I, 9, 6.
27 I, 1, 2.
28 I, 2, 25.
29 I, 1, 27; I, 1, 51; I, 1, 54.
30 I, 1, 25; I, 1, 42.
31 I, 9, 5.

könnten Kraniche schlagen – einmal ersetzt er die Kraniche durch die kleineren Fasane und Rebhühner,[32] das andere Mal durch große Vögel.[33]

Noch weitaus häufiger schreibt er den Text fort. Um einen Vogel der in I, 1, 49 beschriebenen Mutprobe zu unterziehen, soll man ihn nicht irgendwo in einem dunklen Haus anbinden, sondern auf seiner Reck. Die Krallen eines guten Habichtterzels sollen nicht nur breit, sondern auch lang sein.[34] Der Ausfluß von Nasenschleim ist nicht mehr allein Symptom für eine nicht näher bezeichnete Erkrankung, sondern für eine solche des Kopfes.[35] Vom Wein verlangt er einmal, er solle gut und rein sein.[36] Von der Schale Wasser, die den Vögeln zur Vorbereitung auf die Mauser hinzustellen ist, sie müsse reines, klares Süßwasser enthalten.[37] Das Waschen des Vogels nach der Mauser soll mit kühlem Süßwasser erfolgen.[38] Zu der Beschreibung persischer Habichte ergänzt er, die Augenbrauen sollten nicht allein vor-, sondern auch hochstehen,[39] zu der Beschreibung griechischer Habichte, sie hätten nicht nur große, sondern auch lange Köpfe.[40] Gelten in der Vorlage noch weiße Tauben allein als die größte Verlockung für einen Raubvogel und wird geraten, bei der Jagd immer eine davon bei sich zu führen, um einen widerspenstigen Vogel zurückzulocken, so treten hier die Turteltauben gleichberechtigt hinzu.[41] Auch heißt es hier nun zusätzlich, sie sollten noch lebendig sein. Als Futter, das die Mauser beschleunigt, tritt die Turteltaube zudem neben die zuvor allein genannte Haubenlerche. Daß dieselbe lebendig in der Hand dargeboten werden soll, scheint Bragadino hingegen nicht für nötig zu halten.[42] Als Vorlaß (d. h. als präparierte Beute), der in einem trägen Vogel größeren Jagdeifer entfacht, weiß er neben dem genannten Rebhuhn auch eine Wachtel und einen Halsbandfrankolin zu empfehlen.[43] Zu den Geräuschen, mit denen ein Vogel vertraut gemacht werden muß, gehören nun neben dem Rasseln der Köcher, dem Schwirren des Bogens und dem Anziehen und Lockern des Zügels auch „das Schwirren der Armbrust und ähnliches“.[44] Die Angaben zum Federkleid des Habichts (nach seinem Verständnis: Sperbers) in I, 1, 42 gelten für ihn auch für *austores, muscardi et tercioles*. Und demjenigen, dessen Vogel nur träge auf das Luder zurückkehrt, erklärt er, sein Vogel sei nicht gut erzogen.[45]

Angesichts all dieser Eingriffe, aus denen zugleich Interesse und Sachverstand sprechen, erstaunt es, daß Bragadino zugleich nur wenige der x2-Korruptelen verbessert hat. Nur fünf von zwölf in Buch I hat er angerührt. Nur dreimal ist dabei eine wirkliche Verbesserung eingetreten: Den Widerspruch der Aussagen über die Herkunft der besten Habichte in I, 1, 29/34 löst er auf, indem er die zweite Aussage wegfallen läßt. Aus dem unvollständigen Konsekutivsatz in I, 5, 2 ist nunmehr ein vollständiger Hauptsatz geworden: *Nobilitas aquile*

---

32 I, 1, 28.
33 I, 1, 35.
34 I, 1, 51.
35 I, 12, 46.
36 I, 7, 5f. (G' folgt an dieser Stelle x11).
37 I, 9, 6.
38 I, 10, 2.
39 I, 1, 31.
40 I, 1, 32.
41 I, 6, 37.
42 I, 9, 12.
43 I, 7, 3.
44 I, 6, 29.
45 I, 6, 36.

hec cognoscatur: ... Und der Bürzeldrüse ist, zumindest in I, 11, 4, der korrekte Platz „auf" dem Schwanz zugeordnet. Die anderen beiden Stellen bleiben unbefriedigend: Der fälschlich auf den Falkner anstatt auf den Falken bezogene Satz in I, 6, 7 lautet nun kaum weniger unsinnig, wenn man wolle, daß der Vogel dies gut erträgt, möge man ihn zur Verdauung anregen, während er getragen wird (*cum autem volueris, quod bene hoc requiescit, studeas facere sic, scilicet digerere eum, quando portetur*). Und die verunglückte Passage I, 1, 37-41 ist nun zwar unter Hinzuziehung einer entsprechenden Stelle des Petrus de Crescentiis wieder zu einer Vorstellung der Altersstufen der Habichte geworden, wird aber immer noch als Ernährungspassage angekündigt (*De alimento et cognitione accipitrum*), obgleich über Ernährung nun nichts mehr zu finden ist.

Nach Fertigstellung des ersten Buches ist Bragadinos schöpferische Energie deutlich geschwunden. Die Bücher II-IV sind kaum mehr als eine Abschrift der Bücher II-V des *Moamin.*[46] Einzig die beiden Vorlagen für den *Moamin* sind weiterhin zusammengeschrieben. Hingegen ist von keinem der anderen drei Traktate mehr eine Spur zu finden, und auch der persönliche Anteil Bragadinos ist merklich zurückgegangen. Nur zwei größere Eingriffe sind noch zu verzeichnen. Das kurze Kapitel über Würmer in den Köpfen der Vögel ist offenbar um zwei bewährte Rezepte bereichert (*et iste ii sunt bone medicine*).[47] Und das erste Hundekapitel ist weggefallen. Mit seinem allgemeinen, einleitenden Charakter und kaum konkret verwertbarem Material, das zudem mehr anderen Vierfüßern als den Hunden gilt, war es offenbar für Bragadino nicht von Interesse. Die restlichen Veränderungen sind geringfügig und verstreut. Einmal fällt eine Glosse aus,[48] einmal eine Bekräftigungsformel,[49] drei weitere Ausfälle dürften eher auf Versehen beruhen.[50] Zu den für eine Salbe gegen Katarrh benötigten Zutaten zählt nun auch Drachenblut,[51] zu den Symptomen der Gipskrankheit nun auch *quedam conglutinatio* (?) in den Augen,[52] zu den Anzeichen für großen Jagdeifer eines Hundes nun auch das heftige Wedeln mit dem Schwanz.[53] Hunden, die Beute gemacht haben, soll man nicht mehr stets das Herz des Beutetieres überlassen, sondern nur nur noch, wenn es sich nicht um Vögel handelt. Wenn es Vögel sind, soll man stattdessen den Kopf geben.[54] Den Geruchssinn der Hunde behindert neben Regen nun auch Frost.[55] Nach dem Kautern am Kopf des Vogels soll nicht mehr nur die behandelte Stelle eingesalbt werden, sondern auch der Schnabel.[56] Die trockenen Pfirsichblätter, die den Vögeln gegen Würmer in die Augen zu streuen sind, sollen fein zerstoßen sein.[57] Von Wein heißt es nun viermal, er solle gut, einmal auch wohlriechend,[58] von Essig zweimal, er solle scharf sein.[59] Pfeffer ist einmal zu Langpfeffer spezifiziert.[60] Zu der Anweisung, Zutaten zu

---

46 Bragadino zählt beide Hundebücher als eines.
47 II, 15, 3.
48 II, 24, 72.
49 II, 58, 14.
50 II, 25, 2; II, 35, 15; IV, 5, 36.
51 II, 7, 8.
52 II, 24, 2.
53 IV, 5, 30.
54 IV, 5, 32.
55 IV, 5, 24.
56 II, 24, 9.
57 II, 16, 5.
58 II, 13, 10; II, 7, 3; II, 53, 6; II, 55, 3.
59 III, 9, 5; V, 5, 6.

zerstoßen, erfährt der Leser nun, sie würden so besser vom Körper aufgenommen,[61] zu der Anweisung, frisch hergestellte Pillen in den Schatten zu legen, sie trockneten so ein wenig,[62] und zu der im *Moamin* als *cupata* bezeichneten Haubenlerche, bei den Venezianern heiße sie *gallo de paradiso* und sie sei nicht nur größer als ein Sperling, sondern auch größer als eine Drossel oder Amsel".[63] Zweimal sind auch mißverständliche Passagen klarer formuliert.[64]

Auch im Umgang mit den Korruptelen spiegelt sich Bragadinos Müdigkeit. Ganze zwei von 18 finden jetzt noch seine Aufmerksamkeit: In II, 53, 8 ist nun nicht mehr die unter den Flügeln liegende Sehne, sondern die dortige Vene zur Ader zu lassen. Und der Federkiel, dessen Mark in II, 60, 16 entnommen werden soll, wird nunmehr sinnvoll zu diesem Zweck gespalten und nicht mehr „eingetaucht".

Zudem hat Bragadino diesen Teil offenbar nicht noch einmal durchgelesen, sonst hätte er gemerkt, daß er mehrere Passagen zweimal abgeschrieben hat: auf II, 7, 7 folgt eine Wiederholung von II, 6, 16, auf II, 7, 11 eine Wiederholung von II, 6, 17 - 25 (*gallinarum*) und II, 7, 6-11 und auf II, 8, 13 folgt eine Wiederholung von II, 8, 1-13.

Nach Abschluß des vierten Buches sind Bragadinos Kräfte ganz dahin. Ein ursprünglich geplantes fünftes Buch, das die gesamte Materie nochmals umfassend behandeln sollte und das er offenbar bereits in der Einleitung angekündigt hatte, bleibt ungeschrieben. Statt dessen radiert er die Ankündigung aus und notiert darüber, andere Verpflichtungen hätten ihn daran gehindert, es zu verfassen.[65] Vielleicht ist der *Magister Aucupatoris* ob dieser anderen Verpflichtungen auch in einer Schreibtischschublade verschwunden und in Vergessenheit geraten. Er ist, soweit ersichtlich, ohne jede Wirkung geblieben. Niemand hat ihn abgeschrieben. Niemand hat ihn exzerpiert oder übersetzt. Niemand hat ihn je erwähnt.

---

60 II, 6, 12.
61 III, 11, 3.
62 II, 22, 8.
63 II, 24, 41f.
64 IV, 5, 56; V, 4, 5.
65 *Ego aut(em) / abebam intencione(m) facere / alium quintum librum di/cere in eo conpendiosse de / tota materia huius libri / alia negocia inpedivit me* (1r).

6.5 Die Handschrift Y und die toskanische Übersetzung Maestro Moroellos und ihre Bearbeitung von Domenico Boccamazza

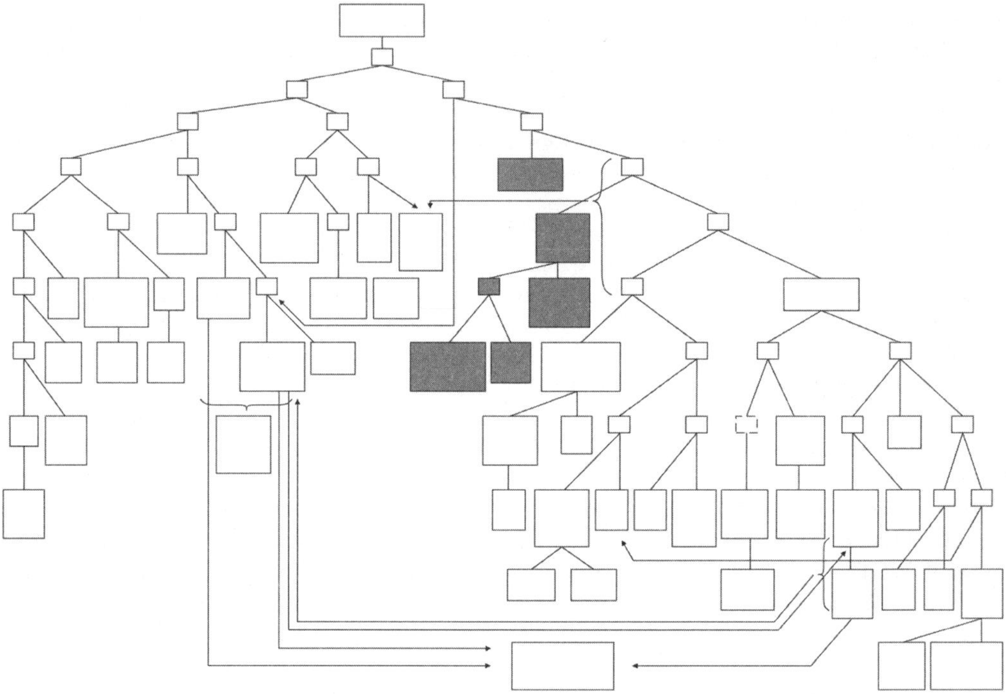

Mit der Handschrift Y und der Gruppe x17, x21, c, i, h entspringen der staufischen Tradition zwei Zweige, von denen unklar ist bzw. nur vermutet werden kann, wie sie aus dieser hervorgingen. Unklar ist die Verbindung zu Handschrift Y, die um 1300 in Italien für einen reichen Auftraggeber mit aufwendigem Bildschmuck hergestellt wurde und später erst in den Besitz János Rozgonyis, des Schatzmeisters von König Matthias Corvinus, und dann über den Humanisten Johannes Fuchsmagen auch an Kaiser Maximilian I. gelangte. Eine Vermutung läßt sich für den mit x17 beginnenden Zweig aufstellen: Er hat seinen Anfang auf den Champagne-Messen des Jahres 1313 genommen, wo ein Arzt namens Maestro Moroello aus dem unweit der ligurischen Küste, zwischen Genua und Pisa gelegenen Sarzana den *Moamin* in den toskanischen Dialekt übersetzte.[1] Der Name Moroello ist nun aber ganz und gar ungebräuchlich. Er erscheint, sehe ich recht, nur unter den Angehörigen des markgräflichen Hauses Malaspina, dort allerdings gleich gehäuft. Ihn trugen u. a. der 1197 oder bald darauf gestorbene Sohn des Stammvaters des Hauses und die Gründer der Linien Malaspina-Mulazzo (gest. 1284) und Malaspina-Giovagallo (gest. 1315).[2] Nimmt man hin-

1 So das Explizit der die Übersetzung überliefernden Handschriften c und h: *Explicit il libro degli uccelli di preda e de' cani da chaccia volgariccato di latino in toscano da maestro Moroello medico di Sarcana sulle fiere di Campagna nel cccxiii* (hier nach c zitiert; h ist nahezu identisch).

2 S. Pompeo LITTA, Le famiglie celebri italiane, Faszikel 133: Malaspina, Milano 1852 sowie jüngst ausführlich Marco BICCHIERAI, Malaspina, Moroello (Muruel), in: Dizionario biografico degli Italiani, Bd. 67,

zu, daß das Haus Malaspina seinen Herrschaftsmittelpunkt in der Lunigiana hatte, jener Region zu der Sarzana gehört, so erscheint es nicht abwegig, anzunehmen, der Arzt Moroello könne ebenfalls dieser Dynastie entstammen. Der *Moamin* wäre in diesem Fall wohl schon kurz nach seiner Ankunft am staufischen Hof zu den Malaspina gelangt, denn diese Familie fiel 1246/1247 dauerhaft von den Staufern ab. Zuvor hingegen war sie ihnen treu verbunden, und Markgraf Opizio Malaspina lagerte noch im Oktober 1245 drei Wochen zusammen mit dem Kaiser vor Mailand.[3]

Das Abfassungsjahr 1313 von Moroellos Übersetzung ist in der romanistischen Forschung zum Teil auf Zweifel gestoßen. Angesichts der Tatsache, daß naturwissenschaftliche Texte in größerer Zahl erst im 15. Jahrhundert ins Italienische übersetzt worden sind, galt es als erstaunlich früh – so früh, daß man gar die Auslassung eines „c" bei der Datierung, mithin eine Abfassung im Jahr 1413, in Erwägung gezogen hat.[4] Der die Jahreszahl ergänzende Ortsvermerk läßt freilich keine solchen Zweifel zu, denn die Champagne-Messen – im späteren 12. und im 13. Jahrhundert Europas bedeutendster Umschlagplatz für Tuche, Leder, Pelze und Gewürze – hatten infolge politischer Ereignisse, insbesondere durch Eingriffe des französischen Königs, bereits zur Zeit von Moroellos Übersetzung an internationaler Ausstrahlungskraft verloren und fielen spätestens nach 1347 wieder der Bedeutungslosigkeit anheim, nachdem alle Italiener von der französischen Krone verhaftet und ihres Besitzes enthoben worden waren.[5] Auch paßt die Übersetzung zu der mutmaßlichen Herkunft des Übersetzers. Denn die Familie Malaspina verband eine enge Freundschaft zu Dante (1265-1321), einem der bedeutendsten Verfechter der Volkssprache als Schriftsprache.[6]

Aus der Champagne dürften sowohl die Vorlage als auch die Übersetzung wieder mit Moroello nach Italien zurückgekehrt sein, denn die anschließende Tradition, darunter die im 16. Jahrhundert entstandene Bearbeitung des Römers Domenico Boccamazza, trägt keine Merkmale, die über Italien hinausweisen.

Y trägt Spuren einer zweifachen schriftlichen Auseinandersetzung mit dem Text. Noch in Italien, auf dem Weg zu Y, wurden die Anzeichen für gute Gesundheit bei Vögeln um das morgendliche Flügelausschütteln ergänzt,[7] die Droge *saadeg*, allerdings fälschlich, als Nelkenblätter erklärt[8] und das seit x2 korrupte *finde* in II, 60, 16 wieder zu *funde* verbessert. Auch wurden die Kohle, mit der in I, 1, 40 die roten Augen eines Habichts verglichen werden, zu einer glühenden Kohle und der in III, 2, 4 verwendete Rost eines Spiegels zu Rost einer Spiegelfläche präzisiert. Vielleicht wurde hier auch auf das zur Behandlung von

---

Rom 2006, 785-788 und Enrica SALVATORI, Malaspina, Moroello (Moroello il Giovane), in: Dizionario degli Italiani, Bd. 67, Rom 2006, 788-792.

3 Vgl. Regesta Imperii ... nach Johann Friedrich BÖHMER neubearbeitet. Die Regesten des Kaiserreichs unter Philipp, Otto IV, Friedrich II, Heinrich (VII), Conrad IV, Heinrich Raspe, Wilhelm und Richard. 1198-1272. Neu herausgegeben und ergänzt von Julius FICKER, Bd. I, Wien / Köln / Weimar 1891, Abteilung 1, Nn. 1215, 1227, 1228, 1236, 1240, 1255, 1381, 1666, 1670, 2314a, 2320, 2400, 2404, 2481b, 2529a und 3514d (letztere zum Oktober 1245).

4 GLESSGEN, Die Falkenheilkunde, I, 43.

5 Heinz THOMAS, Die Champagnemessen, in: Brücke zwischen den Völkern – Zur Geschichte der Frankfurter Messe. Hg. von Rainer KOCH, 3 Bde., Frankfurt am Main 1991, I, 13-33.

6 S. SALVATORI.

7 I, 11, 3.

8 II, 9, 3.

Federfraß vorgesehene Verbrennen von Granatapfelschale verzichtet, wenngleich ein unbeabsichtigter Ausfall wahrscheinlicher ist.[9]

In Ungarn dann füllte János Rozgonyi gleich etliche Seiten mit Randnotizen, und dies wohl über längere Zeit, denn seine Eintragungen weisen deutliche Unterschiede im Duktus und in der Art der verwendeten Federn und Tinten auf. Besondere Beachtung hat er dem Kapitel I, 12 mit seiner Übersicht der Krankheitssymptome geschenkt. Es ist dicht umrahmt von Inhaltsvermerken und einer Zeigehand. Die übrigen Einträge verteilen sich über die Kapitel II, 3-48 und umfassen insgesamt 26 *Nota*- und sechs bislang nicht aufzulösende *P*-Vermerke (einmal auch spiegelverkehrt geschrieben) sowie je einmal ein *utilis* und ein *necessarius*. 19 dieser Vermerke liegen auf einer Höhe mit Rezeptanfängen und lassen sich so konkret auf diese beziehen. Daß viele dieser Rezepte zudem von der Indikation, zu der sie gehören, bereits durch mindestens ein vorausgehendes Rezept getrennt sind, legt den Schluß nahe, sie könnten ausprobiert worden sein. Die Begriffe *utilis* und *necessarius* unterstreichen dies. Die übrigen 15 Vermerke lassen sich nur allgemein einem Kapitel oder einer Indikation zuordnen und mögen schlicht dazu gedacht gewesen sein, den Blick auf ein interessantes Thema zu lenken.

Moroello, über den nichts weiter bekannt ist, dürfte sich in der Falknerei gut ausgekannt haben, denn durch seine Bearbeitung (**x17**) wechselt der Text nicht nur die Sprache, er erfährt auch eine grundlegende inhaltliche Revision, zumal in Bereichen, die einem Humanmediziner nicht vertraut gewesen sein dürften.[10]

Wiederholt integriert er neue Inhalte. Über gute Adler heißt es nun, sie sollten ebenmäßige Gliedmaßen besitzen,[11] über die Sakerfalken, sie seien die kräftigsten unter den Falken.[12] Daß die rechte Hand zum Tragen des Beizvogels besser geeignet sei, ist nun begründet: weil sie festeren Halt biete als die linke.[13] Als Beispiele für Vögel, die Falken verletzen können, nennt die Vorlage einzig Kraniche, Moroello auch die Reiher und „alle

---

9 III, 8, 10.

10 Die folgenden Angaben beruhen auf einem Vergleich des bei GLESSGEN, Die Falkenheilkunde, I, 179-269 anscheinend getreu wiedergegebenen Textes von c mit dem lateinischen Text von x12 sowie einem Vergleich des Textes von i (nach INNAMORATI) mit dem bei Gleßgen wiedergegebenen Text von c. Der größere Teil von ihnen steht so auf einer sicheren Grundlage. Dort allerdings, wo der Vergleich der Handschrift h erforderlich ist, um zu sicheren Aussagen zu gelangen, stehen die Angaben unter Vorbehalt. Denn h stand mir nicht zur Verfügung, und es ist möglich, daß die bei Gleßgen notierten Abweichungen von h gegenüber c ebenso unzuverlässig sind wie die dort notierten Abweichungen von i gegenüber c. Reihenweise sind diese nicht verzeichnet. Dort, wo sie verzeichnet sind, wird der Leser aus den Angaben oft nicht schlau. So erfolgt die Angabe von Lücken bald zu Beginn, bald am Ende, bald inmitten derselben, bald auch ohne jeden Bezug zum ausgefallenen Text. Welches Ausmaß sie haben, muß der Leser nahezu immer erraten. Als Beispiele seien hier nur die in den ersten Zeilen von I, 1 (GLESSGEN, Die Falkenheilkunde, I, 180) auftretenden Fälle erwähnt: Nicht verzeichnet sind der Positionswechsel von *en sua opera* um vier Wörter nach hinten (I, 1, 11) und der Ausfall der Passagen *ed è magro* (I, 1, 13), *in Egipto e* (I, 1, 17) und *ed uccelli* (I, 1, 17). Fußnote 11 („Lücke in i") bezieht sich sowohl auf die vorausgehenden zwei als auch auf die folgenden acht Wörter. Fußnote 16 („Lücke in i") bezieht sich auf die vorausgehenden acht Wörter. Fußnote 17 („Lücke in i") bezieht sich auf die vorausgehenden zwölf Wörter. Fußnote 32 („Lücke in i") bezieht sich auf die vorausgehenden zwei Wörter.

11 I, 5, 2.

12 I, 4, 2.

13 I, 13, 4.

anderen großen Vögel, die mit dem Schnabel Beute machen".[14] Je ein neues Rezept findet sich zur Beschleunigung der Mauser[15] und um einen schwarzen Hund weiß zu färben,[16] gleich zwei neue Rezepte gegen Läuse.[17] Zunehmende Gicht ist nun auch durch das Reiben des Schnabels an der Sitzstange gekennzeichnet,[18] Pneumatose im Kopf auch dadurch, daß der Vogel sich fortwährend mausert.[19] Mumienbalsam, Terebinthenharz, Sauerteig oder Auberginenmus auf den Schnabel des Vogels aufgetragen helfen nicht mehr nur, wenn dieser ausgerenkt, sondern auch wenn er gebrochen ist.[20] Zwei Ergänzungen sind dem *Moamin* selbst entnommen: Das Kapitel über die Krankheit *astaren* erhält nun erstmals eine Symptombeschreibung. Moroello hat sie in Kapitel I, 12 gefunden.[21] Und im Kapitel gegen feuchten Katarrh wiederholt er eine umfängliche Passage aus dem vorausgehenden Kapitel über trockenen Katarrh.[22] Daß es sich hierbei tatsächlich um eine bewußte Entscheidung, nicht um ein Abschreibeversehen handelt, wird deutlich, wenn Moroello den zweiten Teil der Wiederholung abkürzt mit den Worten: *Ancora se per ciò gli ochi gli enfiassano, torna alla cura che di ciò è posta nel capitolo dinançi a questo e fa le cose per ordine secondo che sono scripte fino a quello punto: e pascilo di carne di castrato d'uno anno o di gallina.*

Noch weitaus häufiger modifiziert Moroello den Text, präzisiert oder relativiert er, erklärt er oder zeigt er Alternativen auf. Der im Lateinischen nur als *locus, qui est sub crupa* umschriebenen Bürzeldrüse ist nun ein Fachterminus zugeordnet: *che fia chiamata nefa.*[23] Zu dem Heilmittel *anacardina* erfährt der Leser nun, es handele sich um ein Kompositum.[24] *Tenasmon* ist als *mal di pondo* erklärt,[25] *iliaca infirmitas* als *fiancho.*[26] Gegen Erblindung soll nicht mehr der Urin einer Jungfrau, sondern eines jungfräulichen Kleinkindes verwendet werden.[27] Der gegen unruhige Verdauung verwendete Ingwer soll zerstoßen sein.[28] Bei Schnabelsperre soll man nicht die Vögel einreiben, sondern nur deren Nase.[29] Pfeffer wird mehrmals zu „schwarzem" Pfeffer,[30] Mohn einmal zu Schwarzmohn.[31] Fiebrige Vögel sollen nicht mehr allgemein auf Zweigen, sondern exakt auf zwei Zweigen über einen Kessel mit dampfender Medizin gelegt werden.[32] Wiederholt ist nun statt eines Pflanzennamens der konkret zu verwendende Pflanzenbestandteil genannt: der Samen bei Kümmel[33],

14 II, 44, 5.
15 I, 9, 12'.
16 IV, 6, 14.
17 II, 60, 3'.
18 I, 12, 17.
19 I, 12, 9.
20 III, 7, 3.
21 II, 45, 1'.
22 II, 7, 5', 5'' und 5''' = II, 6, 15-25.
23 I, 11, 4.
24 II, 33/34, 14.
25 II, 58, 17.
26 II, 58, 3.
27 III, 1, 12.
28 II, 41, 3.
29 II, 6, 12.
30 II, 4, 6; II, 6, 6; II, 6, 12.
31 II, 6, 17.
32 II, 39, 4.
33 II, 12, 2.

Dill,[34] Fenchel[35], Kresse[36] und Ribelienbeeren,[37] die Wurzel bei der gelben Schwertlilie.[38] Dreimal sind Drogen mit einer zuvor fehlenden Mengenangabe versehen.[39] Zu der gegen Katarrh gegebenen Anweisung, man solle die Zungenwurzel abschälen, heißt es nun mäßigend: *a poco a poco*.[40] Und ähnliche Vorsicht begleitet den Rat, gegen Tuberkulose fünf pfefferkorngroße Pillen zu geben: *e non più*.[41] Der aufgrund der Steinkrankheit zu Kopf steigende *vapor* erhält den erklärenden Zusatz *dell'egestione*.[42] Pillen gegen Geschwüre sollen, wohl wegen der Konsistenz, nicht mehr allein aus Asche und Wasser, sondern auch aus Honig geformt werden.[43] Zur Behandlung von tränenden Augen und zitternden, geschwollenen Köpfen sind nun auch Blätter des Gewürznelkenbaumes und Öl heranzuziehen.[44] Die zur Beschleunigung der Mauser verabreichte Schlangenhaut soll nun getrocknet und zerstoßen sein,[45] das Tuch, das den Vögeln bei heißem Wetter gegen Leberbeschwerden unter die Füße zu legen ist, mit „kaltem" Wasser getränkt sein, nicht allein mit Wasser.[46] Das Fleisch von Schafen oder Widdern, das gegen Schleimbildung verwendet wird, soll nicht nur von seinen Adern, sondern auch von seinen Sehnen befreit sein.[47] Die häufige Anwendung eines Klistiers führt nicht mehr nur zu Schäden an den Eingeweiden, sondern auch zu Durchfall.[48] Wunden, die Vögeln von Artgenossen geschlagen wurden, soll man nicht nur einmal, sondern wiederholt mit Butter einreiben.[49] Wenn man einem Vogel, der an Katarrh leidet, Läusekraut und Schwalbenfleisch verabreicht und er es nicht verdauen kann, so bedeutet dies nicht mehr nur, daß das Medikament unwirksam ist, sondern auch, daß der Vogel bald sterben wird.[50] Ein Übermaß an Medizin tötet den Vogel nicht mehr zwangsläufig, es kann ihn töten.[51] Verletzungen am Bauch führen nicht mehr in jedem Fall zu Eiterbildung, sie können dazu führen.[52] Vögel, die außer Atem sind, zu füttern, führt nicht mehr stets zu Beschwerden, es kann dazu führen.[53] Flüssige Heilmittel unterscheiden sich von festen nicht mehr kategorisch dadurch, daß sie vom Körper resorbiert werden, sondern dadurch, daß sie „besser" resorbiert werden.[54] Leser, die wollen, daß die neuen Federn ihrer mausernden Vögel geschmeidig werden, können deren Futter nicht mehr nur in Sesamöl einweichen. Das Öl von Oliven oder süßen Mandeln

---

34 II, 24, 72.
35 II, 24, 75.
36 II, 41, 5.
37 V, 4, 5.
38 I, 6, 42.
39 II, 5, 2; II, 44, 11; II, 60, 12.
40 II, 10, 10.
41 II, 31, 19.
42 II, 58, 5.
43 II, 46, 5.
44 II, 8, 2f.
45 I, 9, 16.
46 II, 30, 6.
47 II, 3, 4.
48 II, 49, 5.
49 II, 44, 13.
50 II, 10, 14.
51 II, 1, 20.
52 II, 44, 6.
53 I, 6, 13.
54 II, 1, 11.

erfülle den gleichen Zweck, erklärt Moroello, sei ihm doch dieselbe Kraft (*virtu*) zueigen.[55] Zu dem Kautereisen, das gegen eingerissene und blutende Augenlider eingesetzt werden soll, ergänzt er, besser als Eisen seien Silber oder Gold.[56] Dreimal präzisiert er Textverweise und erleichtert damit ihre Benutzung.[57]

Mehrmals ist Moroello auch dezidiert anderer Auffassung und ändert den Inhalt. War in der Vorlage noch zu lesen, man solle die zur abschließenden Behandlung von weißen Pusteln auf der Zunge vorgesehene Medizin in die Nase träufeln, so ist nunmehr die Gabe mit dem Futter empfohlen.[58] Hieß es dort noch, warmes Wasser vermischt mit Öl helfe deshalb gegen einen im Hundehals festsitzenden Knochen, weil es denselben aufweiche und löse, lautet die Erklärung hier statt dessen, die Flüssigkeit werde die Kehle weiten.[59] Empfiehlt die Vorlage bei Flügelträgheit, die Vögel erst mit lauwarmem Wasser zu waschen, sie dann zu kautern und anschließend die Kauterstelle nochmals mit kaltem Wasser zu waschen, so wird nun vor dem Kautern mit heißem Wasser, danach mit lauwarmem Wasser gewaschen.[60] Pneumatose im Rücken zeigt sich nicht mehr durch Trägheit, sondern durch Abknicken des Bürzels.[61]

An einigen Stellen hat er auch Unnützes ausgesondert. Für unerheblich hält er offenbar, auf welche Art der Widder geschlachtet worden ist, dessen noch körperwarmes Blut zur Behandlung von Pneumatose benötigt wird. Fordert der lateinische Text noch, man möge ihm entweder die Kehle durchschneiden oder ihn strangulieren, heißt es nunmehr schlicht, er solle kurz zuvor gestorben sein.[62] Auch der gegen Katarrh eingesetzte Honig muß nicht mehr „von ausgewogener Konsistenz, zwischen trüb und klar", sondern einfach „gut" sein.[63] Besonders unnütz müssen ihm die wiederholten Aufforderungen des sandsturmerfahrenen Muḥammad erschienen sein, Heilmittel nach der Zubereitung und vor der Verwendung in ein Gefäß zu geben. Er streicht sie allesamt, setzt allenfalls einmal an deren Stelle den Rat, man möge auf sie achtgeben.[64] Selbstverständlich und damit verzichtbar erschien ihm offenbar auch mehrfach der Zusatz *purus* bei Drogen.[65]

Von größeren Kürzungen sowie von Eingriffen in die Ordnung hat Moroello hingegen weitgehend abgesehen. Der Ausfall dreier einzelner Rezepte dürfte jeweils auf einem Augen- bzw. Zeilensprung beruhen.[66] Ebenfalls einem Flüchtigkeitsfehler wird es wohl zuzuschreiben sein, daß das letzte Rezept von Kapitel 36 nunmehr am Schluß des folgenden Kapitels erscheint. Einzig die Neustrukturierung des Textes ab V, 4, 15 scheint gewollt. Sie bewirkt, daß im fünften Buch wieder, wie in der Capitulatio angekündigt, zehn und nicht mehr nur sechs Kapitel erscheinen.

---

55 I, 9, 17.
56 V, 1, 8.
57 II, 30, 4; II, 58, 13; III, 1, 8.
58 II, 22, 5.
59 V, 3, 6.
60 II, 53, 8.
61 I, 12, 13.
62 II, 4, 8.
63 II, 5, 2.
64 II, 6, 7; II, 6, 12; II, 2, 2; II, 7, 9; II, 11, 7; II, 25, 3; III, 15, 5; II, 23, 16; II, 26, 2.
65 II, 8, 10; II, 13, 5; II, 44, 13.
66 II, 6, 28; II, 36, 10; II, 45, 7.

Von 34 auf ihn gekommenen x2-Korruptelen hat Moroello 25 verbessert.[67] In I, 1, 10 und I, 1, 15 sind die durch Augensprünge gerissenen Lücken in der Klassifikation der Raubvögel gestopft. Die widersprüchlichen Aussagen über die Herkunft der besten Habichte in I, 1, 29/34 sind nun zugunsten der armenischen Habichte aufgelöst. In der verunglückten Passage I, 1, 37-41 sind aus vermeintlichen Futtertieren nun wieder, wie ursprünglich, Altersstufen der Habichte geworden. In I, 2, 13 ragen nicht mehr die Flügel, sondern, wieder wie ursprünglich, die Brauen eines schlechten Habichts über dessen Augen. Die Bürzeldrüse ist in I, 11, 4 und I, 12, 41 wieder an ihrem richtigen Platz etc.

Nicht zuletzt drückt sich Moroellos souveräner Umgang mit dem Text auch darin aus, daß er ihn an seine eigene Umwelt anpaßt: Die im *Moamin* anzutreffende Wüste wird zum Wald oder fällt ganz weg,[68] die Gazelle wird zur Ziege,[69] die als Rezipienten des Traktats angesprochenen Könige werden zu Herren und Fürsten[70] und die von Muḥammad als Beispiele für vierfüßige Beizjagdhelfer angeführten und offenbar seit Theodors Übersetzung unverstanden durch die Tradition geisternden *zabadeg* und *bdalach* werden ausgesondert, an ihre Stelle tritt der Fuchs.[71]

Nicht allen Veränderungen Moroellos dürfte indes auch ein Veränderungswille zugrundeliegen. Eine falsch aufgelöste Kürzel ist offenbar der Grund dafür, daß Mengenangaben wiederholt auf „ein halb" statt auf „zwei" lauten.[72] Eher auf eine stilistische Vorliebe denn auf Auseinandersetzung mit dem Inhalt wird es zurückzuführen sein, daß viele – auffällig viele – Aussagen gesteigert sind: Dutzende Male sind Rezepte nunmehr „sehr" nützlich, nicht mehr nur nützlich[73], darunter auch eines, in dem der in Europa wohl kaum verfügbare Kamelurin Verwendung findet,[74] die Regionen, aus denen die Gerfalken kommen, sind nunmehr „sehr" kalt,[75] der *aynoki* wird von Griechen und Syrern nunmehr „häufig" zur Jagd verwendet,[76] etc. Gleiches gilt für den Gebrauch von *buon* und *bene*[77] bzw. *diligentemente, soavemente* und *sottilmente.*[78] Und auch die Ausfälle von Bekräftigungsformeln nehmen zu große Ausmaße an, als daß man dahinter (stets) eine Auseinandersetzung mit dem Einzelfall vermuten möchte.[79]

---

67 I, 1, 10; I, 1, 15; I, 1, 28; I, 1, 29/34; I, 1, 37/41; I, 2, 13; I, 4, 5; I, 5, 2; I, 6, 6; I, 6, 7; I, 11, 4; I, 12, 41; II, 1, 3; II, 3, 22; II, 23, 25; II, 24, 49; II, 28, 2; II, 53, 8; II, 60, 16; III, 6, 2; III, 8, 25; III, 9, 5; IV, 4, 2; IV, 5, 11; IV, 5, 31.
68 I, 6, 14; I, 1, 19.
69 I, 1, 18; I, 1, 21; I, 1, 44; I, 4, 3; II, 41, 3.
70 I, 6, 24.
71 IV, 1, 3.
72 Etwa in II, 45, 2; II, 45, 8 und II, 50, 10.
73 II, 6, 8; II, 6, 10; II, 8, 10; II, 10, 3; II, 22, 6; II, 23, 10; II, 24, 17; II, 24, 21; II; 30, 7; II; 31, 2; II, 31, 5; II, 32, 2; II, 35, 2; II, 35, 21; II, 36, 5; II, 36, 8; II, 37, 4; II, 43, 2; II, 47, 4; II, 49, 3; II, 50, 9; II, 58, 13; III, 1, 10; III, 2, 5; III; 7, 3; III, 8, 8; III, 8, 21; III; 12, 7; III, 12, 11; III, 12, 13; III, 12, 22; III, 12, 23; IV, 4, 19; IV, 5, 31; IV, 5, 32; IV, 5, 36; IV, 5, 50; IV, 5, 63; IV, 5, 66; V, 1, 2; V, 7, 2; V, 7, 9; V, 9, 4.
74 II, 23, 14.
75 I, 1, 11.
76 I, 6, 15. Für weitere solche Fälle s. I, 1, 13; I, 11, 10; II, 1, 17; II, 34, 6.
77 I, 7, 4; II, 3, 15 (2x); II, 6, 13; II, 17, 7; II, 24, 39; II, 35, 17; II, 44, 15; II, 44, 16.
78 II, 16, 2; II, 24, 82; II, 24, 84; III, 2, 2.
79 II, 13, 5; II, 23, 24; II, 24, 22; II, 24, 24; II, 24, 49; II, 24, 59; II, 24, 69; II, 24, 67; II, 25, 9; II, 28, 8; II, 32, 3; II, 32, 8; II, 35, 11; II, 39, 10; II, 44, 11; II, 45, 4; II, 49, 6; II, 51, 4; II, 53, 13; II, 53, 16; II, 58, 7; II, 60, 6; II, 61, 3; III, 1, 5; III, 8, 11; III, 8, 14; III, 12, 4; IV, 5, 54; V, 5, 4 (= lat. Text V, 7, 4).

Moroello blieb nicht der einzige kompetente Bearbeiter in diesem Zweig. Im 16. Jahrhundert fand der Text Aufnahme in das Jagdbuch (**i**) des Domenico Boccamazza, eines der größten Jagdexperten seiner Zeit.[80] Boccamazza war Jäger in Diensten Papst Leos X. (1512-1521), ja wohl gar der oberste, der *capocaccia*. Die Einträge in den päpstlichen Rechnungsbüchern, nach denen ihm regelmäßig vierteljährlich ein Sold von 30 Dukaten ausgezahlt wurde, führen ihn unter allen Jagdbediensteten stets an erster Stelle. Auch enthält sein Werk ausgiebige Ratschläge darüber, worauf ein *capocaccia* achten muß – sie dürften kaum von jemandem stammen, der nicht selbst je ein solches Amt bekleidete.

Ob er den *Moamin* freilich bereits am Papsthof kennenlernte, muß offenbleiben, denn er schrieb sein Werk erst in fortgeschrittenem Alter und offenbar auch in größerem zeitlichen Abstand zu seiner dortigen Tätigkeit für einen anderen Herrn, den wohl teilweise in Rom residierenden (Titular-)Fürsten Arianitto von Mazedonien, einen Nachkommen albanischer Adeliger, die im 15. Jahrhundert von den Türken ins italienische Exil vertrieben worden waren:

Dem erlauchtesten Herrn, dem Fürsten von Mazedonien[81]*,*
Domenico Boccamazo.

Erlauchtester Herr, da Ihr Euch von zarter Kindheit an bis auf die Gegenwart stets in den Waffen übtet, und die Jagd, die doch dem Kampfe gleich ist, nicht fehlen wollte in Eurer Übung und da ich Euer Diener bin und schon alt und ich all meine Tage damit zugebracht, auf die Jagd zu gehen, hielt ich es für angebracht – finden sich doch wenige, ja vielleicht kein einziger mehr, der die Landschaft um Rom durchstreift hat zu jener Zeit, als sie noch voller Wild und zumal voller Hirsche war – Eurer Exzellenz in diesem Werk kundzutun, wie zu jener Zeit die caccie und die armate[82] *vonstatten gingen, die noch heute von Nutzen wären, fände sich noch so viel Wild wie damals. Weil aber das freie Land um Rom kleiner geworden und das Wild verschwunden ist, hierdurch wie durch die Büchsen, die unablässig von neuem abgefeuert werden und alles Wild erlegt oder durch ihren Lärm vertrieben haben, wollte ich auch nicht versäumen zu berichten, wie zu heutiger Zeit zu jagen sei. Und darum sind in diesem Werk viele andere, den Jägern nicht minder wichtige Dinge enthalten, um die es zwischen ihnen zu Meinungsverschiedenheiten kommen kann, sowie viele Heilmittel für Hunde und anderes mehr, wie Eure Exzellenz bei der Lektüre sehen werden. Und da ich sicher bin, daß in diesem Werk viele Fehler stecken, sei es in der Schreibung, sei es im Ausdruck, möchte ich zu meiner Verteidigung vorbringen, daß ich in der mir eigenen Sprache spreche ...*[83]

---

80 Vgl. im folgenden GNOLI, 221-223; INNAMORATI, I, 285-290; GLESSGEN, Die Falkenheilkunde, I, 39, 42-48.

81 Der Name des Fürsten erscheint weder hier noch andernorts. Das Erscheinungsjahr 1548 des Druckes läßt aber wohl nur an Arianitto (ca. 1515-1551, reg. 1530-1551) denken, nicht an den vorherigen Träger dieses Titels, dessen Vater Costantino (1456-1530), zumal der Druck zu Lebzeiten Boccamazzas erschienen ist – 1554 und 1555 ist er an Streitigkeiten vor dem jüdischen Gericht zu Rom beteiligt (s. Kenneth STOW (Hg.), The Jews in Rome, Bd. II: 1551-1557 (A Documentary History of the Jews in Italy 12; Studia post-biblica 48.2), Leiden / New York / Köln 1997, 699 (Nr. 615), 701 (Nr. 1619) und 785 (Nr. 1798)). Costantino residierte im Kastell Montefiore, einige Kilometer nördlich von Urbino, und in Rom. Sein Sohn dürfte ihm darin gefolgt sein. Er ist gleichermaßen für seine prächtige Hofhaltung wie für die darüber aufgetürmten

Daß er sich für seine Sprache entschuldigt, kann nicht allein als Topos verstanden werden. Er ist kein Schriftsteller, kein Schreibtischjäger. Seine Sprache ist nicht gefeilt, vielmehr oftmals eintönig. Er ist ein ausgewiesener Praktiker, der sein Leben in Wald und Flur verbracht hat und nun an dessen Ende zur Feder greift, um sein Wissen an die Nachwelt weiterzugeben. Um so aufschlußreicher ist es zu sehen, in welcher Form dieser erfahrene Jäger den *Moamin* übernimmt.

Sein Werk umfaßt acht Bücher. Die ersten vier (INNAMORATI, 295-359) beschreiben zahlreiche Jagdrouten aus der näheren und weiteren Umgebung Roms und nennen Orte, an denen Rast gehalten werden kann, an denen die Jäger und Hunde sich verteilen können und an denen das Wild gestellt werden kann. Das fünfte Buch enthält eine bunte Mischung von Informationen: Den Anfang machen einige Verhaltensregeln für den *capocaccia* – er möge niemals schlecht gelaunt sein, auch wenn er keine Beute mache, er solle stets den Jagdherrn im Blick haben und müsse alles tun, ihm Hindernisse aus dem Weg zu schaffen etc. (360-362). Es folgen Lösungen für Fälle, in denen sich Jäger darüber streiten, wem es zusteht, das Wild zur Strecke zu bringen (362-377) und Verhaltensregeln für die Jäger, etwa wie sie die Hunde zu behandeln und einzusetzen, welche Kleidung sie zu wählen und welche Waffen sie bei sich zu führen haben und wie ihr Pferd beschaffen sein soll (377-386). Dann schließen sich unter der Bezeichnung *opera antica, la quale parla assai sufficientemente di cani* die beiden Hundebücher des *Moamin* an (387-408). Darauf wiederum folgen Ausführungen dazu, aus welchen Ländern und Gegenden die Hunde kommen, die am besten für die Jagd um Rom geeignet sind (408-411), toponomastische Merkregeln zu den Toren Roms, den Ausfallstraßen und geeigneten Jagdgründen, die ein Jäger verinnerlicht haben sollte (411-419), und schließlich Anweisungen dafür, wie man Netze herstellt und gebraucht (419-424), wie man Wild aus einem Wald treibt (424f.), wie man Schweißhunde züchtet (425), wie man mit den Hunden umzugehen hat, wenn das Wild erlegt ist (425-427), und worauf der Führer einer Meute von Bracken zu achten hat (427-431). Mit diesem fünften Buch scheint Boccamazza sein Werk ursprünglich auch beschlossen zu haben, denn in seiner Widmung

---

Schulden bekannt. Vgl. Paolo PETTA, Despoti d'Epiro e principi di Macedonia. Esuli albanesi nell'Italia del Rinascimento (Il pianeta scritto 43), Lecce 2000, speziell 151-184.

82 Hierzu vermerkt INNAMORATI, 293: von der gemeinen Form der Treibjagd, der *caccia*, unterscheidet sich deren Spezialform, die *caccia armata*, darin, daß die Jäger dem Wild nicht gemeinsam, sondern getrennt an verschiedenen Stellen nachspüren.

83 *Allo Eccellentissimo Signore il Signor Principe di Macedonia*
Domenico Boccamazo
Exellentissimo Signore, essendosi Vostra Eccellenzia dalli teneri anni sino in questo tempo sempre exercitato in nelle arme e per essere conforme la caccia alla guerra, quella non ha voluto mancare ancora in questa exercitarsi; ed essendoli io servitore e trovandomi già in nelli anni della veccieza, e avendo consumato tutto el tempo mio in andare a caccia, mi è parso, trovandosi pochi o per aventura nisciuno che abia frequentata la campagnia di Roma al tempo che era copiosa di animali salvagi e maxime cervi, dare notizia a Vostra Eccellenzia in questo libro como a quel tempo si facevano le caccie; e como si facevano le armate le quale serviriano ancora adesso trovandosi le fiere como a quel tempo si trovavano, e perché le campagne di Roma son slargate e son mancate le fiere, così per questo como per li archibusi, li quali non cessano di continuo tirare; e così con ammazare le fiere, como per el rumore le hanno spatriate; per tanto, non ho voluto mancare como ancora adesso si abiano a fare le caccie: e perché in questo libro ve sonno molte altre cose non di poca importanza alli cacciatori per le differenze possono fra loro acascare: e molti remedii a cani e altre cose assai come Vostra Eccelenzia legendo vederà. E perché son certo che in questo libro ve sonno molte cose scorrette così per el scrivere como per li vocaboli, per tanto quella mi arà per escuso parlando io del mio linguagio (INNAMORATI, 293).

erklärt er dem Fürsten Arianitto zunächst: *tutto quello ve è scritto è partito in cinque libri.* Und die darauf folgende Inhaltsangabe gilt nur den Büchern I-V. Erst am Schluß kommt er auf die Bücher VI-VIII zu sprechen, und dies geschieht so, als seien sie „seinem" Traktat hinzugefügt worden: *E perché mi è parso essendosi parlato di molte sia necessario parlare ancora di uccelli, per tanto in questo medesimo libro ve è un trattato di uccelli el quale è partito in tre libri* ... Eine Distanzierung von den Vogelbüchern kann gleichwohl nicht gemeint sein, denn alle Teile des *Moamin* sind von ihm eingehend überarbeitet worden. Dies belegt nicht nur die ähnliche Struktur der Veränderungen in Hunde- und Vogelbüchern, sondern auch die in den Vogelbüchern nun mehrfach auftretenden Bezüge zu Rom und dessen Umgebung. Auch erscheint hier ein Rezept zur Behandlung von Brüchen, das an entsprechender Stelle bereits im Hundeteil eingefügt worden ist.[84]

Das Buch IV des *Moamin* hat die stärkste Überarbeitung erfahren: Der Text ähnelt hier streckenweise mehr einer freien Nacherzählung denn einer Abschrift. Häufig sind Wörter und Wendungen gegen andere eingetauscht. Häufig ist auch die Satzstruktur gewandelt. Daneben sind weite Teile des Inhalts revidiert.

Im Bereich Empfängnis und Geburt entfallen erst die erstaunliche (zumindest heute nicht mehr nachvollziehbare) Angabe, daß sich Hunde nur am 1. Januar und am 1. Februar paaren, dann der Rat, die Tiere vor der Paarung zehn Tage ruhen zu lassen,[85] ferner die Aussagen, das Separieren läufiger Hündinnen lasse edlere Welpen erhoffen[86] und eine trächtige Hündin, die laufe und jage, verliere ihre Jungen, und schließlich auch die Empfehlungen, männliche Hunde nach der Paarung mindestens 30 Tage von der Jagd fernzuhalten,[87] die Gebärmutter nach der Geburt mit einem Sud aus Lauch und Linsenbrot auszuwaschen[88] und der Hündin zur Beschleunigung der Empfängnis Hefe zu fressen zu geben,[89] sowie das Rezept gegen *corrosio in tempore coitus* (bei Moroello *mangione ... nel tempo del generare*),[90] letzteres wohl weil es nicht hinreichend verständlich war – gemeint sind möglicherweise Schädigungen der Scheidenschleimhäute läufiger Hündinnen.[91] Auch könnte es in der Vorlage bereits zusätzlich korrumpiert gewesen sein, wie die Lesart von h (*mancatione* statt *mangione*) zeigt. Dann widmet sich Boccamazza der Tragezeit. Sie war von Muḥammad mit 60 Tagen plus so viele Tage, wie männliche Welpen im Wurf sind, angegeben, aber bei x4 durch eine Verdrehung der Ziffern zu 40 korrumpiert worden. Boccamazza weiß nicht nur die Zahl 60 wiederherzustellen, er merkt auch an, über eine längere Tragzeit gebe es unterschiedliche Meinungen, es heiße auch, man solle für jedes Lebensjahr der Hündin einen Tag hinzuzählen.[92] Ein wenig sorgenvoll betrachtet er den brennenden Kreis aus Stroh, in den die Welpen gesetzt werden sollen, damit man an der Reihenfolge, in welcher die Mutter ihre Jungen rettet, die besten erkennt. Er ergänzt, der Kreis möge weit genug sein, damit die Welpen sich nicht daran verbrennen.[93] Und wo es als

84 INNAMORATI, 395, 31 - 396, 2 und 501, 17-19.
85 IV, 2, 2-5 / INNAMORATI, 387.
86 IV, 2, 7 / INNAMORATI, 387.
87 IV, 2, 8f. / INNAMORATI, 387.
88 IV, 2, 15f. / INNAMORATI, 387.
89 IV, 2, 17f. / INNAMORATI, 387.
90 IV, 2, 20. / INNAMORATI, 388.
91 GLESSGEN, Die Falkenheilkunde II, 576-582.
92 I, 2, 10f. / INNAMORATI, 387.
93 IV, 3, 3 / INNAMORATI, 388.

Folge eines die Milchproduktion anregenden Mittels zuvor noch unklar hieß *et constringetur eis natura* (bei Moroello *e indurerà la natura loro*), schreibt er statt dessen, man möge die Welpen saugen lassen.[94]

Auch die folgende Liste der Gütemerkmale hat Boccamazza grundlegend überarbeitet: Erst streicht er die Aussage, die Ohren sollen eng am Hals anliegen,[95] – sie war wohl bereits bei Moroello unverständlich übersetzt worden (*l'orecchie ... paiono agruppare lo collo*). Dann verbessert er eine der von Moroello übergangenen x2-Korruptelen: nicht mehr die Augenknochen, sondern die Augen selbst sollen nun sauber sein.[96] Dann konnte er wohl auch mit der Angabe, die Hunde sollten ein leuchtendes Gesicht haben, nichts anfangen und hat sie gestrichen.[97] Den Merkmalen, die gute Läufer unter den männlichen Hunden auszeichnen, weiß er zahlreiche weitere beizufügen.[98] Die anschließenden Merkmale bezeichnen nicht mehr starke Läufer, sondern starke Hunde, die aber keine guten Läufer sind.[99] Und während es in der Vorlage noch heißt, die Hunde, denen diese Merkmale fehlten, besonders wenn sie einen spitzen Rücken hätten, seien schlechter als die anderen, formuliert Boccamazza, die Hunde, denen diese oder doch ein größerer Teil dieser Merkmale fehlten, liefen selten gut.[100] Dann streicht er die Gewichtsangabe zu den Beckenknochen laufstarker Hündinnen und beseitigt so eine weitere x2-Korruptele.[101] Zugleich verzichtet er auf die Aussage, diese Merkmale bedeuteten auch Kühnheit. Damit, daß weiße Hündinnen schlau sind, stimmt er überein, nicht aber damit, daß dies nur zutrifft, wenn sie schwarze Augen haben.[102] Letzteres fällt ebenso aus wie der anschließende Rat, den spornartigen Fortsatz abzuschneiden, der an den Beinen und an der Schwanzwurzel erscheine. Zudem schwächt er auch an dieser Stelle ab – es heißt nicht mehr kategorisch, Hunde, denen diese Merkmale fehlen, seien nicht gut, sondern Hunde, denen diese oder der größere Teil dieser Merkmale fehlten, seien selten gute Läufer.[103] Anschließend läßt er das für Herbst und Frühling empfohlene Hammelfleisch nur noch ohne Knochen füttern[104] und streicht auch noch den Abschnitt IV, 4, 11, in dem mittlerweile nicht mehr von alten Hunden die Rede war, sondern von „jungem" (*giovane*) Fleisch, das man „altem" (*vecchia*) Fleisch als Futter vorziehen möge. Statt dessen bringt er je ein Rezept darüber, wie man einen geschwächten Hund wieder zu Kräften bringt und was man mit einem Hund macht, der sein Futter nicht anrührt.[105]

Auch unter den Rezepten zur Gewichtszunahme wählt er aus: Die Empfehlung, fünf, sechs Tage lang kalte Knochen zu füttern,[106] erscheint ihm ebenso wenig brauchbar wie jene, vom empfohlenen Futter jeden Tag ein Pfund zu geben[107] oder den Kopf und die Füße

94 IV, 3, 9 / INNAMORATI, 388.
95 IV, 3, 15 / INNAMORATI, 389.
96 IV, 3, 16 / INNAMORATI, 389.
97 IV, 3, 17 / INNAMORATI, 389.
98 IV, 3, 22 / INNAMORATI, 389f.
99 IV, 3, 23 / INNAMORATI, 390.
100 IV, 3, 26 / INNAMORATI, 390.
101 IV, 3, 29 / INNAMORATI, 391.
102 IV, 3, 32f. / INNAMORATI, 391.
103 IV, 3, 36 / INNAMORATI, 391.
104 IV, 4, 7 / INNAMORATI, 391.
105 INNAMORATI, 391f.
106 IV, 4, 13f. / INNAMORATI, 392.
107 IV, 4, 16 / INNAMORATI, 392.

eines Widders zu kochen und sie mit der Brühe zu füttern,[108] letzteres wohl deshalb, weil der Bezug auf den Widder bereits in der Vorlage entfallen und nicht mehr klar war, welches Tier gemeint war. Die ursprünglich als zweiter Teil des Rezeptes vorgesehene Fütterung mit Butter bleibt indes erhalten, wenn auch in moderaterer Form – die vorgegebenen drei oder vier Unzen Butter sollen nicht mehr innerhalb von drei Tagen, sondern nur noch innerhalb von acht bis zehn Tagen verfüttert werden. Von dem Rezept gegen Appetitlosigkeit übernimmt Boccamazza nur den zweiten Teil, den ersten tauscht er aus: Weiterhin soll in die Nase eine Mischung aus Essig und Linsenmehl gefüllt werden. Zuvor soll jedoch nicht mehr Kot gefüttert werden, sondern, am Morgen, Öl, nötigenfalls gegen den Willen des Hundes und mit Gewaltanwendung.[109]

Dann löst Boccamazza sich von seiner Vorlage. Er streicht den ganzen Abschnitt IV, 4, 20 - IV, 5, 32 mit seinen Rezepten, wie man ausgezehrte Hunde wieder zu Kräften bringt und wie man Leoparden mästet, und seinen diversen Ratschlägen zur rechten Haltung der Hunde daheim und bei der Jagd, zu ihrem rechten Gebrauch und Verständnis. Statt dessen entwickelt er das Thema selbständig weiter: Erst konstatiert er, Appetitlosigkeit könne leicht davon herrühren, daß die Hunde an Verstopfung litten, und fügt ein Rezept dagegen an.[110] Dann schließt auch er umfängliche Betrachtungen zu Haltung und Pflege der Hunde an und greift dabei dieselben Themen auf, die in der Vorlage folgten,[111] freilich in anderer Reihenfolge und Gewichtung und mit anderen Aussagen. Sodann kommt er auf Würmer zu sprechen und nennt eine Medizin dagegen und mahnt, die Plätze der Hunde stets sauber zu halten, das Stroh häufig auszuwechseln, und Hunden, die längere Zeit nicht zur Jagd geführt wurden, die Krallen zu schneiden, da sie sonst abbrechen könnten und die Tiere lange vom Jagdbetrieb ausgeschlossen wären.[112] Dies wiederum führt ihn zu den verschiedenen Verletzungen, die sich bei der Jagd einstellen können,[113] und von dort weiter über Ohrenleiden, Verkrümmung, Lähmung, Gelenk-, Schulter- und Beinprellungen bis hin zu Krätze und ramponierten Pfoten. Hier greift er erstmals wieder auf den Text des *Moamin* zurück – den Rezepten gegen Krätze hängt er jenes an, das in IV, 5, 53 zu demselben Thema genannt ist,[114] und den Rezepten gegen ramponierte Pfoten fügt er diejenigen gleichen Inhalts bei, die in IV, 5, 60-64 stehen, wobei er freilich auf die Anweisung verzichtet, den After des Hundes mit Öl einzureiben.[115] Schließlich kommt er noch auf Sehnenverletzungen und Brustfellentzündung zu sprechen.[116] Danach setzt er in IV, 5, 33 wieder mit dem Text des *Moamin* ein, zuerst allerdings noch deutlich dezimiert – in den Abschnitten IV, 5, 33-42 fehlt der Hinweis auf die Gefahr von Tuberkulose, und die beiden Rezepte zur Erfrischung der Hunde und gegen Trägheit sind gestutzt, ersteres am Ende, letzteres am Anfang.[117] Dann schließt sich der Rest von Buch IV weitgehend unverändert an, allerdings ohne die bereits zuvor integrierten Abschnitte IV, 5, 53 und 60-64, den Abschnitt IV, 5, 65 - IV, 6, 8 über

---

108 IV, 4, 17f. / INNAMORATI, 392.
109 IV, 4, 19 / INNAMORATI, 392.
110 INNAMORATI, 392.
111 INNAMORATI, 392f.
112 INNAMORATI, 394.
113 INNAMORATI, 394-396.
114 INNAMORATI, 399.
115 INNAMORATI, 400f.
116 INNAMORATI, 401f.
117 INNAMORATI, 402.

zerschundene Pfoten, Augenschmerzen und Streunen[118] und den Abschnitt IV, 6, 12 über zu kurz geratene Hälse.[119]

Buch V hat deutlich weniger Veränderungen erfahren. Wortlaut und Satzstruktur sind nun viel näher an der Vorlage. Und auch die Eingriffe in den Inhalt fallen geringer aus. Hier fehlen eines von mehreren Rezepten gegen Augentrübung[120] sowie die Rezepte gegen Pusteln am Gaumen und gegen Blutegel.[121] Die Speise gegen Magenschwäche soll nicht mehr nur aus einem Rinderknochen bestehen, sondern aus Rindfleisch am Knochen.[122] Vom Husten ist nur noch unspezifisch die Rede, nicht mehr, wie die bisherige Tradition kryptisch überlieferte, von Husten in den unteren Innereien.[123] Gegen Blut im Urin soll statt frischem nunmehr trockener Koriander zur Anwendung kommen,[124] beim Abführen nicht mehr der Bauchnabel, sondern der After mit Stiergalle eingerieben werden.[125] Gegen verletzungsbedingte Schwellungen sollen statt – wie zuvor korrupt – Zweigspitzen von „heißen" Bäumen schlicht diejenigen von Bäumen Verwendung finden und soll mit Honig eingerieben, nicht mehr mit Honig und Butter gefüttert werden.[126]

Noch einmal geringer fallen die Veränderungen in den Büchern I-III aus. Im Vergleich mit der übrigen *Moamin*-Tradition sind es freilich immer noch viele. Die namentliche Unterscheidung der Adler in *aquila simpliciter* und *çumeg* ist aufgehoben – es ist nur noch die Rede von einem mehr und einem weniger edlen.[127] Das offenbar mittlerweile obsolet gewordene Zunähen und Wiederauftrennen der Augen ist gegen das An- und Ablegen der Haube eingetauscht worden. Zugleich erfährt der Leser nun erstmals, warum er dabei den Blickkontakt mit dem Vogel meiden soll – weil der Vogel dadurch in Furcht gerät.[128] Neben Hühnern gelten nun auch Hühnerküken als eine Verlockung, welche die Raubvögel von der Jagd abhalten kann.[129] Ein entflogener Vogel läßt sich nun nicht nur durch das Krächzen oder Erscheinen eines Schwarms von Raben oder Krähen auffinden, sondern auch durch die Schreie der Turmfalken oder das Erscheinen eines Schwarms von Schwalben.[130] Statt auf die Fußfesseln der Beizvögel ganz zu verzichten, aus Furcht ein Adler könnte diese für Beute halten und die Vögel deshalb angreifen, empfiehlt Boccamazza nur, die Fesseln so kurz wie möglich zu halten.[131] Ferner verbessert er eine von Moroello übergangene Korruptele – es kreist nicht mehr der Schwanz des Vogels, sondern der Vogel selbst –[132] und zum Thema entflohener Beizvögel fügt er noch eine bewährte, in der überlieferten Form allerdings offenbar korrupte Regel an: *e rade volte accade che uno ucello sori e che si vada a perdere, che aspettando l'uomo dove lo ha perso fino alla sera, lo ucello non ritorni dove*

---

118 INNAMORATI, 403f.
119 INNAMORATI, 404.
120 V, 1, 4 / INNAMORATI, 404 (Augensprung?).
121 V, 3, 4 und V, 3, 7 / INNAMORATI, 405.
122 V, 4, 8 / INNAMORATI, 406.
123 V, 4, 13 / INNAMORATI, 406.
124 V, 4, 20 / V, 6, 2 / INNAMORATI, 407.
125 V, 4, 21 / V, 6, 3 / INNAMORATI, 407.
126 V, 6, 2 / V, 8, 2 / INNAMORATI, 407.
127 I, 1, 20-22 / INNAMORATI, 433.
128 I, 6, 25 und 27 / INNAMORATI, 436.
129 I, 6, 32 / INNAMORATI, 437.
130 I, 7, 9 / INNAMORATI, 439.
131 I, 8, 4 / INNAMORATI, 440.
132 I, 8, 12 / INNAMORATI, 440.

se è perso; e questa è regola generale.[133] Zur Vorbereitung auf die Mauser soll das Fleisch junger Tauben nur noch in Öl, nicht mehr speziell in Nußöl gefüttert werden, und nicht mehr zusammen mit dem Blut der Tauben.[134] Als Anzeichen von Gesundheit gilt nicht mehr das Pulsieren der Venen, sondern das Schlagen der Flügel.[135] Das allmorgendliche Einfetten der Federn gilt nicht mehr allgemein den Flügeln, sondern nur noch den äußersten Schwungfedern.[136] Das Heilmittel gegen Schleim soll nicht mehr in einem grünen, sondern in einem sauberen Gefäß aufbewahrt,[137] die gegen Katarrh verwendete Gebärmutter eines Schweins nun gekocht, nicht mehr nur eingeweicht,[138] der von Zersetzung betroffene Gaumen nur noch mit Rosenöl, nicht auch mit Kamelurin bestrichen werden.[139] Einläufe müssen nicht länger mit Röhrchen (*penne*) aus Silber oder Metall verabreicht werden. Boccamazza weiß ein besseres Instrument: am besten gelinge es mit einer kleinen Messingspritze.[140] Am Ende von Kapitel II, 33/34 folgt ein weiteres Rezept gegen Asthma (das auch bei h zusammen mit zwei anderen Rezepten im Anschluß an den *Ghatrif* steht).[141] Gegen Verengung des Afters soll nicht mehr Schweinefleisch, sondern Schweinespeck in diesen hineingesteckt werden.[142] Am Ende des Kapitels III, 10 stehen nun je ein neues Rezept gegen Verhärtungen nach verheilten Knochenbrüchen, gegen Knochenbrüche, die nicht heraustreten, sofern keine Gelenke betroffen sind, und gegen Flügelbrüche.[143] Die Mauserkammer erscheint nicht mehr als unspezifisches Gebäude oder als Höhle, sondern mit ihrem Fachwort *muta.*[144] Am Ende von III, 13 treten ein Rezept gegen Warzen (*chiodi*) und eines gegen geschwollene Füße hinzu, am Ende von III, 15 noch drei weitere Rezepte gegen Läuse sowie weitere sechs Kapitel mit Abführmitteln und Rezepten zu verletzten Federn, gebrochenen Krallen und Krankheiten des Mundraums. Beschlossen wird der Traktat, dessen Veränderungen am Text des *Moamin* hier nur in den wichtigeren Punkten dargestellt worden sind, von den Kapiteln 1 - 3, 38 des *Ghatrif* und einer Handvoll Rezepten gegen Katarrh, Würmer, Ballengeschwulste und Flügelprellungen bei Vögeln und um ihre Mauser zu beschleunigen.

Die Veränderungen im übrigen Teil des Zweiges sind vergleichsweise gering. Für **c** lassen sich keine feststellen, die nicht den Anschein von Flüchtigkeitsfehlern hätten. Hier fällt einzig der Hundeteil ins Auge, der von einem späteren Leser (Hand 3) aufmerksam studiert und am Rand mit Notizen versehen wurde. Bei **x21** findet sich eine Handvoll Veränderungen: Wasser ist einmal nicht nur klar, sondern auch frisch.[145] Der Rötel, mit dem die Schreiner ihr Holz markieren, ist nun auch als Sinopia bezeichnet.[146] Lange Ruhepausen

---

133 I, 8, 14 / INNAMORATI, 440.
134 I, 9, 8 / INNAMORATI, 442.
135 I, 11, 10f. / INNAMORATI, 444.
136 I, 12, 41 / INNAMORATI, 446.
137 II, 3, 3 / INNAMORATI, 451.
138 II, 5, 3 / INNAMORATI, 453.
139 II, 23, 14 / INNAMORATI, 465.
140 II, 24, 90 / INNAMORATI, 472.
141 INNAMORATI, 478.
142 II, 58, 15 / INNAMORATI, 492.
143 INNAMORATI, 501f.
144 III, 12, 2 / INNAMORATI, 502.
145 II, 3, 18.
146 II, 44, 15.

lassen die Beine der Vögel anschwellen, nicht mehr allein die Füße.[147] Einmal ist auch die Reihenfolge vertauscht – freilich ohne Auswirkung auf den Inhalt: I, 12, 37 steht nach I, 12, 39. Sehnen gehören nun nicht mehr zu den Bestandteilen, von denen man das Futter säubern soll.[148] Einige weitere Auslassungen beruhen wohl eher auf Flüchtigkeitsfehlern.[149] In **h** schließlich läßt sich ein Dutzend Veränderungen sicher erkennen: Die zuvor nur als *via* bezeichnete Atemröhre ist zu *via donde viene il fiato* verdeutlicht.[150] Eine neue Zwischenüberschrift ist hinzugetreten.[151] Dem Zunähen der Augen ist das Aufsetzen der Haube an die Seite gestellt.[152] Das Huhn ist nicht mehr die einzig verlockende Ablenkung des Beizvogels – auch „anderes Ähnliches" erfüllt diesen Zweck.[153] Die „vielfüßigen Würmer, die man unter Steinen findet", sind nun identifiziert: *et altrementi se chiamano cento piedi*.[154] Das Gewölle von Vögeln, die an Schleim in der Kehle leiden, stinkt nicht nur, sondern stinkt sehr.[155] Bei der Behandlung feuchter Atemwegserkrankungen sollen die Vögel nur noch eine statt vier Stunden festgebunden werden.[156] Geschwüre im Innern des Körpers werden nicht mehr in trockene und feuchte, sondern in trockene und warme unterschieden.[157] Die Symptombeschreibung *battimento* (ursprünglich: *laxatio*) *nell'ale o ne' piedi* ist durch *et nel pecto* modifiziert worden. Ob diese Worte ergänzt oder eingetauscht wurden, ist indes nicht klar.[158] Dem Läuse- und dem Warzenkapitel ist je ein neues Rezept angehängt.[159] Und auch daß Hunde, die das Alter von zehn Monaten erreicht haben, nun immerfort zum Jagen „angetrieben", statt schlicht dazu „gebraucht" werden sollen, mag an dieser Stelle noch dazukommen sein.[160] Da es sich allerdings um eine Passage handelt, die nicht in i überliefert ist, könnte diese Veränderung auch bereits bei x21 eingetreten sein. Auch könnten in h einige Stellen gekürzt worden sein, denn die Edition Gleßgens verzeichnet diverse Lücken.[161] Da über deren Ausmaß jedoch nichts zu erfahren ist, mag es sich auch schlicht um kleinere, unbeabsichtigte Textausfälle gehandelt haben.

---

147 III, 12, 12.
148 I, 6, 9.
149 II, 24, 66 (*e di baurach armenico meçça parte*); III, 8, 6 (*3. fiate el dì*); III, 12, 23 (*ché molto fia buono*).
150 I, 6, 15.
151 I, 6, 22.
152 I, 6, 25.
153 I, 6 32.
154 I, 9, 15.
155 II, 21, 2.
156 II, 26, 4.
157 II, 46, 2.
158 II, 53, 13.
159 II, 60, 18 und III, 13, 13.
160 IV, 5, 9.
161 I, 1, 42; I, 1, 43; I, 1, 49 (2x); I, 3, 5; I, 3, 10; I, 6, 22; I, 6, 32; I, 8, 3; I, 8, 8; I, 8, 16; I, 9, 9; I, 11, 7; I, 12, 15; I, 12, 57; II, 1, 20; II, 5, 5; II, 7, 10; II, 8, 6; II, 8, 9; II, 23, 5; II, 24, 24; II, 24, 84; II, 25, 5; II, 33/34, 3; II, 33/34, 5; II, 35, 3; II, 48, 10; II, 51, 2; II, 58, 10; II, 60, 15; III, 10, 5; III, 14, 2; IV, 1, 5; IV, 2, 13; IV, 3, 4; IV, 4, 11; IV, 4, 22; IV, 5, 3; IV, 5, 8; IV, 5, 17; IV, 5, 22; IV, 6, 8; V, 3, 7.

6.6 Der Bologneser Zweig – die franko-italienische Übersetzung Daniels von Cremona und die Kompilationen Simon Herbrants und Arthelouche de Alagonas

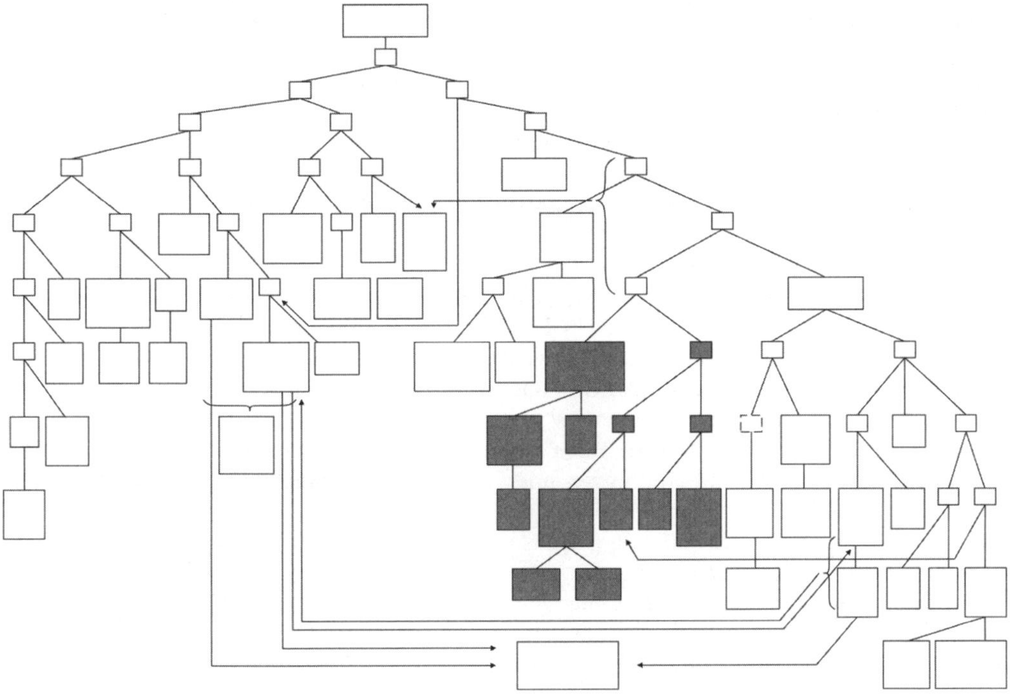

Die zu Friedrichs Sohn Enzo in dessen Bologneser Gefangenschaft gelangte Handschrift x22 wurde Ausgangspunkt einer eigenen bolognesischen Tradition. In Bologna entstanden nicht nur in Enzos Auftrag bis 1272 die franko-italienische Übersetzung x25 und wenig später die nach den Wünschen des Königs überarbeitete Fassung x29. Hier dürfte auch bald die lateinische Tradition mit den Handschriften x26 und x30 weitergeführt worden sein. Denn, wie zu zeigen sein wird, gibt es gute Gründe anzunehmen, daß Simon Herbrant seine *Moamin*-Kompilation (x35) noch im 13. Jahrhundert in der Universitätsstadt verfaßte. Auch dessen Abschrift F' entstand noch hier kurz nach 1300. Von Bologna aus ist der *Moamin* dann weiter nach Oberitalien gelangt. Handschrift a befand sich wohl um 1400 im Raum Verona, P ist 1601 in Padua, Q im 18. Jahrhundert in Mailand erstmals belegt. Und der um die Mitte des 15. Jahrhunderts schreibende Arthelouche de Alagona könnte die in seiner Falkenkunde (m) aufscheinende Kenntnis des Traktates seinen Verbindungen zu lombardischen Falknern verdanken.

Enzo wurde um 1220 vermutlich als zweitältester von sechs bekannten unehelichen Söhnen Friedrichs II. geboren und hat wohl in der Gunst seines Vaters einen besonderen Platz eingenommen.[1] Der Franziskaner Salimbene de Adam, sein Zeitgenosse, bezeichnet ihn unter

---

1 Vgl. zum Folgenden Antonio Ivan PINI und Anna Laura TROMBETTI BUDRIESI (Hgg.), Re Enzo e il suo mito. Atti della giornata di studio, Bologna, 11 giugno 2000 (Deputazione di storia patria per le province di

allen Söhnen Friedrichs als den ihm liebsten. Und Tommaso Tusco, ein wenig später lebender Ordensbruder Salimbenes, sieht ihn hinter Konrad IV. an zweiter Stelle in der Gunst des Vaters und berichtet, er trage den Kosenamen *falconellus*, der, so er denn vom Kaiser stammt, sicherlich besondere Zuneigung ausdrückte. Vom väterlichen Wohlwollen zeugt auch der Werdegang Enzos. 1238 wurde er von Friedrich zum Ritter erhoben, 1239 heiratete er Adelaisa, die Erbin der als *regnum* verstandenen Judikate von Torres und Gallura im Norden Sardiniens, woraus er später weitgehend erfolgreich den Titel *rex Sardinie* beanspruchte. Noch im selben Jahr ernannte ihn Friedrich zu seinem Generallegaten im *regnum Italie*. In dieser Position unternahm er fortan zahlreiche kleinere und größere Feldzüge für seinen Vater, insbesondere gegen die oppositionellen Städte der Lombardei und der Romagna.

Einer dieser Waffengänge, am 26. 5. 1249 bei Fossalta (heute ein Vorort von Modena), wurde ihm zum Verhängnis. Er wurde vom Heeresaufgebot Bolognas besiegt und gefangengenommen und blieb als Gefangener in Bologna bis zu seinem Tod am 14. 3. 1272. Als Gefängnis diente ein Saal des kurz zuvor erbauten und eigentlich für die Ratsversammlungen vorgesehenen Palazzo nuovo del Comune. Die Haftbedingungen waren zu Anfang strikter, lockerten sich aber mit zunehmender Dauer der Gefangenschaft. In den letzten Jahren hatte er Diener, Köche und Mägde, einen eigenen Schneider, Notar, Leibarzt und Schuster, konnte Briefe schreiben und empfangen und Urkunden ausstellen, sich wohl auch, zumindest tagsüber, auf dem gesamten Gelände des Palazzo frei bewegen, möglicherweise auch zu bestimmten Zeiten unter Aufsicht den Palazzo verlassen, und war es ihm erlaubt, Besuch (wohl auch von Konkubinen) zu empfangen.

In dieser späteren Zeit seiner Gefangenschaft dürfte er daher auch den *Moamin* ins Franko-Italienische haben übersetzen lassen, jene italianisierte Form des Französischen, die vom Ende des 12. bis zum Beginn des 15. Jahrhunderts in Oberitalien neben dem Latein als zweite alloglotte Schriftsprache verwendet wurde und ihre Bedeutung der Beliebtheit französischer Heldenepik verdankte. Den Auftrag zu der in den zwei Abschriften a und k erhaltenen Übersetzung erteilte er einem *daniel deloc* (a, 6r) bzw. *Danichel de lau* (k, 1r), der sich in seinem Werk als gebürtigen Cremonenser bezeichnet. Weiteres ist über ihn nicht bekannt. Möglicherweise handelt es sich, wie bereits Hermann Werth vermutet hat, um jenen Falkner namens Daniel, den Friedrich II. im Mai 1240 nach Malta schickte, um sich von dort Falken holen zu lassen[2]. Die Tatsache, daß Daniel den bereits verstorbenen Kaiser als *mon seignor* anspricht,[3] deutet in diese Richtung. Doch muß dies mangels eindeutiger Belege eine Vermutung bleiben.

Lange Zeit war Daniels Übersetzung nur in Form von Handschrift a bekannt, und so ließ sich die dort vom ihm formulierte Aussage, der Text sei von Enzo korrigiert worden – eine auffällige Parallele zu jener bereits behandelten Aussage über Friedrich – weder überprüfen

Romagna, Documenti e studi 30), Bologna 2001 und Christian SPERLE, König Enzo von Sardinien und Friedrich von Antiochia. Zwei illegitime Söhne Kaiser Friedrichs II. und ihre Rolle in der Verwaltung des Regnum Italiae (Europäische Hochschulschriften, Reihe III: Geschichte und ihre Hilfswissenschaften 894), Frankfurt am Main 2001.

2 HUILLARD-BRÉHOLLES, V, 969-971.

3 TJERNELD, 97 und 142.

noch genauer einordnen. Neue Erkenntnisse bringt die vor einigen Jahren aufgefundene Zweitüberlieferung k.[4]

Handschrift a enthält zu Anfang drei verschiedene Abschnitte mit Selbstaussagen Daniels über sein Werk, von Tjerneld als *préface*, *prologue* und *introduction* bezeichnet. Die *préface* leitet das Werk ein. Sie vermerkt, Enzo habe die Übersetzung in Bologna korrigiert; ob er noch lebt, ist nicht ersichtlich.[5] Der darauf folgende *prologue* muß zwischen dem 13.12.1250 (Todesdatum Friedrichs) und dem 14.3.1272 (Todesdatum Enzos) entstanden sein, denn Daniel huldigt darin dem Wissen Friedrichs in der Vergangenheitsform und bittet zugleich Enzo, sein Werk gnädig aufzunehmen und eventuelle Fehler zu verbessern.[6] In der zuletzt folgenden *introduction* nimmt Daniel nochmals in spezieller Form auf, was in der *préface* bereits allgemein formuliert ist, indem er dem Leser versichert, die Zeichen für Gesundheit und Krankheit der Vögel, die er im ersten Buch finde, seien von Enzo begutachtet und gebilligt worden. Anders als in der *préface* wird hier freilich klar, daß Enzo bereits gestorben sein muß, denn Daniel spricht von seinen Eigenschaften und seiner Gefangenschaft in der Vergangenheitsform.[7]

---

4 Erstmals beschrieben wurde dieser 1970 von der Brüsseler Bibliothéque Royale antiquarisch erworbene Codex bei VAN DEN ABEELE, Les traités, II, 304-306. Weitergehende Beobachtungen und eine Synopse der beiden Texte lieferte KRAUSE, 2001. Ein jüngst erschienener Aufsatz von Sara MARRUNCHEDDU (Per un'edizione del *Moamin* franco-veneto: ricerca attuale e prospettive future, in: Los libros de caza. José Manuel FRADEJAS RUEDA editor (Estudios y ediciones 6), Tordesillas 2005, 83-91) berücksichtigt die Arbeit Krauses leider nicht und gelangt auch zu keinen Erkenntnissen, die über die folgenden, bereits in der Abgabefassung dieser Arbeit von 2004 enthaltenen, hinausgingen.

5 *Livres de Moamyn fauconier, translatiez d'ebreu en latin par mestre Theodre, phylosophe au magne empereor Freiri, par le commandemant l'empereor meemes, son segnor, et puis coreit par l'empereor meemes aprés la cité de Faence, et aprés translatiez de latin en françois par Daniel de Cremone, servenz et hom lige au noble roi Henri de Sardaigne, et correit par le roi meeme en la cité de Bologne ...* (TJERNELD, 87).

6 *Ici comence li prologes sor le livre de Moamyn fauchonier. Puis ke missire li nobles rois Henris de Sardeigne deigna voloir et a lui veint a plaisir de semondre moi, Daniel Deloc, qi fui de Cremone nez, qe le doie moi entremetre de translatier de latin en françois un suen livre ..., lo qel livre metre Theodres, phylosophes granz au magn empereor Ffeiri, translata de hebreu en latin par le comandement l'empereor meemes, suen seignor, et le empereres meemes lo emenda puis et correis par molt grant estude si bien e si reisnablemant, com cil qe formant s'i delitoit e qi plus en savoit qe homs mortex qui fust deça mil ans en terre, q'il n'i remest chose a metre qi a ce convenist, je, qi sa semoinse preing et doi prendre par destroit comandemant, com cil qi sui sieus liges serf e qi a lui m'aten dou tot, ensi com se doit attendre liges homs et serf a naturel segnor ... m'en entremetrai seüremant de buen cuer et voluntiers a tot le miels qe je le savrai fere. E se je mespreign en aucune chose, je li pri hu[m]blemant com a mon lige segnor q'il le me perdoing par sa franchise, car ce nen avendra par foi ne pas por estude qe je n'i mete enterinemant, ainz avendra por la povre sciençe de moi, e q'il li mende e corrie en toç les leuz ou il en avra mestiers ...* (TJERNELD, 95f.).

7 *Et aprés ce poroiz aprendre a conoistre la bonté e la mauveistié des oisseax de rapine par certes et specieax enseignes, notees et esprovees en els par les notres sages ancieins qi en ce mistrent lor cure et lor delit, et meememant par mon seignor, l'empereor Freiri, qi a emender ceste euvre se traivaila mout ei i mist grande cure, cum cil qi plus en savoit et plus s'i delitoit qe nuils autres princes qe onqes eust enpire ni terre a governer, et par mon seignor autresi, li roi Henri de Sardeigne, qi au meemes maine empereor Freiri fu filz e qi selonc la auteçe dou lignage, noble sor toz autres nobles lignages, dont il fu estreit et nez, fu entechiez parfitemant de totes nobles teches qi en haut et noble prince deüsent estre. Et de ce li portent ferm garant tuit cil qi onqes le virent et tuit cil qi onqes oirent parler de sa bonaireité, de sa franchise, de sa pleniere largeçe, de sa grant cortoisie, de sa noble valor e de sa mervelleuse proeçe, do[n]t il sout miauz valoir de chascune d'eles a suen leu et a suen tens qe nus autres princes qi onqes terre tenist, sauve l'ounor l'enpereo[r] suen pere soulemant. Mes fortune envieuse, qe tot adés agrevoie et gueroie as meillors, li fu*

Handschrift k hingegen enthält weder *préface* noch *introduction*, einzig der *prologue* leitet den *Moamin* hier ein. Es muß daher davon ausgegangen werden, daß die Übersetzung tatsächlich vom König korrigiert wurde und daß mit k und a sowohl die ursprüngliche als auch die korrigierte Fassung vorliegen. Der Vergleich beider Fassungen bestätigt dies. Zwischen ihnen bestehen deutliche Unterschiede. Zwar ist hier Vorsicht geboten – da beide Bearbeitungsstände des franko-italienischen *Moamin* nur als spätere Kopien vorliegen, können Veränderungen auch durch spätere Bearbeiter erfolgt sein. Das Ausmaß und die Form der im folgenden nur in den wichtigsten Punkten darzustellenden Veränderungen und der explizit bezeugte Eingriff Enzos lassen jedoch annehmen, daß spätere Veränderungen kaum ins Gewicht fallen.

Die erste Fassung von Daniels Übersetzung (**x25**) fällt durch die starke Identifikation des Übersetzers mit dem Text auf. Er überträgt den Text nicht nur in eine andere Sprache, er denkt ihn geradezu neu, als wäre er selbst der Autor. Man könnte von einer persönlich gefärbten Nacherzählung sprechen. Er bleibt nicht im Hintergrund, ist vielmehr stets präsent, spricht den Leser an, erklärt sein Vorgehen. „Jetzt will ich Euch anschließend noch etwas anderes Höchstwahres und Höchstlöbliches zeigen, nämlich woran man erkennt, welches die besten Habichte sind", macht er den Leser zu Beginn von I, 1, 43 neugierig.[8] „Und nachdem ihr gehört habt, wie man die guten Habichte erkennt, zeige ich euch noch kurz, wie ihr gemäß Meister Theodor die guten Terzel erkennt",[9] fährt er wenig später fort, etc. Auch neigt er zur Weitschweifigkeit. Vieles, was der lateinische Text so knapp, präzise und stringent formuliert, ist bei ihm um so umständlicher wiedergegeben.

Daneben hat Daniel, ebenso wie Moroello, einen ausgeprägten Hang zur Steigerung. Dutzende Male sind allein die Bekräftigungsformeln der Vorlage um ein *molt*, *gramant*, *sanz faille* und dergleichen verstärkt.[10] Und ähnlich ergeht es immer wieder auch anderen Aussagen: Der *baydac* ist dem Sperber nicht nur ähnlich, sondern sehr ähnlich.[11] Persische Habichte sind nicht nur dick, sondern sehr dick.[12] Die ungenannten indischen Vierfüßer, die so schlau sein sollen wie Leoparden, sind nicht scharfsinnig, sondern sehr scharfsinnig,[13] ein leberkranker Vogel reibt seinen Schnabel nicht, er reibt ihn heftig,[14] gelbe Geschwülste an den Füßen zeigen nicht Eiter, sondern viel Eiter an,[15] die Nadel mit der sie aufgestochen werden, soll nicht heiß, sondern sehr heiß sein[16] etc. Dabei macht bereits der Inhalt einiger dieser Stellen eine begründete Steigerung unwahrscheinlich. Es ist kaum davon auszugehen,

---

trop longemant marastres et enemie, dont ce fu doumages trop grans, kar chevalerie, pris et valor empirerent trop par sa mesceançe (TJERNELD, 96f.).

8 *Or vos mostrerai encore une autre maniere trop verai et trop loee ap(re)z cele que ie vos ai dite desus de conoistre qel qi sunt li bue(n) austor* (k, 3r / TJERNELD I, 10, 1).

9 *Apres ce que vos avez oi (com)mant vos devez conoisstre los buens austors, vos mostrerai breuma(n)t, selo(n)c ce que meste T(heodres) levisse, (com)mant vos devez conoistre los buenz terzol* (k, 3v, TJERNELD I, 11, 2)

10 II, 3, 21 / k, 17r / TJERNELD II, 3, 22; II, 6, 5 / k, 18v / TJERNELD II, 8, 2; II, 8, 3 / k, 20r / TJERNELD II, 17, 6; II, 8, 10 / k, 20v / TJERNELD II, 18, 8; II, 8, 11 / k, 20v / TJERNELD II, 18, 9 etc.

11 I, 1, 9 / k, 2r / TJERNELD I, 2, 6.

12 I, 1, 31 / k, 2v / TJERNELD I, 8, 7.

13 IV, 1, 5 / k, 49r / TJERNELD IV, 1, 5.

14 I, 12, 30 / k, 12r / TJERNELD I, 81, 2.

15 III, 12, 9 / k, 46v / TJERNELD III, 12, 10.

16 III, 12, 10 / k, 46v / TJERNELD III, 12, 11.

daß Daniel etwas mit dem *baydac* oder jenen obskuren indischen Vierfüßern anzufangen wußte.

Gern schreibt er den Text auch fort, ohne relevante neue Inhalte hinzuzufügen. So macht er etwa dreimal aus einem Tuch ein Leinentuch[17] oder merkt er zu den zu pulverisierenden Pflanzen Eibisch und Malve an, sie sollten zuvor gut getrocknet werden.[18] Und die Anweisung, einen Beizvogel wie ein Rennpferd zu behandeln, läßt ihn ausführen: wie ein Rennpferd, mit dem man den Pallio gewinnen wolle.[19]

Sieht man allerdings von derlei Umformungen ab, so hat der Text in Daniels Hand kaum eine nennenswerte Überarbeitung erfahren. Gerade fünfmal sind Stellen umgeschrieben oder ergänzt. Geschwollene Fänge sollen statt einen Tag und eine Nacht nun zwei Tage und eine Nacht mit einem Verband mit Galban und Kuhbutter behandelt werden.[20] Ein kranker Rücken soll nicht mehr mit Wasser, sondern mit warmem alten Wein beträufelt werden.[21] Wenn es über das als Bindeglied zwischen einem Federstumpf und der ihm aufzusetzenden Federprothese heißt, einige nähmen eine Nadel, andere ein Holzstäbchen, rät er dem Leser, er solle sich davon nur aussuchen, was ihm beliebe – er halte beide für gut.[22] Zu den unlöslichen Stoffen heißt es nicht mehr nur, sie könnten nicht vom Magen aufgelöst werden, sondern auch, sie könnten den Magen nicht verlassen.[23] Einmal erscheint auch eine neue Bekräftigungsformel.[24]

Von den 22 sinnvollen Textausfällen erwecken die meisten nicht den Anschein, als lägen ihnen bewußte Entscheidungen zugrunde, tragen einige sogar deutliche Anzeichen von Augen- oder Zeilensprüngen.[25] Anderes möchte man allenfalls erwägen, wenn eine Bekräftigungsformel wegfällt[26] oder wenn es vom Fleisch der zur Züchtung geeigneten Hunde nun nicht mehr befremdlich heißt, es solle mittelmäßig (*mediocris*) sein.[27]

Von drei Veränderungen der Reihenfolge läßt sich nur hinter einer eine Absicht vermuten: Die zu einer Ernährungspassage mutierte und damit unpassend inmitten einer Abhandlung über Gütemerkmale stehende Stelle I, 37-41 ist nunmehr hinter I, 54 und damit an

17 II, 3, 3 / k, 16r / TJERNELD II, 3, 3; II, 4, 10 / k, 18r / TJERNELD II, 4, 15; II, 21, 8 / k, 23v / TJERNELD II, 42, 5.
18 II, 6, 4 / k, 18v / TJERNELD II, 7, 2.
19 I, 6, 2 / k, 6r / TJERNELD I, 24, 2.
20 III, 12, 13 / k, 47r / TJERNELD III, 12, 14.
21 II, 56, 3 / k, 40v / TJERNELD II, 89, 3.
22 III, 9, 7 / k, 45v / TJERNELD III, 9, 8.
23 II, 1, 15 / k, 15r / TJERNELD II, 1, 8.
24 II, 57, 3 / k, 40v / TJERNELD II, 90, 3.
25 I, 1, 43 / k, 3r / TJERNELD I, 10, 3; II, 6, 28 / k, 19v / TJERNELD II, 12, 12; II, 7, 5 / k, 19v / TJERNELD II, 13, 10; II, 13, 6 / k, 22r / TJERNELD II, 29, 4; II, 24, 4 / k, 25v / TJERNELD II, 47, 4; II, 24, 19 / k, 26r / TJERNELD II, 47, 19; II, 28, 4 / k, 30r / TJERNELD II, 52, 4; II, 32, 4 / k, 32r / TJERNELD II, 56, 4; II, 43, 3 / k, 36v / TJERNELD II, 72, 2; II, 44, 10 / k, 37r / TJERNELD II, 74, 7; II, 45, 7 / k, 37v / TJERNELD II, 77, 5; II, 51, 5 / k, 39r / TJERNELD II, 84, 5; II, 52, 3 / k, 39v / TJERNELD II, 85, 3; III, 4, 4 / k, 43v / TJERNELD III, 4, 4; III, 8, 10 / k, 44v / TJERNELD III, 8, 10; III, 8, 15 / k, 44v / TJERNELD III, 8, 15; III, 10, 3 / k, 46r / TJERNELD III, 10, 3; III, 10, 6 / k, 46r / TJERNELD III, 10, 6; IV, 1, 6 / k, 49r / TJERNELD IV, 1, 6; IV, 3, 18 / k, 50v / TJERNELD IV, 6, 5.
26 II, 61, 3 / k, 42v / TJERNELD II, 94, 3.
27 IV, 3, 17 / k, 50v / TJERNELD IV, 6, 4.

den Schluß des ersten Kapitels gesetzt.[28] Warum indes I, 1, 28 nun vor I, 1, 27 und IV, 2, 6 nun hinter IV, 2, 20 steht, bleibt unklar.[29]

Und daß Daniel, zumindest im pharmazeutischen Teil, nicht souverän über dem Text stand, legen folgende zwei Varianten nah: das als Adjektiv zu *myrobalanum* gebrauchte *kebulus* und das als Glosse zu *cacolle* gedachte *cardamomum* erscheinen bei ihm jeweils als eigene neue Drogen: *de mirobolains et de kebuls*[30] und *de cardamon une oince, de cacule et de groc une drame de chascun*.[31]

Gründlich ist immerhin Daniels Umgang mit den seit x2 überlieferten Korruptelen. Mindestens 18 davon hat er verbessert,[32] darunter auch eine Reihe solcher, deren Behebung eine gründliche Auseinandersetzung mit dem Text voraussetzt. Die durch Augensprünge in die Klassifikation der Raubvögel gerissenen Lücken in I, 1, 10 und I, 1, 15 sind wieder aufgefüllt.[33] Von den zwei einander widersprechenden Klassifikationen der Habichte in I, 1, 29/34 ist die erste weggefallen.[34] Die Passage I, 1, 37-41 ist deutlich verwandelt. Zwar vermag Daniel ihr nicht die ursprüngliche Bedeutung zurückzugeben, doch stellt er zumindest einen sinnvolleren Text her: die Diskrepanz zwischen der allgemein auf Raubvögel bezüglichen Einleitung und dem im folgenden allein genannten Habicht ist aufgelöst – es ist nunmehr durchgängig von Raubvögeln die Rede. Und auch die unbefriedigende Vierer-Zählung ist neu strukturiert – sie umfaßt nun alle drei für die verschiedenen Phasen des Nestlings gegebenen Empfehlungen sowie den zweiten Habichttyp. Der vierte Habichttyp wird ohne Zählung angehängt. Der dritte ist bereits bei x12 aufgrund eines Augensprungs ausgefallen.[35] Der Superlativ in I, 3, 5 konkurriert nun nicht mehr mit dem in I, 3, 6, sondern ist diesem untergeordnet – die besseren (*meillors*) Habichte sind diejenigen, die vor der ersten Mauser gefangen werden; die besten sind die roten. Nach wie vor irritiert freilich die Unvergleichbarkeit beider Eigenschaften.[36] In I, 6, 7 soll der Falkner nicht mehr selbst koten, sondern seinen Vogel dazu bewegen.[37] In I, 8, 12 kreist nun der Vogel, nicht mehr sein Schwanz.[38] Und in II, 1, 4 ist immerhin die erste der beiden unsinnigen kausalen Verknüpfungen weggefallen.[39]

---

28 k, 4r / TJERNELD I, 12.
29 k, 2v / TJERNELD I, 7 bzw. k, 49v / TJERNELD IV, 4, 6.
30 II, 3, 2 / k, 16r / TJERNELD II, 3, 2 und II, 4, 6 / k, 17v / TJERNELD II, 4, 10.
31 II, 22, 12 / k, 24r / TJERNELD II, 44, 2.
32 I, 1, 10; I, 1, 15; I, 1, 28; I, 1, 29/34; I, 1, 37-41; I, 3, 5f.; I, 4, 5; I, 5, 2; I, 6, 7; I, 8, 12; II, 1, 4; II, 3, 22; II, 24, 32; II, 24, 49; II, 24, 61; II, 28, 2; II, 60, 16; IV, 3, 17; IV, 4, 2. Drei weitere Verbesserungen (I, 6, 6; II, 23, 25; IV, 5, 11) mögen ebenfalls bereits bei x25 erfolgt sein, lassen sich aber nicht eindeutig zuordnen, da die entsprechenden Passagen nur bei a, nicht auch bei k erhalten sind.
33 TJERNELD I, 3, 1f. und 4.
34 k, 2v / TJERNELD I, 8, 12f.
35 k, 4r / TJERNELD I, 12.
36 k, 5r / TJERNELD I, 19, 6f.
37 k, 6r / TJERNELD I, 25, 5.
38 k, 9v / TJERNELD I, 45, 4.
39 k, 14v / TJERNELD II, Prologue, 4.

Die vom König korrigierte Fassung (**x29**) verblüfft. Denn anstatt, wie zu erwarten, allein die vom König gewünschten Änderungen darin vorzunehmen und den übrigen Text schlicht abzuschreiben, hat Daniel seine Übersetzung auch sprachlich grundlegend überarbeitet. So unterschiedlich sind beide Fassungen, daß man fast annehmen könnte, er hätte den Text noch einmal ganz neu übersetzt. Wiederum erhebt er seine eigene Stimme, spricht den Leser an, kündigt an und ab. Wiederum verteilt er großzügig Steigerungsadverbien.[40] Wiederum ergänzt er Unerhebliches oder Naheliegendes, macht er etwa erneut ein Tuch zu einem Leinentuch,[41] fordert er von der Decke, in welche der Vogel im Dampfbad eingehüllt wird, sie solle weiß bzw. schön und weiß sein,[42] rät er, das Abschneiden einer über das Auge gewachsenen Haut solle vorsichtig geschehen,[43] oder nennt er unbehandelte und zu eitern beginnende äußere Wunden höchst gefährlich, nachdem bereits in der Vorlage steht, daß die Vögel daran zugrunde gehen.[44]

Doch der Text erfährt auch zahlreiche substantielle Veränderungen, deutlich mehr als sie noch in Daniels erster Fassung begegneten. Sie erwecken den Eindruck, als habe der König sich bei seiner Korrektur gründlich mit dem Text auseinandergesetzt. Die Männchen unter den nicht raubenden Vögeln sind nicht mehr nur größer und schöner als die Weibchen, sondern auch wertvoller in allen anderen Belangen.[45] Adler, die auf dem Kopf oder auf dem Rücken eine Blässe tragen, sind nicht nur allgemein besser als andere Adler, sondern auch insbesondere stärker und mutiger. Auch heißt es nun, man finde dieses Merkmal stets nur bei Weibchen.[46] Hühner- und Rindfleisch bringen nicht mehr nur die Verdauung der Vögel durcheinander, sondern wirken auch abführend.[47] Als Symptom für Verdauungsbeschwerden gilt nicht mehr allein, daß der Vogel sein Futter nur wenig im Schnabel hin und her bewegt, sondern auch, daß er es nicht kräftig tut.[48] Als Symptom für den bevorstehenden Tod eines Vogels gilt nicht mehr nur, daß der Vogel von der Stange hinabsteigt und nicht mehr zurück hinaufsteigen kann, sondern auch, daß er herabfällt.[49] Die aus Wolle gefertigte Schlinge, die dem Vogel zur Bekämpfung von Läusen um den Hals zu legen ist, soll nicht mehr nur weich, sondern auch glatt sein.[50] Als Fundorte von Tausendfüßlern sind nun auch noch die Unterseiten großer am Boden liegender Baumstämme angegeben.[51] Um Fremdkörper aus der Luftröhre eines Vogels herauszusaugen, können nicht mehr nur Rohre aus weichem Eisen oder Silber, sondern auch Rohre aus jedem beliebigen weichen Metall verwendet werden, sofern sie fachmännisch gefertigt, dünn und glatt poliert sind, damit sie dem Vogel keine Verletzungen zufügen. Auch eine Entenfeder sei geeignet.[52] Gegen Blindheit wird nun statt Urin einer Jungfrau der Urin eines jungfräulichen Kindes empfoh-

40 I, 1, 14 / k, 2r / TJERNELD I, 3, 6; I, 1, 50 / k, 3v / TJERNELD I, 10, 17; I, 2, 2 / k, 4v / TJERNELD I, 14, 4; I, 4, 5 / k, 5v / TJERNELD I, 20, 6; I, 12, 5 / k, 11r / TJERNELD I, 59, 2 etc.
41 III, 1, 3 / k, 42v / TJERNELD III, 1, 3.
42 II, 13, 9 / k, 22r / TJERNELD II, 30, 5; II, 14, 6 / k, 22v / TJERNELD II, 32, 4.
43 III, 2, 2 / k, 43r / TJERNELD III, 2, 2.
44 II, 44, 6 / k, 36v / TJERNELD II, 74, 2.
45 I, 1, 24 / k, 2v / TJERNELD I, 6.
46 I, 5, 3 / k, 5v / TJERNELD I, 21, 7.
47 I, 6, 17 / k, 6v / TJERNELD I, 29, 2.
48 I, 12, 27 / k, 12r / TJERNELD I, 80, 2.
49 I, 12, 39 / k, 12r / TJERNELD I, 89.
50 II, 60, 9 / k, 42r / TJERNELD II, 93, 11.
51 I, 9, 15 / k, 10r / TJERNELD I, 49, 13.
52 I, 6, 16 / k, 6v / TJERNELD I, 28, 2.

len.[53] Um die Vögel abmagern zu lassen, soll man ihnen das Futter nicht mehr sechs Tage lang um eine Viertel Unze verringern, sondern drei Tage lang um eine Viertel und drei Tage lang um eine Fünftel Unze.[54] Der Medizin gegen Kreischen, Gähnen und Keuchen sollen nicht mehr 21 Pfefferkörner, sondern nur noch eine Drachme beigemischt werden.[55] Die gegen Verdauungsbeschwerden aufgeführten Drogen können nun allgemein mit Hühnerfleisch verabreicht werden statt nur speziell mit Kükenfleisch.[56] Frische Schwertlilien und Myrtenzweige sollen während der Mauser in den Mauserhäusern nun jeden Tag statt alle drei Tage ausgestreut werden.[57] Bei verklebten Eingeweiden soll man die Fütterung der Vögel nicht über zwei, sondern wenn möglich über drei Stunden ausdehnen,[58] bei Federfraß die Wurzeln der Federn nur jeweils mit einer Drachme von pulverisierten Fliegen und verbrannten Nüssen statt mit jeweils zwei Drachmen bestreuen.[59] Als Zeichen für Unterernährung oder schlechte Betreuung gilt nicht mehr das Ausreißen von Federn am ganzen Körper, sondern nur noch jenes am Bauch.[60] Dem Lamm, dessen Blut gegen Pneumatose Verwendung findet, muß nicht mehr unbedingt die Kehle aufgeschnitten oder der Hals umgedreht worden sein, es genügt, daß es getötet wird.[61] Wasser soll einmal kalt und einmal kalt und gut sein.[62] Die Mäusehaut, die gegen Würmer unter das Futter zu mischen ist, soll klein und enthaart sein.[63] An die Stelle des zuvor unspezifisch als Flügel (*ala / lez ellez*) bezeichneten Luders tritt nunmehr der Fachterminus *lorre*.[64] Fünfmal sind Rezepte erstmals mit Bekräftigungsformeln versehen.[65] Zweimal entfallen Bekräftigungsformeln.[66]

Erneut sind drei Passagen umgestellt, diesmal jedoch durchweg aus nachvollziehbaren Gründen: Die Aussage, ein ängstlicher oder kranker Habicht lasse sich nicht abrichten (I, 2, 9), ist nun mit der nahezu gleichlautenden Aussage in I, 2, 12 vereint.[67] Die Aussage, man finde bisweilen auch Habichte, deren äußere Merkmale Schlechtes verheißen, die aber dennoch vorzügliche Jäger seien (I, 2, 11), steht nun hinter I, 2, 18 und damit sinnvollerweise erst im Anschluß an die Aufzählung der Merkmale eines schlechten Habichts.[68] Und die zuvor unzusammenhängend überlieferten Symptome für Verdauungsprobleme stehen nun beieinander.[69]

---

53 III, 1, 12 / k, 43r / TJERNELD III, 1, 12.
54 I, 6, 5 / k, 6r / TJERNELD I, 25, 2.
55 II, 6, 6 / k, 18v / TJERNELD II, 9, 3.
56 II, 48, 7 / k, 38r / TJERNELD II, 81, 4.
57 I, 9, 6 / k, 10r / TJERNELD I, 49, 4.
58 II, 35, 15 / k, 34r / TJERNELD II, 59, 15.
59 III, 8, 4 / k, 44r / TJERNELD III, 8, 4.
60 I, 12, 53 / k, 12v / TJERNELD I, 99, 2.
61 II, 4, 8 / k, 17v/18r / TJERNELD II, 4, 12.
62 III, 8, 29 / k, 45r / TJERNELD III, 8, 30 bzw. II, 39, 7 / k, 35r / TJERNELD II, 64, 5.
63 II, 42, 10 / k, 36r / TJERNELD II, 70, 8.
64 I, 8, 13 / k, 9v / TJERNELD I, 45, 4.
65 II, 32, 9 / k, 32v / TJERNELD II, 56, 9; II, 50, 8 / k, 39r / TJERNELD II, 83, 9; III, 1, 6 / k, 42v / TJERNELD III, 1, 6; IV, 2, 12 / k, 49v / TJERNELD IV, 3, 9; IV, 2, 13 / k, 49v / TJERNELD IV, 3, 10.
66 II, 4, 13 / k, 18r / TJERNELD II, 4, 18; III, 1, 5 / k, 42v / TJERNELD III, 1, 5.
67 k, 4v / TJERNELD I, 17, 2.
68 k, 5r / TJERNELD I, 18, 7.
69 I, 12, 27-29 und 35 / k, 12r / TJERNELD I, 80.

Auch zwei weitere x2-Korruptelen sind nun bearbeitet worden: In II, 53, 8 wird statt einer unter dem Flügel gelegenen Sehne eine Vene zur Ader gelassen.[70] Und in I, 1, 37-41 ist die Umformung der Ernährungspassage nochmals weitergetrieben. Die Beschreibung des zweiten Habichttyps ist jetzt so umformuliert, daß ein Teil davon einem Abschnitt im Heranwachsen der Raubvögel zugeordnet ist. Der vierte Habichttyp wird nicht mehr länger als Futtertier begriffen.[71]

Die deutlichste Weiterentwicklung der korrigierten Fassung liegt allerdings in der erheblich verbesserten Erschließbarkeit des Textes. Tragen die Kapitel der Vorlage noch oftmals wenig aussagekräftige Überschriften und versammeln sich darunter oft eine Reihe verschiedener Themen, so herrscht nun größtmögliche Transparenz. Alle Überschriften erwähnen nun sämtliche Bestandteile der Kapitel – die Überschrift zu II, 6 etwa kündigt nicht mehr allein eine Behandlungsmöglichkeit des trockenen Katarrhs an, sondern lautet: *Ici començe li simes chapitres et contient set rubrices sot lui: Des mecines dou chatar seçe. De la cure dou gratier et dou movre des pennes. [D]e la cure de l'emfleüre do chief. [D]e la cure dou crier et de l'aneler. [D]e la cure qant l'oissels tient overte la boche et ne la clot. [D]e la cure de l'ovrir de la boche et dou trere la lange fors. [D]e le cure de l'enfleüre dels euz et de les nares* –[72] und innerhalb der Kapitel sind die Unterteile durch Zwischenüberschriften hervorgehoben. In der General-Capitulatio am Anfang sind diese Unterteile gar als eigene Kapitel gezählt worden. Bisweilen ist dabei freilich auch das rechte Maß aus den Augen verloren, namentlich wenn jede der zu Dutzenden in I, 12 enthaltenen Symptombeschreibungen eine eigene Überschrift erhält und dabei die Überschriften nicht selten länger ausfallen als der dazugehörige Text. Daß die Überschriften der Kapitel II, 40-44 und III, 4f. in Handschrift a fehlen oder vom ursprünglichen Inhalt abweichen, dürfte auf spätere Ausfälle und Rekonstruktionsversuche zurückzuführen sein. Sechsmal schließlich erscheinen bei x29 auch neue Textverweise oder werden bereits bestehende präzisiert.[73]

Bei **k** begegnet eine große Zahl von Textausfällen, die jedoch durchweg den Eindruck von Abschreibefehlern vermitteln.[74] Bewußte Eingriffe möchte man allenfalls in zwei Fällen vermuten, in denen die Ausfälle die Korrektur von Korruptelen bewirken: In I, 2, 2, ist unter allen Merkmalen der Habichte, die große Beute jagen, exakt die unsinnige Angabe *ossa tibiarum curta et alba* ausgefallen.[75] Und die in II, 23, 25 beschriebene Kauterstelle soll jetzt nur noch zwischen den Augen, nicht mehr zugleich auch unterhalb der Nase liegen.[76] Ein späterer Leser der Handschrift notiert am Rand drei Inhaltsvermerke.

Der lateinische Nachbarzweig der franko-italienischen Tradition ist zunächst konservativ geblieben. Bei **x26** sind zwei Korruptelen beseitigt: das in II, 3, 22 genannte dünne Tuch

---

70 k, 40r / TJERNELD II, 86, 8.

71 k, 4r / TJERNELD I, 12.

72 II, 6, 1 / k, 18r / TJERNELD II, 6, 1-9.

73 II, 29, 7 / k, 30v / TJERNELD II, 53, 8; II, 13, 8 / k, 22r / TJERNELD II, 30; III, 12, 24 / k, 47v / TJERNELD III, 12, 25; II, 35, 13 / k, 33v / TJERNELD II, 59, 12 (hier allerdings verwirrend, denn der Anis, auf den verwiesen wird, ist nicht derselbe, der zuvor erwähnt wurde); III, 1, 8 / k, 43r / TJERNELD III, 1, 8; III, 13, 3 / k, 47v / TJERNELD III, 13, 4.

74 I, 2, 2 / k, 4v / TJERNELD I, 14, 4; I, 3, 8 / k, 5v / TJERNELD I, 19, 9; I, 6, 23 / k, 7r / TJERNELD I, 30, 3; I, 6, 40 / k, 7v / TJERNELD I, 34, 4; I, 8, 18-20 / k, 9v / TJERNELD I, 46, 5-7; I, 11, 11 / k, 11r / TJERNELD I, 51, 12; I, 12, 13 / k, 11v / TJERNELD I, 67, 2; I, 12, 29 / k, 12r / TJERNELD I, 80, 5 etc.

75 k, 4v / TJERNELD I, 14, 4.

76 k, 25r / TJERNELD II, 46, 20.

wird nicht mehr als Mörser, sondern als Sieb verstanden. Und die in IV, 4, 2 erwähnten langen und warmen Tage sind nunmehr dem Frühling und dem Sommer, nicht mehr dem Frühling und dem Winter zugeordnet.[77] Die ungewohnte Form *cacolle* für Kardamom ist nun auch in II, 22, 12 wie bereits in II, 3, 2 und II, 22, 7 mit ihrem vertrauten Begriff erklärt. Die Erklärung von *sinciput* hingegen scheint für entbehrlich erachtet worden zu sein. Sie fällt weg.[78] Gleiches ist auch dem Rezept widerfahren, das die Gabe von warmem Schweineblut rät.[79] Drei weitere als bewußte Entscheidungen denkbare Ausfälle dürften hingegen wohl eher auf Flüchtigkeitsfehler zurückzuführen sein.[80]

Keinerlei Eingriffe erscheinen bei **x30** und **x31**. Nicht viel mehr sind es bei **P**. Einmal ist eine Korruptele behoben: Die Bürzeldrüse liegt in I, 12, 41 wieder richtig auf dem Bürzel. Einmal werden Zweifel geäußert: Die Vorlage rät, man möge, um den Beizvogel auf die Hand zurückzulocken, kein Hühnerfleisch benutzen, denn dieses sei für ihn ein Leckerbissen und da man allerorten Hühner finde, stehe zu befürchten, der Beizvogel würde sich später nicht auf die ihm zugedachte Beute, sondern auf das nächstbeste Huhn stürzen. Der Bearbeiter kennt offenbar keine solche Hühnerschwemme. Er kommentiert den entsprechenden Passus mit den Worten: *credo non*.[81] Vier Ausfälle, die hier ebenfalls auftreten, wirken ungewollt.[82]

Von x30 aus ist das erste Buch des *Moamin* in eine Kompilation (**x35**) eingegangen, die lange nur in Form der unzuverlässigen Handschrift **E'** bekannt war.[83] Der Verfasser ist hier mit dem Namen *Symon de Hembrad* (33ra) bzw. *Symon Herbrad* (44ra) bezeichnet und als Magister und Diakon eines nicht zu identifizierenden Sprengels charakterisiert: *magistru(m)* ... *movenen(sem) dyacon(um)* (44ra). Zwei Entdeckungen der jüngsten Zeit – ein zweiter Textzeuge (**F'**)[84] und die den Verfasser zitierende humanmedizinische Handschrift D II 21 der Baseler Universitätsbibliothek[85] – lassen ein deutlicheres und verändertes Bild zu Tage treten. Der Verfassername dürfte, wie in den beiden neuen Quellen jeweils unabhängig voneinander zu lesen, *Symon Herbrant* lauten. Und statt ein kirchliches Amt zu bekleiden, wird der Verfasser wohl aus der Diözese St. Davids in Wales stammen, wie es F' überliefert: *meneven(sis) dyoc(esis)* (44va). Nur der Titel des Werkes bleibt unklar. Bei E' lautet er *Practica avium de raptu vivencium* (33ra) bzw. *Pratica falconum ancipitrum et sparveriorum et ceterarum avium de rapina vivencium* (44ra), bei F' *Practica accipitrum et falconum* (44ra). Hier sei der bislang gebräuchliche erste Titel beibehalten.

Der Waliser Herbrant wird sein Werk indes wohl nicht auf den Britischen Inseln, sondern in Bologna verfaßt haben. F' ist hier entstanden. Und hier residierte auch der 1266 zum Bischof von Cervia aufgestiegene Teodorico Borgognoni, dessen, wohl erst in seiner Zeit

---

77 Letztere Änderung scheint nicht ganz eindeutig erfolgt zu sein, etwa nur in Form eines Randeintrags, denn bei Q tritt der Sommer nur hinzu, nicht an die Stelle des Winters.

78 II, 23, 18.

79 II, 45, 6.

80 II, 6, 13; II, 24, 72; II, 58, 5.

81 I, 6, 31.

82 II, 24, 65; III, 8, 7; III, 9, 7; V, 4, 8.

83 Die bislang einzige Darstellung dieses Werkes lieferte, auf der Grundlage dieser Handschrift, VAN DEN ABEELE, Les traités, II, 423-429.

84 Aufgefunden von Baudouin van den Abeele und angezeigt bei SMETS, La traduction, 71f.

85 Angezeigt bei VAN DEN ABEELE / LONCKE, 288.

als Bischof entstandene[86] Pferdeheilkunde beiden Textzeugen voransteht und, wie sich aus dem Folgenden ergibt, bereits in de(r/n) auf den Verfasser zurückgehenden Vorlage(n) enthalten gewesen ist. Hierzu paßt auch die Baseler Handschrift. Sie ist um 1300 in Südfrankreich oder Italien entstanden[87] und enthält auf den Seiten 54va, 88va und 92vb in Form von Randeinträgen drei Simon zugeschriebene humanmedizinische Rezepte – eines gegen Lepra, eines gegen Geisteskrankheiten und eines zur Geburt – dessen zweites ihn gar persönlich als praktizierenden Arzt darstellt.[88] Der Schluß liegt nahe, es handele sich bei diesem Magister um einen Mediziner, der an der Bologneser Universität lehrte und sich nebenher auch mit Falknerei und Falkenheilkunde beschäftigte.[89]

Möglicherweise war er zudem, wie Martina Giese annimmt,[90] bereits vor 1260 dort tätig. Doch beruht diese Annahme auf der unsicheren Voraussetzung, Simon habe neben der *Pratica avium* zugleich auch die im Anschluß überlieferte Langfassung der *Practica canum*[91] redigiert. Die *Practica canum* indes erscheint in 12 Handschriften, davon achtmal in der ursprünglichen Kurzfassung und viermal in der um zwei kleinere Passagen ergänzten Langfassung. Stets wird sie anonym tradiert, einzig die Handschrift E' gibt Simon Herbrant als Verfasser an, indem sie ihren Text mit dem Vermerk *per eundem compilata* an die zuvorstehende *Practica avium* anschließt. Der Verdacht liegt nahe, der unzuverlässige Abschreiber von E' könnte in Anbetracht des ähnlichen Titels und des Beisammenstehens von *Practica avium* und *Practica canum* den entsprechenden Vermerk erst neu geschaffen haben; dies um so mehr, als der älteren und besseren Handschrift F' ein solcher Vermerk fehlt.

Die *Practica avium* besteht aus einem einleitenden vogel- und jagdkundlichen (Kapitel 1-37) und einem anschließenden Rezeptteil (Kapitel 38-73). Sie wurde bereits eingehend von van den Abeele anhand der Handschrift E' untersucht. Er konnte feststellen, daß der Text nahezu ausschließlich aus Exzerpten zusammengesetzt ist und neben dem *Moamin* noch sieben weitere falkenkundliche Traktate benutzt wurden – die *Epistola ad Ptolomeum*,

---

86 Vgl. GIESE, "*Ut canes pulcherrimos habeas* ...", 17 [in der vorveröffentlichten Fassung].

87 So die freundliche Auskunft des Leiters der Handschriftenabteilung der Baseler Universitätsbibliothek, Prof. Dr. Martin Steinmann.

88 ... [Anfang abgeschnitten] *movebant fortiter. et brachia iactabat huc et illuc. et ////////////////////// / a vesperis usque ad mediam noctem. et spumabat et gambe frigide erant et ex-/tense et non plicabantur / et credebatur eum mori. Recepi. / castoreum et posui ad / nares. postea recepi / vinum calidum et nucem / muscatam et posui lignum / in ore et vinum calidum et / faciebam transire. postea / posui digitum in os tenen/do lignum inter dentes et tetigi vuulam et ex ea / extrahi multitudine[m] spume. / postea posui castoreum / pulverizatum cum eodem / vino et iterabam in ore et fa/ciebam intrare intus movendo / maxillas et claudendo. / postea posui manus supra / cor et non senciebam motum existimavi locc*[vv] *(?) iuxta / renes responderet et digi/to grosso inter duas cost/as dedi magnum ictum / quod mutillavit sicut bos / ter. tunc iterum operui os / et dedi ovum decoctum in a-/qua et distillabam in ore. et / aliquantulum vini et dimi-/si usque in mane. Mane / vero iteravi omnia ut supra / et tunc feci quod aperuit oc/culos et cepit loqui et san/atus fuit. tamen dolebat / in carne propter dolorem quem fe/ci. dixit cum fuit sanatus / eum [!] nichil sensisse nec / audivisse. Simile / feci illi qui paciebatur / maniam et alteri qui pa-/ciebatur frenesim. eodem / modo ut supra* (zitiert nach einer von Günther Goldschmidt angefertigten und in der Universitätsbibliothek Basel aufbewahrten 65seitigen handschriftlichen Beschreibung (S. 56f.).

89 Serafino MAZZETTI, Repertorio di tutti i professori antichi, e moderni della famosa Università, e del celebre Istituto delle Scienze di Bologna, Bologna 1848, Nachdruck Bologna 1988, kennt ihn freilich nicht.

90 GIESE, "*Ut canes pulcherrimos habeas* ...", 16-19 [in der vorveröffentlichten Fassung].

91 Vgl. hierzu ausführlich GIESE, "*Ut canes pulcherrimos habeas* ...".

der *De avibus tractatus* des Adelard von Bath, *Alexander medicus*, *Grisofus medicus*, *Dancus rex*, *Gerardus falconarius* und die Berliner *Practica*. Unter den wenigen Passagen, die er nicht eindeutig einem der genannten Traktate zuordnen konnte, fand er zudem Rezepte, deren Inhalt in anderer Form auch aus der Mailänder *Doctrina nutritionis accipitrum* bekannt ist (Kapitel 46, 64 und 72). Adelard, die *Epistola* und *Alexander* sind zu großen Teilen exzerpiert, *Grisofus* etwas weniger ausführlich, *Dancus*, *Gerardus* und die Berliner *Practica* eher spärlich. Die folgende Übersicht gibt die Zusammensetzung der Kompilation nach van den Abeele (mit geringfügigen Korrekturen) wieder:

A = Adelard von Bath; Al = *Alexander medicus*; D = *Dancus rex*; Ge = *Gerardus falconarius*; Gr = *Grisofus medicus*; M = *Moamin* I; P = *Epistola ad Ptolomeum*; PB = Berliner *Practica*

Kapitel	Exzerpte
1	M 1 (2-24)
2	M 1 (25-36)
3	P 8 / D 18 (2-3)
4	A 3-5
5	A 6
6	M 1 (37-42)
7	M 1 (43-48)
8	M 1 (49)
9	M 1 (50)
10	M 1 (51-54)
11	M 2 (2-5)
12	M 2 (6-11)
13	M 2 (12-14)
14	M 7 (2) / Al 8 / Gr 1 / P 12 (4)
15	M 2 (15-18)
16	M 3
17	M 4
18	M 5
19	M 6 (2-4)
20	M 6 (5-8) / Gr 11 / A 25 (8)
21	A 25 (5-6)
22	A 26 / M 6 (9-10)
23	M 6 (11) / Gr 19, 20 / <?>
24	P 37, 41 (3) / A 11 / <?>
25	Al 14 / Ge 11 / Al 15 / P 22 / M 6 (12-21)
26	M 6 (22-23)
27	M 6 (24-30)
28	A 2
29	M 6 (31-45) / <?>
30	M 7 (3-6)
31	M 8 (10-20)

32	M 9, 10
33	M 11
34	M 12
35	M 13
36	M 7 (7-17)
37	M 8 (2-9)
38	A 8 / P 43
39	A 10 (4-6) / P 31
40	P 44
41	P 27
42	P 28
43	P 29
44	A 9
45	A 10 / Gr 4 / P 25
46	A 26, 4, 36 / <?> / Ge 5 / <?>
47	A 12 / <?>
48	Al 1, 2
49	Al, 2', 3, 4
50	A 17 / P 17 (7-9, 5, 3-6)
51	P 10, 3
52	P 15, 40 / A 21 (3-5)
53	P 23 / A 16
54	P 33, 34
55	Gr 16, 21 / A 13 / Al 9, 10 / <?> / Al 13, 6, 7
56	P 1 (5), 2 (3), 11
57	P 18
58	P 2 / A 14 / P 23, 39
59	P 6 (4-11) / Gr 17
60	Al 13 / Gr 9 / P 30
61	P 13 / Gr 22
62	<?> / Gr 5
63	A 23
64	<?> / D 28
65	A 22
66	A 24 (2-5) / P 42 / A 24 (6-10) / P 35
67	P 38 (2)
68	P 14
69	P 15 (5-6), 16
70	PB 14
71	D 6
72	D 11, 12 / <?> / A 19
73	P 16 (2) / Gr 3

Der *Moamin* ist nur im ersten Teil verwendet worden. Dort allerdings dominiert er. Sein erstes Buch ist vollständig und nahezu in der ursprünglichen Reihenfolge übernommen und bildet das Grundgerüst, das nur siebenmal aufgebrochen wird: Auf die allgemeine Vorstellung der Raubvögel (1, 2-36) folgen ein Abschnitt der *Epistola*, der sieben Arten von Falken unterscheidet, ein Abschnitt des *Dancus* über die Gütemerkmale von Falken und ein Abschnitt von Adelard über das Aushorsten, Aufziehen und Abrichten von Vögeln. Den Ratschlägen, mit welchen Habichten man große oder kleine Vögel jagen kann und welches die Merkmale guter Habichte sind (2, 2-14), folgen die vorgezogene *Moamin*-Passage 7, 2, welche die schrittweise Abrichtung des Habichts beginnend mit Rebhuhn oder Frankolin über Hasen bis hin zu großen Vögeln empfiehlt, eine Passage des *Alexander medicus*, die beschreibt, mit welchen Mitteln man das Jagen von großen Vögeln unterstützen kann, sowie je eine Passage des *Grisofus* und von Adelard darüber, wie man einen Vogel schnell zähmt. Im Anschluß an 6, 8, inmitten einer Reihe gewichtsreduzierender bzw. -steigernder Rezepte, sind weitere derartige Rezepte des *Grisofus* eingefügt und nochmals weitere von Adelard, zusammen mit solchen darüber, was man tun soll, wenn der Vogel nicht fliegen will. Auf 6, 11 – hier fällt das Stichwort Verdauung – sind verdauungsfördernde Rezepte von *Grisofus*, *Epistola*, Adelard, *Gerardus* und unbekannter Herkunft eingeschoben. Der Passage, die beschreibt, welche Eigenschaften ein guter Falkner besitzen und worauf er achten muß (6, 24-30), sind weitere Anmerkungen über die Eigenschaften eines guten Falkners von Adelard angehängt. Den in 6, 36-45 genannten Rezepten, die den Vogel gerne zurückkommen lassen, schließen sich weitere solcher Rezepte unbekannter Herkunft an. Und auf die Erklärungen darüber, wie man den Vogel in die rechte Jagdlaune versetzt (7, 3-6), folgt – allerdings ohne erkennbaren Grund – die *Moamin*-Passage 8, 10 - 13. Möglicherweise ist hier ein Fehler aufgetreten und sollten eigentlich die Abschnitte 7, 7 und 8, 10-20 zueinandergestellt werden, denn beide diskutieren das Problem flüchtiger Vögel.

Vergleicht man F' hiermit, so zeigen sich bemerkenswerte Unterschiede. Von den sieben Textaufbrüchen bei E' erscheinen hier nur vier – die Passage M 7 (2) / Al 8 / Gr 1 (jedoch ohne P 12 (4)) steht hier noch im Anschluß an M 6 (45) / <?>, der Einschub nach M 6 (11) fehlt, und der Text von M 7 (6) und M 7 (7) ist nicht durch M 8 (10) - 13 unterbrochen (letzterer Teil fehlt ganz). Zugleich begegnen hier zwei Ergänzungen, die in E' fehlen – zu Beginn steht nun der Prolog der *Epistola*, und auf die Jungvögel- bzw. Ernährungspassage (1, 37-41) folgt das Kapitel 5 der *Epistola*, das darüber handelt, wie junge Habichte und Falken unterzubringen und zu ernähren sind. Beide Passagen gehören zu den wenigen der *Epistola*, die bei E' nicht exzerpiert sind.

Diese Unterschiede können kaum anders erklärt werden, als daß beide Fassungen auf Simon zurückgehen und unterschiedliche Bearbeitungsstände seiner Kompilation wiedergeben. Wie sich diese indes zueinander verhalten, läßt sich nicht klar feststellen. Beide könnten durch gleichzeitige Fort- und Rückentwicklung aus der jeweils anderen hervorgegangen sein. Ebenso könnte ein und dieselbe Ausgangsfassung in zwei verschiedene Richtungen hin entwickelt worden sein.

Wie auch immer Simon allerdings den Text bearbeitet haben mag, in allen drei Fassungen vermittelt das Werk den Eindruck einer flüchtigen, nahezu unbearbeiteten Materialsammlung. Die hinter I, 36 eingeschobene Unterscheidung von sieben *genera* von Falken steht im Widerspruch zu der zuvor im *Moamin* getroffenen Unterscheidung in ein *genus* und vier *species* von Falken. Die den auf 6, 8 folgenden Einschub beschließenden Rezepte für flugunwillige Vögel schneiden den sich anschließenden Rest des *Moamin*-Abschnitts zu

Abmagerung und Mästen ab und berauben ihn seines Sinnzusammenhangs. Sein Anfang *Item in pastu suo non debet esse nervus nec pinguedo nec vena aliqua in tempore preparationis* muß fortan als Empfehlung für den flugunwilligen Vogel interpretiert werden. Der mögliche Fehler der Verschiebung der Passage 8, 10 - 13 ist bereits angesprochen worden.

Darüber hinaus wird gerade einmal eine einzige der im ersten Buch so zahlreichen x2-Korruptelen verbessert.[92] Und auch sonstige Eingriffe sind rar. Bei x35 sind es wohl nur drei: Der Anschein von Würmern in den Federn deutet nicht mehr nur auf Würmer in der Kehle, sondern auch auf solche in der Brust.[93] Futter, das in die Luftröhre fällt, ist nicht mehr nur gefährlich, sondern höchstgefährlich.[94] Und Vögel, die höher schmelzen, sind nicht mehr nur schneller, sondern auch stärker als solche, die weniger hoch schmelzen, was die Passage stimmiger macht, denn das Merkmal ist explizit als eines für Stärke angekündigt.[95] Eine Reihe sinnvoller Ausfälle ist wohl ebenso unbewußt entstanden wie diverse andere hier auftretende, jedoch unsinnige Ausfälle.[96] Ebenfalls drei Eingriffe begegnen bei F': Der Ratschlag, die jüngste Alterstufe der Habichte in Baumwolle zu betten und mit Eigelb zu füttern, erhält den, freilich ins Leere gehenden Verweis *prout supra*.[97] Zugleich wird das Futter dieser Habichte ergänzt – neben der in der Vorlage empfohlenen Taubenleber gehört nun auch die Leber von Hühnern dazu.[98] Und als Gütemerkmal des Habichts wird neben einem dicken nun auch ein langer Hals genannt.[99] Ein Ausfall beruht wohl auf einem Augensprung.[100] Vier Eingriffe verzeichnet E': Zur Jagdbeute des Habichtterzels gehören neben Rebhühnern nun auch „Enten und andere derartige Vögel“.[101] Der Gerfalke ist nicht nur stärker als alle anderen Raubvögel, sondern auch edler.[102] Die persischen Habichte sind nicht dick, sondern immer dick.[103] Und gute Adler sind nicht mehr nur proportioniert, sondern wohlproportioniert.[104] Auch hier wird man die mehrfach auftretenden Ausfälle zu den Abschreibeversehen rechnen dürfen.[105]

Bei **Q** begegnet wiederum ein krasser Qualitätsbruch. Nachlässigkeit beim Abschreiben hat einen Fehler nach dem anderen verursacht. Obendrein ist es zu Anfang des zweiten Buches zu Verheftung und Ausfall von Blättern gekommen: Hinter Blatt 18 ist ein Blatt (II, 2, 3 - II, 3, 11) ausgefallen. Die Blätter 19 und 20 (II, 3, 11 - II, 6, 5) haben mit den Blättern 21 und 22 (II, 6, 5 - II, 7, 10) den Platz getauscht. Hinter Blatt 22 fehlt wiederum ein Blatt (II, 7, 10 - II, 9, 2). Hinter Blatt 23 sind zwei Blätter (II, 11, 2 - II, 15, 1) ausgefallen. Angesichts

---

92 I, 4, 5.
93 I, 12, 48.
94 I, 6, 15.
95 I, 1, 50.
96 I, 1, 14; I, 1, 17; I, 6, 5; I, 6, 19; I, 6, 22; I, 12, 6; I, 12, 53.
97 I, 1, 38.
98 I, 1, 38.
99 I, 1, 43.
100 I, 2, 8.
101 I, 1, 7.
102 I, 1, 11.
103 I, 1, 31.
104 I, 5, 2.
105 I, 1, 9; I, 1, 17; I, 1, 21; I, 4, 4; I, 6, 12; I, 6, 22; I, 6, 23; I, 6, 37; I, 6, 38; I, 6, 40; I, 6, 42; I, 6, 44; I, 7, 7; I, 7, 7.

dieses desolaten Zustands ist gegenüber den hier auftretenden Veränderungen Mißtrauen angebracht. Die auf den ersten Blick bewußt anmutende Ergänzung *Et si per hoc non convaleant, per hoc triduum cibentur* in einem Rezept gegen Gipskot dürfte tatsächlich das Ergebnis eines Augensprungs sein[106] – dieselben Worte erscheinen auch wenige Zeilen später in einem Rezept gegen alten Gips.[107] Ähnlich dürfte es zu eine Reihe von Ausfällen gekommen sein[108] und dazu, daß die Krankheit *iliaca* nun Hunden widerfährt, nicht mehr, wie noch in der Vorlage, Menschen.[109] Und wenn man in III, 4, 3 nun wieder *pannis* statt *pennis* liest und damit eine der x2-Korruptelen verbessert ist, möchte man nicht ausschließen, daß hier eine Korruptele die andere beseitigt hat. Bewußte Veränderungen stellen hingegen vier neue Zwischenüberschriften dar.[110] Und auch ein Zusatz in III, 1, 4 zählt wohl dazu: die als Medizin gegen Augentrübung empfohlene Galle soll nun in Augen oder Nase geträufelt werden, nicht mehr allein in die Nase.

Über x31 fanden Teile des *Moamin* schließlich auch Aufnahme in die Falkenkunde des Arthelouche de Alagona[111] (**m**), die mit zehn Handschriften und neun Drucken beträchtliche Verbreitung erfuhr. Als Graf von Policastro und Agnati Sproß einer alten kampanischen Adelsfamilie unterstützte Arthelouche in der Auseinandersetzung um den neapolitanischen Thron René von Anjou gegen Alfons V. von Aragon. Als der Angiovine unterlag (1442), mußte Arthelouche seine Heimat verlassen, und seine Einkünfte von jährlich 30.000 Dukaten wurden konfisziert. Als Entschädigung erhielt er 1443 von René, der ihn zu seinem *conseiller et chambelain* machte, das Schloß Meyrargues unweit von Aix-en-Provence. In der Literatur heißt es, noch im selben Jahr sei seine Falkenkunde entstanden. Ein Beleg hierfür wird allerdings nirgends genannt.

Die Falkenkunde des Arthelouche ist ein Handbuch, das auf kleinem Raum – die Druckausgabe von 1567, nach der im folgenden zitiert wird, umfaßt gerade einmal schmale 37 Oktavseiten – eine Reihe grundlegender Kenntnisse vermittelt: Auf die Vorstellung einiger Beizvögel (Sperber, Habichte sowie verschiedene Arten von Falken) (1-4) folgen erst Anweisungen zur Abrichtung und Haltung der genannten Vögel (4-13), dann allgemeinere Ratschläge zur Gesunderhaltung (13), ein Überblick über die Symptome für Gesundheit und Krankheit (14-17), Beschreibungen einzelner Krankheiten (Katarrh, Epilepsie, Krankheiten des Mundes, Asthma, Steinkrankheit, Würmer und andere Parasiten, Gicht, Prellungen, Erbrechen, Pneumatose, Leberleiden, *tignelle* (?), äußere Verletzungen) samt Rezepten (18-31) und schließlich noch einige verstreute, den medizinischen Teil ergänzende Informationen (welche Vogelarten welche Komplexionen aufweisen und wie man sie entsprechend behandelt, wie man kautert, mit welcher Art Futter oder Medizin man welche Wirkung er-

106 II, 24, 60.
107 II, 24, 62.
108 I, 1, 23; II, 6, 24; II, 39, 10; II, 58, 8; II, 61, 4; III, 1, 3; III, 1, 11; III, 12, 2; IV, 1, 3; V, 6, 1; V, 6, 7.
109 II, 58, 3.
110 I, 12, 19; IV, 3, 13; IV, 3, 20; IV, 3, 26.
111 Vgl. im folgenden Ernest JULLIEN (Hg.), La Conférence des fauconniers de Charles d'Arcussia. Réimprimée sur l'édition de 1644 avec une notice et des notes par Ernest JULLIEN (Cabinet de Vénerie VII), Paris 1883, LXIf.; WERTH, 5-7; J. BALTEAU, Alagon ou Alagona, Alagonia (Artheluche d'), in: Dictionnaire de biographie française, Bd. I, Paris 1933, 1065; J. THIÉBAUD, Bibliographie des ouvrages français sur la chasse, Paris 1934, 45f.

zielen kann, wie man *lardon* (eine Medizin aus Pfeffer, Salz und Asche) herstellt, wie man Läuse entfernt und wie man die Heilmittel am besten verabreicht) (32-37).

Neben dem *Moamin* sind noch mehrere andere schriftliche Quellen in das Werk eingeflossen. Explizit erwähnt werden *Dancus rex* (33), die *Livres du Roy Modus et de la Royne Ratio* des Henri de Ferrières (1, 35), das wohl nur kurze Zeit zuvor entstandene Werk des Griechen Cassian, des Falkners der auf Rhodos residierenden Großmeister vom Johanniterorden (20)[112] sowie ein nicht näher bekannter *livre de Nicolas* (18). Daneben scheint Arthelouche einen regen Austausch mit anderen Falknern gepflegt zu haben und weit gereist zu sein. So erwähnt er Gebräuche *selon aucuns Fauconniers* (3), *les Alemans* (6, 7, 10, 37), *les Florentins* (1) und *a la guise de Lombardie* (6) sowie zwei Ratschläge *selon Anthonel* bzw. *Antoine Spinello* (22 und 26). Auch auf einen persönlichen Kontakt geht es offenbar zurück, wenn Arthelouche berichtet: *Iacob de Mestrette plumoit l'Espervier sur le cropion ... & disoit ...* (13). Zwei Angaben lassen sogar auf persönliche Kontakte zu orientalischen Falknern, ja vielleicht einen Aufenthalt im Orient schließen: *Les Alemans font tirer le Faucon soir & matin: mais les Fauconniers de terre d'Ortiente sont de contraire oppinion & dient que ce leur gaste les rains* (7) und *Le Souldan fait voller les Grues, les Oyes, & les Bistars, auec deux, ou trois, ou qatre Faucons, ou plus, du poing, & de toutes generations de Faucons, Sacres, Gerfaulx, Villains, & Pelerins, & puis on les peut faire voller de montee ...* (10). Eigene Erfahrungen und Ansichten macht Arthelouche nur an einer Stelle kenntlich (*selon mon oppinion*) (3).

Der *Moamin* wird nur an vier Stellen exzerpiert. Übernommen sind der größte Teil des Kapitels über die in Europa wenig bekannten Sakerfalken,[113] große Teile aus den Kapiteln über die Anzeichen von Gesundheit und Krankheit[114] sowie eines von zahlreichen Rezepten gegen Lähmungserscheinungen.[115] Obgleich eine Reihe der von Arthelouche behandelten Themen (z. B. Katarrh, Steinkrankheit, Gicht) auch im *Moamin* traktiert sind, erfolgen hier keine Übernahmen.

Dreimal scheint Arthelouche in den exzerpierten Text eingegriffen zu haben. Zu den Sakerfalken heißt es nun auch, sie seien *des plus nobles Faucons du monde en bonté, de quelque nation qu'ils soyent & de meilleure disposition*. Der Ausfluß von Wasser aus der Nase bedeutet nicht mehr nur allgemein eine Krankheit, sondern einen Katarrh (*malade de rhume*).[116] Und ein Vogel, der von seiner Stange steigt und nicht wieder hinaufhüpfen kann, ist nur noch dann dem Tode nahe, sofern er nicht falsch angebunden wurde.[117]

Wenn darüber hinaus der Text des *Moamin* auch mehrmals entstellt ist, wird man dies wohl mangelnder Aufmerksamkeit des Herausgebers anlasten müssen, der eine verderbte Handschrift zugrundelegte: Als eine von drei Arten von Krankheitssymptomen ist nun der Zustand des Schmelzes (*disposition de l'egestion*) benannt, während doch nichts des Folgenden auch nur mit Ausscheidungen zu tun hat und ursprünglich der Zustand des

112 S. Rolf WISTEDT, Le livre de fauconnerie de Jean de Fransières. L'auteur et ses sources (Filologiskt arkiv 11), Lund 1967, 16-22.

113 I, 4, 2-4 / Arthelouche 3, Z. 23-28; I, 4, 6 / Arthelouche 3, Z. 30 - 4, Z. 4.

114 I, 11, 2-9, 11 / Arthelouche 14, Z. 1-19; I, 12, 2-35, 37, 39, 44-46, 50 / Arthelouche 14, Z. 23 - S. 17, Z. 9; I, 12, 47 / Arthelouche 17, Z. 13f.

115 II, 38, 3 / Arthelouche 20, Z. 15-17.

116 I, 12, 46 / Arthelouche 17.

117 I, 12, 39 / Arthelouche 16.

Erkrankten (*dispositione egrotantis*) gemeint ist.[118] Wenig später kündet eine Schwellung der Federn (*inflaction des pennes*) von einer *distilation* (?), wo eigentlich eine Schwellung der Fußflächen (*inflatio palmarum*) eine Ausrenkung (*disiunctura*) bezeichnen sollte.[119] Dann liest man auch noch von Pneumatose in den Federn (*ventositez dedans les plumes*), während der ursprüngliche Text von den Fußsohlen (*in palma ... habet ventositatem*) handelt.[120] Und schließlich ist aus Nasenschleim (*aqua, que ex naribus exit*) Sehnenwasser (*eaux des nerfs*) geworden.[121]

118 I, 12, 2 / Arthelouche, 14.
119 I, 12, 15 / Arthelouche, 15.
120 I, 12, 32 / Arthelouche, 16.
121 I, 12, 44 / Arthelouche, 17.

6.7 Der Mailänder Zweig und die daraus hervorgegangenen Übersetzungen Giovan Marco Cinicos ins Neapolitanische und Guillaume Tardifs ins Französische

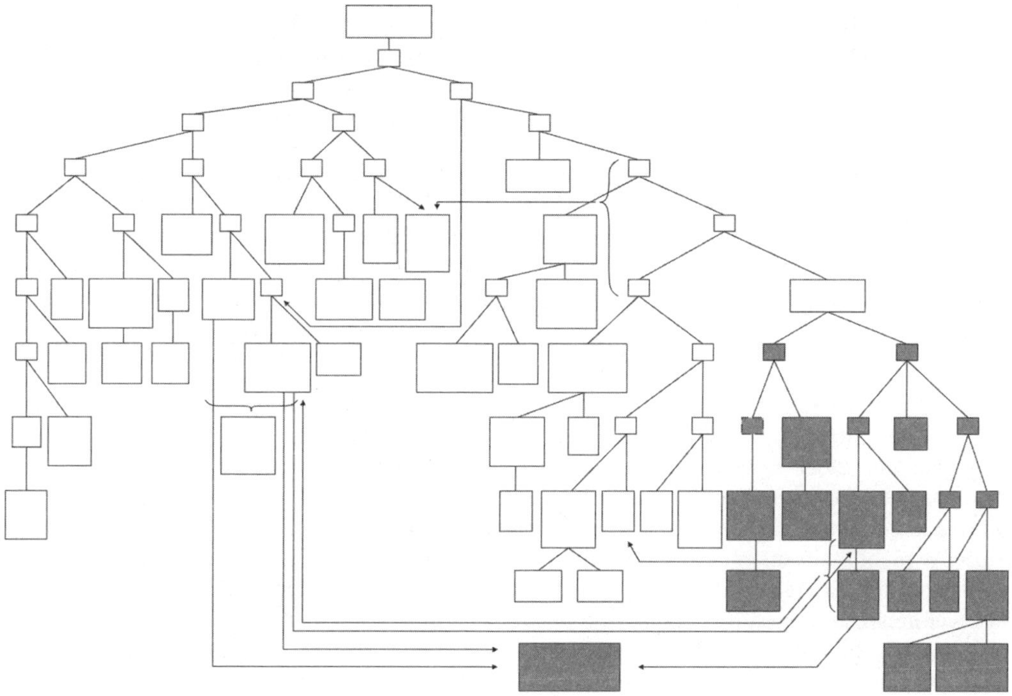

Wie der Versuch des Mailänders Guilielmus Bottatius, Karl von Anjou den kaiserlichen *Liber de avibus et canibus* (x23) zu offerieren, ausging, ist nicht bekannt. Wahrscheinlich ist er fehlgeschlagen, denn Karl gehörte offenbar zu jenen seltenen Fürsten seiner Zeit, die sich nicht für die Falknerei begeistern konnten. Die Jagd scheint er, wenn überhaupt, nur nachlässig ausgeübt zu haben.[1] Und das, was wir über seine Bibliothek wissen, zeigt deutlich andere Interessen: juristische, humanmedizinische und religiöse Werke sowie ein französischer Roman finden sich dort.[2] So dürfte der *Liber de avibus et canibus* denn vermutlich in der lombardischen Metropole verblieben und genügend Zeit gewesen sein, mit x27 und x28 zwei Abschriften herzustellen. Der mit x27 beginnende Zweig ist wohl gänzlich in oder um Mailand entstanden: M wurde zwischen 1465 und 1488 für Hippolyta Maria Sforza, die Tochter von Herzog Francesco I., und W im 15. Jahrhundert für die Mailänder Patrizierfamilie Borromeo angefertigt. U ist im Mailand des 19. Jahrhunderts und E im 17. Jahrhundert in dem nicht weit von Mailand gelegenen Cinisello Balsamo erstmals belegt. Der mit x28 beginnende Zweig dürfte zumindest mit den Handschriften x28, x34, x37 und D mailändisch geblieben sein: D ist eine Sforza-Handschrift, und ihre Vorlage x37, aus der Vincenzo Pinelli seine Handschrift P ergänzte und die ihm von *Il(lust)re P. B.* bzw. *Il(lust)re B.* zur

1 Vgl. FRIED, ... correptus, 94.

2 Vgl. Michele FUIANO, La biblioteca di Carlo I d'Angiò, in: Atti dell'Academia Pontaniana 12 (1962/1963), 193-204.

Verfügung gestellt wurde, düfte niemand anderem gehört haben als dem Mailänder Erzbischof Federico Borromeo (amt. 1595-1631) (*Il(lustre) P(adre) B(orromeo)*), einem Freund Pinellis, der später dessen Bibliothek erwerben und sie dem Grundstock der von ihm gegründeten Biblioteca Ambrosiana hinzufügen lassen sollte. Nicht (klar) Mailand, aber jedenfalls Oberitalien lassen sich F und K zuordnen: F weist Graphien auf, die auf einen norditalienischen Schreiber hindeuten,[3] und überliefert mit der auf den Folia 78-80 enthaltenen Passion einen Text im lombardischen Dialekt. Und der in K singulär überlieferte *Tractatus de sperveriis* enthält Begriffe, die eine toskanische Herkunft vermuten lassen.[4] An zwei Stellen schließlich hat dieser Zweig Norditalien auch wieder verlassen: x33 gelangte an den aragonesischen Hof, wo die Tradition mit B, T und b fortgeschrieben wurde. Und Handschrift D nahm ihren Weg – denkt man an die ausradierten und überschriebenen Initialen Herzog Francescos, wohl eher unfreiwillig – nach Frankreich, wo sie zur Grundlage der Abschrift H und der für König Karl VIII. angefertigten Kompilation des Guillaume Tardif (n) wurde.

Handschrift **x27** ist vor allem durch einige größere Textausfälle gekennzeichnet. Die Mehrzahl davon gründet vermutlich auf Versehen.[5] Eine bewußte Entscheidung war es wohl hingegen, den *Liber de avibus et canibus* hier mit Buch III des *Moamin* enden zu lassen – ob dies aber auf Desinteresse gegenüber Hunden beruhte oder weil die hinter Buch III eingeschobenen Traktate des *Dancus* und *Guillelmus* eine Zugehörigkeit der Hundebücher zum *Moamin* nicht mehr erkennen ließen, läßt sich nicht sagen. Ebenfalls als bewußte Streichung wird wohl der Ausfall in II, 58, 19 zu interpretieren sein: betroffen sind hier die am Schluß des Kapitels neu eingeführte Indikation *thenasmon*, eine von einer Anusverletzung begleitete Verstopfung, und die hierzu aufgeführten drei Rezepte. Es gibt keine Anzeichen für einen Augensprung – möglicherweise wußte der Bearbeiter nichts mit *thenasmon* anzufangen. Kein Hinweis auf einen unbewußten Ausfall findet sich auch in II, 59, 3, wo eine von zwei Beschreibungen darüber ausfällt, wann man mit der Behandlung von Bürzelschmerzen aufhören soll. Ansonsten zeigt x27 nur geringe und vereinzelte Eingriffe: Die zur Bekämpfung von Läusen gegebene Empfehlung, den Kot des Vogels zu kochen, den Sud abkühlen zu lassen und den Vogel anschließend zu waschen, wurde offenbar für klärungsbedürftig gehalten. Es heißt nun, man solle den Vogel mit eben jenem abgekühlten Sud waschen.[6] Über den Vogel, der beim Aufsteigen in den Sattel zwischen Pferd und Reiter eingeklemmt wird, heißt es nicht mehr, er sterbe, sondern er könne sterben.[7] Der für ein Dampfbad gegen Bürzelschmerzen verwendete Wein soll nunmehr alt sein.[8] Als Kennzeichen von Auszehrung und schlechter Haltung gilt nicht mehr nur häufiges Ausreißen der Langfedern, sondern auch häufiges Ausreißen der Daunen.[9] Die in der Mauser als Streu verwendeten Irispflanzen sollen nunmehr so frisch sein, daß sie noch grün sind.[10] Von der in III, 9, 7 genannten, zuvor beschriebenen Nadel heißt es jetzt richtig, sie sei bereits beschrieben, nicht mehr, sie werde

3 TILANDER, Guicennas, 17.
4 VAN DEN ABEELE, Les traités, II, 374.
5 I, 7, 12; I, 12, 5; I, 12, 32; II, 60, 14.
6 II, 60, 6.
7 I, 13, 4.
8 II, 59, 4.
9 I, 12, 53.
10 I, 9, 6.

noch beschrieben. Und im Kapitel über die Kennzeichen von Gesundheit ist einmal eine Zwischenüberschrift eingefügt.[11]

Bei **W** ist Buch I unter Rückgriff auf die Überschriften im Text erstmals um eine Capitulatio ergänzt worden, und die infolge der starken Kürzungen bei x23 nicht mehr brauchbare Capitulatio zu Buch II ist, ebenfalls unter Rückgriff auf den Text, neu geschaffen. Weniger Aufmerksamkeit hat die Capitulatio zu Buch III erfahren. Sie entspricht der seit x23 überlieferten mit ihrer falschen Reihenfolge der Überschriften 11-13. Daneben ist eine Korruptele verbessert: in I, 4, 5 heißt es über die wildvermauserten Sakerfalken nicht mehr, sie seien besser als die Sakerfalken, sondern sie seien die besseren unter den Sakerfalken. Ansonsten sind hier nur sechs Ausfälle zu verzeichnen, von denen fünf aber wohl auf Versehen gründen.[12] Allein der Ausfall des kryptischen Gütemerkmals *grossus circulus* läßt einen bewußten Eingriff vermuten.[13] Auffällig ist noch eine Passage im ersten Buch (I, 3, 6 - I, 4, 4), in der sich W in sonst nicht zu beobachtendem Ausmaß in Wortwahl und Wortstellung von seiner Vorlage entfernt. Möglicherweise ist hier eine Lücke der Vorlage durch Rückübersetzung aus einer italienischen *Moamin*-Version wieder aufgefüllt worden. Denn am Ende dieser Passage findet sich ein italienisches Einsprengsel: *e la lor proprieta e* anstelle von *proprietas eorum est.*[14]

Vier Veränderungen erscheinen bei **M**. Drei davon legen absichtsvolles Handeln nahe, betreffen sie doch alle die Wirkgeschwindigkeit von Rezepten. Ausprobiert und für schnell wirksam befunden wurden anscheinend je ein Rezept gegen Würmerbefall und lockere Federn. In beiden Fällen wurde die in der Vorlage vorgefundene Genesungsversicherung durch Zufügung eines *cito* bekräftigt.[15] Nicht den Erwartungen scheint hingegen ein Rezept gegen verklebte Augenlider entsprochen zu haben. Hier wird die Genesungsversicherung um das Adverb *statim* gekürzt.[16] Der Ausfall des zu *iasimino* gestellten Synonyms *sive sanbacino* in II, 28, 2 hingegen ist augensprungverdächtig. Weder bei **E** noch bei **U** ist irgendeine bewußte Veränderung zu verzeichnen.

Bei **x28** begegnet nur eine einzige Textveränderung, die als bewußte Entscheidung interpretiert und sicher auf x28 zurückgeführt werden kann[17] – der Ausfall der Aufzählung von sechs aus den Körpern der Vögel austretenden Substanzen in I, 12, 44.

Bei **x33** ist der Text gleich mehrfach in den ersten Sätzen – man möchte annehmen von einem einzigen Leser – bearbeitet worden. Der Einstieg in den Text ist nun personalisiert – Thema sind nicht mehr die Raubvögel, die „man" zur Beizjagd verwendet (*utitur gens*), sondern die der Leser verwendet (*utimur*).[18] Das Beutespektrum des Sperbers ist nicht mehr mit dem eines Habichts verglichen.[19] Die Vorzüglichkeit der Sakerfalken wird durch Hinzufügen eines *valde* bekräftigt.[20] Als Jagdbeute des Adlers sind nur noch Gazellen und Hasen, nicht mehr auch Füchse angegeben.[21] Und der bereits seit x2 vorhandene Bruch in I, 1, 15

11 I, 11, 6.
12 I, 4, 6; I, 8, 15; I, 11, 10; II, 51, 4; III, 5, 3.
13 I, 3, 6.
14 I, 4, 4.
15 II, 15, 3; III, 9, 9.
16 III, 5, 3.
17 Vgl. S. 329, Anmerkung 123.
18 I, 1, 2.
19 I, 1, 8.
20 I, 1, 14.
21 I, 1, 21.

ist abgemildert – statt *Tertium genus est. In quo nobilior est* heißt es nun *Tertium genus valde nobilior* (*nobilius BT*) *et est* (*dicitur BT*). Wie allerdings bereits die in den Handschriften x5 und J auftretenden Bearbeiter hat auch dieser offenbar bald sein Interesse am Text verloren. Der Rest erfährt nur noch zwei weitere Eingriffe. Die Capitulatio zu Buch III führt die bei x23 durcheinandergeratenen Überschriften 11-13 wieder in der richtigen Reihenfolge. Und die Hundebücher fallen weg.

Bei **K** ist, wie bei W, eine Aktualisierung der Capitulatio zu Buch II erfolgt, die den bei x23 aufgetretenen Veränderungen Rechnung trägt. Anders als dort ist die alte Capitulatio hier allerdings nicht konsequent gegen eine neue eingetauscht, sondern nur fehlerhaft aktualisiert: An zweiter und dritter Stelle erscheinen weiterhin die Kapitel *De medicamine sanguinis generati in corporibus suis* und *De medicamine phlegmatis generati in corporibus suis*, obgleich ersteres ganz ausgefallen ist und letzteres seinen Anfang samt Überschrift eingebüßt hat und sein Schluß mittlerweile unter neuer Überschrift (*Medicina, quando eiciunt carnes propter phlegma*) firmiert. Ebenso ist weiterhin ein Kapitel *De medicamine raucitatis sicce et umide* (gemeint sind die Kapitel 26 (*De medicamine raucitatis umide*) und 27 (*De medicamine raucitatis sicce*)) angekündigt, obgleich das Kapitel 27 bei x23 vollständig ausgefallen ist. Die seit x23 auftretenden Zwischenüberschriften *De medicamine ad caput inflatum*, *De medicamine oris et oculorum avium et obturatione narium* und *De medicamine ad expellendum infirmitatem capitis* sind irrtümlich nach statt vor Überschrift 9 (= {6} bei K) und die neuen Zwischenüberschriften *Contra caliditatem* und *Ad refrigerandum* hinter Kapitel 24 (= {20} bei K) statt zwei Kapitel zuvor eingefügt. Einige neue Überschriften fehlen auch. Unbearbeitet geblieben ist die Capitulatio zu Buch III. Ihre Überschriften weichen noch genauso von den Überschriften im Text ab wie die Überschriften der Capitulationes der anderen Handschriften seit x23.[22]

Auch im Text finden sich mehrere Veränderungen. Ein Rezept gegen feuchten Katarrh trägt nun das Prädikat *optima*.[23] Zur Behandlung von Warzen soll nicht mehr nur Essig, sondern hochkonzentrierter Essig verwendet werden.[24] Von der Medizin gegen nagelartige Auswüchse in den Fußsohlen heißt es nun, sie solle dünn aufgetragen werden.[25] Und zweimal sind Korruptelen verbessert: In I, 1, 10 ist durch Wegfall von *speciebus* der Bruch gemildert – ein sinnvoller Text kommt freilich auch dadurch nicht zustande. Und das in III, 6, 2 fälschlich anstelle eines Federrohrs genannte Tuch, mit dem ein Pulvergemisch in die Augen der Vögel geblasen werden soll, ist nun zu einem „dünnen“ Tuch geworden, wohl aus der Überlegung heraus, das Pulver könne so durch das Tuch hindurchgeblasen werden.[26] Der Ausfall eines kurzen Rezepts gegen geräuschvolles Atmen aufgrund von Kälte mag noch zu den bewußten Veränderungen hinzukommen.[27]

Der Schreiber von K war auch zugleich Benutzer. Während er jedoch die drei kurzen, dem *Moamin* folgenden Falkenheilkunden (*Dancus rex*, *Guillelmus falconarius* und *Tractatus de sperveriis*) gleich mit einer ganzen Reihe von Notizen versieht, hat ihn der lange orientalische Traktat nur zu zwei Eintragungen animiert: Das Kapitel III, 13 über Warzen, Ballengeschwulste und Löcher in den Füßen versieht er mit einem Inhaltsvermerk. Und

---

22 S. u. a. die Überschriften 5, 9, 11 und 13.
23 II, 8, 9.
24 III, 13, 3.
25 III, 13, 10.
26 III, 6, 2.
27 II, 28, 8.

gegen Ballengeschwulste weiß er eine vorbeugende Maßnahme – man solle die Sitzstangen der Vögel im Winter immer umwickeln.

Mehr Beachtung wurde dem *Moamin* von einem zweiten Benutzer zuteil. Über das ganze erste Drittel des Textes hinweg trägt er immer wieder Inhaltsvermerke und Zeigehände auf den Rändern ein. Danach versiegt sein Interesse offenbar. Die beiden letzten Drittel erfahren nicht einen einzigen Eintrag.

Die aragonesische Handschrift **B** überrascht. Haben alle bisher behandelten Handschriften dieses Königshofes (G, I, A, l, A') eine gründliche und sachverständige Beschäftigung mit dem Text vermissen lassen, ja ihn zum Teil wohl erst recht verdorben, so bildet B eine Ausnahme. Sie ist nach x23 diejenige lateinische Handschrift mit der umfangreichsten Überarbeitung. Die Eingriffe ziehen sich durch alle Teile der drei hier noch überlieferten Falkenbücher, haben jedoch einen deutlichem Schwerpunkt auf dem ersten Buch – von 73 insgesamt stammen 42 aus dem ersten, 21 aus dem zweiten und 9 aus dem dritten Buch. Es kann davon ausgegangen werden, daß hier ein Experte am Werk war.

Wiederholt fügt er dem Traktat neue Inhalte an. Die Liste von Rezepten gegen Warzen wird um ein erprobtes (*multum ... confert*) Mittel auf der Basis von Salbei, Wein, Wachs und Mandelöl erweitert,[28] den Rezepten gegen Würmer ein weiteres auf der Basis von Saft von Pfirsichblättern hinzugefügt.[29] Um Adler zu vertreiben, die dem Beizvogel gefährlich werden können, empfiehlt der Bearbeiter, die Worte *Vincit leo de tribu Iuda, radix David. Halleluia* auszurufen,[30] ein Zitat aus der Offenbarung des Johannes (5, 5), das sich als apotropäische Formel gegen Adler über die Jahrhunderte großer Beliebtheit erfreut zu haben scheint – es begegnet ebenfalls in dem im 12. Jahrhundert entstandenen falkenmedizinischen Traktat des Gerardus, im 13. Jahrhundert bei Albertus Magnus, im 14. Jahrhundert in der *Moamin*-Kompilation des Andrea Bragadino sowie im 15. Jahrhundert im *Libro de cetrería* des Juan de Sahagún und im Falkenbuch des englischen Prinzen Edward.[31] Auf die Symptombeschreibung von Würmern im Kropf folgen zwei ausführliche Rezepte für den Fall, daß die Vögel aufgrund der Würmer ihr Futter ausspeien.[32] Zu den verschiedenen unter dem Stichwort „trockener Katarrh" zusammengestellten Rezepten gesellt sich nun auch noch eines gegen geschwollene Köpfe oder Augen.[33] Den fälschlich als Weihe verstandenen *çumech* begleiten nun einige Angaben zu Aussehen, Naturell und Jagdverhalten der Weihe.[34] Und die irrtümlich mit Leuchtkraft versehenen Asseln sind nun als spanische Fliegen identifiziert und ebenfalls mit ergänzenden Anmerkungen bedacht.[35]

Häufiger noch präzisiert, relativiert, korrigiert, verdeutlicht er. Weiße Habichte sind nicht mehr die einzigen Habichte, die kalte Höhenluft ertragen, sie ertragen sie nur besser als andere.[36] Das Einschränken des Blickfeldes der Beizvögel geschieht nicht mehr in einem, sondern in zwei Schritten: Rät die Vorlage noch, die Augen so zuzunähen, daß nur

---

28 III, 13, 13.
29 II, 29, 7.
30 I, 8, 8/9.
31 Zu dieser Formel, ihrer Verbreitung und Bedeutung s. ausführlich VAN DEN ABEELE, La fauconnerie, 87f.
32 I, 12, 48.
33 II, 6, 29.
34 I, 5, 5.
35 I, 9, 15.
36 I, 2, 7.

noch ein kleines Loch übrigbleibt, sollen sie nun erst ganz zugenäht und anschließend wieder ein Stück weit aufgetrennt werden.[37] Zur Beschleunigung der Mauser können neben den Halsdrüsen eines Hammels nun auch diejenigen eines Ziegenbocks verfüttert werden. Zudem ist der für die Drüsen gebrauchte Begriff *scrofule* mit *nate* glossiert.[38] Beizvögel, die andere Vögel erbeutet haben, sollen ihnen nicht nur die Daunen, sondern auch die Langfedern ausrupfen dürfen.[39] Ein unterkühlter Vogel zieht seine Flügel nicht mehr nur eng an die Seite, sondern auch vor die Brust.[40] Um Verdauungsstörungen des Vogels zu beheben, reicht es nun, das Tier an einen dunklen Ort zu bringen, es muß kein dunkles Haus sein.[41] Das Waschen eines Vogels muß nicht mehr notwendigerweise in einem Gefäß erfolgen.[42] Ein Vogel, der eine Prellung erlitten hat, sitzt nun nicht mehr schräg auf seiner Stange, sondern anders als gewohnt.[43] Während die Vorlage noch strikt davon abrät, Beizvögel nach dem Rückrufen mit Hühnerfleisch zu füttern, da Hühner sehr verbreitet seien und es so leicht geschehen könne, daß die Vögel anstatt auf die ihnen zugedachte Beute zu fliegen, auf Hühner losgingen, reicht es nun, wenn man die Vögel beim Rückrufen nicht ständig mit Hühnerfleisch füttert.[44] Das Wasser, das Vögeln bei hohen Temperaturen hinzustellen ist, soll nunmehr warm sein.[45] Vögel, die vor der Mauser stehen, soll man nicht mehr unterhalb von Hals und Schwanz, sondern oberhalb von Schnabel und Schwanz rupfen.[46] Zur Behandlung äußerer Wunden soll nicht mehr Eichenrinde, sondern Eichenholz verwendet werden.[47] Befremdliches *revocatio carnis* ist nun zu verständlichem *revocatio* vereinfacht.[48] Säfte werden nicht mehr unpassend *vice corporis sui* gebraucht, sondern *vice herbarum suarum*.[49] Vögel, die nach der ersten Mauser gefangen werden, sind nicht mehr listig, weil sie *subtile ingenium rapine* kennen, sondern weil sie ständig fliehen.[50] Einem Taubenküken, dem eine tödliche Dosis Essig eingeflößt wird, soll anschließend nicht mehr mehrdeutig der Schnabel gehalten (*tene rostrum suum*), sondern unzweideutig zugehalten werden (*tene rostrum suum inter duos digitos*).[51] Ein Vogel, der darauf geprüft werden soll, ob er gesund ist, soll nicht mehr drei Tage lang unablässig gewaschen werden (*laves eam continue per triduum*) – ein Mißverständnis, das schon auf die arabische Vorlage zurückgeht (gemeint ist ursprünglich, man solle mit dem Vogel drei Tage hintereinander jagen). Statt dessen soll er schonender drei Tage lang nicht angehoben werden (*non leves eam continue per triduum*).[52] Und wie bereits von mehreren Bearbeitern zuvor ist auch hier die Unstimmigkeit in I, 1, 50 beseitigt: der Vogel, der höher schmelzt, ist nicht mehr schneller, sondern, wie in der An-

37 I, 8, 5.
38 I, 9, 13.
39 I, 6, 14.
40 II, 13, 2.
41 II, 48, 8.
42 III, 15, 3.
43 I, 12, 10.
44 I, 6, 31.
45 II, 47, 7.
46 I, 9, 7.
47 II, 44, 12.
48 I, 6, 36.
49 II, 1, 10.
50 I, 7, 15.
51 II, 27, 2.
52 I, 6, 22.

kündigung dieses Merkmals zu lesen, besser. Zwei Rezepte tragen erstmals eine Bekräftigungsformel.[53] Bei zwei weiteren Rezepten ist eine bereits bestehende Formel gesteigert.[54] Zweimal ist auch eine Bekräftigungsformel weggefallen.[55] Viermal fehlen überdies Glossen[56], zweimal auch die bei x4 eingeführten Glossen-Ansätze.[57]

Viermal sind x2-Korruptelen angegangen: In I, 1, 28 ist das unsinnige *quare* gegen *quod* ausgetauscht. In I, 2, 2 sind als Gütemerkmal eines Habichts nun breite, nicht mehr weiße Schienbeinkochen genannt. In I, 4, 5 ist der unsinnige Vergleich aufgehoben. Und in II, 53, 8 ist die zur Ader zu lassende Sehne zu einer Vene geworden. Mit 22 Korruptelen, die weiterhin im Text bleiben, hebt sich der Bearbeiter damit allerdings kaum von den meisten anderen Bearbeitern innerhalb der lateinischen Tradition ab.

Wie bei W und K sind auch bei B die Capitulationes überarbeitet. Buch I ist nun erstmals mit einer solchen versehen. Sie wurde von Handschrift A übernommen. Und für Buch II ist eine ganz neue, aus den Überschriften im Text gezogene Capitulatio aufgestellt. Verwunderlich ist freilich, daß die Überschriften im Text nicht ausgeführt wurden, was die Benutzbarkeit nicht wenig erschwert. Verwundert nimmt man schließlich auch zwei andere Veränderungen zur Kenntnis und möchte sie auf nicht mehr nachvollziehbare Korruptelen zurückführen: Über die Gerfalken heißt es nun auch, sie seien in Syrien beheimatet.[58] Und gegen abgefallene Krallen wird zwar weiterhin ein Rezept für eine Salbe gegeben. Eingerieben wird jedoch nicht mehr mit dieser, sondern mit Essig.[59] Die Benutzbarkeit von B ist von einem späteren Leser erleichtert worden, der die Capitulationes um Folioangaben ergänzt und den *Moamin*-Kapiteln am Rand eine Numerierung angefügt hat. Er nahm auch eine Handvoll Verbesserungen am Text vor.

Handschrift **T** hat gegenüber ihrer – man darf annehmen direkten – Vorlage B wohl nur in einer Hinsicht bewußte Veränderungen erfahren. Sie bietet wieder Überschriften im Text. Diese sind allerdings nur sehr unvollständig eingefügt. In Buch I sind nur die Kapitel 2, 3 und 7, in Buch 2 nur die Kapitel 58-61 und in Buch III nur die Kapitel 2-15 damit ausgestattet. Wo sie fehlen, hat ein späterer Leser (Hand 2) klein am Rand die Kapitelzahlen notiert. Er hat auch mehrmals den Text verbessert.

T wiederum wurde zur Grundlage einer für König Ferdinand I. (reg. 1458-1494) anfertigten Übersetzung ins Neapolitanische (**b**).[60] Ihr Verfasser, Giovan Marco Cinico, wurde 1430 in Parma geboren. Bei Pietro Strozzi in Florenz erhielt er eine Ausbildung zum Schreiber. Spätestens 1458 kam er nach Neapel, wo er wohl bis zu seinem Tod blieb. Sein letztes Lebenszeichen ist ein von ihm geschriebener Codex aus dem Jahr 1503. Im Laufe der viereinhalb Jahrzehnte in Neapel fertigte er viele Handschriften für den aragonesischen Hof, jedoch auch für andere Notable, darunter König Matthias Corvinus von Ungarn, die Her-

---

53 II, 23, 16; II, 46, 6.
54 II, 32, 3; II, 60, 6.
55 II, 58, 7; III, 12, 13.
56 I, 6, 21; I, 6, 37; I, 9, 13; III, 13, 8.
57 II, 21, 8; II, 46, 4.
58 I, 1, 11.
59 III, 12, 21.
60 Vgl. im folgenden GLESSGEN, Die Falkenheilkunde, I, 49-75; DE NICHILO, 634-636; DE MARINIS I, 42-51 und passim; Antonio ALTAMURA, La biblioteca aragonese e i manoscritti inediti di Giovan Marco Cinico, in: La bibliofila 41 (1939), 418-426.

züge von Amalfi, Andria und Venosa und der Kardinal Oliviero Carafa. Zwischen 1471 und 1497 war er fest am aragonesischen Hof angestellt, erst als königlicher Schreiber, später auch als königlicher Bibliothekar, und empfing ein monatliches Salär sowie bisweilen zusätzliche Geschenke. 1488 wurde ihm ein Gehilfe beigesellt.

Mit kaum einem anderen Namen verbinden sich so viele Codices wie mit dem seinem. Allein 72 zu den verschiedensten Themen sind bis heute ermittelt. Nicht wenige andere dürften durch die mehrfache Zerschlagung der aragonesischen Bibliothek verloren gegangen sein oder als Streugut noch der Entdeckung harren. Die meisten dieser Codices hat Cinico selbst ausgeführt. Eine kleinere Zahl ist wohl unter seiner Aufsicht entstanden. Im Schreiben war er offenbar besonders schnell. In seinen Kolophonen weist er mehrfach, nicht ohne Stolz, darauf hin. So notiert er in einem 635 Folien zählenden Plinius, er habe ihn in 120 Tagen, und in einem 38 Folia zählenden Albertus Magnus, er habe ihn in 53 Stunden abgeschrieben. Zwei weitere Male schreibt er, er habe *velocissime* kopiert. Auch fügt er seinem Namen oft den Zusatz *velox* an.

Daneben betätigte er sich auch als Autor und Übersetzer. So schuf er einen Traktat über die Kunst des rechten Regierens (*Precetti per ben regere et governare*) und eine Literaturgeschichte (*Elencho historico et cosmographo*) (zwischen 1482 und 1489), beide König Ferdinand I. gewidmet, einen *Libro della observantia delli re e delli subditi* (vor 1487), ein Verzeichnis der heiligen Märtyrer (vor 1491) sowie ein Verzeichnis aller Könige und Herrscher, die seit Anbeginn der Zeit eines gewaltsamen Todes starben (*Exitio eroico*) (1491) und übersetzte neben dem *Moamin* auch die *Epithoma del sito del mondo* nach Solinus ins Neapolitanische.

Auch im Buchdruck hat sich Cinico versucht. Mit zwei Teilhabern gründete er um 1487 eine entsprechende *società*. Soweit bekannt, erschienen dort der *Trattato dell'ottimo cortegiano* des Diomede Carafa, eine Ausgabe der Predigten des Roberto Caracciolo (in 2000 Exemplaren) und ein Missale. Möglicherweise ist es dabei auch geblieben, denn die Ausgabe des Missale zog einen siebenjährigen Rechtsstreit nach sich, an dessen Ende Cinico die nicht unbeträchtliche Summe von 94 Dukaten bezahlen mußte.

Während Cinicos Arbeiten es in der Form nie an Eleganz vermissen ließen, war deren Inhalt keineswegs immer über alle Zweifel erhaben. Die Literaturgeschichte etwa zeugt nicht von gründlicher Kenntnis des Gegenstandes und enthält viele grobe Schnitzer. So hat Cinico darin die von Lorenzo Valla 1445/1446 verfaßte Biographie König Ferdinands von Aragon, des Vaters Alfons' I., als ein Werk über dessen Sohn Ferdinand I. beschrieben und den *Libellus de mirabilibus Puteolorum* Giovanni Elisios und den *Fasciculus temporum* Werner Rolevincks fälschlich den Druckern der Werke, Arnold von Brüssel bzw. Erhard Ratdolt, zugeordnet.[61] Und kaum anders kann das Urteil über die von Cinico angefertigte, als Autograph erhaltene Übersetzung des *Moamin* ausfallen.

Die Arbeit am *Moamin* war für ihn nicht das erste und nicht das einzige Mal, daß er mit jagdkundlicher und veterinärmedizinischer Literatur in Berührung kam. 1463 hatte er bereits einen Falkentraktat von 95 Folien kopiert, 1469 folgte ein weiterer, 1470 fertigte er gar fünf Exemplare eines falken- und pferdeheilkundlichen Traktates, 1472 kam ein Falkentraktat auf Spanisch hinzu, 1474 noch einmal weitere drei Exemplare einer Falkenheilkunde, 1488 der *Livre de chasse* des Gaston Phoebus und 1491 schließlich ein Pferdetraktat eines *mastro*

61 Vgl. DE NICHILO, 635.

Facio. Gleichwohl stand er selbst der Falknerei fern, wie sich aus seiner dem Werk vorangestellten Widmung an Ferdinand I. ergibt:

> *Wenn mir, Eurem Cinico, die Kräfte ausreichen in vielerlei und vielfältiger Hinsicht, möchte ich Eure sämtlichen Wünsche prompt erfüllen aus allumfassender Liebe, die ich für Eure Hoheit empfinde. Und um mich eifrig zu erweisen, wollte ich, nachdem ich Eurer Majestät in den vergangenen Tagen die Literaturgeschichte überreicht habe, nun auch die Übersetzung des vortrefflichen arabischen Falkners Moamyn zu einem Abschluß bringen und damit zeigen, daß ich, obwohl ich kein Liebhaber der Jagd – einer fürwahr königlichen Beschäftigung – bin, mich dennoch befleißigt habe, diesen Autor aus dem Lateinischen in die Volkssprache zu übersetzen, zum Nutzen Eurer Sakerfalken und (anderen) Raubvögel. Anhand dessen Lektüre können Eure Majestät mit Hilfe der Lehre des edlen Moamyn die verschiedenen Arten der Raubvögel kennenlernen sowie ihre Gütemerkmale und Fehler, sie gefügig machen und vor Krankheiten bewahren und von Krankheiten heilen und sie zu hinreißendem Flug ertüchtigen ...*[62].

Seiner Übersetzung legte Cinico die Handschriften A, I, T (sowie möglicherweise A') zugrunde. Dabei hat er sich offenbar erst im Laufe der Arbeit für eine einheitliche Vorgehensweise entschieden. In der Einleitung, im ersten Kapitel und zu Beginn des zweiten Kapitels läßt er noch keine klare Präferenz erkennen. Zwar stützt er sich überwiegend auf T, doch greift er häufig auch auf A und I zurück, ohne daß die Qualität der Lesarten dies zwingend erforderte. Anschließend verschiebt sich das Gewicht klar zugunsten von T. Hier benutzt er A und I nur noch, um T zu korrigieren oder Lücken im Text von T zu füllen. Im zweiten Buch mit seinen großen Textlücken bei T – eine Folge der bei x23 eingetretenen Kürzungen – scheint er diese Vorgehensweise noch einmal für einen Moment in Frage gestellt zu haben. An dessen Anfang (3, 13-27) füllt Cinico nicht allein eine Lücke in T mit Text aus A und I, sondern stützt sich auch im Anschluß weiterhin auf diese beiden Handschriften. Wenig später freilich kehrt er wieder zu seiner früheren Linie zurück. Er folgt A und I nur dort, wo sie Erweiterungen oder besseren Text bieten, und übersetzt ansonsten allein aus T. Dies bleibt so bis zum Ende des *Moamin*. Dabei ist er offenbar nicht mehr ganz konzentriert zu Werke gegangen. Denn mehrfach sind Lücken in T nicht durch Text von A und I aufgefüllt worden.[63]

Auch ansonsten hat es ihm im zweiten Teil offenbar des öfteren an der nötigen Konzentration gemangelt: Das Kapitel II, 37 und die Passage II, 56, 2 - II, 58, 1 fehlen in seiner Übersetzung, obgleich sie in allen Vorlagen enthalten sind. Die Kapitel III, 13, 7 und III, 13,

---

62 *Vorria se al vostro Cynico le foreçe respondesseno in diversi & multifarii modi per L'integerrimo amore a vostra Celsitudine porto, a tucti vostri voti in icto d'ochio satisfare. Et per demonstrare in cio mia solerte diligentia havendo in li giorni elapsi oblato a Vostra Maesta lo Elenco historico, ho voluto imponere fine a la traduzione del dignissimo Moamyn Arabico falconario per monstrare che, avenga non mi dilecti de caççia, cosa certamente Regia, pure me ho sforçato traducendo de latino in vulgare dicto autore, prestare utilitate a vostri sacri et rapaci aucelli: quale legendo potra vostra Maesta con doctrina et cura del nobile Moamyn cognoscere le generationi de tucti ucelli de rapina et signali de loro bontate et defecti: & governarli et preservarli da morbi et de quelli curarli et farli apti et valenti al gratissimo & curioso volato* (1v).

63 So etwa in II, 17; II, 20; II, 23, 12-14; II, 48, 7.

8 haben unsinnigerweise den Platz getauscht. Und auch die Überschriften sind mehrfach durcheinandergeraten – diejenigen von II, 23 und II, 24 erscheinen ein Kapitel zu früh, diejenigen von II, 35 - II, 40 jeweils ein Kapitel zu spät.

Cinico hält sich extrem nah am lateinischen Text – man darf vermuten aus Unsicherheit und Unkenntnis. Vielfach versieht er lateinische Begriffe schlicht mit italienischen Endungen, offenbar weil er ihre italienischen Entsprechungen nicht kannte. Nur sehr begrenzt wagt er es, den Vorlagen eigene Zusätze anzufügen, und die meisten von diesen bedeuten keine wirkliche Weiterentwicklung: Von den Leinen, mit denen die Vögel angebunden werden, heißt es nun zweimal, sie seien an den Füßen befestigt.[64] Zu dem Ohrstäbchen, mit dem die Augenlider der Vögel zur Seite geschoben werden und von dem die Vorlagen schreiben, es solle aus Eisen sein, vermerkt er, es könne auch aus Bein oder Silber gefertigt sein.[65] Roßhaar, das als Kissenfüllung verwendet wird und verklumpt, soll nicht mehr allein mit der Hand auseinandergelöst, sondern zuvor auch ausgeklopft werden.[66] Zu der Anweisung, eine zerstoßene Ähre in die Nase des Vogels zu blasen, bemerkt er, man möge dazu ein Rohr benutzen.[67] Wasser ist nun einmal frisch,[68] Wein einmal weiß und einmal alt,[69] und statt schwarzem Salz soll einmal gemeines Salz verwendet werden.[70] Das Haus, in dem Vögel mit Warzen an den Fußsohlen unterzubringen sind, soll nun dunkel sein.[71] Aus den beispielhaft für zähes Fleisch genannten Taubenbeinen sind Beine alter Tauben geworden.[72] Die in die Augen der Vögel zu streuenden getrockneten Pfirsichblätter sollen nun zuvor zerstoßen werden.[73] Kürbiskerne sollen nicht mehr nur geschält, sondern auch gesäubert sein.[74] In Essig eingelegte Mäuse sollen gegen Wunden nicht mehr allein drei Tage lang, sondern dreimal innerhalb von drei Tagen verfüttert werden.[75] Die Krallen eines guten Habichtterzels sind bei ihm nicht nur breit und hervorstehend, sondern auch schwarz.[76] Viermal sind auch Bekräftigungsformeln hinzugetreten.[77] Wie bereits Moroello und Daniel hat auch er – offenbar rein habituell und ohne wirklichen Veränderungswillen – etliche Male Bekundungen zur Wirksamkeit der Rezepte und andere Aussagen gesteigert.[78]

Auch Cinico vermochte eine Reihe von Korruptelen zu beseitigen: Die Konkurrenz der zwei Superlative in I, 3, 5f. ist zugunsten des ersten aufgelöst. Die besten Falken sind nun jene, die vor der ersten Mauser gefangen werden. Unter diesen wiederum sind die roten am besten. In I, 4, 5 ist der unsinnige Komparativ gegen einen Superlativ eingetauscht. Der isoliert stehende Konsekutivsatz in I, 5, 2 ist nunmehr sinnvoll dem Verb des folgenden Satzes zugeordnet. Der Bürzeldrüse in I, 12, 41 ist ihr richtiger Platz „auf" dem Bürzel

64 III, 10, 7; III, 12, 2.
65 II, 16, 2.
66 III, 13, 12.
67 II, 3, 9.
68 II, 30, 6.
69 III, 13, 6; III, 8, 3.
70 II, 31, 13.
71 III, 13, 2.
72 III, 7, 2.
73 II, 16, 5.
74 II, 42, 7.
75 II, 44, 17.
76 I, 1, 51.
77 II, 32, 7; II, 44, 12; II, 52, 8; III, 13, 12.
78 II, 6, 10; II, 8, 10; II, 23, 2; II, 24, 21; II, 24, 59; II, 24, 62 II, 33, 11; II, 32, 5; II, 46, 2; II, 58, 6 etc.

zugewiesen. Das in II, 3, 22 genannte Tuch soll nicht mehr zum Zerstoßen, sondern zum Sieben verwendet werden.[79] Die in II, 23, 25 empfohlene Kauterstelle liegt nunmehr allein zwischen den Augen. Das in II, 24, 32 genannte Stück Fleisch soll nicht mehr unverständlich in „sie", sondern in „es" und damit in das zuvor einzig genannte Rhizinusöl eingetaucht werden. Und in I, 6, 7 heißt es nicht mehr, der Falkner möge sich bemühen zu verdauen und auszuscheiden, sondern, weniger unsinnig, wenn auch nicht sinnvoll, er möge den Vogel dazu bewegen (*et quando tu cognoscerai che in questo se reposa bene, dà opera de farlo paidare quando porterai*).

Diese Bilanz nimmt sich allerdings bescheiden aus, berücksichtigt man, daß noch 14, zum Teil eklatante Korruptelen unkorrigiert bzw. unkommentiert bleiben. Nach wie vor stolpert der Leser in I, 1, 10 und I, 1, 15 über dieselben Risse in der Klassifikation der Vögel und in I, 1, 29/34 über die widersprüchlichen Angaben zu den besten Habichten (I, 1, 37-41). Nach wie vor bemüht er sich vergeblich, den Sinn von II, 1, 4 zu enträtseln (*Ma se ne troveranno molte et diverse da queste che se dicono in questo libro, perché le experimentationi antique, overo che siano state facte da li antiqui, overo da li moderni sono innumerabili et imcomprehensibile*). Nach wie vor spannen sich in I, 2, 13 die Flügel eines schlechten Habichts bis über die Augen, läßt in I, 8, 12 der Vogel seinen Schwanz kreisen, bleibt in I, 11, 4 die Bürzeldrüse unverändert unter dem Bürzel, wird in II, 60, 16 das Mark einer Feder durch Eintauchen entnommen, öffnet in III, 4, 3 der Vogel seine Augen mit den Federn, wird in III, 6, 2 ein Pulver mittels eines Tuches in die Augen des Vogels geblasen, werden in III, 8, 25 und III, 12, 7 Wunden mit Federn betupft und verbunden und soll in III, 9, 5 die bereits aufgepfropfte Feder aufgepfropft werden.

In **F** kommen nur vier Ausfälle und eine Ergänzung als bewußte Entscheidungen in Betracht.[80] Keine einzige darunter muß jedoch zwingend so gedeutet werden. Am ehesten dürfte es noch als bewußte Präzisierung zu verstehen sein, wenn in II, 24, 70 die ursprünglich allein genannte Butter zu Kuhbutter präzisiert wird. Ebenso könnte hier allerdings ein Augensprung vorliegen – auch in der Zeile zuvor ist von Kuhbutter die Rede.

Bei **x34** ist das gegen Augenverletzungen empfohlene Arsen zu dem roten Arsensulfid spezifiziert.[81] Die Aussage, Hunde mit häßlichem Fell seien bisweilen besser als solche mit schönem Fell, gilt nun auch umgekehrt.[82] Und bei Verengung des Afters soll nicht mehr allein Schweinefleisch mit Nußöl oder Blut gefüttert, sondern der After zugleich eingefettet werden.[83] Zweimal ist auch Anstoß an Korruptelen genommen: Das irritierende zweite *deponatur* in I, 6, 6 ist nun gegen sinnvolles *reponatur* ausgetauscht. Und zu dem in II, 3, 22 geäußerten Rat, Pfeffer, Ähren und Nelken mit einem dünnen Tuch zu zerkleinern, heißt es nun, das Tuch möge aus Leinen sein – wohl weil dessen rauhe Struktur noch am ehesten eine zerkleinernde Wirkung verspricht. Drei Ausfälle dürften eher ungewollt zustande gekommen sein.[84]

79 Hier besteht allerdings die Möglichkeit, daß Cinico auf die Handschrift A' zurückgegriffen haben könnte, in welcher diese Stelle auf dieselbe Weise emendiert ist.

80 I, 2, 16; I, 7, 12; I, 9, 10; I, 9, 20; II, 24, 70.

81 III, 6, 4.

82 IV, 3, 12.

83 II, 58, 16.

84 II, 48, 5; III, 1, 12; IV, 5, 32.

Bei **x36** – hier können nur die Hundebücher beurteilt werden – sind einzig zwei Zwischenüberschriften hinzugefügt worden.[85] Bei **V** erscheinen sieben neue Zwischenüberschriften.[86] Sie alle könnten allerdings bereits bei x36 aufgetreten sein, denn sechs von ihnen finden sich in den für x36 nicht zu rekonstruierenden Vogelbüchern und die siebte, in Buch IV gelegene, läßt sich nicht sicher V zuordnen, da offenbar nur ein Teil der Überschriften von x36 zu E' (2) gelangt ist.[87] Einmal ist eine Korruptele emendiert: In II, 60, 16 wird die Feder, deren Mark entfernt werden soll, nun aufgeschnitten, nicht mehr eingetaucht. Einmal erfährt eine Überschrift eine Präzisierung.[88] Zweimal fallen Bekräftigungsformeln weg.[89] Und der für ein Klistier gegen die Gipskrankheit zu verwendende Wein soll nicht mehr nur neu, sondern auch rein sein.[90] Fünf Ausfälle muten eher wie Abschreibefehler an.[91]

Die am Schluß von **E'** überlieferten Hundebücher des *Moamin* sind eine weitgehend getreue Kopie ihrer Vorlage. Einzig die Überschriften weichen mehrfach von ihrer Vorlage ab – sie geben den Inhalt, auf den sie sich beziehen, teils präziser teils weniger präzise wieder.[92] Möglicherweise sind, wie so häufig zu beobachten, auch in der Vorlage von E' zum Rubrizieren vorgesehene Überschriften nicht ausgeführt worden, so daß der Schreiber von E' selbst neue Überschriften bilden mußte. Daß die Vorlage allerdings nicht durchweg ohne Überschriften gewesen sein kann, zeigt der in der Überschrift zu V, 4 korrekt wiedergegebene Bezug auf die Eingeweide, der sich aus dem Inhalt des Kapitels ansonsten nicht erschließt. Einmal wurde auch eine neue Zwischenüberschrift eingefügt.[93] Und Hunde, die bei der Jagd nicht angeleint sind, verirren sich nun nicht nur, sie verausgaben sich auch.[94]

Bei **D** erscheinen acht Textausfälle. Die Konzentration von vier davon in Kapitel IV, 3 läßt vermuten, daß zumindest diese bewußt vorgenommen wurden: hohe Schädel und weiche Haare gehören nicht mehr zu den Merkmalen, die eine für die Fortpflanzung geeignete Hündin auszeichnen.[95] Die übriggebliebenen Merkmale sind zwar Garanten für gute und schnelle, nicht jedoch, wie noch in der Vorlage, auch für mutige Tiere.[96] Ebenfalls beseitigt ist ein Halbsatz, der als Gütemerkmal der Männchen kurze, dünne Schwänze anführt und dabei auf eine ursprünglich voraufgehende Stelle verweist, die aber bereits vor x2 ausgefallen ist.[97] Die verstreuten übrigen vier Textausfälle dürften eher auf Abschreibefehler denn auf bewußte Veränderungen zurückgehen.[98] Ansonsten heißt es zum Rezept gegen Fieber nunmehr *iuvabit multa*, nicht mehr nur *erit iuvativum*.[99] Und bei Verdauungsschwierigkeiten

85 IV, 5, 14 und IV, 5, 26.
86 I, 1, 36; I, 1, 42; I, 9, 4; II, 1, 12; II, 53, 10; III, 9, 7; IV, 3, 10.
87 S. den nächsten Absatz.
88 V, 2, 1.
89 II, 30, 4 und III, 10, 4.
90 II, 24, 77.
91 I, 2, 17; II, 48, 4; III, 9, 5; III, 15, 4; V, 4, 6.
92 IV, 1, 1; IV, 2, 1; IV, 4, 1; IV, 5, 1; IV, 6, 1; V, 1, 1; V, 4, 7.
93 IV, 5, 59.
94 IV, 5, 22.
95 IV, 3, 15; IV, 3, 19.
96 IV, 3, 20.
97 IV, 3, 34.
98 I, 9, 14; I, 11, 10; III, 8, 3; III, 8, 19.
99 II, 39, 10.

reicht es, die Vögel an einen irgendwie dunklen Ort zu setzen, es muß kein dunkles Haus mehr sein.[100] Keinerlei bewußte Veränderungen sind bei **x37** und **H** zu beobachten.

Mit Guillaume Tardif hat sich schließlich auch einer der bedeutendsten französischen Gelehrten des späteren 15. Jahrhunderts des *Moamin* angenommen und ihn zur Grundlage einer Kompilation (**n**) gemacht.[101] Um 1436 in Le Puy-en-Velay geboren, zog es ihn bald nach Paris, wo er sich gleichermaßen in der Grammatik und Rhetorik wie in der Theologie, der Jurisprudenz und den *studia humanitatis* hervortat. 1470 veröffentlichte er als erster Franzose eine durchweg humanistische Grammatik. Bis 1483 flossen aus seiner Feder zudem eine zweite erweiterte Grammatik, eine Rhetorik, mehrere theologische Werke und eine Kurzfassung des *Decretum Gratiani*. Als Mitarbeiter der Druckerei Soufflet Vert zeichnete er für mehrere Klassikerausgaben verantwortlich, u. a. für solche des Solinus und des Vegetius. Daneben lehrte er beständig an der Pariser Universität. Johannes Reuchlin erinnerte sich viele Jahre später dankbar an den Besuch seiner Vorlesungen im Jahr 1473.

Schon zu Beginn seiner Gelehrtenlaufbahn muß Tardif mit dem Königshof in Kontakt getreten sein. Aus seiner Grammatik erfahren wir, daß er Lehrer des Prinzen Karl (1446-1472), des Bruders König Ludwigs XI. gewesen ist. Diese Verbindung blieb bestehen. 1476 wurde er mit der Erziehung des Dauphins und späteren Königs Karl VIII. (reg. 1483-1498) beauftragt. Und nachdem Karl den Thron bestiegen hatte, ernannte er Tardif zu seinem *liseur*. Welche Tätigkeiten mit diesem Amt genau verbunden waren, muß offenbleiben, doch tritt Tardif nunmehr vor allem mit einer Reihe von Auftragsarbeiten für den König in Erscheinung. So verfaßte er für ihn namentlich einen lateinischen *Compendieux de grammoire, elegance et rhétorique*, stellte ihm auf Französisch den hier zu besprechenden Falknereitraktat und ein Stundenbuch zusammen und fertigte ihm französische Übersetzungen von Poggios Facetien, einer *Ars moriendi* und Äsops Fabeln nach Lorenzo Valla. Dabei dürfte der Falkentraktat eher später als früher entstanden sein, denn in dessen Einleitung erwähnt er, daß er bereits mehrere Werke für den König geschrieben habe.[102] 1494 noch am Leben, muß Tardif noch vor Ende des Jahrhunderts gestorben sein. Der genaue Zeitpunkt seines Todes ist nicht bekannt.

Der *Livre de l'art de faulconnerie* ragt unter den Arbeiten dieses Gelehrten schräg hervor. Vermutlich wurde er ihm vom König aufgenötigt, als dieser in den Besitz des Sforza-Codex D gelangte und er den Wunsch verspürte, ihn auf Französisch zu lesen. Sein Auftrag an Tardif mag gelautet haben, diesen Codex zu übersetzen, vielleicht auch, ihn mit anderem Material zu ergänzen. Denn derart kündigt Tardif den Inhalt seines Werkes in dessen Vorrede an:

Dieses Büchlein habe ich aus den lateinischen Büchern von König Danchus, der als erster die Kunst der Falknerei erfand und aufschrieb, und den lateinischen Büchern

---

100 II, 48, 8.
101 Vgl. zum folgenden Evencio BELTRAN, Un manuscrit autographe de la Grammatice Basis de Guillaume Tardif, in: Bibliothéque d'Humanisme et Renaissance 61 (1999), 495-508; Evencio BELTRAN, L'humaniste Guillaume Tardif, in: Bibliothéque d'Humanisme et Renaissance, 48 (1986), 7-39; JULLIEN, Le livre.
102 JULLIEN, Le livre, I, 1.

von Moamus, Guillinus und Guicennas ins Französische übersetzt und um das Wissen anderer großer Kenner und Experten in der genannten Kunst ergänzt.[103]

Man darf annehmen, daß Tardif über diese Aufgabe nicht beglückt war und möchte eine bloße Pflichterfüllung erwarten. So vermerkt er denn auch am Ende seines Werkes:

Doch nun, Sire, wende ich mich wieder meinen Studien der Humanitas und der Theologie zu, um Euch wieder solches zu verfassen oder zu übersetzen, was mir für Euren erlauchten Leib und Geist von größerem Nutzen und Bedarf zu sein scheint.[104]

Das Ergebnis ist jedoch alles andere als eine bloße Pflichterfüllung. Tatsächlich hat sich Tardif in seine Aufgabe hineingekniet, weitere Werke zu Rate gezogen, Experten befragt und unter allen Bearbeitungen des *Moamin* die mit Abstand eigenständigste geschaffen, eine ganz andere zumal als Cinico, der am aragonesischen Königshof um dieselbe Zeit – vielleicht ebenfalls dazu genötigt – in derselben Lage ist. Während Cinico sich darauf beschränkt, aus mehreren Vorlagen einen möglichst vollständigen Text zusammenzustellen, er dem Werk ansonsten aber weitgehend unbeteiligt gegenübersteht, sucht Tardif seine Vorlagen auch inhaltlich zu durchdringen und zu verbessern. So führt er aus:

Wie sehr diese Kunst doch auch von den edlen Herren und Fürsten geliebt, begehrt und ausgeübt wird, habe ich doch keinen Autor finden können, der sie hinreichend behandelt hätte. Und das, was darüber geschrieben wurde, ist ohne Substanz und ohne Ordnung und zudem so verderbt, durch Unverstand und Nachlässigkeit der Abschreiber und aus anderen Gründen, daß ich es nur mit Hilfe von Kennern dieser Kunst sowie von Ärzten und Apothekern zu verstehen vermochte. Dies bitte ich die Leser dieses Werkes zu entschuldigen und zu berücksichtigen.[105]

Von den vier im Codex enthaltenen Texten ist einzig der *Moamin* in sein Werk eingeflossen. Von den drei übrigen findet sich keine Spur. Und auch der *Moamin* ist nicht schlicht übersetzt, sondern stark gekürzt, umgeschrieben und erweitert. Nur etwa zwei Drittel von ihm sind übernommen, und sie machen nur etwa die Hälfte seines Werkes aus. Nicht explizit genannt, aber ausgiebig benutzt hat Tardif hingegen den weit verbreiteten, zwischen 1458 und 1464 entstandenen *Livre de fauconnerie* des Jean de Francières. Und auch die Falkenkunde des Arthelouche de Alagona hat er mehrfach ausgeschrieben.[106]

---

103 *Lequel livret ay translaté en françois des livres en latin du roy Danchus, qui premier trouva et escrivit l'art de faulconnerie, et des livres en latin de Moamus, de Guillinus et de Guicennas, et colligé des autres bien sçavans et expers en ladicte art* (JULLIEN, Le livre, I, 2).

104 *Maintenant, Sire, je retourne à mes estudes de humanité et de theologie, pour continuer vous composer ou translater ce que me semblera plus utile et necessaire à vostre tres-noble corps et ame* (JULLIEN, Le livre, II, 38).

105 *... combien qu'elle soit aimée, desirée et exercée des nobles seigneurs et princes, si n'ay-je peu trouver auteur qui l'ait souffisantement tractée. Et ce qui en a esté escript est en aucunes materes et sans ordre; et icelles encore si corrompues, par l'ignorance et vice des ecrivains ou autrement, qu'il les m'a falu verifier par les expers en icelle art et medecins et apothicaires. Par quoy je prie ceulx qui ceste euvre liront qu'il leur plaise l'excuser et en gré prendre ...* (JULLIEN, Le livre, II, 37).

106 Vgl. WERTH, 10-19. Das Ausmaß der Benutzung von Arthelouche ist freilich geringer als von Werth dargestellt: Die Passagen 44 (12-23), 51 (11) - 52 (11), 89 (1-14) und 90 (2-5) sind zugleich ganz oder

Im Vorwort seines Werkes erläutert er seine Vorgehensweise. Sein Werk sei kurz und klar durch Rubriken und Kapitel geordnet und übergehe alles Überflüssige sowie all jene Heilmittel, die schwer zu finden oder herzustellen oder gefährlich für die Vögel seien oder von den Medizinern und ihrer Kunst nicht gutgeheißen würden. Zudem seien die Namen jener Heilmittel, die in Frankreich nicht im Gebrauch stünden, in jener Sprache wiedergegeben, in der sie auch von den Apothekern verwendet würden.[107]

Nur die Grundzüge hat Tardif vom Modell des *Moamin* übernommen. Wie jener behandelt auch er zuerst in einem ausgiebigeren Teil die Vögel, dann in einem kürzeren Teil die Hunde. Und hier wie dort sind beide Teile nochmals in zwei Unterteile geschieden, einen ersten mit Informationen genereller Natur und einen zweiten mit solchen speziell zu den die Tiere befallenden Krankheiten. Im weiteren hat er sich hingegen deutlich vom Ausgangstext gelöst. Insbesondere der Vogelteil weist signifikante Unterschiede auf. So sind der allgemeine Teil und der Teil über die Krankheiten hier etwa gleich lang, ja ersterer gar etwas länger, während der Krankheitsteil im *Moamin* noch mehr als das Dreifache der Länge des allgemeinen Teils ausmacht. Dies liegt zum einen an umfänglichen Kürzungen im Krankheitsteil, zum anderen daran, daß Themen, die bei *Moamin* im Krankheitsteil behandelt werden, in den allgemeinen Teil verlagert sind. Verdauungsprobleme und gebrochene bzw. ausgerenkte Schnäbel etwa erscheinen im Anschluß an die Erörterung der Nahrung. Der Krankheitsteil ist anders als im *Moamin* nicht in verborgene und äußerliche Krankheiten unterschieden, vielmehr *a capite ad calcem* gegliedert, wobei die verborgenen Krankheiten unter dem Stichwort *Corps* zwischen Kopf und Beinen abgehandelt werden. Zudem ist die Gliederung explizit durch Überschriften hervorgehoben: *Cerveau ... Aureilles ... Paipieres ... Yeux ... Couronne Du Bec* etc.

Tardif muß mit Akribie alle Inhalte des *Moamin* erfaßt und miteinander abgeglichen haben. Ein Rezept gegen Schaum in den Augen etwa, das im *Moamin* in einem der Katarrh-Kapitel steht, ist bei ihm dem Kapitel über Tränen in den Augen angehängt.[108] Zuvor steht bereits ein anderes Rezept aus einem anderen Katarrh-Kapitel. Bisweilen gewinnt man geradezu den Eindruck, als hätte er die einzelnen Informationen ausgeschnitten und wie auf einem Reißbrett hin und her geschoben, etwa im ersten Kapitel des Hundeteils, dessen 36 Zeilen aus nicht weniger als 18 verschiedenen Exzerpten zusammengezogen sind.[109]

Wiederholt finden sich bei Tardif auch Themen, die so ebenfalls im *Moamin* erscheinen, aber keinerlei Übernahmen von dort aufweisen, etwa die Kapitel über Stoßverletzungen, Fieber und Gicht[110]

Die folgende Übersicht weist alle bei Tardif gefundenen *Moamin*-Exzerpte aus und ersetzt für diese die unvollständige und teilweise unzutreffende Übersicht bei Werth:

---

teilweise Bestandteil des *Moamin* oder weisen nicht genügend konkrete Übereinstimmungen auf, als daß man eine Übernahme aus Arthelouche annehmen könnte.

107 *... brievement et clerement en ordre mys par rubriches et chapitres, en laissant toutes matieres superflues et medecines difficiles à trouver ou à faire, ou dangereuses pour l'oyseau, ou non approuvées par les bien sçavans et expers et par l'art de medecine. Les noms de medecines qu'on nomme drogues qui ne sont en l'usaige françois ay escript en leur langue, en laquelle sont en uisage en l'art d'apoticarie ...* (JULLIEN, Le livre, I, 2).

108 *Moamin* II, 7, 10 / JULLIEN, Le livre, I, 99f.

109 JULLIEN, Le livre, II, 5f. Vgl. die nachfolgende Tabelle.

110 JULLIEN, Le livre, I, 122-125, 140, 148-150.

JULLIEN, Le livre	*Moamin*
I, 12, 1-3	I, 1, 20f.
I, 12, 3-14	I, 5, 2-5
I, 12, 14-16	I, 8, 20
I, 12, 16 - I, 13, 6	I, 8, 18f.
I, 13, 6-21	I, 8, 12-17
I, 13, 21-23	I, 8, 11
I, 14, 1-11	I, 8, 2-4
I, 14, 11-14	I, 1, 21f.
I, 14, 14 - I, 15, 2	I, 8, 5-9
I, 15, 3f.	I, 3, 5
I, 15, 16 - I, 16, 1	I, 3, 7
I, 16, 1-7	I, 3, 2-4
I, 19, 7-11	I, 3, 8
I, 19, 11	I, 3, 10
I, 19, 20-22	I, 3, 9
I, 22, 1-8	I, 1, 17-19
I, 22, 14-16	I, 4, 5
I, 22, 18 - I, 23, 5	I, 4, 6
I, 23, 5-11	I, 4, 2-4
I, 23, 12f.	I, 1, 11
I, 24, 4-10	I, 1, 4-7
I, 24, 12 - I, 25, 4	I, 1, 8f.
I, 25, 4-15	I, 1, 29-33
I, 25, 15-23	I, 1, 25f.
I, 26, 2-5	I, 2, 10f.
I, 26, 8-11	I, 2, 7
I, 26, 15-23	I, 2, 2
I, 27, 21 - I, 28, 5	I, 1, 49f.
I, 29, 5	I, 2, 9
I, 29, 7-13	I, 2, 13f.
I, 29, 13-18	I, 2, 11
I, 36, 3-8	I, 6, 31f.
I, 36, 12-17	I, 6, 19f.
I, 37, 12-15	I, 6, 9
I, 37, 15f.	I, 6, 14
I, 37, 21-23	I, 6, 14
I, 38, 1-9	I, 6, 15f.
I, 40, 4-19	II, 47, 2
I, 51, 9-12	I, 11, 8
I, 52, 3-5	I, 11, 4
I, 52, 5-11	I, 11, 9-11
I, 52, 12 - I, 53, 8	II, 48, 2-5
I, 53, 8-18	II, 48, 9f.

I, 59, 14 - I, 60, 3	I, 13, 2-5
I, 60, 3f.	I, 6, 29
I, 60, 5-10	I, 6, 26f.
I, 60, 10-13	I, 6, 30
I, 60, 14	I, 6, 28
I, 60, 17f.	I, 6, 29
I, 61, 11-13	II, 53, 7
I, 62, 1f.	I, 7, 2
I, 63, 2-6	I, 7, 2
I, 65, 1-6	I, 6, 36f.
I, 65, 9-14	I, 6, 38
I, 65, 40 - I, 66, 1	I, 6, 40f.
I, 66, 1-8	I, 6, 44
I, 6, 8-15	I, 6, 42f.
I, 67, 6-11	I, 7, 17
I, 68, 4-9	I, 7, 10
I, 68, 9-11	I, 7, 9
I, 68, 11 - I, 69, 2	I, 7, 11-14
I, 69, 3-6	I, 7, 5 ?
I, 69, 6-10	I, 7, 6
I, 69, 10-16	I, 7, 4
I, 73, 1-12	I, 9, 5f.
I, 73, 16-20	I, 9, 7f.
I, 73, 20-22	I, 9, 10
I, 73, 22 - I, 74,1	I, 9, 13
I, 74, 6-8	I, 9, 11
I, 74, 8-11	I, 9, 16
I, 74, 16-22	I, 9, 17f.
I, 75, 1-6	I, 9, 20f.
I, 75, 6-10	II, 50, 4
I, 75, 10-15	I, 9, 19
I, 77, 10-19	I, 10, 2-4
I, 89, 1-5	I, 12, 5
I, 89, 5-8	I, 12, 19
I, 89, 8-12	I, 12, 4
I, 89, 16 - I, 90, 1	I, 12, 53
I, 90, 2f.	I, 12, 62
I, 90, 3-5	I, 12, 39
I, 90, 8f.	II, 9, 2
I, 91, 16-22	II, 9, 5
I, 92, 1-11	II, 6, 2f.
I, 92, 11-14	II, 6, 5
I, 92, 15-17	II, 6, 4
I, 92, 17 - I, 93, 4	II, 6, 9f.

I, 93, 5-9	II, 10, 2f.
I, 93, 9f.	II, 10, 6
I, 93, 11-16	II, 10, 4f.
I, 97, 3f.	II, 7, 11 ?
I, 97, 9-12	II, 7, 11
I, 97, 12-15	III, 5, 3
I, 98, 3-5	III, 6, 3
I, 98, 8-12	III, 6, 4
I, 98, 12-16	III, 6, 2
I, 99, 1-13	III, 4, 2-8
I, 99, 13-18	II, 8, 10
I, 99, 18 - I, 100, 5	II, 7, 10
I, 100, 16 - I, 101, 5	III, 1, 5f.
I, 101, 5-9	III, 1, 10
I, 101, 9-13	III, 1, 12
I, 101, 13-17	III, 2, 2
I, 101, 17-20	III, 2, 5
I, 102, 1-12	II, 16, 2-4
I, 104, 1-4	II, 6, 3
I, 104, 4f.	II, 6, 29
I, 104, 5-13	II, 6, 23-25
I, 105, 1-5	II, 28, 9
I, 105, 5-13	II, 28, 2-4
I, 105, 13-15	II, 28, 8
I, 105, 15-20	II, 28, 7
I, 106, 15-19	II, 6, 13
I, 107, 1-3	I, 12, 22
I, 107, 3f.	I, 12, 24
I, 107, 6f.	I, 12, 7 / II, 23, 3
I, 107, 8-10	I, 12, 23 / II, 23, 4
I, 107, 10 - I, 108, 1	II, 23, 6f.
I, 108, 1-4	II, 23, 9
I, 109, 8 - I, 110, 12	II, 21, 2-9
I, 113, 11 - I, 114, 2	II, 27, 2-5
I, 115, 11 - I, 116, 2	II, 60, 17f.
I, 116, 2-7	II, 60, 7f.
I, 121, 1-6	II, 13, 2f.
I, 121, 9-13	II, 13, 10
I, 122, 1-4	II, 12, 4
I, 122, 4-10	II, 12, 6f.
I, 126, 16-18	III, 10, 4
I, 126, 18-21	III, 10, 7f.
I, 127, 1-3	II, 30, 2
I, 128, 5	II, 30, 3

I, 128, 5-7	II, 30, 7
I, 128, 8-15	II, 32, 2f.
I, 128, 15-18	II, 32, 5
I, 129, 1-9	II, 32, 7f.
I, 129, 10-15	II, 33/34, 2
I, 132, 2-4	II, 33/34, 19
I, 132, 5-14	II, 37, 2-4
I, 136, 17 - I, 137, 6	II, 46, 2-5
I, 139, 3-10	II, 39, 2
I, 139, 10-15	II, 39, 7f.
I, 139, 15f.	II, 39, 10
I, 140, 6-9	II, 4, 2
I, 140, 9	II, 4, 4
I, 140, 12 - I, 141, 8	II, 4, 9-13
I, 141, 16-18	II, 58, 6
I, 142, 6-8	II, 58, 5
I, 142, 8	II, 58, 11
I, 142, 14-18	II, 58, 9
I, 142, 18-20	II, 58, 18
I, 143, 1f.	II, 58, 16
I, 147, 11-14	III, 12, 13
I, 147, 14 - I, 148, 3	III, 13, 5-7
I, 150, 9-12	III, 12, 21
I, 152, 1-11	III, 13, 2f.
I, 153, 3-8	III, 11, 2f
II, 5, 1-3	IV, 3, 13
II, 5, 3f.	IV, 3, 15
II, 5, 4f.	IV, 3, 23
II, 5, 5-8	IV, 3, 15f.
II, 5, 8-11	IV, 3, 22
II, 5, 11f.	IV, 3, 17
II, 5, 12-14	IV, 3, 23
II, 5, 14	IV, 3, 19
II, 5, 14f.	IV, 3, 26
II, 5, 15f.	IV, 3, 25
II, 6, 1	IV, 3, 18
II, 6, 2f.	IV, 3, 35
II, 6, 3-5	IV, 3, 19
II, 6, 7-9	IV, 3, 33
II, 6, 9-11	IV, 3, 24
II, 6, 11-13	IV, 3, 11f.
II, 6, 13f.	IV, 3, 31
II, 7, 1-4	IV, 3, 5
II, 7, 7-16	IV, 3, 2-4

II, 8, 1-4	IV, 2, 2-3
II, 8, 4-6	IV, 2, 6
II, 8, 6-9	IV, 2, 4f.
II, 8, 9f.	IV, 2, 7
II, 8, 10-13	IV, 2, 17
II, 8, 13 - II, 9, 5	IV, 2, 19f.
II, 9, 6-8	IV, 2, 12
II, 9, 9f.	IV, 2, 14
II, 9, 10-12	IV, 2, 13
II, 10, 1-11	IV, 4, 2-6
II, 10, 11-18	IV, 4, 19f.
II, 11, 3f.	IV, 5, 45
II, 11, 6-10	IV, 5, 47
II, 11, 10-13	IV, 5, 46
II, 12, 1-9	IV, 6, 12-14
II, 12, 10-12	IV, 5, 2
II, 12, 12 - II, 13, 4	IV, 5, 5f.
II, 13, 4-8	IV, 5, 3f.
II, 14, 1-5	IV, 5, 9
II, 13, 5-11	IV, 5, 12-14
II, 13, 11-16	IV, 5, 23-26
II, 13, 16 - II, 15, 9	IV, 5, 15-20
II, 15, 9-15	IV, 5, 27-29
II, 15, 15f.	IV, 5, 22
II, 15, 17f.	IV, 5, 11
II, 16, 9-11	IV, 6, 15
II, 16, 12 - II, 17, 8	IV, 5, 51-54
II, 17, 9 - II, 18, 7	IV, 5, 33-36f.
II, 18, 8 - II, 19, 5	IV, 5, 60-63
II, 19, 5-9	IV, 5, 65f.
II, 25, 1-6	V, 1, 6
II, 25, 7-10	V, 1, 2
II, 25, 10-14	V, 1, 5
II, 26, 1-6	V, 2, 7
II, 26, 7 - II, 27, 3	V, 2, 3f.
II, 27, 4-6	V, 2, 2
II, 27, 7-9	V, 3, 2
II, 28, 1 - II, 29, 6	V, 3, 4-7
II, 29, 7-10	V, 4, 13f.
II, 30, 1-4	V, 4, 12
II, 30, 5-12	V, 4, 7f.
II, 31, 1-6	V, 4, 20
II, 31, 7-13	V, 6, 3-5
II, 31, 14-17	V, 6, 2

II, 32, 1-4	V, 4, 2f.
II, 32, 11-17	V, 6, 9
II, 33, 1-4	V, 5, 2
II, 33, 4-6	V, 5, 5
II, 33, 7-9	V, 4, 10
II, 33, 9-11	V, 5, 9
II, 34, 10 - II, 35, 4	V, 6, 10-12
II, 35, 5-10	IV, 5, 55
II, 35, 10-14	V, 4, 15
II, 35, 14-16	V, 4, 18

Mit derselben Gründlichkeit, mit der Tardif die äußere Struktur des *Moamin* umgeformt hat, geht er auch die konkreten Inhalte an:

Mehrfach paßt er den Text des *Moamin* an seine Welt an. So findet die in Bagdad leicht, in Paris hingegen oft schwer erfüllbare Anweisung, den Vogel in die Sonne zu setzen, dreimal die Ergänzung *ou auprés du feu.*[111] Einmal wird sie auch ganz gegen allgemeines „trockne ihn" ausgetauscht.[112] Die Anweisung, man solle dem Beizvogel erlauben, seine Beute zu rupfen, „wie er es in der Wüste zu tun pflege", lautet nun: *comme il faisoit au bois.*[113] Und das Zunähen der Augen ist nun dem Anlegen der Haube gewichen.[114]

Ein ums andere Mal hat er Rezepte überarbeitet. Als Abführmittel für Vögel empfiehlt der *Moamin* Honigwasser, Tardif hingegen in Honigwasser eingeweichtes Kalbfleisch.[115] Ausgezehrten Hunden soll laut *Moamin* vor der Fütterung warme Butter verabreicht werden. Tardif empfiehlt, die Butter mit ein wenig Brot zu geben.[116] Hunde, die durstig von der Jagd heimkehren, werden im *Moamin* mit zwei rohen Eiern erfrischt. Tardif ist großzügiger: es dürften auch drei sein.[117] Würmer in den Augen der Vögel, die sich nicht mechanisch entfernen lassen, geht der *Moamin* zuerst mit altem Wein, bei ausbleibendem Erfolg dann auch mit scharfem Essig an. Für Tardif ist Essig das Mittel erster Wahl. Alter Wein soll erst im Anschluß auf die Stelle gegeben werden. Auch scheint dieser hier eher zur Linderung zu dienen denn als Antihelmintikum.[118] Vögel, deren Augen tränen, weil ein Fremdkörper hineingeraten ist, werden im *Moamin* zuerst mit warmem Spatzenblut behandelt, falls dies nichts bewirkt, mit alten Wein. Tardif kehrt die Reihenfolge um.[119] Gegen Fieber empfiehlt der *Moamin* die Gabe von Kampferwasser in Schnabel und Nase oder alternativ von gezuckertem Rosenwasser in den Schnabel und Veilchenöl und kaltem Wasser in die Nase und auf den Kopf. Tardif macht aus beiden Rezepten ein neues. Er rät, man solle Rosenwasser

111 *Moamin* II, 6, 2 / JULLIEN, Le livre, I, 92; *Moamin* II, 6, 13 / JULLIEN, Le livre, I, 106; *Moamin* II, 21, 9 / JULLIEN, Le livre, I, 110.
112 *Moamin* IV, 5, 65 / JULLIEN, Le livre, II, 19.
113 *Moamin* I, 6, 14 / JULLIEN, Le livre, I, 37.
114 *Moamin* I, 6, 27 / JULLIEN, Le livre, I, 60.
115 *Moamin* II, 46, 2 / JULLIEN, Le livre, I, 136.
116 *Moamin* IV, 4, 20 / JULLIEN, Le livre, II, 10.
117 *Moamin* IV, 5, 33 / JULLIEN, Le livre, II, 17.
118 *Moamin* II, 16, 3 / JULLIEN, Le livre, I, 102: *S'il y demeure quelque chose que ne puisses oster, gette dessus ung peu de vinaigre, lequel expellera leditz vers; puis y gette ung peu de vin vieil, qui ladicte maladie guerira ...*
119 *Moamin* III, 4, 4 / JULLIEN, Le livre, I, 99.

mit Zucker und Kampfer versetzen und damit den Kopf benetzen und in die Nase Veilchenöl und kaltes Wasser träufeln.[120] Werden Hundeohren, die von Würmern befallen sind, im *Moamin* noch allein mit einer Schicht Pulver eines ungereinigten und verbrannten Schwammes bedeckt, so läßt Tardif auch noch Eiweiß hinzugeben, wohl aus der praktischen Einsicht heraus, daß das Pulver allein schlecht haftet. Zugleich ist ihm wohl suspekt, daß der Schwamm ungereinigt und verbrannt sein soll. Er verzichtet auf beide Attribute.[121] Ähnlich verfährt er kurz darauf im Kapitel über Geschwüre am Gaumen. Während der *Moamin* hier eine Salbe aus Salz, Myrrhe, verbranntem Papier und Essig vorsieht, verzichtet Tardif auf das verbrannte Papier und läßt, wohl wiederum wegen der Konsistenz, Honig hinzugeben.[122] Hustenden Hunden wird im *Moamin* ein Dekokt aus Oregano, Öl und Honig verabreicht, bei Unwirksamkeit dasselbe, jedoch diesmal auch mit Wein. Bei Tardif findet von vornherein nur das erweiterte Rezept Anwendung und statt Oregano wird Polei-Minze genommen.[123] Würmer in den Eingeweiden der Hunde werden im *Moamin* erst mit zerstoßenem verbrannten Hirschgeweih, Honig und Wasser, bei Mißerfolg dann auch mit Absinthsamen und Wasser ausgetrieben. Tardif läßt in einem Schritt Absinthsamen, zerstoßenes (jedoch unverbranntes!) Hirschgeweih, zerstoßene Würmer, Butter und Milch geben.[124] Während der *Moamin* dem Falkner rät, eine über das Auge des Vogels gewachsene Haut mit einer scharfen Klinge selbst abzuschneiden, ist Tardif vorsichtiger. Er rät, den Eingriff von einem Chirurgen oder Barbier ausführen zu lassen.[125] Im *Moamin* wird einem Taubenjungen eine Drachme scharfen Essigs eingeflößt und anschließend der Schnabel zugehalten, bis es stirbt. Tardif und seine Ratgeber haben dies womöglich ohne Erfolg ausprobiert. Es heißt nun, man solle dem Taubenjungen soviel Essig einflößen, bis es stirbt.[126]

Und auch im Umgang mit den x2-Korruptelen hat Tardif von allen Bearbeitern des *Moamin* die beste Bilanz. Von 13 hat er 12 beseitigt.[127] So sind aus den Flügeln, die bis über die Augen reichen sollen (I, 2, 13), nunmehr Federn (*plumes*) geworden, läßt der Vogel in I, 8, 12 nicht mehr seinen Schwanz kreisen, sondern kreist selber und liegt die Bürzeldrüse in I, 11, 4 nun wieder richtig „auf“ dem Schwanz anstatt darunter. Selbst eine weniger offenkundige Korruptele konnte er verbessern: Die in I, 4, 6 als Kennzeichen eines schnell fliegenden Sakerfalken aufgeführte schwarze Zunge – gemeint war ursprünglich schwarzes Gefieder – ist zu einer dicken Zunge umgeschrieben.[128]

---

120 *Moamin* II, 39, 8 / JULLIEN, Le livre, I, 139.
121 *Moamin* V, 2, 2 / JULLIEN, Le livre II, 27.
122 *Moamin* V, 3, 4 / JULLIEN, Le livre, II, 28.
123 *Moamin* IV, 13f. / JULLIEN, Le livre, II, 29.
124 *Moamin* V, 4, 2f. / JULLIEN, Le livre, II, 32.
125 *Moamin* III, 2, 2 / JULLIEN, Le livre, I, 101.
126 *Moamin* II, 27, 2 / JULLIEN, Le livre, I, 113.
127 *Moamin* I, 1, 10 / JULLIEN, Le livre, I, 23-25; *Moamin* I, 1, 15 / JULLIEN, Le livre, I, 22; *Moamin* I, 1, 29/34 / JULLIEN, Le livre, I, 25, 15; *Moamin* I, 2, 2 / JULLIEN, Le livre, I, 27, 2; *Moamin* I, 2, 13 / JULLIEN, Le livre, I, 29, 7; *Moamin* I, 3, 5f. / JULLIEN, Le livre, I, 15, 4f.; *Moamin* I, 4, 5 / JULLIEN, Le livre, I, 22; *Moamin* I, 5, 2 / JULLIEN, Le livre, I, 12; *Moamin* I, 8, 12 / JULLIEN, Le livre, I, 13, 6-8; *Moamin* I, 11, 4 / JULLIEN, Le livre, I, 52, 4 (hier freilich von Jullien, nach Vergleich mit E, wieder zu *sous* verschlimmbessert – s. seine Anmerkung in II, 78); *Moamin* III, 6, 2 / JULLIEN, Le livre, I, 98, 15; *Moamin* IV, 4, 2 / JULLIEN, Le livre, II, 10, 1-3.
128 *Moamin* / JULLIEN, Le livre, I, 23, 2. Die Identifizierung dieser Korruptele verdanke ich dem Veterinärmediziner und Falkner Dr. Peter N. Klüh, an den ich mich gewandt habe, nachdem ich in mehreren ausführlichen ornithologischen Werken keine Angaben über die Zungenfarbe finden konnte. Die Zungenfarbe ist, so Klüh, bei Raubvögeln rosa-rötlich; eine schwarze Zunge erscheint gänzlich abwegig.

Die Mühe, die sich Tardif gemacht hat, hat sich gelohnt. Dem vermutlich noch heute erhaltenen handschriftlichen Original folgten nicht weniger als 19 Druckauflagen und machten das Werk zu seinem größtem Erfolg. Möglicherweise hat Tardif sein Werk auch später noch einmal überarbeitet, denn die Edition von 1567 (weitere Editionen lagen mir nicht vor) bietet einen stark veränderten Text: das Sperberkapitel (S. 19-29 = JULLIEN, Le livre, 30) ist erheblich erweitert, an das Ende des ersten Teils (S. 61 = JULLIEN, Le livre, 78) sind zwei neue Kapitel angehängt, das Kapitel über geschwollene Augen (S. 68 = JULLIEN, Le livre, 98) bricht nach der Hälfte ab, die folgenden acht Kapitel sind ausgefallen, an deren Stelle sind zwei kurze andere Kapitel getreten, und auch die beiden letzten falkenmedizinischen Kapitel, der ganze Hundeteil und das Schlußwort Tardifs sind weggefallen – um nur die größten Unterschiede zu nennen. Wahrscheinlicher ist jedoch, daß diese Veränderungen auf das Konto eines späteren Bearbeiters gehen, der sich zugleich eines weiteren der in der 1567er Edition vereinigten Texte angenommen hat. Denn auch die dortige Ausgabe von Francières unterscheidet sich stark von früheren (ebenso wie von späteren) Editionen.[129]

129 Vgl. WISTEDT, 10f.

7. Zusammenfassung

Die vorangegangene Aufarbeitung der *Moamin*-Tradition hat zu einer Reihe neuer Erkenntnisse geführt. Mit großer Wahrscheinlichkeit kann davon ausgegangen werden, daß der Traktat erst eigentlich am Hof Friedrichs II. und unter maßgeblicher Beteiligung Friedrichs geschaffen wurde. Den Anfang bildete offenbar ein im Frühjahr 1240 neu etablierter Kontakt des Staufers zu Abū Zakariyā', dem hafsidischen Herrscher in Tunis, in dessen Folge ihm der Hafside eine Abschrift des zwischen 847 und 859/860 von Muḥammad Ibn ʿAbd Allāh al-Bāzyār verfaßten *Kitāb al-Mutawakkilī* übersandte, welche die Bücher II-V, nicht aber das Buch I umfaßte. Diese ließ der Kaiser sogleich von seinem Hofphilosophen Theodor von Antiochien ins Lateinische übersetzen. Nur wenig später erfuhr die Übersetzung eine umfangreiche Überarbeitung. Das fehlende erste Buch des *Kitāb al-Mutawakkilī* wurde durch den ersten Teil der zwischen 775 und 785 entstandenen Falkenkunde des al-Ġiṭrīf ersetzt, welche wohl zusammen mit dem Falkentraktat des ägyptischen Emirs Abū l-Qāsim (Unuǧūr) ibn Muḥammad ibn Tuġǧ (reg. 946-961) kurz nach dem *Kitāb al-Mutawakkilī* über einen anderen orientalischen Kontakt an den Hof gelangt und dort ebenfalls übersetzt worden war. Auch wurden diverse Passagen des zweiten Teils des al-Ġiṭrīf-Werkes in den Text des *Kitāb al-Mutawakkilī* integriert. Die neu geschaffene Kompilation wurde einer straffen Kürzung unterzogen und offenbar auch in der Terminologie geschärft. Alle drei Eingriffe – Kompilation, Kürzung und terminologische Schärfung – besorgte höchstwahrscheinlich der Kaiser persönlich, und zwar zwischen August 1240 und April 1241, während er die Stadt Faenza belagerte. Eine wiederholte (siebenmalige) Überarbeitung durch den Kaiser, die bislang vermutet werden konnte, läßt sich hingegen nicht belegen. Allenfalls könnte er noch einmal in Vorbereitung jener Prunkfassung in den Text eingegriffen haben, die ihm 1248 vor Parma entwendet wurde und die, wie nunmehr sicher angenommen werden kann, den Traktat des Emirs Abū l-Qāsim unter der Bezeichnung *Ghatrif* mit *Moamin* I-III, *Dancus rex*, *Guillelmus falconarius*, *Moamin* IV-V und *Guicennas* vergesellschaftete. Der Name *Moamin* entstand aus dem von Theodor offenbar zu *Moam'* o. ä. abgekürzten Namen Muḥammads. Spätere Abschreiber interpretierten den Kürzungsstrich als hochgestelltes *i*. Sie waren es auch, die Moamin zum Autoren der 5-Bücher-Kompilation machten.

Der neugeschaffene Traktat wurde zum erfolgreichsten Text seiner Art im Mittelalter. Bis zum Ende des 16. Jahrhunderts sind mindestens 73 Reinfassungen (37 erhaltene und 36 erschließbare) entstanden. Nur ein einziger anderer Falkentraktat, *Dancus rex*, kann Ähnliches für sich beanspruchen; er zählt 33 erhaltene Reinfassungen, dürfte es also bei einer entsprechenden Verlustrate auf eine Gesamtüberlieferung von ca. 66 Exemplaren gebracht haben. Die Überlieferungen der meisten anderen Traktate nehmen sich weit bescheidener aus.[1] Großen Anteil an diesem Erfolg hatte der staufische Hof, in dessen Einflußbereich innerhalb weniger Jahre nach dem Entstehen des Textes mindestens zehn Abschriften angefertigt wurden, wohl nicht wenige davon auf Anordnung des Kaisers, der seine an verschiedenen Orten stationierten Falkner mit dem neu gewonnenen und überarbeiteten

1 Vgl. VAN DEN ABEELE, La fauconnerie, 15-44.

orientalischen Wissen ausstatten wollte. Durch diese große und breit gestreute Vervielfältigung zu Beginn wurden ideale Voraussetzungen für die Entstehung einer starken Tradition geschaffen. Hätte der Traktat nicht gleich zu Beginn eine solche Verbreitung erfahren, wäre ihm wohl ein anderes Schicksal beschieden gewesen. Vielleicht wäre er bis zum Ende des 13. Jahrhunderts zwei- oder dreimal abgeschrieben worden – im 14. und 15. Jahrhundert wäre auf dieser Grundlage dann wohl nur eine Tradition von 20 oder 30 Exemplaren entstanden. Vielleicht wären aber auch gar keine Abschriften von ihm genommen worden. Das einzige Exemplar hätte dann später verloren gehen können, ohne daß von der *Moamin*-Übersetzung eine Spur zurückgeblieben wäre. Einen konkreten Vergleich bietet das *De arte venandi cum avibus*, das wohl nicht einmal auf 25 erhaltene oder erschließbare Textzeugen kommt. Die Ursache hierfür wird nicht in erster Linie darin liegen, daß sein großer Umfang abschreckend wirkte, daß es als das Werk des verfemten Kaisers gemieden wurde, daß es auf Latein verfaßt oder zu detailliert war, daß es in Konkurrenz zu den therapeutischen Traktaten stand oder unvereinbar mit der wissenschaftlichen Tradition seiner Zeit war.[2] Vielmehr zog es wohl deshalb keine breite Tradition nach sich, weil es offensichtlich beim Tod Friedrichs noch nicht vollendet und daher noch nicht von ihm verbreitet worden war.

Auch in anderen Fällen dürfte die frühe Vervielfältigung eines Textes an einem Hof entscheidend zu dessen Erfolg beigetragen haben. So gab Karl I. von Anjou am 26. 2. 1282 die Order, sieben *taccuini* herzustellen,[3] d. h. sieben Abschriften des *Tacuinum sanitatis*, jenes humanmedizinischen Kompendiums des Ibn Buṭlān (gest. 1068), das wahrscheinlich am Hofe König Manfreds aus dem Arabischen ins Lateinische übersetzt worden war und später auf die abendländische Medizin nachhaltigen Einfluß ausgeübt und insbesondere in Italien eine weite Verbreitung gefunden hat.[4] Und auch der aragonesische Hof in Neapel hat sich als Multiplikator von Texten hervorgetan. Hier entstanden nicht nur vier Abschriften, eine Übersetzung und eine Kompilation des *Moamin* (B, I, T, A', b und l), sondern auch jene fünf Exemplare eines falken- und pferdeheilkundlichen Traktates und jene drei Exemplare einer Falkenheilkunde, die Giovan Marco Cinico 1470 und 1474 angefertigt hat.[5]

Die Vielzahl der Abschriften läßt ein großes Interesse am *Moamin* vermuten. Und dies ist auch zu erwarten, angesichts der großen Bedeutung, die der Falknerei im Mittelalter zukam, und des damit einhergehenden großen Bedarfs an Wissen um die Behandlung der in Gefangenschaft leicht zu allerlei Krankheiten neigenden Vögel. Um so erstaunlicher ist es, daß der Traktat insgesamt offenbar nur wenig aufmerksam zur Kenntnis genommen wurde. Eingriffe in den Text – das hier in erster Linie heranzuziehende Kriterium –[6] gibt es zwar auf nahezu jeder Stufe der Tradition, in den meisten Fällen sind sie allerdings geringfügig. Nur die wenigsten Besitzer des Textes – Daniel von Cremona in seiner franko-italienischen,

---

2 Vgl. VAN DEN ABEELE, Inspirations, 386-389.
3 FUIANO, 201.
4 S. zuletzt Cathleen HOENIGER, The Illuminated *Tacuinum sanitatis* Manuscripts from Northern Italy ca. 1380-1400: Sources, Patrons and the Creation of a New Pictorial Genre, in: Visualizing Medieval Medicine and Natural History, 1200-1550, hg. von Jean A. GIVENS, Karen M. REEDS und Alain TOUWAIDE, Aldershot 2006, 51-82.
5 S. Seite 410.
6 Andere Benutzungsspuren, etwa in Form abgegriffener Stellen, wie sie bei Handschriften zu beobachten sind, die in täglichem Gebrauch standen, sind bei einem Text wie dem *Moamin* nicht zu erwarten und lassen sich auch in den dieser Arbeit zugrundeliegenden Reproduktionen nicht erkennen. Explizite Aussagen über die Benutzung des *Moamin* sind nicht bekannt.

der Arzt Moroello in seiner toskanischen und Guillaume Tardif in seiner französischen Übersetzung, die Kompilatoren Andrea Bragadino und Domenico Boccamazza und die nicht näher bekannten bei x23 und B begegnenden Bearbeiter – lassen eine gründliche Beschäftigung mit ihm erkennen. Dies allein wäre zwar noch kein Grund, den anderen Besitzern eine solche Beschäftigung abzusprechen. Ebenso gut könnten sie von eigenen Einträgen abgesehen haben, weil sie nichts zu verbessern und nichts zu ergänzen hatten. Im Falle des *Moamin* kommt jedoch ein zweites Moment hinzu: die nahezu von Beginn der Tradition (x2) an vorhandene und beharrlich fortgeschriebene große Zahl offensichtlicher Korruptelen, wie sie in der folgenden Tabelle noch einmal zusammengefaßt sind.

Aufgeführt sind all jene 36 Textstufen, bei denen mindestens eine Korruptele verbessert wurde.[7]

weißes Feld = die Korruptele ist unverändert bestehen geblieben
graues Feld = die Korruptele ist verbessert worden
\\\ = über den Umgang mit der Korruptele können keine Aussagen getroffen werden, da sie entweder in größerem Rahmen ausgefallen ist oder, innerhalb der franko-italienischen Tradition, nicht zugleich von a und k überliefert wird
/// = die Korruptele ist bereits an früherer Stelle der Tradition behoben worden
1 = die Korruptele ist nur abgemildert bzw. teilweise beseitigt
2 = exakt die korrupte Stelle ist ausgefallen
3 = die Verbesserung der Korruptele könnte auch unbewußt geschehen sein

7 Veränderungen, die sich erst bei x28 nachweisen lassen, jedoch mit großer Sicherheit bereits bei x23 eingetreten sein dürften (s. Seite 329, Anmerkung 123), sind unter x23 verzeichnet. Es handelt sich um die Veränderungen bei IV, 3, 16; IV, 4, 2; IV, 5, 11 und IV, 5, 31.

	x3	x4	x5	x6	Y	x8	x10	x11	x14	x17	R	G'	x23	g	I	x25	x26	S
I, 1, 10												\\\		1				
I, 1, 15												\\\		1				
I, 1, 28														\\\				
I, 1, 29ff.												2		3				
I, 1, 37ff.										1		1				1		
I, 2, 2														\\\				
I, 2, 13														\\\				
I, 3, 5f.												\\\		3				
I, 4, 5																		
I, 5, 2																		
I, 6, 6														\\\				
I, 6, 7										3				\\\		1		
I, 8, 12																		
I, 11, 4																		
I, 12, 41														\\\				
II, 1, 4										1			1	\\\		1		
II, 3, 22														\\\				
II, 23, 25													\\\	\\\		\\\		
II, 24, 32										\\\				\\\				
II, 24, 49						///		1	///		///			///	///			///
II, 24, 61			///	///		///			///		///		\\\	///	///			///
II, 28, 2																		
II, 53, 8														\\\				
II, 60, 16														///				
III, 4, 3														\\\				
III, 6, 2																		
III, 8, 25														\\\				
III, 9, 5										2								
III, 12, 7														\\\				
IV, 3, 16													2	\\\	\\\			
IV, 3, 29													2	\\\	\\\			
IV, 4, 2													1	\\\	\\\			///
IV, 4, 11					///	///			///	///	///		///	\\\	\\\	///	///	///
IV, 5, 11													1	\\\	\\\			
IV, 5, 31												///		\\\	\\\			
IV, 6, 4	1													\\\	\\\			

	C	A	i	k	W	x33	x34	L	a	x35	P	Q	B	K	E'	V	b	n
I, 1, 10			///	///					///					1				
I, 1, 15			///	///		1			///									
I, 1, 28			///	///					///								///	\\\
I, 1, 29ff.			///	///					///									2
I, 1, 37ff.			\\\															\\\
I, 2, 2				2													///	2
I, 2, 13			///															
I, 3, 5f.			\\\	///					///									
I, 4, 5			///	///					///						///			
I, 5, 2			\\\	///					///									
I, 6, 6			///												2			\\\
I, 6, 7			///														1	\\\
I, 8, 12				///					///									
I, 11, 4			///															
I, 12, 41			///															\\\
II, 1, 4										\\\					\\\			\\\
II, 3, 22			///	///			1		///	\\\					\\\			\\\
II, 23, 25			///			\\\	\\\		\\\	\\\			\\\	\\\	\\\			\\\
II, 24, 32	2		\\\	///					///	\\\					\\\			\\\
II, 24, 49	///	///	///	///				///	///	\\\					\\\		///	\\\
II, 24, 61	///	///		///		\\\	\\\	///	///	\\\			\\\	\\\	\\\		///	\\\
II, 28, 2			///	///	///	///	///		///	///			///	///	///	///	///	///
II, 53, 8			///							\\\					\\\		///	\\\
II, 60, 16			///	///					///	\\\					\\\			\\\
III, 4, 3		\\\								\\\					\\\			
III, 6, 2		\\\	///							\\\					\\\			2
III, 8, 25		\\\	///							\\\					\\\			\\\
III, 9, 5		\\\	///							\\\					\\\			\\\
III, 12, 7		\\\								\\\					\\\		///	\\\
IV, 3, 16					\\\	\\\	///			\\\			\\\	\\\	\\\	///	\\\	///
IV, 3, 29			2	\\\	\\\	\\\	///			\\\			\\\	\\\	\\\	///	\\\	\\\
IV, 4, 2	///		///	\\\	\\\	\\\		///	///	\\\	///	///	\\\	\\\	\\\		\\\	
IV, 4, 11	///		///	\\\	\\\	\\\	///	///	///	\\\	///	///	\\\	\\\	\\\	///	\\\	\\\
IV, 5, 11			\\\	\\\	\\\	\\\				\\\			\\\	\\\	\\\		\\\	\\\
IV, 5, 31	///		///	\\\	\\\	\\\	///			\\\			\\\	\\\	\\\	///	\\\	\\\
IV, 6, 4			\\\	\\\	\\\	\\\				\\\			\\\	\\\	\\\		\\\	\\\

Niemand hätte bei aufmerksamer Lektüre über derart viele Korruptelen hinwegsehen können. In nennenswertem Maße eingegriffen haben jedoch nur die bereits Genannten: 25 (von 34) Korruptelen werden von Moroello verbessert, 18-22 (von 31-34) von Daniel und seinem Auftraggeber König Enzo, zwölf (von 13) von Tardif, neun (von zwölf) von de Martinis, acht (von 22) von Cinico, sieben (von 33) von dem bei x23 begegnenden Bearbeiter und sieben (von 32) von Bragadino. Bei den anderen fallen Korrekturen hingegen stets bescheiden aus. In der Mehrzahl aller Texte wird keine, 14 Mal eine einzige Korruptele verbessert, elfmal sind es zwei, zweimal drei, einmal vier. Und die x2-Korruptelen sind nur ein kleiner Teil der in der Tradition zu beobachtenden Korruptelen. Viele weitere kommen im Laufe der Zeit hinzu, teilweise gar so massiv, daß man sich nicht vorstellen kann, die betreffenden Handschriften hätten noch sinnvoll konsultiert werden können.

Sucht man die Diskrepanz zwischen zahlenmäßigem Erfolg und weitgehender Nichtbeachtung des Textes zu erklären, so stößt man nur bei einem kleineren Teil der Tradition auf klare Gründe: Der in Handschrift J, Hand 3 begegnende Bearbeiter war wohl ursprünglich willens, den Text aufmerksam zu studieren, wurde aber abgeschreckt durch die gleich zu Beginn auf ihn einstürzenden Korruptelen und unbekannten Namen. Und einige Handschriften wurden erkennbar als Prunkstücke für herrschaftliche Bibliotheken gefertigt. In ihnen Eintragungen vorzunehmen, verbot sich, wollte man nicht das Erscheinungsbild beeinträchtigen. Für den größeren Teil der Tradition hingegen bleiben die Gründe im Dunklen. Womöglich handelt es sich um Abschriften, die von der Praxis entgegen ursprünglicher Absicht entfernt geblieben sind – Abschriften, die angefertigt wurden, weil man meinte, sie gebrauchen zu können, die aber seitdem unbenutzt im Regal standen.[8] Relativierend muß immerhin angemerkt werden, daß die ursprüngliche Tradition gegenüber der heute sichtbaren noch einmal deutlich größer gewesen sein könnte. Von den in den Bibliotheken befindlichen Exemplaren, die gute Chancen hatten, die Zeiten zu überdauern, mögen nicht wenige weitere Abschriften genommen worden sein, die zu tatsächlichen Gebrauchshandschriften wurden, nur daß letztere, der Sphäre der Bibliotheken entrückt, nur geringe Chancen hatten, wiederum zu Vorlagen neuer Abschriften zu werden und weit größere, mit der Zeit verschlissen zu werden. Ihre Besitzer mögen sich, für den heutigen Betrachter nicht mehr nachprüfbar, mit den Inhalten eingehend auseinandergesetzt haben.

Erstaunlich ist auch die räumliche Verbreitung des Traktates. Sie ist nahezu vollkommen auf Italien beschränkt geblieben. Vom Stauferhof ging der *Moamin* offenbar an die Höfe der nachfolgenden Angiovinen und Aragonesen über und verbreitete sich in Süditalien. Über den in Bologna gefangenen Sohn Friedrichs, König Enzo, und über die 1248 aus Friedrichs Lager vor Parma geraubte Prachthandschrift des *Moamin*, vielleicht auch über Kontakte des Hauses Malaspina mit dem Hof um die Zeit der *Moamin*-Übersetzung entstanden bedeutende oberitalienische Traditionen. Nur vereinzelt indes gelangten Abschriften des Textes über die Alpen. Und von diesen aus wurde die Tradition kaum noch fortgeschrieben: J und H' könnten auf eine Abschrift zurückgehen, die in Venedig in deutsche Hände gelangte. F' und x31 trug es in die Provence, wo letztere Handschrift in die Falkenkunde des Arthelouche de

8 Vgl. GLESSGEN, Die Falkenheilkunde, II, 413-416, Baudouin VAN DEN ABEELE, Zum „Federspiel“. Die lateinischen Falknereitraktate des Mittelalters zwischen Tradition und Praxis, in: Zeitschrift für Jagdwissenschaft 49 (2003), 89-111, besonders 110, und jüngst zusammenfassend Martina GIESE, Graue Theorie und grünes Weidwerk? Die mittelalterliche Jagd zwischen Buchwissen und Praxis, in: Archiv für Kulturgeschichte 89 (2007), 19-59.

Alagona (m) einfloß. O erreichte die Pariser Universität, von wo aus mit C eine Abschrift an einen Herzog von Kleve gelangte. Y verschlug es erst nach Ungarn und einige Jahrzehnte später dann zu Kaiser Maximilian I.. Handschrift D verließ die Bibliothek Francesco Sforzas in Richtung Frankreich, wo sie noch einmal abgeschrieben (H) und von Guillaume Tardif übersetzt wurde (n). Und A, B, T und A' zerstreute es beim Niedergang des aragonesischen Königshauses in Richtung Frankreich und Spanien. Erst durch den Druck der Werke von Arthelouche de Alagona und Guillaume Tardif fand der *Moamin* schließlich auch jenseits Italiens größere Verbreitung. Beide Werke flossen auch ein in George Turbervilles erstmals 1575 erschienenes *Booke of falconrie or hawking*[9] und in das *New Falcknereybuch*, das Johann Wolff, ein Amtmann des Kurfürsten August von Sachsen, im Jahr 1584 für seinen Herrn verfaßte.[10] Tardif ist zudem in der 1555 erschienenen Vogelkunde des Pierre Belon (1518-1564)[11] und in der 1599 im Druck erschienenen, bis zur Mitte des 17. Jahrhunderts zahlreich neu aufgelegten und 1617 auch ins Deutsche übersetzten *Fauconnerie* des Charles d'Arcussia[12] (ca. 1545-1617), des Falkners Ludwigs XIII., exzerpiert.[13]

Daß sich der *Moamin* kaum über Italien hinaus verbreiten konnte, dürfte daran liegen, daß Falknereitraktate keine Relevanz für die mobilen Schichten besaßen. Texte, die etwa für Scholaren oder Mendikanten relevant waren, werden schnell und mit Leichtigkeit die Ländergrenzen überschritten haben. Die Falkner freilich, so viele es ihrer auch im Mittelalter gegeben haben mag, waren nicht so beweglich und nicht so gut vernetzt. Ihre Kontakte – man darf vor allem an den Kleinadel und reiche Bürger denken – waren weitgehend regional oder national begrenzt. Entsprechend langsamer diffundierten die Texte, die sie interessierten. Einzig die Könige und Fürsten und ihre Höfe hätten für internationale Verbreitung sorgen können. Dies haben sie jedoch nicht getan. Bereits Friedrich II. hätte vielfältige Möglichkeiten und Gründe haben können, den *Moamin* in Europa bekannt zu machen. Wäre nicht etwa sein Schwager Heinrich III. von England, der Friedrich doch gleich mehrfach mit Gerfalken beschenkte,[14] ein dankbarer und würdiger Empfänger gewesen? Hätte der Kaiser den Traktat nicht einer der Gesandtschaften an seinen jagdbegeisterten kastilischen Vetter

---

9 Hier benutzt: The Booke of Falconrie or Hawking for the onely delight and pleasure of all noblemen and gentlemen: collected out of the best authors, aswell Italians as Frenchmen, and some English practises withall concerning falconrie; heretofore published by George Turbervile Gentleman. And now newly reviued, corrected, and augmented, with many new additions proper to these present times, London 1611.

10 Eine kommentierte Edition des Codex unicus (Karlsruhe, Badische Landesbibliothek, R 7) lieferte CZAPALLA.

11 Pierre Belon, L'histoire de la nature des oyseaux. Fac-similé de l'édition de 1555 avec introduction et notes par Philippe Glardon (Travaux d'humanisme et renaissance 306), Genève 1997.

12 Hier benutzt: La fauconnerie de Charles d'Arcussia divisée en dix parties avec les portraicts au naturel de tous les Oyseaux, Rouen 1643.

13 Daß auch Jean de Francières und Gace de Buigne den *Moamin* benutzten, wie es bei GLESSGEN, Die Falkenheilkunde, I, 40 bzw. II, 488 zu lesen ist, kann nicht bestätigt werden. Erstere Angabe beruht offenbar auf einem Versehen, letztere läßt sich aus dem einzigen beigebrachten Beleg („Gace de la Buigne folgt in seiner Beschreibung des „melio" *Moamin* I, 1, 22: Les millions prennent les grues / Et oes grosses et menues / De plumaige a l'aigle resamblent, / Maiz plus gens et plus petis samblent ... vgl. *Moamin* I, 1, 22: *Secunda species est çumeg et rapiet gruem et inferiores gruibus*) in keiner Weise schließen.

14 So 1235 (aus Anlaß der Vermählung seiner Schwester Isabella mit dem Staufer), 1236 und 1248. Vgl. OGGINS, 73.

Ferdinand III. mit auf den Weg geben können?[15] Er hat es nicht getan. Ebensowenig haben die Anjou und die Aragonesen für eine weiträumige Verbreitung des Textes gesorgt. Und daß der Sforza-Codex D nach Frankreich gelangte, scheint eher unfreiwillig geschehen zu sein. Warum konnte erst mit Maximilian I. ein deutscher König die Ratschläge Muḥammads und al-Ġiṭrīfs lesen? Und warum fielen ihm diese wohl erst eher zufällig aus dem Nachlaß des Wiener Humanisten Johannes Fuchsmagen zu? Hätte der Habsburger nicht schon durch seine Ehe mit Bianca Maria Sforza Zugang dazu haben müssen? Warum sind die beiden jagdbegeisterten Länder England und Spanien *Moamin*-los geblieben? Weshalb mußte die reiche Bibliothek der Herzöge von Burgund ohne ein Exemplar des *Moamin* auskommen?[16] Warum brauchte es zweieinhalb Jahrhunderte, bis mit Karl VIII. erstmals ein französischer König das Werk in den Händen halten konnte? Offenbar haben die Herrscher und Höfe Italiens, die den *Moamin* besaßen, ihn nur in der nächsten Umgebung verbreitet. So zeigt sich am Beispiel des *Moamin* schließlich vielleicht nicht nur die Bedeutung von Höfen als Multiplikatoren von Wissen im eigenen Einflußbereich, sondern auch deren Zurückhaltung bei der Weitergabe dieses Wissens über den eigenen Einflußbereich hinaus.

---

15 Vgl. Antonio PÉREZ MARTÍN, Federico II (1194-1250) y Alfonso X el Sabio (1221-1284), in: Federico II e le nuove culture. Atti del XXXI convegno storico internazionale, Todi, 9-12 ott. 1994, Spoleto 1995, 113-151, 117-119.

16 Baudouin VAN DEN ABEELE, Les traités de chasse dans la librairie des ducs de Bourgogne, in: La Librairie des ducs de Bourgogne. Manuscrits conservés à la Bibliothèque royale de Belgique, Bd. II: Textes didactiques, hg. von Bernard BOUSMANNE, Frédérique JOHAN und Céline VAN HOOREBEECK, Turnhout 2003, 39-42.

Quellen- und Literaturverzeichnis

Quellen

Handschriften

Bologna, Biblioteca Universitaria, 153
Brüssel, Bibliothèque Royale, IV 1208
Chantilly, Musée Condé, 368
Florenz, Biblioteca Laurenziana, ital. Ashb. 1249
London, British Library, Add. 27626
Mailand, Biblioteca Ambrosiana, D 11 inf.
Mailand, Biblioteca Ambrosiana, Z 175 sup.
Mailand, Biblioteca Trivulziana, 695
Nantes, Musée départmental Dobrée, 19
Neapel, Biblioteca Nazionale, Lat. XIV. D. 31
New Haven, Beinecke Library, 103
New Haven, Beinecke Library, 127
New Haven, Beinecke Library, 232
New Haven, Beinecke Library, 446
Oxford, Bodleian Library, Digby 152
Oxford, Corpus Christi College, 287
Paris, Bibliothèque Nationale, lat. 11208
Paris, Bibliothèque Nationale, lat. 7019
Paris, Bibliothèque Nationale, lat. 7020
Privatsammlung
Rom, Biblioteca Angelica, 1461
Stockholm, Kungl. Biblioteket, It. 3
Toulouse, Bibliothèque Municipale, 2844
Turin, Archivio di Stato, Ja. VII. 10
Valencia, Biblioteca Universitaria, 601
Vatikan, Biblioteca Apostolica Vaticana, Ott. lat. 1811
Vatikan, Biblioteca Apostolica Vaticana, Reg. lat. 1111
Vatikan, Biblioteca Apostolica Vaticana, Reg. lat. 1227
Vatikan, Biblioteca Apostolica Vaticana, Reg. lat. 1446
Vatikan, Biblioteca Apostolica Vaticana, Reg. lat. 1617
Vatikan, Biblioteca Apostolica Vaticana, Urb. lat. 1014
Vatikan, Biblioteca Apostolica Vaticana, Vat. lat. 4475
Vatikan, Biblioteca Apostolica Vaticana, Vat. lat. 5366
Venedig, Biblioteca Marciana, ital. Cl. 3, N° 22, Coll. 5049
Venedig, Biblioteca Marciana, Marc. Gall. App. 14, Coll. 279
Wien, Kunsthistorisches Museum, P 4984
Wien, Österreichische Nationalbibliothek, 2414

Alte Drucke

Belon, Pierre, L'histoire de la nature des oyseaux. Fac-similé de l'édition de 1555 avec introduction et notes par Philippe Glardon (Travaux d'humanisme et renaissance 306), Genève 1997

La fauconnerie de Charles d'Arcussia divisée en dix parties avec les portraicts au naturel de tous les Oyseaux, Rouen 1643

La Fauconnerie de F. Ian des Franchieres, Grand Prievr d'Aquvitaine: recveuillie des liures de M. Martino, Malopin, Michelin, & Amé Cassian. Avec vne autre fauconnerie de Guillaume Tardif, du Puy en Vellay. Plus, La vollerie de messire Arthelouche D'Alagona, seigneur de Maraueques. D'avantage, vn receuil de tous les oiseaux de proye, servans à la fauconnerie & vollerie, Poitiers: Enguibert de Marnef, et les Bouchetz, freres 1567, Faksimile Rom 1983

The Booke of Falconrie or Hawking for the onely delight and pleasure of all noblemen and gentlemen: collected out of the best authors, aswell Italians as Frenchmen, and some English practises withall concerning falconrie; heretofore published by George Turbervile Gentleman. And now newly reviued, corrected, and augmented, with many new additions proper to these present times, London 1611

Literatur

ʿABBAS, Iḥsān und ʿAbd al-Ḥafiẓ MANSUR (Hgg.), Kitāb al-kāfi fī 'l-baizara. Ta'līf ʿAbdar-Raḥmān b. Muḥammad al-Baladī. Ḥaqqaqahū wa-qaddana lahū wa- ʿalaqa ʿalaihi Iḥsān ʿABBAS wa- ʿAbd al-Ḥafiẓ MANSUR, Beirut 1983

AKASOY, Anna Ayşe, Arabische Vorlagen der lateinischen Falknereiliteratur. Wissenskonzepte im Spiegel der Übersetzungen, in: Beiruter Blätter 8-9 (2000/2001), 93-98

AKASOY, Anna Ayşe, Zu den arabischen Vorlagen des Moamin, in: GREBNER / FRIED

AKASOY, Anna und Stefan GEORGES (Hgg.), Muḥammad ibn ʿAbdallāh al-Bāzyār. Das Falken- und Hundebuch des Kalifen al-Mutawakkil. Ein arabischer Traktat aus dem 9. Jahrhundert. Herausgegeben, übersetzt und eingeleitet von Anna AKASOY und Stefan GEORGES (Wissenskultur und gesellschaftlicher Wandel 11), Berlin 2005

ALBERTINI OTTOLENGHI, Maria Grazia, La biblioteca dei Visconti e degli Sforza: Gli inventari del 1488 e del 1490. Estratto da Studi Petrarcheschi VIIII (1991), Padova 1991

ALTAMURA, Antonio, La biblioteca aragonese e i manoscritti inediti di Giovan Marco Cinico, in: La bibliofila 41 (1939), 418-426

Ambraser Kunst- und Wunderkammer. Die Bibliothek. Katalog der Ausstellung im Prunksaal 28. Mai bis 30. September 1965. Österreichische Nationalbibliothek, Wien 1965

ANKWICZ VON KLEEHOVEN, Hans, Fuchsmagen (Fuxmagen), Johannes, in: Neue deutsche Biographie, Bd. 6, Berlin 1961, 684

ARCANGELI, Massimo, Sulla versione napoletana quattrocentesca di un manuale di falconeria recentemente pubblicata. Anatomia e autopsia di una *scripta*, in: Contributi di filologia dell'Italia mediana 12 (1998), 237-275

BALTEAU, J., Alagon ou Alagona, Alagonia (Artheluche d'), in: Dictionnaire de biographie française, Bd. I, Paris 1933, 1065

BARYCZ, Henryk, Bona Sforza, regina di Polonia, in: Dizionario biografico degli Italiani, Bd. 11, Rom 1969, 430-436

Beaux livres anciens. Manuscrits, incunables, livres illustrés du XVIII siècle ... Vente, Paris, Hôtel Drouot, salle 15, 16 décembre 1994

BECK, Corinne, Chasses et équipages de chasse en Bourgogne ducale (vers 1360-1420), in: La chasse au Moyen Age. Société, traités, symboles. Textes réunis par Agostino PARAVICINI BAGLIANI et Baudouin VAN DEN ABEELE, o. O. 2000, 151-174

BELTRAN, Evencio, L'humaniste Guillaume Tardif, in: Bibliothéque d'Humanisme et Renaissance 48 (1986), 7-39

BELTRAN, Evencio, Un manuscrit autographe de la Grammatice Basis de Guillaume Tardif, in: Bibliothéque d'Humanisme et Renaissance 61 (1999), 495-508

BIEDERMANN, Christoph, Ergänzungen zu Werth's „Altfranzös. Jagdlehrbüchern, etc.", in: Zeitschrift für Romanische Philologie 21 (1897), 529-540

Bibliothek Alexander Fürst Dietrichstein, Schloß Nikolsburg, C. S. R., bestehend aus den Sammlungen des Nürnberger Humanisten und Stadtarztes Hieronymus Münzer (Monetarius), 1440-1508, dessen Schwiegersohn und Erbe Hieronymus Holzschuher, Freund Albrecht Dürer's (1469-1529) und des Ferdinand Hoffman, Freiherr auf Grünpühel und Strechau (1540-1607) ..., Luzern 1933

Bibliothèque Marcel Jeanson. Première partie: Chasse ... Sotheby`s Monaco S. A., Monaco 1987

BICCHIERAI, Marco, Malaspina, Moroello (Muruel), in: Dizionario biografico degli Italiani, Bd. 67, Rom 2006, 785-788

BISCHOFF, BERNHARD (Hg.), Die älteste europäische Falkenmedizin (Mitte des 10. Jahrhunderts), in: Anecdota novissima. Texte des vierten bis sechzehnten Jahrhunderts, hg. von Bernhard BISCHOFF (Quellen und Untersuchungen zur lateinischen Philologie des Mittelalters 7), Stuttgart 1984, 171-182

BOCCASSINI, Daniela, Il volo della mente. Falconeria e Sofia nel mondo mediterraneo: Islam, Federico II, Dante, Ravenna 2003

BORETIUS, Alfred und Victor KRAUSE (Hgg.), Capitularia regum Francorum (Monumenta Germaniae Historica, Leges 3), Bd. I, Hannover 1883, Nachdruck Hannover 1960

BORGOLTE, Michael, Der Gesandtenaustausch der Karolinger mit den Abbasiden und mit den Patriarchen von Jerusalem (Münchener Beiträge zur Mediävistik und Renaissance-Forschung 25), München 1976

BRIQUET, Charles Moïse, Les filigranes. Dictionnaire historique des marques du papier dès leur apparition vers 1282 jusqu'en 1600. A Facsimile of the 1907 Edition with Supplementary Material Contributed by a Number of Scholars. Edited by Allan STEVENSON, 4 Bde., Amsterdam 1968

BRUNSCHVIG, Robert, La berbérie orientale sous les Hafsides des origines à la fin du XVe siècle, 2 Bde., Paris 1940 und 1947

BRUNSCHVIG, Robert, Note sur un traité conclu entre Tunis et l'empereur Frédéric II, in: Revue Tunisienne 1932, 153-160

BURNETT, Charles (Hg.), Adelard of Bath, Conversations with his Nephew. *On the Same and the Different*, *Questions on Natural Science*, and *On Birds*. Edited and Translated by Charles BURNETT, with the Collaboration of Italo RONCA, Pedro MANTAS ESPAÑA and Baudouin VAN DEN ABEELE (Cambridge Medieval Classics 9), Cambridge 1998

BURNETT, Charles, Master Theodore, Frederick II's Philosopher, in: Federico II e le nuove culture. Atti del XXXI convegno storico internazionale, Todi, 9-12 ott. 1994, Spoleto 1995, 225-285

BURNETT, Charles und Danielle JACQUART (Hgg.), Constantine the African and ʿAlī ibn al-ʿAbbās al-Mağūsī. The Pantegni and Related Texts (Studies in Ancient Medicine 10), Leiden / New York / Köln 1994

CALLMER, Christian, Königin Christina, ihre Bibliothekare und ihre Handschriften. Beiträge zur europäischen Bibliotheksgeschichte, Stockholm 1977

CALÒ MARIANI, Maria Stella, L'arte al servizio dello Stato, in: Federico II e il mondo mediterraneo. A cura di Pierre TOUBERT e Agostino PARAVICINI BAGLIANI, Palermo 1994, 123-145

CAPPELLI, Adriano, Dizionario di abbreviature latine ed italiane, Milano ^{6}1961

CÁRDENAS, Anthony J. (Hg.), The Text and Concordance of Biblioteca Nacional Manuscript RES. 270-217. Libro que es fecho de las animalias que caçan. The Book of Moamin, Madison 1987

CÁRDENAS, Anthony J., A Medieval Spanish Version of the Book of Moamin: Observations on Date and Sponsorship, in: Manuscripta 31 (1987), 166-180

CASSANELLI, Roberto, Gabriella GUERCI und Chiara NENCI (Hgg.), Ercole Silva, Catalogo de'libri della biblioteca Silva in Cinisello. Descrizione della Villa Silva in Cinisello, 1811, Cinisello Balsamo 1996

Catalogue des livres rares et imprimés faisant partie de la librairie de L. Potier, libraire de la Bibliothèque Imperiale, Paris 1870, 120 (Nr. 572)

Catalogue of Additions to the Manuscripts in the British Museum in the Years MDCCCLIV -MDCCCLXXV, Bd. 2, London 1877

Catalogue of Manuscripts at Ashburnham Place. Part the first: Comprising a collection formed by Professor Libri, London 1853

Catalogus codicum manuscriptorum Bibliothecae Regiae. Pars tertia, Bd. IV, Paris 1744

CERRINI, Simonetta, Libri dei Visconti-Sforza. Schede per una nuova edizione degli inventari, in: Studi petrarcheschi n. s. 8 (1991), 239-281

CERUTI, Antonio, Trattato di falconeria. Testo di lingua inedito del secolo XIV tratto da un manoscritto della Biblioteca Ambrosiana, in: Il propugnatore 2-2 (1869), 221-273

Chantilly. Le cabinet des livres. Manuscrits, 3 Bde., Paris 1900-1911

CHASSANT, Alphonse Antoine Louis und Henri TAUSIN, Dictionaire des devises historiques et héraldiques, 1 Bd. + 1 Supplementband, Paris 1878 und 1895, Nachdruck Hildesheim / New York 1982

CHERCHI, Paolo und Teresa DE ROBERTIS, Un inventario della biblioteca aragonese, in: Italia medioevale e umanistica 33 (1990), 109-346

CIAMPOLI, Domenico, I codici francesi della R. Biblioteca Nazionale di S. Marco in Venezia, Venezia 1897

CIBRARIO, Luigi, Della economia politica del medioevo, 2 Bde., Torino ^{2}1841f.

CLARK, Terence und Muawiya DERHALLI (Hgg.), Al-Mansur's book on hunting. An Introduction, Translation and Notes by Terence CLARK and Muawiya DERHALLI, Warminster 2001

CORTI, Maria, Una *Passione* lombarda inedita del secolo XIII, in: Rivista di cultura classica e medioevale 7 (1965), 347-363

COULTER, Cornelia C., The Library of the Angevin Kings at Naples, in: Transactions of the American Philological Association 75 (1944), 141-155

COXE, Henry O., Catalogus codicum mss. qui in collegiis aulisque oxoniensibus hodie adservantur, 2 Bde., Oxonii 1852

CZAPALLA, Hellmut, Die Falkenheilkunde des kurfürstlichen Amtmannes Johann Wolff aus Mündelsheim (1584), Dissertation, Tierärztliche Hochschule Berlin 1936

DE CHAMERLAT, Christian Antoine, La fauconnerie et l'art, Courbevoie 1986

DE LISLE DU DRENOIC, L. (Hg.), Catalogue de la bibliothèque du Musée Thomas Dobrée, 2 Bde., Nantes 1903f., Bd. 1: Manuscrits. Par G. DURVILLE, Nantes 1904

DE MARINIS, Tammaro, La biblioteca napoletana dei re d'Aragona, 4 Bde. + 2 Supplementbände, Milano / Verona 1947-1969

DE MAS LATRIE, Louis (Hg.), Traités de paix et de commerce et documents divers concernant les relations des Chrétiens avec les Arabes de l'Afrique septentrionale au Moyen Age, Bd. II, Paris 1866, Nachdruck New York o. J.

DE NICHILO, M., Cinico, Giovan Marco, in: Dizionario biografico degli Italiani, Bd. XXV, Rom 1981, 634-636

DE UHAGÓN, Francisco und Enrique DE LEGUINA, La caza. Datos reunidos, Madrid 1888

DELISLE, Leopold, Biblioteca Bigotiana Manuscripta, Rouen 1877

DELISLE, Leopold, Inventaire des manuscrits latins conservés à la Bibliothèque Nationale sous les numéros 8823-18613, Paris 1863-1871, Nachdruck Hildesheim / New York 1974

DESCHAUX, Jocelyn (Hg.), 1990-2000. Dix ans d'acquisitions du Fonds Patrimonial à la Bibliothèque de Toulouse, Toulouse 2000

Dictionary of Medieval Latin from British Sources, Oxford 1997- [bisher A - Pos]

DOBIAT, Claus, Zur Herkunft der Falknerei, in: Alma mater philippina. Marburger Universitätsbund e. V. Wintersemester 1995/96, 10-14

EISENSTEIN, Herbert, Einführung in die arabische Zoographie. Das tierkundliche Wissen in der arabisch-islamischen Literatur, Berlin 1990

Encyclopedia Italiana di scienze, lettere ed arti, Bd. 28, Rom 1935

EPSTEIN, Hans J., The Origin and Earliest History of Falconry, in: Isis 34 (1942/1943), 497-509

Europäische Stammtafeln. Stammtafeln zur Geschichte der europäischen Staaten. N. F., Hg. v. Detlev SCHWENNICKE, Bd. XIV: Les familles féodales de France II, Marburg 1991

FARAL, Edmond (Hg.), Ermold Le Noir. Poème sur Louis le Pieux et Epître au roi Pépin (Classiques de l'histoire de France au Moyen Âge), Paris 1932

FAYE, C. U. und W. H. BOND, Supplement to the Census of Medieval and Renaissance Manuscripts in the United States and Canada, New York 1962

FISCHER, Klaus-Dietrich, Rezension zu An Smets, Le <<Liber accipitrum>> de Grimaldus, in: Mittellateinisches Jahrbuch 39 (2004), 118-121

FRADEJAS RUEDA, José Manuel (Hg.), Muhammad Ibn ʿAbd Allāh Ibn ʿUmar al-Bayzār (Moamin). Libro de los animales que cazan (Kitāb al-Yawāriḥ). Edición, estudio, notas y vocabulario de José Manuel FRADEJAS RUEDA. Prologo de Manuel ALVAR, Madrid 1987

FRATI, Carlo und Arnaldo SEGARIZZI, Catalogo dei codici marciani italiani, 2. Bde., Modena 1909 und 1911

FRATI, Carlo, Re Enzo e un'antica versione francese di due trattati di falconeria, in: Miscellanea Tassoniana di studi storici e letterari pubblicata nella festa della Fossalta XXVIII giugno MDCCCVIII. A cura di Tommaso CASINI e di Venceslao SANTI con pref. di Giovanni PASCOLI, Bologna / Modena 1908, 61-81

FRATI, Lodovico, Indice dei codici latini conservati nella R. Biblioteca Universitaria di Bologna, in: Studi italiani di filologia classica 16 (1908), 103-432 und 17 (1909), 1-171

FRIED, Johannes, ... *correptus est per ipsum imperatorem*. Das zweite Falkenbuch Friedrichs II., in: Mittelalterliche Texte. Überlieferung – Befunde – Deutungen. Kolloquium der Zentraldirektion der Monumenta Germaniae Historica am 28./29. Juni 1996. Hg. von Rudolf SCHIEFFER, (Schriften der Monumenta Germaniae Historica 42), Hannover 1996, 93-124

FRIED, Johannes, Die Handschrift des Guilielmus Bottatius aus Mailand, in: GREBNER / FRIED

FRIED, Johannes, Kaiser Friedrich II. als Jäger oder Ein zweites Falkenbuch Kaiser Friedrichs II.?, in: Nachrichten der Akademie der Wissenschaften in Göttingen. I.: Philologisch-Historische Klasse 4 (1996), 115-156

FUIANO, Michele, La biblioteca di Carlo I d'Angiò, in: Atti dell'Academia Pontaniana 12 (1962/1963), 193-204

GABRIEL, Astrik L., A Summary Catalogue of Microfilms of One Thousand Scientific Manuscripts in the Ambrosiana Library, Milan, Notre Dame 1968

GENTILINI, Anna Rosa, La biblioteca dei Manfredi signori di Faenza, in: Faenza nell'età dei Manfredi, Faenza 1990, 123-147

GEORGES, Heinrich und Karl Ernst, Ausführliches lateinisch-deutsches Handwörterbuch, 2 Bde., Hannover / Leipzig ^{8}1913

GEORGES, Stefan, Der staufische Anteil an der *Moamin*-Tradition, in: GREBNER / FRIED

GIESE, Martina, Das 'Pelzbuch' Gottfrieds von Franken, in: Zeitschrift für deutsches Altertum und deutsche Literatur 134 (2005), 294-335

GIESE, Martina, Die originär deutschsprachigen Werke der mittelalterlichen Falknereiliteratur und ihre wissenschaftliche Erforschung, in: Würzburger medizinhistorische Mitteilungen 26 (2007), 262-296

GIESE, Martina, Graue Theorie und grünes Weidwerk? Die mittelalterliche Jagd zwischen Buchwissen und Praxis, in: Archiv für Kulturgeschichte 89 (2007), 19-59

GIESE, Martina, "*Ut canes pulcherrimos habeas* ...". Die kynologische Hauptvorlage von Albertus Magnus *De animalibus*, in: GREBNER / FRIED [vorveröffentlicht auf: www.geschichte.uni-muenchen.de/ma/downloads/Canes.pdf]

GLESSGEN, Martin-Dietrich, Die Falkenheilkunde des <Moamin> im Spiegel ihrer volgarizzamenti. Studien zur Romania Arabica (Beihefte zur Zeitschrift für romanische Philologie 269/270), 2 Bde., Tübingen 1996

GLESSGEN, Martin-Dietrich, La traduzione arabo-latina del *Moamin* eseguita per Federico II: Tra filologia testuale e storia, in: Medioevo Romanzo 25 (2001), 63-81

GLESSGEN, Martin-Dietrich, Tra latino, toscano e napoletano: Stratigrafia lessicale nel <<Libro de Moamyn falconario>>, in: Lingue e culture dell'Italia meridionale (1200-1600). A cura di Paolo TROVATO. Con una bibliografia delle edizioni di testi meridionali (1860-1914) a cura di Lida M. GONELLI, Roma 1993, 191-201

GLESSGEN, Martin-Dietrich, Traduction et collation de textes scientifiques: l'exemple de Iammarco Cinico, in: Actas do XIX congreso internacional de lingüística e filoloxía románicas. Universidade de Santiago de Compostela 1989. Publicadas por Ramón Lorenzo. VII. Seccíon IX. Filoloxía medieval e renacentista. A. Crítica textual e edición de textos. B. Historia e critica literarias, A Coruña 1994, 161-167

GLESSGEN, Martin-Dietrich und Baudouin VAN DEN ABEELE, Die Frage des <<Zweiten Falkenbuchs>> Friedrichs II. und die lateinische Tradition des *Moamin*, in: GREBNER / FRIED

Glossarium mediae latinitatis Sueciae, Stockholm 1968-2002

GNOLI, Domenico, La Roma di Leon X. Quadri e studi originali annotati e publicati a cura di Aldo GNOLI, Milano 1938, 217-265 (= Le caccie di Leon X)

GOTTLIEB, Theodor, Die Ambraser Handschriften. Beitrag zur Geschichte der Wiener Hofbibliothek, Band 1 [mehr nicht erschienen]: Büchersammlung Kaiser Maximilians I. Mit einer Einleitung über älteren Bücherbesitz im Hause Habsburg, Leipzig 1900

GRASSBY, Richard, The Decline of Falconry in Early Modern England, in: Past and Present 157 (1997), 37-62

GREBNER, Gundula, Zum Zusammenhang von Sozialformation und Wissensform. Naturwissen am staufischen Hof in Süditalien, in: Erziehung und Bildung bei Hofe. 7. Symposium der Residenzen-Kommission der Akademie der Wissenschaften zu Göttingen, Celle, 23. - 26. September 2000, hg. von Werner PARAVICINI und Jörg WETTLAUFER (Residenzenforschung 13), Stuttgart 2002, 193-213

GREBNER, Gundula und Johannes FRIED (Hgg.), Kulturtransfer und Hofgesellschaft im Mittelalter. Wissenskultur am sizilianischen und kastilischen Hof im 13. Jahrhundert (Wissenskultur und gesellschaftlicher Wandel 15), Berlin 2008 [im Druck]

GROSS, Thomas und Rudolf SCHIEFFER (Hgg. und Überss.), Hinkmar von Reims, De ordine palatii (Monumenta Germaniae Historica – Fontes iuris germanici antiqui in usum scolarum separatim editi 3), Hannover 1980

GUTIÉRREZ DEL CAÑO, Marcelino, Catálogo de los manuscritos existentes en la Biblioteca Universitaria de Valencia, 3 Bde., Valencia 1913

HABEL, Edwin und Friedrich GRÖBEL, Mittellateinisches Glossar. Mit einer Einführung von Heinz-Dieter HEIMANN (Uni-Taschenbücher 1551), Paderborn / München / Wien / Zürich 1989

HAEFELE, Hans F. (Hg. und Übers.), Ekkehardi IV Casus Sancti Galli / Ekkehard IV., St. Galler Klostergeschichten (Ausgewählte Quellen zur deutschen Geschichte des Mittelalters – Freiherr vom Stein-Gedächtnisausgabe 10), Darmstadt 1980

HAMMER-PURGSTALL, Joseph (Hg.), Falknerklee, bestehend in drey ungedruckten Werken über die Falknerey ... Aus dem Türkischen und Griechischen verdeutscht, und in Text und Übersetzung herausgegeben von HAMMER-PURGSTALL, Unveränderter Neudruck der Ausgabe von 1840, Vaduz 1986

HASKINS, Charles Homer, King Harold's Books, in: English Historical Review 37 (1922), 398-400

HASKINS, Charles Homer, Studies in the History of Mediaeval Science, Cambridge [Massachusetts] ^{2}1927

HASKINS, Charles Homer, The De arte venandi cum avibus of Frederick II, in: English Historical Review 36 (1921), 334-355

HASSAN, Zaky M., Hunting as Practised in Arab Countries of the Middle Ages, Cairo 1937

HERCHER, Rudolph (Hg.), Claudii Aeliani De natura animalium libri XVII, Lipsiae 1864

HOENIGER, Cathleen, The Illuminated *Tacuinum sanitatis* Manuscripts from Northern Italy ca. 1380-1400: Sources, Patrons and the Creation of a New Pictorial Genre, in: Visualizing Medieval Medicine and Natural History, 1200-1550, hg. von Jean A. GIVENS, Karen M. REEDS und Alain TOUWAIDE, Aldershot 2006, 51-82

HOENSCH, Jörg K., Matthias Corvinus. Diplomat, Feldherr und Mäzen, Graz 1998

HOLTZMANN, Robert (Hg.), Die Chronik des Bischofs Thietmar von Merseburg und ihre Korveier Überarbeitung (Monumenta Germaniae Historica, Scriptores rerum germanicarum, NS 9), Berlin ^{2}1955

HUILLARD-BRÉHOLLES, Jean Louis Alphonse, Historia diplomatica Friderici Secundi sive Constitutiones, privilegia, mandata, instrumenta quae supersunt istius imperatoris et filiorum ejus. Accedunt epistolae paparum et documenta varia, 7 Bde., Paris 1852-1861

HUMMEL, Heribert, Die Handschriften der Stiftsbibliothek St. Moriz zu Ehingen in der Seminarbibliothek Rottenburg, Rottenburg/N 1963 [ungedruckt]

HUNT, Richard William und Andrew G. WATSON (Hgg.), Digby Manuscripts. 1: A Reproduction of the 1883 Catalogue by W. D. Macray. 2: Notes on Macray's Descriptions of the Manuscripts by R. W. HUNT & A. G. WATSON. Appendix: An edition of Thomas Allen's Catalogue of his Manuscripts by A. G. WATSON, Oxford 1999

INEICHEN, Gustav, L'autorité de <Moamin>, in: Festschrift Walther von Wartburg zum 80. Geburtstag, 18. Mai 1968, hg. von Kurt BALDINGER, 2. Bde., Tübingen 1968, I, 421-430

INNAMORATI, Giuliano (Hg.), Arte della caccia. Testi di falconeria, uccellagione e altre cacce, Bd. I: Dal secolo XIII agli inizi del seicento, 2 Teilbde., Milano 1965

Inventario Ceruti dei manoscritti della Biblioteca Ambrosiana, 5 Bde., Trezzano s/N. 1973-1979

JAMES, Montague Rhodes, The Ancient Libraries of Canterbury and Dover: The Catalogues of the Libraries of Christ Church Priory and St. Augustine's Abbey at Canterbury and of St. Martin's Priory at Dover. Now First Collected and Published with an Introduction and Identifications of the Extant Remains, Cambridge 1903

JULLIEN, Ernest (Hg.), Le livre de l'art de faulconnerie et des chiens de chasse par Guillaume Tardif. Réimprimé sur l'edition de 1792 avec une notice et des notes par Ernest JULLIEN, 2 Bde., Paris 1882, Unveränderter Neudruck, Genève 1980

JULLIEN, Ernest (Hg.), La Conférence des fauconniers de Charles d'Arcussia. Réimprimée sur l'édition de 1644 avec une notice et des notes par Ernest JULLIEN (Cabinet de Vénerie VII), Paris 1883

KAHN, Didier, Le fonds Caprara de manuscrits alchimiques de la Bibliothèque Universitaire de Bologne, in: Scriptorium 48 (1994), 62-110

KANTOROWICZ, Ernst H., Kaiser Friedrich der Zweite. Ergänzungsband, Stuttgart ^{4}1994

KETTERMANN, Günter, Atlas zur Geschichte des Islam. Mit einer Einleitung von Adel Theodor KHOURY, Darmstadt 2001

KRATZ, Dennis M. (Hg. u. Übers.), Waltharius and Ruodlieb, New York / London 1984

KRAUSE, Barbara, Der altfranzösische Moamin. Transkription und textgeschichtliche Einordnung der neu gefundenen Brüsseler Handschrift, Staatsexamensarbeit, Universität Frankfurt am Main 2001 [unveröffentlicht]

KRAUSE, Barbara, Der altfranzösische *Moamin*. Überlegungen zum Verhältnis des Brüsseler und des Venezianer Manuskriptes, in: GREBNER / FRIED

KUBINYI, András, Matthias Corvinus. Die Regierung eines Königreichs in Ostmitteleuropa 1458-1490 (Studien zur Geschichte Ungarns 2), Herne 1999

LABANDE, Edmond-René (Hg.), Guibert de Nogent, Autobiographie. Introduction, édition et traduction par Edmond-René Labande (Les Classiques de l'Histoire de France au Moyen Age 34), Paris, 1981

LEISTIKOW, Dankwart, Die Residenz Kaiser Friedrichs II. in Foggia, in: Burgen und Schlösser 18 (1977), 1-12

Lexicon latinitatis nederlandicae medii aevi, Leiden 1977-2005

LINDNER, Kurt (Hg.), De arte bersandi. Ein Traktat des 13. Jahrhunderts über die Jagd auf Rotwild. Eingeleitet, herausgegeben und übersetzt von Kurt LINDNER, Berlin 1954

LINDNER, Kurt, Beiträge zu Vogelfang und Falknerei im Altertum (Quellen und Studien zur Geschichte der Jagd 12), Berlin / New York 1973

LINDNER, Kurt, Ost-westliche Beziehungen in der Geschichte der Falknerei, in: Deutscher Falkenorden. Jahrbuch für Falknerei, Greifvogelkunde und Greifvogelschutz 1979, 79-82

LINDNER, Kurt und Helmut BIRKHAN, Beizjagd, in: Reallexikon der germanischen Altertumskunde. Zweite, völlig neu bearbeitete und stark erweiterte Auflage, Bd. 2, Berlin / New York 1976, 163-173

LITTA, Pompeo, Le famiglie celebri italiane, Faszikel 133: Malaspina, Milano 1852

LUPIS, Antonio, La sezione venatoria della biblioteca aragonese di Napoli e due sconosciuti trattati di Ynnico d'Avalos, Conte Camerlengo, in: Annali della facoltà di lingue e letterature straniere 6 (1975), 225-313

LUPIS, Antonio, Per una storia della caccia aragonese, in: Quaderni medievali 11 (1981), 86-101

LUPIS, Antonio, Petrus de l'Astore, Moamyn, Ghatriph: Sulla tradizione dei trattati di falconeria d'epoca federiciana, in: Codices manuscripti 3 (1977), 13-17

LUPIS, Antonio und Saverio PANUNZIO, Caccia e pratica veterinaria a Napoli e nelle corti italiane del Quattrocento, o. O. 1992

LÜTJOHANN, Christian (Hg.), Gai Sollii Apollinaris Sidonii epistvlae et carmina. Recensvit et emendavit Christianvs LVETJOHANN (Monumenta Germaniae Historica, Auctores antiquissimi 8), Berolini 1887

LUTTERBACH, Hubert, Die für Kleriker bestimmten Verbote des Waffentragens, des Jagens sowie der Vogel- und Hundehaltung (a. 500-900), in: Zeitschrift für Kirchengeschichte 109 (1998), 149-166

M. X***. [= Louis DE MAS LATRIE], Dictionnaire des manuscrits, ou Recueil de catalogues de manuscrits existants dans les principales bibliothèques d'Europe, hg. von Jacques Paul MIGNE, Bd. II, Paris 1853

MACRAY, William D., Catalogi codicum manuscriptorum bibliothecae bodleianae pars nona, codices a viro clarissimo Kenelm Digby, eq. aur., anno 1634 donatos, complectens, Oxonii 1883

MALACARNE, Giancarlo, I signori del cielo. La falconeria a Mantova al tempo dei Gonzaga, Mantova 2003

MALACARNE, Giancarlo, Le cacce del principe. L'ars venandi nella terra dei Gonzaga (Il giardino delle Esperidi 8), Modena 1998

MALAGUZZI VALERI, Francesco, La corte di Lodovico il Moro, 4 Bde., Milano 1913-1923, I: La vita privata e l'arte a Milano nella seconda metà del Quattrocento, Milano 1913

MARRUNCHEDDU, Sara, Per un'edizione del *Moamin* franco-veneto: ricerca attuale e prospettive future, in: Los libros de caza. José Manuel FRADEJAS RUEDA editor (Estudios y ediciones 6), Tordesillas 2005, 83-91

MARSON, Teresa und Luciana PIOVESAN (Hgg.), Il Barco di Altivole. Contributi per la conoscenza, Treviso 2000

MATTHEIS, Hermann, Die Hundeheilkunde des Moamin, Dissertation, Tierärztliche Hochschule Hannover 1967

MAZOYER, Michel, Le dieu de la chasse à l'époque des comptoirs assyriens en Anatolie et le dieu de la campagne à l'époque hittite, in: Bec et ongles. Bulletin des amis de l'équipage Jean de Beaune 1999, 9-17

MAZZATINTI, Giuseppe, La biblioteca dei re d'Aragona in Napoli, Rocca S. Cassiano 1897

MAZZETTI, Serafino, Repertorio di tutti i professori antichi, e moderni della famosa Università, e del celebre Istituto delle Scienze di Bologna, Bologna 1848, Nachdruck Bologna 1988

MERCIER, Louis, La chasse et les sports chez les Arabes, Paris 1927

MEURGEY, Jacques, Les principaux manuscrits à peintures du Musée Condé à Chantilly (Publications de la Société Française de Reproduction de Manuscrits à Peintures 14), Paris 1930

Mittellateinisches Wörterbuch bis zum ausgehenden 13. Jahrhundert, München 1959- [bisher A - E]

MÖLLER, Detlef (Hg.), The Book on Birds of Prey, Kitāb Ḍawārī al-ṭayr, by Al Ġhiṭrīf ibn Qudāma al-Ghassānī (Eighth century A. D.) (Publications of the Institute for the History of Arabic-Islamic Science, Series C: Facsimile Editions 25), Frankfurt am Main 1986

MÖLLER, Detlef, Beizjagd im Mondschein. Aus Geschichte und Literatur der arabischen Falknerei, in: Deutscher Falkenorden 1976/1977, 71-75

MÖLLER, Detlef, Studien zur mittelalterlichen arabischen Falknereiliteratur (Quellen und Studien zur Geschichte der Jagd 10), Berlin 1965

MÖLLER, Detlef und François VIRÉ (Hgg.), Al Ġiṭrīf ibn Qudāma al-Ġassānī. Die Beizvögel (Kitāb ḍawārī aṭ-ṭayr). Ein arabisches Falknereibuch des 8. Jahrhunderts. Deutsche Übersetzung von Detlef MÖLLER und François VIRÉ, Hildesheim / Zürich / New York 1988

MORELLI, Jacopo, I codici manoscritti volgari della Libreria Naniana, Venezia, 1776

MORIN, German (Hg.), Sancti Avreli Avgvstini tractatvs sive sermones inediti ex codice Gvelferbytano 4096 detexit adiectisqve commentariis criticis primvs edidit Germanvs Morin O.S.B. Accedvnt SS. Optati Milevitani Qvodvvltdei Carthaginiensis episcoporvm aliorvmque ex Avgvstini schola tractatvs novem, Campodvni et Monaci 1917

MOUSSY, Claude (Hg.), Paulin de Pella, Poème d'action de grâces et prière. Introduction, texte critique, traduction, notes et index par Claude MOUSSY (Sources chrétiennes 209), Paris 1974

MÜNTZ, Eugène und Paul FABRE, La bibliothèque du Vatican au XVe siècle d'après des documents inédits. Contributions pour servir a l'histoire de l'humanisme, Paris 1887

NARDUCCI, Enrico, Catalogus codicum manuscriptorum praeter graecos et orientales in Biblioteca Angelica olim Coenobii Sancti Augustini De Urbe, Bd. I [mehr nicht erschienen], Rom 1893

NAVONI, Marco (Hg.), Andrea da Strumi, Passione del santo martire milanese Arialdo, Milano 1994

NECKER, Gerold, Das Buch des Lebens. Edition, Übersetzung und Studien (Texts and Studies in Medieval and Early Modern Judaism 16), Tübingen 2001

NIEDERMANN, Christoph, <<Je ne fois que chassier>>. La chasse à la cour de Philippe le Bon, duc de Bourgogne, in: La chasse au Moyen Age. Société, traités, symboles. Textes réunis par Agostino PARAVICINI BAGLIANI et Baudouin VAN DEN ABEELE, o. O. 2000, 175-185

NIERMEYER, Jan Frederik und C. VAN DE KIEFT, Mediae latinitatis lexicon minus. Èdition remaniée par J. W. J. BURGERS, 2 Bde., Leiden / Boston 2002

Nota delle edizioni del XV secolo, o moderni inediti della Biblioteca Silva in Cinisello, Monza 1810 (nachgedruckt in: CASSANELLI / GUERCI / NENCI, [327]-[401])

Novum glossarium mediae latinitatis, Hafniae 1957- [bisher L - Pazzu, Pea - Pezzola, Phacoides - Pingo].

OGGINS, Robin S., The Kings and their Hawks. Falconry in Medieval England, New Haven / London 2004

OMONT, Henri Auguste, Anciens inventaires et catalogues de la Bibliothèque Nationale, 4 Bde., Paris 1908-1913

PAULUS, Anne und Baudouin VAN DEN ABEELE (Hgg.), Frédéric II de Hohenstaufen. <<L'art de chasser avec les oiseaux>>. Le traité de fauconnerie *De arte venandi cum avibus*. Traduit, introduit et annoté par Anne PAULUS et Baudouin VAN DEN ABEELE (Biblioteca cynegetica 1), Nogent-Le-Roi 2000

PELLEGRIN, Elisabeth, La bibliothèque des Visconti et des Sforza, ducs de Milan, au XVe siècle (Publications de l'Institut de Recherche et d'Histoire des Textes V), 2 Bde., Paris 1955 und Florenz 1969 [= Supplementband, hg. von Tammaro DE MARINIS]

PÉREZ MARTÍN, Antonio, Federico II (1194-1250) y Alfonso X el Sabio (1221-1284), in: Federico II e le nuove culture. Atti del XXXI convegno storico internazionale, Todi, 9-12 ott. 1994, Spoleto 1995, 113-151

PETTA, Paolo, Despoti d'Epiro e principi di Macedonia. Esuli albanesi nell'Italia del Rinascimento (Il pianeta scritto 43), Lecce 2000

PICCARD, Gerhard, Die Wasserzeichenkartei Piccard im Hauptstaatsarchiv, Stuttgart 1961- [bisher 31 Bde.]

PICHON, Jérôme, Du traité de fauconnerie composé par l'empereur Frédéric II. De ses manuscrits, de ses éditions et traductions, in: Bulletin du bibliophile et du bibliothécaire 16 (1864), 885-900

PINI, Antonio Ivan und Anna Laura TROMBETTI BUDRIESI (Hgg.), Re Enzo e il suo mito. Atti della giornata di studio, Bologna, 11 giugno 2000 (Deputazione di storia patria per le province di Romagna, Documenti e studi 30), Bologna 2001

PORRO, Giulio, Catalogo dei codici manoscritti della Trivulziana, Torino 1884

PRIMISSER, Alois, Die kaiserlich-königliche Ambraser-Sammlung, Wien 1819

Regesta Imperii ... nach Johann Friedrich BÖHMER neubearbeitet. Die Regesten des Kaiserreichs unter Philipp, Otto IV, Friedrich II, Heinrich (VII), Conrad IV, Heinrich Raspe, Wilhelm und Richard. 1198-1272. Neu herausgegeben und ergänzt von Julius FICKER, Bd. I, Wien / Köln / Weimar 1891

REINAUD, Joseph Toussaint, Extraits des Historiens arabes relatifs aux guerres des croisades, ouvrage formant, d'après les écrivains musilmans, un récit suivi des guerres saintes, Paris ^{2}1829

REITER, Karin, Falknerei im Alten Orient? Ein Beitrag zur Geschichte der Falknerei, in: Mitteilungen der deutschen Orient-Gesellschaft zu Berlin 120 (1988), 189-206

REITER, Karin, Falknerei im Alten Orient? II. Die Quellen, in: Mitteilungen der deutschen Orient-Gesellschaft zu Berlin 121 (1989), 169-196

RESTORI, A., Recettes de fauconnerie, in: Revue des langues romanes 39 (1896), 289-301 und 45 (1902), 337-347

RIVOLTA, Adolfo, Catalogo di codici pinelliani dell'Ambrosiana, Milano 1933

RIVOLTA, Adolfo, Contributo a uno studio sulla biblioteca di Gian Vincenzo Pinelli, Monza 1914

RÖSENER, Werner, Adel und Jagd. Die Bedeutung der Jagd im Kontext der adeligen Mentalität, in: La chasse au Moyen Age. Société, traités, symboles. Textes réunis par Agostino PARAVICINI BAGLIANI et Baudouin VAN DEN ABEELE, o. O. 2000, 129-150

RUBIERA MATA, Maria Jesus, La poesia cinegética árabe, in: Orientalia Hispanica sive studia F. M. Pareja octogenario dicata edenda curavit J. M. BARRAL, Bd. I, 1: Arabica-Islamica, Lugduni Batavorum 1974, 566-573

RUHE, Ernstpeter (Hg.), Sydrac le philosophe. Le livre de la fontaine de toutes sciences. Edition des enzyklopädischen Lehrdialogs aus dem XIII. Jahrhundert (Wissensliteratur im Mittelalter 34), Wiesbaden 2000

SALDA, Michael N., Organizing the Bibliothèque Nationale. The first time, c. 1530, in: Essays in Medieval Studies 8 (1991), 25-42

Sancti Aurelii Augustini hipponensis episcopi opera omnia post lovaniensium theologorum recensionem, stigata denuo ad manuscriptos codices gallicos, vaticanos, belgicos, etc., necnon ad editiones antiquiores et castigatiores, opera et studio monachorum ordinis sancti benedicti e congregatione S. Mauri. Editio novissima, emendata et auctior, accurante M**** [sic!], cursuum completorum editore, Bd. VI (Patrologia Latina 40), Parisiis 1841, 1235-1358 (= Sermones ad fratres in eremo commorantes)

Sancti Odonis Abbatis Cluniacensis II, De vita sancti Geraldi Auriliacensis comitis libri quatuor, nachgedruckt in: Sancti Odonis abbatis Cluniacensis secundi opera omnia (Patrologia latina 133), Petit-Montrouge, 1853, 639-710

SALVATORI, Enrica, Malaspina, Moroello (Moroello il Giovane), in: Dizionario biografico degli Italiani, Bd. 67, Rom 2006, 788-792

SANTORO, Caterina, I codici medioevali della Biblioteca Trivulziana, Milano 1965

SANTORO, Caterina, I codici miniati della Biblioteca Trivulziana. Introd. di Mario SALMI, Milano 1958

SCHLIEBEN, Barbara, Der kastilische Moamin, Staatsexamensarbeit, Universität Frankfurt am Main 2001 [unveröffentlicht]

SCHLIEBEN, Barbara, Wissen am alfonsinischen Hof – Der kastilische Moamin als Beispiel für höfisches Wissen, in: GREBNER / FRIED

SCHUTZ, Alexander Herman (Hg.), The Romance of Daude de Pradas Called Dels Auzels Cassadors. Edited with Introduction, Summary, Notes, and Glossary by Alexander Herman SCHUTZ, Columbus 1945

SCHWERDT, C. F. G. R., Hunting, Hawking, Shooting. Illustrated in a Catalogue of Books, Manuscripts, Prints and Drawings, 4 Bde., London 1928-1937, Nachdruck Storrs-Mansfield [ca. 1980]

SHAILOR, Barbara A., Catalogue of Medieval and Renaissance Manuscripts in the Beinecke Rare Book and Manuscript Library Yale University, 3 Bde. (Medieval & Renaissance texts & studies 34, 48 und 100), Binghampton 1984-1992

SMETS, An (Hg.), Le <<Liber accipitrum>> de Grimaldus: Un traité d'autourserie du haut Moyen Âge. Texte édité, traduit et annoté par An SMETS (Biblioteca cynegetica 2), Nogent-le-Roi 1999

SMETS, An, La traduction en moyen français des traités cynegétiques latins: Le cas du *De falconibus* d'Albert le Grand, in: La Chasse au Moyen Age. Société, traités, symboles. Textes réunis par Agostino PARAVICINI BAGLIANI et Baudouin VAN DEN ABEELE, Firenze 2000, 71-85

SMITH, G. Rex, A New Translation of Certain Passages of the Hunting Section of Usāma ibn Munqidh's I'Tibār, in: Journal of Semitic Studies 26 (1981), 235-255

SPERLE, Christian, König Enzo von Sardinien und Friedrich von Antiochia. Zwei illegitime Söhne Kaiser Friedrichs II. und ihre Rolle in der Verwaltung des Regnum Italiae (Europäische Hochschulschriften, Reihe III: Geschichte und ihre Hilfswissenschaften 894), Frankfurt am Main 2001

SPONER, Gisbert, Die Pferdeheilkunde des Ipocras indicus, Dissertation, Tierärztliche Hochschule Hannover, 1966

STASOLLA, Maria Giovanna (Hg.), Italia euro-mediterranea nel Medioevo. Testimonianze di scrittori arabi. Antologia di saggi, Bologna 1983

STEVENSON, William Henry (Hg.), Asser's Life of King Alfred together with the Annals of Saint Neots Erroneously Ascribed to Asser Edited with Introduction and Commentary by William Henry STEVENSON. New Impression with Article on Recent Work on Asser's Life of Alfred by Dorothy WHITELOCK, Oxford 1959

STORNAJOLO, Cosimo, Codices urbinates latini, 3 Bde., Romae 1902-1921

STOW, Kenneth (Hg.), The Jews in Rome, Bd. II: 1551-1557 (A Documentary History of the Jews in Italy 12; Studia post-biblica 48.2), Leiden / New York / Köln 1997

STUBBS, William (Hg.), Chronicles and Memorials of the Reign of Richard I, 2 Bde., London 1864f.

STÜRNER, Wolfgang, Friedrich II., 2 Bde., Darmstadt 1992 und 2000

Tabvlae codicvm manv scriptorvm praeter graecos et orientales in Bibliotheca Palatina Vindobonensi asservatorvm. Edidit Academia Caesarea Vindobonensis, Bd. II (Cod. 20001-3500), Vindobonae 1868

THIÉBAUD, J., Bibliographie des ouvrages français sur la chasse, Paris 1934

THOMAS, Bruno und Ortwin GAMBER, Kunsthistorisches Museum, Wien. Waffensammlung. Katalog der Leibrüstkammer. I. Teil: Der Zeitraum von 500-1530 (Führer durch das Kunsthistorische Museum 13), Wien 1976

THOMAS, Heinz, Die Champagnemessen, in: Brücke zwischen den Völkern – Zur Geschichte der Frankfurter Messe. Hg. von Rainer KOCH, 3 Bde., Frankfurt am Main 1991, I, 13-33

THORNDIKE, Lynn und Pearl KIBRE, A Catalogue of Incipits of Medieval Scientific Writings in Latin, London ^{2}1963

THORP, Nigel, The Glory of the Page. Medieval & Renaissance Illuminated Manuscripts from Glasgow University Library. Introduction and Catalogue by Nigel THORP, London 1987

TILANDER, Gunnar (Hg.), Dancus Rex, Guillelmus falconarius, Gerardus falconarius. Les plus anciens traités de fauconnerie de l'occident publiés d'après tous les manuscrits connus (Cynegetica 9), Lund 1963

TILANDER, Gunnar (Hg.), Fragment d'un traité de fauconnerie anglo-normand en vers, in: Studier i modern språkvetenskap 15 (1943), 26-44

TILANDER, Gunnar, Glanures lexicographiques (Skrifter utgivna av kungl. humanistiska vetenskapssamfundet i Lund 16), Lund 1932

TILANDER, Gunnar (Hg.), Guicennas. De arte bersandi. Le plus ancien traité de chasse de l'Occident, Uppsala 1956

TILANDER, Gunnar, Littré et Remigereau comme lexicographes et Miscellanea cynegetica (Cynegetica 17), Karlshamn 1968

TILANDER, Gunnar (Hg.), Sources inédites des Auzels Cassadors de Daude de Pradas. Grisofus medicus, Alexander Medicus. Deux traités latins de fauconnerie du XIIe s. (Cynegetica 10), Lund 1964

TJERNELD, Håkon (Hg.), Moamin et Ghatrif. Traités de fauconnerie et des chiens de chasse. Édition princeps de la version franco-italienne (Studia Romanica Holmiensia 1), Stockholm / Paris 1945

TROMBETTI BUDRIESI, Anna Laura (Hg.), Federico II di Svevia. De arte venandi cum avibus / L'arte di cacciare con gli uccelli. Edizione e traduzione italiana del ms. lat. 717 della Biblioteca Universitaria di Bologna collazionato con il ms. Pal. lat. 1071 della Biblioteca Apostolica Vaticana, Roma / Bari 2000

ULLMANN, Manfred, Die Natur- und Geheimwissenschaften im Islam (Handbuch der Orientalistik, Erste Abteilung: Der nahe und mittlere Osten, Ergänzungsband 6,2), Leiden 1972

VALENTINELLI, Joseph, Bibliotheca manuscripta ad S. Marci Venetiarum. Digessit et commentarium addidit Joseph VALENTINELLI praefectus. Codices mss. latini. 6 Bde, 1868-1873

VAN DEN ABEELE, Baudouin, Falken auf Goldgrund. Illuminierte Handschriften lateinischer Jagdtraktate des Mittelalters, in: Librarium 47 (2004), 2-19

VAN DEN ABEELE, Baudouin, Illustrer une thérapeutique des oiseaux de chasse: Les manuscrits enluminés du *Moamin* latin, in: Comprendre et maîtriser la nature au Moyen Age. Mélanges d'histoire des sciences offerts à Guy Beaujouan, Genève / Paris 1994, 557-577

VAN DEN ABEELE, Baudouin, Inspirations orientales et destinées occidentales du *De arte venandi cum avibus* de Frédéric II., in: Federico II e le nuove culture. Atti del XXXI convegno storico internazionale, Todi, 9-12 ott. 1994, Spoleto 1995, 363-391

VAN DEN ABEELE, Baudouin, La fauconnerie au Moyen Age. Connaissance, affaitage et médecine des oiseaux de chasse d'après les traités latins, [Paris], 1994

VAN DEN ABEELE, Baudouin, La fauconnerie dans les lettres françaises du XIIe au XIVe siècle (Mediaevalia Lovaniensia Series I / Studia 18), Leuven 1990

VAN DEN ABEELE, Baudouin, La littérature cynégétique (Typologie des sources du Moyen Âge occidental 75), Turnhout 1996

VAN DEN ABEELE, Baudouin, Le faucon sur la main. Un parcours iconographique médiéval, in: La chasse au Moyen Age. Société, traités, symboles. Textes réunis par Agostino PARAVICINI BAGLIANI et Baudouin VAN DEN ABEELE, o. O. 2000, 87-109

VAN DEN ABEELE, Baudouin, Les traités de chasse dans la librairie des ducs de Bourgogne, in: La Librairie des ducs de Bourgogne. Manuscrits conservés à la Bibliothèque royale de Belgique, Bd. II: Textes didactiques, hg. von Bernard BOUSMANNE, Frédérique JOHAN und Céline VAN HOOREBEECK, Turnhout 2003, 39-42

VAN DEN ABEELE, Baudouin, Les traités de fauconnerie latins du Moyen Age, 3 Bde. + 1 Supplementband, Dissertation, Université catholique de Louvain, 1991 [unveröffentlicht]

VAN DEN ABEELE, Baudouin, Zum „Federspiel". Die lateinischen Falknereitraktate des Mittelalters zwischen Tradition und Praxis, in: Zeitschrift für Jagdwissenschaft 49 (2003), 89-111

VAN DEN ABEELE, Baudouin und Jérémy LONCKE, Les traités médiévaux sur le soin des chiens: une littérature technique méconnue, in: Inquirens subtilia diversa. Dietrich Lohrmann zum 65. Geburtstag. Hg. von Horst KRANZ und Ludwig FALKENSTEIN, Aachen 2002, 281-296

VIRÉ, François, À propos des chiens de chasse *salūqī* et *zaġarī*, in: Revue des Études islamiques 41 (1973), 231-240

VIRÉ, François, Bayzara, in: The Encyclopaedia of Islam. New Edition, 11 Bde., Leiden 1986-2002, I, 1152-1155

VIRÉ, François, La fauconnerie dans l'Islam médiéval, in: La chasse au Moyen Âge. Actes du Colloque de Nice (22-24 juin 1979). Ouvrage publié avec le concours du Comité Doyen-Jean-Lepine de la Ville de Nice (Publications de la Faculté des Lettres et des Sciences Humaines de Nice 20), Paris 1980, 189-197

VIRÉ, François, Sur l'identité de Moamyn le fauconnier, in: Académie des Inscriptions & Belles-Lettres. Comptes rendus, 1967, 172-176

VIRÉ, François und Detlef MÖLLER (Hgg.), Al Ġiṭrīf ibn Qudāma al-Ġassānī (VIIIe siècle). Traité des oiseaux de vol (Kitāb Ḍawārī aṭ-ṭayr). Le plus ancien traité de fauconnerie arabe. Traduit, introduit et annoté par François VIRÉ et Detlef MÖLLER. Ouvrage préparé pour l'édition par Baudouin VAN DEN ABEELE (Biblioteca cynegetica 3), Nogent-Le-Roi 2002

VOLLMANN, Benedikt Konrad (Hg.), Ruodlieb. Faksimile-Ausgabe des Codex Latinus Monacensis 19486 der Bayerischen Staatsbibliothek München und der Fragmente von St. Florian, Bd. I.1: Kritischer Text, Wiesbaden 1985

VON SACKEN, Eduard, Die K.-K. Ambraser Sammlung, 2 Bde., Wien 1855

VORYS CANBY, Jeanny, Falconry (Hawking) in Hittite Lands, in: Journal of Near Eastern Studies 61 (2002), 161-201

WATSON, Andrew G., Thomas Allen of Oxford and his Manuscripts, in: Medieval Scribes, Manuscripts & Libraries. *Essays Presented to* N. R. Ker. Ed. by M. B. PARKES and Andrew G. WATSON, London 1978, 279-314

WEINFURTER, Stefan (Hg.), Die Geschichte der Eichstätter Bischöfe des Anonymus Haserensis. Edition, Übersetzung, Kommentar (Eichstätter Studien, NF 24), Regensburg 1987

WERTH, Hermann, Altfranzösische Jagdlehrbücher nebst Handschriftenbibliographie der abendländischen Jagdlitteratur überhaupt, in: Zeitschrift für romanische Philologie 12 (1888), 146-191 und 13 (1889), 1-34

WILLEMSEN, Carl Arnold, Die Bauten Kaiser Friedrichs II. in Süditalien, in: Die Zeit der Staufer. Geschichte – Kunst – Kultur. Katalog der Ausstellung Stuttgart 1977, 5 Bde., Stuttgart 1977-1979, III, 143-163

WILLEMSEN, Carl Arnold, Kaiser Friedrich der Zweite. Über die Kunst mit Vögeln zu jagen, 2 Bde., Frankfurt am Main / Leipzig 1942, Nachdruck Darmstadt 2001

WILLEMSEN, Carl Arnold, Kaiser Friedrich der Zweite. Über die Kunst mit Vögeln zu jagen. Kommentar zur lateinischen und deutschen Ausgabe, Frankfurt am Main 1970

WISTEDT, Rolf, Le livre de fauconnerie de Jean de Fransières. L'auteur et ses sources (Filologiskt arkiv 11), Lund 1967

ZAHLTEN, Johannes, Medizinische Vorstellungen im Falkenbuch Kaiser Friedrichs II., in: Sudhoffs Archiv 54 (1970), 49-103

ZAHLTEN, Johannes, Zur Abhängigkeit der naturwissenschaftlichen Vorstellungen Kaiser Friedrichs II. von der Medizinschule zu Salerno, in: Sudhoffs Archiv 54 (1970), 173-210

Verzeichnis der Orts- und Personennamen